Windows 10 深度攻略

新阅文化 郭 强 编著

人 民 邮 电 出 版 社
北 京

图书在版编目（CIP）数据

Windows 10深度攻略 / 郭强编著. -- 北京 : 人民邮电出版社, 2018.7（2023.9重印）
ISBN 978-7-115-48493-2

Ⅰ. ①W… Ⅱ. ①郭… Ⅲ. ①Windows操作系统 Ⅳ. ①TP316.7

中国版本图书馆CIP数据核字(2018)第124609号

内 容 提 要

本书由浅入深、循序渐进地讲解了 Windows 10 操作系统的使用方法，以及一些高级的管理和应用技巧，以便读者能够更加深入地了解并掌握 Windows 10 操作系统的使用方法。

本书以 Windows 10 的相关管理任务为主线，内容由浅入深，主要包括 Windows 10 基础入门、个性化设置、输入法设置与文字输入、文件和文件夹的管理、系统自带程序的应用、配置与管理用户账户、Internet 网上冲浪、Windows 10 设备与驱动程序管理、应用程序的安装与管理、Windows 10 多媒体娱乐管理与应用、Internet 网络通信与社交、系统维护与优化、计算机系统的安全、系统和数据的备份与恢复、Windows 10 操作系统的常用软件等。

本书适合计算机初学者、计算机办公人员学习，对需要进行某些管理操作的熟练用户、计算机管理员等也有一定的参考价值。.

◆ 编　　著　新阅文化　郭　强
责任编辑　李永涛
责任印制　马振武
◆ 人民邮电出版社出版发行　北京市丰台区成寿寺路 11 号
邮编　100164　电子邮件　315@ptpress.com.cn
网址　http://www.ptpress.com.cn
北京九州迅驰传媒文化有限公司印刷
◆ 开本：787×1092　1/16
印张：26.5　2018 年 7 月第 1 版
字数：660 千字　2023 年 9 月北京第 12 次印刷

定价：69.80 元

读者服务热线：(010)81055410　印装质量热线：(010)81055316
反盗版热线：(010)81055315
广告经营许可证：京东市监广登字 20170147 号

前 言

如果说 Windows Vista 是“花瓶”，界面好看，但不实用，那么 Windows 7 应该是微软一个在功能、体验上实现全面优化的得意之作。Windows 7 较 Windows Vista 有了巨大的进步。Windows 7 的下一代系统 Windows 8 不是一个很成功的产品。这一次，微软似乎跟大家开了个小小的玩笑，Windows 8 操作系统的下一代产品的版本标识并不是 Windows 9，而是 Windows 10。

Windows 10 操作系统可以说是微软的涅槃重生之作。虽然 Windows XP 和 Windows 7 现在仍然在普遍使用，但 Windows 10 的占有率一直在不断上升。Windows 10 操作系统的重任便是取代已经发布了多年的 Windows XP 和 Windows 7。相对于 Windows 8 中饱受诟病的应用，Windows 10 中的应用商店提供的应用大幅优化。网易云音乐、爱奇艺、淘宝等优秀的 UWP 应用已经上线，为用户提供优质的体验，Windows 10 也优化了高分辨率屏幕的显示效果，系统图标支持 4K 分辨率。

距 Windows 10 的发布已经有一段时间了，越来越多的人开始使用 Windows 10 来进行工作、学习、娱乐。掌握 Windows 10 操作系统的相关知识已经越来越必要，目前市场份额最高的 Windows 7，已经在 2013 年 10 月 31 日停止零售，2014 年 10 月 31 日停止预装（专业版除外）。微软改变了曾经封闭式的 Windows 操作系统开发，转而听取用户的反馈，使用 Windows 10 的用户可以加入 Windows Insider 计划，和全球数百万的 Windows Insiders 一起帮助微软改进 Windows 10 操作系统。

Windows 10 操作系统在易用性和安全性方面较之前的操作系统有了很大的提升。在开发 Windows 10 的过程中，微软广泛听取了用户的意见和建议，并采纳了部分呼声很高的建议。Windows 10 操作系统除了针对云服务、智能移动设备、自然人机交互等新技术进行融合外，还对新兴的硬件兼容性进行了优化和完善。固态硬盘、生物识别、高分辨率屏幕等硬件现在可以轻松地在 Windows 10 操作系统上使用。

Windows 10 操作系统作为微软最新一代的产品，备受各界关注。很多人想知道 Windows 10 操作系统究竟有哪些大的变革，究竟它和目前占据市场最大份额的 Windows XP、Windows 7 操作系统有何区别，它添加的新特性如何使用，这就是本书要讲解的内容。

作为编者，能够编写这本书，我感到十分荣幸。本书旨在通过深入挖掘 Windows 10 操作系统的内置功能和技术，为读者提供使用 Windows 10 操作系统的新方式，并提供一些常规的操作方法，帮助广大读者熟练操作 Windows 10。为了更好地阐述 Windows 10 的功能和使用方法，大部分操作附有截图以减少文字的枯燥描述。

尽管作者尽了最大的努力，但鉴于水平所限，书中难免有疏漏和不足之处，恳请广大读者提出建议并指正。

新阅文化

2018 年 1 月

目　录

第1章　全新的 Windows 10

经过了漫长的研发，微软最新的操作系统 Windows 10 终于正式完整地展现在用户面前了。相信大家当下最关心的一个问题就是，Windows 10 到底是个什么样的系统？它和以前的系统比有哪些方面的改进。下面我们就详细介绍一下。

1.1　Windows 10 概述

Windows 10 是微软发布的最后一个独立 Windows 版本，下一代 Windows 将作为更新形式出现。Windows 10 共有 7 个发行版本，分别面向不同用户和设备。

在正式版本发布一年内，所有符合条件的 Windows 7、Windows 8.1 的用户都可以免费升级到 Windows 10；Windows Phone 8.1 则可以免费升级到 Windows 10 Mobile。所有升级到 Windows 10 的设备，微软都将只在该设备生命周期内提供支持。

2015 年 7 月 29 日起，微软向所有的 Windows 7、Windows 8.1 用户通过 Windows Update 免费推送 Windows 10，用户也可以使用微软提供的系统部署工具进行升级。

2015 年 11 月 12 日，Windows 10 的首个重大更新 TH2（版本 1511，10.0.10586）正式推送，所有 Windows 10 用户均可升级至此版本。

1.2　Windows 10 新增与升级的功能

值得为了 Windows 10 而舍弃 Windows 7 吗？即便是现阶段，人们也很容易看出，对于绝大多数桌面 PC 用户来说，Windows 10 的表现要好于 Windows 8。然而，对于那些仍然使用 Windows 7 的用户而言，情况又会如何呢？微软对 Windows 7 的用户提供了免费升级至 Windows 10 的机会，问题在于，这些用户需要利用这个机会吗？让我们来看看 Windows 10 带来的新特性吧。

一、性能的提升：开机速度与 DirectX 12

在没有更新或新增配置时，Windows 10 操作系统的开关机速度相对于 Windows 7 操作系统明显加快。Windows 10 是目前唯一支持 DirectX 12 的操作系统，后者将会帮助当前主流的计算机硬件释放出更多和更大的潜能。对图像的渲染已经达到逼真的效果，如图 1-1 所示。

图1-1

二、界面风格更加时尚，符合新用户的审美感受

自 Windows 95 开始，一直到 Windows 7，十几年的时间里 Windows 操作系统的风格并没有颠覆性的变化，这也是许多人批评微软的一个重要原因。从 Windows 8 开始，微软完全抛弃了之前的设计风格，采用平面的视窗及大胆的颜色方案取代了 3D 效果的图标、圆角和透明的视窗设计。Windows 10 延续了这一变化，平面及大胆的风格进一步延伸到了图标及其他核心系统功能上，如图 1-2 所示。

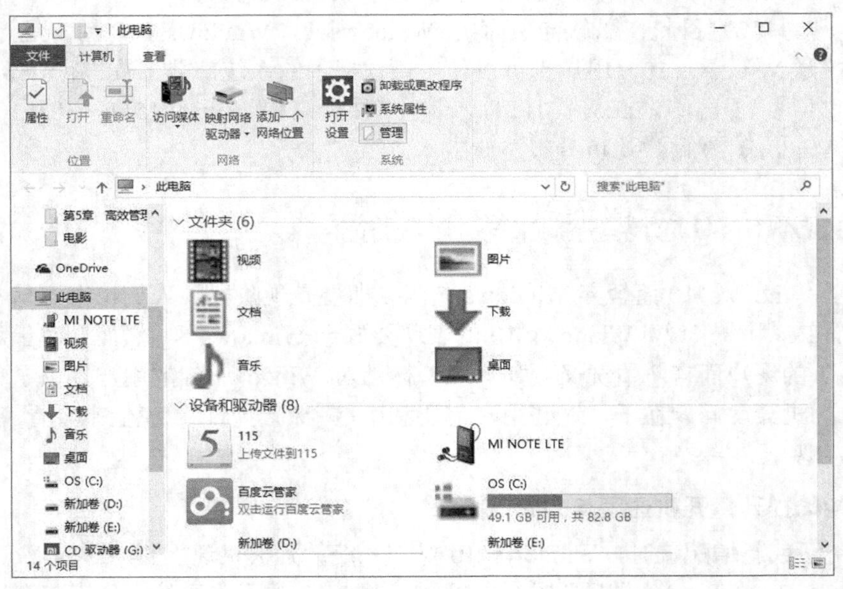

图1-2

三、开始菜单回归并加强

在 Windows 8 中被取消的开始菜单又恢复了。此外，微软还对 Windows 10 操作系统的开始菜单进行了加强，将搜索框、应用商店、网络搜索等重要功能集中在开始菜单中或周围。用户单击搜索框时，还会显示各种预览信息，如最新头条、来自用户偏爱的体育新闻及天气等，如图 1-3 所示。

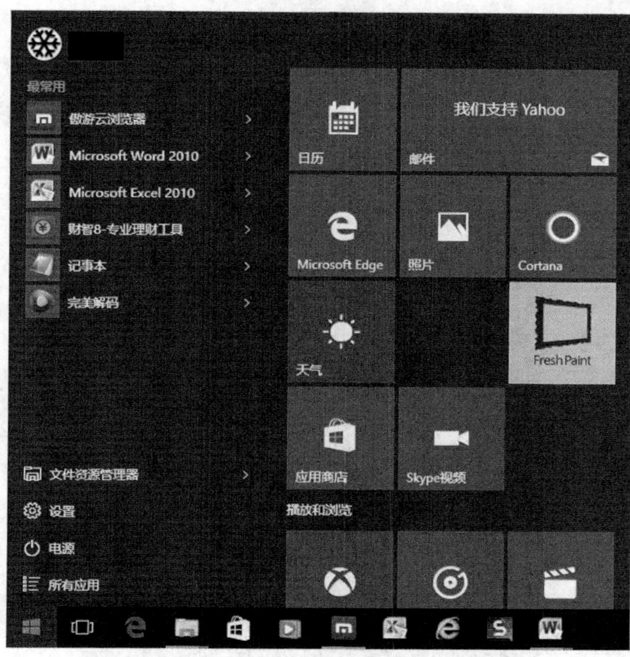

图1-3

四、文件管理及操作更加人性化

Windows 10 在文件的管理及操作方面，最大的优点便是管理及操作更加方便、人性化了。

原本许多需要单击菜单实现的功能，现在集中显示在窗口的上方，这个界面和 Office 2010 之后的界面很相似，单击文件后，相关的操作就显示在窗口上方，非常人性化，如图1-4 所示。

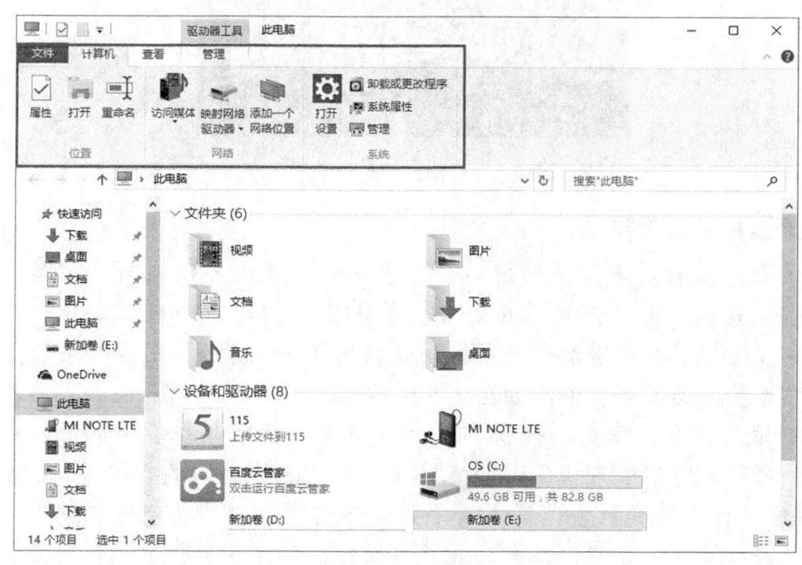

图1-4

五、加强与用户的互动

在 Windows 10 中，系统消息与应用通知终于有了固定的区域，放置在界面右下角的提示栏中，单击打开该图标，可以看到所有的系统通知和提示。该通知区域还包含了一些有用的系统功能，如设置投影、飞行模式等，如图 1-5 所示。

图1-5

六、虚拟桌面和窗口重排

- 虚拟桌面。微软新增了多桌面功能。该功能可让用户在同一台计算机上使用多个虚拟桌面，即用户可以根据自己的需要，创建多个虚拟桌面。微软还在“任务视图”模式中增加了应用排列建议选择——即不同的窗口会以某种推荐的版式显示在桌面环境中，如图 1-6 所示。
- 窗口重排。日常工作离不开窗口，尤其对于并行事务较多的桌面用户来说，没有一项好的窗口管理机制，简直寸步难行。相比之前的操作系统，Windows 10 在这一点上改变巨大，提供了为数众多的窗口管理功能，能够方便地对各个窗口进行排列、分割、组合、调整等操作，如图 1-7 所示。我们将在第 2 章详细介绍。

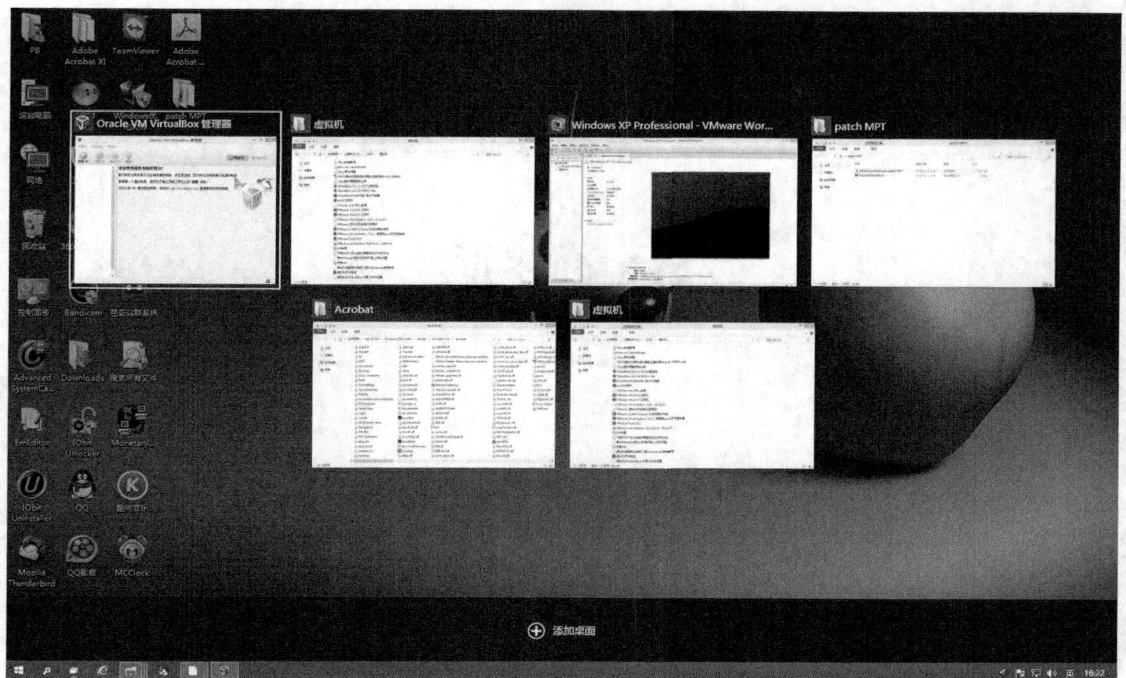

图1-6

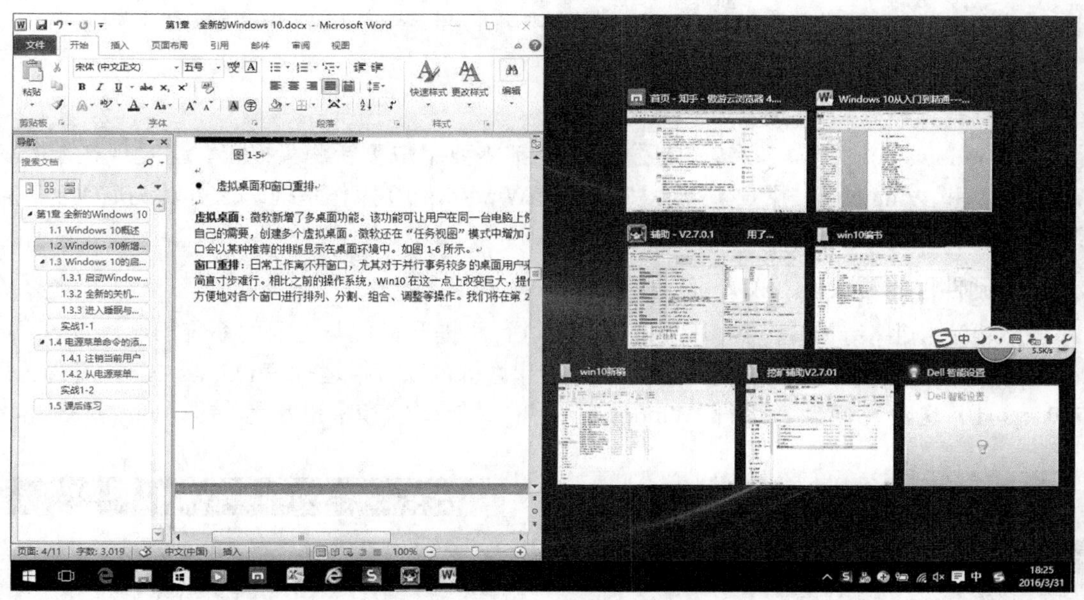

图1-7

七、全新的 Edge 浏览器

Edge 浏览器是 Windows 10 中的一项重大改进，不同于以往的 IE 系浏览器，Edge 采用了全新的渲染引擎，使得它在整体内存占用及浏览速度上均有了大幅提升，如图 1-8 所示。

图1-8

八、免费：自我颠覆

在 Windows 10 之前，所有的新操作系统都需要用户重新购买授权。但是现在所有的 Windows 7 和 Windows 8 用户可以免费升级到 Windows 10 操作系统。这可以说是微软的自我的颠覆。

九、硬件性能要求低，人人可以用 Windows 10

虽然更新了很多新的特性，开关机速度也进行了提升，但与之前的系统相比，Windows 10 对于硬件性能的要求并没有提升。如果您的计算机可以流畅运行 Windows XP，那么运行 Windows 10 也没有问题。运行 Windows 10 的最低配置和标准配置如图 1-9 和图 1-10 所示。

Win10配置要求（最低）	
处理器	1Ghz或更快（支持PAE、NX和SSE2）
内存模组	1GB(32位版)
	2GB(64位版)
显示卡	带有WDDM驱动程序的微软DirectX9图形设备
硬盘空间	≥16GB（32位版）
	≥20GB（64位版）
操作系统	Microsoft Windows 10 64位版
	Microsoft Windows 10 32位版

图1-9

Win10配置要求（标准）	
内存模组	1GB(32位版)
	2GB(64位版)
固件	UEFI 2.3.1，支持安全启动
显示卡	支持DirectX9
硬盘空间	≥16GB（32位版）
	≥20GB（64位版）
显示器	800*600以上分辨率
	（消费者版本≥8吋；专业版≥7吋）
操作系统	Microsoft Windows 10 64位版
	Microsoft Windows 10 32位版

图1-10

十、日趋完美的视觉效果

Windows 10 操作系统自带全新的视觉效果，打开、关闭、最小化和最大化窗口都与Windows 8.1 明显不同，视觉效果变得更加流畅了。现在的窗口已经基本“无边”，或者说通过明显减少边框的数量提升整个系统的美化效果。

十一、 内置 Xbox 应用，串流主机游戏

Windows 10 还集成了 Xbox 应用，通过这个 Xbox 应用，可以串流 Xbox 游戏这样激动人心的功能。

具体来说，串流可以简单地实现局域网内远程操控 Xbox One 主机，这样玩家便可以在另一个房间使用运行 Windows 10 的计算机来玩放在客厅的 Xbox One。

十二、 Cortana：强大的小娜

Cortana（中文名：微软小娜），可以说是微软在机器学习和人工智能领域方面的尝试。用户与小娜的智能交互，不是简单地基于存储式的问答，而是对话。它会记录用户的行为和使用习惯，利用云计算、搜索引擎和“非结构化数据”分析，读取和“学习”包括计算机中的文本文件、电子邮件、图片、视频等数据，来理解用户的语义和语境，从而实现人机交互，如图 1-11 所示。

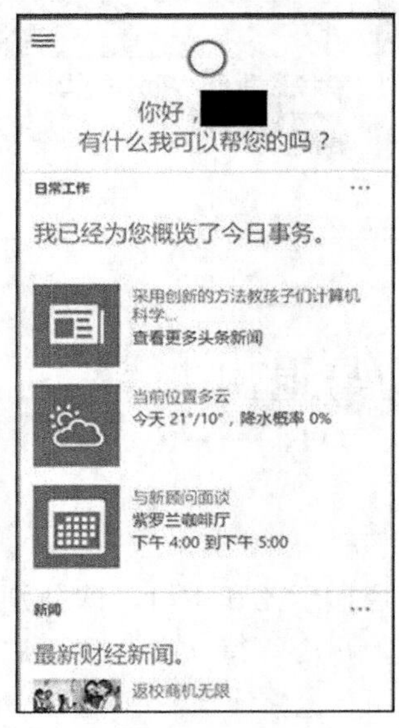

图1-11

十三、 内置 Windows 应用商店

Windows 10 附带出色的内置应用，包括 Skype 和 OneDrive，但这仅仅是一小部分。应用商店还有大量其他应用，可帮助你保持联系和完成工作，还提供比以往更多的游戏和娱乐，其中许多都是免费的，如图 1-12 所示。

图1-12

1.3 Windows 10 的启动与退出

1.3.1 启动 Windows 10

用户启动计算机时应该首先开启显示器和主机，即分别按下显示器和主机的开关按钮，然后可在显示器中看见启动的画面，耐心等待一会儿便可进入操作系统的桌面。如果是笔记本用户，则直接按电源按钮开机即可。

1.3.2 全新的关机模式

Windows 10 相对于 Windows 7 新增了一种全新的关机模式——滑动关机。

同时按住键盘上的 Win 键和 R 键，调出运行对话框。在对话框内输入"slidetoshutdown"，然后单击"确定"按钮。此时出现滑动关机界面，鼠标拖曳图片向下即可关机，如图 1-13 所示。

图1-13

1.3.3 进入睡眠与重新启动

假如你只是离开一小会儿，计算机上运行着网页、游戏、应用程序等，如果关机的话，有点小题大做，不关机的话又浪费电，这时只要启用系统的睡眠功能即可。当需要唤醒计算机的睡眠状态时，只需按键盘或晃动鼠标，计算机就可以恢复正常工作，速度比重新开机要快得多。

单击屏幕左下角的田（开始）按钮，然后单击“电源”按钮，在弹出的快捷菜单中选择“睡眠”命令，即可让计算机进入睡眠模式，如图 1-14 所示。

如果安装了 Windows 的更新，可能需要重新启动计算机，这时可以进行如下操作。

单击屏幕左下角的田按钮，然后单击“电源”按钮，在弹出的快捷菜单中选择“重启”命令即可，如图 1-15 所示。

图1-14

图1-15

1.3.4 注销当前用户

如果需要用另一个用户身份来登录你的计算机，这时不需重新启动操作系统，只要注销现在的用户即可。

右键单击按钮，然后在弹出的快捷菜单中选择“关机或注销”/“注销”命令即可，如图 1-16 所示。

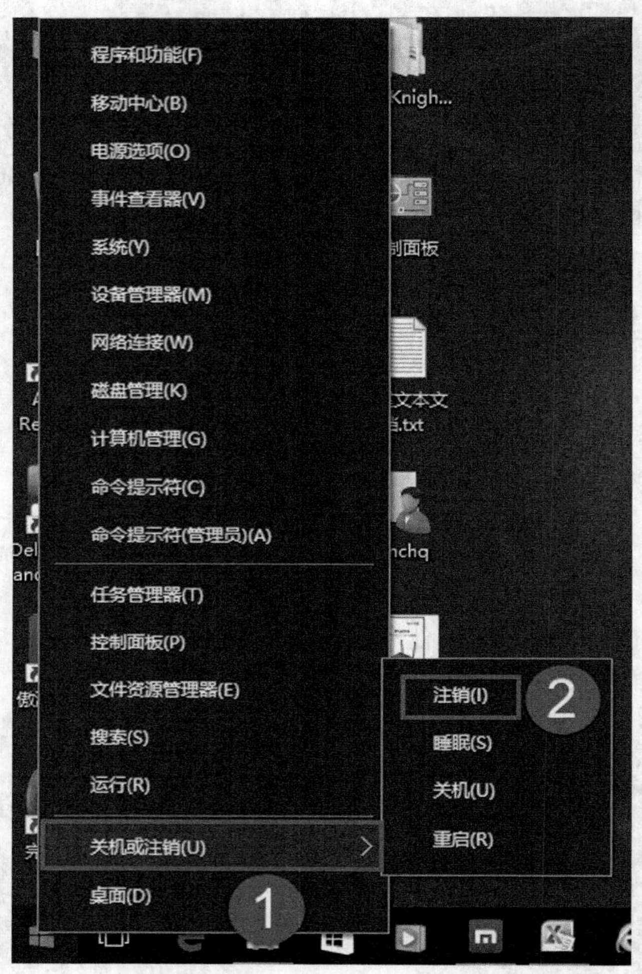

图1-16

1.3.5 从电源菜单中删除“睡眠”命令

如果我们不使用计算机的睡眠功能，则可以把它从电源菜单中删除，操作步骤如下。

1. 单击按钮，然后单击“设置”，在弹出的窗口中单击“系统”，如图 1-17 所示。
2. 在弹出的窗口中单击左侧的“电源和睡眠”，然后单击右侧的“其他电源设置”，如图 1-18 所示。

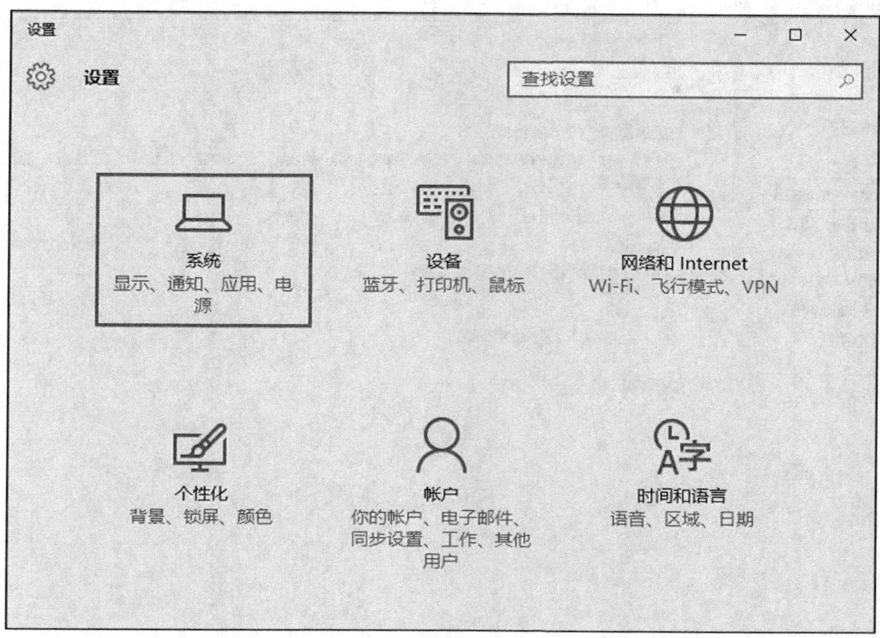

图1-17

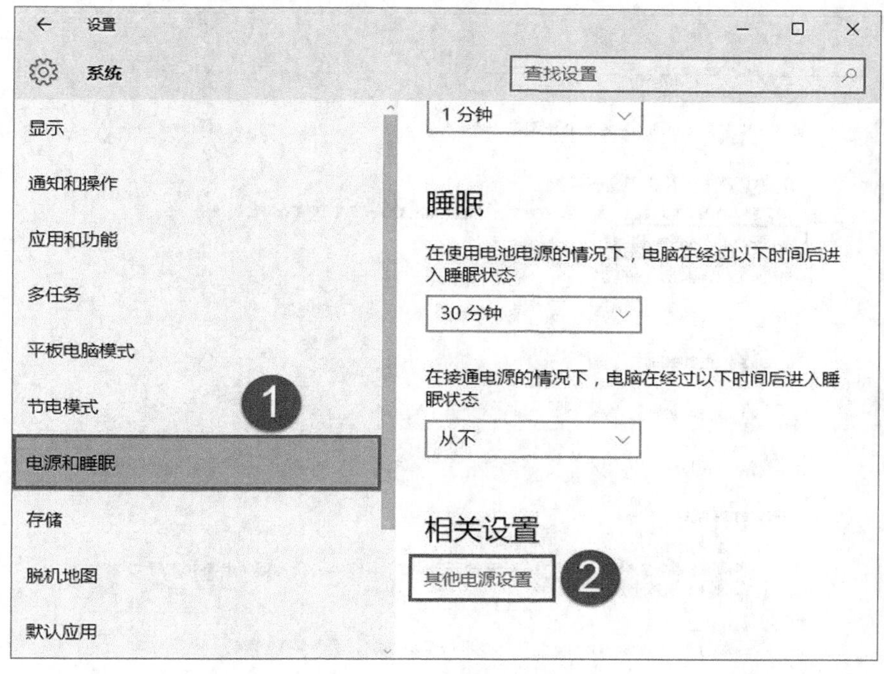

图1-18

3. 在弹出的窗口中单击“选择电源按钮的功能”，如图 1-19 所示。
4. 在弹出的窗口中单击“更改当前不可用设置”，如图 1-20 所示。

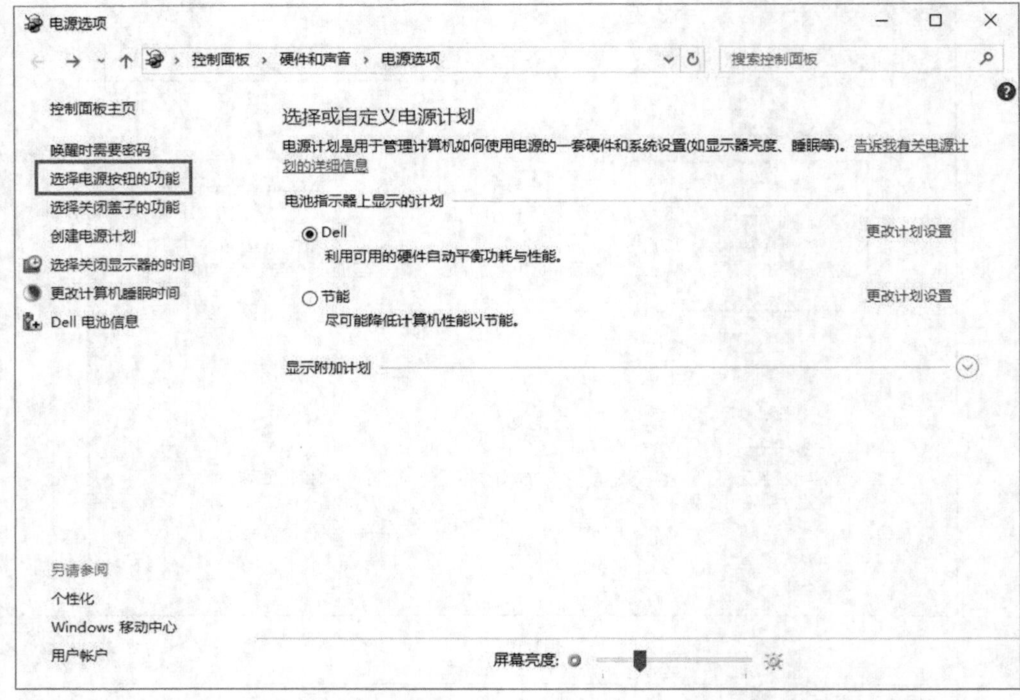

图1-19

图1-20

5.　将“睡眠”前面的勾选取消掉，然后单击“保存修改”按钮，如图 1-21 所

示。这时再查看开始菜单，可以看到电源菜单中已经没有“睡眠”命令了，如图 1-22 所示。

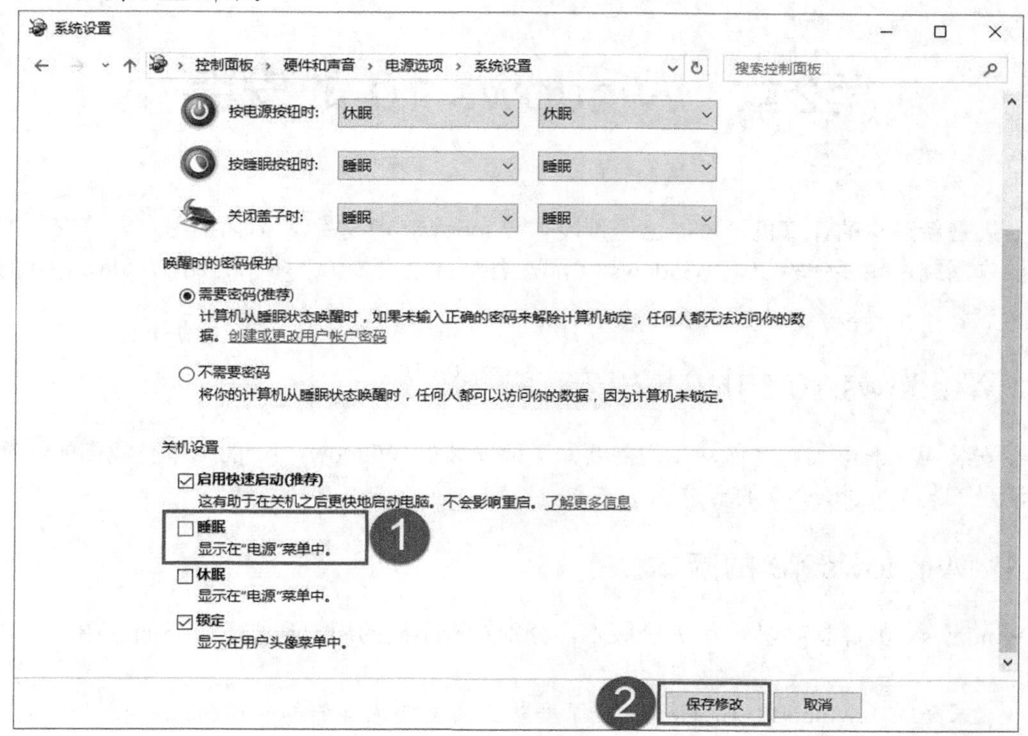

图1-21

图1-22

第2章 Windows 10 的安装

如果是新购买的计算机，可能已经预装了 Windows 10 系统。但如果用户之前安装的是其他操作系统，想要体验一下 Windows 10，就需要自己安装了，本章介绍 Windows 10 的安装和更新操作。

2.1 Windows 10 的版本和安装需求

在安装 Windows 10 之前，我们需要知道要安装的 Windows 10 的版本及我们的计算机是否满足安装 Windows 10 的要求。

2.1.1 Windows 10 的版本

Windows 10 目前被划分为 7 个版本，分别对应不同的用户和需求，下面介绍一下各个版本。

- 家庭版（Windows 10 Home）：家庭版主要面向大部分的普通用户，我们在商场里面购买的基本上都是预装的家庭版系统。这个版本将拥有 Windows 10 的主要功能：Cortana 语音助手、Edge 浏览器、面向触控屏设备的 Continuum 平板电脑模式、Windows Hello（脸部识别、虹膜、指纹登录）、串流 Xbox One 游戏的能力、微软开发的通用 Windows 应用（Photos、Maps、Mail、Calendar、Music 和 Video）。
- 专业版（Windows 10 Professional）：专业版主要面向中小型企业用户。除具有 Windows 10 家庭版的功能外，它还使用户能管理设备和应用，保护敏感的企业数据，支持远程和移动办公，使用云计算技术。另外，它还带有 Windows Update for Business，微软承诺该功能可以降低管理成本、控制更新部署，让用户更快地获得安全补丁软件。
- 企业版（Windows 10 Enterprise）：企业版主要面向中大型企业用户，企业版以专业版为基础，增添了大中型企业用来防范针对设备、身份、应用和敏感企业信息的现代安全威胁的先进功能，供微软的批量许可客户使用，用户能选择部署新技术的节奏，其中包括使用 Windows Update for Business 的选项。作为部署选项，Windows 10 企业版将提供长期服务分支。
- 教育版（Windows 10 Education）：教育版以 Windows 10 企业版为基础，面向学校职员、管理人员、教师和学生。它通过面向教育机构的批量许可计划提供给学校和教育机构。

- 移动版（Windows 10 Mobile）：移动版面向尺寸较小、配置触控屏的移动设备，如智能手机和小尺寸平板电脑，集成有与 Windows 10 家庭版相同的通用 Windows 应用和针对触控操作优化的 Office。部分新设备可以使用 Continuum 功能，因此连接外置大尺寸显示屏时，用户可以把智能手机当作计算机使用。
- 企业移动版（Windows 10 Mobile Enterprise）：企业移动版以 Windows 10 移动版为基础，面向企业用户。它将提供给批量许可客户使用，增添了企业管理更新，以及及时获得更新和安全补丁软件的方式。企业移动版适用于智能手机和小型平板设备。
- 物联网版（Windows 10 IoT Core）：面向小型低价设备，主要针对物联网设备，如 ATM、零售终端、手持终端和工业机器人等。

2.1.2 安装 Windows 10 的硬件要求

Windows 10 大幅降低了对硬件的要求，目前大部分的计算机都可以安装 Windows 10。微软给出的最低需求如下。

- 处理器：1GHz 或更快的处理器或 SoC。
- 内存：1GB（32 位）或 2GB（64 位）。
- 硬盘空间：16GB（32 位）或 20GB（64 位）。
- 显卡：支持 DirectX 9 或更高版本（包含 WDDM 1.0 驱动程序）。
- 显示器：分辨率最低应支持 800 × 600。

满足以上需求的计算机基本上都可以安装 Windows 10 操作系统。

2.2 安装操作系统前必读

随着时代的发展，操作系统的安装变得越来越简单，越来越智能化，需要用户干预的地方越来越少了。但是对于初学者而言，自行安装操作系统之前，有一些基础知识是必须要掌握的。如果没有做好准备就自行安装，很有可能安装失败。下面介绍一下安装操作系统之前需要掌握的基本知识。

2.2.1 BIOS——操作系统和硬件间的桥梁

BIOS 是英文 Basic Input Output System 的简称，直译过来后中文名称就是“基本输入输出系统”，是计算机中最重要的组成部分之一。它是一组固化到计算机内主板上一个 ROM 芯片上的程序，保存着计算机最重要的基本输入输出的程序、开机后自检程序和系统自启动程序，可以从 CMOS 中读写系统设置的具体信息。其主要功能是为计算机提供最底层的、最直接的硬件设置和控制。使用 BIOS 设置程序还可以排除系统故障或诊断系统问题。BIOS 应该是连接操作系统与硬件设备的一座“桥梁”，负责解决硬件的即时要求。

BIOS 设置程序是存储在 BIOS 芯片中的，BIOS 芯片是主板上一块长方形或正方形的芯片。早期的芯片有 ROM（只读存储器）、EPROM（可擦除可编程只读存储器）、E^2PROM（电可擦除可编程只读存储器）等。随着科技的进步和操作系统对硬件更高的响应要求，现在的

BIOS 程序一般存储在 NORFlash（非易失闪存）芯片中，NORFlash 除了容量比 E^2PROM 更大外，主要是 NORFlash 具有写入功能，运行计算机通过软件的方式进行 BIOS 的更新，而无须额外的硬件支持（通常 E^2PROM 的擦写需要不同的电压和条件），且写入速度快。

一、BIOS 的 3 个主要功能

- 中断服务程序：中断服务程序是计算机系统软、硬件之间的一个可编程接口，用于程序软件功能与计算机硬件实现的衔接。操作系统对外围设备的管理即建立在中断服务程序的基础上。程序员也可以通过对 INT 5、INT 13 等中断的访问直接调用 BIOS。
- 系统设置程序：计算机部件配置情况是放在一块可读写的 CMOS 芯片中的，它保存着系统 CPU、硬盘驱动器、显示器、键盘等部件的信息。关机后，系统通过一块后备电池向 CMOS 供电以保持其中的信息。如果 CMOS 中关于计算机的配置信息不正确，会导致系统性能降低、硬件不能识别，并由此引发一系列的软、硬件故障。在 BIOS ROM 芯片中装有一个"系统设置程序"，用来设置 CMOS 中的参数。这个程序一般在开机时按下一个或一组键即可进入，它提供了良好的界面供用户使用。这个设置 CMOS 参数的过程，习惯上也称为"BIOS 设置"。新购的计算机或新增了部件的系统，都需进行 BIOS 设置。
- 上电自检（POST）：计算机接通电源后，系统将有一个对内部各个设备进行检查的过程，这是由一个通常称之为 POST（Power On Self Test，上电自检）的程序来完成的，这也是 BIOS 的一个功能。POST 自检通过读取存储在 CMOS 中的硬件信息识别硬件配置，同时对其进行检测和初始化。自检中若发现问题，系统将给出提示信息或鸣笛警告。

有时我们需要修改 BIOS 的信息来进行操作系统的安装，那么如何进入 BIOS 界面呢。当打开计算机时，屏幕上一般会出现品牌机启动画面或主板 LOGO 画面，在屏幕的左下角一般都有一行字提示如何进入 BIOS 设置。我们按照提示按键盘上相应的按键即可。

下面列出了部分品牌主板和计算机进入 BIOS 设置界面的快捷键。由于同品牌计算机随着时间的不同，进入 BIOS 的方式也不太相同，如果按照提供的快捷键无法进入，请参考主板或计算机的说明书。

(1) DIY 组装机主板类。

- 华硕主板：F8。
- 技嘉主板：F12。
- 微星主板：F11。
- 映泰主板：F9。
- 梅捷主板：Esc 或 F12。
- 七彩虹主板：Esc 或 F11。
- 华擎主板：F11。
- 斯巴达卡主板：Esc。
- 昂达主板：F11。
- 双敏主板：Esc。

- 翔升主板：F10。
- 精英主板：Esc或F11。

(2) 品牌笔记本。

- 联想笔记本：F12。
- 宏碁笔记本：F12。
- 华硕笔记本：Esc。
- 惠普笔记本：F9。
- 戴尔笔记本：F12。
- 神舟笔记本：F12。
- 东芝笔记本：F12。
- 三星笔记本：F12。

(3) 品牌台式机。

- 联想台式机：F12。
- 惠普台式机：F12。
- 宏碁台式机：F12。
- 戴尔台式机：Esc。
- 神舟台式机：F12。
- 华硕台式机：F8。
- 方正台式机：F12。
- 清华同方台式机：F12。
- 海尔台式机：F12。
- 明基台式机：F8。

生产 BIOS 的厂商很多，并且品牌机会对 BIOS 进行自己的个性化定制，所以 BIOS 的界面各式各样，不过其中大部分都是英文界面。下面以某品牌计算机为例介绍 BIOS 选项，其他品牌计算机可能设置上有不一样的地方，但是大部分设置都是通用的。

- Main 标签：主要用来设置时间和日期。显示计算机的硬件相关信息，如序列号、CPU 型号、CPU 速度、内存大小等，如图 2-1 所示。

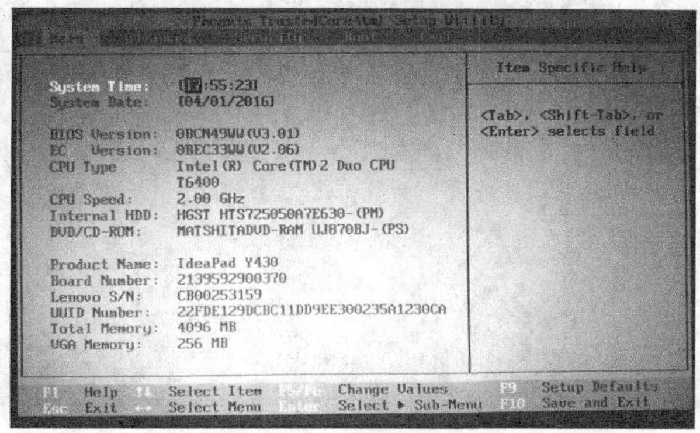

图2-1

- Advanced 标签：主要用来进行 BIOS 的高级设置。如启动方式、开机显示、USB 选项、硬盘工作模式等，如图 2-2 所示。

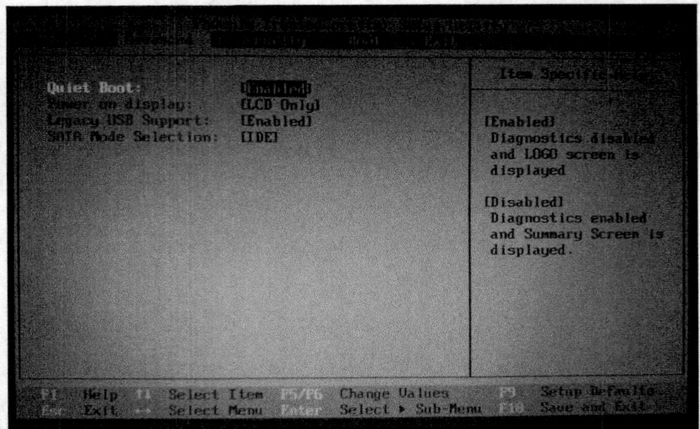

图2-2

- Security 标签：主要用来进行安全相关的设置。可以设置 BIOS 管理员密码、开机密码、硬盘密码，如图 2-3 所示。

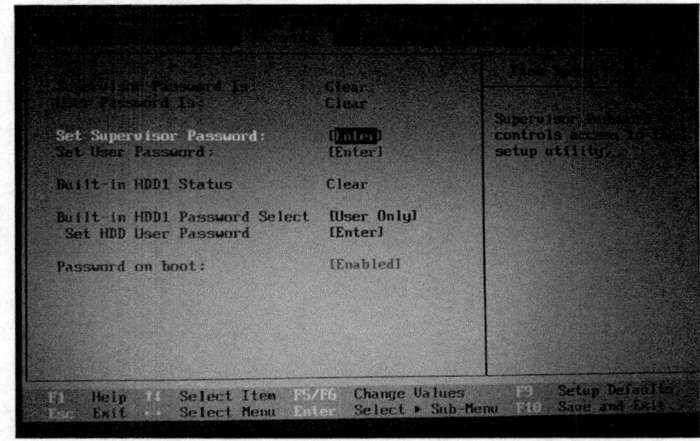

图2-3

- Boot 标签：用来设置计算机使用启动设备的顺序，如图 2-4 所示。

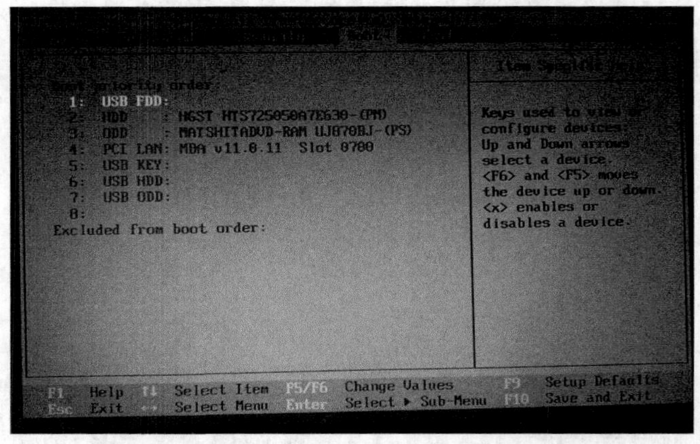

图2-4

- Exit 标签：退出 BIOS 设置。在这里可以选择保存当时的修改，或者放弃修改直接退出。如果 BIOS 设置出现问题，还可以在这个界面载入初始设置，如图

2-5 所示。

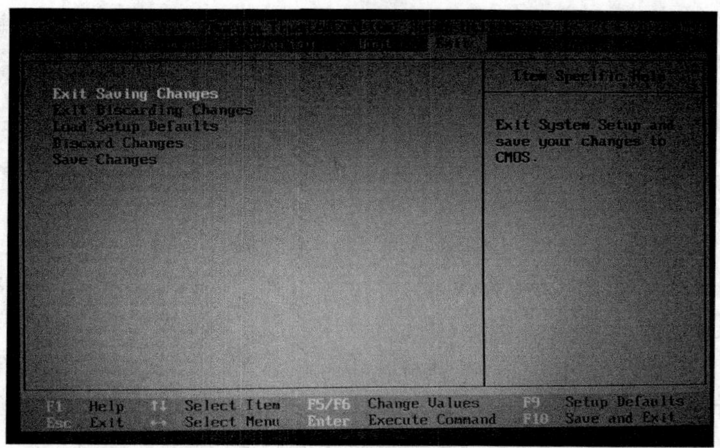

图2-5

二、主引导记录和分区表

(1) 主引导记录。

计算机开机后，BIOS 首先进行自检和初始化，然后开始准备操作系统数据。这时就需要访问硬盘上的主引导记录了。

主引导记录（MBR，Main Boot Record）是位于磁盘最前边的一段引导代码。它负责磁盘操作系统对磁盘进行读写时分区合法性的判别、分区引导信息的定位，它是由磁盘操作系统在对硬盘进行初始化时产生的。

通常，我们将包含 MBR 引导代码的扇区称为主引导扇区。因这一扇区中，引导代码占有绝大部分空间，故而习惯上将该扇区称为 MBR 扇区（简称 MBR）。由于这一扇区是管理整个磁盘空间的一个特殊空间，它不属于磁盘上的任何分区，因而分区空间内的格式化命令不能清除主引导记录的任何信息。

(2) 主引导记录的组成如下。

- 启动代码：主引导记录最开头是第一阶段引导代码。其中，硬盘引导程序的主要作用是检查分区表是否正确，并且在系统硬件完成自检以后将控制权交给硬盘上的引导程序（如 GNU GRUB）。它不依赖任何操作系统，而且启动代码也是可以改变的，从而能够实现多系统引导。
- 硬盘分区表：硬盘分区表占据主引导扇区的 64 个字节（偏移 01BEH～偏移 01FDH），可以对四个分区的信息进行描述，其中每个分区的信息占据 16 个字节。每个字节的定义可以参考硬盘分区结构信息。
- 结束标志：结束标志字 55 AA（偏移 1FEH～偏移 1FFH）最后两个字节，是检验主引导记录是否有效的标志。

(3) 分区表。

分区表是存储磁盘分区信息的一段区域。

传统的分区方案（称为 MBR 分区方案）是将分区信息保存到磁盘的第一个扇区（MBR 扇区）中的 64 个字节中，每个分区项占用 16 个字节，这 16 个字节中存有活动状态标志、

文件系统标识、起止柱面号、磁头号、扇区号、隐含扇区数目（4 个字节）、分区总扇区数目（4 个字节）等内容。因为 MBR 扇区只有 64 个字节用于分区表，所以只能记录 4 个分区的信息。这就是硬盘主分区数目不能超过 4 个的原因。后来为了支持更多的分区，引入了扩展分区及逻辑分区的概念，但每个分区项仍用 16 个字节存储。

2.2.2 磁盘分区

计算机中存放信息的主要存储设备就是硬盘，但是硬盘不能直接使用，必须对硬盘进行分割，分割成的一块一块的硬盘区域就是磁盘分区。在传统的磁盘管理中，将一个硬盘分为两大类分区：主分区和扩展分区。

- 主分区：主分区通常位于硬盘最前面的一块区域中，构成逻辑 C 磁盘。其中的主引导程序是它的一部分，此段程序主要用于检测硬盘分区的正确性，并确定活动分区，负责把引导权移交给活动分区的操作系统。如果这个分区的数据损坏将无法从硬盘启动操作系统。
- 扩展分区：除主分区外的其他用于存储的磁盘区域，我们叫它扩展分区。扩展分区不可以直接进行存储数据，它需要分成逻辑磁盘才可以被用来读写数据。如图 2-6 所示，左侧深蓝色的区域就是主分区，右侧浅蓝色部分是扩展分区。“D:”和“E:”是两个逻辑磁盘。

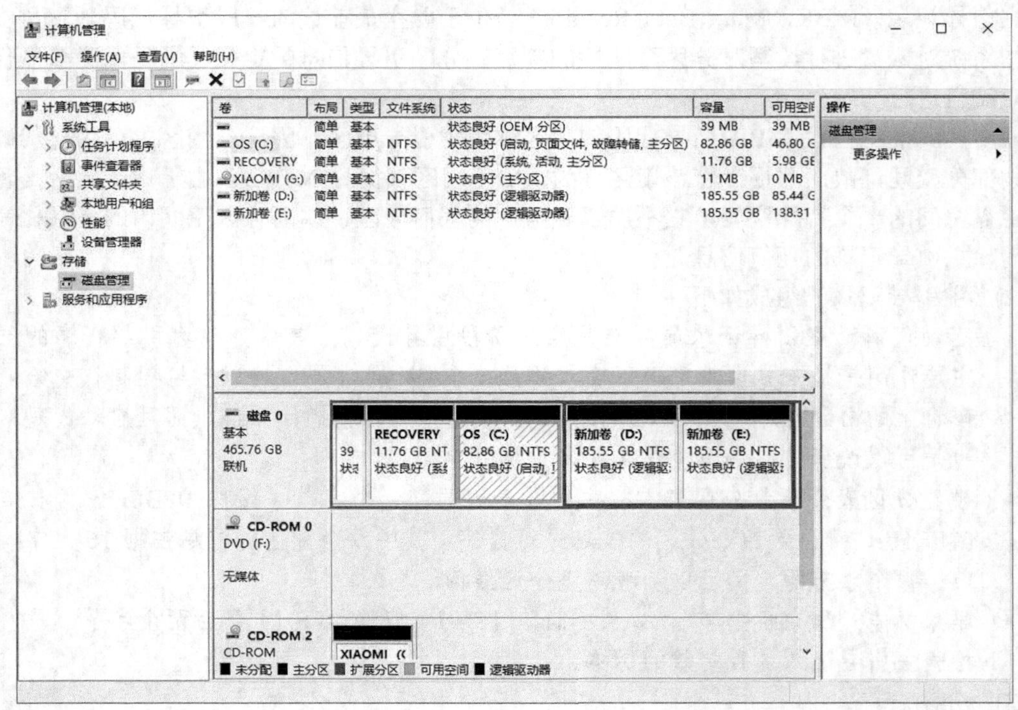

图2-6

2.2.3 UEFI——新的计算机硬件接口

UEFI，全称“统一的可扩展固件接口”（Unified Extensible Firmware Interface），是一种详细描述类型接口的标准。这种接口用于操作系统自动从预启动的操作环境，加载到一种操作系统上。

UEFI 是以 EFI 1.10 为基础发展起来的。EFI 中文名为“可扩展固件接口”，是 Intel 为 PC 固件的体系结构、接口和服务提出的建议标准。其主要目的是为了提供一组在 OS（操作系统）加载之前（启动前）在所有平台上一致的、正确指定的启动服务，被看作是有 20 多年历史的 BIOS 的继任者。

与传统的 BIOS 相比，UEFI 有以下优点。

- 纠错特性：与 BIOS 显著不同的是，UEFI 是用模块化、C 语言风格的参数堆栈传递方式、动态链接的形式构建系统，它比 BIOS 更易于实现，容错和纠错特性更强，从而缩短了系统研发的时间。更加重要的是，它运行于 32 位或 64 位模式，突破了传统 16 位代码的寻址能力，达到处理器的最大寻址，此举克服了 BIOS 代码运行缓慢的弊端。
- 兼容性：与 BIOS 不同的是，UEFI 体系的驱动并不是由直接运行在 CPU 上的代码组成的，而是用 EFI Byte Code（EFI 字节代码）编写而成的。Java 是以“Byte Code”形式存在的，正是这种没有一步到位的中间性机制，使 Java 可以在多种平台上运行。UEFI 也借鉴了类似的做法。EFI Byte Code 是一组用于 UEFI 驱动的虚拟机器指令，必须在 UEFI 驱动运行环境下被解释运行，由此保证了充分的向下兼容性。一个带有 UEFI 驱动的扩展设备既可以安装在使用安卓的系统中，也可以安装在支持 UEFI 的新 PC 系统中，它的 UEFI 驱动不必重新编写，这样就无须考虑系统升级后的兼容性问题。基于解释引擎的执行机制，还大大降低了 UEFI 驱动编写的复杂门槛，所有的 PC 部件提供商都可以参与。
- 鼠标操作：UEFI 内置图形驱动功能，可以提供一个高分辨率的彩色图形环境，用户进入后能用鼠标单击调整配置，一切就像操作 Windows 系统下的应用软件一样简单。
- 可扩展性：UEFI 将使用模块化设计，它在逻辑上分为硬件控制与 OS 软件管理两部分，硬件控制为所有 UEFI 版本所共有，而 OS 软件管理其实是一个可编程的开放接口。借助这个接口，主板厂商可以实现各种丰富的功能。比如我们熟悉的各种备份及诊断功能可通过 UEFI 加以实现，主板或固件厂商可以将它们作为自身产品的一大卖点。UEFI 也提供了强大的联网功能，其他用户可以对你的主机进行可靠的远程故障诊断，而这一切并不需要进入操作系统。

因为 UEFI 标准出现的比较晚，所以如果启用了 UEFI，则只能安装特定版本的 Windows。Windows 支持 UEFI 的情况如图 2-7 所示。

平台	操作系统	系统盘		系统启动方式	数据盘
		GPT	UEFI		GPT
Windows	Windows XP 32bit	不支持	不支持	1	不支持
	Windows XP 64bit	不支持	不支持	1	支持
	Windows Vista/7 32bit	不支持	不支持	1	支持
	Windows Vista/7 64bit	GPT 需要 UEFI		1、2	支持
	Windows 8/8.1 32bit	不支持	支持	1	支持
	Windows 8/8.1 64bit	GPT 需要 UEFI		1、2	支持
	Windows 10 32bit	不支持	支持	1	支持
	Windows 10 64bit	GPT 需要 UEFI		1、2	支持

图2-7

2.2.4 MBR 分区表和 GPT 分区表

由于磁盘容量越来越大，传统的 MBR（主引导记录）分区表已经不能满足大容量磁盘的需求。传统的 MBR 分区表只能识别磁盘前面的 2.2TB 左右的空间，对于后面的多余空间只能浪费掉了，而对于单盘 4TB 的磁盘，只能利用一半的容量。因此，就有了 GPT（全局唯一标识）分区表。

除此以外，MBR 分区表只能支持 4 个主分区或 3 个主分区+1 个扩展分区（包含随意数目的逻辑分区），而 GPT 分区表在 Windows 下可以支持多达 128 个主分区。

下面介绍 MBR 分区表和 GPT 分区表的区别。

一、MBR 分区表

在传统硬盘分区模式中，引导扇区是每个分区（Partition）的第一扇区，而主引导扇区是硬盘的第一扇区。它由 3 部分组成，主引导记录 MBR、硬盘分区表 DPT 和硬盘有效标志。在总共 512 字节的主引导扇区里，MBR 占 446 个字节；第二部分是 Partition table 区（分区表），即 DPT，占 64 个字节，硬盘中分区有多少及每一分区的大小都记在其中；第三部分是 magic number，占 2 个字节，固定为 55AA。一个扇区的硬盘主引导记录 MBR 由 3 部分组成。

- 主引导程序（偏移地址 0000H ~ 0088H），它负责从活动分区中装载，并运行系统引导程序。
- 分区表（DPT，Disk Partition Table）含 4 个分区项，偏移地址 01BEH ~ 01FDH，每个分区表项长 16 个字节，共 64 字节为分区项 1、分区项 2、分区项 3、分区项 4。
- 结束标志字，偏移地址 01FE ~ 01FF 的 2 个字节值为结束标志 55AA，如果该标志错误系统就不能启动。

二、GPT 分区表

GPT 的分区信息是在分区中，而不像 MBR 一样在主引导扇区，为保护 GPT 不受 MBR

类磁盘管理软件的危害，GPT 在主引导扇区建立了一个保护分区（Protective MBR）的 MBR 分区表（此分区并不必要），这种分区的类型标识为 0xEE，这个保护分区的大小在 Windows 下为 128MB，Mac OS X 下为 200MB，在 Window 磁盘管理器里名为 GPT 保护分区，可让 MBR 类磁盘管理软件把 GPT 看成一个未知格式的分区，而不是错误地当成一个未分区的磁盘。

另外，为了保护分区表，GPT 的分区信息在每个分区的头部和尾部各保存了一份，以便分区表丢失以后进行恢复。

基于 x86/64 的 Windows 想要从 GPT 磁盘启动，主板的芯片组必须支持 UEFI（这是强制性的，但是如果仅把 GPT 用作数据盘则无此限制），如 Windows 8/Windows 8.1 支持从 UEFI 引导的 GPT 分区表上启动，大多数预装 Windows 8 系统的计算机也逐渐采用了 GPT 分区表。至于如何判断主板芯片组是否支持 UEFI，一般可以查阅主板说明书或厂商的网站，也可以通过查看 BIOS 设置里面是否有 UEFI 字样。

2.2.5 配置基于 UEFI/GPT 的硬盘驱动器分区

当我们在基于 UEFI 的计算机安装 Windows 时，必须使用 GUID 分区表（GPT）文件系统对包括 Windows 分区的硬盘驱动器进行格式化。其他驱动器可以使用 GPT 或主启动记录（MBR）文件格式。

一、Windows RE 工具分区

- 该分区必须至少为 300MB。
- 该分区必须为 Windows RE 工具映像（winre.wim，至少为 250MB）分配空间，此外，还要有足够的可用空间以便备份实用程序捕获到该分区。
- 如果该分区小于 500MB，则必须至少具有 50MB 的可用空间。
- 如果该分区等于或大于 500MB，则必须至少具有 320MB 的可用空间。
- 如果该分区大于 1GB，我们建议应至少具有 1GB 的可用空间。
- 该分区必须使用 Type ID: DE94BBA4-06D1-4D40-A16A-BFD50179D6AC。
- Windows RE 工具应处于独立分区（而非 Windows 分区），以便为自动故障转移和启动 Windows BitLocker 驱动器加密的分区提供支持。

二、系统分区

- 计算机应含有一个系统分区。在可扩展固件接口（EFI）和 UEFI 系统上，这也可称为 EFI 系统分区或 ESP。该分区通常存储在主硬盘驱动器上，计算机启动到该分区。
- 该分区的最小规格为 100MB，必须使用 FAT32 文件格式进行格式化。
- 该分区由操作系统加以管理，不应含有任何其他文件，包括 Windows RE 工具。
- 对于 Advanced Format 4K Native（4-KB-per-sector）驱动器，由于 FAT32 文件格式的限制，大小最小为 260MB。FAT32 驱动器的最小分区大小可按以下方式计算：扇区大小（4KB）× 65527=256MB。

- Advanced Format 512e 驱动器不受此限制的影响，因为其模拟扇区大小为 512 字节。512 字节 × 65527=32MB，比该分区的最小值 100MB 要小。

下面介绍下默认分区配置和建议分区配置。

默认配置：Windows RE 工具、系统、MSR 和 Windows 分区。

Windows 安装程序默认配置包含 Windows 恢复环境 Windows RE 工具分区、系统分区、MSR 和 Windows 分区。图 2-8 所示显示了该配置。该配置可让 BitLocker Drive Encryption 投入使用，并将 Windows RE 存储在隐藏的系统分区中。通过使用该配置，可以将系统工具（如 Windows BitLocker 驱动器加密和 Windows RE）添加到自定义 Windows 安装。

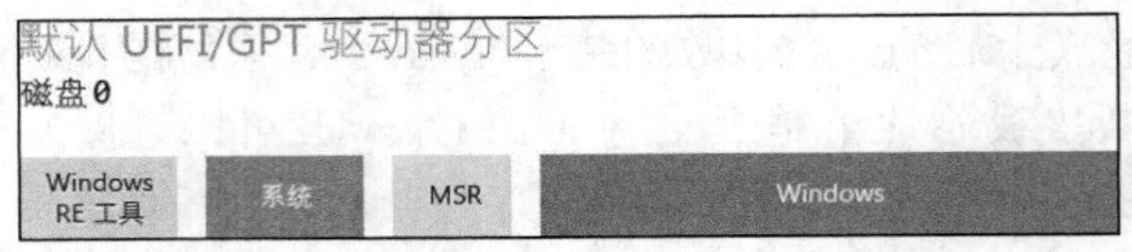

图2-8

建议配置包括 Windows RE 工具分区、系统分区、MSR、Windows 分区和恢复映像分区。以下图表显示了该配置，如图 2-9 所示。

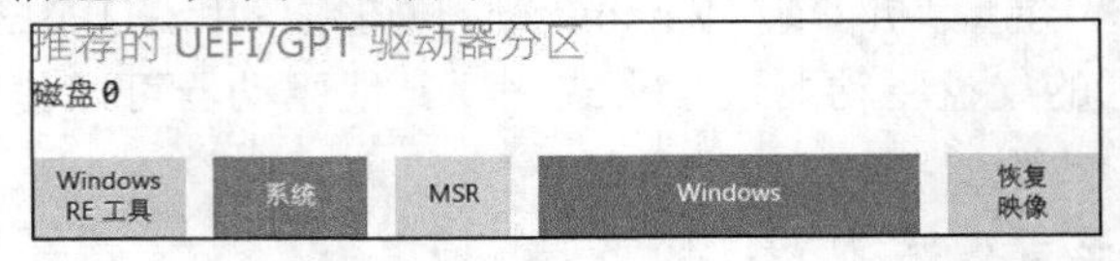

图2-9

在添加 Windows 分区之前添加 Windows RE 工具分区和系统分区，最后添加包含恢复映像的分区。在删除恢复映像分区或更改 Windows 分区大小的此类操作期间，这一分区顺序有助于维护系统和 Windows RE 工具分区的安全。

2.2.6 检测计算机是使用 UEFI 还是传统 BIOS 固件

要查看计算机固件的设置，进入开机设置界面是最好的办法，如果进入操作系统后，我们还想查看固件信息，那怎么实现呢？

1. 同时按键盘上的 Win 键和 R 键，打开“运行”对话框，输入“msinfo32”并按 Enter 键，如图 2-10 所示。

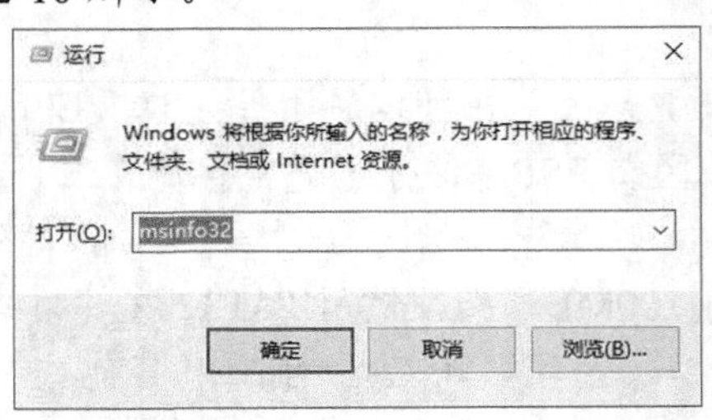

图2-10

2. 在弹出的“系统信息”窗口中，可以看到 BIOS 模式：如果值为“传统”，则为 BIOS 固件；如果值是“UEFI”，则为 UEFI 固件，如图 2-11 所示。

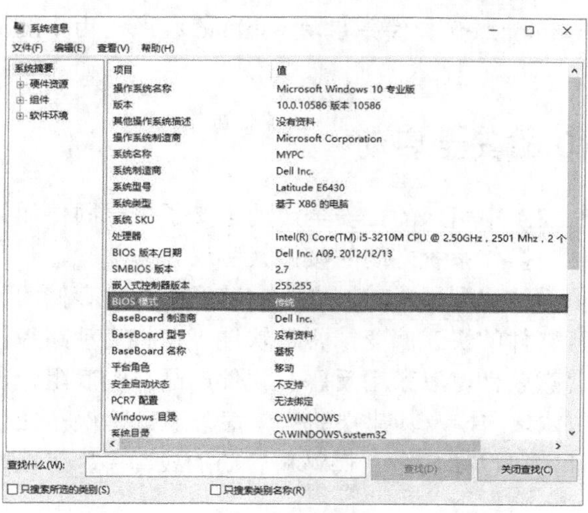

图2-11

2.2.7 Windows 的启动过程

掌握 Windows 的启动过程会对以后的计算机问题分析中有很大的帮助，下面简要介绍 Windows 的启动过程。

一、从 BIOS 启动的过程

- 当打开电源后，BIOS 首先执行上电自检（POST）过程，如果自检出现问题，此时无法启动计算机，并且系统会报警。自检完成后，BIOS 开始读取启动设备启动数据。如果是从硬盘启动的话，BIOS 会读取硬盘中的主引导记录（MBR），然后由主引导记录进行下一步操作。
- 主引导记录（MBR）搜索分区表并找到活动分区，然后读取活动分区的启动管理器（bootmgr），把它写入内存并执行，这一步之后，主引导记录的操作完成，下一步由 bootmgr 进行以后的操作。
- 启动管理器执行活动分区 boot 目录下的启动配置数据（BCD），启动配置数据中存储了操作系统启动时需要的各种配置。如果有多个操作系统，则启动管理器会让用户选择要启动的操作系统。如果只有一个操作系统，则启动管理器直接启动这个操作系统。
- 启动管理器运行 Windows\system32 目录下的 winload.exe 程序，然后启动管理器的任务就结束了。winload 程序会完成后续的启动过程。

二、从 UEFI 启动 Windows 的过程

- 打开电源后，UEFI 模块会读取启动分区内的 bootmgfw.efi 文件并执行它，然后由 bootmgfw 执行后续的操作。

bootmgfw 程序读取分区内的 BCD 文件（启动配置数据）。此时和 BIOS 启动一样，如果有多个操作系统，会提示用户选择要启动的操作系统；如果只有一个，则默认启动当前操作系统。

- bootmgfw 读取 winload.efi 文件并启动 winload 程序，由 winload 程序完成后续的启动过程。

2.2.8 Windows 10 的安全启动

安全启动是在 UEFI 2.3.1 中引入的，安全启动定义了平台固件如何管理安全证书，如何进行固件验证及定义固件与操作系统之间的接口（协议）。

微软的平台完整性体系结构利用 UEFI 安全启动及固件中存储的证书与平台固件之间创建一个信任根。随着恶意软件的快速演变，恶意软件正在将启动路径作为首选攻击目标。此类攻击很难防范，因为恶意软件可以禁用反恶意软件产品，彻底阻止加载反恶意软件。借助 Windows 10 的安全启动体系结构及其建立的信任根，通过确保在加载操作系统之前，仅能够执行已签名并获得认证的“已知安全”代码和启动加载程序，可以防止用户在根路径中执行恶意代码。

2.3 全新安装 Windows 10

如果我们的计算机系统是 Windows Vista 或之前的操作系统，或者购买计算机时没有预装任何操作系统，这时就需要全新安装 Windows 10。

2.3.1 安装前的准备工作

在进行 Windows 10 的安装前，为了安装的顺利进行，我们首先要做一些准备工作。

- 检查计算机的硬件设置是否满足 Windows 10 的安装需求。Windows 10 的安装需求可以参照 2.1.2 小节的说明。
- 准备好 Windows 10 的安装文件。如果从光盘安装，由于微软目前在中国不销售 Windows 10 操作系统的安装光盘，我们需要从官网下载镜像并刻录到光盘。
- 如果是原有的计算机，在安装 Windows 10 之前，需要先对计算机的数据进行备份。

2.3.2 安装 Windows 10

做好了相关的准备工作后，我们就可以正式开始安装 Windows 10 了。我们以光盘安装为例来进行说明。

1. 设置计算机从光盘启动。由于大部分计算机默认都是从硬盘启动，因此安装操作系统前，需要先将启动方式修改为从光盘启动计算机。设置好之后我们就可以打开计算机电源，将光盘放入光驱。
2. 启动计算机后，计算机会读取光盘内容运行 Windows 10 的安装程序，首先进入安装环境设置阶段，设置好语言、时间和货币格式、键盘和输入方法后，单击“下一步”按钮，如图 2-12 所示。

3. 在弹出的窗口中单击“现在安装”按钮，如图 2-13 所示。

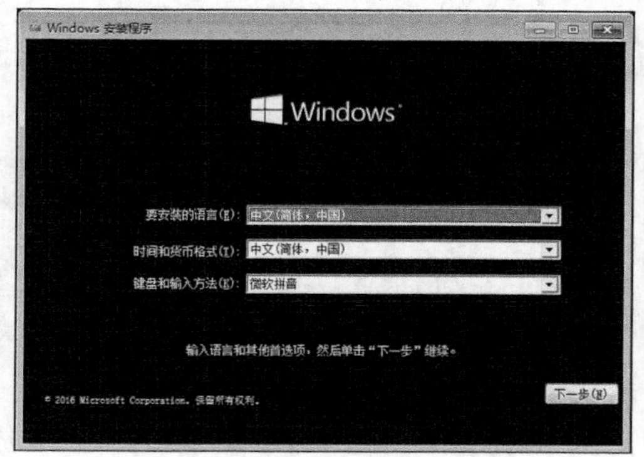

图2-12

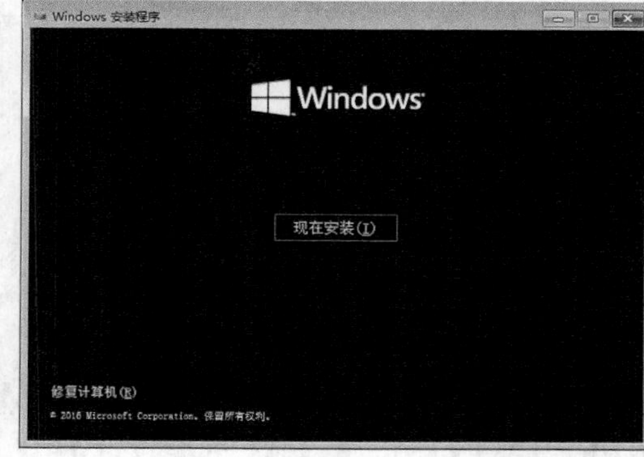

图2-13

4. 如果安装的 Windows 10 操作系统是零售版的，则需要输入序列号进行验证，输入完成后单击“下一步”按钮，如图 2-14 所示。

5. 勾选“我接受许可条款”选项，然后单击“下一步”按钮，如图 2-15 所示。

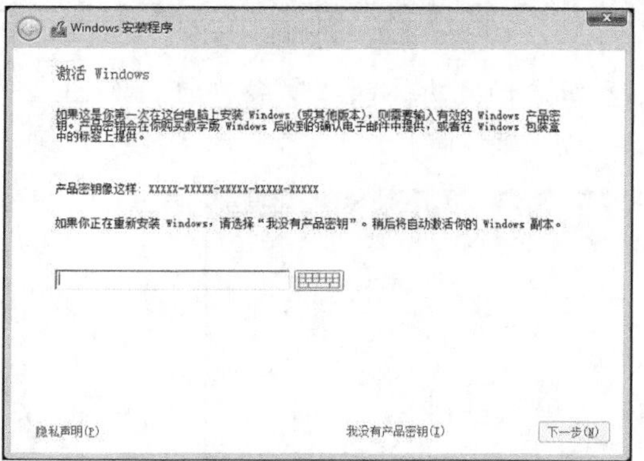

图2-14

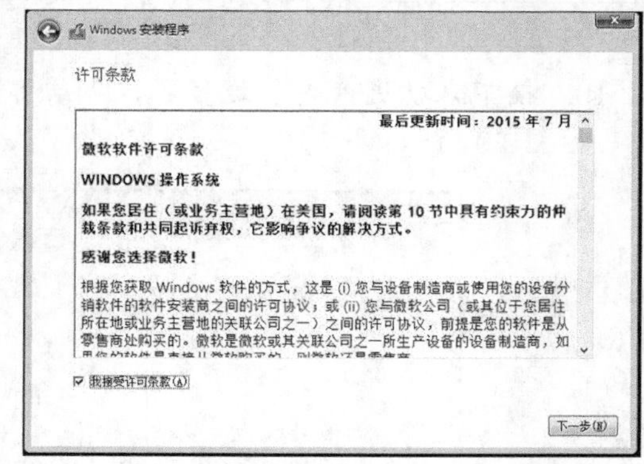

图2-15

6. 选择安装方式。在弹出的“你想执行哪种类型的安装”窗口中，选择下面的“自定义：仅安装 Windows（高级）(C)”选项，如图 2-16 所示。

7. 在弹出的窗口中，单击右下方的“新建”按钮，然后设置空间的大小，单击“应用”按钮，如图 2-17 所示。

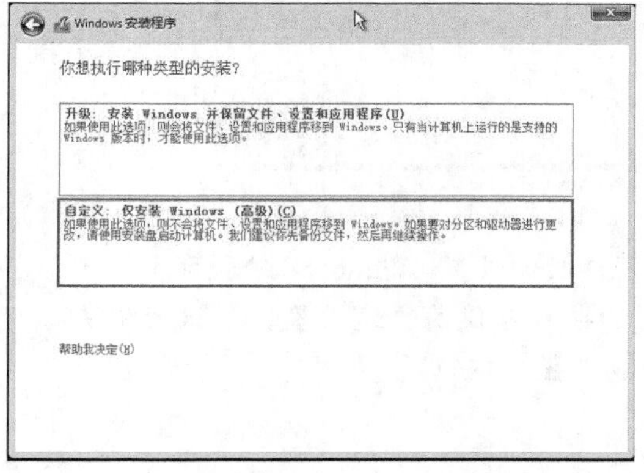

图2-16

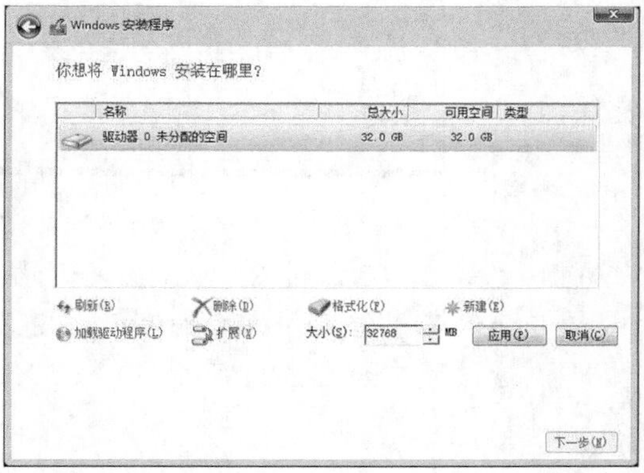

图2-17

8. 此时会弹出对话框，提示“若要确保 Windows 的所有功能都能正常使用，Windows 可能要为系统文件创建额外的分区”，单击“确定”按钮，如图 2-18 所示。
9. 选择要安装的分区，然后单击“下一步”按钮，如图 2-19 所示。

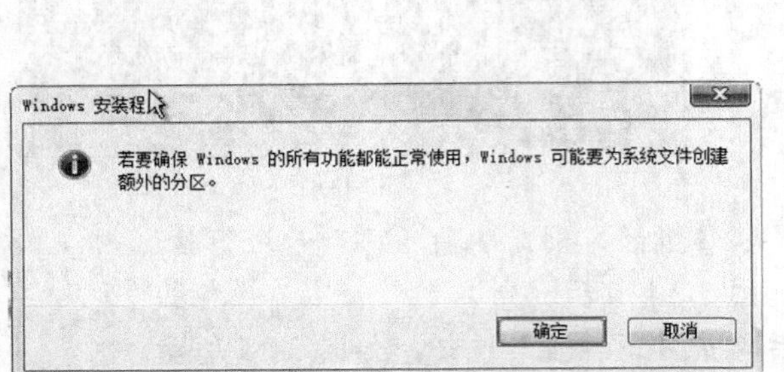

图2-18

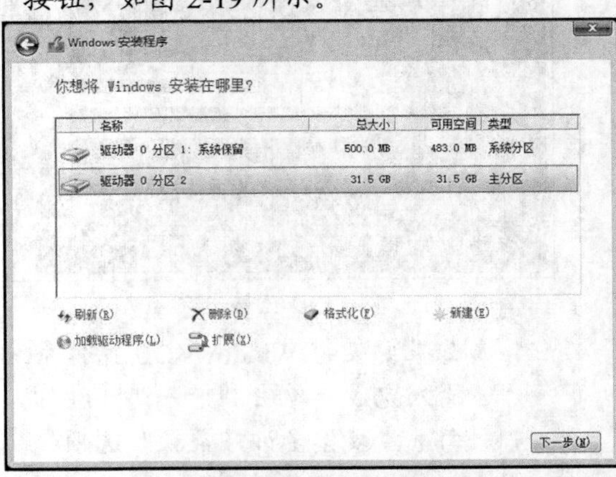

图2-19

10. 接下来就进入安装过程了，期间可能要重新启动几次，耐心等待即可，如图 2-20 所示。

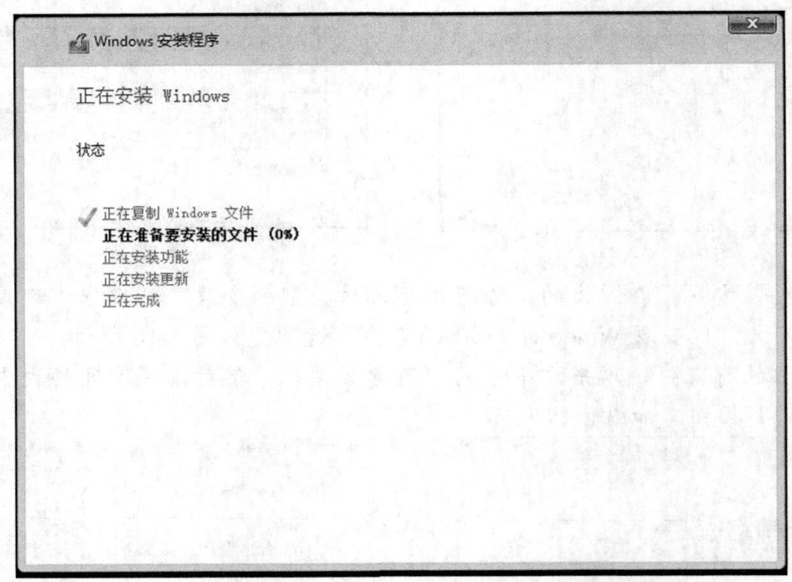

图2-20

11. 重新启动后，进入“快速上手”界面，允许我们设置 Windows 的联系人、日历和位置信息等，我们可以自定义设置，也可以使用快速设置。建议使用快速设置，如图 2-21 所示。单击“使用快速设置”按钮。

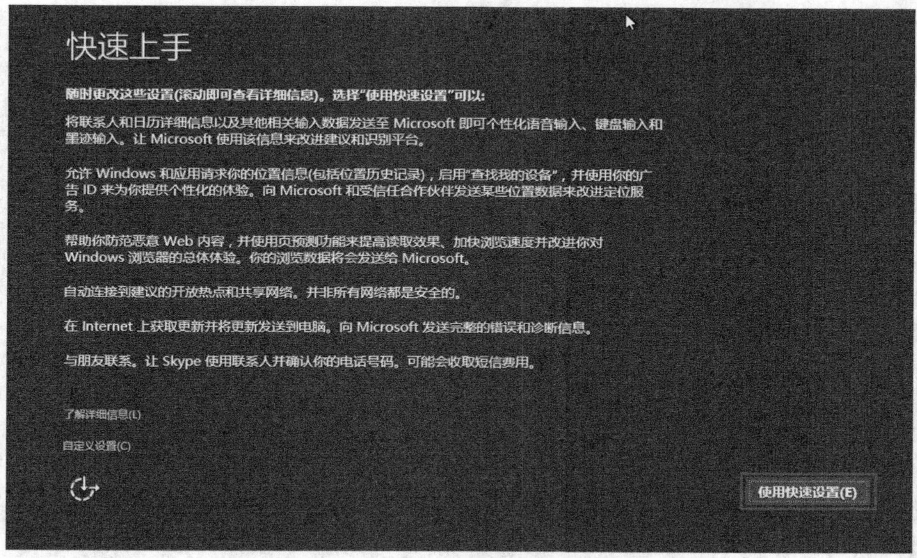

图2-21

12. 如果安装的是专业版的系统，此时会让您选择计算机的归属，做好选择后进入下一步即可。我们以“我拥有它”为例进行下一步操作，如图 2-22 所示。

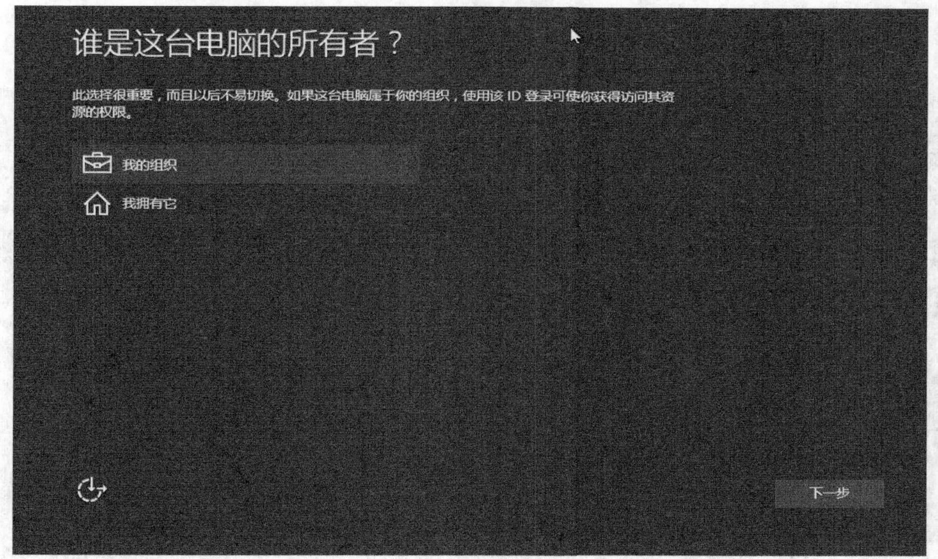

图2-22

13. 个性化设置界面。如果有 Microsoft 账户，则现在就可以登录，如果没有 Microsoft 账户还可以在此页面进行创建。当我们不想使用 Microsoft 账户时，可以选择跳过此步骤，如图 2-23 所示。

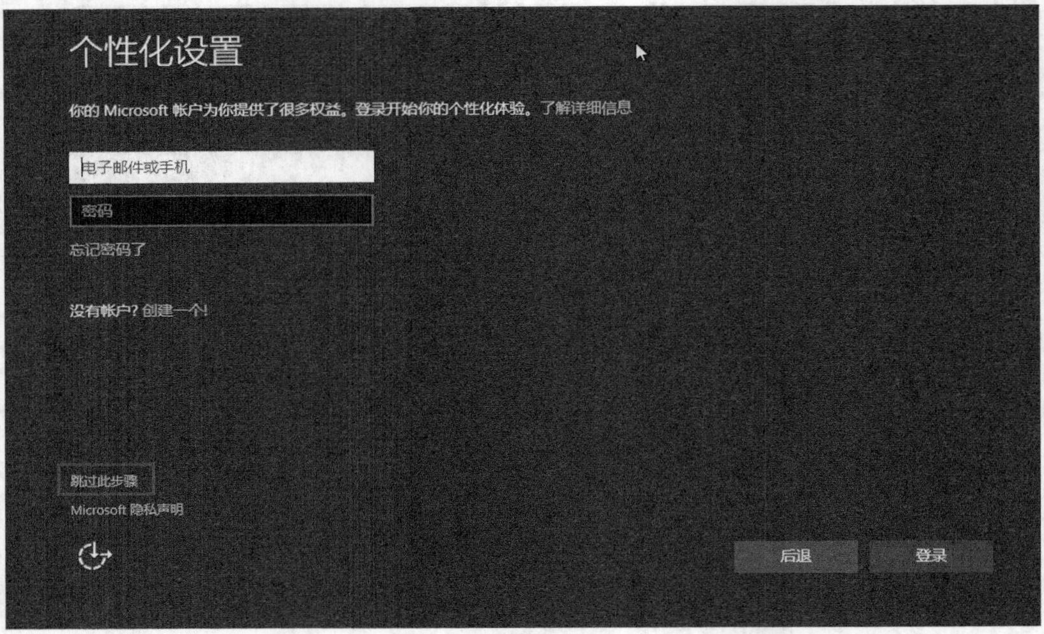

图2-23

14. 创建账户。我们输入使用这台计算机的用户名，然后输入密码和密码提示，单击“下一步”按钮，如图 2-24 所示。

图2-24

15. 经过一段时间的等待之后，Windows 10 完成了最终的安装，我们可以开始使用了，如图 2-25 所示。

图2-25

2.4 升级安装 Windows 10

全新安装操作系统后，需要重新安装工作所需要的软件，计算机也要重新设置，那么有没有更好的办法呢，这就是升级安装 Windows 10。

2.4.1 适合升级为 Windows 10 的系统

那么哪些系统可以升级到 Windows 10 呢，Windows 7 和 Windows 8 的部分版本可以免费升级到 Windows 10，如图 2-26 和图 2-27 所示。

Windows 7[2]	
升级之前的版本	升级之后的版本
Windows 7 简易版	Windows 10 家庭版
Windows 7 家庭普通版	
Windows 7 家庭高级版	
Windows 7 专业版	Windows 10 专业版
Windows 7 旗舰版	

图2-26

Windows 8[3]	
升级之前的版本	升级之后的版本
Windows Phone 8.1[5]	Windows 10 移动版
Windows 8.1[4]	Windows 10 家庭版
Windows 8.1 专业版	Windows 10 专业版
Windows 8.1 专业版（面向学生）	

图2-27

2.4.2 升级为 Windows 10

我们以 Windows 7 升级安装为例，介绍安装 Windows 10 的方法。

1. 将光盘放入光驱中，在弹出的“自动播放”窗口中单击“运行 setup.exe”，如图 2-28 所示。
2. 在弹出的“用户账户控制”对话框中，单击“是”按钮，如图 2-29 所示。

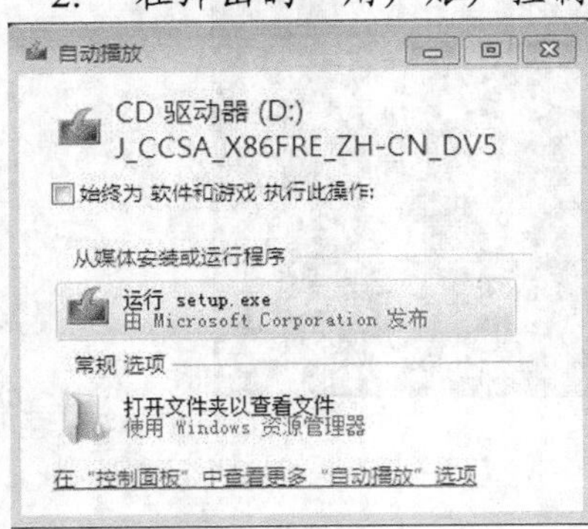

图2-28

图2-29

3. 在弹出的“获取重要更新”窗口中，保留默认设置，直接单击“下一步”按钮，如图 2-30 所示。安装程序此时会检查计算机是否符合安装 Windows 10 的要求。

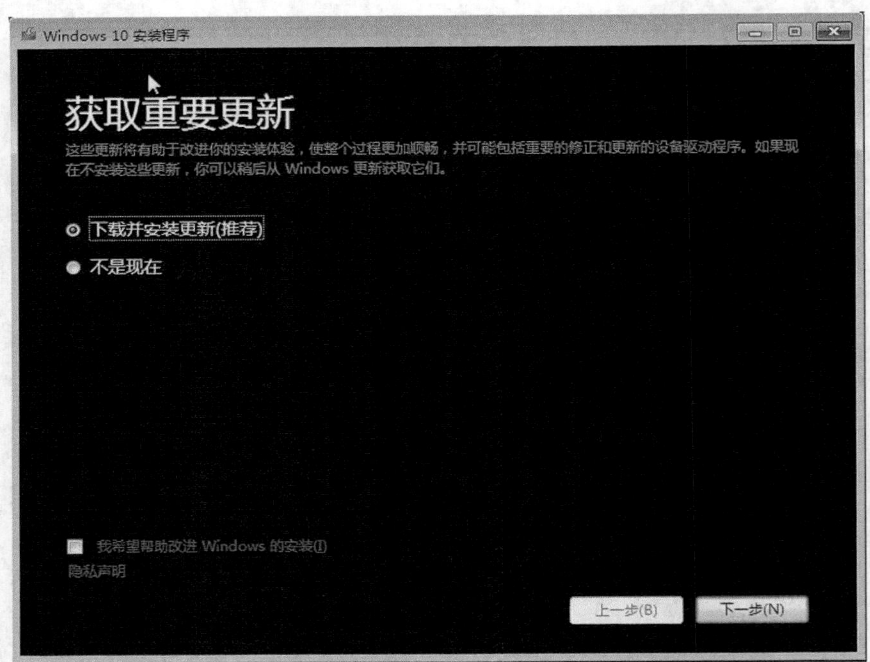

图2-30

4. 完成检查后，此时会要求输入密钥，输入正确的密钥后，单击“下一步”按钮，如图 2-31 所示。

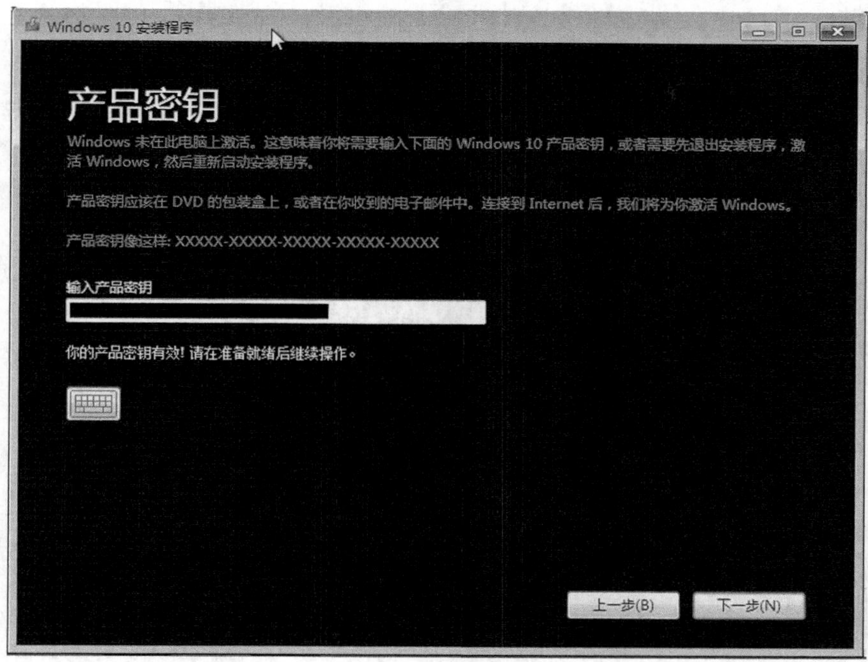

图2-31

5. 此时弹出软件许可条款，单击“接受”按钮，进入下一步，如图 2-32 所示。

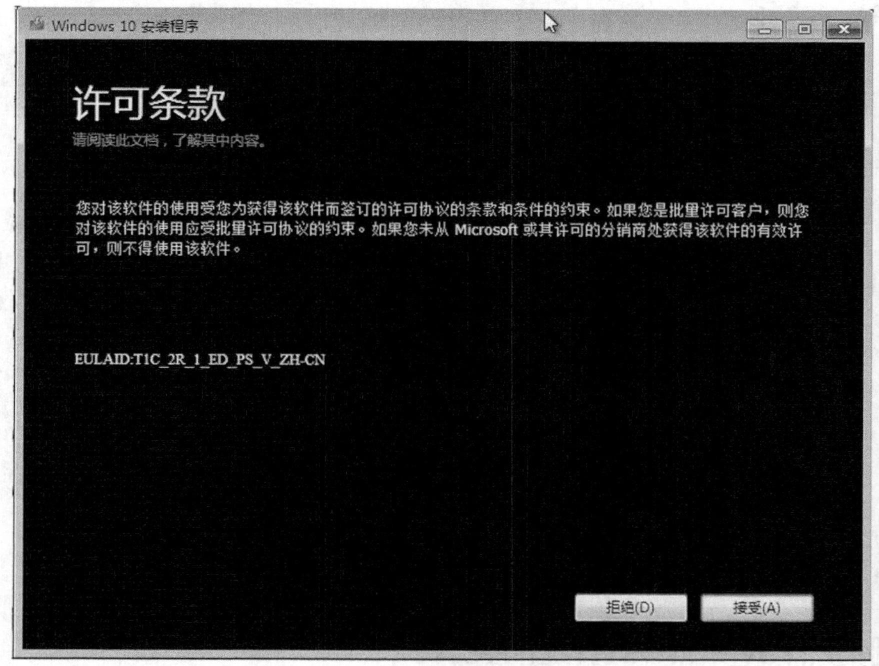

图2-32

6. 经过一段时间的等待之后，Windows 会提示准备就绪，可以安装，此时可以选择保留个人文件和应用，然后单击“安装”按钮，如图 2-33 所示。

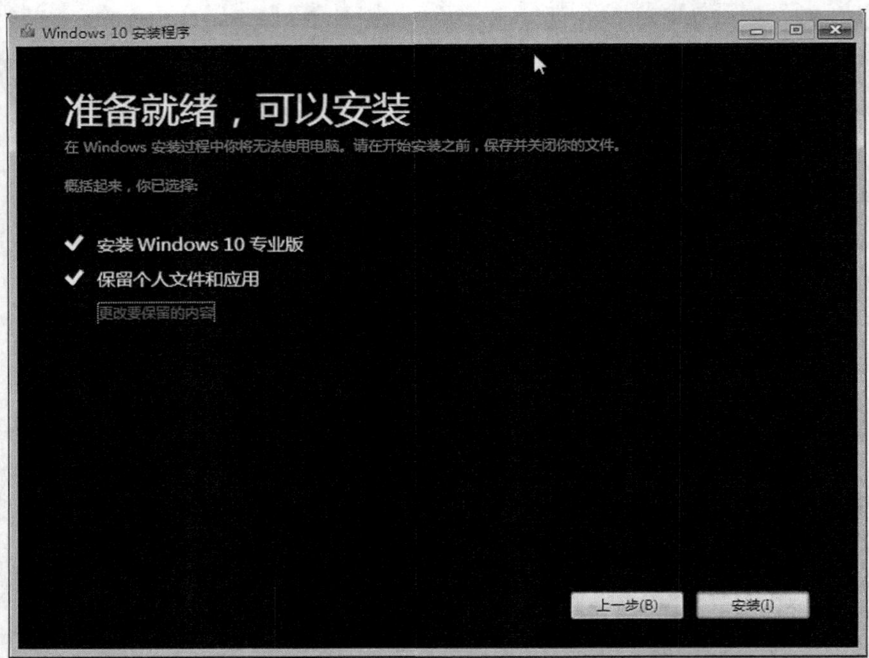

图2-33

7. 耐心等待 Windows 10 进行安装即可，此时 Windows 可能要重新启动几次，如图 2-34 所示。

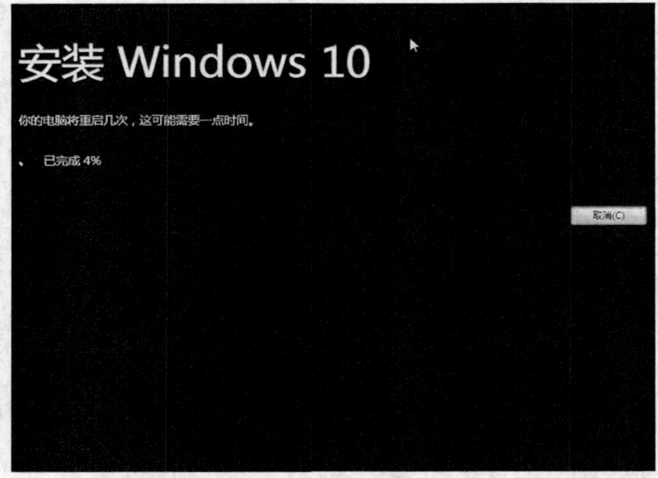

图2-34

8. 之后的过程和全新安装 Windows 的过程一样，不再赘述。

2.4.3 删除旧 Windows 系统的文件夹

如果我们使用的是升级安装的方式安装的 Windows 10，那么在系统盘目录下会出现一个名为 Windows.old 的文件夹，如图 2-35 所示。这个文件夹一般占用 5GB 以上的空间，主要用来保存旧 Windows 系统的系统分区数据。

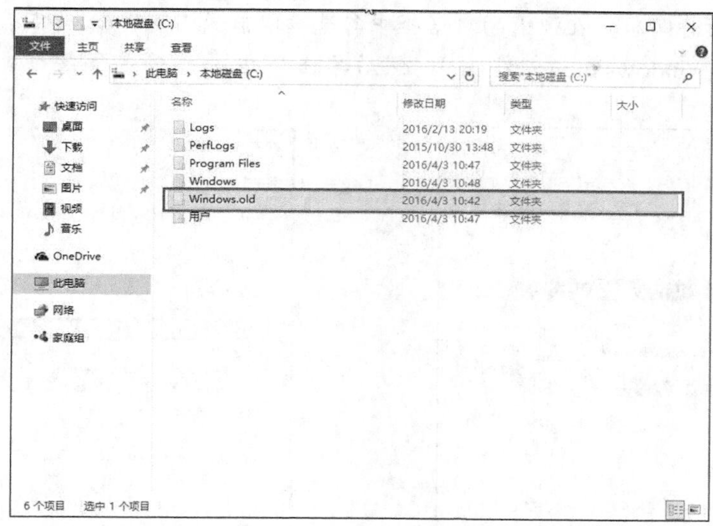

图2-35

如果我们的系统分区空间不是很大，那么可以清理这个文件夹以释放磁盘空间给其他程序或文件使用。因为里面存储了一些系统文件，我们是无法直接删除这个文件夹的。可以使用 Windows 系统自带的磁盘清理工具来删除这个文件夹。下面介绍具体的操作步骤。

1. 右键单击“本地磁盘 C”，在弹出的快捷菜单中选择“属性”命令，在弹出的对话框中单击“磁盘清理”按钮，如图 2-36 所示。此时 Windows 会搜集可以清理的内容，如图 2-37 所示。

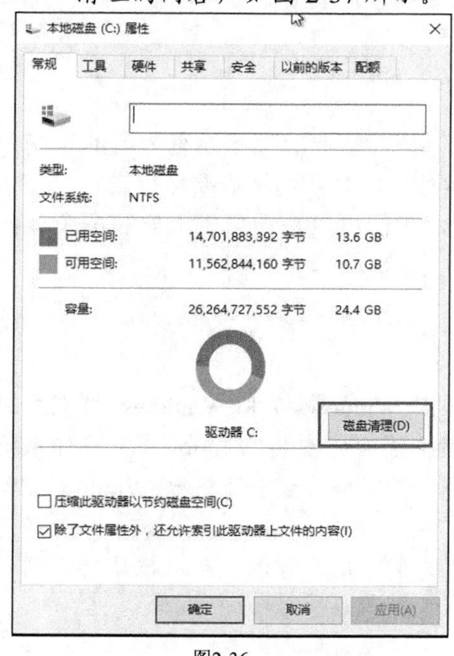

图2-36

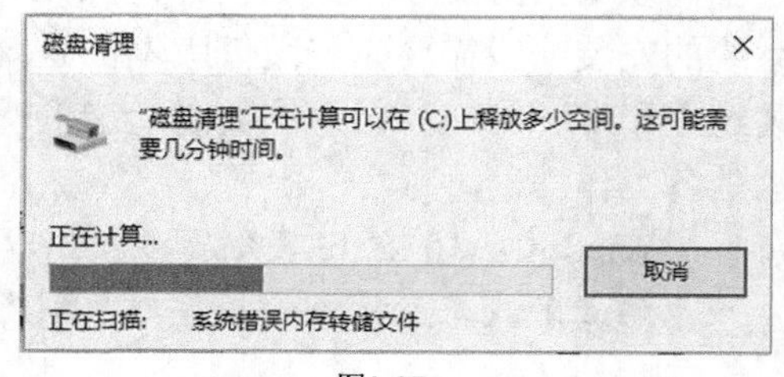

图2-37

2. 稍后在弹出的对话框中会显示可以清理的文件，但是 Windows.old 文件夹不在里面，需要单击下面的“清理系统文件”按钮，如图 2-38 所示。

3. 等待一段时间后，在弹出的对话框中勾选“以前的 Windows 安装”（这个对应的就是 Windows.old 文件夹），然后单击下方的“确定”按钮，如图 2-39 所示。

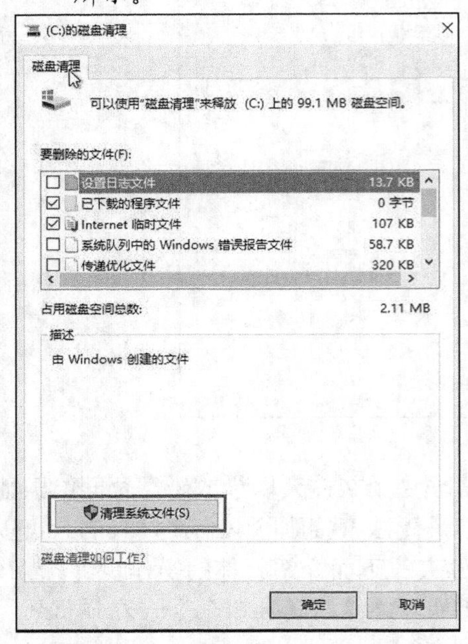

图2-38

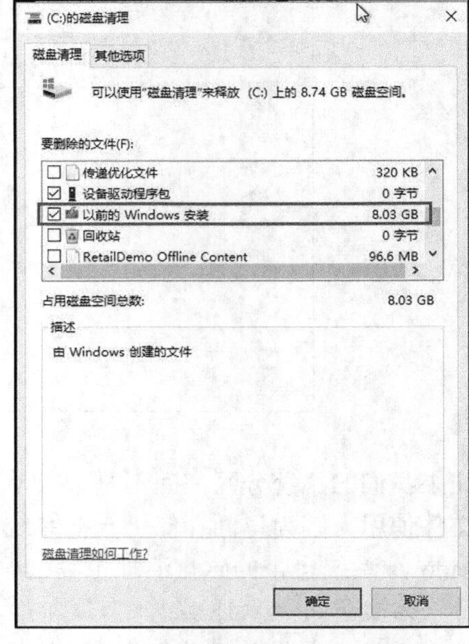

图2-39

由于 Windows.old 文件夹比较大，清理需要较长时间，需要耐心等待。

2.5 双系统的安装和管理

虽然 Windows 10 有很多的优点和新的特性，但是有些旧的程序没有为新的系统做优化，这些程序有时无法在 Windows 10 操作系统中运行，但是我们又需要运行它们，怎么可以兼顾 Windows 10 的优点又可以使用旧的程序呢，我们可以在计算机上安装两个操作系统，这样在需要的时候，切换不同的操作系统即可。

2.5.1 与 Windows 7 组成双系统

我们以 Windows 7 系统为例，向大家介绍如何安装 Windows 7 和 Windows 10 双系统。双系统的安装一般需要先安装低版本的系统，所以我们需要先安装 Windows 7 操作系统，安装过程和 Windows 10 系统类似，这里就不做介绍了，主要介绍一下安装 Windows 10 之前的准备工作。

1. Windows 10 的安装介质，我们以光盘安装为例，用户可以自行从微软官方网站上下载光盘镜像，然后刻录到光盘上。

2. 需要在 Windows 7 的系统中准备一个空白的主分区，其步骤如下。

(1) 同时按键盘上的 Win 和 R 键，然后在弹出的“运行”对话框中输入“diskmgmt.msc”，单击“确定”按钮，如图 2-40 所示。

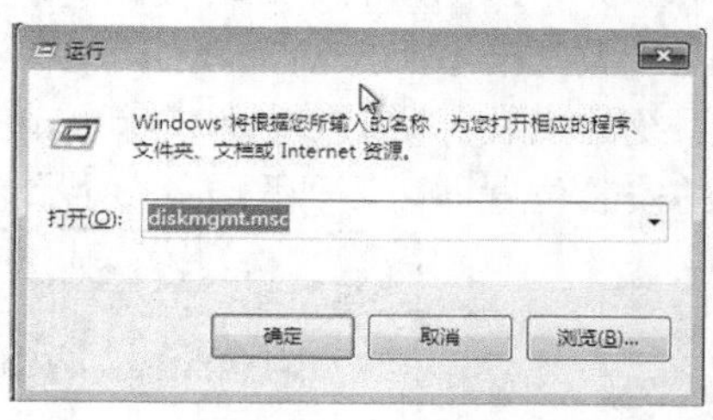

图2-40

(2) 在弹出的窗口中，我们创建需要安装的分区。我们以未分配的空间为例，在这个地方右键单击，然后选择“新建简单卷”命令，如图 2-41 所示，接下来一直单击“下一步”按钮确认即可。

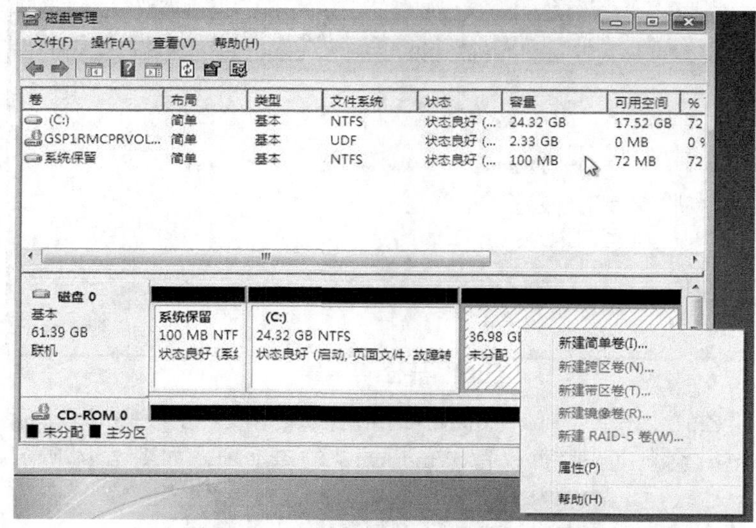

图2-41

创建完成的分区如图 2-42 所示。

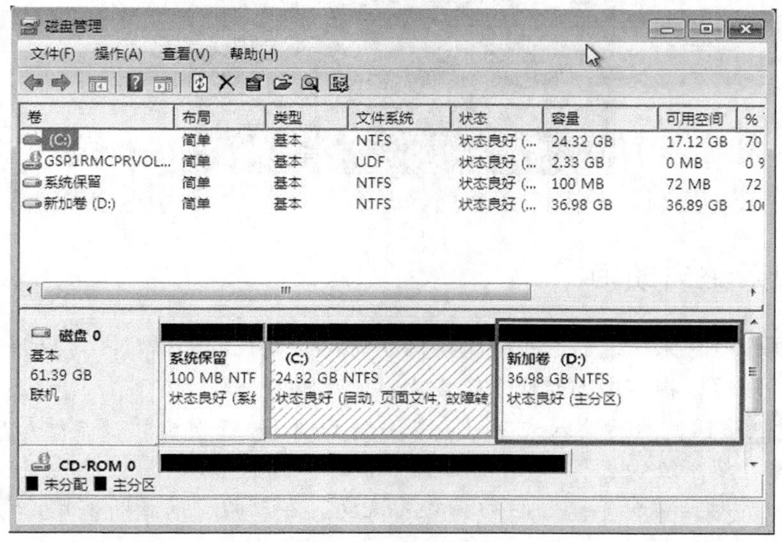

图2-42

3. BIOS 内设置由光盘启动计算机。

做好准备工作后，我们可以将光盘放入光驱，重新启动计算机，然后进行 Windows 10 系统的安装。安装过程和全新安装一样，只是在选择安装位置的时候，选择我们当时设置好的安装位置即可，如图 2-43 所示。

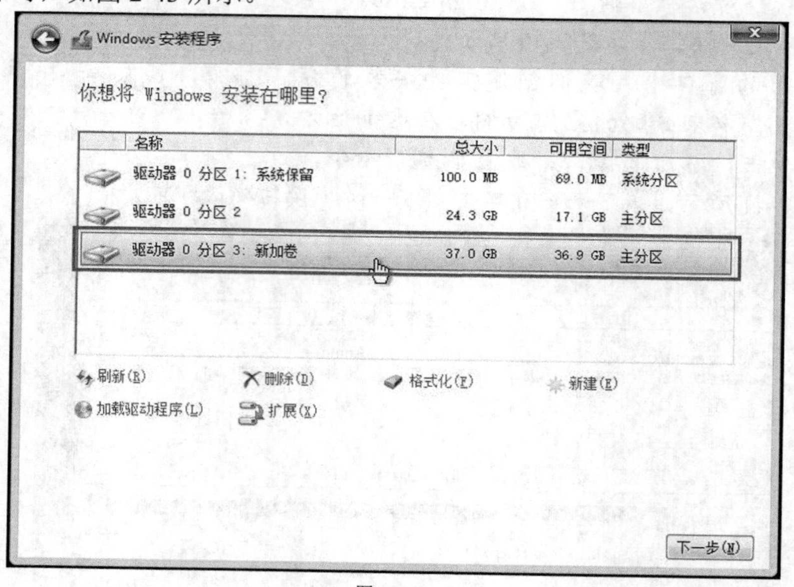

图2-43

稍后的过程和之前介绍的一样，我们耐心等待安装完成。安装完成后，我们再次启动计算机时，Windows 10 会自动识别并保留 Windows 7 的启动项，如图 2-44 所示。

图2-44

2.5.2 管理系统启动项

当安装了两个操作系统之后，系统每次启动时都会让我们选择。因为我们平时常用的只是其中一个，所以可以将常用的操作系统设为默认启动。

1. 单击 按钮，然后输入文字“高级系统设置”，在弹出的搜索结果中，选择“查看高级系统设置”，如图 2-45 所示。
2. 在弹出的对话框中单击“启动和故障恢复”右侧的“设置”按钮，如图 2-46 所示。

图2-45

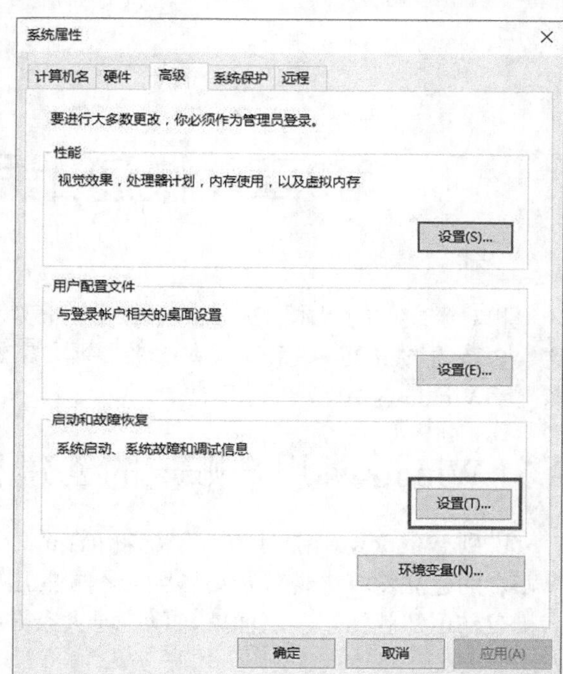

图2-46

3. 在弹出的对话框中，单击“默认操作系统”下拉列表，选择要默认启动的操作系统，如图 2-47 所示。

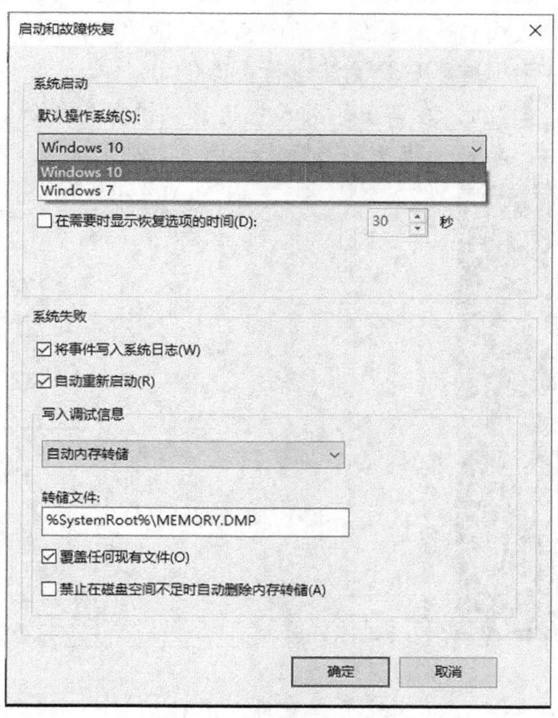

图2-47

第3章 快速上手 Windows 10

相对于之前的版本，Windows 10 在外观、操作方式等各方面都有非常大的改进，面对这款全新的 Windows 系统，本章将带领大家熟悉不同于之前操作系统的地方，带领大家快速上手 Windows 10。

3.1 Windows 用户账户的创建和使用

说到 Windows 用户账户，很多初学者就会联想到系统登录时输入的用户名和密码。用户账户的建立简单来说就是为了区分不同的用户。但如果你认为 Windows 用户账户就有这么一点作用那就错了。下面就简单地向大家介绍一下 Windows 的用户账户系统及基本操作方法。

3.1.1 添加本地账户

本地账户分为管理员账户和标准账户，管理员账户拥有计算机的完全控制权，可以对计算机做任何更改；而标准账户是一种系统默认的常用本地账户，对于一些影响其他用户使用和系统安全性的设置，使用标准账户是无法进行更改的。

1. 单击左下角的⊞按钮，在弹出的菜单中选择“设置”命令，如图 3-1 所示。
2. 在弹出的窗口中，单击“账户”图标，如图 3-2 所示。

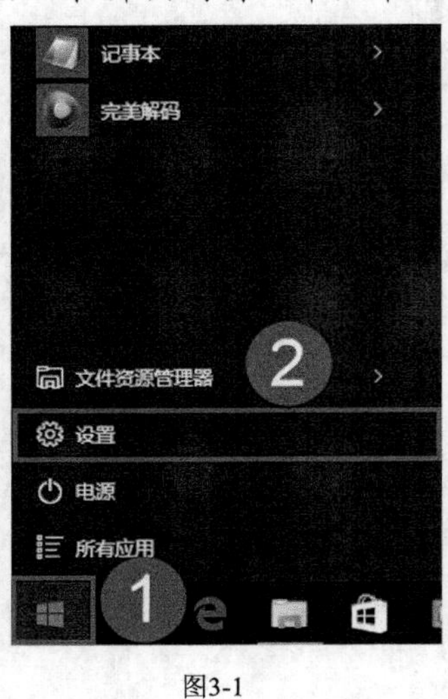

图3-1

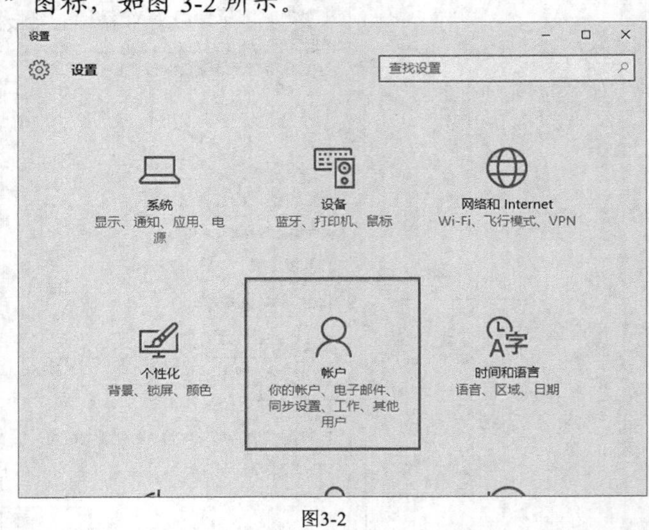

图3-2

3. 在打开的“账户”窗口中，单击“家庭和其他用户”，然后单击“将其他人添加到这台电脑”，如图 3-3 所示。

4. 在弹出的“此人将如何登录”对话框中，单击“我没有这个人的登录信息”链接，如图 3-4 所示。

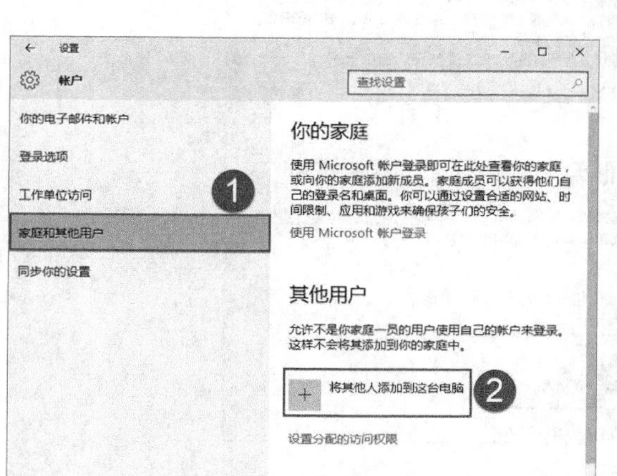

图3-3

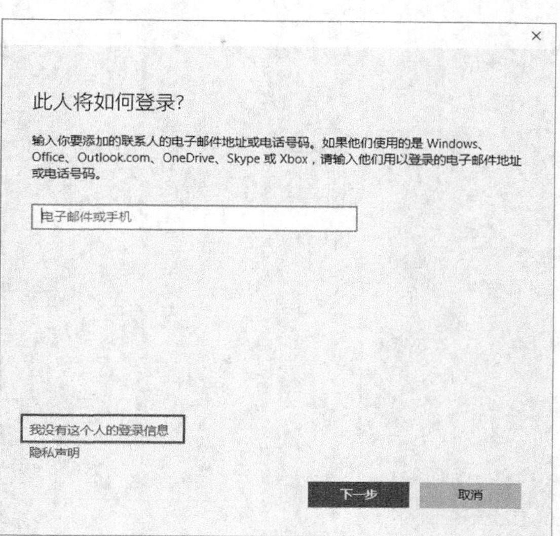

图3-4

5. 在弹出的“让我们来创建你的账户”对话框中，单击“添加一个没有 Microsoft 账户的用户”链接，如图 3-5 所示。
6. 在弹出的“为这台电脑创建一个账户”对话框中，输入用户名、密码和密码提示，然后单击“下一步”按钮，如图 3-6 所示。

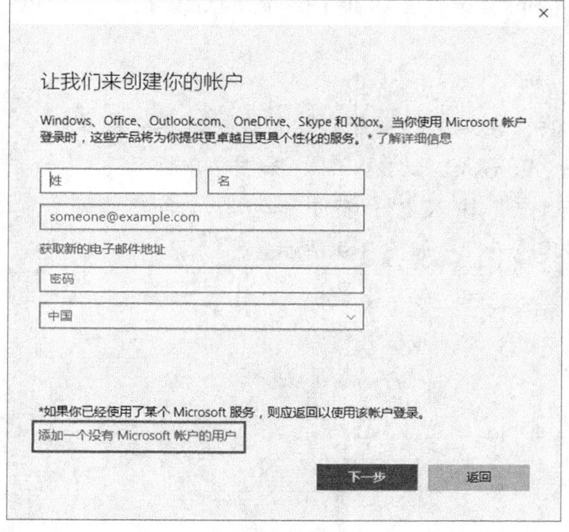

图3-5

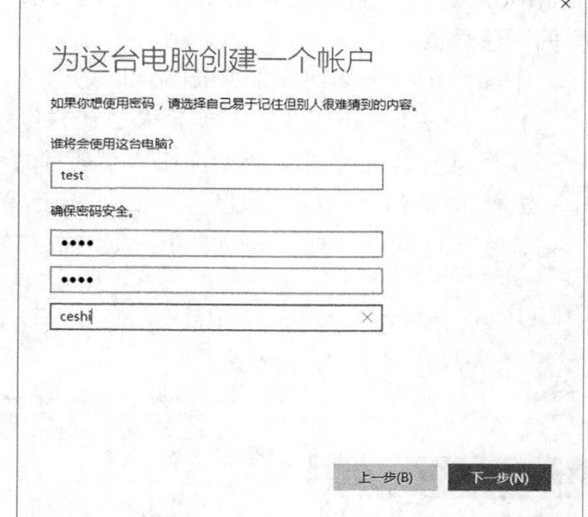

图3-6

此时可以在“账户”窗口的“家庭和其他用户”选项卡下看到新添加的本地账户，如图 3-7 所示。

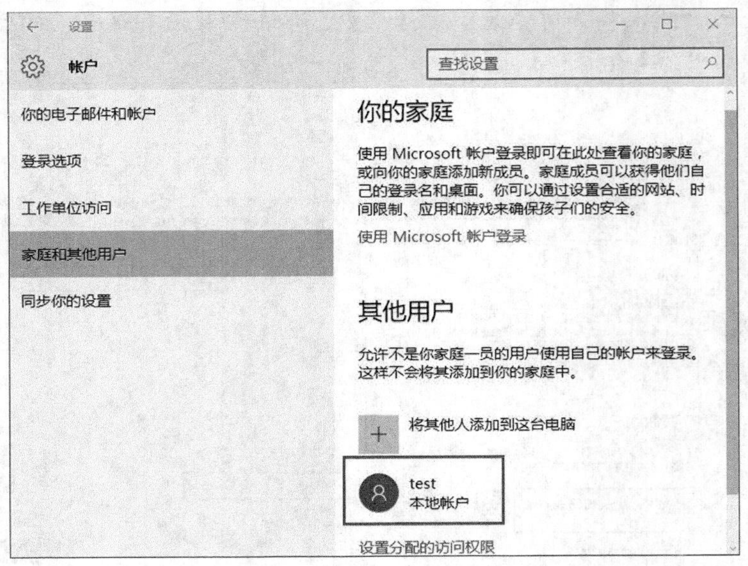

图3-7

3.1.2　添加 Microsoft 账户

Microsoft 账户是 Windows 10 操作系统特有的一种用户账户，它使用一个电子邮箱地址作为用户账户。使用 Microsoft 账户登录时，用户可以从 Windows 应用商店下载应用，在 Microsoft 应用中自动获取在线内容，还可以在线同步设置，以便在不同的计算机上获得同样的观感体验等。

下面介绍一下如何添加 Microsoft 账户。

1. 按照上一小节步骤 1 和步骤 2 的操作方法，在弹出的“账户”窗口中，单击“家庭和其他用户”，然后单击右侧的“使用 Microsoft 账户登录”，如图 3-8 所示。
2. 切换到“个性化设置”界面，若已有账户，输入电子邮件和密码，单击“登录”按钮即可，若没有账户则单击“创建一个”，如图 3-9 所示。

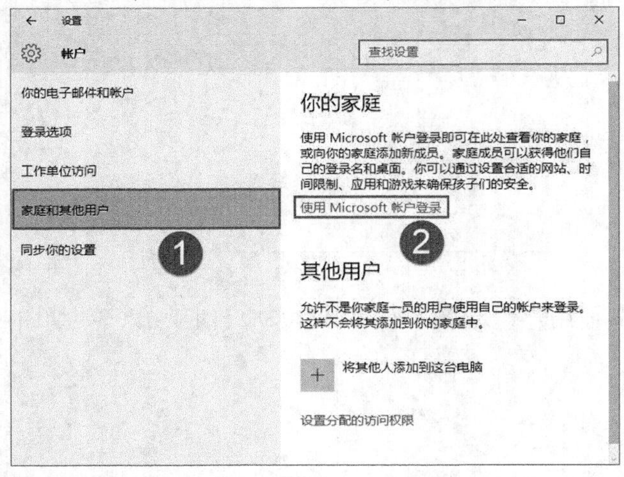

图3-8

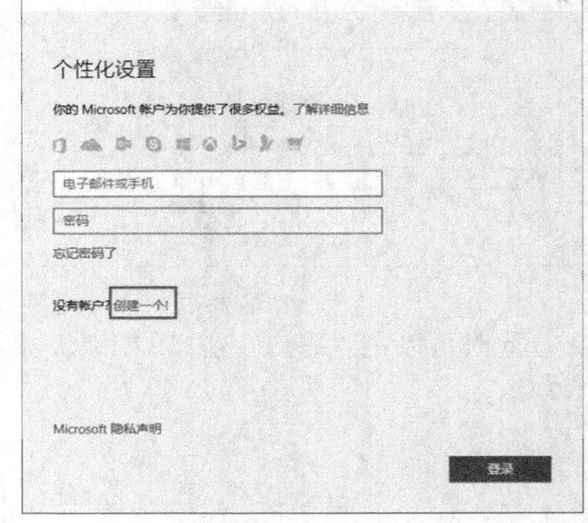

图3-9

3. 切换到“让我们来创建你的账户”界面，输入姓名、电子邮件和密码，单击“下一步”按钮，如图 3-10 所示。
4. 切换到“查看与你相关度高的内容”界面，可以根据自己的需要进行选择，然后单击“下一步”按钮，如图 3-11 所示。

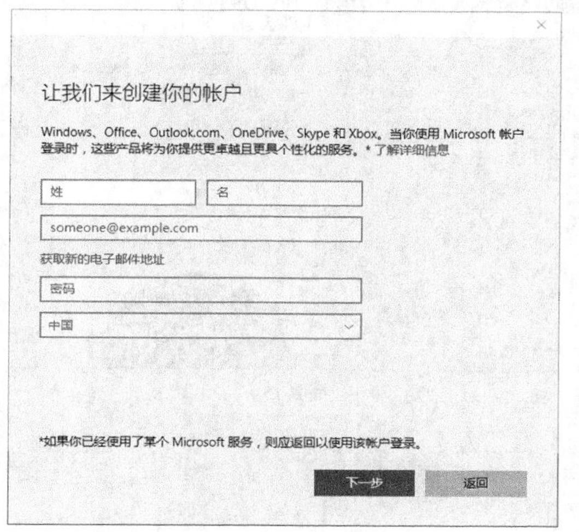

图3-10

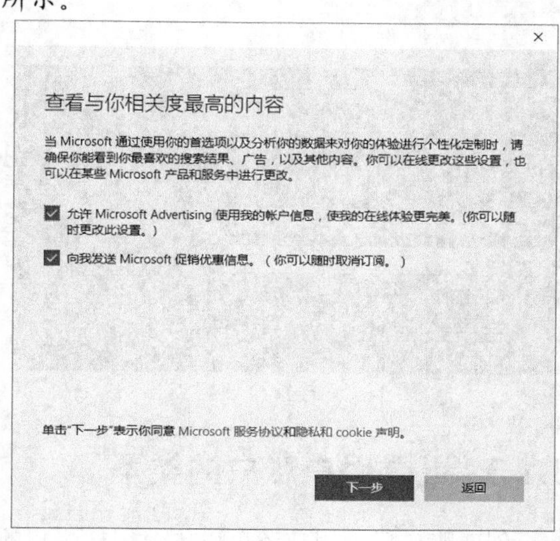

图3-11

5. 在弹出的对话框中填写当前的 Windows 账户密码，如果当前账户没有设置密码，则不用填写，然后单击“下一步”按钮。在这一步完成后，以后登录将使用你的 Microsoft 账户密码，如图 3-12 所示。
6. 在出现的“设置 PIN 码”对话框中，可以设置 PIN 码，如果不需要，则单击“跳过此步骤”，如图 3-13 所示。

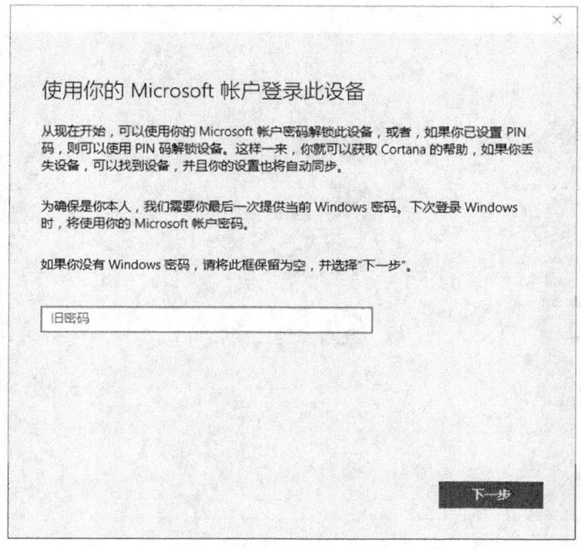

图3-12

图3-13

如果你需要设置 PIN，则在单击“设置 PIN”按钮后，在出现的窗口中输入 PIN 码，然后单击“确定”按钮即可，如图 3-14 所示。

在“账户”界面的“你的电子邮件和账户”选项卡即可看到新创建的账户，如图 3-15 所示。

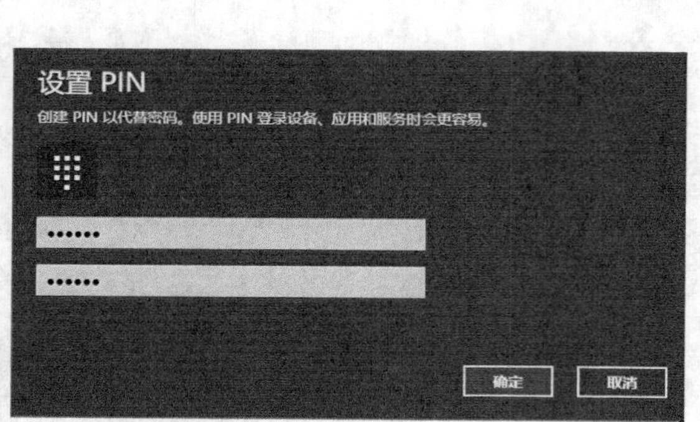

图3-14

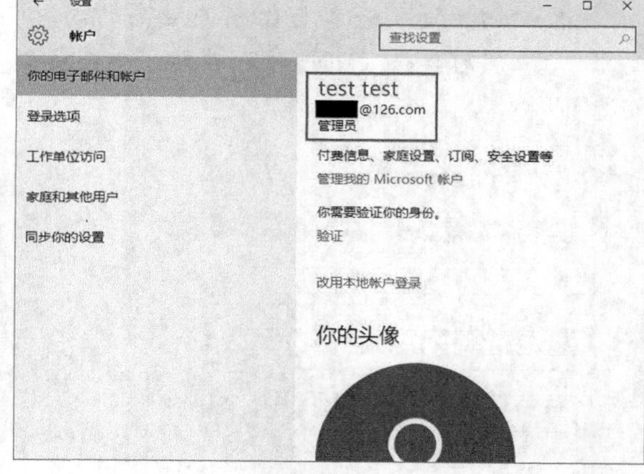

图3-15

3.1.3 更改用户账户的类型

创建账户后，用户还可以更改用户账户的类型，例如，可以将标准账户更改为管理员账户，也可以将管理员账户更改为标准账户。下面介绍具体的操作步骤。

1. 单击按钮，然后输入“控制面板”4 个字符，在弹出的选项中，单击“控制面板”，如图 3-16 所示。
2. 单击“更改账户类型”，如图 3-17 所示。

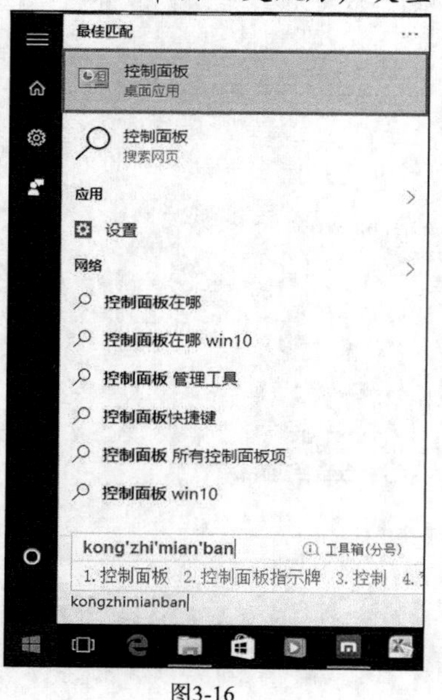

图3-16

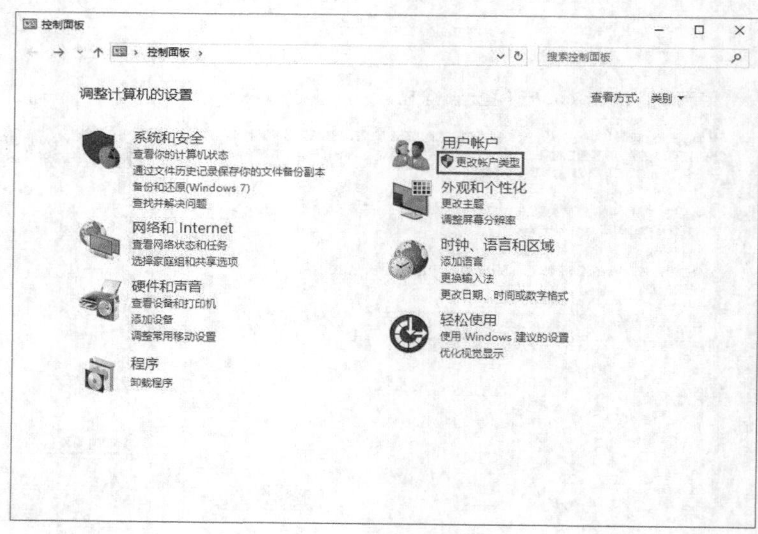

图3-17

3. 打开“管理账户”窗口，选择要更改的账户，如图 3-18 所示。
4. 在弹出的“更改账户”窗口中单击左侧的“更改账户类型”，如图 3-19 所示。

图3-18

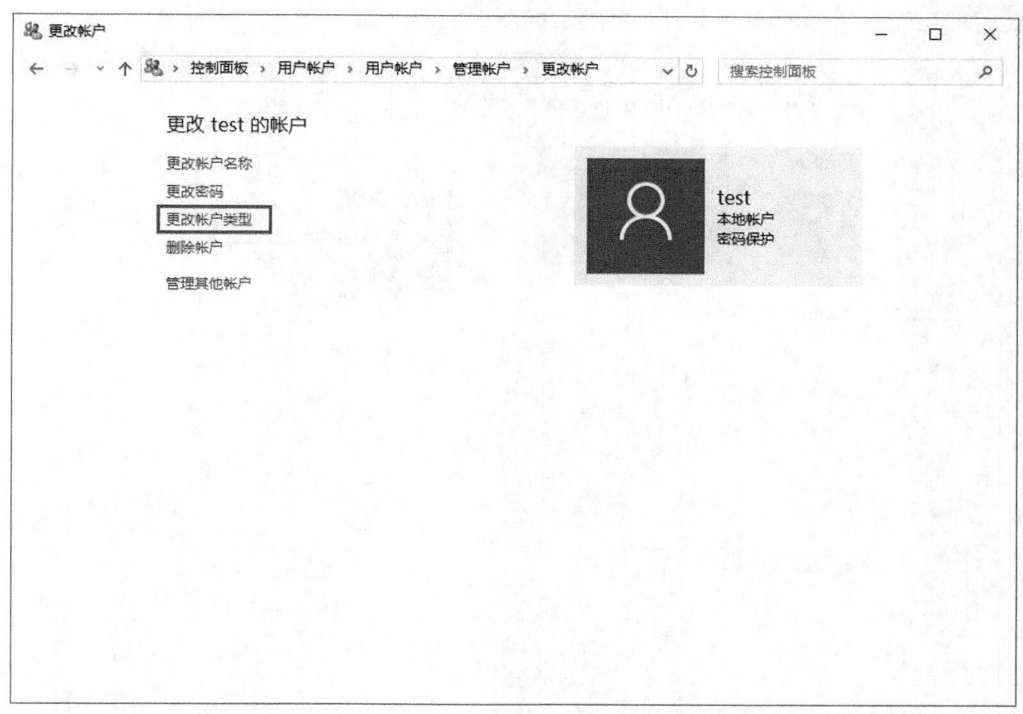

图3-19

5. 选择新的账户类型，如这里将该账户设置为“管理员”账户，然后单击“更

改账户类型”按钮，如图 3-20 所示。

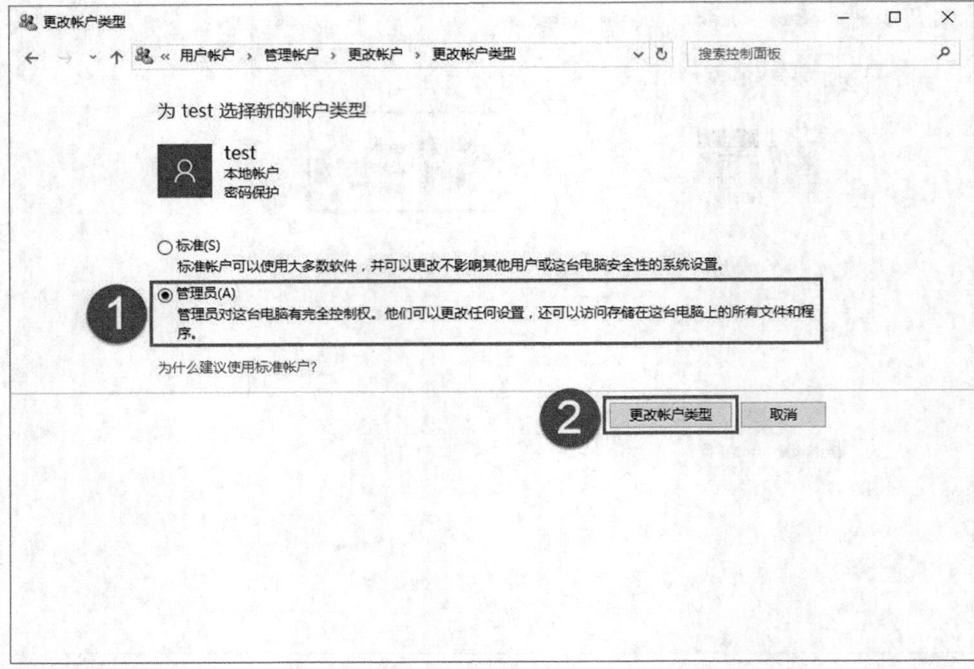

图3-20

此时即可看到选择的账户类型已更改，如图 3-21 所示。

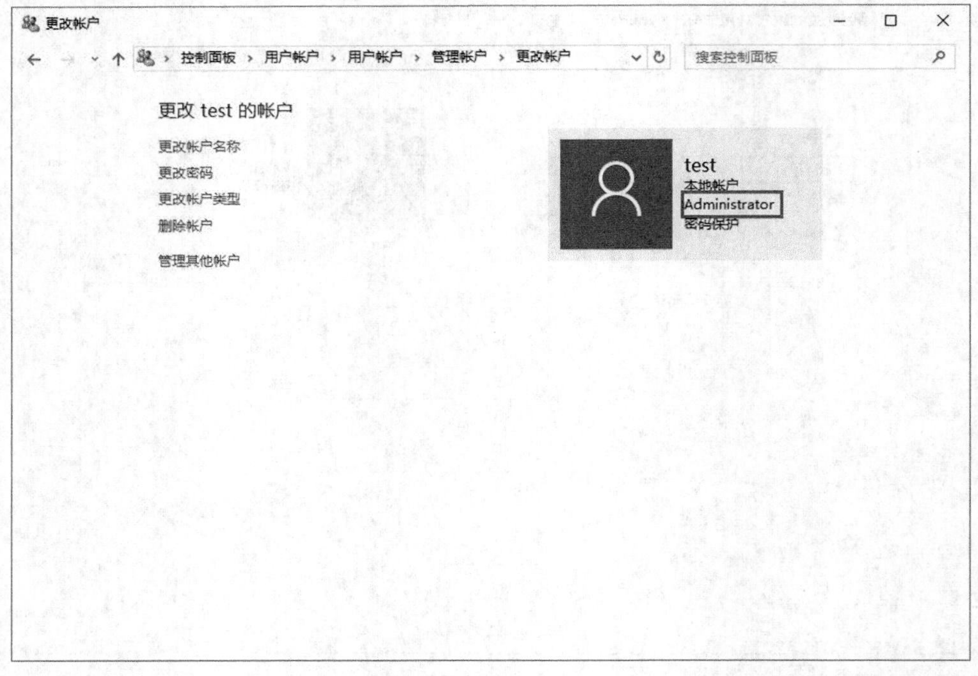

图3-21

3.1.4 更改账户名称

账户创建后，如果用户对账户名称不满意，还可以对账户名称进行更改，下面介绍具体的操作步骤。

1. 执行上一小节步骤 1 ~ 步骤 3 的操作，打开“更改账户”窗口，单击左侧的“更改账户名称”，如图 3-22 所示。

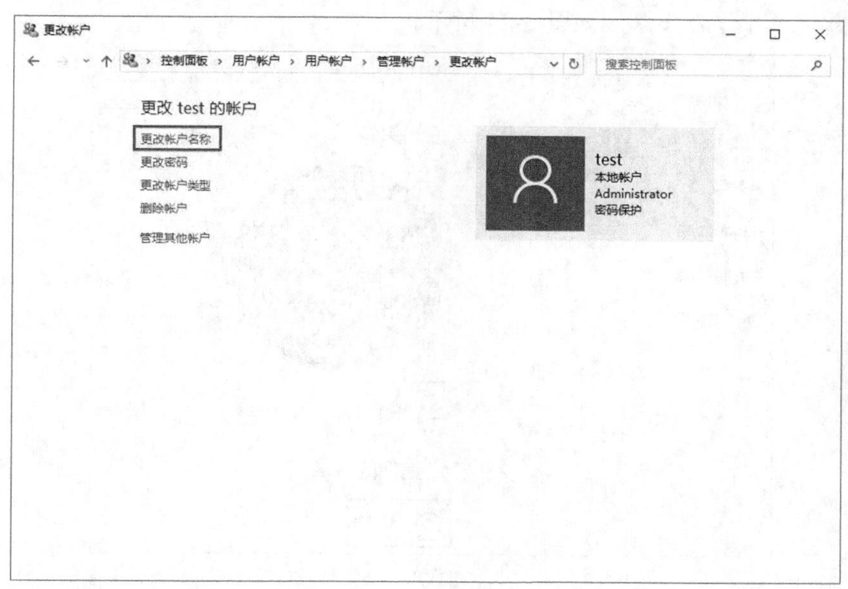

图3-22

2. 在弹出的“重命名账户”窗口中，输入新的账户名称，然后单击“更改名称”按钮，如图 3-23 所示。

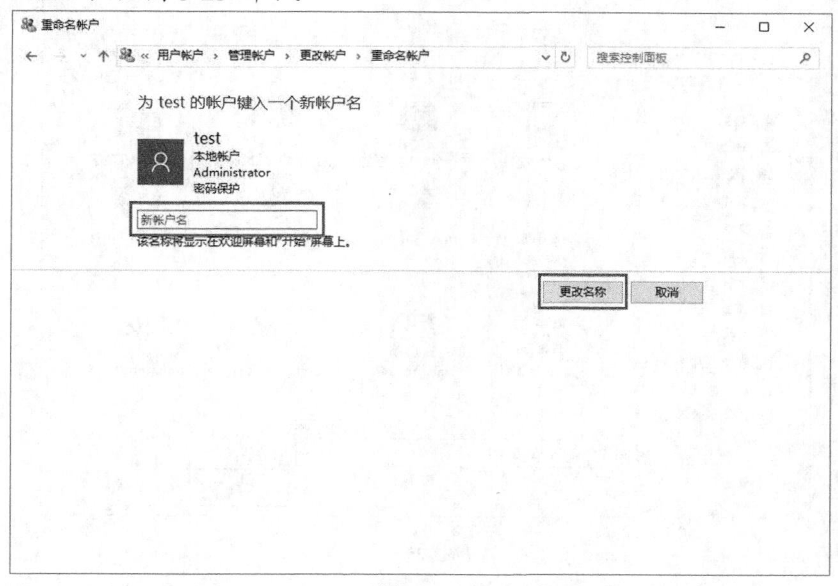

图3-23

3.1.5 更改用户账户的图片

默认的用户账户图片不够美观，我们还可以将账户图片设置为自己喜欢的类型，以使其更具个性化，具体的操作步骤如下。

1. 单击 /“设置”/“账户”，在弹出的“账户”窗口中，单击右侧的“浏览”按钮，选择存储在计算机上的图片，也可以单击“摄像头”按钮利用摄像头拍摄的照片作为头像，如图 3-24 所示。

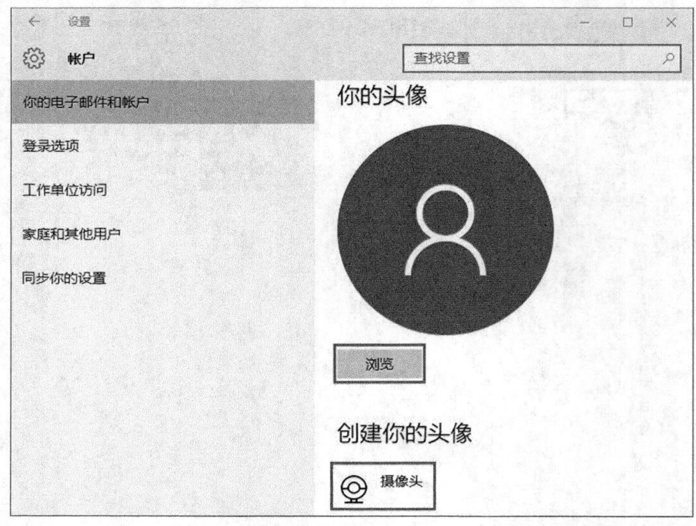

图3-24

2. 以本地图片作为账户图片为例，在弹出的对话框中，选择需要的图片，然后单击“选择图片”按钮，如图 3-25 所示。

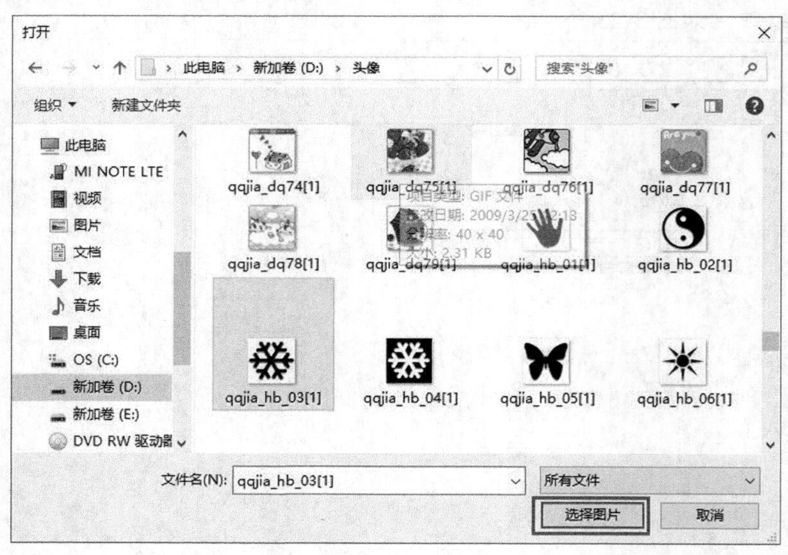

图3-25

此时即可看到选择的图片被设置为账户图片，如图 3-26 所示。

图3-26

3.1.6 创建、更改用户账户的密码

为了计算机使用的安全，我们需要为用户设置密码，还要定期更改密码，那么该如何操作呢？

1. 为没有密码的用户创建密码。

(1) 单击“控制面板”/“更改账户类型”，然后单击需要更改的账户，单击左侧的“创建密码”，如图 3-27 所示。

图3-27

(2)　在弹出的窗口中输入密码和密码提示，然后单击“创建密码”按钮，如图 3-28 所示。

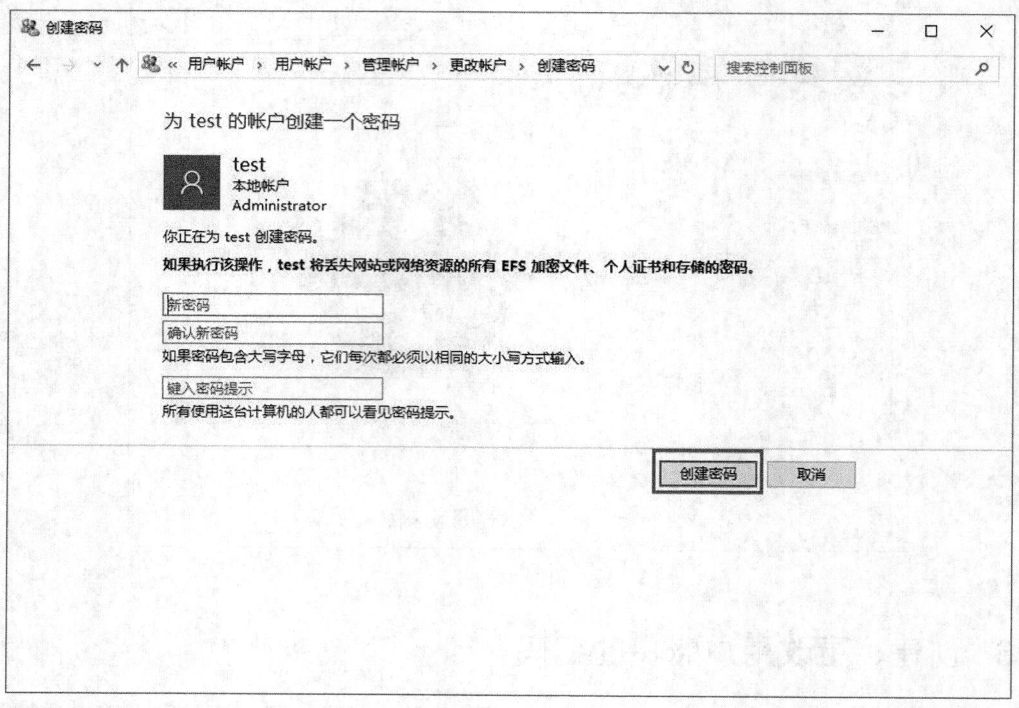

图3-28

2.　更改密码。

(1)　单击“控制面板”/“更改账户类型”，然后单击需要更改的账户，单击左侧的“更改密码”，如图 3-29 所示。

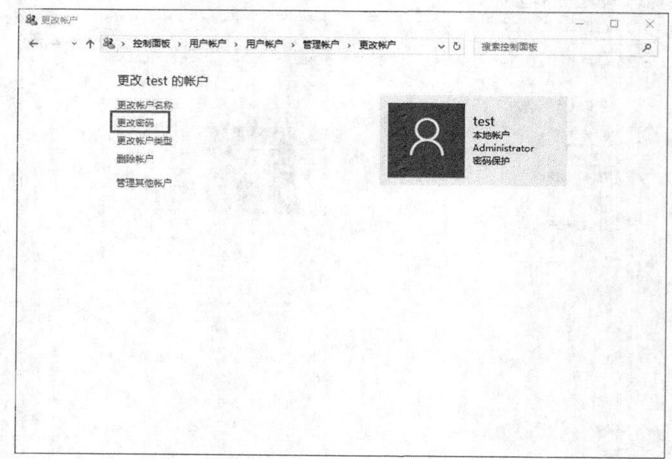

图3-29

(2)　在弹出的窗口中输入新密码和密码提示，然后单击“更改密码”按钮，如图 3-30 所示。

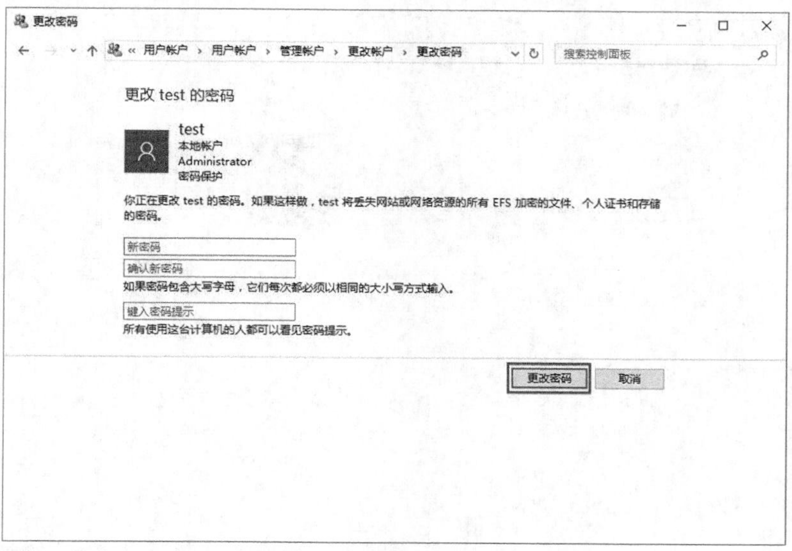

图3-30

3.1.7 删除用户账户

为了保护计算机的安全，不再使用的用户账户需要删除，下面介绍如何删除不用的用户账户。

1. 按照前面的介绍，打开“管理账户”窗口，选择要删除的账户，如图 3-31 所示。

图3-31

2. 在弹出的“更改账户”窗口中，单击左侧的“删除账户”，如图 3-32 所示。

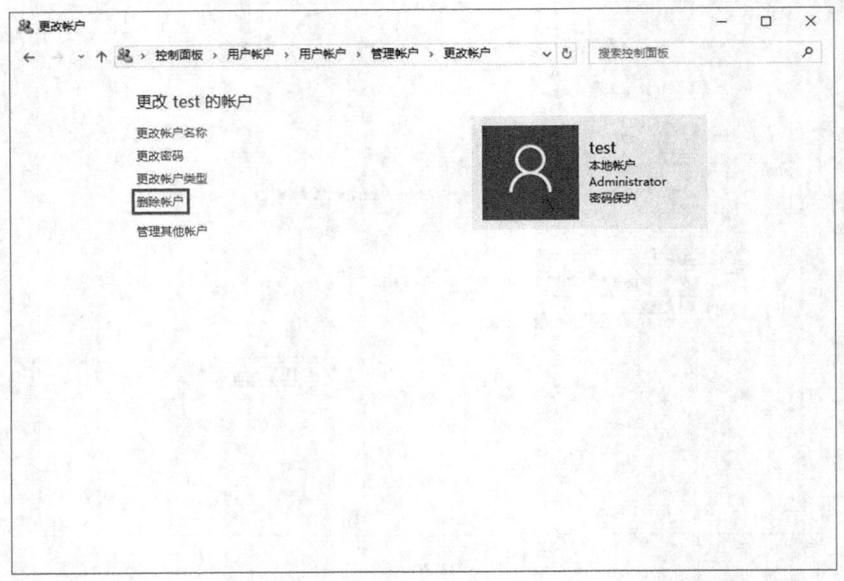

图3-32

3. 在弹出的“删除账户”窗口中，可以选择是否保留账户文件，如图 3-33 所示。

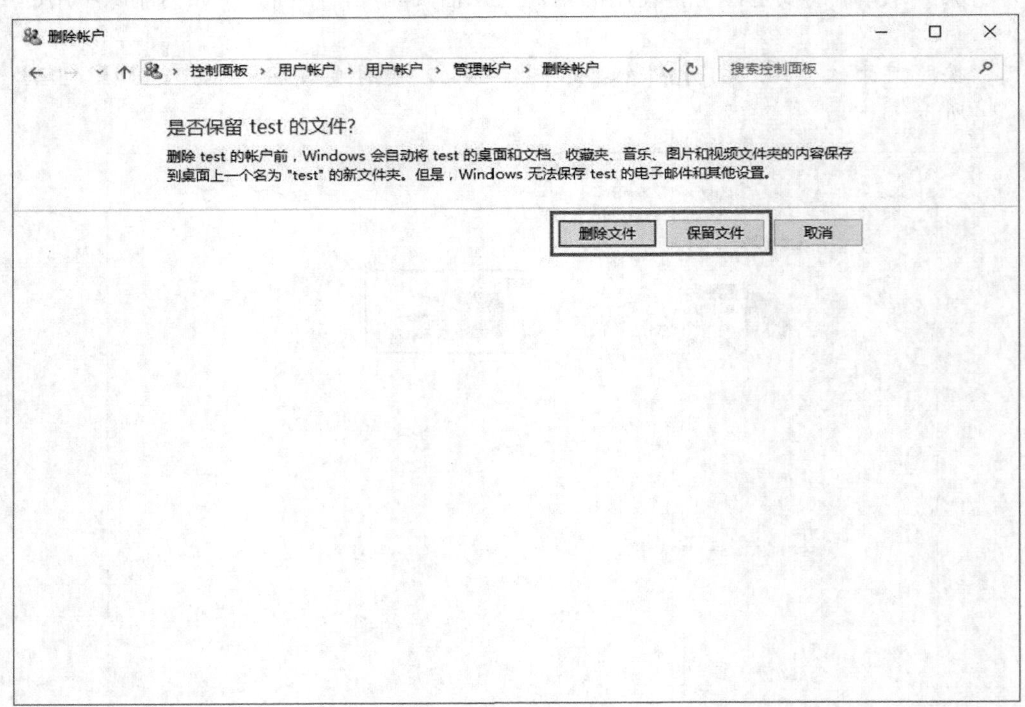

图3-33

4. 在弹出的“确认删除”窗口中，单击“删除账户”按钮，选择的账户即可被删除，如图 3-34 所示。

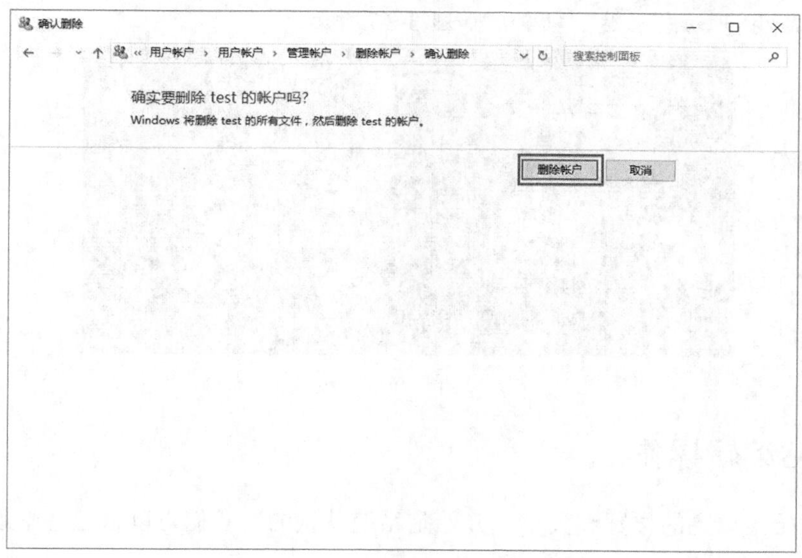

图3-34

3.2 操作“开始”菜单与桌面

“开始”菜单和桌面是开机进入操作系统后，可以直接操作的两个主要部分。下面介绍这两部分的常用操作。

3.2.1 打开和关闭动态磁贴

简单地说，Windows 10 的磁贴和以前 Windows 桌面上的快捷方式比较类似，单击不同的磁贴可以运行相应的应用程序、打开对应的网站或文件（夹）等，动态磁贴还可以滚动显示实时信息。

下面介绍一下如何打开和关闭动态磁贴。

1. 关闭动态磁贴。在动态磁贴上单击鼠标右键，在弹出的快捷菜单中选择“更多”/“关闭动态磁贴”命令，如图 3-35 所示。

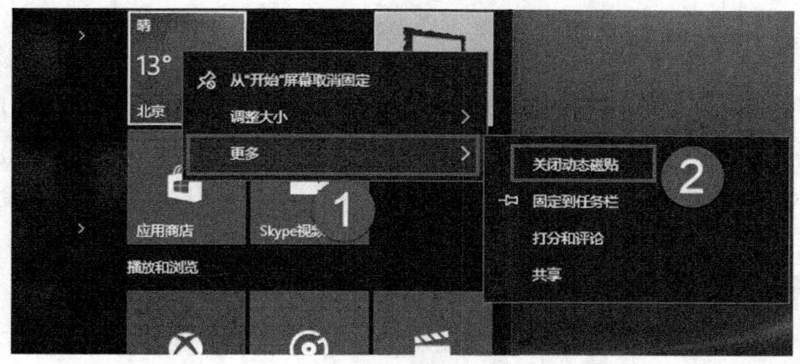

图3-35

2. 打开动态磁贴。在动态磁贴上单击鼠标右键，在弹出的快捷菜单中选择“更

多”/“打开动态磁贴”命令，如图 3-36 所示。

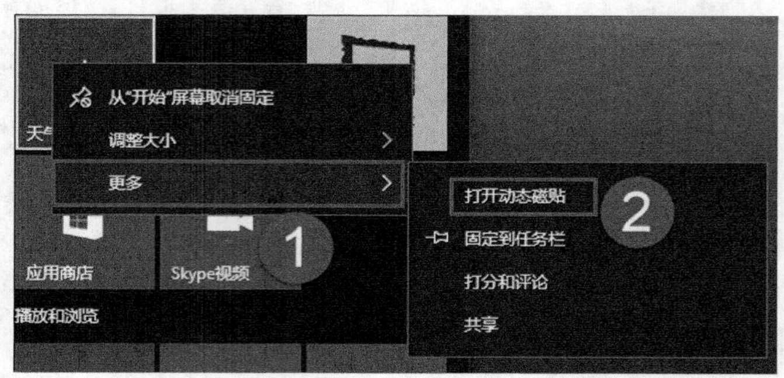

图3-36

3.2.2　磁贴编辑操作

磁贴在开始菜单上的位置和大小一开始是系统默认的，我们可以自己调整磁贴的大小和位置。

- 调整磁贴大小：在磁贴上单击鼠标右键，在弹出的快捷菜单中选择“调整大小”命令，然后选择自己需要的尺寸即可，如图 3-37 所示。

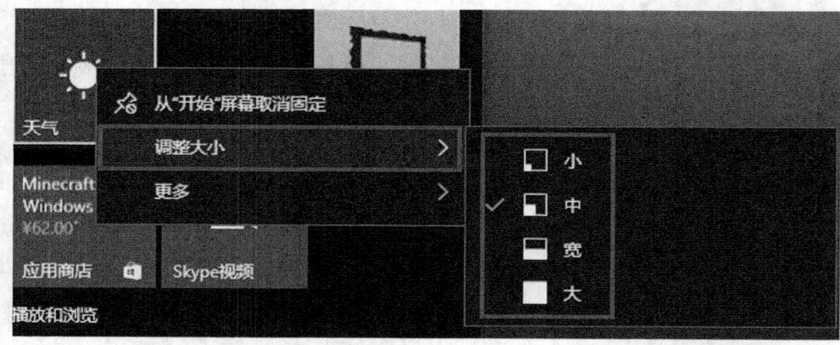

图3-37

- 调整磁贴位置：将鼠标指针放在磁贴上按住鼠标左键不要松开，然后移动到自己需要的位置释放鼠标左键即可。

3.2.3　调整任务栏属性

进入操作系统后，在桌面的最下一行的条状区域，就是任务栏，我们可以通过调整任务栏的属性对任务栏进行个性化设置。

1. 在任务栏上单击鼠标右键，在弹出的快捷菜单中选择“属性”命令，如图 3-38 所示。
2. 在弹出的对话框中可以对各项属性进行设置，如图 3-39 所示。

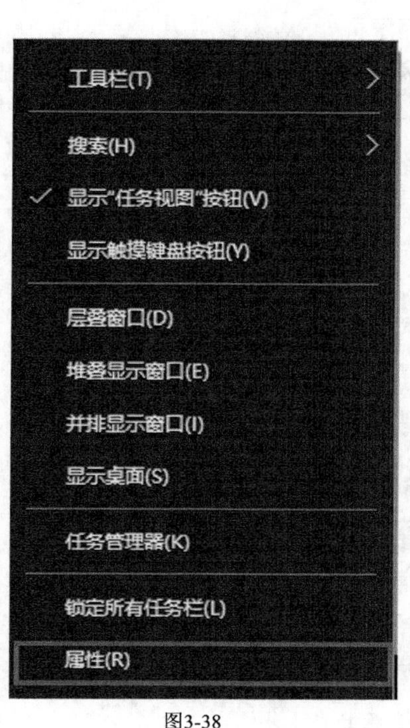

图3-38

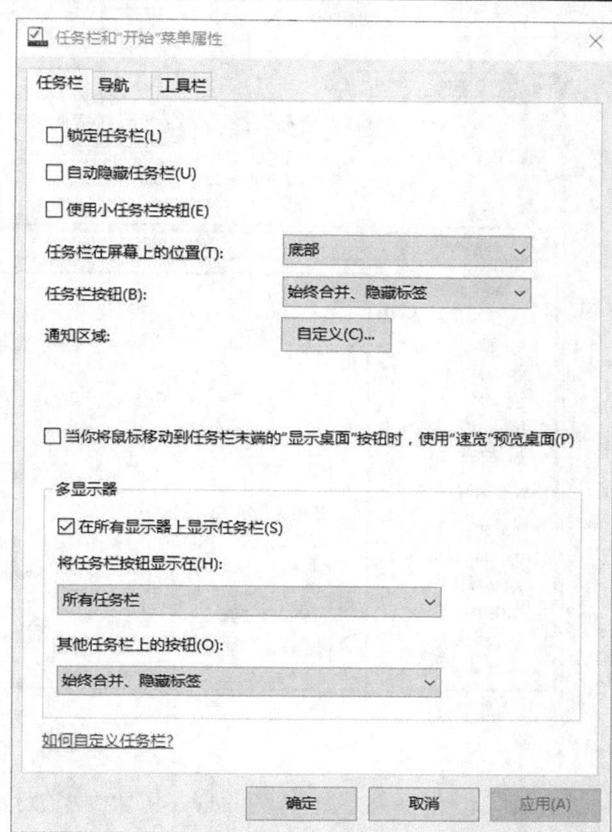

图3-39

3.2.4 调整任务栏大小

如果任务栏上的图标过多而无法显示，我们可以调整任务栏的大小。将鼠标指针放在任务栏的边界上，待指针的样式变为上下箭头时，可以拖动以改变任务栏大小。

3.3 Windows 10 窗口的基本操作

用户在 Windows 10 系统中进行工作或学习时，很多时候都是在窗口中进行操作的，因此需要了解 Windows 10 窗口的组成及窗口的基本操作。

3.3.1 认识 Windows 10 窗口

要对窗口进行操作，则首先需要对窗口的主界面有一定的了解，不同的程序所对应的窗口也会有所不同，但是其组成部分大致上是相同的，窗口的主界面如图 3-40 所示，各部分的功能及使用方法如表 3-1 所示。

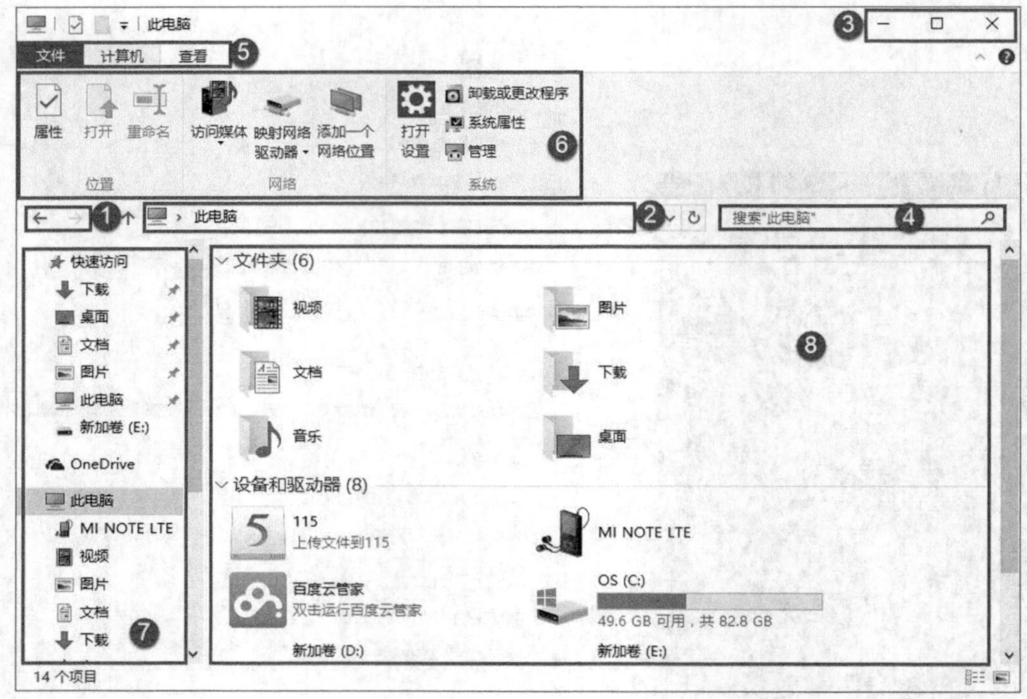

图3-40

表 3-1　　Windows 10 窗口界面功能及使用技巧

编号	名称	功能
1	前进/后退按钮	包括前进和后退两个按钮，用于返回已浏览过的文件夹窗口
2	地址栏	用于显示打开当前文件夹的详细路径
3	窗口控制按钮	用于控制窗口的形状大小，包括“最大化/还原”“最小化”和“关闭”按钮
4	搜索栏	在计算机中搜索与输入的关键字相符合的内容
5	菜单栏	包含了文件、编辑、查看、工具和帮助 5 个菜单按钮，单击任意一个按钮都可在下方弹出对应的菜单
6	工具栏	位于菜单栏的下方，用于显示常用的工具
7	导航窗格	显示了计算机中包含的几种类型文件
8	工作区域	显示文件夹包含的子文件夹或文件

3.3.2　最小化、最大化和关闭窗口

因为我们需要在各个窗口之间来回切换，所以要对窗口进行最小化、最大化或关闭等操作。可以单击窗口右上方的 3 个按钮来进行相关的操作，从左到右依次是“最小化”“最大化”“关闭”，如图 3-41 所示。

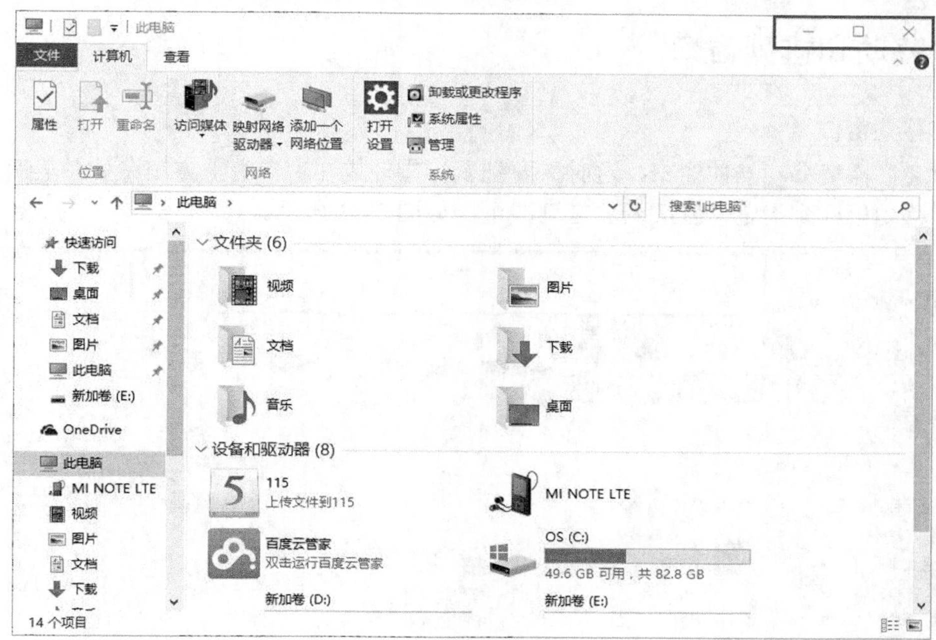

图3-41

3.3.3 调整窗口大小

有时最小化和最大化窗口都无法满足我们的需求，这时可以自己调整窗口的大小。将鼠标指针移动到窗口的边框或角部的时候，指针就变成箭头形状，这时按下鼠标左键就可以拖动边框来调整窗口的大小了，如图 3-42 所示。

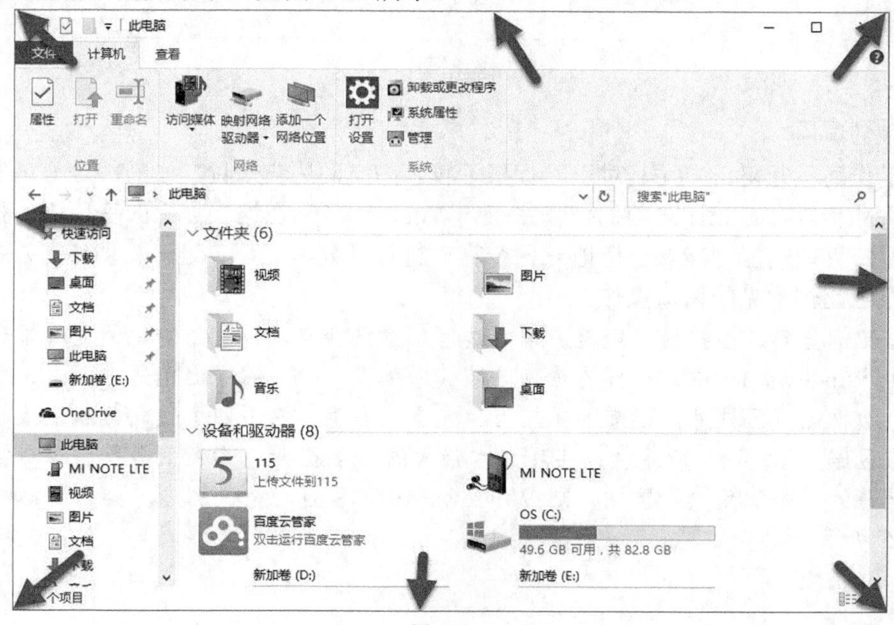

图3-42

3.3.4 移动和排列窗口

一、移动窗口

有时我们需要移动当前窗口，这时需要把鼠标指针放在窗口的上方空白处，然后按住鼠标左键，移动鼠标到指定位置后释放左键即可，如图 3-43 所示。

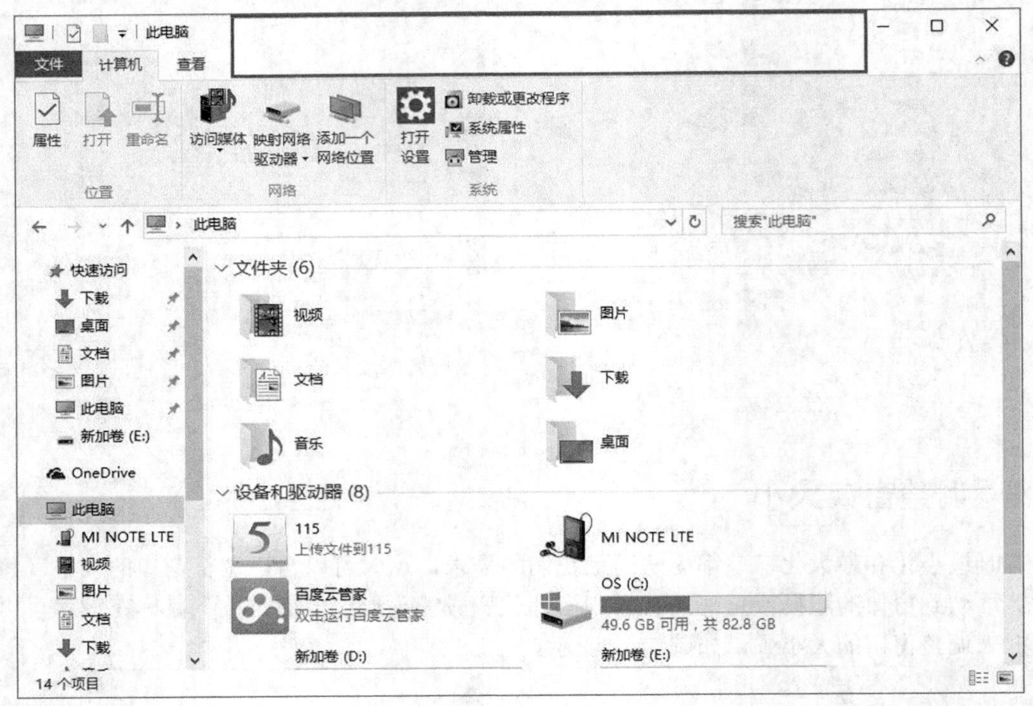

图3-43

二、排列窗口

日常工作离不开窗口，尤其对于并行事务较多的桌面用户来说，没有一项好的窗口管理机制，简直寸步难行。相比之前的操作系统，Windows 10 在这一点上改变巨大，提供了为数众多的窗口管理功能，能够方便地对各个窗口进行排列、分割、组合、调整等操作。

下面介绍比较常见的窗口操作。

- 按比例分屏。当把窗口拖至屏幕两边时，系统会自动以 1/2 的比例完成排布。在 Windows 10 中，这样的热点区域被增加至七个，除了之前的左、上、右三个边框热点区域外，还增加了左上、左下、右上、右下四个边角热点区域，热点区域如图 3-44 所示，以实现更为强大的 1/4 分屏。即我们分别将窗口拖到屏幕的四个边角热点区域，则 Windows 10 可以自动按比例分屏排列，如图 3-45 所示。

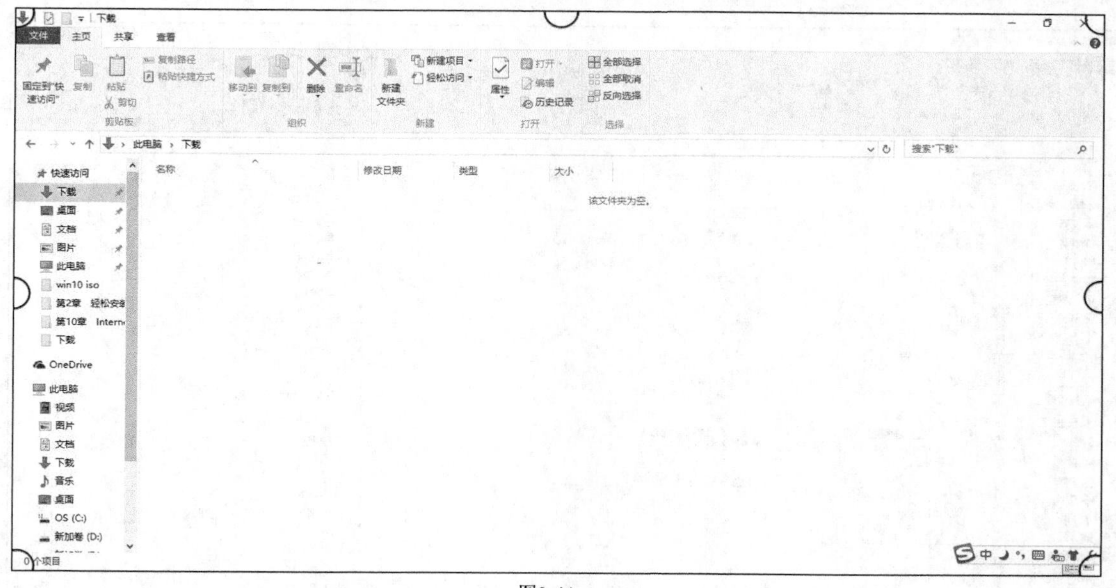

图3-44

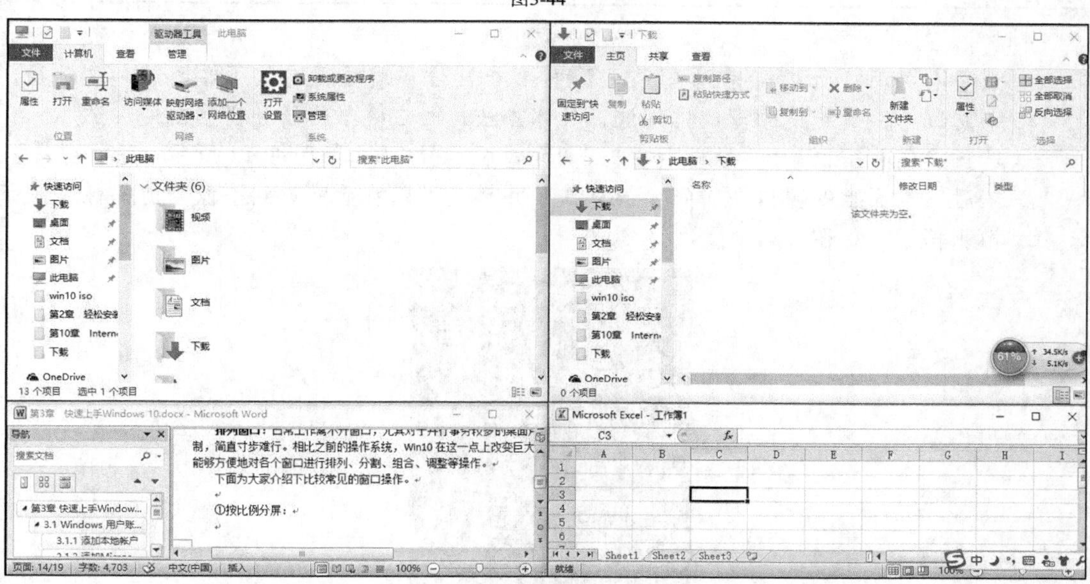

图3-45

- 非比例分屏。虽然自动等分屏幕的使用非常方便，但过于固定的比例或许并不能每次都让人满意。例如，你觉得左侧的浏览器窗口应该再大点儿，就应该手工调整窗口的大小了。

在 Windows 10 中，一个比较人性化的改进就是调整后的尺寸可以被系统识别。当你将一个窗口手工调大后（必须是分屏模式），第二个窗口会自动利用剩余的空间进行填充。这样原本应该出现的留白或重叠部分就会自动整理完毕，使得我们的工作效率大幅提高。当我们将左侧的窗口向右拉大之后，拖动新的窗口到屏幕右侧时，Windows 10 会自动调整右侧窗口的大小，填满剩下的区域，如图 3-46 所示。

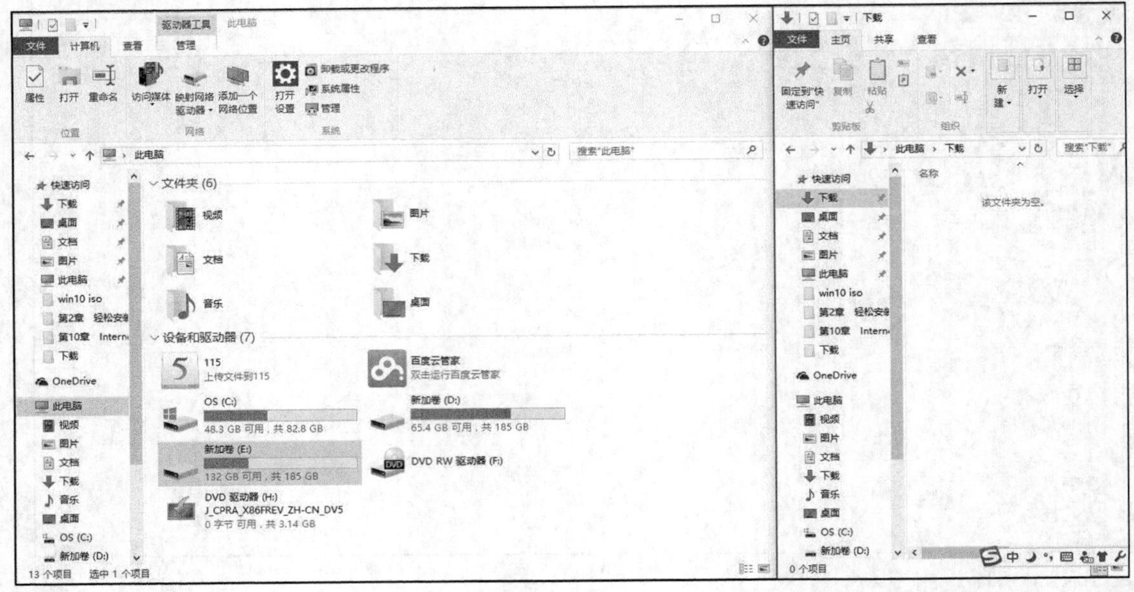

图3-46

- 层叠与并排。如果要排列的窗口超过 4 个，分屏就显得有些不够用了，这时不妨试一试最传统的窗口排列法。具体方法是，右键单击任务栏空白处，然后选择“层叠窗口”“并排显示窗口”“堆叠显示窗口”，如图 3-47 所示。选择结束后，桌面上的窗口会瞬间变得有秩序井然，可以明显感觉到不像以前那样互相遮挡了，如图 3-48 所示。

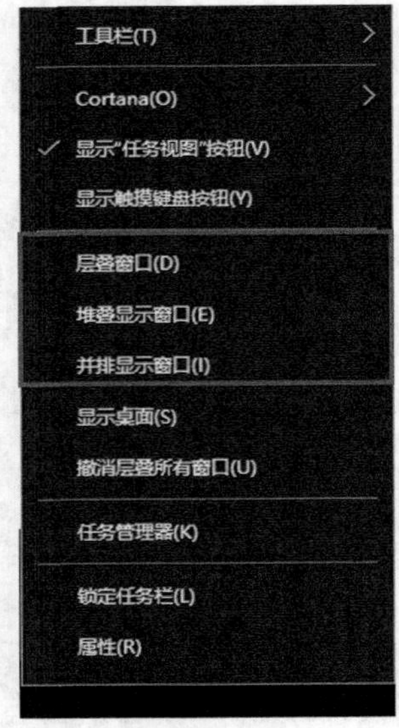

图3-47

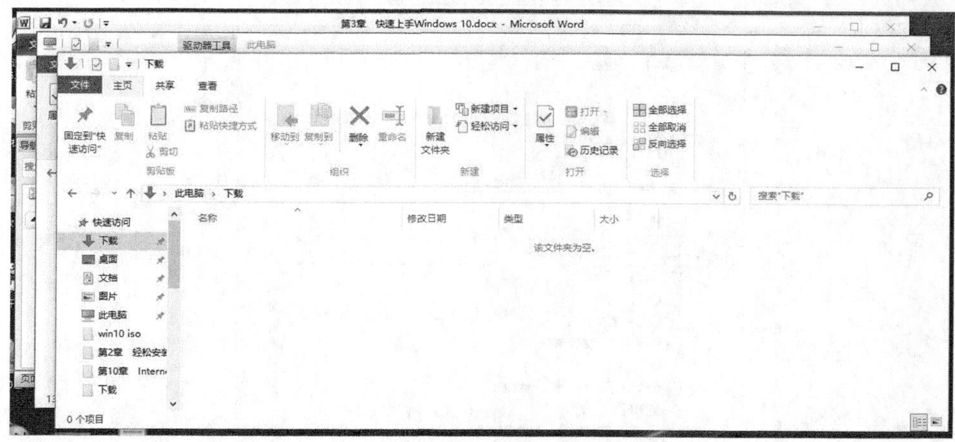

图3-48

3.3.5 切换窗口

如果同时打开很多窗口，需要在各个窗口之间切换，可以同时按键盘上的Alt键和Tab键，然后按Tab键切换即可，如图 3-49 所示。

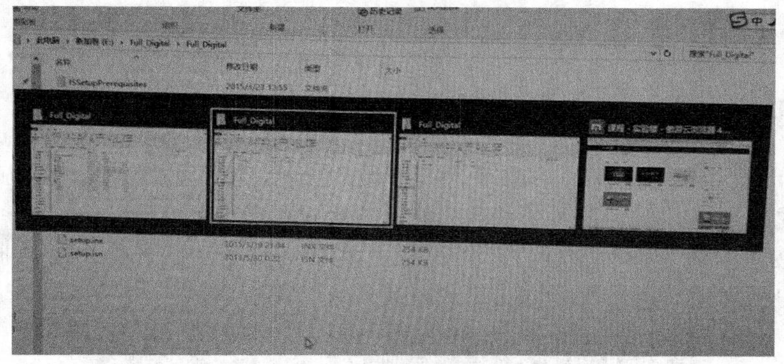

图3-49

3.4 Windows 10 对话框的基本操作

3.4.1 认识 Windows 10 对话框

在 Windows 中，除了经常用到窗口外，对话框也是使用频率较高的组件之一。“对话框”是让用户执行命令、向用户提问、向用户提供信息或进度反馈的辅助窗口。利用对话框，我们一般可以对计算机的各个属性、选项进行设置。对话框按照样式可以分为：选项卡对话框、命令按钮对话框、单选和复选对话框等。从 Windows 8 开始，操作系统的对话框开始使用扁平风格。Windows 10 的对话框也延续了 Windows 8 的扁平风格。常见的对话框如图 3-50 所示。

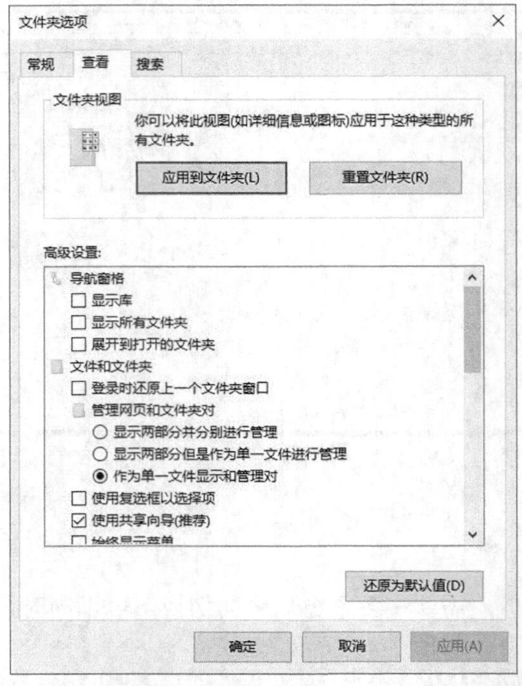

图3-50

3.4.2 Windows 10 对话框中各选项的作用和操作

- 选项卡对话框：许多对话框都由多个选项卡组成，每个选项卡对应一个标签，通过单击标签可以切换到相应的选项卡中，参见图 3-50。
- 命令按钮：命令按钮通常为一矩形框，按钮上面标注了名称，同时也表达了该按钮的功能。用鼠标单击相应按钮即可执行相应操作，如图 3-51 所示。

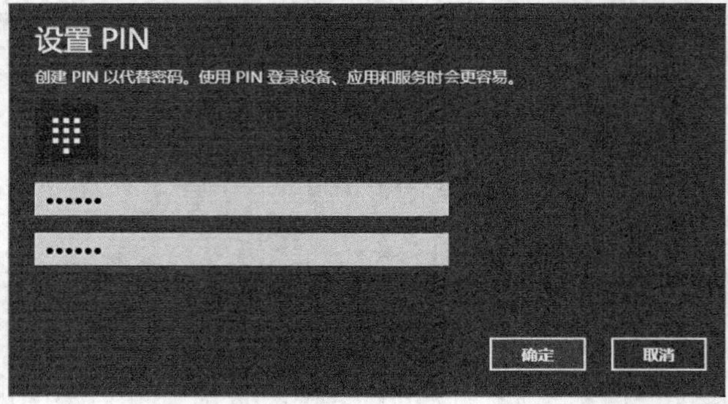

图3-51

- 单选按钮和复选框：单选按钮一般为“小圆圈+文字”的形式，当我们选中某一单选按钮时，小圆圈中间将会出现一黑点以示选中。复选框通常以“小方框+文字”的形式表现，当我们选中某一复选框时，小方框里会呈现一个小钩。在一组复选框中，可以有多个复选框被选中，如图 3-52 所示。

文件夹选项
常规
查看
搜索
文件夹视图
你可以将此视图(如详细信息或图标)应用于这种类型的所有文件夹。
应用到文件夹(L)
重置文件夹(R)
高级设置:
导航窗格
显示库
显示所有文件夹
展开到打开的文件夹
复选框
文件和文件夹
登录时还原上一个文件夹窗口
管理网页和文件夹对
显示两部分并分别进行管理
显示两部分但是作为单一文件进行管理
作为单一文件显示和管理对
单选按钮
使用复选框以选择项
使用共享向导(推荐)
还原为默认值(D)
确定
取消
应用(A)

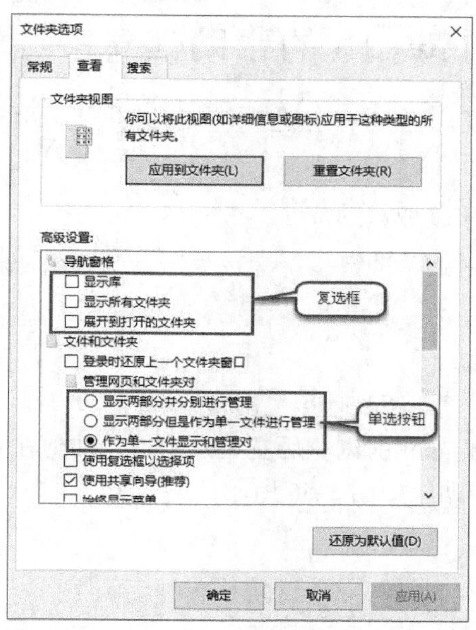

图3-52

- 文本框：文本框通常表现为一个矩形长条框，主要用来输入文字和字符等，如图 3-53 所示。
- 下拉列表：下拉列表通常为矩形框加一个倒三角形按钮，单击该按钮即弹出一个下拉列表，从中选择某一选项即可执行相关操作，如图 3-54 所示。

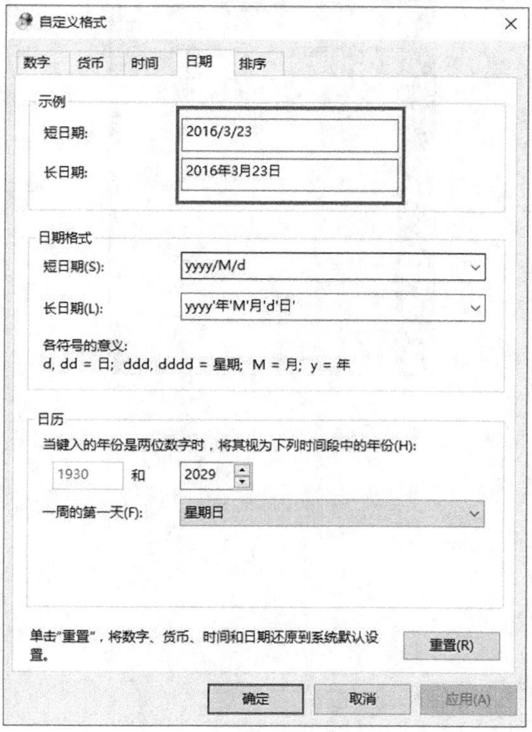

自定义格式
数字
货币
时间
日期
排序
示例
短日期:
2016/3/23
长日期:
2016年3月23日
日期格式
短日期(S):
yyyy/M/d
长日期(L):
yyyy'年'M'月'd'日'
各符号的意义:
d, dd = 日; ddd, dddd = 星期; M = 月; y = 年
日历
当键入的年份是两位数字时，将其视为下列时间段中的年份(H):
1930
和
2029
一周的第一天(F):
星期日
单击"重置"，将数字、货币、时间和日期还原到系统默认设置。
重置(R)
确定
取消
应用(A)

图3-53

自定义格式
数字
货币
时间
日期
排序
示例
正数:
123,456,789.00
负数:
-123,456,789.00
小数点(D):
小数位数(N):
2
数字分组符号(I):
数字分组(G):
123,456,789
负号(E):
负数格式(T):
-1.1
显示前导零(P):
.7
列表分隔符(L):
度量衡系统(M):
公制
标准数字(S):
0123456789
使用当地数字(U):
从不
单击"重置"，将数字、货币、时间和日期还原到系统默认设置。
重置(R)
确定
取消
应用(A)

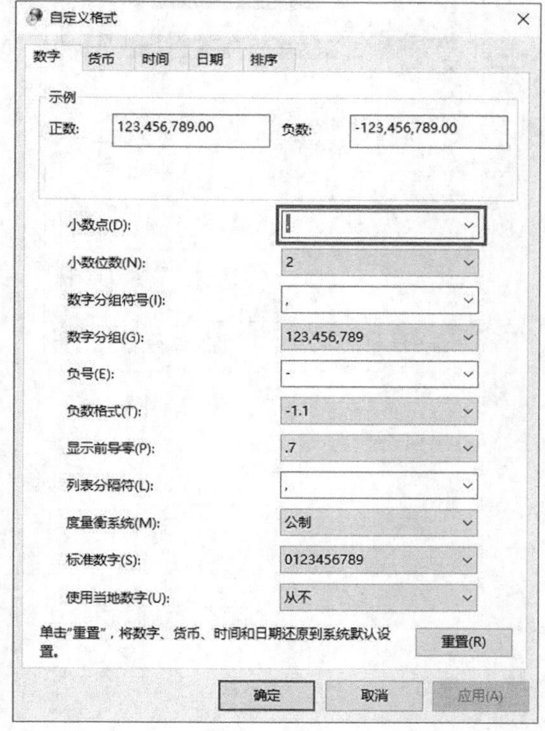

图3-54

3.5　快速获得 Windows 10 的帮助信息

在进行窗口操作的时候，遇到有些选项不是很明白，可以通过以下两种方式获得 Windows 10 的帮助信息。

一、从具体窗口中的链接获取帮助

有些窗口会带有具体项目的帮助链接，直接单击这个链接，就可以获得相关的帮助，如图 3-55 所示。

二、从小娜助手获取帮助

对于 Windows 的一些常见问题，使用 Cortana（小娜助手）即可找到答案。打开小娜助手后，键入问题，如“如何删除我的浏览历史记录”或“如何在 Windows 10 中使用多个桌面”，可以从小娜助手获得帮助，如图 3-56 所示。

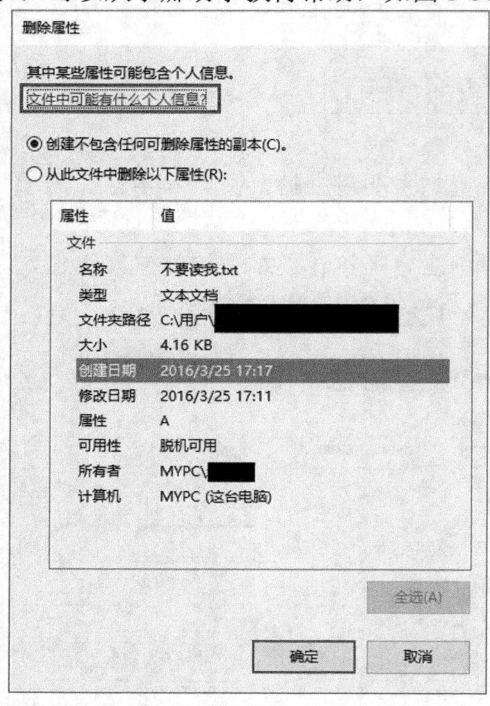

图3-55

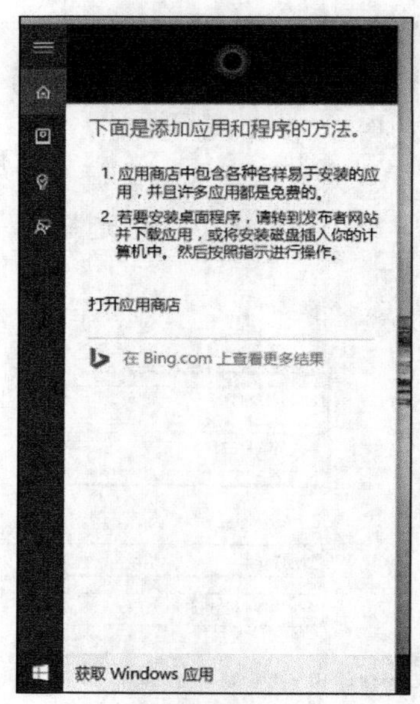

图3-56

第4章　Windows 10 系统浓郁的个人特性

距 Windows 10 发布已经有很长时间了，Windows 10 的用户也越来越多。在厌倦了 Windows 10 千篇一律的基本界面后，我们究竟有哪些方法来打造定制的个性化系统呢？Windows 10 的个性化设置十分丰富，可以通过丰富的个性化设置来赋予 Windows 10 系统浓郁的个人特性。

4.1　系统外观我做主

有些人喜欢把计算机设置成自己喜欢的风格，Windows 10 在哪里设置系统的颜色和外观呢？下面让我们一起更改系统的外观吧。

4.1.1　设置桌面图标

一、添加桌面图标

默认情况下，刚安装完系统后，桌面上只有一个“回收站”图标，其余的图标都没有显示出来，不过没关系，可以自己把需要的系统图标添加到桌面上，具体操作步骤如下。

1. 在桌面上单击鼠标右键，弹出快捷菜单，选择“个性化”命令，如图 4-1 所示。
2. 打开“个性化”窗口，切换至“主题”选项卡，单击“桌面图标设置”，如图 4-2 所示。

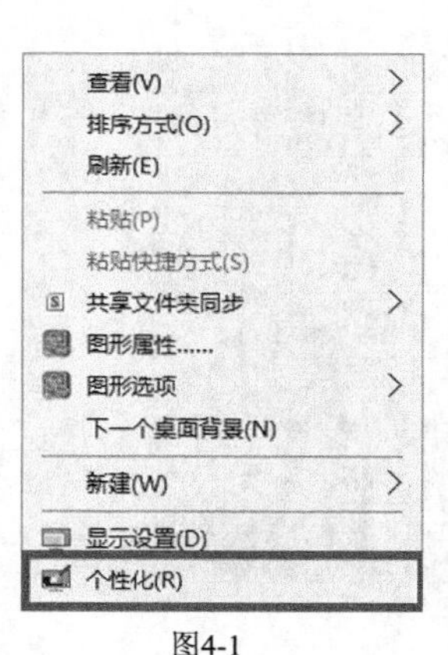

图4-1

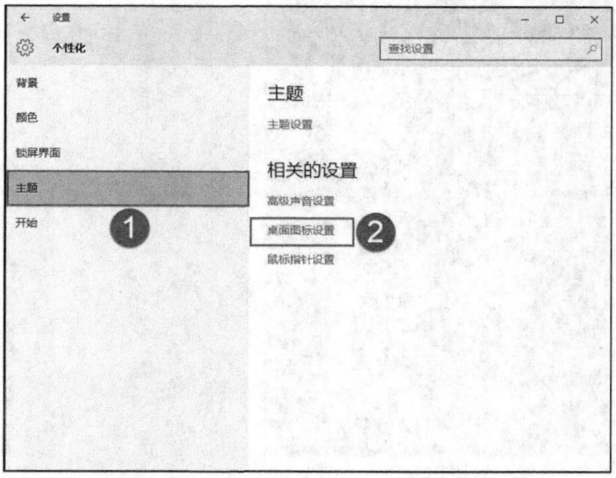

图4-2

3. 系统弹出“桌面图标设置”对话框，在“桌面图标”列表框中勾选要放置到桌面上的图标，如图 4-3 所示。

4. 单击“确定”按钮返回桌面，可以看到桌面上已经添加了选中的桌面图标，如图 4-4 所示。

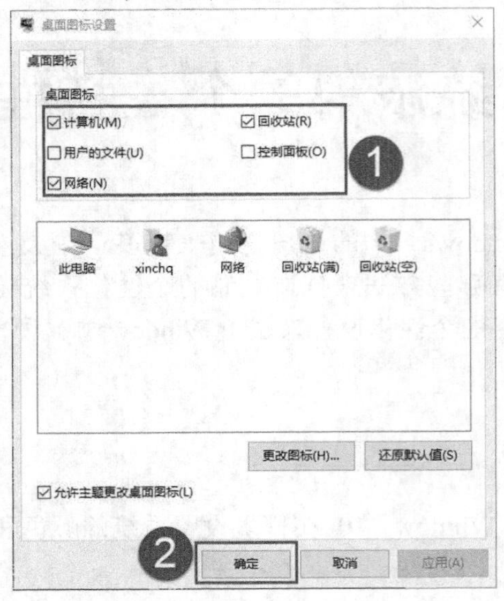

图4-3

图4-4

除了可以在桌面上添加系统图标，还可以将程序图标的快捷方式添加到桌面上，以 Microsoft Excel 2010 为例，具体操作如下。

1. 单击 按钮，查看开始菜单的内容，单击“所有应用”，可以看到“Microsoft Excel 2010”，如图 4-5 所示。
2. 直接将要添加的应用图标拖到桌面上，如图 4-6 所示。

图4-5

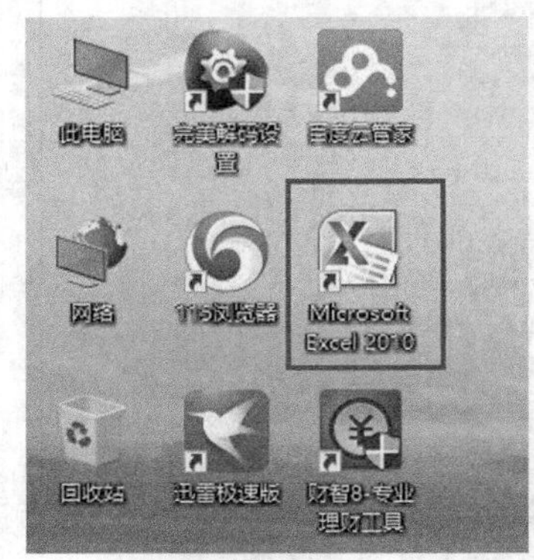

图4-6

二、调整桌面图标的大小

桌面上的图标大小并不是固定不变的，Windows 10 提供了 3 种图标大小，用户可以根据自己的需要进行设置。调整桌面图标大小的方法如下。

1. 右键单击桌面上的空白区域，在弹出的快捷菜单中选择“查看”命令，弹出子菜单，可以看到有 3 种大小可供选择，分别为“大图标”“中等图标”和“小图标”，如图 4-7 所示。
2. 将桌面图标按照大图标、中等图标和小图标的方式排列，效果分别如图 4-8 所示。

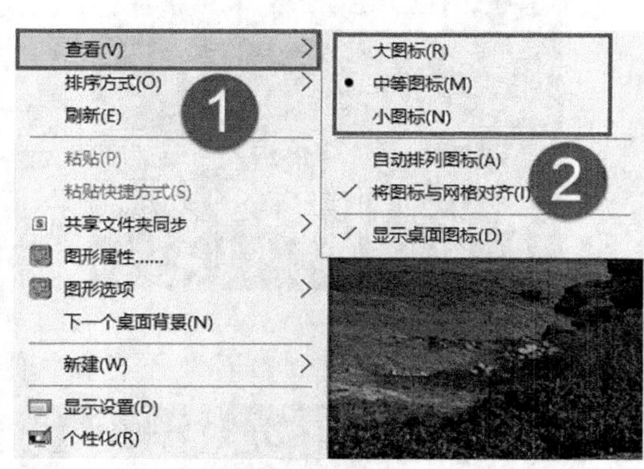

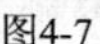

图4-7

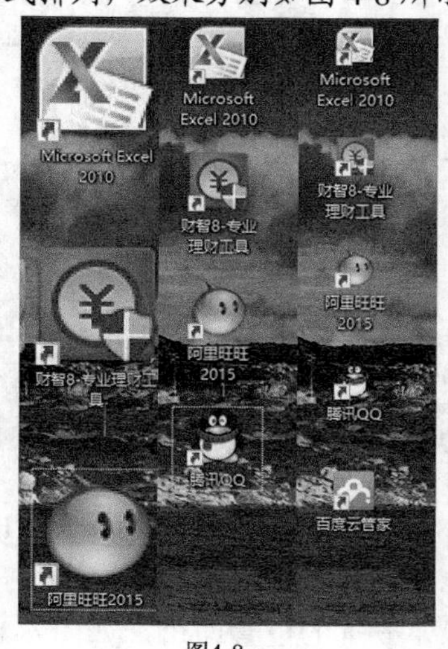

图4-8

三、排列桌面图标

除了可以改变桌面上图标的大小外，还可以改变图标的位置，尤其是当桌面上的图标较多时，桌面会显得凌乱，要找到需要的程序也很不方便，这时可以对桌面图标进行排列，使桌面看上去更整洁、一目了然。

1. 在桌面上的空白处单击鼠标右键，在弹出快捷菜单中选择“排序方式”命令，弹出子菜单，可以看到提供了 4 种排序方式，分别为“名称”“大小”“项目类型”和“修改日期”，如图 4-9 所示。
2. 以“项目类型”为例，可以看到图标排列后的效果，如图 4-10 所示。

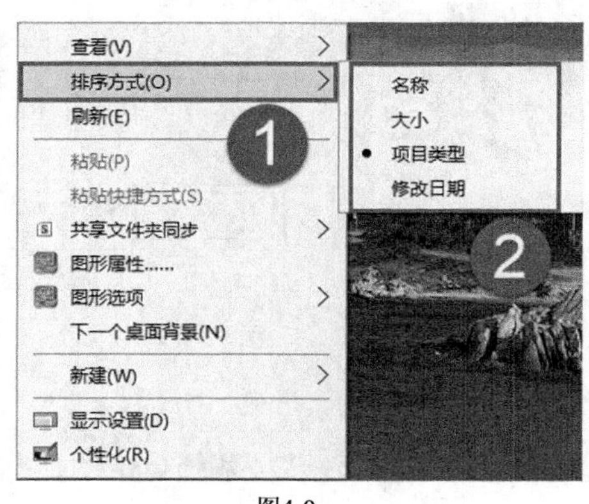

图4-9

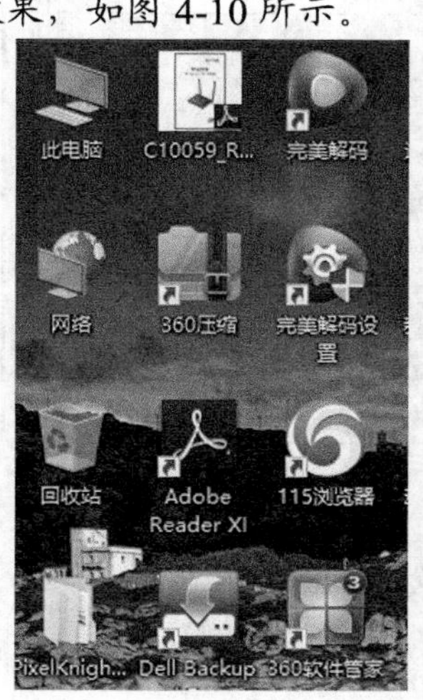

图4-10

另外，用户还可以在右键快捷菜单中选择“查看”命令，在弹出的子菜单中选择“自动排列图标”命令，如图 4-11 所示，则系统会自动将图标按顺序进行排列，排列后的效果如图 4-12 所示。

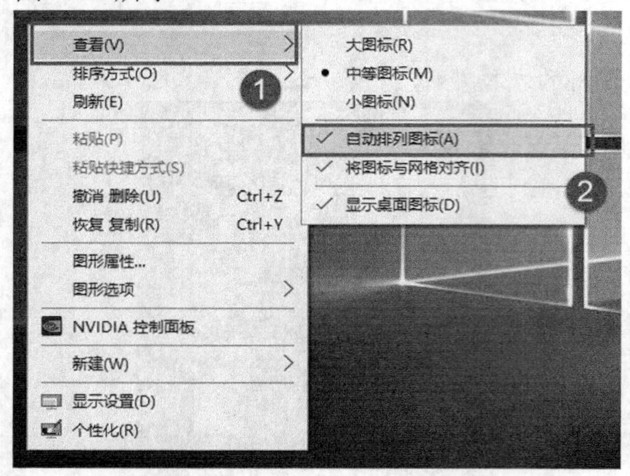

图4-11

图4-12

当然，如果用户想要按自己的使用习惯对图标进行排列，那么可在“查看”子菜单中取消选择“自动排列图标”命令，然后用鼠标拖动图标至想要放置的位置即可，如图 4-13 所示。

图4-13

四、删除桌面图标

当桌面上排列了过多的桌面图标，或用户想删除一些不经常使用的程序或文件时，可以对桌面图标进行删除，操作方法如下。

右键单击需要删除的桌面图标，在弹出的快捷菜单中选择“删除”命令，如图 4-14 所示。弹出“删除快捷方式”对话框，单击“是”按钮，如图 4-15 所示，即可成功删除图标。

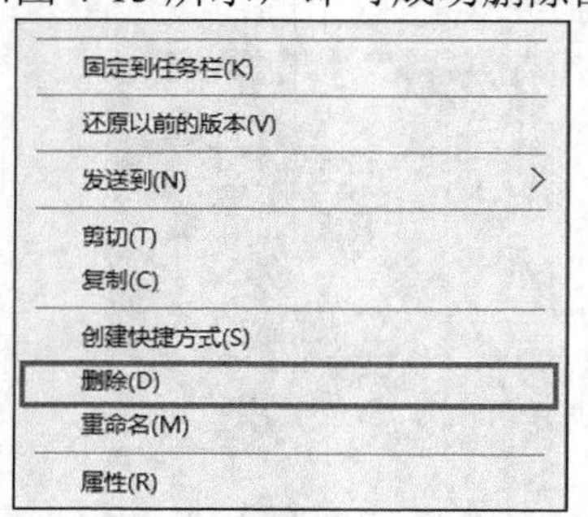

图4-14

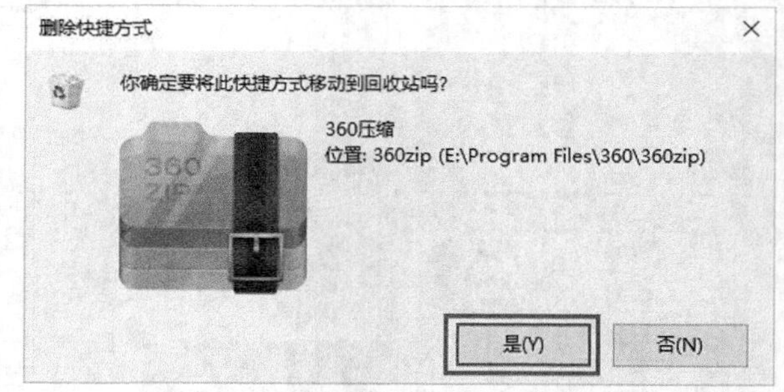

图4-15

4.1.2　设置桌面背景

在 Windows 10 系统的主题中，系统自带了一些桌面背景图，如果对系统自带的这些桌面背景不喜欢，也可以将桌面背景更换为自己喜欢的图片。

一、使用系统自带的桌面壁纸

Windows 10 系统中自带了一些图片，用户可以在这些图片目录中寻找所喜欢的图片作为桌面背景，更换方法如下。

1. 右键单击桌面空白处，选择“个性化”命令，如图 4-16 所示。
2. 在弹出的窗口中，单击方框所示的位置，将“幻灯片放映”更改为“图片”，如图 4-17 所示。

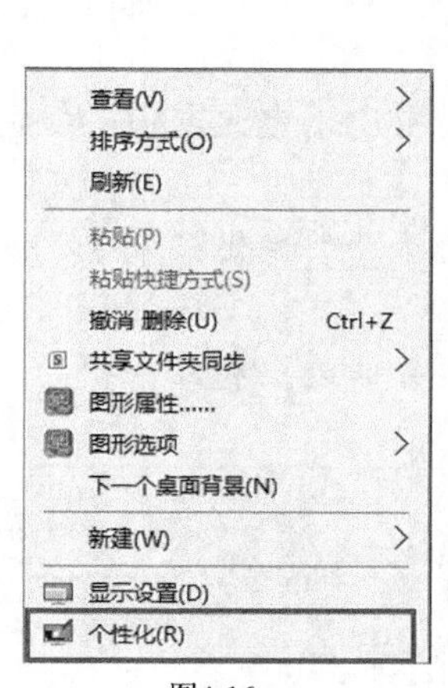

图4-16

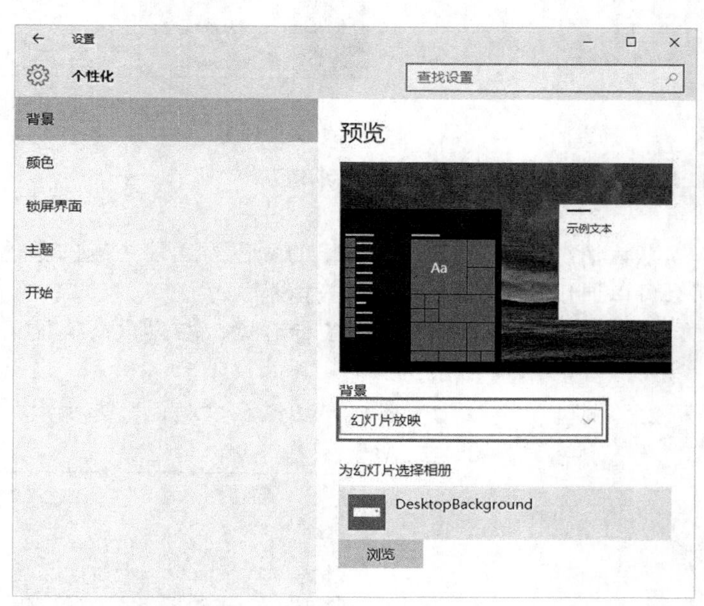

图4-17

3. 在显示出的图片中单击想要设置为桌面背景的图片，背景图片就会变更为所选择的图片，如图 4-18 所示，效果如图 4-19 所示。

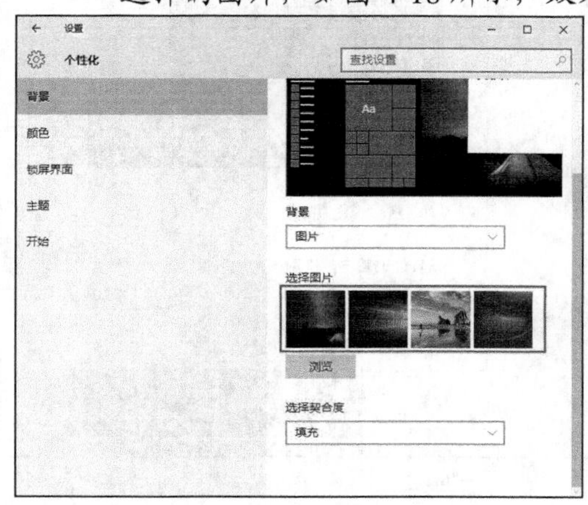

图4-18

图4-19

二、将计算机中的图片设置为壁纸

系统自带的桌面壁纸肯定是有限的，因此如果用户计算机中保存着更好的图片，也可以

将其设置为桌面背景。下面介绍一个比较简便的方法。右键单击想要设置为桌面背景的图片，在弹出的快捷菜单中选择“设置为桌面背景”命令即可，如图 4-20 所示。

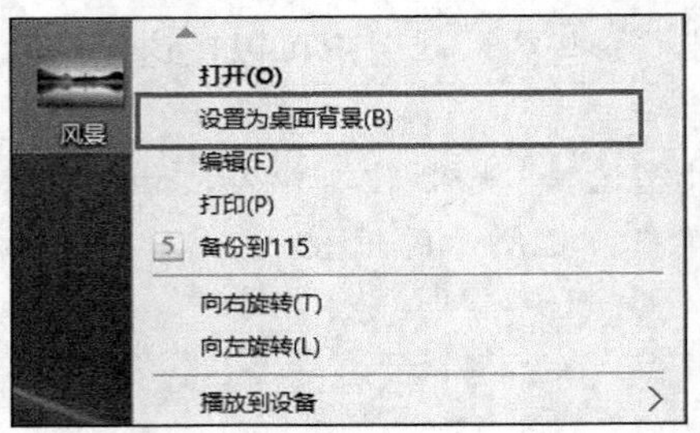

图4-20

4.1.3　设置窗口颜色和外观

默认情况下，Windows 窗口的颜色为当前主题的颜色，如果用户想更改窗口的颜色，那么可以通过“个性化”窗口进行设置。

1. 在桌面的空白处单击鼠标右键，在弹出的快捷菜单中选择“个性化”命令，如图 4-21 所示。
2. 打开“个性化”窗口，切换至“颜色”选项卡，可更改窗口边框和任务栏的颜色，如图 4-22 所示。

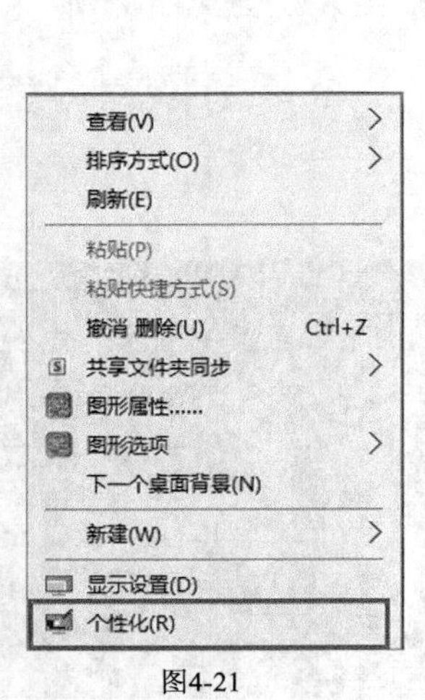

图4-21

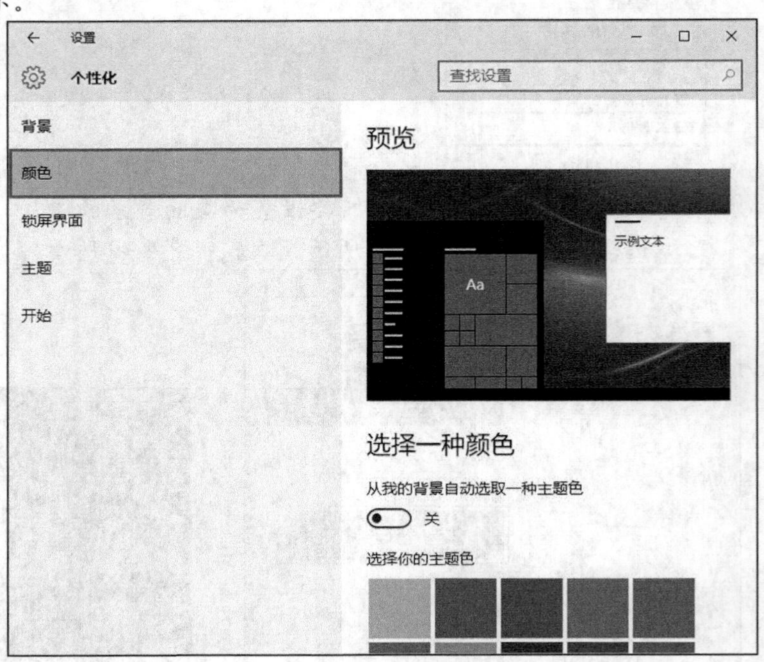

图4-22

更改后的窗口和任务栏的颜色如图 4-23 所示。

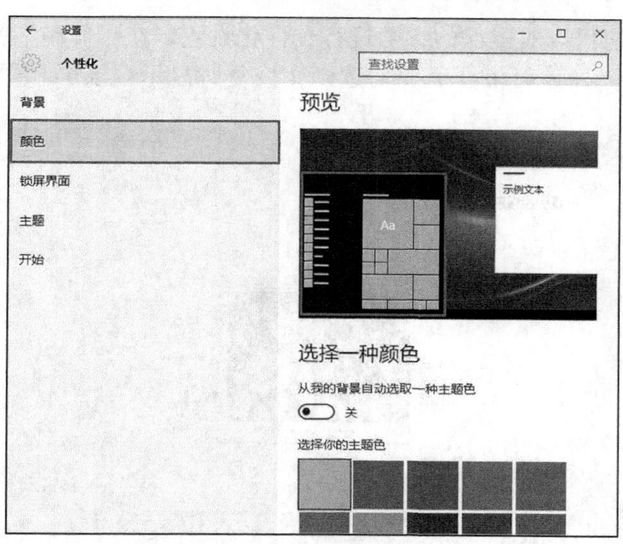

图4-23

4.1.4 设置屏幕保护程序

当长时间不使用计算机时，可以选择设置屏幕保护程序，这样既可以保护显示器（对液晶显示器无效），还可以凸显用户的风格，使待机时的计算机屏幕更美观。

1. 打开“个性化”窗口，切换至“锁屏界面”选项卡，单击“屏幕保护程序设置”，如图 4-24 所示。
2. 弹出“屏幕保护程序设置”对话框，单击“屏幕保护程序”下拉列表，选择一种屏保样式，如图 4-25 所示。

图4-24

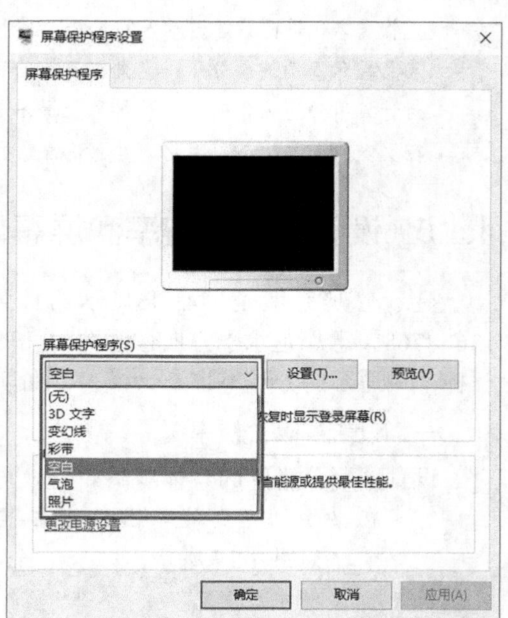

图4-25

单击“设置”按钮可以对屏保的参数进行个性化设置，在“等待”文本框中可以设置启用屏保的等待时间，另外还可根据需要勾选“在恢复时显示登录屏幕”复选框，如图 4-26 所示。

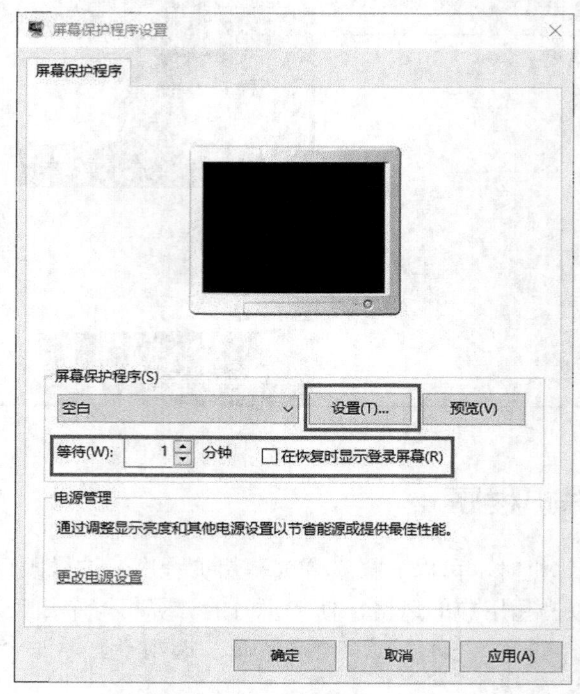

图4-26

提示： 对于 CRT 来说，屏幕保护是为了不让屏幕一直保持静态的画面太长时间，否则容易造成屏幕上的荧光物质老化进而缩短显示器的寿命。对于液晶显示器来说，其工作原理与 CRT 工作原理完全不同，液晶显示器的液晶分子一直处在开关的工作状态，而液晶分子的开关次数是有限制的。因此当我们对计算机停止操作时，还让屏幕上显示五颜六色反复运动的屏幕保护程序，无疑使液晶分子依旧处在反复的开关状态。因此，对于液晶显示器来说，不建议设置屏幕保护程序。

4.1.5 设置屏幕分辨率和屏幕刷新频率

显示分辨率就是屏幕上显示的像素个数，以笔者的显示器分辨率为例，分辨率为 1366×768。意思是水平方向像素数为 1366 个，垂直方向像素数为 768 个。显示器的尺寸不一样，最适合的分辨率也不一样，下面就介绍一下如何设置屏幕分辨率。

一、设置屏幕分辨率

设置屏幕分辨率的具体步骤如下。

1. 在桌面的空白处单击鼠标右键，在弹出的快捷菜单中选择“显示设置”命令，如图 4-27 所示。
2. 打开“系统”窗口，单击“显示”选项卡中的“高级显示设置”，如图 4-28 所示。

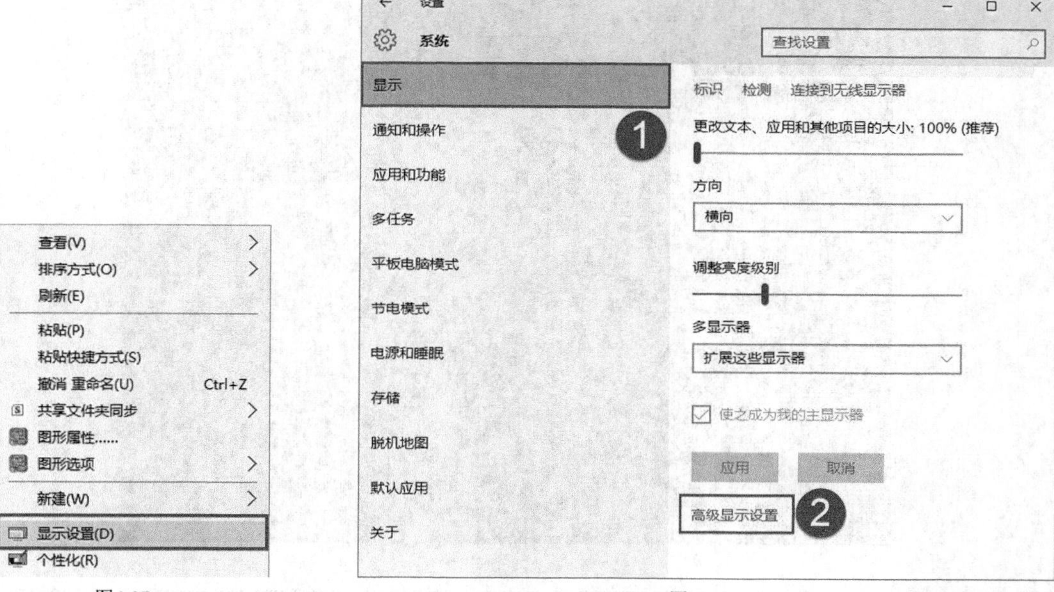

图4-27　　图4-28

3. 单击“分辨率”下拉按钮，可根据计算机显示器的实际情况设置屏幕分辨率，如图 4-29 所示。

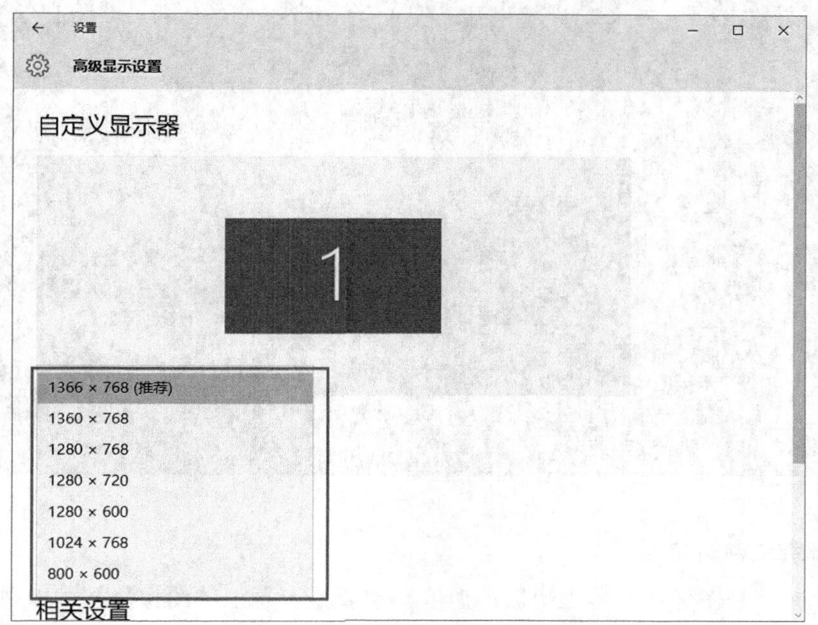

图4-29

建议按照系统推荐的设置进行屏幕分辨率的设置，这样可以达到最清晰的效果。下面是两个分辨率下的对比，可以看到非推荐分辨率下，字体和图标变得模糊不清，如图 4-30 和图 4-31 所示。

图4-30

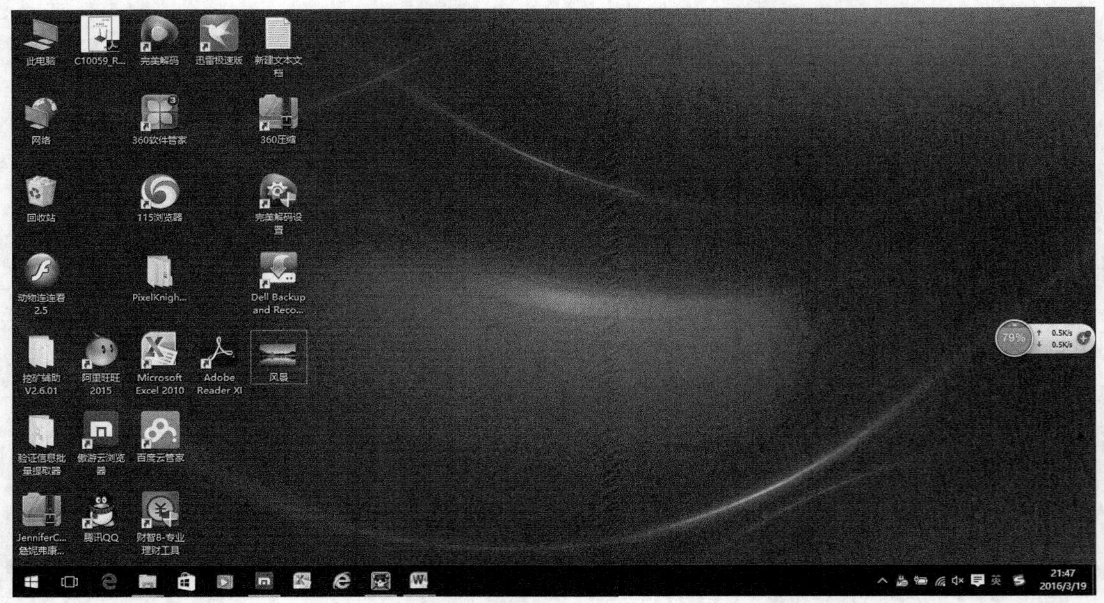

图4-31

二、设置屏幕刷新频率

屏幕刷新频率是图像在屏幕上更新的速度，也就是屏幕上的图像每秒种出现的次数，它的单位是赫兹（Hz）。刷新频率越高，屏幕上图像闪烁感就越小，稳定性也就越高。

设置屏幕刷新频率的具体步骤如下（以 Intel 集成显卡为例，其他显卡设置类似）。

1. 在桌面的空白处单击鼠标右键，在弹出的快捷菜单中选择“显示设置”命令，打开“系统”窗口，单击“显示”选项卡中的“高级显示设置”。
2. 单击“显示适配器属性”，如图 4-32 所示。

3. 在弹出的对话框中，切换到“监视器”选项卡，可以调整屏幕的刷新频率，如图 4-33 所示。

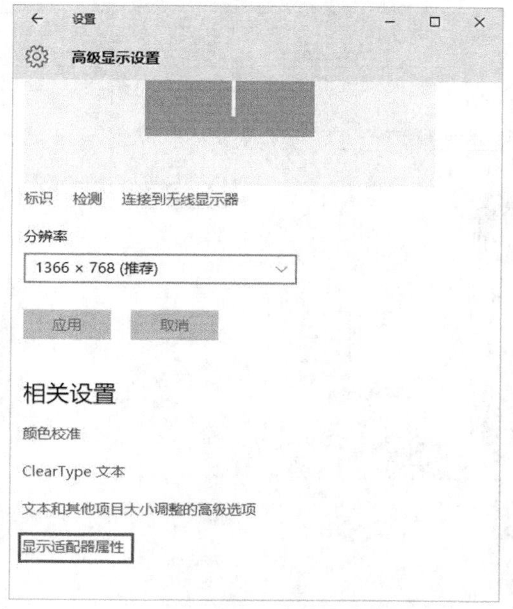

图4-32

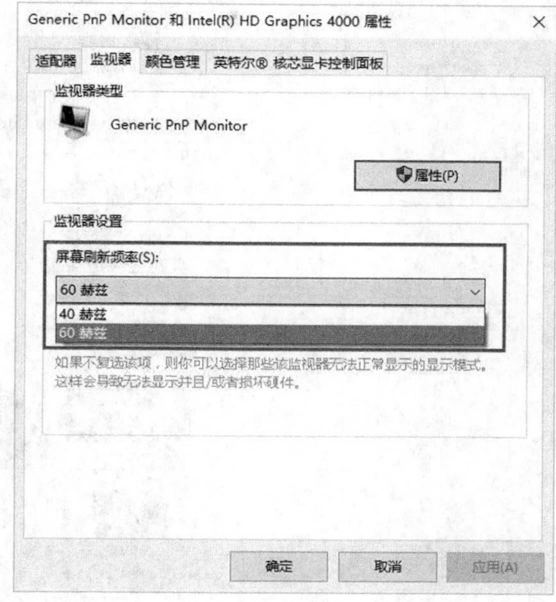

图4-33

4.1.6 保存与删除主题

在 Windows 10 操作系统中，用户可选择系统提供的主题样式，另外，还可以将自己设置的主题样式保存下来，以展现自己的风格。

1. 右键单击桌面空白处，在弹出的快捷菜单中选择“个性化”命令，打开“个性化”窗口，选择“主题”选项卡，然后单击右侧的“主题设置”，如图 4-34 所示。

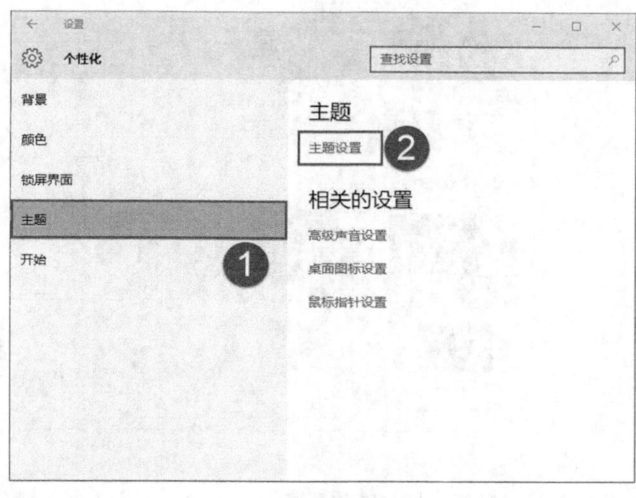

图4-34

2. 在弹出的窗口中单击“保存主题”，如图 4-35 所示，这时会弹出一个对话框，在对话框内输入要保存的主题名称，然后单击“保存”按钮即可。

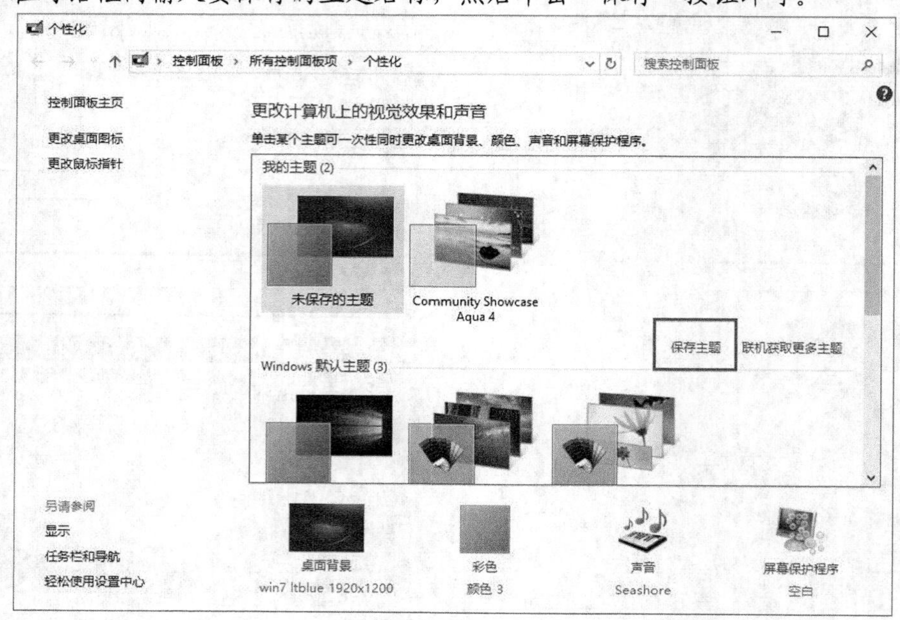

图4-35

删除主题样式的方法与保存主题样式的方法类似，只需在“个性化”窗口的主题选项列表中右键单击要删除的主题，然后在弹出的快捷菜单中选择“删除主题”命令即可，如图 4-36 所示。

图4-36

提示：删除主题样式时，只能删除“我的主题”选项列表中的主题，对于系统自带的主题样式是不能删除的，当前应用的主题样式也是不能删除的。

4.2 熟悉 Ribbon 界面

Windows 10 系统的文件管理器窗口全面使用了 Ribbon 界面。这种窗口界面方式最早是在 Office 办公软件上使用的。随着 Office 2010 的大范围使用，Ribbon 界面的风格也逐渐被大家所接受。

4.2.1 Ribbon 界面简述

Ribbon 的英文含义是带子或带状物。Ribbon 界面也像是窗口上方的一条工具带。功能区包含一些用于创建、编辑和导出仪表板及其元素的上下文工具。它是一个收藏了命令按钮和图示的面板。它把命令组织成一组“标签”，每一组包含了相关的命令。每一个应用程序都有一个不同的标签组，展示了程序所提供的功能。

Ribbon 界面把原来在菜单中的命令都放置在了窗口上方的功能区中并加以分类。功能区的设计类似于仪表板。当我们选择不同的对象时，Ribbon 界面自动变换合适的标签，来方便用户的操作。每个标签中包含了同类别的操作，如图 4-37 所示。

图4-37

4.2.2 Ribbon 界面的优势

Ribbon 界面的出现是对传统通过菜单进行相关操作的一种颠覆。如果适应了之前的菜单操作，忽然面对 Ribbon 界面，用户还需要一定的时间来适应。随着时间的推移，Ribbon 界面逐渐获得用户的认可。那么，Ribbon 界面相对于之前的界面有何先进之处呢，我们帮大家搜集到了以下的内容。

- 所有功能有组织地集中存放，不再需要查找级联菜单、工具栏等。
- 更好地在每个应用程序中组织命令。
- 提供足够显示更多命令的空间。
- 丰富的命令布局可以帮助用户更容易地找到重要的、常用的功能。
- 可以显示图示，对命令的效果进行预览，如改变文本的格式等。
- 将原来的菜单以图标显示，更加适合触摸屏操作。
- 默认标签界面显示使用频率最高的命令，操作更加便捷。
- 之前隐藏很深的菜单栏目现在只要切换标签页就可以找到，提高了效率。

4.2.3　Ribbon 标签页

默认情况下，Ribbon 功能区的通用标签页共 4 种，分别是计算机、主页、共享、查看。每个标签页中都包含了相关的操作命令。还有一些特殊的标签页只有选中特殊的文件或文件夹时才会显示。

- “计算机”标签页：显示和计算机相关的操作，如设置系统属性、卸载或更改程序、打开设置等。这个标签页只有用户打开“此电脑”界面时才会出现，如图 4-38 所示。

图4-38

- “主页”标签页：用户打开文件夹后，Ribbon 界面默认显示的标签页就是“主页”标签页。该页面主要包含针对文件和文件夹的相关操作。如剪切、复制、粘贴、删除、新建操作、属性设置、选择等功能，如图 4-39 所示。

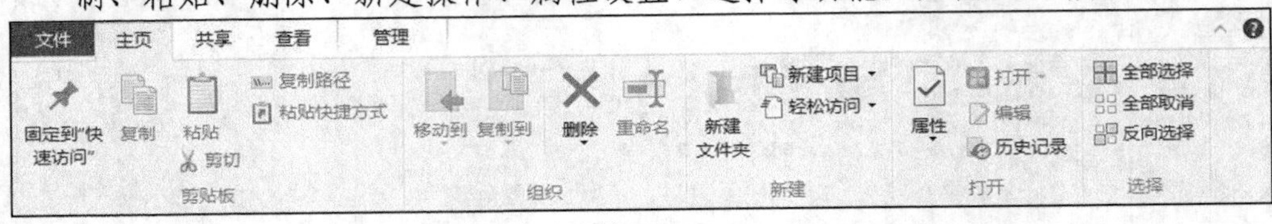

图4-39

- “共享”标签页：主要包含共享文件或文件夹所需的相关操作命令。在这个标签页里，还提供了对文件或文件夹进行压缩、刻录、打印、传真、高级安全等操作。其中的“高级安全”操作，可以对文件夹的共享权限进行详细设置，如图 4-40 所示。

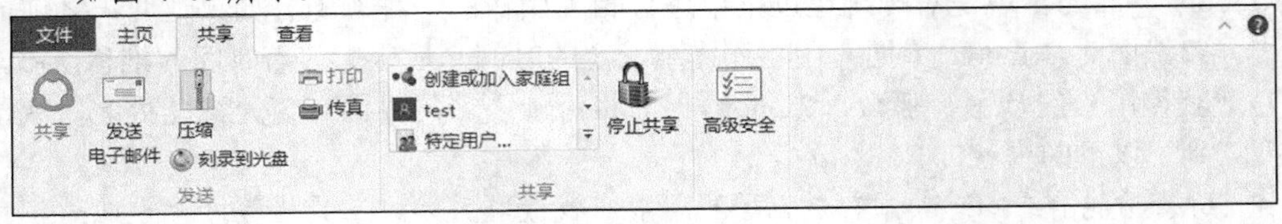

图4-40

- “查看”标签页：主要包含原来的菜单模式中查看菜单的选项和文件夹选项中的栏目。可以设置窗口的窗格，可以设置查看的布局、文件或文件夹在窗口中的排序方式、分组依据等。此外，还提供了查看文件扩展名、查看隐藏文件、隐藏所选项目等实用功能，如图 4-41 所示。

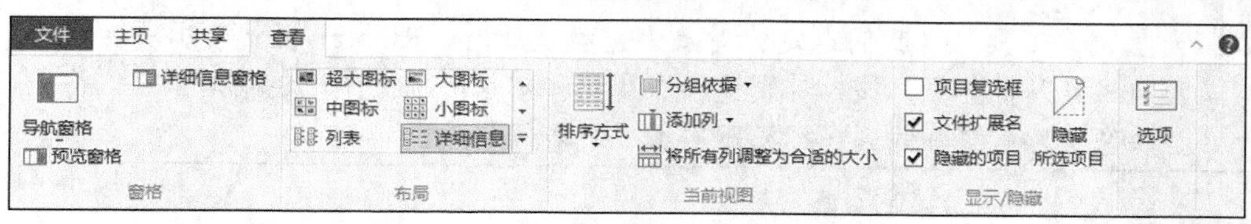

图4-41

4.2.4 使用 Ribbon 界面进行快捷操作

除了上面介绍的 4 种最常用的标签页之外，Ribbon 界面还有其他标签页，这些标签页只有在选择特定对象的时候才会出现，这些特殊的标签页提供的功能非常实用，下面具体介绍一下。

- 应用程序工具：当我们选定的对象为应用程序或其他可执行文件时，Ribbon 栏就会出现“应用程序工具”标签页。提供了将程序固定到任务栏、以管理员身份运行、兼容性问题疑难解答等内容，如图 4-42 所示。

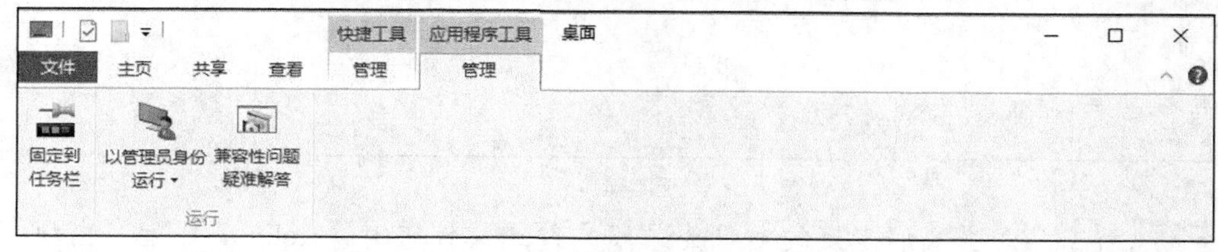

图4-42

- 图片工具：当我们选定的对象为图片时，Ribbon 栏就会出现“图片工具”标签页，在这里我们可以对图片进行向左旋转、向右旋转、放映幻灯片、设置为背景等操作，如图 4-43 所示。

图4-43

- 驱动器工具：当我们选定的对象为磁盘或光盘驱动器时，Ribbon 栏就会出现“驱动器工具”标签页，这里提供了对驱动器进行相关操作的命令。如 Bitlocker 加密、碎片整理、磁盘清理、格式化。如果选中的为光盘驱动器，还可以进行自动播放、弹出、擦除等操作，如图 4-44 所示。

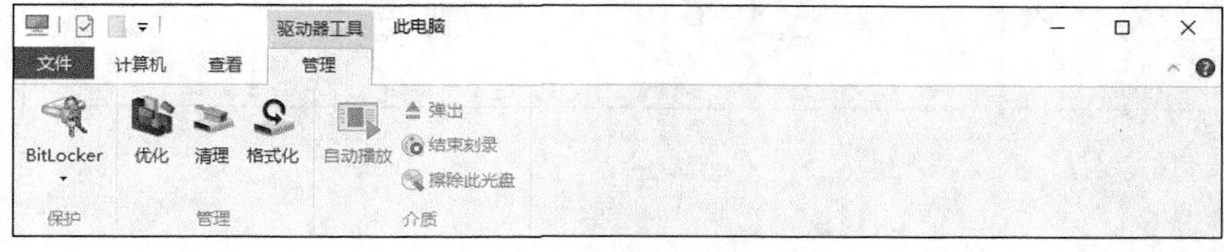

图4-44

- 光盘映像工具：当我们选定的对象为光盘映像时，Ribbon 栏就会出现“光盘映像工具”标签页，该标签页提供了装载和刻录两个操作，装载操作可以将光盘映像文件直接加载到虚拟光驱内供用户访问，如图 4-45 所示。

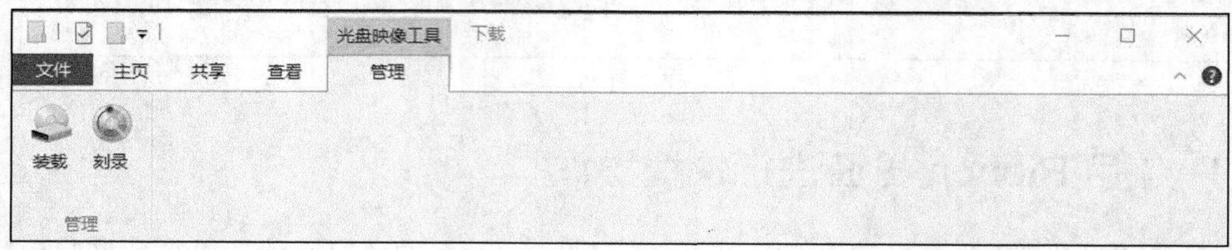

图4-45

- 音乐工具：当我们选定的对象为音频文件或文件夹时，Robbin 栏就会出现“音乐工具”标签页，该标签页提供了播放、全部播放、添加到播放列表操作命令，如图 4-46 所示。

图4-46

- 视频工具：当我们选定的对象为视频文件或文件夹时，Robbin 栏就会出现“视频工具”标签页，该标签页提供了和音乐工具同样的播放、全部播放、添加到播放列表操作命令，如图 4-47 所示。

图4-47

- 压缩的文件夹工具：当我们选定的对象为压缩文件时，Robbin 栏就会出现“压缩的文件夹工具”标签页，该标签页提供了解压缩和全部解压缩操作命令，如图 4-48 所示。

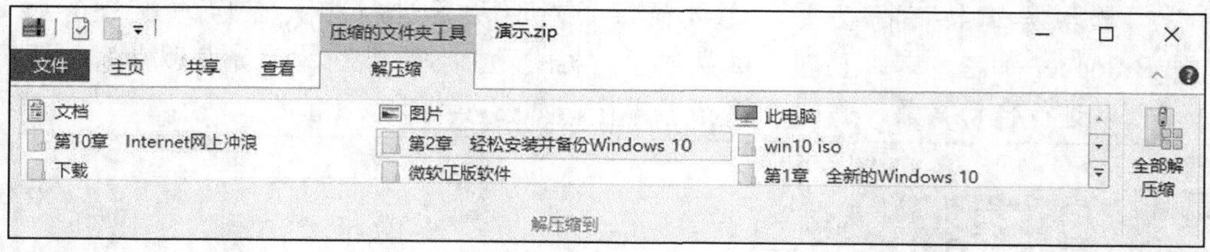

图4-48

4.2.5 自定义快速访问工具栏

快速访问工具栏是在资源管理器窗口左上方的部分，提供一些用户常用的操作，如图 4-49 所示。单击右侧的向下箭头，可以添加或去除快速访问工具栏的功能，如图 4-50 所示。

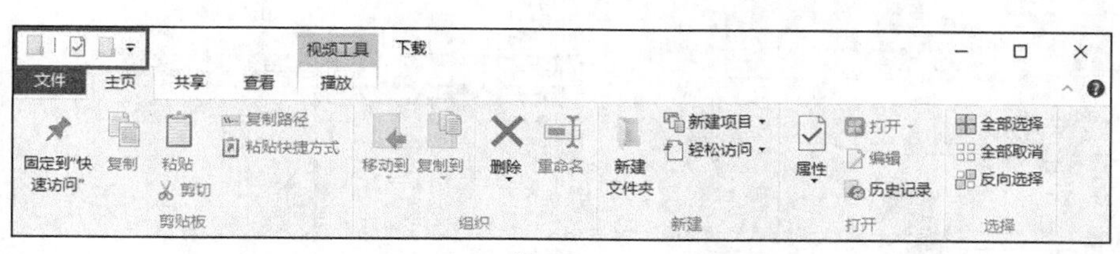

图4-49

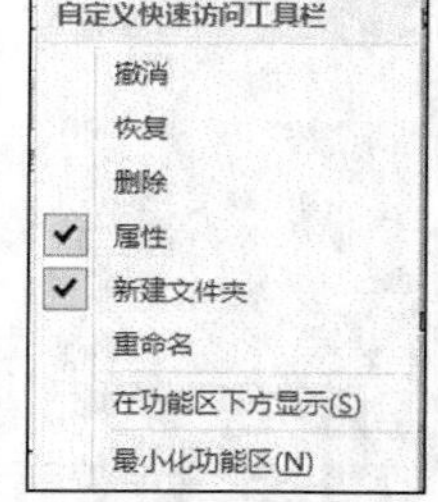

图4-50

4.2.6 文件菜单

Windows 10 的资源管理器窗口中，还保留了一个菜单，那就是“文件”菜单，就在 Ribbon 标签栏的最左侧。单击“文件”就可以打开保留的菜单，如图 4-51 所示。

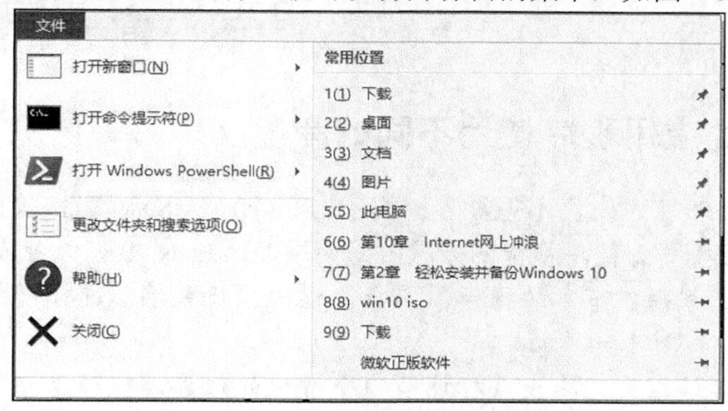

图4-51

菜单左侧为操作命令，右侧为常用位置列表，包含了用户最常使用的文件夹位置。

4.3 设置系统声音

系统声音是指 Windows 在执行操作时系统发出的声音，如计算机开机/关机时的声音、打开/关闭程序的声音、操作错误时的报警声等。

4.3.1 自定义系统声音方案

Windows 的声音方案是一系列程序事件的声音集合，就像 Windows 开机和关机或收到新邮件时所发出的声音。Windows 10 有十几种声音方案，我们可以根据自己的喜好更改系统默认的声音方案。

1. 打开“个性化”窗口，切换至“主题”选项卡，单击“高级声音设置”，如图 4-52 所示。
2. 弹出“声音”对话框，在“声音方案”列表框中选择要使用的声音方案，如图 4-53 所示。

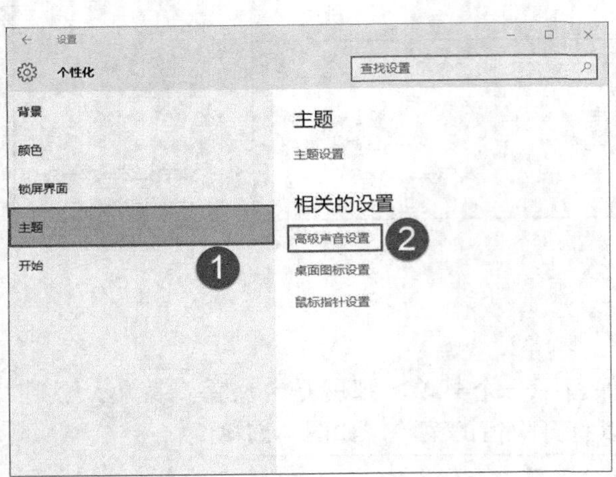

图4-52

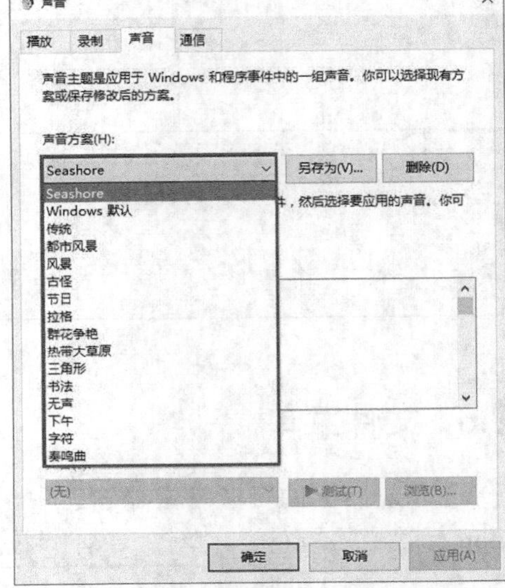

图4-53

4.3.2 让不同的应用程序使用不同的音量

观看电影时，聆听音乐时，不想被各种提示音（QQ、MSN、微博等提示音）打扰时，最简单的方法是什么呢？最简单便捷的方法就是使用 Windows 10 音量合成器工具了。

1. 右键单击任务栏右下角的扬声器图标，弹出快捷菜单，选择“打开音量合成器”命令，如图 4-54 所示。
2. 在弹出的对话框中，拖曳鼠标调节各个滑块的位置，就可以让不同的应用程序使用不同的音量了，如图 4-55 所示。

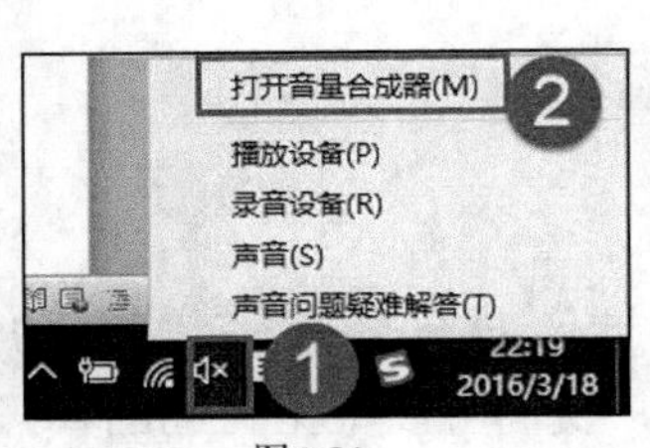

图4-54

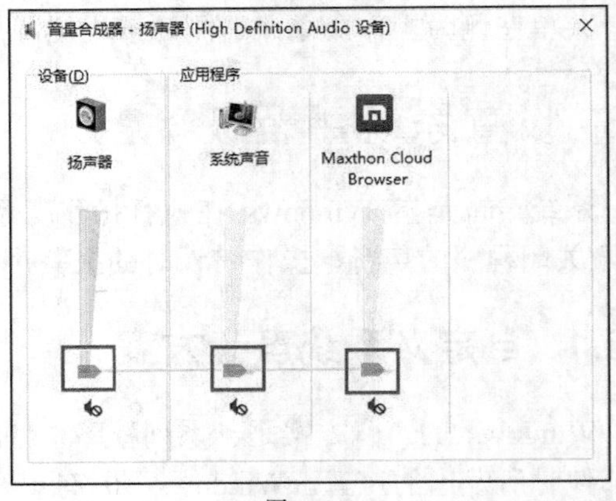

图4-55

4.3.3 增强音量效果

Windows 10 系统自带有很强的音乐处理功能，比一般的播放器音效处理效果好很多。下面来告诉大家如何设置。

1. 右键单击任务栏右下角的扬声器图标，弹出快捷菜单，选择“播放设备”命令，如图 4-56 所示。
2. 在弹出的“声音”对话框中，单击“扬声器”，然后单击“属性”按钮，如图 4-57 所示。

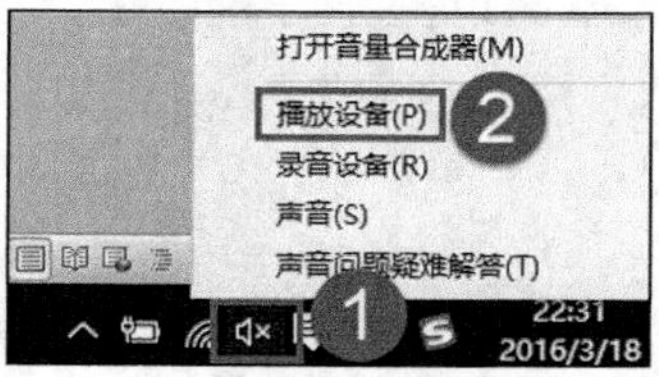

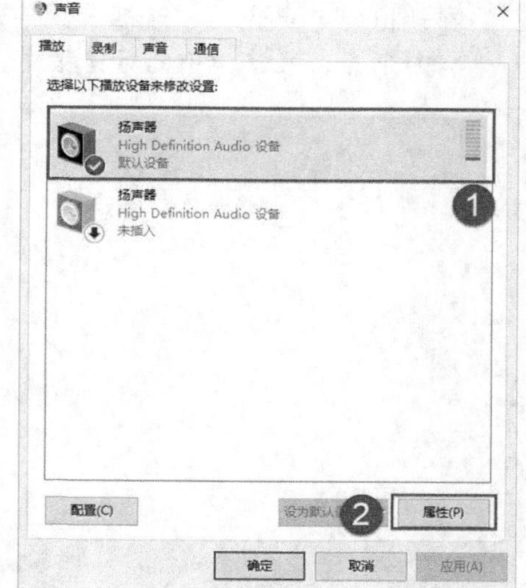

图4-56

图4-57

3. 在弹出的“扬声器 属性”对话框中，选择“增强功能”选项卡，然后选择需要增强的效果，如图 4-58 所示。

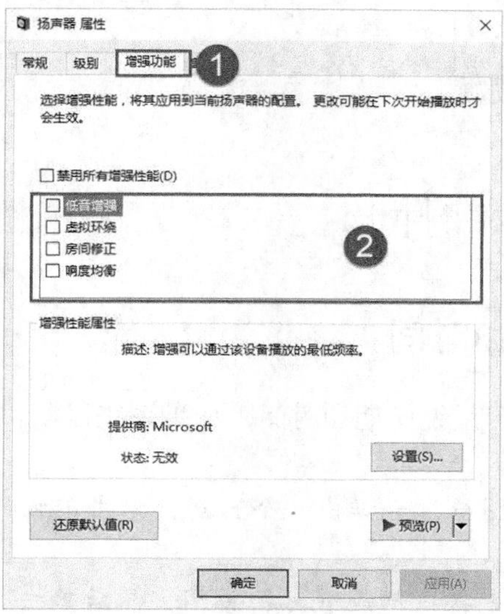

图4-58

4.3.4　调整麦克风

在语音聊天或录音时我们都要用麦克风，在不同的时候需要的音量不同，所以需要对麦克风的音量进行调整，以便符合我们的要求。扬声器的音量大小很好调整，计算机上有相应的选项，耳机上也会有相应的选项，但是麦克风的音量该如何调整呢？下面介绍一下麦克风的音量调节方法。

1. 右键单击任务栏右下角的扬声器图标，在弹出的快捷菜单中选择“录音设备”命令，如图 4-59 所示。
2. 在弹出的“声音”对话框中，单击“麦克风”，然后单击“属性”按钮，如图 4-60 所示，在新弹出的对话框中，可以对麦克风的各种参数进行设置。

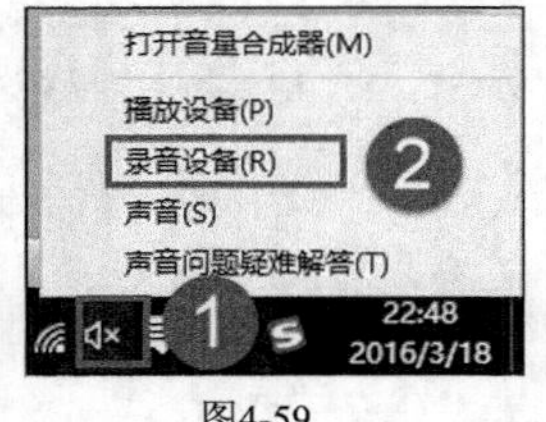

图4-59

图4-60

4.4　设置系统日期和时间

4.4.1　调整系统日期和时间

在任务栏的最右端显示了系统日期和时间，如果系统日期和时间出现了偏差，该如何修改呢？

1. 单击任务栏的时间图标，会弹出一个日历，单击下方的“日期和时间设置”，如图 4-61 所示。
2. 在弹出的窗口中，先将自动设置时间关闭，然后单击“更改”按钮，如图 4-62 所示。

图4-61

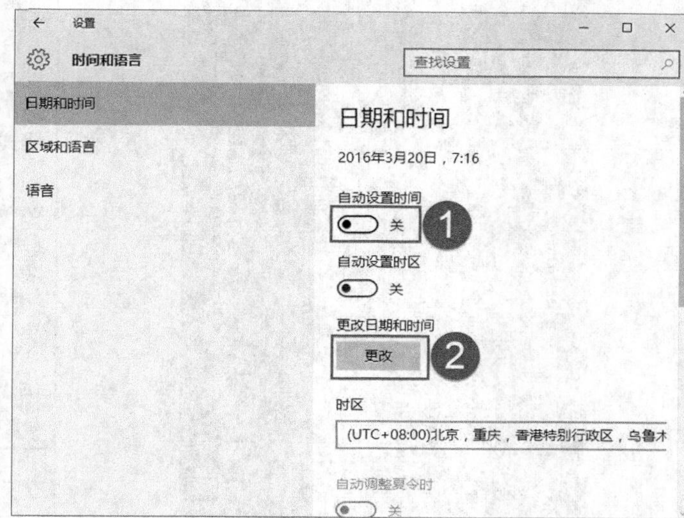

图4-62

3. 在弹出的对话框中，单击下拉框修改日期和时间，然后单击“更改”按钮，就可以修改日期和时间了，如图 4-63 所示。

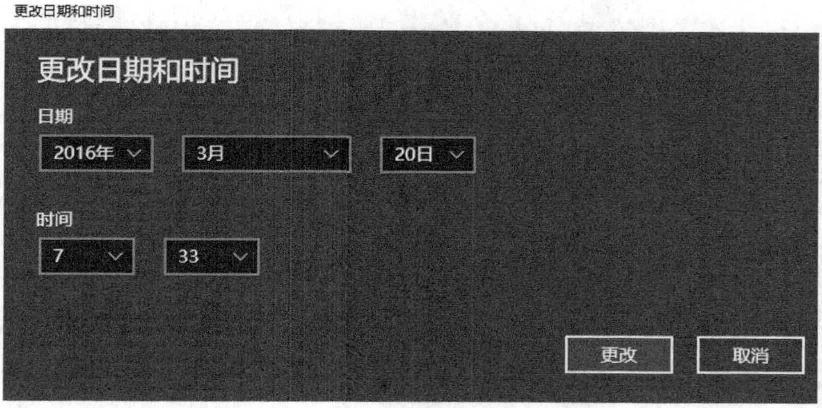

图4-63

4.4.2 添加附加时钟

当有亲朋好友在国外而自己又对时差完全摸不着头脑怎么办呢？Windows 10 系统附加的时钟功能可以帮助到您！

1. 单击任务栏的时间图标，在弹出的日历中，单击“日期和时间设置”，如图 4-64 所示。
2. 在弹出的窗口中将右边的滚动条拖到最下方，然后单击“添加不同时区的时钟”，如图 4-65 所示。

图4-64

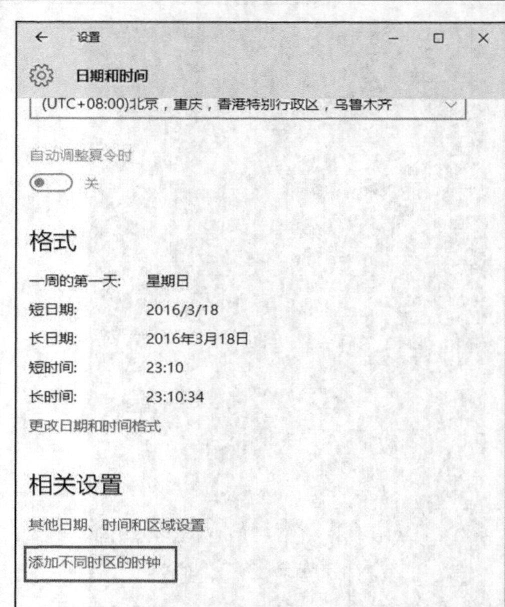

图4-65

3. 在弹出的对话框中，可以选择要显示的时钟，并为时钟设置要显示的名称，如图 4-66 所示。

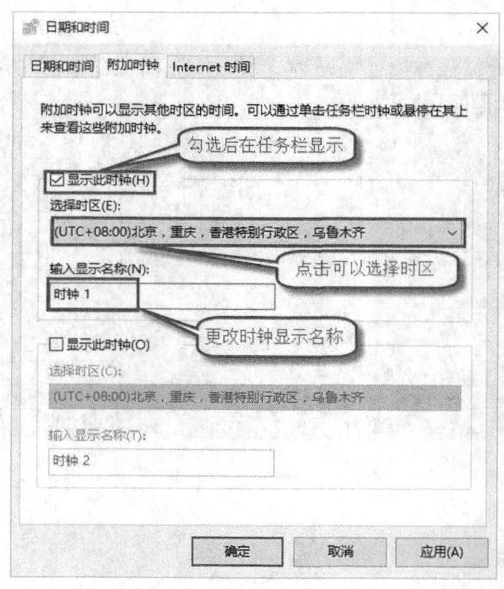

图4-66

4.5 其他个性化设置

4.5.1 更改电源选项

默认情况下，系统为计算机提供的电源计划是“平衡”计划，该计划可在需要完全性能

时提供完全性能，在不需要时节省电能。用户可以进一步更改电源设置，通过调整显示亮度和其他电源设置，以节省能源或使计算机提供最佳性能。

1. 在“屏幕保护程序设置”对话框中，单击下方的“更改电源设置”，如图 4-67 所示。
2. 在弹出的“电源选项”窗口中，单击其右侧的“更改计划设置”，如图 4-68 所示。

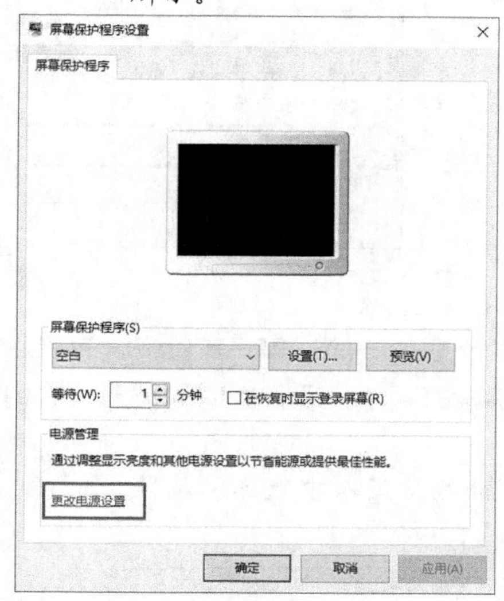

图4-67

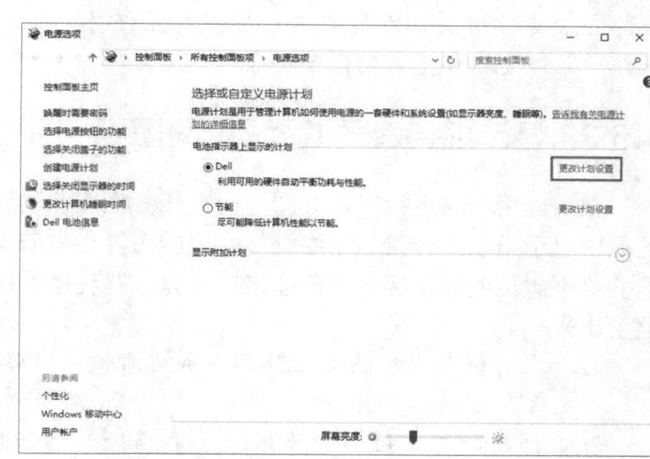

图4-68

3. 在打开的“编辑计划设置”窗口中，可设置“关闭显示器”和“使计算机进入睡眠状态”的时间，如图 4-69 所示。另外，还可单击“更改高级电源设置”进行高级设置，设置完成后单击“保存修改”按钮即可。

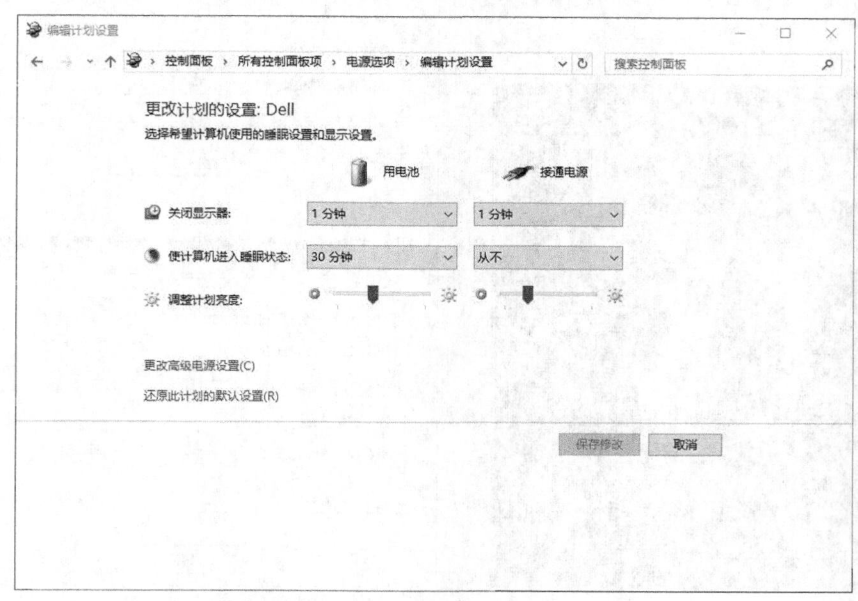

图4-69

4.5.2 将程序图标固定到任务栏

在 Windows 10 中，我们通常都会在任务栏固定一些文件夹或应用。通过这个方法，我们就可以更加快速地打开该应用。那么如何将程序固定到任务栏呢？

1. 右键单击程序图标，然后在弹出的快捷菜单中选择“固定到任务栏”命令，如图 4-70 所示。
2. 直接用鼠标左键拖动程序图标至任务栏，就可以把程序图标固定到任务栏了。

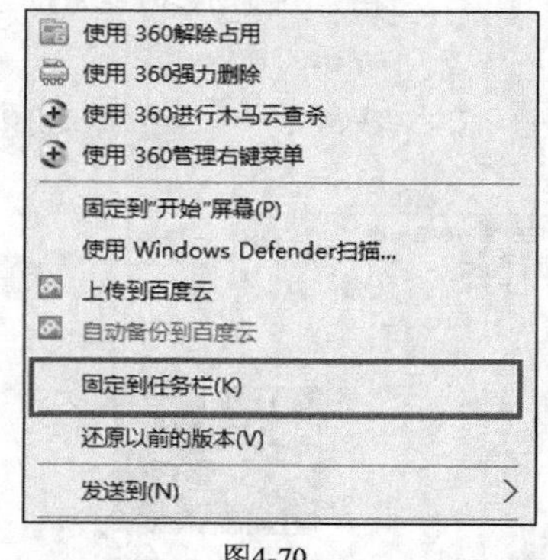

图4-70

4.5.3 显示/隐藏通知区域中的图标

很多应用程序运行时，其图标会在任务栏右侧的通知区域中显示出来，音量和网络等不常用的图标也占着通知区域的空间，用户可以通过设置将这些“不想见到的图标”隐藏起来。还有一些程序的图标没有显示，我们有时候需要将它们显示出来。

1. 在“任务栏”的空白处单击鼠标右键，从弹出的快捷菜单中选择“属性”命令，如图 4-71 所示。
2. 打开“任务栏和‘开始’菜单属性”对话框，切换到的“通知区域”选项卡，单击“自定义”按钮，如图 4-72 所示。

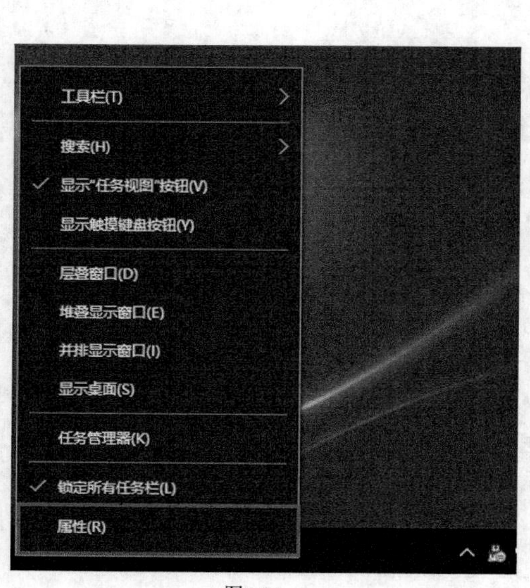

图4-71

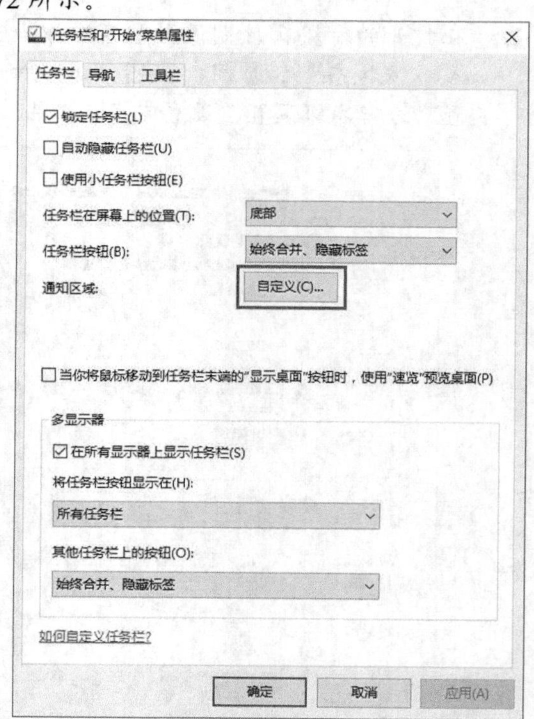

图4-72

3. 在弹出的窗口中，单击右侧的“选择在任务栏上显示哪些图标”和“启用或关闭系统图标”，可以分别对程序图标和系统图标进行设置，如图 4-73 所示。

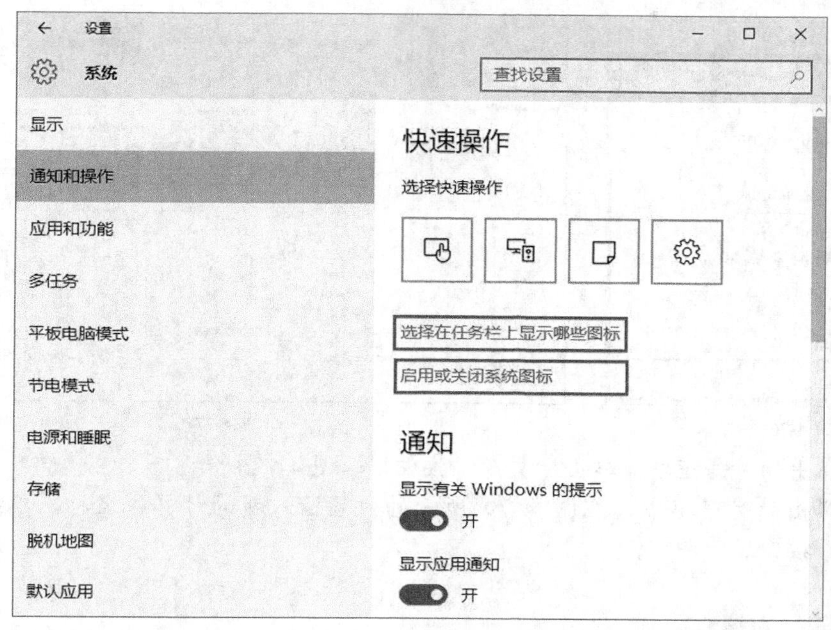

图4-73

图 4-74 和图 4-75 所示分别为单击“选择在任务栏上显示哪些图标”和“启用或关闭系统图标” 后打开的窗口。

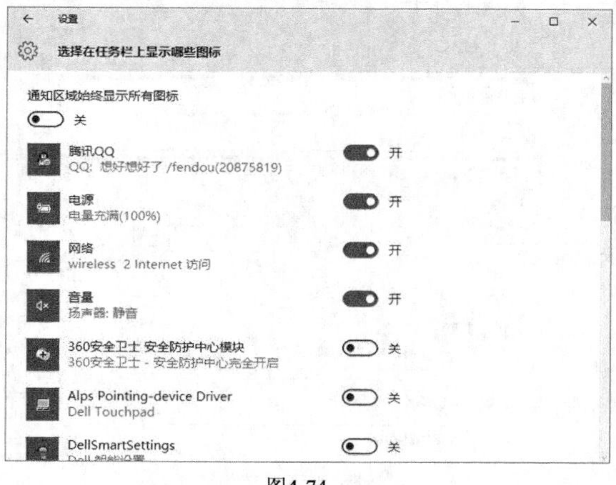

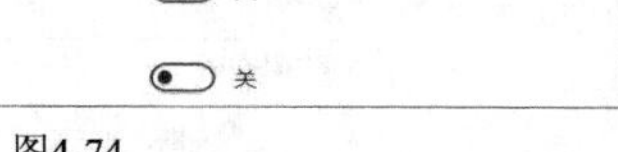

图4-74

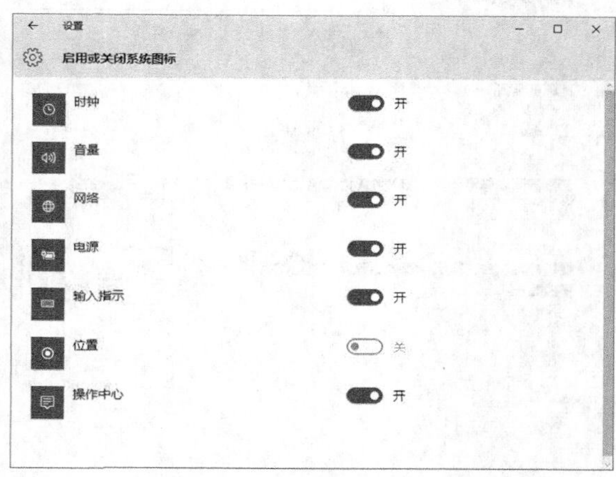

图4-75

4.5.4 更改计算机名称

网络上的计算机需要唯一的名称，以便可以相互进行识别和通信。大多数计算机都有默认名称，我们可以更改计算机的名称，使计算机更容易被识别。

1. 右键单击桌面上的“此电脑”图标，在弹出的快捷菜单中选择“属性”命令，如图 4-76 所示。

2. 在弹出的窗口中单击“更改设置”按钮，如图 4-77 所示。

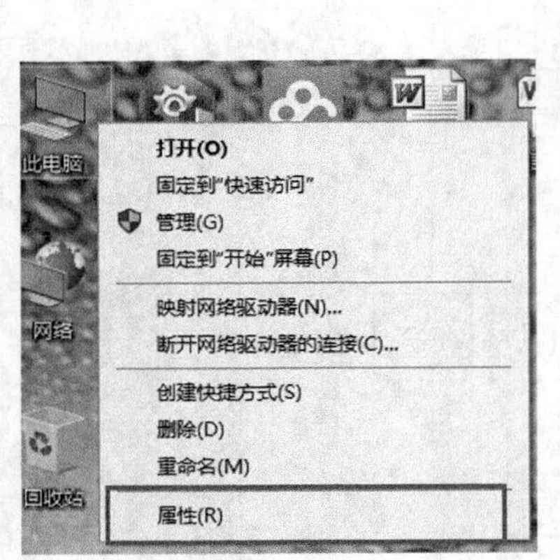

图4-76

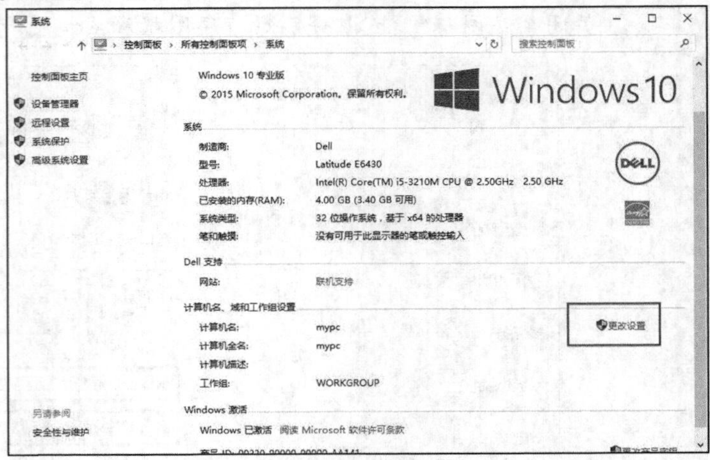

图4-77

3. 在弹出的对话框中，单击“更改”按钮，如图 4-78 所示。

4. 在弹出的对话框中，在图 4-79 所示的位置输入新的计算机名称，单击“确定”按钮返回即可。

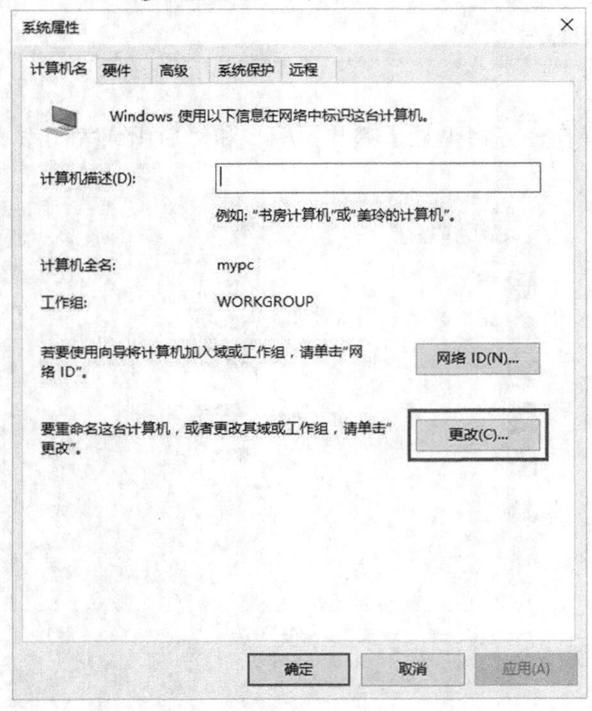

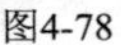

图4-78

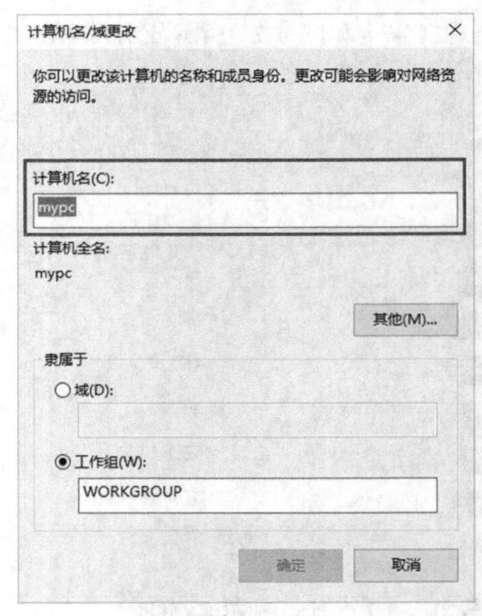

图4-79

4.6 快速启动计算机

相比于苹果系统，Windows 的启动速度一直相对比较慢，但是微软一直在努力改善

Windows 的启动速度。Windows 10 延续了上一代操作系统的快速启动功能，采用了混合启动技术，类似休眠的方式，可以使计算机迅速从关机状态启动。大家可以明显感觉到，Windows 10 的启动速度较 Windows 7 快很多。

4.6.1 快速启动的原理

Windows 10 的快速启动可以理解为另一种方式的休眠。休眠时系统会自动将内存中的数据全部转存到硬盘上一个休眠文件中，然后切断对所有设备的供电。这样当恢复的时候，系统会从硬盘上将休眠文件的内容直接读入内存，并恢复到休眠之前的状态。快速启动和休眠的不同之处在于，休眠是将内存中所有数据都存入硬盘，而快速启动只是将系统核心文件保存到硬盘内。在这样的情况下，Windows 10 的关机速度会比休眠快。

4.6.2 关闭/开启快速启动功能

快速启动功能在 Windows 10 系统中是默认开启的，如果硬盘空间不够大或对启动速度没有很高的要求，那么我们也可以关闭这个功能。下面介绍具体的步骤。

1. 单击⊞按钮，然后输入文字“电源和睡眠设置”，单击“电源和睡眠设置”，如图 4-80 所示。
2. 在弹出的窗口中单击右侧的“其他电源设置”，如图 4-81 所示。

图4-80

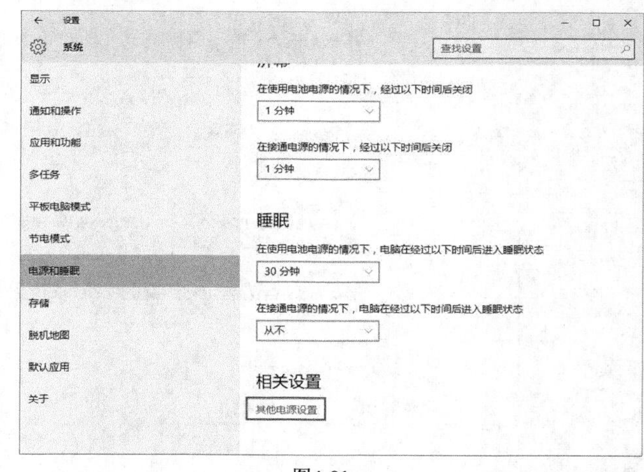

图4-81

3. 在弹出的窗口中单击“唤醒时需要密码”，如图 4-82 所示。
4. 单击新窗口右侧的“更改当前不可用的设置”，如图 4-83 所示。

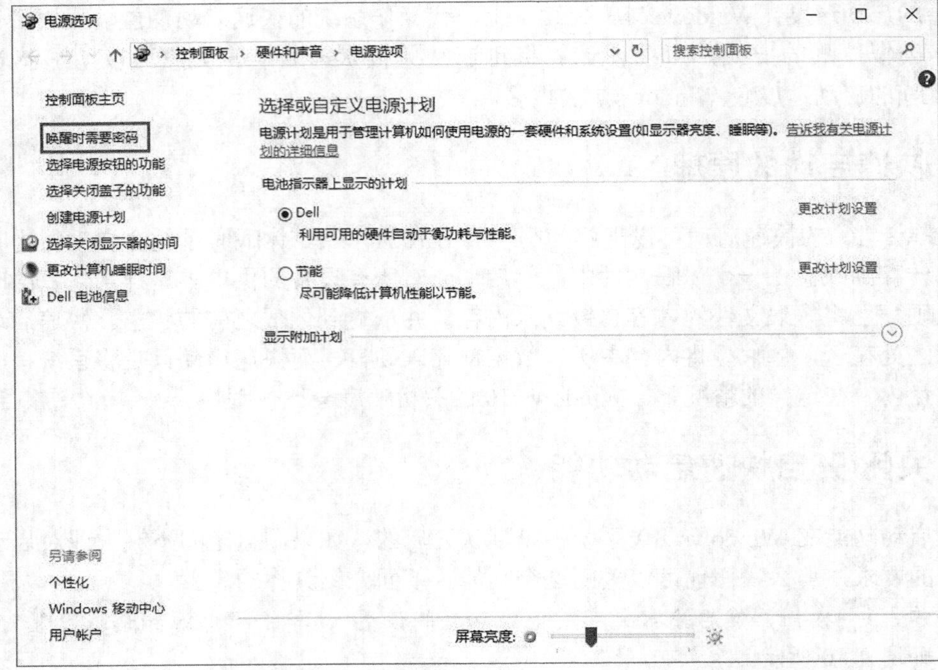

图4-82

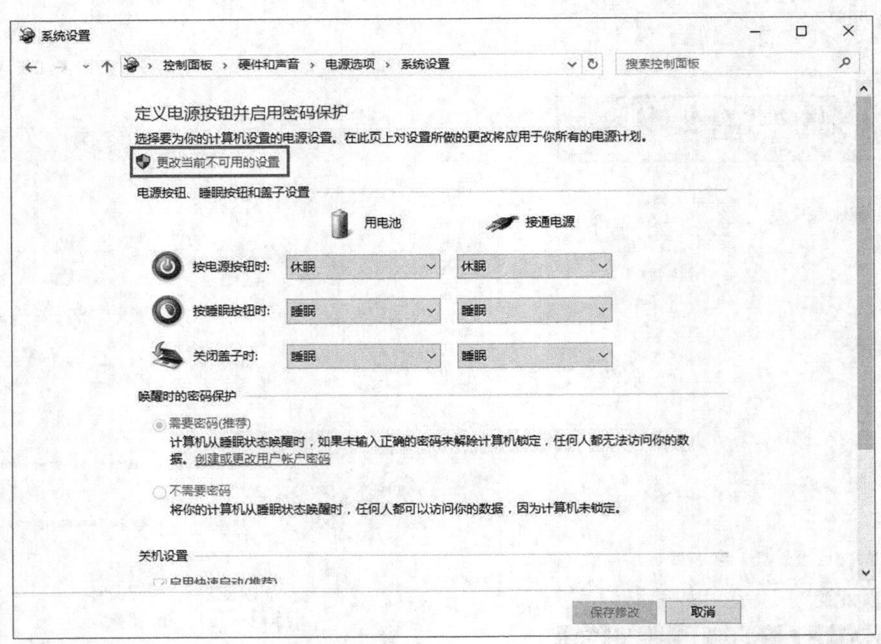

图4-83

5. 取消勾选下面的“启用快速启动”复选框，然后单击“保存修改”按钮，如图 4-84 所示。

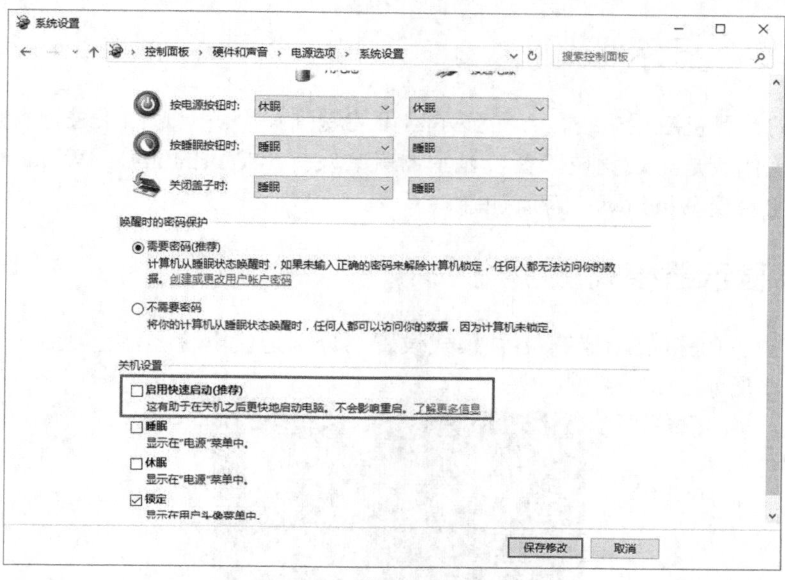

图4-84

4.6.3 关闭休眠回收磁盘空间

休眠功能的使用可以加快用户的开机速度，但如果用户的内存较大，则休眠时占用的磁盘空间也比较大，如果系统磁盘空间不足，我们可以通过关闭休眠功能来回收磁盘空间，步骤如下。

1. 单击⊞按钮，然后输入文字“命令提示符”，在搜索结果内右键单击“命令提示符”，然后在弹出的快捷菜单中选择“以管理员身份运行”命令，如图4-85所示。
2. 在弹出的命令提示符窗口中输入“powercfg –h off”并按Enter键，如图4-86所示，等待一段时间后即可完成。

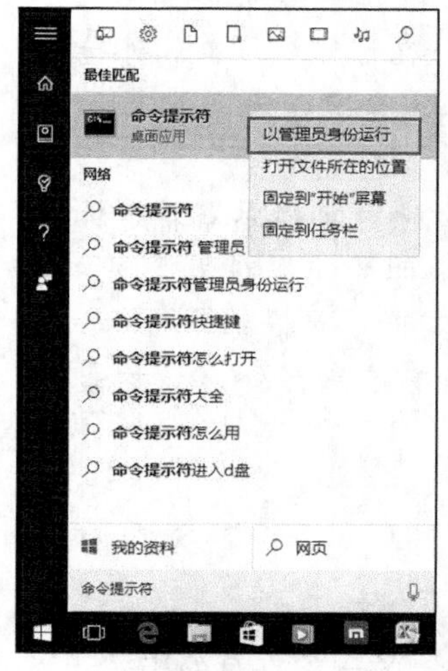

图4-85

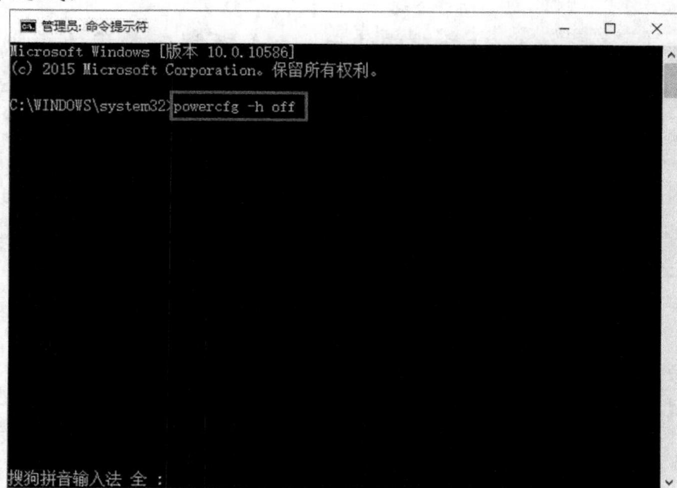

图4-86

4.7 使用多个显示器

对于基本的计算机应用来说，一台显示器可能勉强够用，但是如果进行大量图形处理、密集的多任务工作或是游戏竞技，多台显示器就会发挥出更大的优势。Windows 10 在多显示器支持的功能上较 Windows 7 有所加强。

4.7.1 外接显示器模式

Windows 10 的外接显示器有 4 种模式设置，分别是仅电脑屏幕、复制、扩展、仅第二屏幕，如图 4-87 所示。

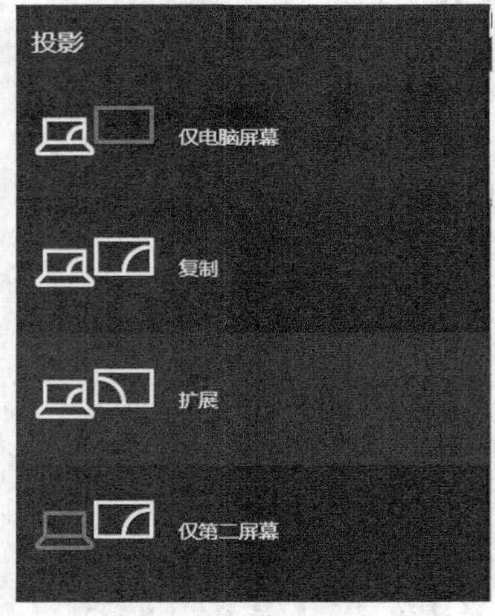

图4-87

下面介绍这 4 种模式的区别。

- 仅电脑屏幕：此时仅使用计算机屏幕显示画面，外接显示器上没有任何显示，即不让外接显示器显示画面。
- 复制：这是我们使用外接显示器时常用的模式之一，在计算机屏幕和外接显示器上显示同样的内容，即将计算机屏幕上的内容完全复制到外接显示器上面。
- 扩展：这是我们使用外接显示器时最常用的模式。此时外接显示器就是计算机本机显示器的延伸，相当于我们多了一个工作桌面。我们可以在两个显示器上显示不同的内容。在进行校对、比较或显示较多窗口时很有帮助。
- 仅第二屏幕：此模式下，计算机显示器会关闭，所有信息在外接显示器上显示。

4.7.2 外接显示器的其他设置

除了上面的 4 种模式之外，Windows 10 还提供了更加丰富的选项来对外接显示器进行设置，使我们能更好地使用外接显示器。

一、主从显示器设置

这个选项的功能是选择要显示主桌面的窗口。在主显示器桌面会有任务栏通知区域和系统时钟，下面介绍如何设置。

1. 右键单击桌面空白处，在弹出的快捷菜单中选择“显示设置”命令，如图 4-88 所示。
2. 左键单击需要设置为主显示器的显示器图标，然后勾选下方的“使之成为我的主显示器”复选框，如图 4-89 所示。

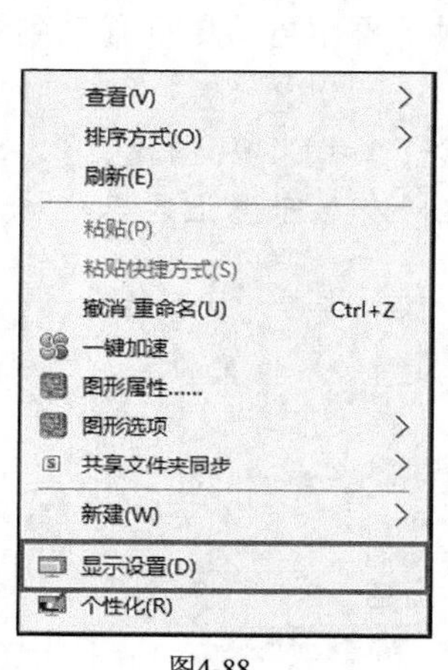

图4-88

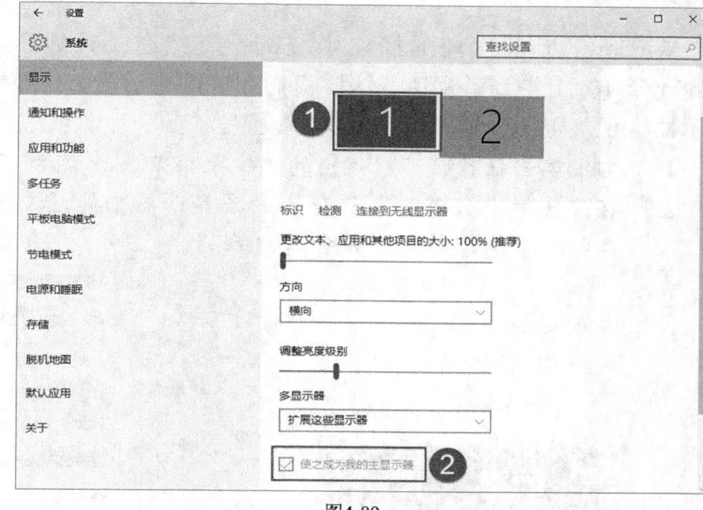

图4-89

二、屏幕显示方向设置

如果外接显示器支持旋转功能，那么我们可以通过旋转显示器来达到最佳的显示效果。这时需要调整屏幕显示方向来使外接显示器能够正确地显示。

按照上面的操作调出显示设置窗口，然后单击“方向”选项的下拉列表，选择正确的旋转方向即可，如图 4-90 所示。

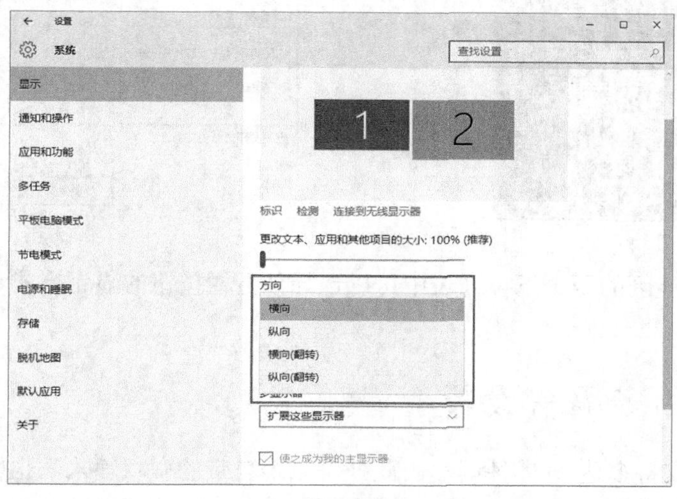

图4-90

三、调整屏幕位置和次序

Windows 10 默认外接显示器在主显示器右侧，如果我们实际的位置和默认位置不一致，那么通过显示设置选项来调整即可。

按照上面的操作，调出“显示设置”窗口，然后在要移动的显示器上按下左键不放，将其拖到和实际显示器摆放的位置一致即可。

4.7.3 外接显示器任务栏设置

Windows 7 和之前的操作系统都不支持在外接显示器上显示任务栏，这一功能在 Windows 10 上得到了实现。这样我们在外接显示器上切换窗口时，不用再将鼠标移动到主显示器上了。下面介绍一下如何进行设置。

1. 右键单击任务栏，在弹出的快捷菜单中选择“属性”命令，如图 4-91 所示。
2. 在弹出的“任务栏”选项卡的多显示器功能区，将“在所有显示器上显示任务栏”复选框勾选，如图 4-92 所示。

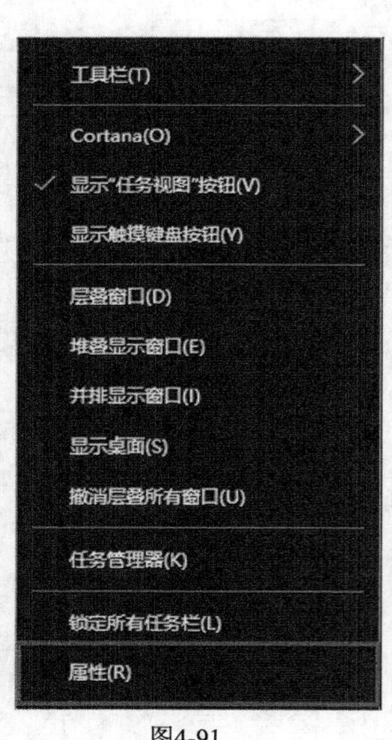

图4-91

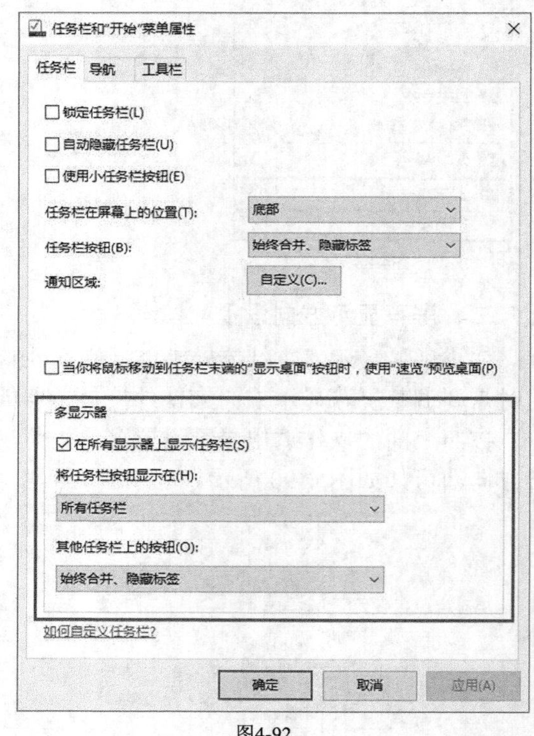

图4-92

在多显示器功能区的两个下拉列表中可以选择任务栏按钮的显示方式和其他任务栏上的按钮的显示方式。

4.8 输入法和多语言设置

Windows 10 支持多达 109 种语言。此外，系统自带的微软输入法也较之前的版本有所增强，如果用户对输入的要求不是很高，那么微软输入法完全可以胜任。如果我们需要其他语言的输入法，该如何添加呢？下面介绍如何操作。

以简体中文版系统为例，系统默认只安装了简体中文的输入法。

1. 单击按钮，然后输入文字“区域和语言”，在搜索结果中单击“区域和语言设置”，如图 4-93 所示。
2. 在弹出的窗口中单击右侧的“添加语言”按钮，如图 4-94 所示。

图4-93

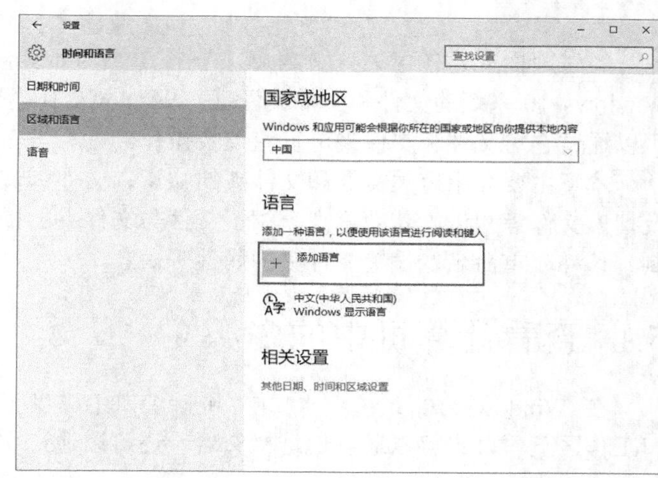

图4-94

3. 在弹出的列表中单击要添加的语言即可，如图 4-95 所示。

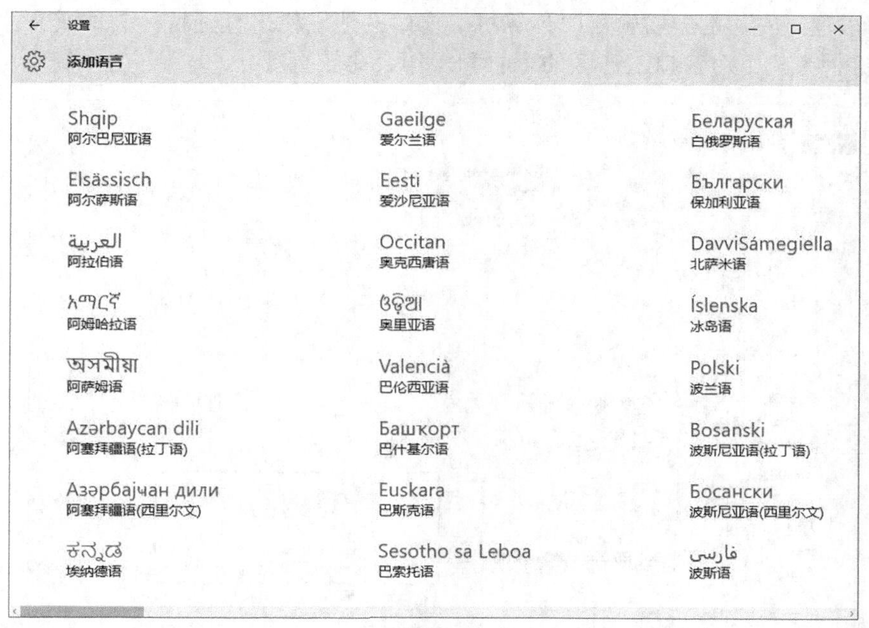

图4-95

第5章　高效管理计算机中的文件与文件夹

经过前面几章的学习，读者基本掌握了 Windows 10 系统各界面的组成，接下来学习 Windows 10 系统的文件和文件夹管理。Windows 10 系统中有着强大的文件管理功能，用户可以通过它对文件和文件夹进行管理及操作。

本章主要介绍有关文件和文件夹的知识、文件和文件夹的基本操作、浏览文件和文件夹及搜索文件等知识，其中重点介绍了文件与文件夹的操作，主要包括新建、删除、选择、复制、移动、重命名及设置文件夹的属性等内容。

5.1　查看计算机中的资源

在 Windows 10 系统中，“计算机”窗口中提供了多种浏览文件的方式，如可以通过窗口工作区查看，也可以通过地址栏查看，还可以通过文件夹窗格进行查看，下面具体介绍。

5.1.1　通过窗口工作区查看

用户可以通过左边的导航窗格“计算机”窗口的地址栏来打开目标文件或文件夹，如图 5-1 所示。这种方式下对窗口工作区的查看和操作会比较直观。

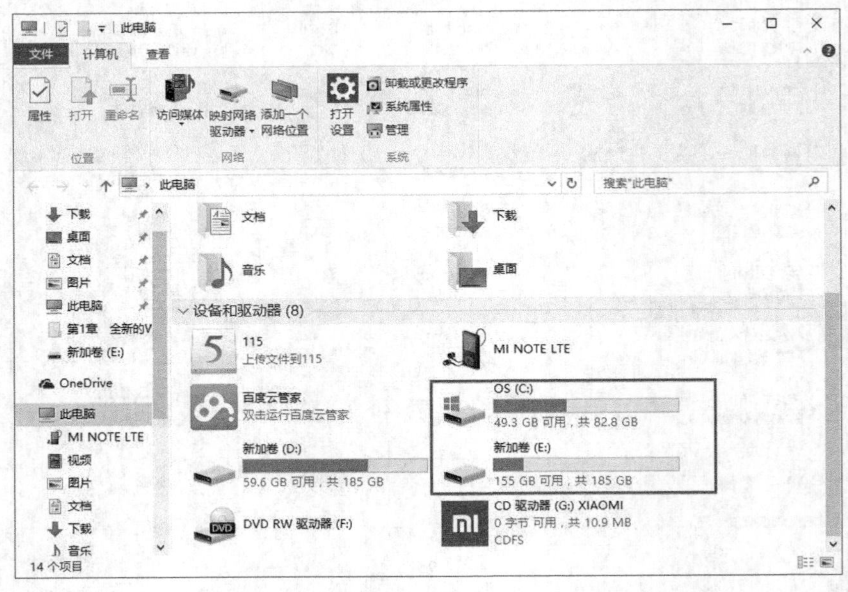

图5-1

5.1.2 通过地址栏查看

在 Windows 10 系统中，当用户在导航窗格中浏览文件或文件夹时，“计算机”窗口的地址栏中也会显示当前浏览的位置，用户只需单击文件夹名称，即可进入相应的文件夹，而且也可以通过单击文件夹的下拉按钮，来进入其文件夹中的子文件夹，如图 5-2 所示。

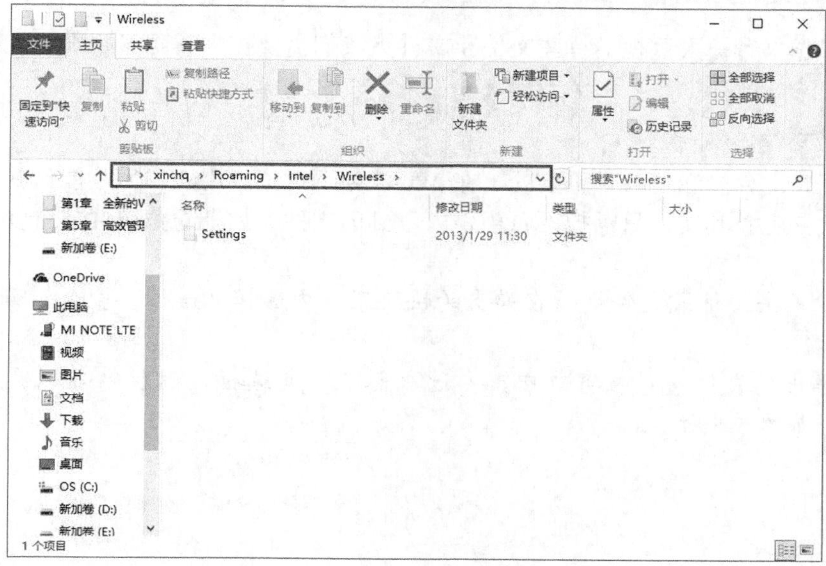

图5-2

5.1.3 通过文件夹窗格查看

用户还可以在文件夹窗格中，直接双击要打开的文件夹，如图 5-3 所示。

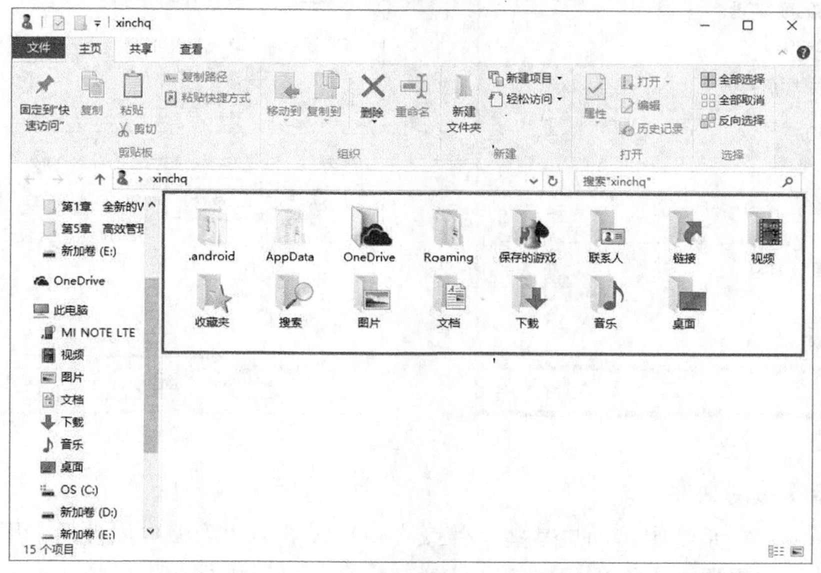

图5-3

5.2 文件与文件夹的基本操作

我们平时对计算机内的资料进行管理，主要通过操作文件和文件夹的方式实现。

5.2.1 设置文件与文件夹显示方式

个人隐私越来越被人重视，有些文件和文件夹我们需要在平时隐藏起来，在需要的时候将它们显示出来。

一、隐藏文件

个人数据及文件隐私是非常重要的，在 Windows 10 中，用户如何才能让其他用户看不到自己的文件夹呢？其实，只需把不希望别人看到的文件夹加上隐藏属性就可以了。具体操作步骤如下。

1. 右键单击文件或文件夹，在弹出的快捷菜单中选择“属性”命令，如图 5-4 所示。
2. 在弹出的文件夹属性窗口中，勾选“隐藏”复选框，然后单击“确定”按钮，如图 5-5 所示。

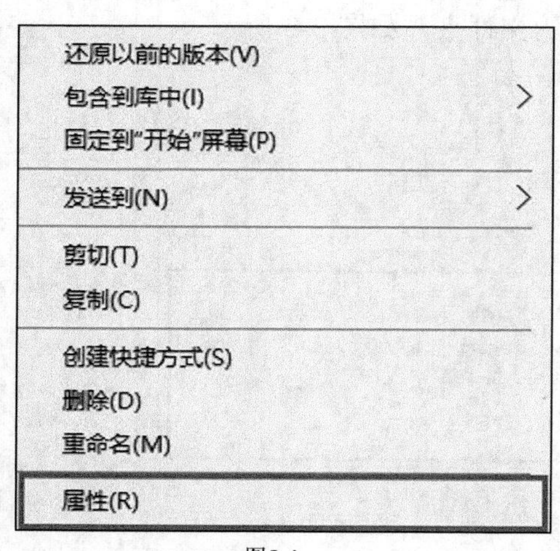

图5-4

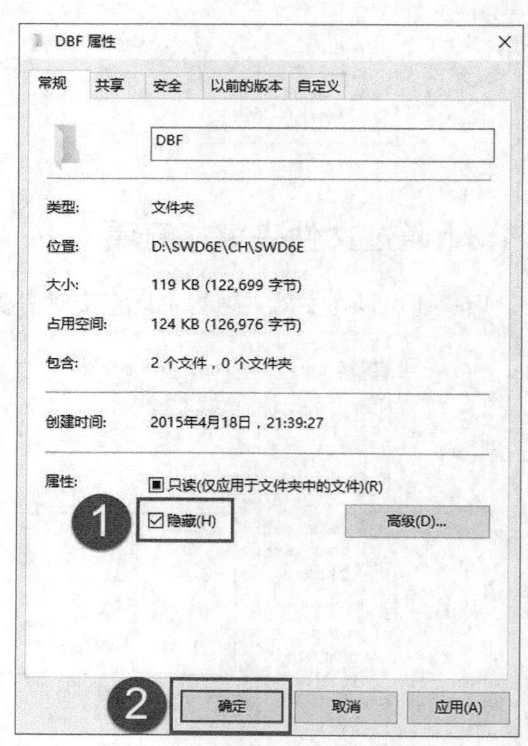

图5-5

二、显示隐藏的文件

在 Windows 10 系统中，如果某些文件或文件夹设置为“隐藏”属性后，用户自己也将看不到该文件，如果要查看这些隐藏的文件或文件夹，可以进行如下操作。

单击文件夹上方的“查看”标签，然后勾选右侧的“隐藏的项目”复选框，如图 5-6 所示。

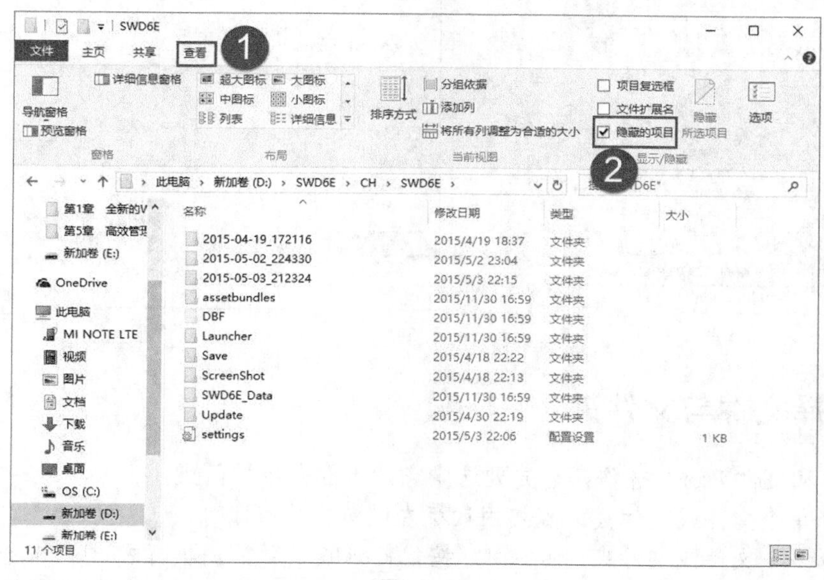

图5-6

5.2.2 新建文件与文件夹

有新的资料需要录入计算机，或者需要新的文件夹来进行文件的整理，我们可以进行如下操作。

一、新建文件

我们以新建 Word 文档为例，在窗口空白处单击鼠标右键，在弹出的快捷菜单中选择“新建”命令，然后选择右侧的“Microsoft Word 文档”命令，如图 5-7 所示。

输入 Word 文档的文件名，按 Enter 键完成，如图 5-8 所示。

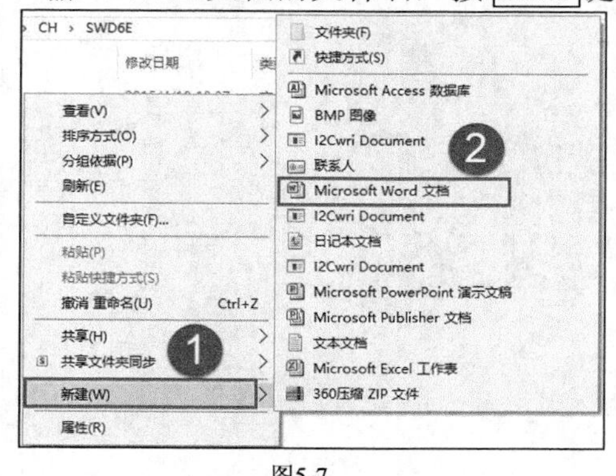

图5-7

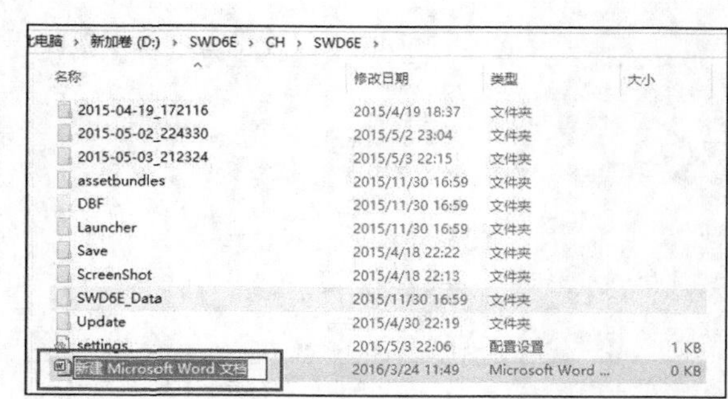

图5-8

二、新建文件夹

在窗口空白处单击鼠标右键，在弹出的快捷菜单中选择“新建”命令，然后选择右侧的“文件夹”命令，如图 5-9 所示。

输入文件夹的名称，按 Enter 键完成，如图 5-10 所示。

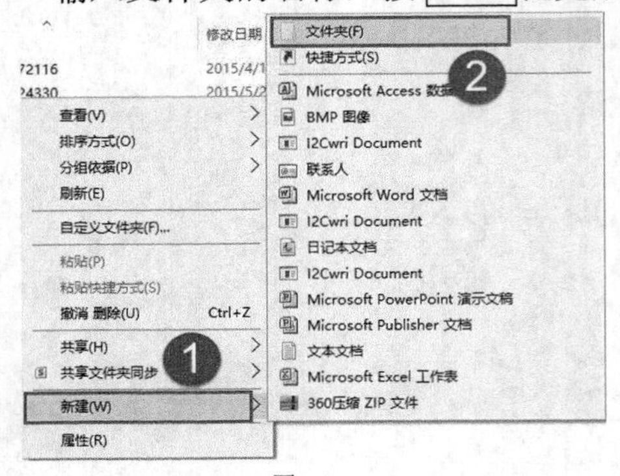

图5-9

图5-10

5.2.3　选择文件与文件夹

要对文件和文件夹进行操作，首先要选中它，下面介绍如何操作。

- 选择单个文件或文件夹。直接用鼠标左键单击选中即可。
- 选择多个文件或文件夹。方法 1，按住 Ctrl 键，然后用鼠标左键单击选择，适用于不连续的文件或文件夹。方法 2，按住 Shift 键，用鼠标左键单击选择第一个文件或文件夹，然后再用鼠标左键单击最后一个文件或文件夹，此时这两个文件或文件夹之间的都会被选择。
- 选择全部的文件和文件夹。单击窗口上方的“全部选择”按钮即可，如图 5-11 所示。

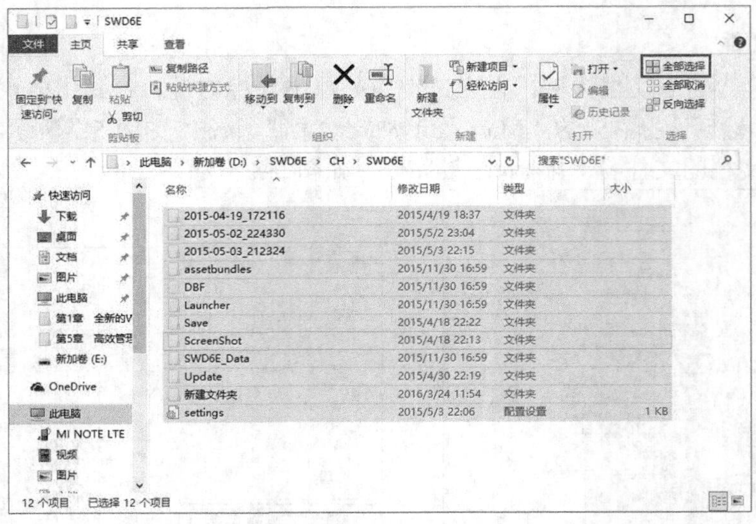

图5-11

5.2.4　重命名文件或文件夹

当文件或文件夹的内容发生变化时，我们需要修改文件或文件夹的名字，方法如下。

单击需要重命名的文件或文件夹，单击窗口上部的“重命名”按钮，然后输入新的名字即可，如图 5-12 所示。

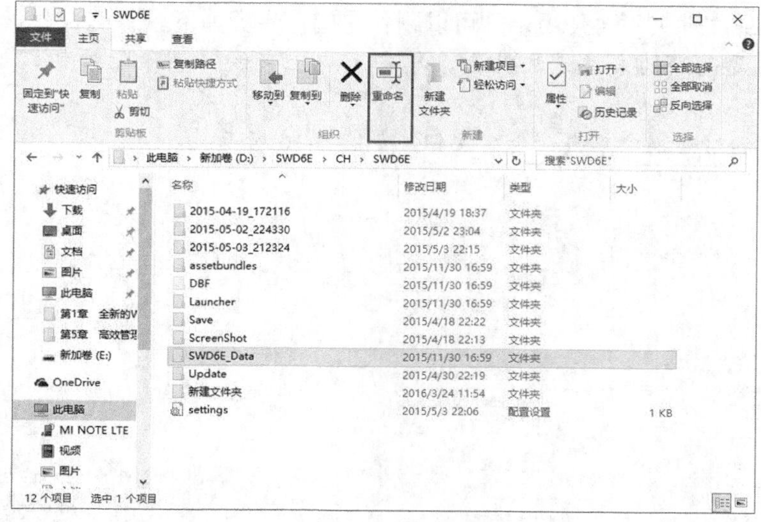

图5-12

5.2.5 复制/移动文件或文件夹

有时候我们需要移动文件或文件夹的位置，操作方法如下。

1. 单击选择要复制/移动的文件或文件夹，然后单击窗口上部的“复制到”或“移动到”按钮，选择要复制或移动到的位置，如图 5-13 所示。
2. 如果快捷地址中没有需要移动的文件夹的名字，则可以选择菜单中的“选择位置”命令，自己选择要移动到的位置，如图 5-14 所示。

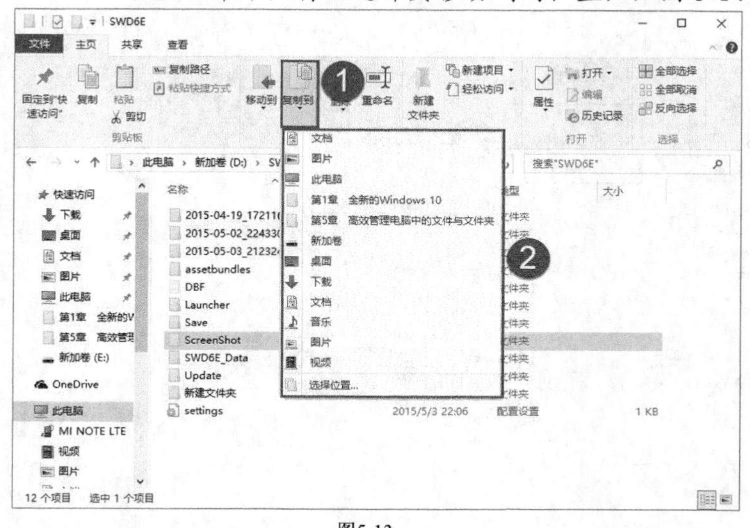

图5-13

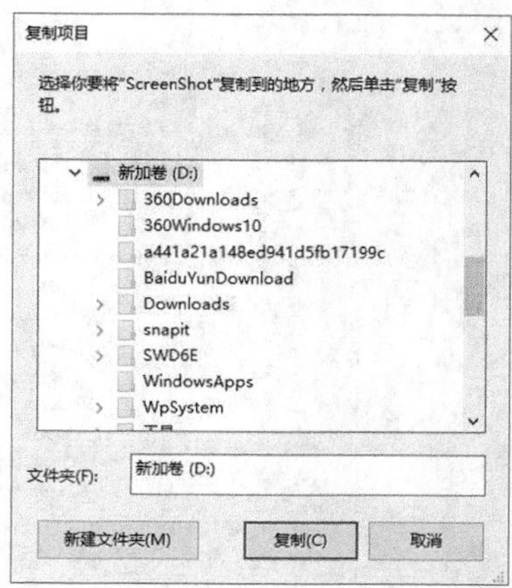

图5-14

5.2.6 删除文件或文件夹

如果有文件或文件夹不再使用，则可以删除它们，步骤如下。

1. 选择需要删除的文件或文件夹，单击窗口上部的“删除”按钮，如图 5-15 所示。
2. 在弹出的对话框中单击“是”按钮，如图 5-16 所示。

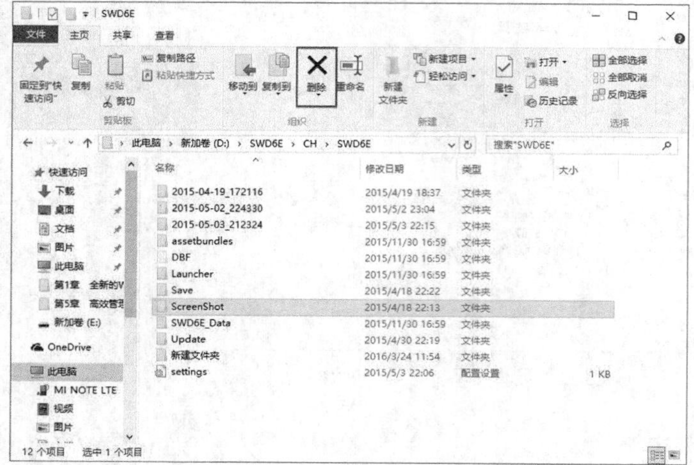

图5-15

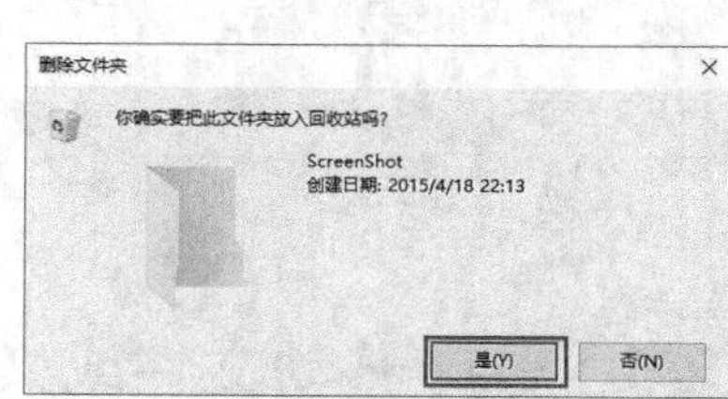

图5-16

如果单击菜单上部“删除”图标下半部分的向下小箭头时，则可以选择删除到回收站或永久删除文件或文件夹，重要的文件建议先删除到回收站，以免日后需要的时候无法找回，如图 5-17 所示。

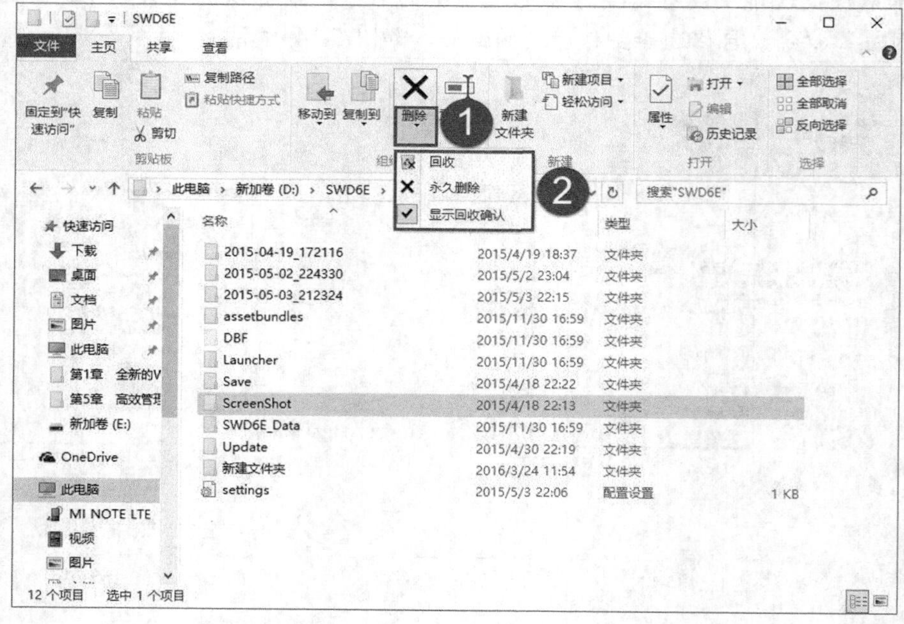

图5-17

5.2.7 搜索文件或文件夹

如果一个文件夹内有很多文件和子文件夹，我们要找一个文件会变得很麻烦，这时可以使用搜索功能。

单击窗口上的搜索框，然后输入文件或文件夹的名称，下面的窗口中就会出现搜索结果，如图 5-18 所示。

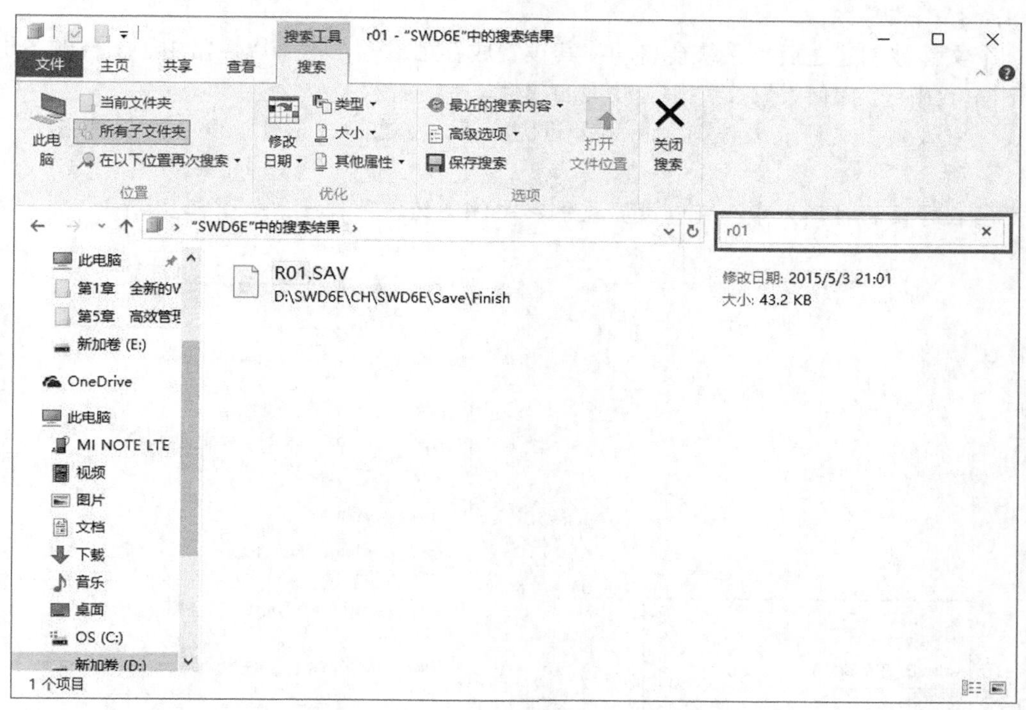

图5-18

5.3 文件与文件夹的设置

文件和文件夹都是 Windows 10 操作系统中重要的基本概念，在 Windows 10 中，几乎所有的操作对象都基于文件和文件夹，下面就来介绍文件和文件夹的设置。

5.3.1 设置文件与文件夹属性

文件属性是指将文件分为不同类型的文件，以便存放和传输，它定义了文件的某种独特性质。常见的文件属性有系统属性、隐藏属性、只读属性和归档属性。

(1) 系统属性。

文件的系统属性是指系统文件，它将被隐藏起来。在一般情况下，系统文件不能被查看，也不能被删除，是操作系统对重要文件的一种保护属性，防止这些文件被意外损坏。

(2) 隐藏属性。

在查看磁盘文件的名称时，系统一般不会显示具有隐藏属性的文件名。一般情况下，具有隐藏属性的文件不能被删除、复制和更名。

(3)　只读属性。

对于具有只读属性的文件，可以查看它的名字，它能被应用，也能被复制，但不能被修改和删除。如果将可执行文件设置为只读文件，不会影响它的正常执行，但可以避免意外的删除和修改。

(4)　存档属性。

一个文件被创建之后，系统会自动将其设置成存档属性，这个属性常用于文件的备份。

下面介绍一下如何设置文件和文件夹的属性。

1. 右键单击文件或文件夹，在弹出的快捷菜单中选择“属性”命令，如图 5-19 所示。
2. 在弹出的对话框中，可以设置文件和文件夹的各种属性，如图 5-20 所示。

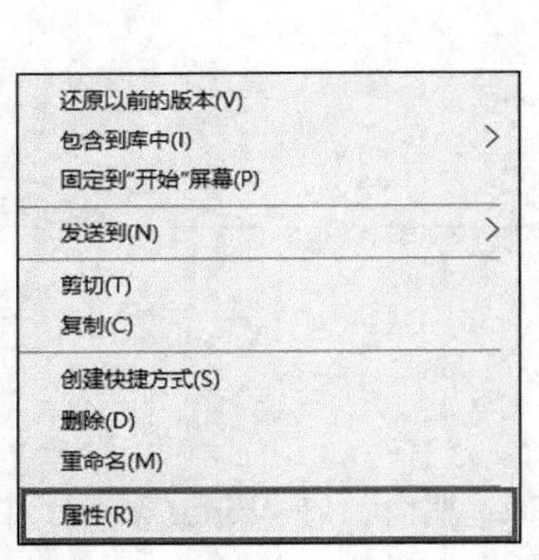

图5-19

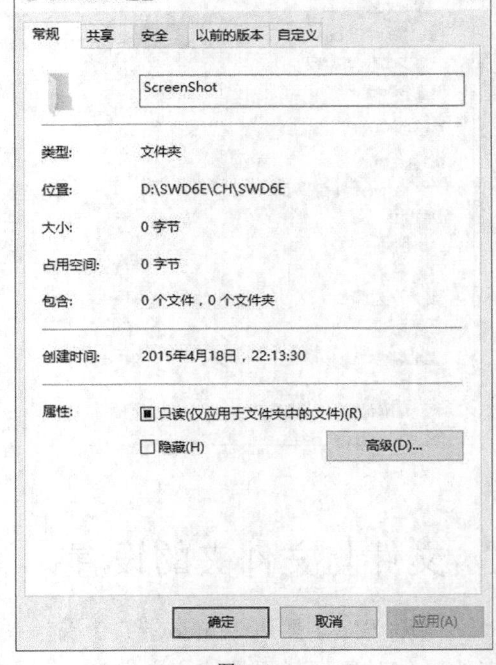

图5-20

下面分别介绍“属性”窗口内各个选项卡的功能。

- “常规”选项卡：设置文件的只读属性、隐藏属性，参见图 5-20。单击“高级”按钮，在弹出的窗口中还可以设置文件的高级属性：存档属性、索引属性、压缩属性等，如图 5-21 所示。
- “共享”选项卡：只有文件夹有这个选项卡。可以设置共享文件夹和设置共享权限，如图 5-22 所示。

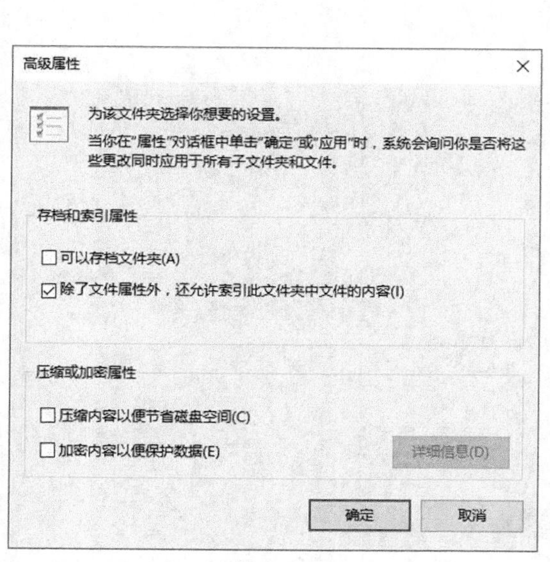

图5-21

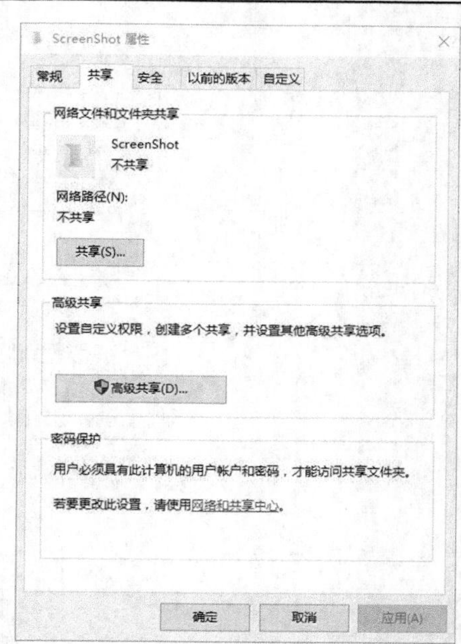

图5-22

- “安全”选项卡：设置对此文件夹或文件的操作权限，可以防止没有权限的用户更改或删除文件，如图 5-23 所示。
- “以前的版本”选项卡：如果设置了卷影备份，这里可以显示文件或文件夹之前的版本，如图 5-24 所示。

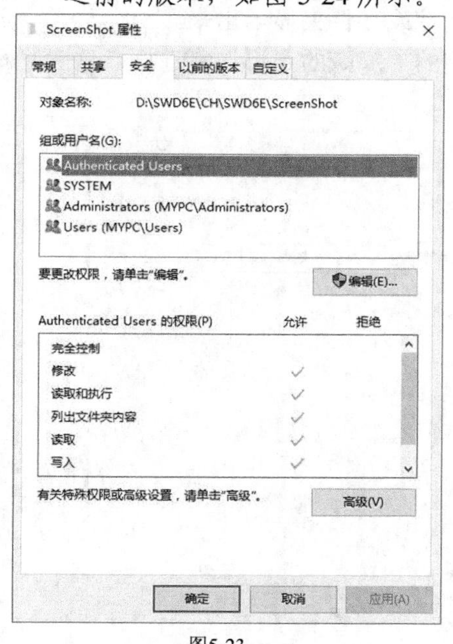

图5-23

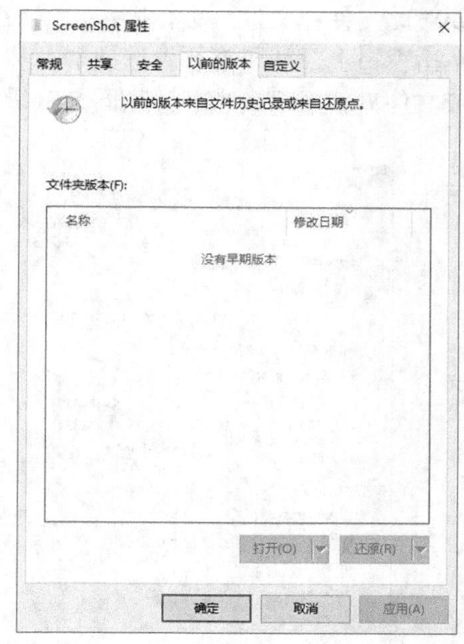

图5-24

- “自定义”选项卡：可以对文件夹或文件进行个性化的设置，如图 5-25 所示。

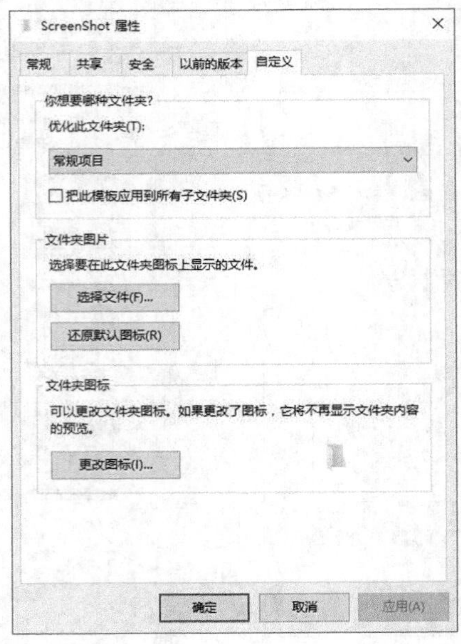

图5-25

5.3.2 显示隐藏的文件或文件夹

如果文件或文件夹被设置了隐藏，我们在窗口内是看不到这个文件或文件夹的，如果我们需要对此文件或文件夹进行操作，就需要将这个文件或文件夹显示出来。

单击窗口上部的“查看”选项卡，然后勾选右侧的“隐藏的项目”复选框，这时隐藏的文件或文件夹就显示出来了，如图 5-26 所示。

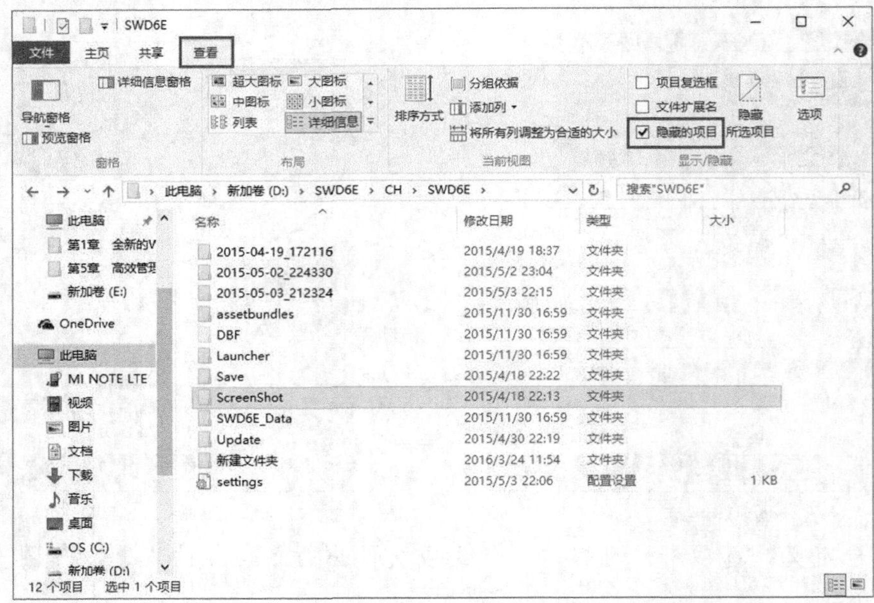

图5-26

5.3.3 设置个性化的文件夹图标

系统默认的文件夹图标只有一种，如果我们想对其进行个性化设置，操作步骤如下。

1. 单击选中要更改的文件夹，然后单击窗口上部的“属性”图标，如图 5-27 所示。
2. 在弹出的对话框中，单击“自定义”选项卡，然后单击“更改图标”按钮，如图 5-28 所示。

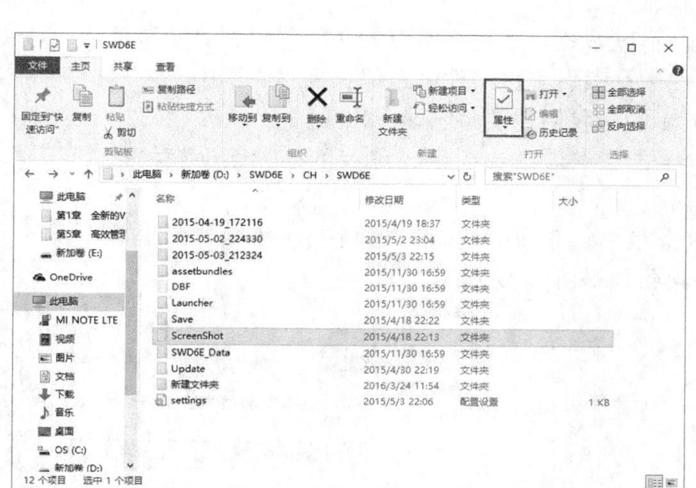

图5-27

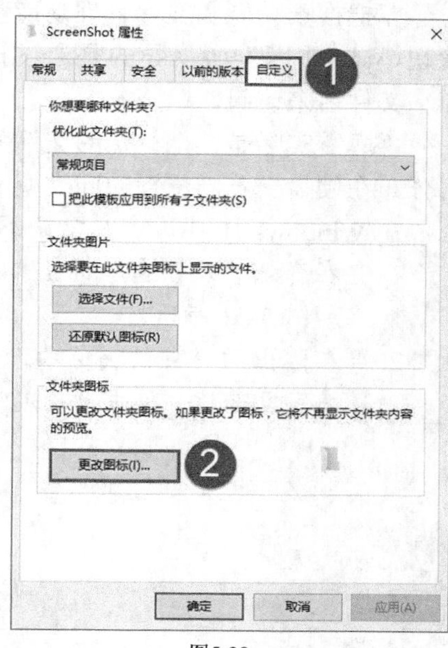

图5-28

3. 在弹出的对话框中，选择要更换的图标，然后单击“确定”按钮，如图 5-29 所示。返回图 5-28 所示的界面，单击“确定”按钮，切换到文件夹，可以看到图标发生了变化，如图 5-30 所示。

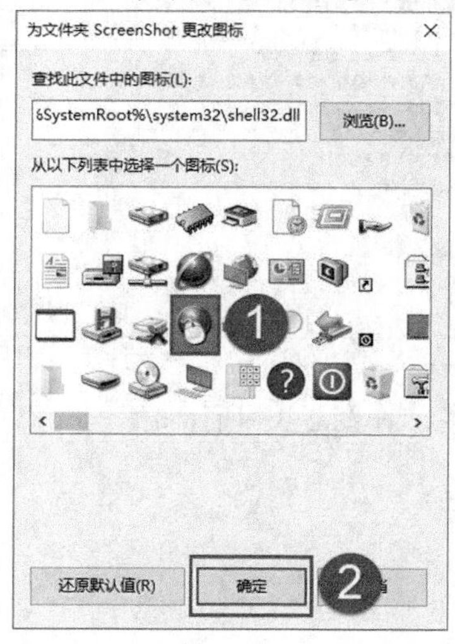

图5-29

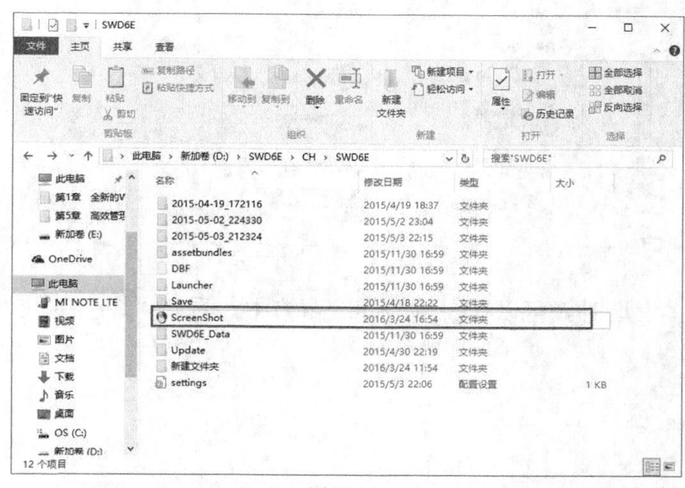

图5-30

5.4 通过库管理文件

如果用户计算机中有很多文件夹，这些文件夹中又有许多文件，这样整理起来会很麻烦，现在可以通过“库”这种方式更方便地管理文件。

5.4.1 “库”式存储和管理

库把搜索功能和文件管理功能整合在一起，改变了 Windows 传统的资源管理器烦琐的管理模式。“库”所倡导的是通过搜索和索引方式来访问所有资源，抛弃原先使用文件路径、文件名来访问。

“库”实际是一个特殊的文件夹，不过系统并不是将所有的文件保存到“库”里，而是将分布在硬盘上不同位置的同类型文件进行索引，将文件信息保存到“库”中。

在 Windows 10 中，库是默认不显示的，我们需要将它显示出来。

1. 在资源管理器窗口的上部，单击“查看”选项卡，然后单击“选项”按钮，如图 5-31 所示。
2. 在弹出的“文件夹选项”对话框中，单击“查看”选项卡，然后勾选“显示库”复选框，单击“确定”按钮，如图 5-32 所示。

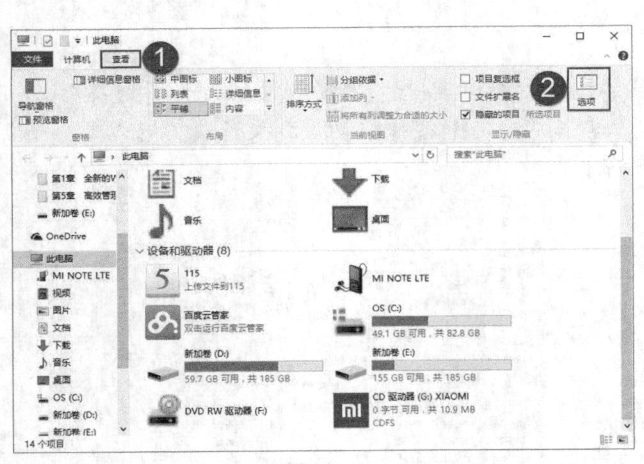

图5-31

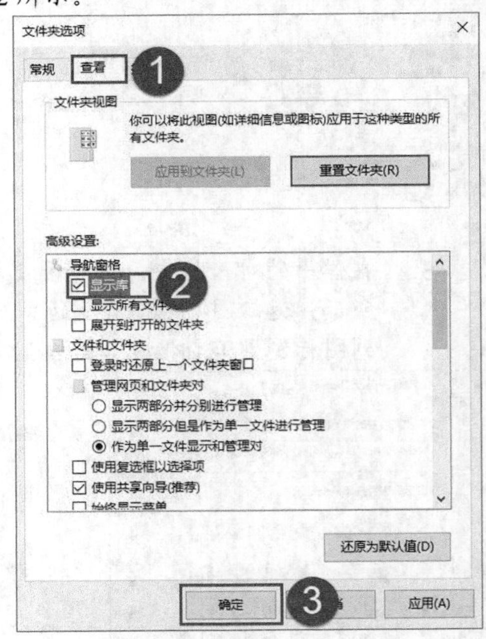

图5-32

这时就可以在左侧的导航窗格中，看到“库”的文件夹了，如图 5-33 所示。

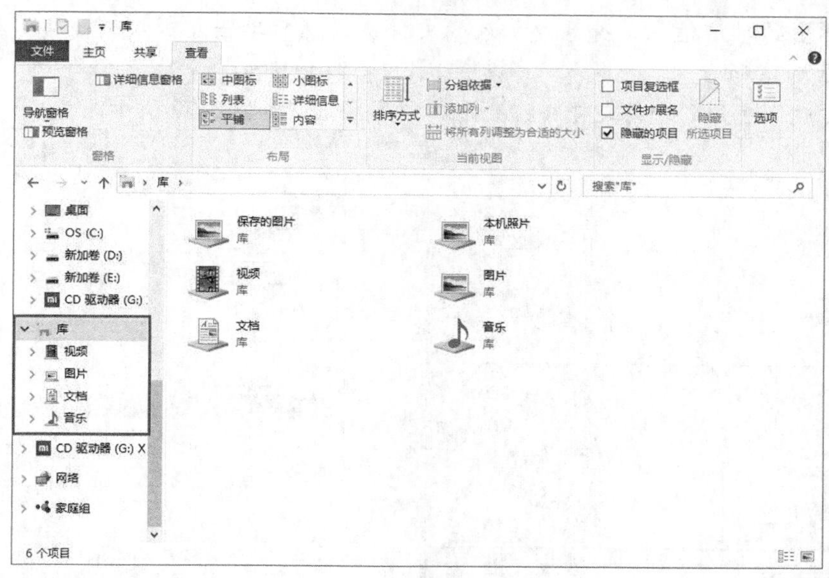

图5-33

5.4.2 活用“库”分类管理文件

库提供了强大的文件管理功能，可以将散落在磁盘各个地方的文件或文件夹整合到一起，且不影响原来文件和文件夹的位置。那么如何利用库来管理文件呢？

下面以视频库为例进行介绍。

1. 右键单击“视频”库，在弹出的快捷菜单中选择“属性”命令，如图5-34所示。
2. 在弹出的对话框中单击“添加”按钮，如图5-35所示。

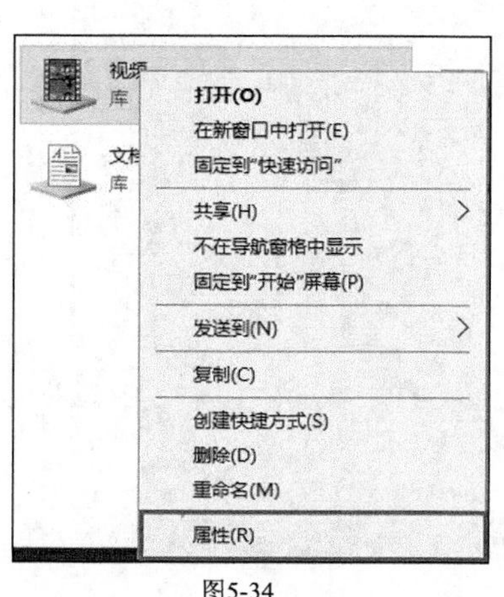

图5-34

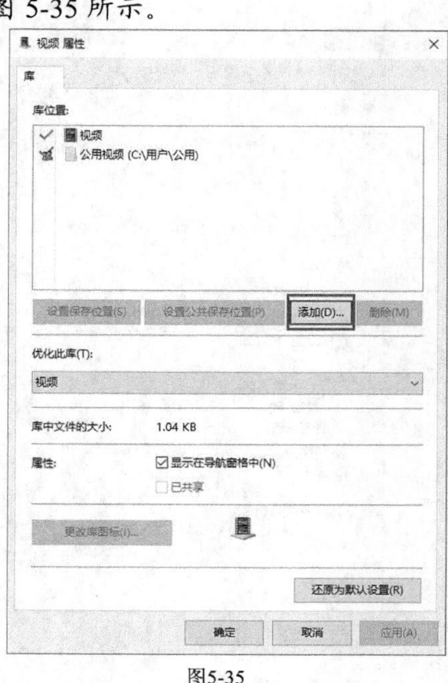

图5-35

3. 在弹出的对话框中，选择要加入的文件夹，然后单击“加入文件夹”按钮，如图 5-36 所示。
4. 这时我们看到刚才的文件夹已经添加到库里了，如图 5-37 所示。

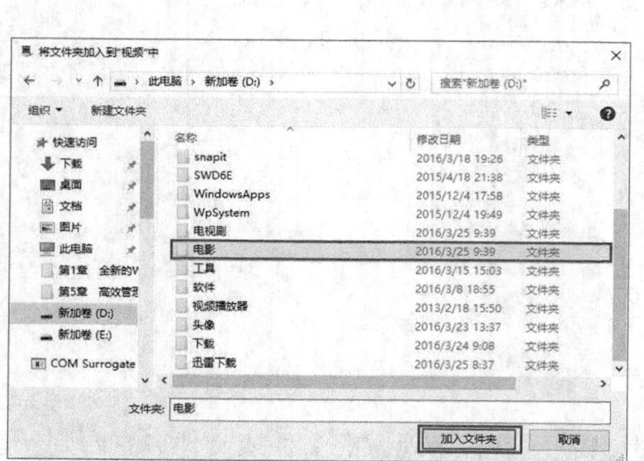

图5-36

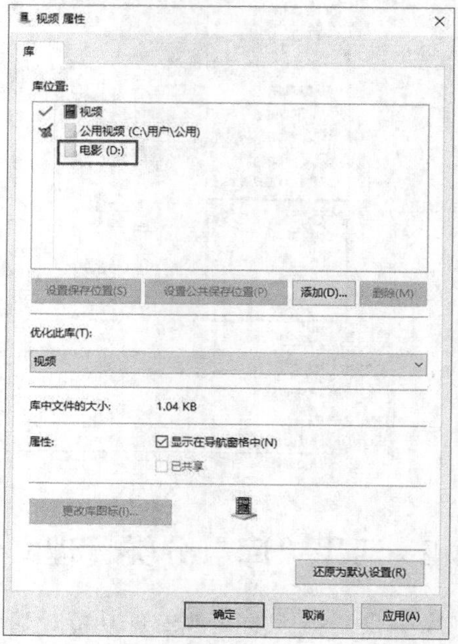

图5-37

双击打开“视频”文件夹，可以看到几个文件夹的内容都被整合了进来，如图 5-38 所示。

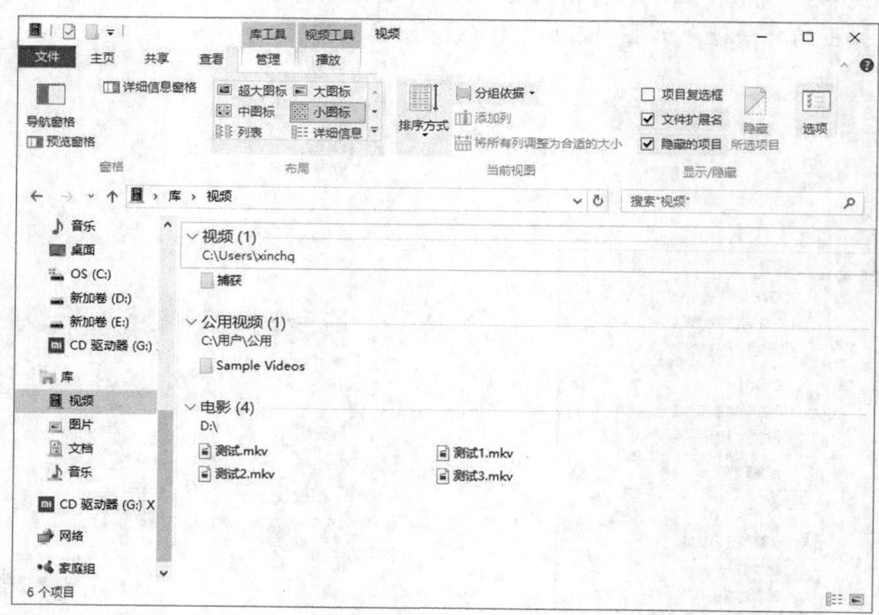

图5-38

5.4.3 “库”的建立与删除

“库”的文件夹里面开始只有默认的几个库，如果想要建立自定义的“库”，可以进行如下操作。

1. 在窗口空白处单击鼠标右键，在弹出的快捷菜单中选择“新建”命令，然后选择“库”，如图 5-39 所示。
2. 输入库的名字，然后按 Enter 键确定，如图 5-40 所示。

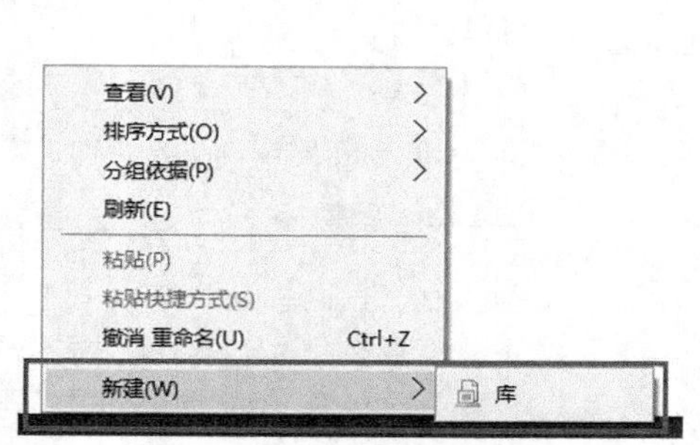

图5-39

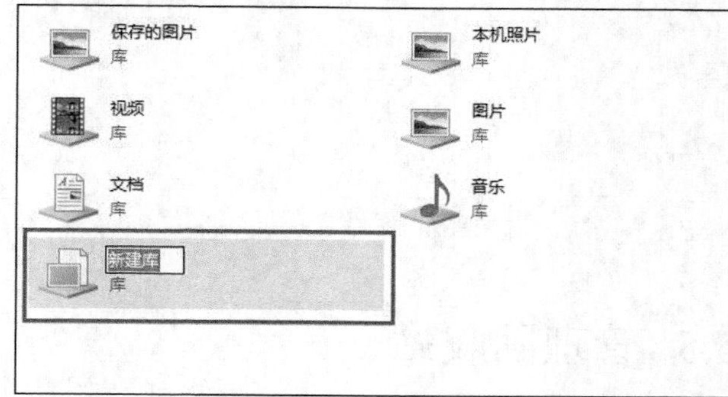

图5-40

如果有的库不需要了，我们删除即可。

选中不需要的库，单击窗口上部的“删除”按钮，如图 5-41 所示。

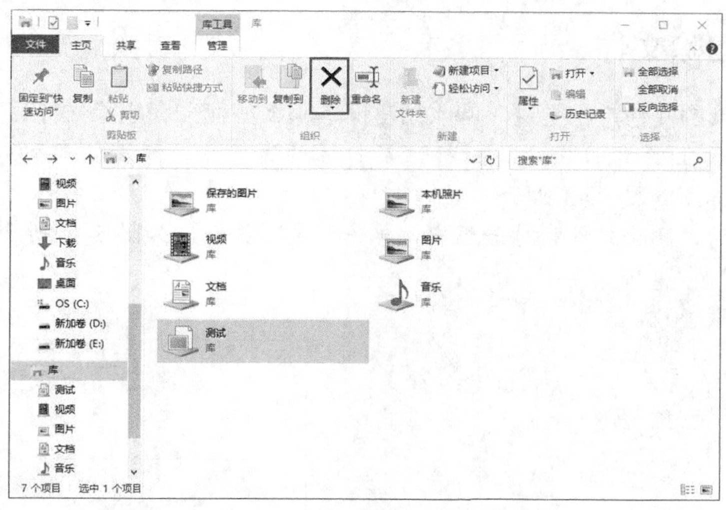

图5-41

5.4.4 “库”的优化

计算机使用一段时间之后，文件碎片比较多，我们需要整理碎片，库也需要做优化。

打开库的窗口后，单击窗口上部的“管理”选项卡，单击“为以下对象优化库”，然后选择需要优化的库，如图 5-42 所示。

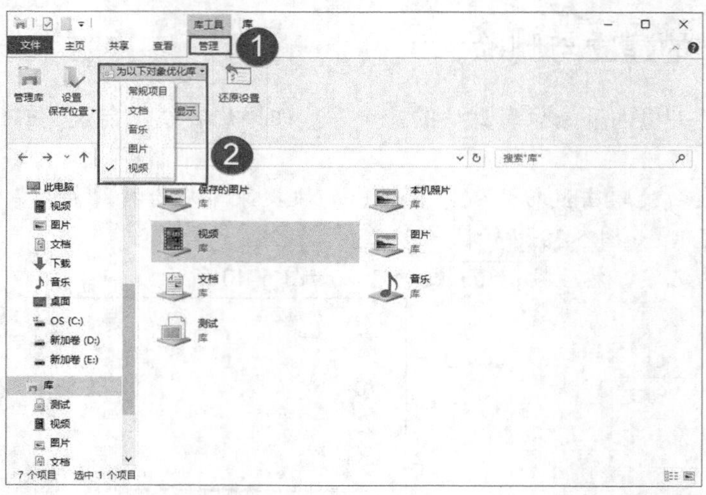

图5-42

5.5 管理回收站

回收站是 Windows 操作系统中的一个系统文件夹，主要用来存放用户临时删除的文档资料，存放在回收站的文件可以恢复。用好和管理好回收站，打造富有个性功能的回收站可以更加方便我们日常的文档维护工作。

5.5.1 彻底删除文件

通常我们删除的文件，都是进入回收站里面，那么如何彻底删除文件呢？

1. 双击桌面上的“回收站”图标，在打开的窗口中，单击上部的“清空回收站”图标，如图 5-43 所示。
2. 在弹出的“删除文件”对话框中，单击“是”按钮，如图 5-44 所示。

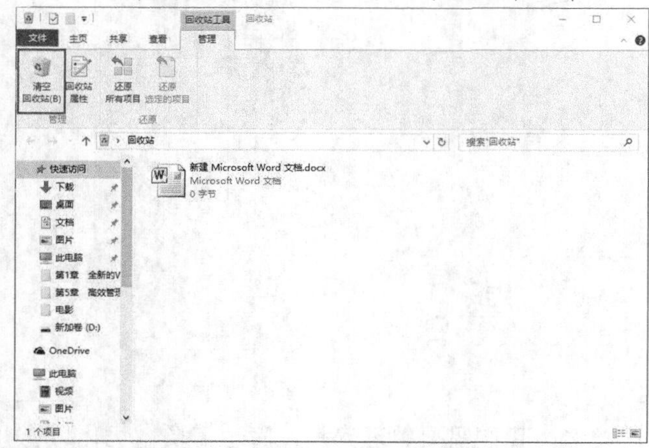

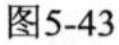

图5-43

图5-44

5.5.2 还原文件

如果我们不小心将文件删除到回收站里面，还可以在回收站中将它们还原。双击桌面上的“回收站”图标，打开回收站窗口，然后选中要还原的文件。在上方的菜单栏中切换到“管理”选项卡，单击上面的“还原所有项目”或“还原选定的项目”图标即可完成操作，如图 5-45 所示。

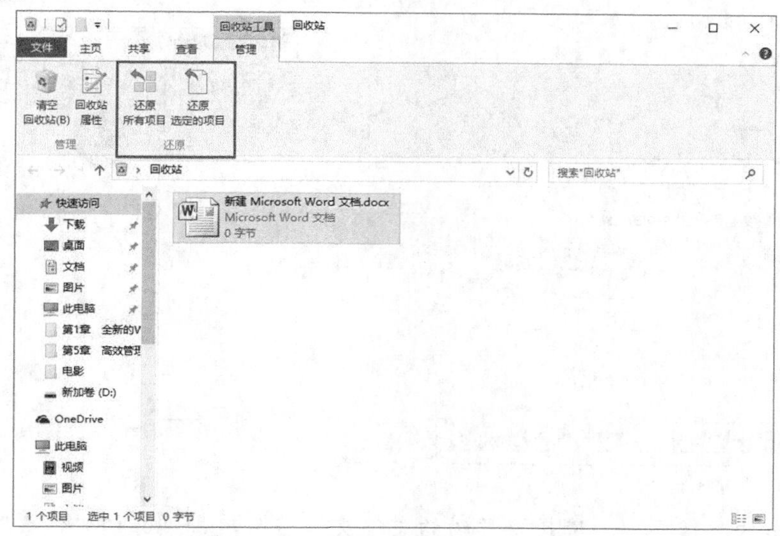

图5-45

5.6 文件管理的其他适用操作

前面我们学习了文件和文件夹基础操作和库的相关操作，下面介绍一些其他适用于文件管理的操作。

5.6.1 更改用户文件夹的保存位置

用户的文件夹默认保存在 C 盘里面，如果我们经常需要重新安装操作系统或进行格式化 C 盘的操作，则文件很容易被删除。我们可以更改用户文件夹的保存位置，来避免文件的丢失。那么想要修改 Windows 10 系统个人文件夹的位置应该怎么做呢？有两种方法可以修改个人文件夹的位置。

一、方法 1

以个人文件夹内的音乐文件夹为例，默认的个人文件夹是建立在系统盘的 Users 文件夹内的，如图 5-46 所示。

1. 右键单击需要更改位置的文件夹，选择“属性”命令，在弹出的对话框中单击“位置”选项卡，然后单击“移动”按钮，如图 5-47 所示。

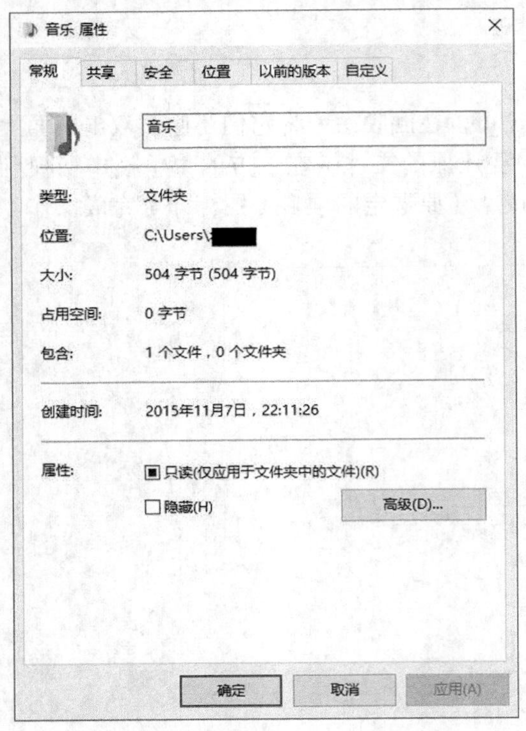

图5-46

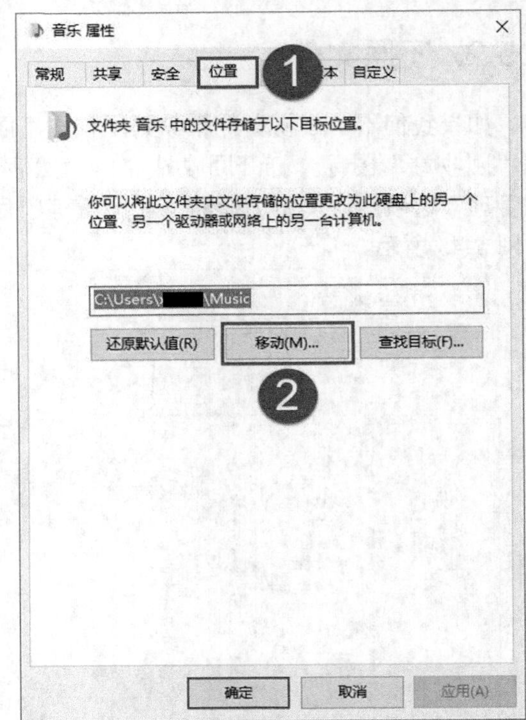

图5-47

2. 在弹出的对话框中，选择要移动的文件夹，然后单击“选择文件夹”按钮，如图 5-48 所示。

3. 在弹出的对话框中，单击“是”按钮，如图 5-49 所示。

图5-48

图5-49

这时右键单击文件夹，查看文件夹的位置属性，可以看到位置已经被修改了，如图 5-50 所示。

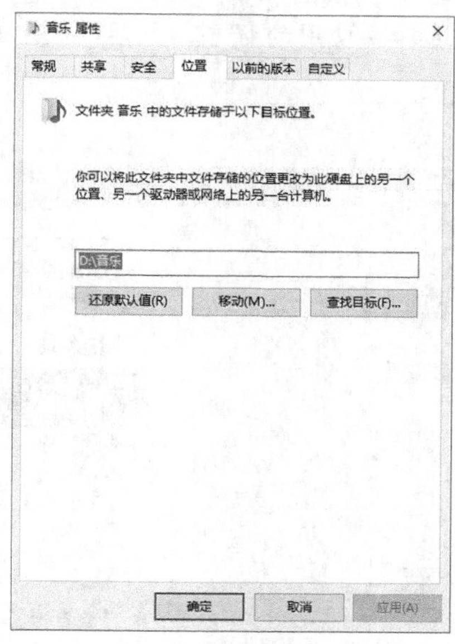

图5-50

二、方法 2

1. 单击 按钮，然后选择“设置”，在弹出的“设置”窗口中单击“系统”图标，如图 5-51 所示。
2. 在弹出的窗口中，单击“存储”选项卡，然后单击右侧的下拉列表，选择存储的位置，如图 5-52 所示。

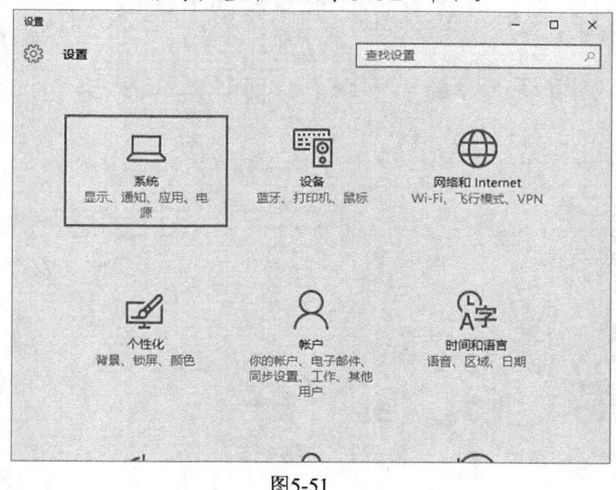

图5-51

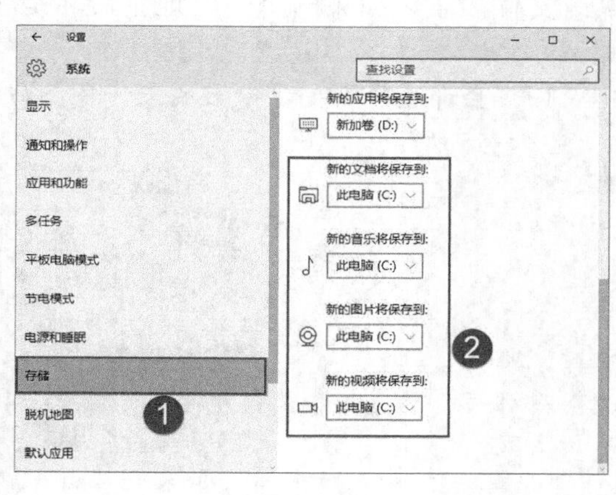

图5-52

5.6.2 修改文件的默认打开方式

有时计算机上装了几个同类软件，如视频软件，当我们打开视频文件的时候，就会出现这个软件，而有时我们并不喜欢用这个软件打开，应该怎么办呢？

1. 右键单击文件，在弹出的快捷菜单中选择“属性”命令，在弹出的对话框中单击“更改”按钮，如图 5-53 所示。

2. 在弹出的对话框中，选择要使用的程序，然后单击“确定”按钮，如图 5-54 所示。

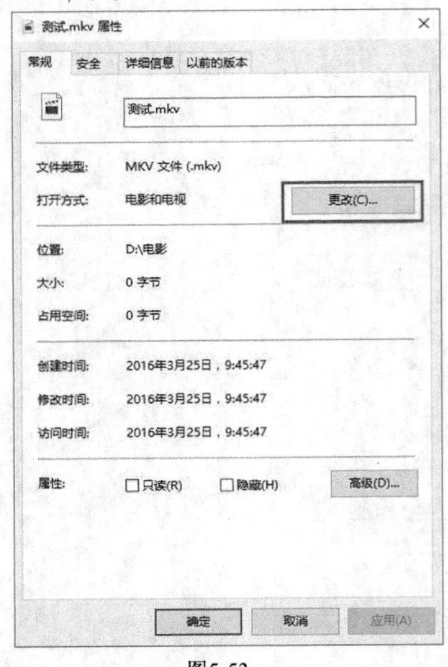

图5-53

图5-54

5.6.3 批量重命名文件

文件多了，如果一个一个地重命名是个体力活，有没有批量重命名的方法呢，答案如下。

1. 全部选择需要重命名的文件，然后单击窗口上部的“重命名”图标，如图 5-55 所示。

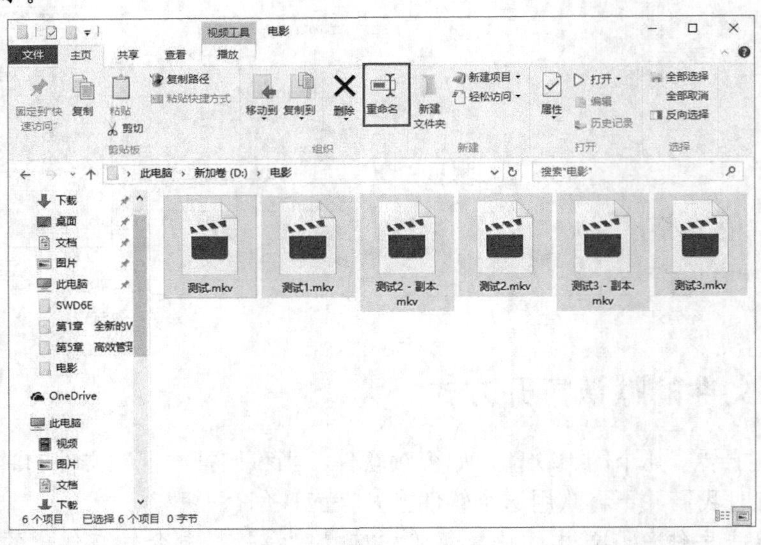

图5-55

2. 输入重命名文件的名字，如图 5-56 所示。

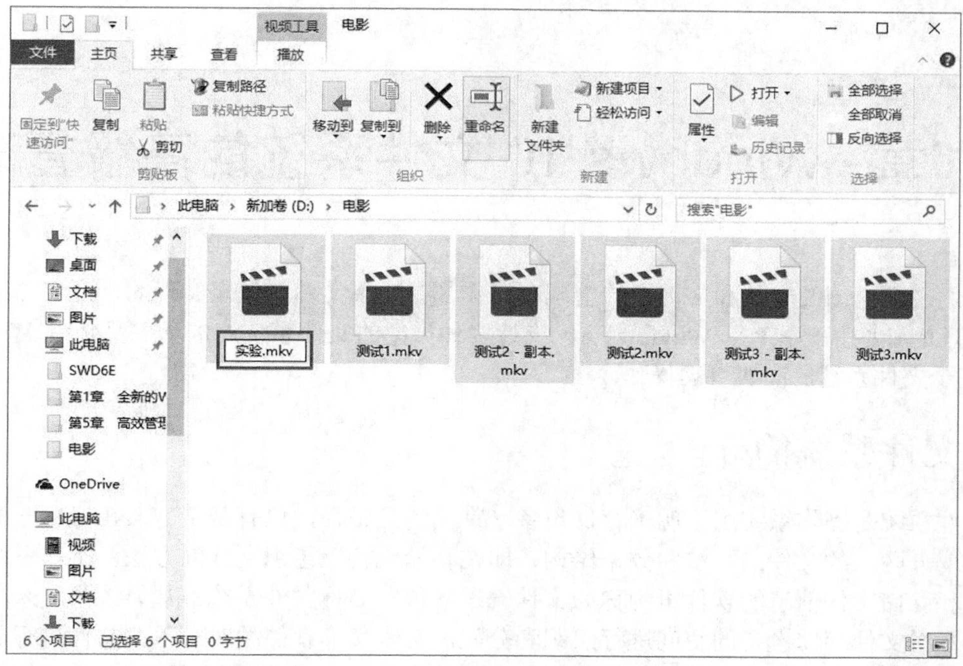

图5-56

3. 按Enter键，这样就完成了，结果如图 5-57 所示。

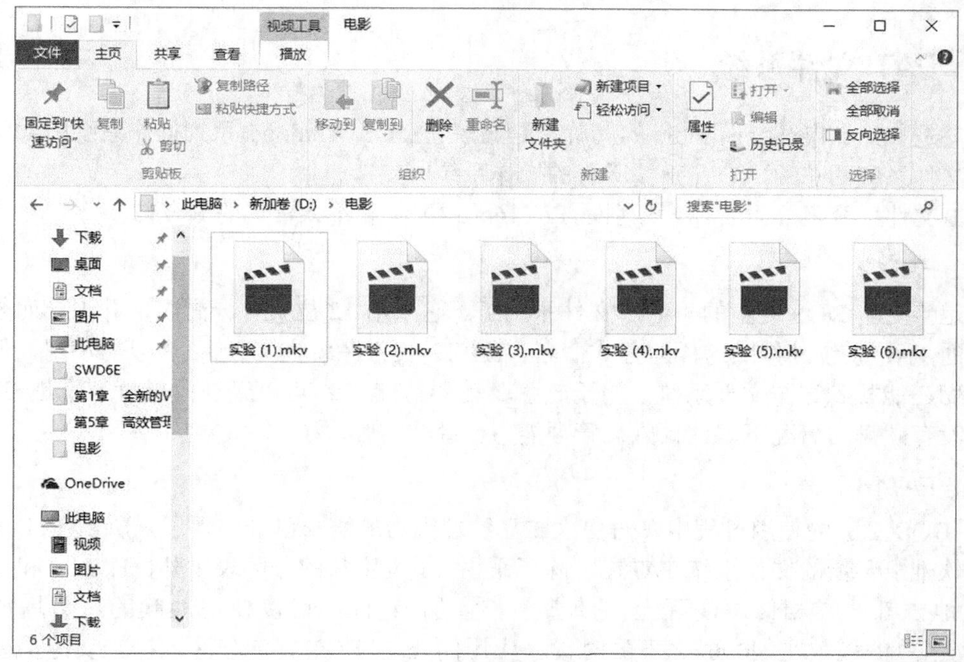

图5-57

第6章 Windows 10 文件系统的高级管理

我们之前介绍的文件和文件夹的管理和操作都是基于文件系统来实现的，是文件系统中文件管理的一些基础操作。Windows 10 支持多种类型的文件系统，本章主要介绍 Windows 10 的基于文件系统的高级管理操作。

6.1 文件系统简介

文件系统是操作系统用于明确存储设备（常见的是磁盘，也有基于 NAND Flash 的固态硬盘）或分区上的文件的方法和数据结构，即在存储设备上组织文件的方法。操作系统中负责管理和存储文件信息的软件机构称为文件管理系统，简称文件系统。从系统角度来看，文件系统是对文件存储设备的空间进行组织和分配，负责文件存储并对存入的文件进行保护和检索的系统。具体地说，它负责为用户建立文件，存入、读出、修改、转储文件，控制文件的存取，当用户不再使用时撤销文件等。下面介绍几种在 Windows 操作系统中常用的文件系统。

6.1.1 FAT 文件系统

FAT 是 File Allocation Table 的简称，是微软在 DOS/Windows 系列操作系统中共同使用的一种文件系统的总称，它几乎被所有的操作系统所支持。

FAT 文件系统又分为 3 种，分别是 FAT16、FAT32 和不太常见的 FAT12。

一、FAT12

这是伴随着 DOS 诞生的“老”文件系统了。它采用 12 位文件分配表，并因此而得名，而以后的 FAT 系统都按照这样的方式命名。FAT12 文件系统在 DOS 3.0 以前使用，但是现在，我们还能找到这个文件系统：用于软盘驱动器。FAT12 可以管理的磁盘容量是 8MB，在当时没有硬盘的情况下，这种磁盘管理能力已经非常强大了。

二、FAT16

在 DOS 2.0 的使用过程中，对更大磁盘管理能力的需求已经出现了，所以在 DOS 3.0 中，微软推出了新的文件系统 FAT16。除了采用 16 位字长的分区表以外，FAT16 和 FAT12 在其他地方都非常相似。实际上，随着字长增加 4 位，可以使用的簇的总数增加到了 65536。当总的簇数在 4096 之下的时候，应用的还是 FAT12 的分区表；当实际需要超过 4096 簇的时候，应用的是 FAT16 的分区表。刚推出的 FAT16 文件系统管理磁盘的能力实际上是 32MB，这在当时来看是足够大的。1987 年，硬盘的发展推动了文件系统的发展，DOS 4.0 之后的 FAT16 可以管理 128MB 的磁盘。随后，这个数字不断发展，一直到 2GB。

FAT16 分区格式存在严重的缺点：大容量磁盘利用效率低。在微软的 DOS 和 Windows 系列中，磁盘文件的分配以簇为单位，一个簇只分配给一个文件使用，不管这个文件占用整个簇容量的多少。这样，即使一个很小的文件也要占用一个簇，剩余的簇空间便全部闲置，造成磁盘空间的浪费。因分区表容量的限制，FAT16 分区创建得越大，磁盘上每个簇的容量也越大，从而造成的浪费也越大。所以，为了解决这个问题，微软推出了一种全新的磁盘分区格式 FAT32，并在 Windows 95 OSR2 及以后的 Windows 版本中提供支持。

三、FAT32

FAT32 文件系统将是 FAT 系列文件系统的最后一个产品。这种格式采用 32 位的文件分配表，磁盘的管理能力大大增强，突破了 FAT16 2GB 分区容量的限制。由于现在的硬盘生产成本下降，其容量越来越大，运用 FAT32 的分区格式后，我们可以将一个大硬盘定义成一个分区，这大大方便了对磁盘的管理。

FAT32 推出时，主流硬盘空间并不大，所以微软设计在一个不超过 8GB 的分区中，FAT32 分区格式的每个簇都固定为 4KB，与 FAT16 相比，大大减少了磁盘空间的浪费，提高了磁盘的利用率。

FAT16 和 FAT32 文件系统的优点是兼容性高，可以被绝大部分操作系统识别和使用。但是由于出现的比较早，它们也有很多不足的地方。

单文件最大的尺寸：FAT32 系统支持到 4GB，FAT16 系统只支持到 2GB，在高清视频逐渐普及的今天，单个视频的文件就远远超出了 4GB 的容量。

FAT16 和 FAT32 文件系统都不支持对文件进行高级管理，如加密、压缩存储、磁盘配额等。

6.1.2 NTFS 文件系统

为了解决 FAT16/FAT32 文件系统安全性差、容易产生碎片、难以恢复等问题，微软在 Windows NT 操作系统和之后的基于 NT 内核的操作系统中使用了新的 NTFS 文件系统。Windows 10 中提供的高级文件管理功能都是基于 NTFS 文件系统来实现的。如图 6-1 所示，这个磁盘使用的就是 NTFS 文件系统。

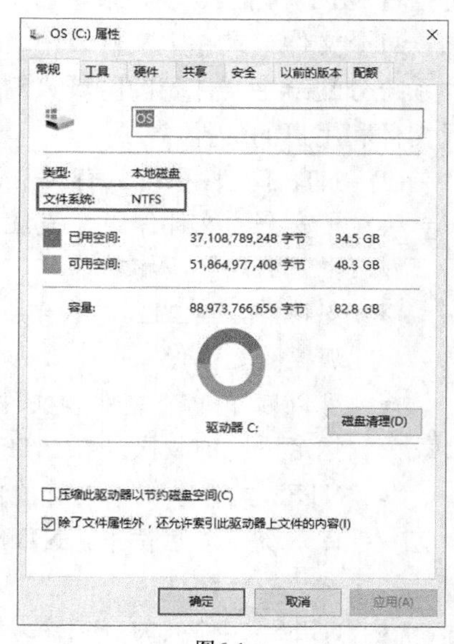

图6-1

(1) NTFS 文件系统结构总览。

当用户将硬盘的一个分区格式化成 NTFS 分区时，就建立了一个 NTFS 文件系统结构。NTFS 文件系统与 FAT 文件系统一样，也是用簇为基本单位对磁盘空间和文件存储进行管理。一个文件总是占用若干个簇，即使在一个簇没有完全放满的情况下，也占用了整个簇的空间，这也是造成磁盘空间浪费的主要原因。文件系统通过簇来管理磁盘，并不需要知道磁盘扇区的大小，这样就使 NTFS 保持了与磁盘扇区大小的独立性，从而使不同大小的磁盘选择合适的簇。

NTFS 分区也被称为 NTFS 卷，卷上簇的大小又称为卷因子，其大小是用户在创建 NTFS 卷时确定的。和 FAT 文件系统一样，卷因子的大小和文件系统的性能有着非常直接的关系。当一个簇占用的空间太小时，会出现太多的磁盘碎片，这在空间和文件访问时间上会造成浪费；相反，当一个簇占用的空间太大时，直接造成了磁盘空间的浪费。因此，最大限度地优化系统对文件的访问速度，最大限度地减少磁盘空间的浪费是确定簇的大小的主要因素。簇的大小一定是扇区大小的整数倍，通常是 2n（n 为整数）。

NTFS 文件系统使用了逻辑簇号（LCN）和虚拟簇号（VCN）对卷进行管理。其中，LCN 是对卷的第一个簇到最后一个簇进行编号，只要知道 LCN 号和簇的大小及 NTFS 卷在物理磁盘中的起始扇区，就可以对簇进行定位，而这些信息在 NTFS 卷的引导扇区中可以找到，在系统底层也是用这种方法对文件的簇进行定位的。找到簇在磁盘中的物理位置的计算公式如下：

每簇扇区数×簇号+卷的隐含扇区数（卷之前的扇区总数）=簇的起始绝对扇区号

虚拟簇号则是将特定文件的簇从头到尾进行编号，这样做的原因是方便系统对文件中的数据进行引用，VCN 并不要求在物理上是连续的，要确定 VCN 的磁盘上的定位需先将其转换为 LCN。

NTFS 文件系统的主文件表中还记录了一些非常重要的系统数据，这些数据被称为元数据文件，简称“元文件”，其中包括了用于文件定位和恢复数据结构、引导程序数据及整个卷的分配位图等信息。NTFS 文件系统将这些数据都当作文件进行管理，用户是不能访问这些文件的，它们的文件名的第一个字符都是“$”，表示该文件是隐藏的。在 NTFS 文件系统中这样的文件主要有 16 个，包括 MFT 本身（$MFT）、MFT 镜像、日志文件、卷文件、属性定义表、根目录、位图文件、引导文件、坏簇文件、安全文件、大写文件、扩展元数据文件、重解析点文件、变更日志文件、配额管理文件、对象 ID 文件等，这 16 个元文件总是占据着 MFT 的前 16 项记录，在 16 项以后就是用户建立的文件和文件夹的记录了。

每个文件记录在主文件表中，占据的磁盘空间一般为 1KB，也就是两个扇区，NTFS 文件系统分配给主文件表的区域大约占据了磁盘空间的 12.5%，剩余的磁盘空间用来存放其他元文件和用户的文件。

(2) NTFS 文件系统具有以下优点。

- 更安全的文件保障，提供文件加密，能够大大提高信息的安全性。
- 更好的磁盘压缩功能。
- 支持最大达 2TB 的大硬盘，并且随着磁盘容量的增大，NTFS 的性能不像 FAT 那样随之降低。
- 可以赋予单个文件和文件夹权限。对同一个文件或文件夹，可以为不同用户指定不同的权限。在 NTFS 文件系统中，可以为单个用户设置权限。
- NTFS 文件系统中设计的恢复能力无须用户在 NTFS 卷中运行磁盘修复程序。在系统崩溃事件中，NTFS 文件系统使用日志文件和复查点信息自动恢复文件系统的一致性。
- NTFS 文件夹的 B-Tree 结构使得用户在访问较大文件夹中的文件时，速度甚至比访问卷中较小的文件夹中的文件还快。
- 可以在 NTFS 卷中压缩单个文件和文件夹。NTFS 系统的压缩机制可以让用户直接读写压缩文件，而不需要使用解压缩软件将这些文件展开。

- 支持活动目录和域。此特性可以帮助用户方便灵活地查看和控制网络资源。
- 支持稀疏文件。稀疏文件是应用程序生成的一种特殊文件，文件尺寸非常大，但实际只需要很少的磁盘空间，也就是说，NTFS 只需为这种文件实际写入的数据分配磁盘存储空间。
- 支持磁盘配额。磁盘配额可以管理和控制每个用户所能使用的最大磁盘空间。

6.1.3 exFAT 文件系统

由于 NTFS 系统是针对机械硬盘设计的，对于闪存来说不太实用。为了解决这个问题，出现了 exFAT 文件系统。exFAT（Extended File Allocation Table File System，扩展 FAT，也称作 FAT64，即扩展文件分配表）是 Microsoft 在 Windows Embeded 5.0 以上（包括 Windows CE 5.0/6.0，Windows Mobile 5/6/6.1）引入的一种适合于闪存的文件系统，为了解决 FAT32 等不支持 4GB 及更大的文件而推出。

相对 FAT 文件系统，exFAT 有以下优点。

- 增强了台式计算机与移动设备的互操作能力。
- 单文件大小远超过了 4GB 的限制，最大可达 16EB。
- 簇大小可高达 32MB。
- 采用了剩余空间分配表，剩余空间分配性能得到改进。
- 同一目录下最大文件数可达 2796202。
- 支持访问控制。
- 支持 Apple Mac 系统。

6.2 转换文件系统

使用 NTFS 文件系统，可以更好地管理磁盘及提高系统的安全性；硬盘为 NTFS 格式时，碎片整理也快很多。当我们从旧的系统升级到新系统时，旧的磁盘格式可能为 FAT 格式，这时可以用下面的方法来把它转换成 NTFS 格式。

6.2.1 通过格式化磁盘转换

如果磁盘中的数据我们不再需要或已经进行过备份，格式化是比较快捷的方式。下面介绍如何操作。

1. 右键单击要格式化的磁盘，在弹出的快捷菜单中选择“格式化”命令，如图 6-2 所示。
2. 在弹出对话框的“文件系统”下拉列表中选择“NTFS”格式，然后单击“开始”按钮，如图 6-3 所示，等待格式化完成即可。

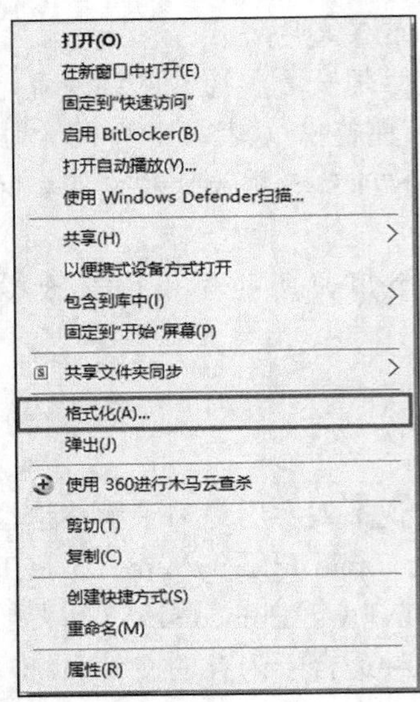

图6-2

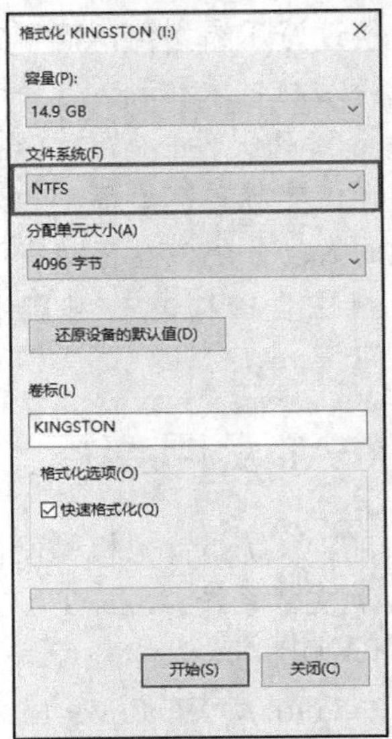

图6-3

6.2.2　通过 Convert 命令转换

如果磁盘上内容很多，而且不想格式化，那么可以使用 Windows 10 自带的 Convert 命令来进行格式转换。Convert 命令只能将 FAT 格式转换为 NTFS 格式，但是不能反向转换。操作方法如下。

1. 同时按键盘上的 Win 键和 R 键，在弹出的“运行”对话框中输入“cmd”，然后按 Enter 键，如图 6-4 所示。
2. 我们以 I 盘为例进行说明。在弹出的窗口中，输入“Convert I: /fs:ntfs”，然后按 Enter 键，等待命令完成即可，如图 6-5 所示。

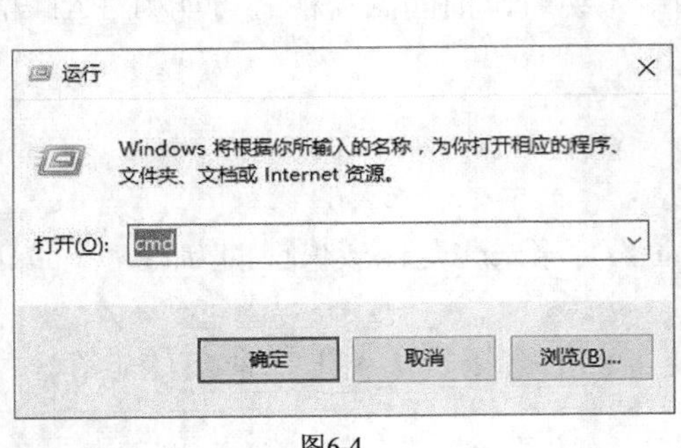

图6-4

```
C:\WINDOWS\system32\cmd.exe - Convert I: /fs:ntfs
文件系统的类型是 FAT32。
KINGSTON 卷创建了 2012/7/29 17:01
卷序列号为 AAC0-37FA
Windows 正在校验文件和文件夹...
已完成文件和文件夹验证。

Windows 已扫描文件系统并且没有发现问题。
无需采取进一步操作。
总共有    15,644,880 KB 磁盘空间。
14 个隐藏文件中有         160 KB。
100 个文件夹中有          800 KB。
942 个文件中有      3,291,464 KB。
   12,352,448 KB 可用。

每个分配单元中有        8,192 字节。
磁盘上共有      1,955,610 个分配单元。
磁盘上有      1,544,056 个可用的分配单元。

正在确定文件系统转换所需的磁盘空间...
磁盘总空间:                 15661264 KB
卷上的可用空间:                 12352448 KB
转换所需的空间:                    40819 KB
正在转换文件系统

搜狗拼音输入法 全 :
```

图6-5

6.3　设置文件访问权限

如果工作中使用的计算机内有比较重要的文件，只有特定的人才可以查看，那么我们应

该如何保护它不被其他用户查看呢？设置对文件的访问权限及访问级别，可以防止计算机中的其他用户查看或修改重要的文件内容，从而保护计算机中的资源。

6.3.1 什么是权限

权限是指访问计算机中的文件或文件夹等共享资源的协议。权限确定是否可以访问某个对象，以及对该对象可执行的操作范围。

6.3.2 NTFS 权限

NTFS 权限其实就是访问控制列表的内容。NTFS 分区通过为每个文件和文件夹设定访问控制列表的方法来控制相关的权限。访问控制列表中包括可以访问该文件或文件夹的用户账户、用户组和访问类型。在访问控制列表中，每个用户账户或用户组都对应一组访问控制项。访问控制项用来存储用户账户或用户组的访问类型。

当用户访问文件或文件夹时，NTFS 文件系统会首先检查该用户的账户或所属的用户组是否在此文件或文件夹的访问控制列表中。如果在列表中，则进一步检查访问类型来确定用户访问权限；如果用户不在访问控制列表中，则直接拒绝用户访问此文件或文件夹。

6.3.3 Windows 用户账户和用户组

大部分人提起 Windows 用户账户都会想到登录系统时所需要输入密码的那个用户。Windows 10 中还有许多用于系统管理的账户，下面逐一为大家说明。

Windows 10 包含 4 种默认的内置用户，如图 6-6 所示，分别如下。

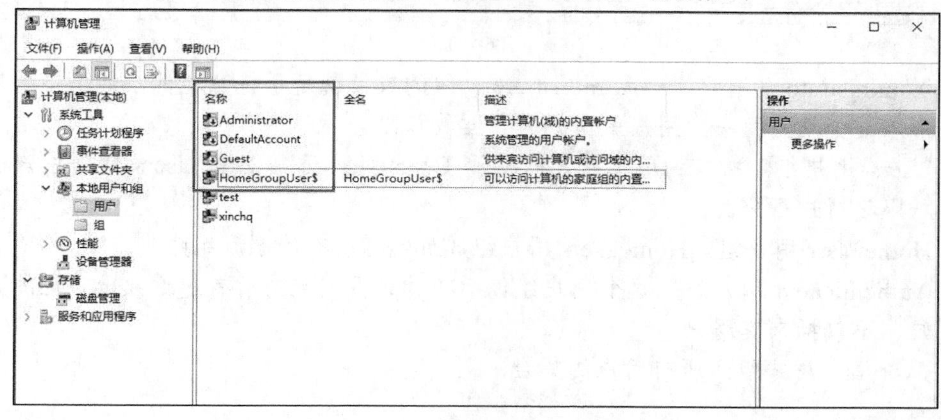

图6-6

- Administrator 账户：超级管理员账户，默认情况下是禁用的。该账户拥有最多的权限，包括以管理员身份运行任何程序，完全控制计算机，访问计算机上的任何数据，以及更改计算机的设置。由于该账户权限过高，如果开启后被其他用户盗用，进行破坏操作后，可能造成系统崩溃，所以不建议启用此账户。
- DefaultAccount 账户：系统管理的用户账户，是微软为了防止 OOBE 程序出现问题而准备的。

- Guest 账户：来宾账户，适合在公用计算机上为客人准备的账户，此账户受限制较多，不能更改计算机的设置。
- HomeGroupUser$账户：家庭组用户账户，主要实现家庭组共享等功能。

Windows 10 包含十几种内置的用户组，如图 6-7 所示。我们只介绍最常用的几种，分别如下。

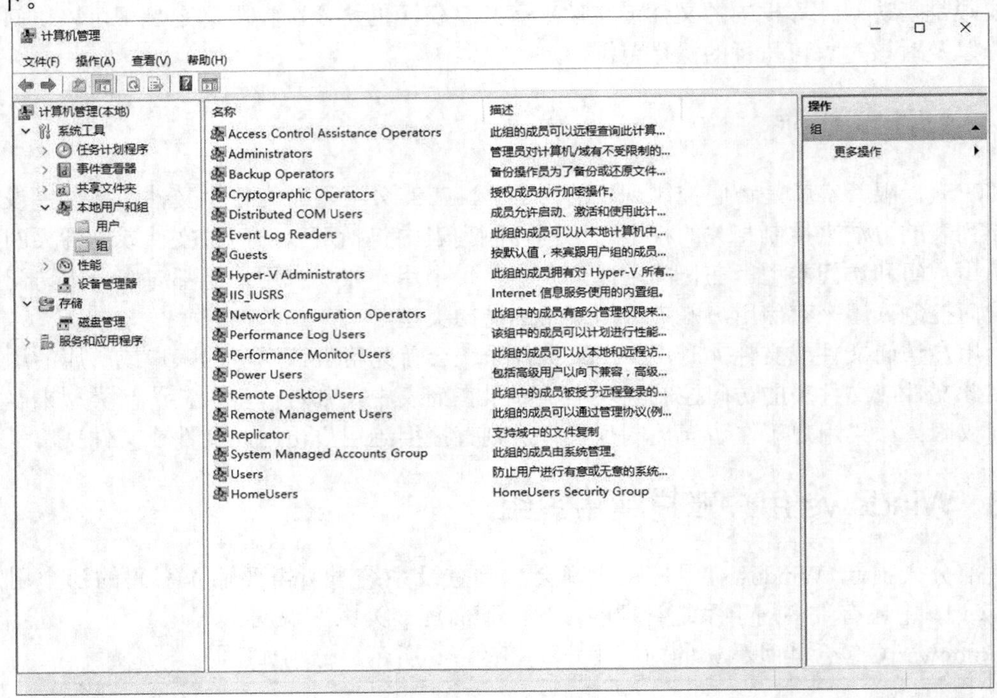

图6-7

- Administrators 用户组：Administrators 组的成员就是系统管理员，如果将用户加入这个用户组中，用户就会拥有管理员权限。
- Users 用户组：所有的用户账户都属于 Users 组，通常使用 Users 组对用户的权限设置进行分配。
- Homeusers 用户组：Homeusers 用户组成员包括所有的家庭组账户。
- Authenticated 用户组：这个用户组包括在计算机或域中所有通过身份验证的账户，不包括来宾用户。
- Everyone 用户组：所有用户的集合。

6.3.4 文件和文件夹的权限

对于 NTFS 分区中的数据，管理员可以为不同的用户账户设置访问权限。NTFS 权限主要分为基本权限和高级权限。

对于普通用户而言，只需了解基本权限的作用；对于管理员用户，最好详细了解各种高级权限的作用，以便根据实际需要组合出特定的权限分配方案。

(1) 基本权限。

基本权限的内容如图 6-8 所示。

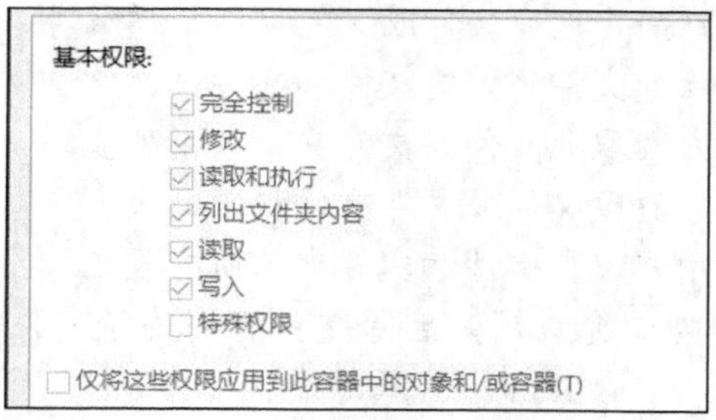

基本权限:

- ☑ 完全控制
- ☑ 修改
- ☑ 读取和执行
- ☑ 列出文件夹内容
- ☑ 读取
- ☑ 写入
- ☐ 特殊权限

☐ 仅将这些权限应用到此容器中的对象和/或容器(T)

图6-8

- 完全控制：该权限给予用户完全控制文件或文件夹的能力，用户可以任意读取、写入或删除文件夹。
- 修改：该权限允许用户对文件进行修改。
- 读取和执行：该权限允许用户读取文件和执行程序，但不可以进行除此之外的其他操作，如修改、删除等。
- 读取：允许用户查看该文件夹中的文件和子文件夹。
- 写入：该权限允许用户在文件夹中写入新的文件和文件夹。
- 列出文件夹内容：允许用户查看文件夹中的子文件夹和文件名称，但不允许访问文件夹内的文件。

(2) 高级权限。

高级权限的内容如图 6-9 所示。

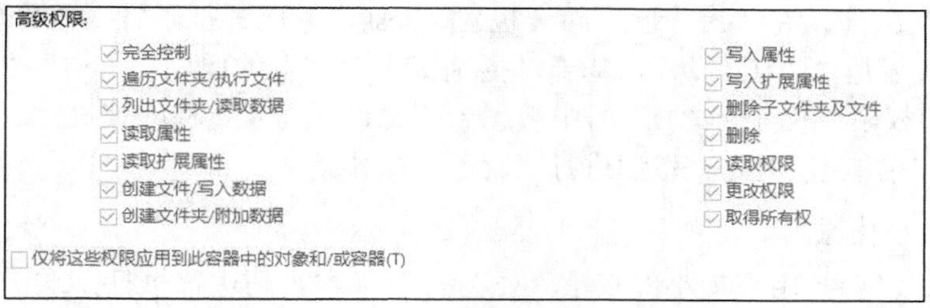

高级权限:

- ☑ 完全控制
- ☑ 遍历文件夹/执行文件
- ☑ 列出文件夹/读取数据
- ☑ 读取属性
- ☑ 读取扩展属性
- ☑ 创建文件/写入数据
- ☑ 创建文件夹/附加数据
- ☑ 写入属性
- ☑ 写入扩展属性
- ☑ 删除子文件夹及文件
- ☑ 删除
- ☑ 读取权限
- ☑ 更改权限
- ☑ 取得所有权

☐ 仅将这些权限应用到此容器中的对象和/或容器(T)

图6-9

- 完全控制：和基本权限一致，用户可以随意删除和修改文件。
- 遍历文件夹/执行文件：遍历文件夹允许用户即使没有访问这个文件夹的权限，但是可以移动此文件夹到其他文件夹。执行文件是用户可以运行文件夹内的可执行文件。
- 列出文件夹/读取数据：允许用户查看文件夹中的文件名称、子文件夹名称和查看文件中的数据。
- 读取属性：允许用户读取文件或文件夹的属性。
- 读取扩展属性：允许用户查看文件或文件夹的扩展属性。
- 创建文件/写入数据：允许用户在文件夹内创建新的文件，同时允许用户将数据写入现有文件。
- 创建文件夹/附加数据：允许用户添加新的文件夹，并可以在文件的末尾附加数据，但是不能修改此前已经存在的数据。

- 写入属性：允许用户改变文件或文件夹的属性。
- 写入扩展属性：允许用户改变文件或文件夹的扩展属性。
- 删除：允许用户删除此文件夹内的文件和文件夹。
- 读取权限：允许用户读取此文件或文件夹的权限列表。
- 更改权限：允许用户更改文件或文件夹的权限列表。
- 取得所有权：允许用户取得文件和文件夹的所有权。
- 删除子文件夹及文件：允许用户删除文件夹内的子文件夹和文件，但是不能删除该文件夹。

6.3.5　权限配置原则

在 Windows 中，针对权限的管理有四项基本原则，即拒绝优于允许原则、权限最小化原则、累加原则和权限继承性原则。这四项基本原则对于权限的设置来说，将会起到非常重要的作用，下面就来了解一下。

一、拒绝优于允许原则

“拒绝优于允许”原则是一条非常重要且基础性的原则，它可以非常完美地处理好因用户在用户组的归属方面引起的权限“纠纷”。例如，“test”这个用户既属于“A”用户组，也属于“B”用户组，当我们对“B”组中某个资源进行“写入”权限的集中分配，即针对用户组进行修改时，该组中的“test”账户将自动拥有“写入”的权限。

但令人奇怪的是，“test”账户明明拥有对这个资源的“写入”权限，为什么实际操作中却无法执行呢？原来，在“A”组中同样也对“test”用户进行了针对这个资源的权限设置，但设置的权限是“拒绝写入”。基于“拒绝优于允许”的原则，“test”在“A”组中被“拒绝写入”的权限将优先于“B”组中被赋予的允许“写入”权限被执行。因此，在实际操作中，“test”用户无法对这个资源进行“写入”操作。

二、权限最小化原则

Windows 将“保持用户最小的权限”作为一个基本原则进行执行，这一点是非常有必要的。这条原则可以确保资源得到最大的安全保障，可以尽量让用户不能访问或不必要访问的资源得到有效的权限赋予限制。

基于这条原则，在实际的权限赋予操作中，我们就必须为资源明确赋予允许或拒绝操作的权限。例如，系统中新建的受限用户“test”在默认状态下对“DOC”目录是没有任何权限的，现在需要为这个用户赋予对“DOC”目录有“读取”的权限，那么就必须在“DOC”目录的权限列表中为“test”用户添加“读取”权限。

三、权限继承性原则

权限继承性原则可以让资源的权限设置变得更加简单。假设现在有个“DOC”目录，在这个目录中有“DOC01”“DOC02”“DOC03”等子目录，现在需要对“DOC”目录及其下的子目录均设置“test”用户有“写入”权限。因为有继承性原则，所以只需对“DOC”目录设置“test”用户有“写入”权限，其下的所有子目录将自动继承这个权限的设置。

四、累加原则

这个原则比较好理解，假设现在“test”用户既属于“A”用户组，也属于“B”用户组，它在“A”用户组中的权限是“读取”，在“B”用户组中的权限是“写入”，那么根据累加原则，“test”用户的实际权限将会是“读取+写入”两种。

显然，“拒绝优于允许”原则是用于解决权限设置上的冲突问题的；“权限最小化”原则是用于保障资源安全的；“权限继承性”原则是用于“自动化”执行权限设置的；而“累加原则”则是让权限的设置更加灵活多变。几个原则各有所用，缺少哪一项都会给权限的设置带来很多麻烦！

提示： 在 Windows 中，“Administrators”组的全部成员都拥有“取得所有者身份”（Take Ownership）的权力，也就是管理员组的成员可以从其他用户手中“夺取”其身份的权力。例如，受限用户“test”建立了一个“DOC”目录，并只赋予自己拥有读取权力，这看似周到的权限设置，实际上，“Administrators”组的全部成员将可以通过“夺取所有权”等方法获得这个权限。

6.3.6 获取文件权限

经常看到有人问文件删不掉怎么办，其实 Windows 系统中文件删不掉的主要原因有两个：一是文件正在使用中或已经被打开，二是用户没有权限。对于第一种原因，解决办法就是关闭正在使用或已经打开的文件，之后就可以正常删除了。由于第二种原因导致无法删除的文件或文件夹，我们只要获得此文件（或文件夹）的最高权限即可删除。

下面为大家介绍下具体步骤。

1. 右键单击要删除的文件或文件夹，在弹出的快捷菜单中选择“属性”命令，然后切换到“安全”选项卡，在选项卡内单击“高级”按钮，如图 6-10 所示。

2. 在弹出的窗口中单击“更改”按钮，如图 6-11 所示。

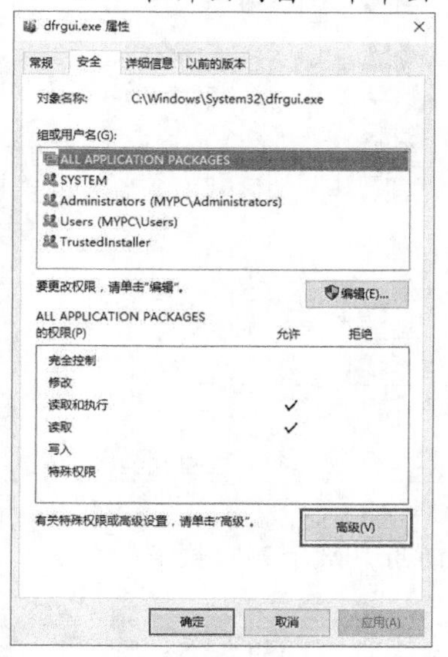

图6-10

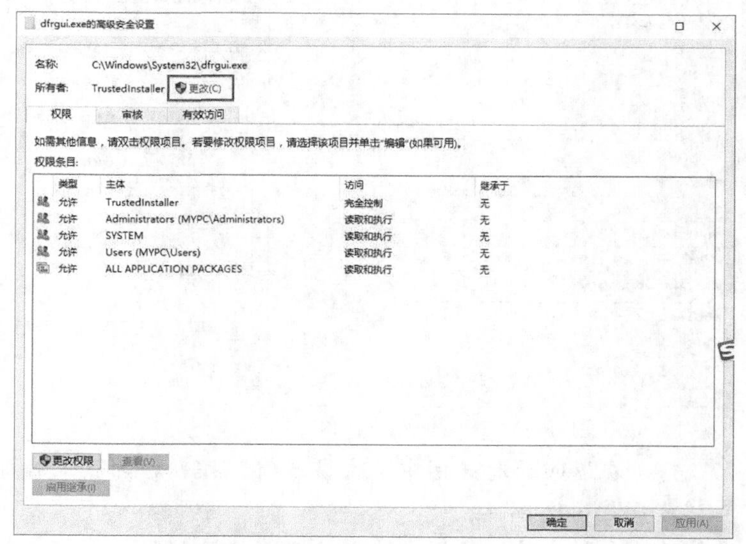

图6-11

3. 在弹出的对话框中，单击“高级”按钮，如图 6-12 所示。
4. 在弹出的对话框中单击“立即查找”按钮，在搜索结果内，选择要更换的账户，然后单击“确定”按钮，如图 6-13 所示。

选择用户或组
选择此对象类型(S):
用户、组或内置安全主体
对象类型(O)...
查找位置(F):
MYPC
位置(L)...
输入要选择的对象名称(例如)(E):
检查名称(C)
高级(A)...
确定
取消

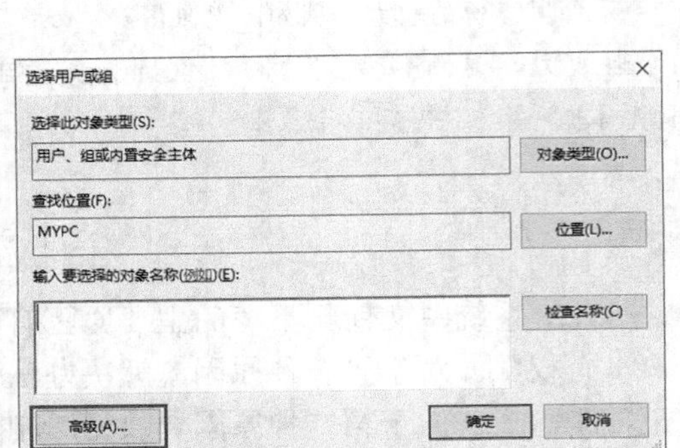

图6-12

选择用户或组
选择此对象类型(S):
用户、组或内置安全主体
对象类型(O)...
查找位置(F):
MYPC
位置(L)...
一般性查询
名称(A):
起始为
描述(D):
起始为
列(C)...
立即查找(N)
停止(T)
禁用的帐户(B)
不过期密码(X)
自上次登录后的天数(I):
确定
取消
搜索结果(U):
名称
所在文件夹
Access Con... MYPC
Administrat... MYPC
Administrat... MYPC
ALL APPLIC...
ANONYMO...
Authenticat...
Backup Op... MYPC
BATCH
CONSOLE ...
CREATOR ...

图6-13

5. 在返回的对话框中再次单击“确定”按钮，如图 6-14 所示。
6. 我们看到文件的所有者已经被更改，单击“确定”按钮，返回上一步，如图 6-15 所示。

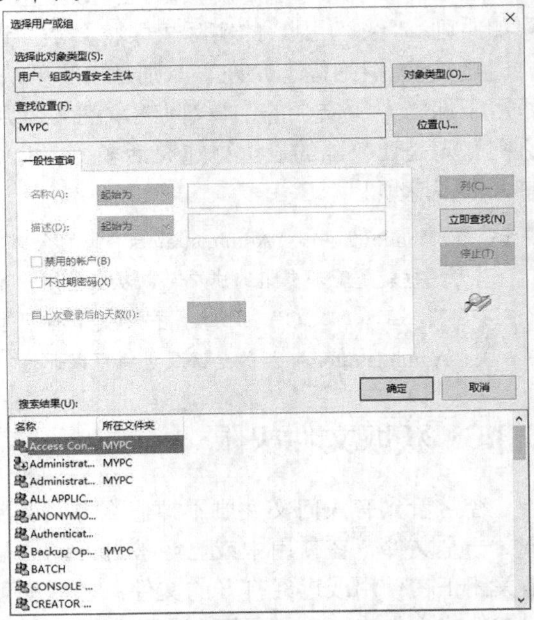

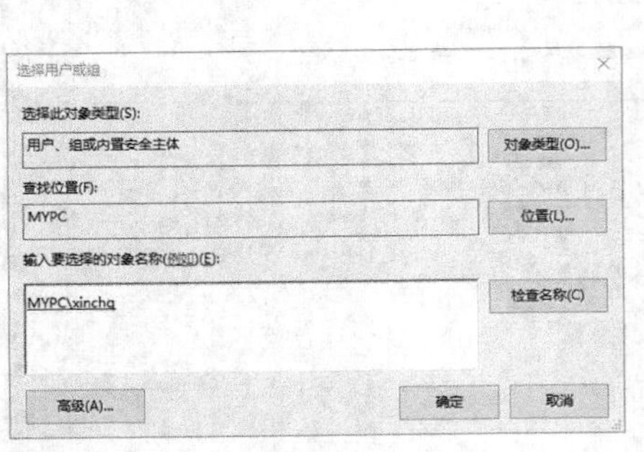

选择用户或组
选择此对象类型(S):
用户、组或内置安全主体
对象类型(O)...
查找位置(F):
MYPC
位置(L)...
输入要选择的对象名称(例如)(E):
MYPC\xinchq
检查名称(C)
高级(A)...
确定
取消

图6-14

dfrgui.exe的高级安全设置
名称: C:\Windows\System32\dfrgui.exe
所有者: xinchq (MYPC\xinchq) 更改(C)
权限
审核
有效访问
权限条目:
类型
主体
访问
继承于
允许 TrustedInstaller 完全控制 无
允许 Administrators (MYPC\Administrators) 读取和执行 无
允许 SYSTEM 读取和执行 无
允许 Users (MYPC\Users) 读取和执行 无
允许 ALL APPLICATION PACKAGES 读取和执行 无
确定
取消
应用(A)

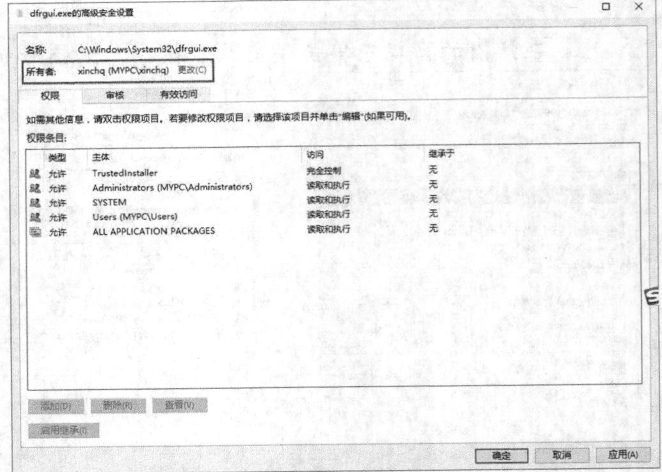

图6-15

7. 在返回的对话框中单击“编辑”按钮，为我们添加的用户赋予删除权限，如图 6-16 所示。
8. 在弹出的对话框中单击选中要修改权限的账户，然后勾选下方的允许权限，如图 6-17 所示。

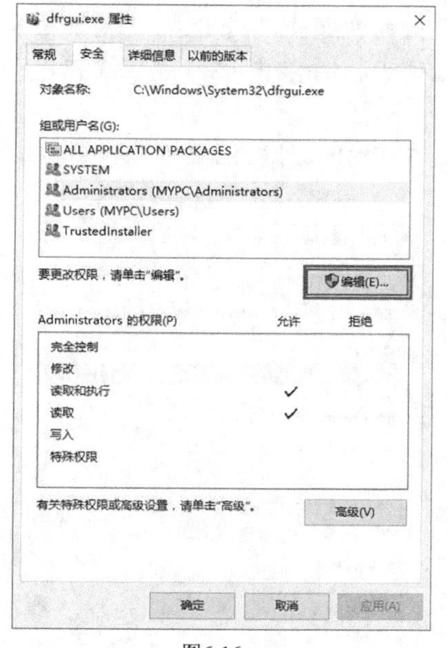

图6-16

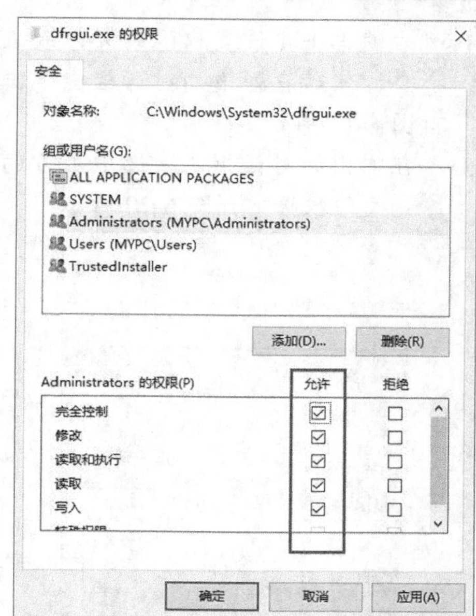

图6-17

这样就已经取得文件的完全控制权，可以删除文件了。

6.3.7 恢复原有权限配置

有时 Windows 下的文件夹/文件的权限设置会弄得乱七八糟，连自己都不知道哪些文件有特殊权限了，这时可以通过 Windows 自带的 icacls 命令来恢复原有的默认权限设置。下面以刚才修改的文件权限为例进行介绍。

同时按键盘上的 Win 键和 R 键，然后输入“cmd”并按 Enter 键，进入命令提示符。输入：icacls “c:\Windows\System32\dfrgui.exe” /reset，等待系统操作完成即可，如图 6-18 所示。

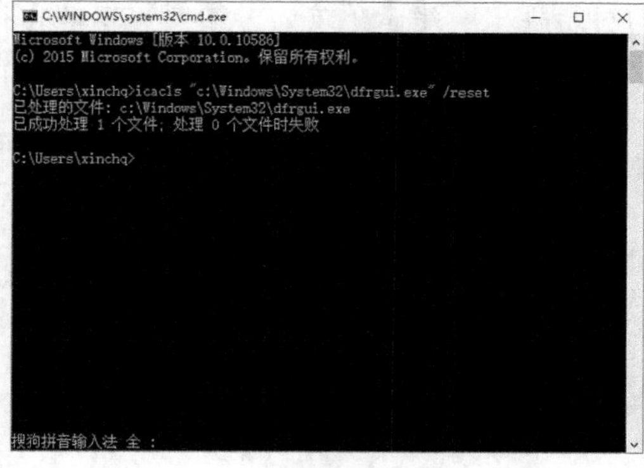

图6-18

6.3.8 设置文件权限

设置对文件的访问权限及访问级别，可以防止计算机中的其他用户查看或修改重要的文件内容，从而保护计算机中的资源，步骤如下。

1. 右键单击要设置权限的文件或文件夹，在弹出的快捷菜单中选择“属性”命令，然后在弹出的对话框中单击“安全”选项卡，再单击“编辑”按钮，如图 6-19 所示。
2. 在弹出的对话框中，选中上方的用户，然后在下方的列表框中可以修改相应的文件权限，如图 6-20 所示。

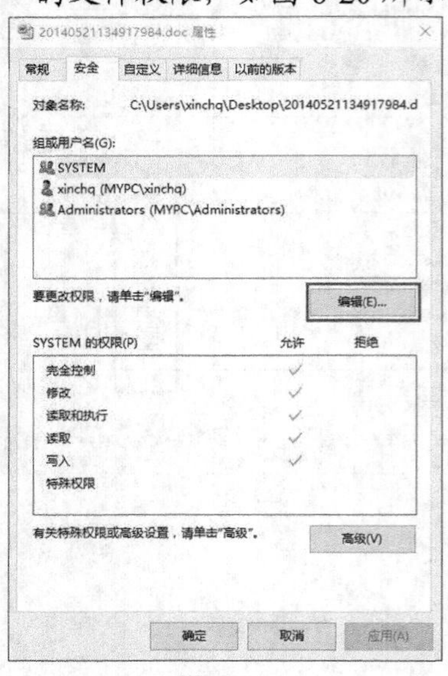

图6-19

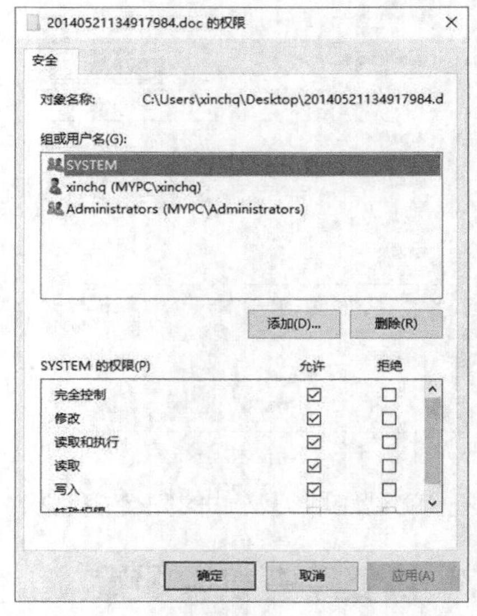

图6-20

6.3.9　设置文件的高级权限

上一小节的操作只能添加基本的 6 种权限，如果我们要设置复杂的权限，则可以使用高级权限设置功能，步骤如下。

1. 在图 6-19 所示的对话框中，单击下方的“高级”按钮，在弹出的窗口中单击“添加”按钮，如图 6-21 所示。

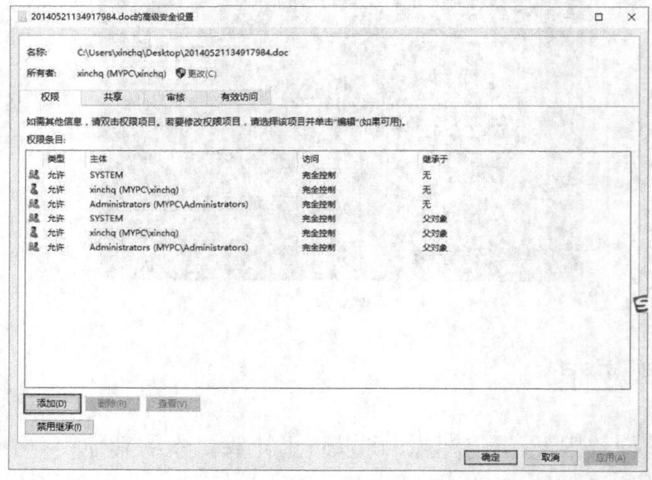

图6-21

2. 在弹出的窗口中单击“选择主体”，选择要添加的用户账户，如图 6-22 所示。

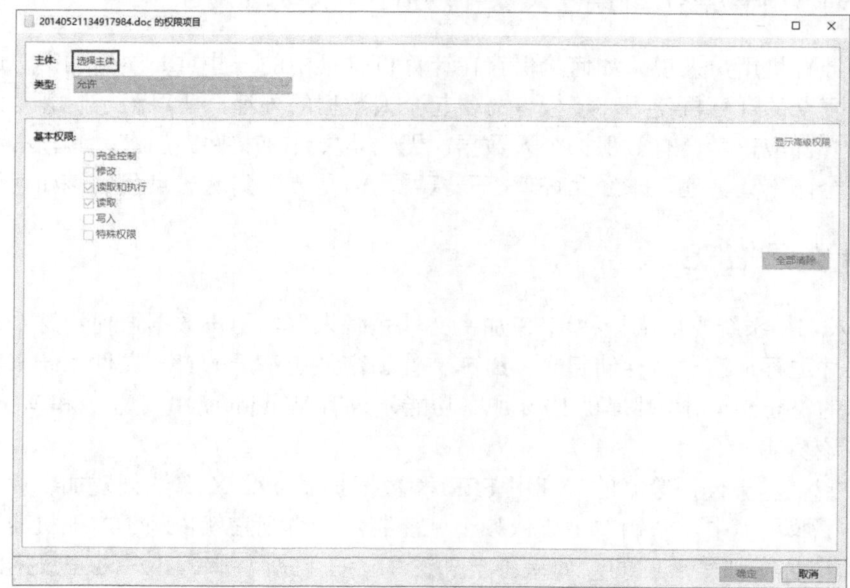

图6-22

3. 单击右侧的“显示高级权限”，如图 6-23 所示。

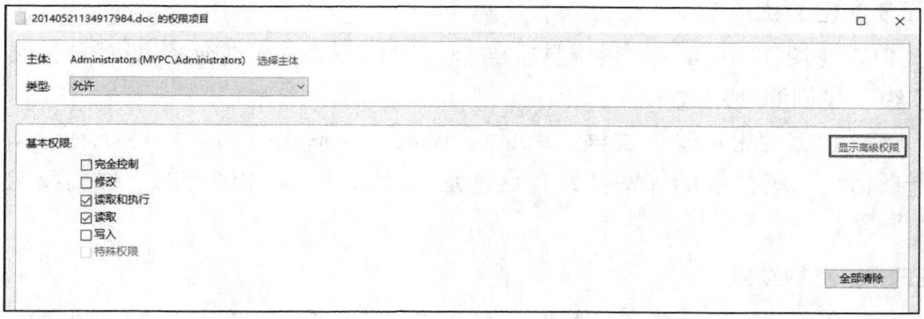

图6-23

4. 勾选要设置的权限，如图 6-24 所示。

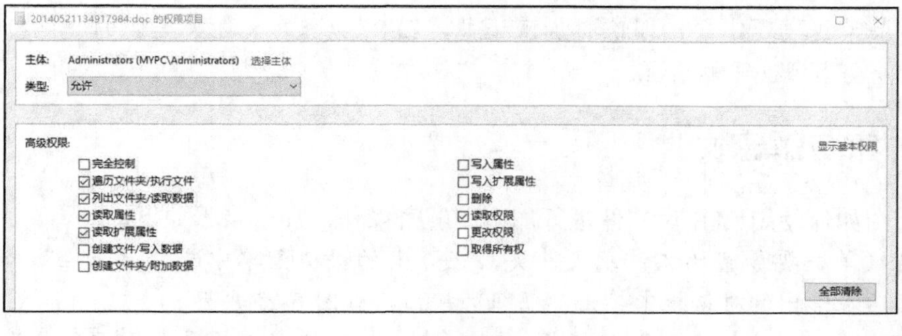

图6-24

6.4 使用文件加密功能（文件加密系统 EFS）

对很多计算机用户来说，如何给保存在计算机磁盘中的一些重要文件加密已成为急需了解的知识，复杂的计算机使用环境极容易引起个人数据的外泄，所以为了防患于未然，每一位计算机用户都应该学会有效保护个人数据。无论是文件或文件夹加密，其核心都在于保护个人数据安全，不让其他人未经允许就打开查看，但是要做到这一点我们该如何操作呢?

6.4.1 什么是 EFS

Windows 10 系统提供了一种 EFS 加密文件系统来保护用户数据，使用这个加密文件系统可以将文件进行加密然后存储起来。EFS 文件加密系统基于 NTFS 文件系统来实现。并不是所有版本的 Windows 10 都提供 EFS 加密功能，只有 Windows 10 专业版和 Windows 10 企业版才支持该功能。

EFS 加密是基于公钥策略的，利用 FEK 和数据扩展标准 X 算法创建加密后的文件。如果你登录到了域环境中，密钥的生成依赖于域控制器，否则它就依赖于本地机器。

EFS 加密解密都是透明的，如果用户加密了一些数据，那么其对这些数据的访问将是完全允许的，并不会受到任何限制；而其他非授权用户试图访问加密过的数据时，就会收到“拒绝访问”的警告提示。

一、EFS 加密的优点

首先，EFS 加密机制和操作系统紧密结合，我们不必为了加密数据而安装额外的加密软件，这节约了我们的使用成本。

其次，EFS 加密的用户验证过程是在登录 Windows 时进行的，只要登录到 Windows，就可以打开任何一个被授权的加密文件。这就是为什么 EFS 加密后的文件夹或文件看不到加密效果的原因。

二、EFS 加密的缺点

- 如果在重装系统前没有备份加密证书，重装系统后 EFS 加密的文件夹里面的文件将无法打开。
- 如果证书丢失，EFS 加密的文件夹里面的文件也无法打开。
- 如果系统出现错误，即使有加密证书，EFS 加密的文件夹里面的文件打开后可能会出现乱码的情况。

6.4.2 加密与解密文件

下面介绍如何使用 EFS 对文件进行加密和解密操作，加密步骤如下。

1. 右键单击要加密的文件或文件夹，在弹出的快捷菜单中选择“属性”命令，然后在弹出的对话框中单击“高级”按钮，如图 6-25 所示。
2. 在弹出的“高级属性”对话框中，勾选“加密内容以便保护数据”复选框，然后单击“确定”按钮即可，如图 6-26 所示。

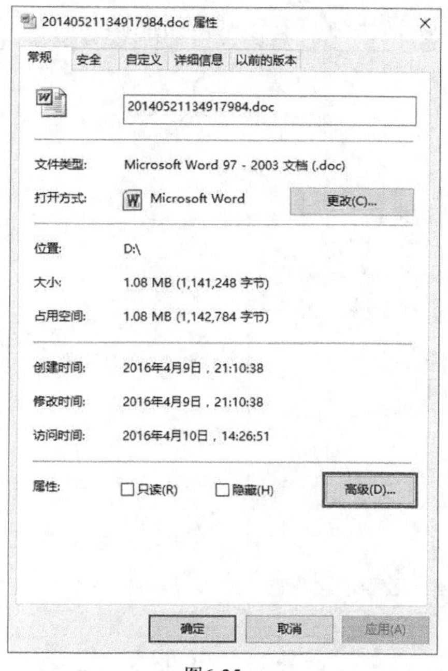

图6-25

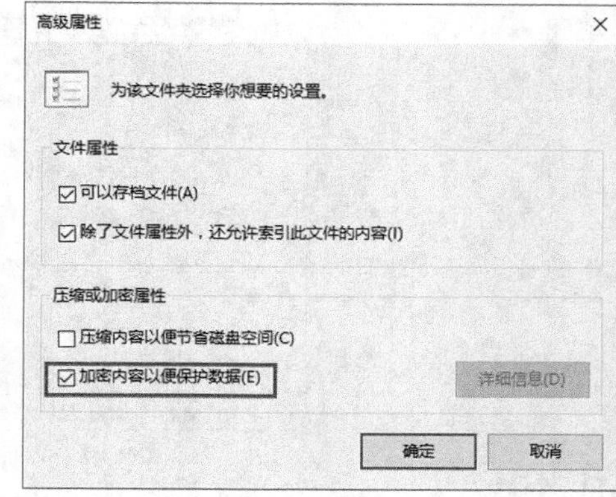

图6-26

这样文件的加密就完成了。

解密文件时只需打开文件的高级属性对话框，然后取消勾选“加密内容以便保护数据”复选框，单击“确定”按钮即可。

6.4.3 EFS 证书导出与导入

文件加密后如果其他用户想要查看文件或需要在其他计算机上查看文件，用户可以导出含有密钥的证书。此外，如果用户重新安装了操作系统，则必须使用含有密钥的证书才可以打开原来加密过的文件。因此，建议大家在加密文件后，应该第一时间备份文件的加密证书和密钥。

一、证书的导出

1. 第一次使用 EFS 加密文件后，Windows 会提示用户备份文件加密证书和密钥，单击“现在备份（推荐）”，如图 6-27 所示。

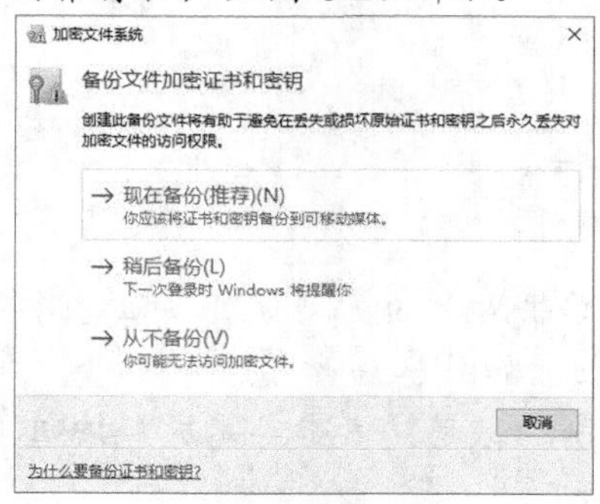

图6-27

2. 弹出“证书导出向导”对话框，单击“下一步”按钮，如图 6-28 所示。

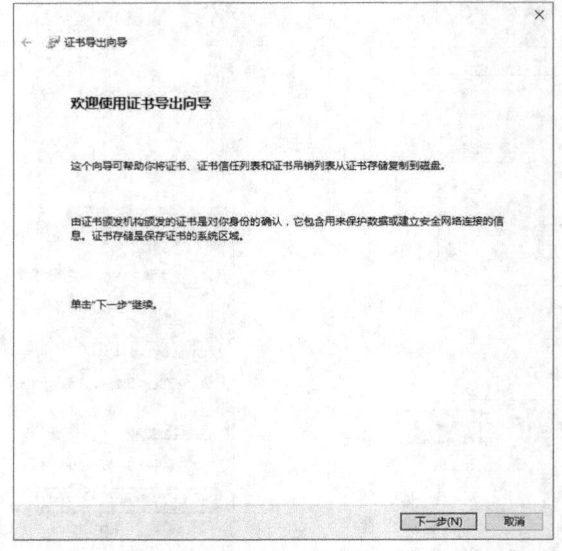

图6-28

3. 在弹出的选择导出文件格式对话框中，保持默认选项不变，单击“下一步”按钮，如图 6-29 所示。
4. 在导出证书的安全设置对话框中，为导出的证书设置密码，然后单击“下一步”按钮，如图 6-30 所示。

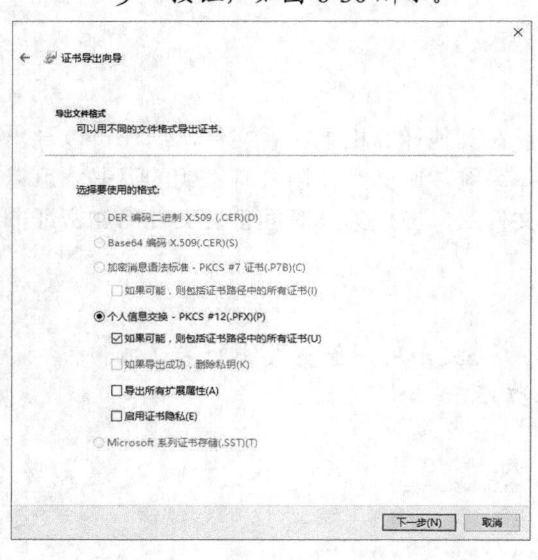

图6-29

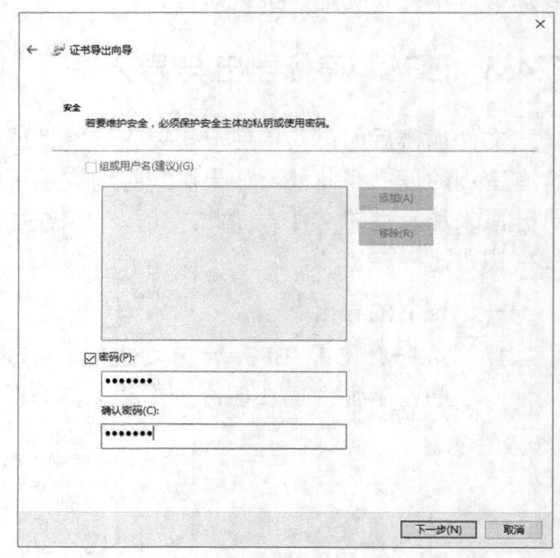

图6-30

5. 在弹出的对话框中，单击右侧的“浏览”按钮，选择证书要保存的位置，然后单击“下一步”按钮，如图 6-31 所示。
6. 接下来会显示导出证书的信息，单击“完成”按钮，就可以完成证书的导出了，如图 6-32 所示。

图6-31

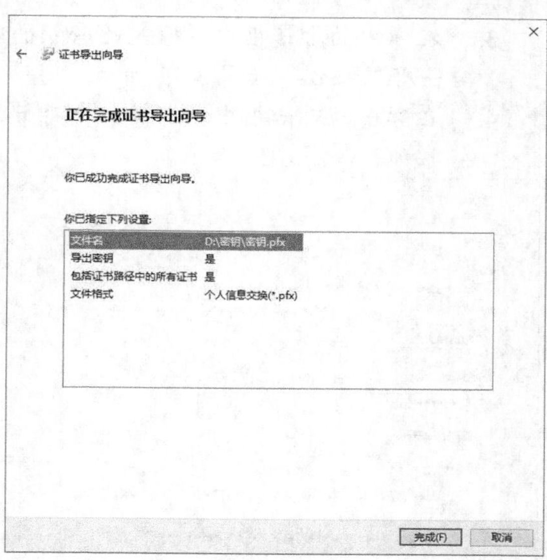

图6-32

二、证书的导入

当其他用户需要打开文件或我们需要在其他计算机上打开加密的文件时，需要先将证书导入。下面介绍如何操作。

1. 双击要导入的证书文件，然后会弹出“证书导入向导”对话框，选择要存储的位置，单击“下一步”按钮，如图 6-33 所示。当存储位置为“当前用户”时，只有当前用户可以使用密钥打开文件；当存储位置为“本地计算机”时，本地计算机上的所有用户都可以使用密钥打开文件。
2. 接下来会弹出对话框，此时可以选择单个证书导入，或导入整个文件夹的证书。选择完成后，单击“下一步”按钮，如图 6-34 所示。

图6-33

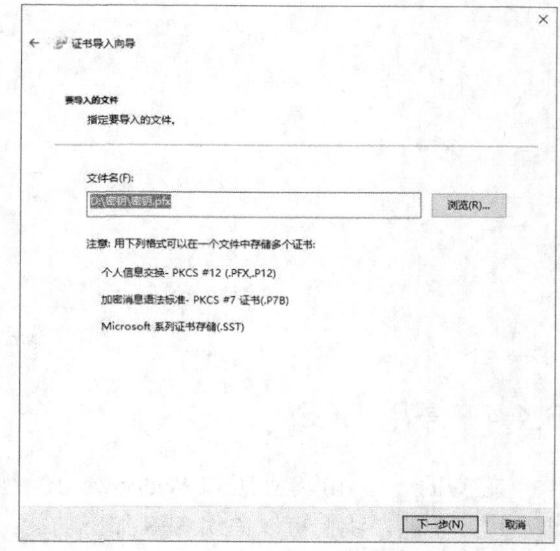

图6-34

3. 在弹出的对话框中，输入此密钥的密码，然后勾选要导入的选项，单击“下一步”按钮，如图 6-35 所示。
4. 在弹出的对话框中，选择证书存储的位置，保持默认即可，单击“下一步”按钮，如图 6-36 所示。

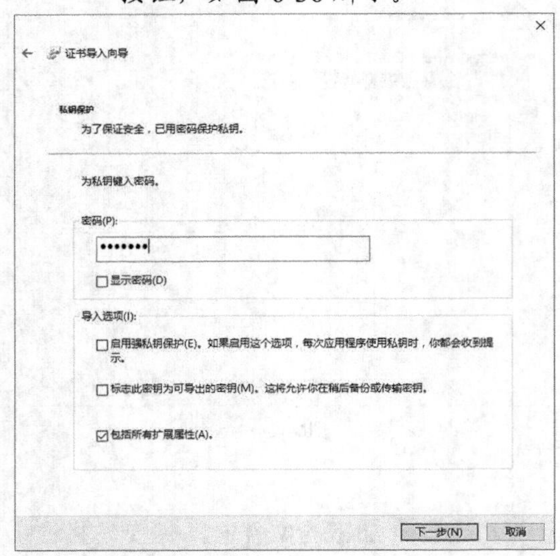

图6-35

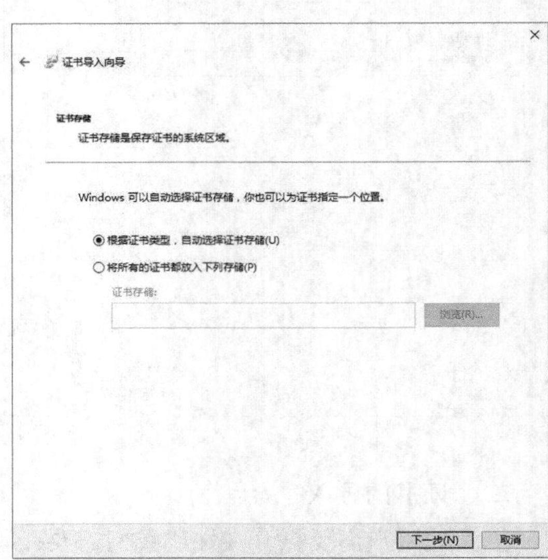

图6-36

5. 最后，在弹出的对话框中单击“完成”按钮，如图 6-37 所示，此时证书导入完成。

图6-37

6.4.4 停用 EFS

在 Windows 10 专业版和 Windows 10 企业版中，EFS 加密功能是默认启用的。如果不想启用此功能，我们可以关闭 EFS 加密功能。下面介绍如何操作。

1. 单击按钮，输入文字“本地安全策略”，然后单击搜索结果中的“本地安全策略”，打开组策略管理器，如图 6-38 所示。

2. 在弹出的“本地安全策略”窗口中，展开“公钥策略”栏，右键单击“加密文件系统”文件夹，在弹出的快捷菜单中选择“属性”命令，如图 6-39 所示。

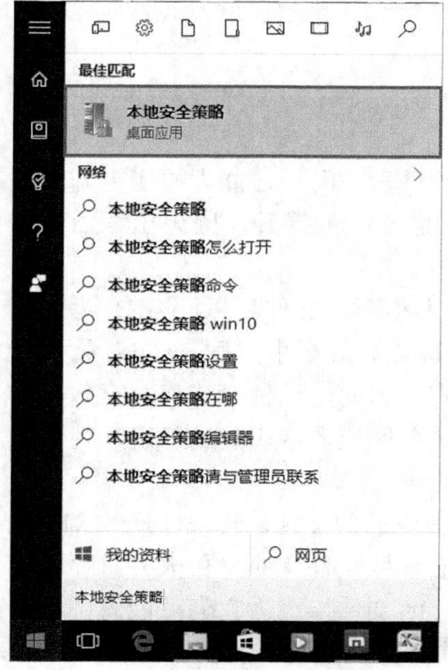

图6-38

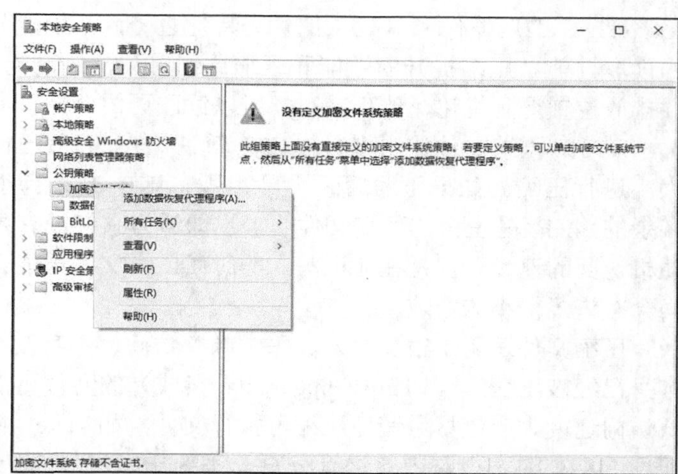

图6-39

3. 在弹出的对话框中，将“使用加密文件系统（EFS）的文件加密”设置为“不允许”，然后单击“确定”按钮，如图 6-40 所示。

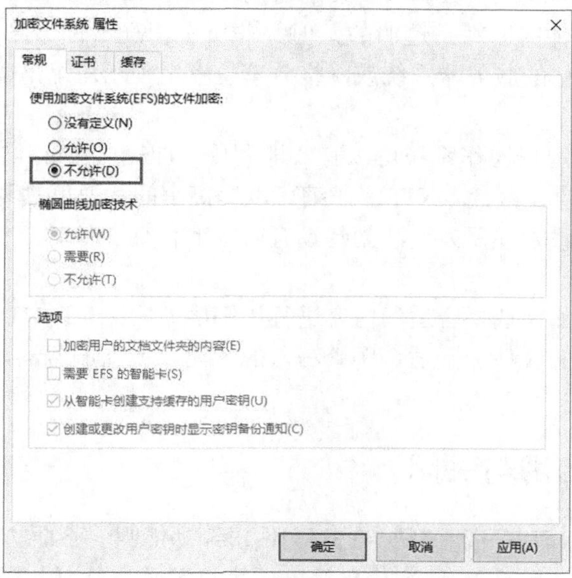

图6-40

6.5 文件压缩

随着计算机使用时间的增加，磁盘剩余空间会越来越少，我们一般会使用压缩软件来压缩一些文件以便节约磁盘空间。NTFS 文件系统也提供了一种基于操作系统层级的压缩功能。

6.5.1 文件压缩概述

NTFS 的压缩作为 NTFS 的优秀特性之一，不仅能节约硬盘空间，还能大幅度提升文件的读取性能。压缩提升的性能和压缩比例有关，最高能实现 50%的提升，因为压缩后的文件排放位置得到优化，体积减小，所以读取更快。

NTFS 压缩文件使用多种 LZ77 算法。在 4KB 的簇大小下，文件将以 64KB 为区块大小进行压缩。如果压缩后区块尺寸从 64KB 减小到了 60KB 或更小，则 NTFS 就认为多余的 4KB 是空白的稀疏文件簇，也即认为它们没有内容。因此，这种模式将会有效提升随机访问的速度。但是在随机写入的时候，大文件可能会被分区成非常多的小片段，片段之间会有许多很小的空隙。

压缩文件适用于很少写入、平常顺序访问、本身没有被压缩的文件。压缩小于 4KB 或本身已经被压缩过（如.zip、.jpg、.avi 格式）的文件可能会导致文件比原来更大并且显著降低访问速度。应该尽量避免压缩可执行文件，如 .exe 和 .dll 文件，因为它们可能内部也会使用 4KB 的大小对内容进行分页。不要压缩引导系统时需要的系统文件，如驱动程序或 NTDLR、winload.exe、BOOTMGR 文件。

压缩高压缩比的文件，如 HTML 或文本文件，可能会增加对它们的访问速度，因为解压缩所需的时间要小于读取完整数据所花费的时间。

通常情况下对于文件的读写是透明的，但并非所有情况下都始终如此。Microsoft 建议避免在保存远程配置文件的服务器系统或网络共享位置上使用压缩，因为这会显著地增加处理器的负担。

硬盘空间受限的单用户操作系统可以有效地利用 NTFS 压缩。在计算机中速度最慢的访问不是 CPU 而是硬盘，因此，NTFS 压缩可以提高空间和速度的利用率。

当某个程序（如下载管理器）无法创建没有内容的稀疏文件时，NTFS 压缩也可以作为稀疏文件的替代实现方式。

压缩是个双刃剑，如何选择合适的内容进行压缩呢？实际上，NTFS 更适用于客户端，比如经常读，写入较少的文件；不适合频繁写入的应用，比如服务器，因为会增加 CPU 的负担。

6.5.2 文件压缩启用与关闭

在 Windows 10 中如何打开和关闭 NTFS 文件压缩功能呢？下面给大家介绍一下。

1. 右键单击文件或文件夹，然后在弹出的快捷菜单中选择“属性”命令，在弹出的对话框中单击“高级”按钮，如图 6-41 所示。

2. 在弹出的“高级属性”对话框中，“压缩内容以便节省磁盘空间”这个复选框如果勾选了，就表示启用了 NTFS 文件压缩功能，如图 6-42 所示。如果这个复选框没有被勾选，则表示关闭了 NTFS 文件压缩功能。

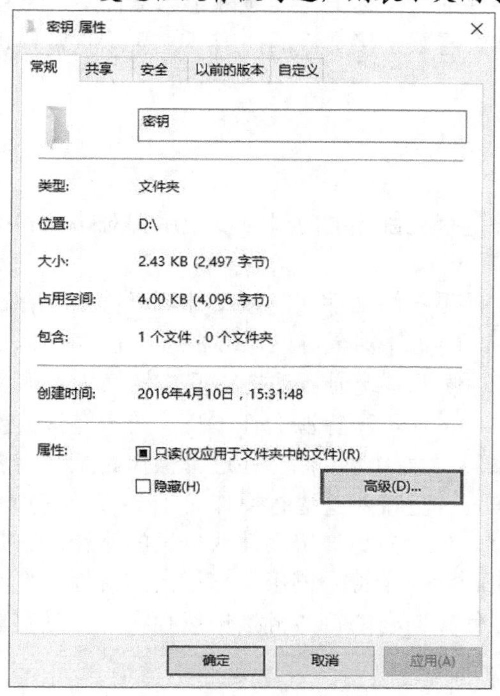

图6-41

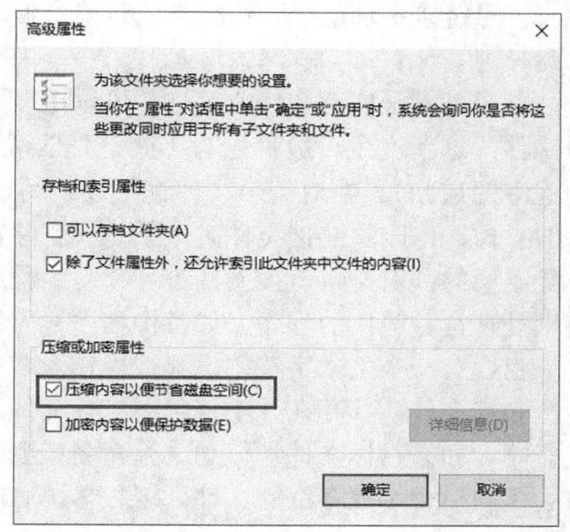

图6-42

6.6 文件链接

文件链接的概念最初是在 Linux 操作系统上提出的。自 Windows 2000 开始，微软开始部分支持文件链接功能。随着操作系统版本的更新，对文件链接的支持越来越完善。

文件链接简单来说就是同一个文件或目录，我们可以用多个路径来表示，而不需要占用额外的存储空间。Windows 10 中的文件链接功能包含 3 种方式，分别是硬链接、软链接、符号链接。

6.6.1 硬链接

硬链接就是让多个不在或同在一个目录下的文件名，同时能够修改同一个文件，其中一个修改后，所有与其有硬链接的文件都一起修改了。但是删除任意一个文件名下的文件，对另外的文件名没有影响。

需要注意的是硬链接只可以链接非空文件，不可以链接文件夹。硬链接是不能跨卷的，只有在同一文件系统中的文件之间才能创建硬链接。

6.6.2　软链接

软链接也被称作联接。软链接文件只是其源文件的一个标记，当删除了源文件后，链接文件不能独立存在，虽然仍保留文件名，但却不能查看软链接文件的内容了。删除软链接也不会影响源文件。

6.6.3　符号链接

符号链接在功能上和快捷方式有些类似。符号链接在创建的时候可以使用相对路径和绝对路径。

路径可以是任意文件或目录，可以链接不同文件系统的文件（链接文件可以链接不存在的文件，这就产生一般称之为“断链”的现象），链接文件甚至可以循环链接自己（类似于编程中的递归）。在对符号文件进行读或写操作的时候，系统会自动把该操作转换为对源文件的操作，但删除链接文件时，系统仅删除链接文件，而不删除源文件本身。符号链接的操作是透明的：对符号链接文件进行读写的程序会表现得直接对目标文件进行操作。某些需要特别处理符号链接的程序（如备份程序）可能会识别并直接对其进行操作。一个符号链接文件仅包含有一个文本字符串，其被操作系统解释为一条指向另一个文件或目录的路径。它是一个独立文件，其存在并不依赖于目标文件。如果删除一个符号链接，它指向的目标文件不受影响。如果目标文件被移动、重命名或删除，任何指向它的符号链接仍然存在，但是它们将会指向一个不复存在的文件。这种情况有时称为被遗弃。

第7章 软硬件的添加、管理和删除

我们在使用计算机的过程中，会产生各种各样的需求。这些需求如果靠当前的软件或硬件不能完成时，就需要对软件和硬件进行添加或管理。如果有些软件或硬件不再使用，为了节约计算机资源，我们需要对它们进行删除操作。

7.1 软件的安装

在使用计算机的过程中，用户经常会接触到各种类型的软件，计算机系统本身会自带一些软件，但是这些软件有时并不能满足用户的需求，这时就可以自行安装一些应用软件，以便更好地体验计算机的功能。

7.1.1 认识软件的分类

计算机软件按照用途可以分为系统软件和应用软件两类。

一、系统软件

系统软件泛指那些为了有效地使用计算机系统，给应用软件开发与运行提供支持或能为用户管理与使用计算机提供方便的一类软件。例如，基本输入/输出系统（BIOS）、操作系统（如 Windows）、程序设计语言处理系统（如 C 语言编译器）、数据库管理系统（如 Oracle、Access 等）、常用的实用程序（如磁盘清理程序、备份程序等）都是系统软件。

二、应用软件

应用软件泛指那些专门用于解决各种具体应用问题的软件。因计算机的通用性和应用的广泛性，应用软件的类别比系统软件更丰富多样。按照应用软件的开发方式和使用范围，应用软件可再分成通用应用软件和定制应用软件两大类。

- 通用应用软件：生活在现代社会，不论是学习还是工作，不论从事何种职业、处于什么岗位，人们都需要阅读、书写、通信、娱乐和查找信息。有时可能还要做讲演、发消息等。所有这些活动都有相应的软件使我们能更方便、更有效地进行。因为这些软件几乎人人都需要使用，所以把它们称为通用应用软件。通用应用软件分若干类，如文字处理软件、信息检索软件、游戏软件、媒体播放软件、网络通信软件、个人信息管理软件、演示软件、绘图软件、电子表格软件等。这些软件设计得很精巧，易学易用，多数用户几乎不经培训就能使用。在普及计算机应用的进程中，它们起到了很大的作用。
- 定制应用软件是按照不同领域用户的特定应用要求而专门设计开发的软件。如超市的销售管理和市场预测系统、汽车制造厂的集成制造系统、大学教务管

理系统、医院挂号计费系统、酒店客房管理系统等。这类软件专业性强，设计和开发成本相对较高，只有一些机构用户需要购买，因此价格比通用应用软件高得多。

7.1.2　安装软件

如果计算机中没有我们需要的软件，那么使用之前就需要对这个软件进行安装。我们以“有道词典”这个软件为例介绍软件安装的具体步骤。

1. 在浏览器中打开软件的官方网站，然后单击下载链接，将软件下载到桌面上，如图 7-1 所示。
2. 双击下载完的安装程序，弹出“安装向导”窗口，单击“下一步”按钮，如图 7-2 所示。

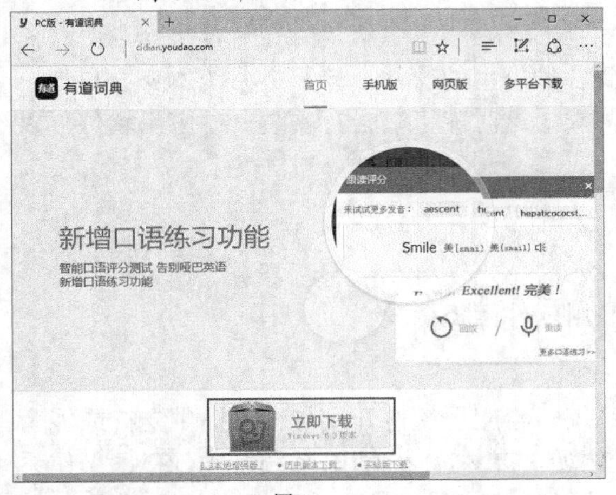

图7-1

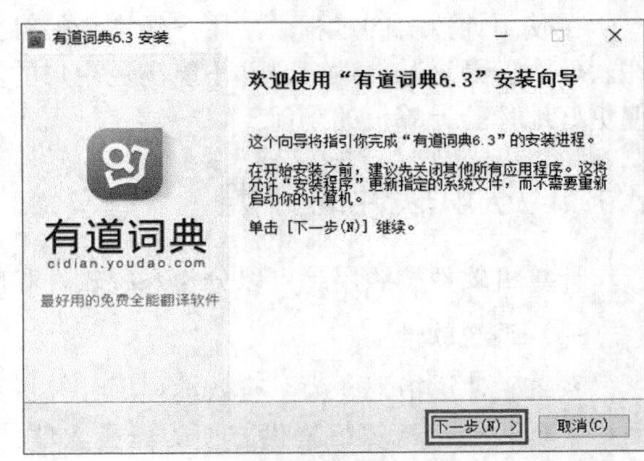

图7-2

3. 在弹出的服务条款窗口中单击“我同意”按钮进行下一步安装，如果单击“取消”按钮，则可以取消安装。单击“上一步”按钮，则返回上一步操作，如图 7-3 所示。
4. 此时会弹出“请选择安装类型”窗口，我们以“默认安装”为例，直接单击“下一步”按钮，如图 7-4 所示。

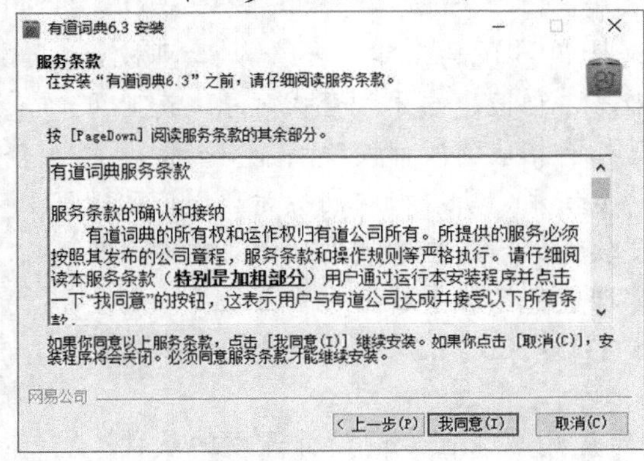

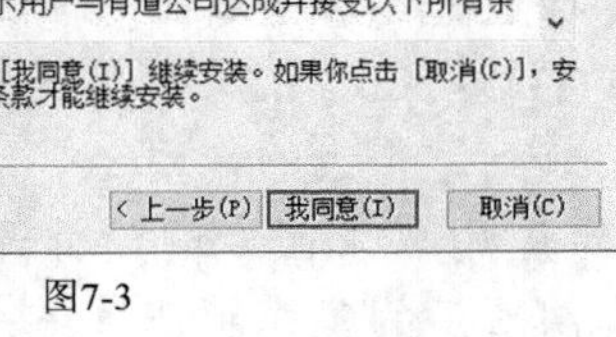

图7-3

图7-4

5. 接下来会弹出“正在安装”窗口，耐心等待即可，如图 7-5 所示。
6. 安装完成后，直接单击“下一步”按钮，如图 7-6 所示。

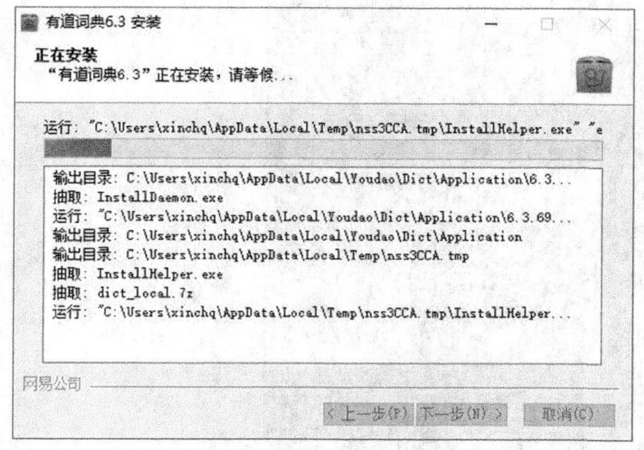

图7-5

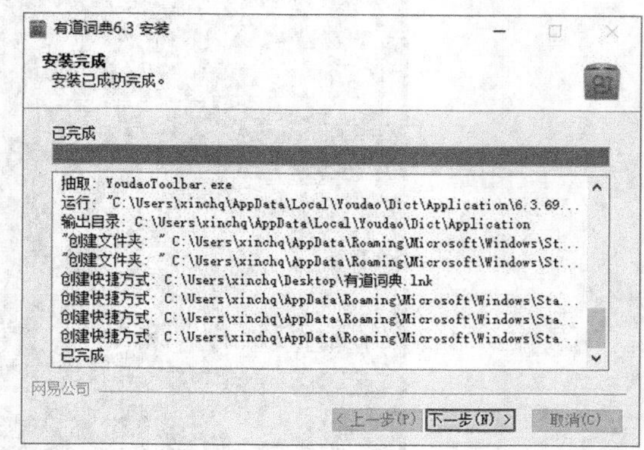

图7-6

7. 在最后弹出的“安装完成”窗口，因为我们不需要推荐的软件，所以将这些选项前面的勾选取消，然后单击“完成”按钮，如图 7-7 所示。

安装完成后，桌面上出现了有道词典的程序图标，如图 7-8 所示。

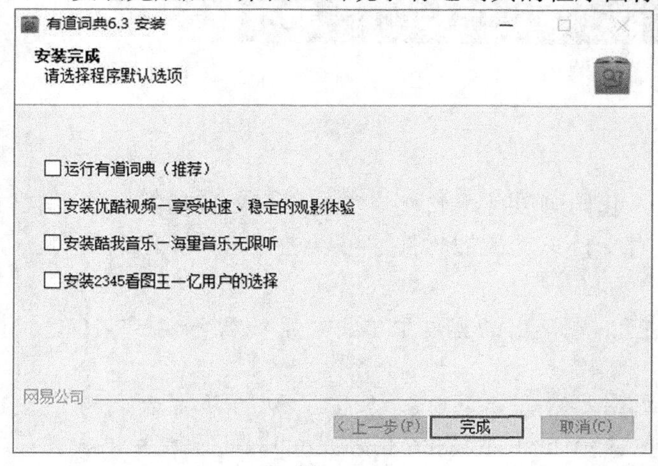

图7-7

图7-8

7.1.3 运行安装的软件

在安装完成后，就可以运行安装好的软件了，软件的启动通常有两种方式。

方法 1：直接双击桌面上的程序图标即可。

方法 2：如果桌面上没有程序图标，则可以单击按钮，然后单击“所有应用”找到需要的程序，单击即可，如图 7-9 所示。

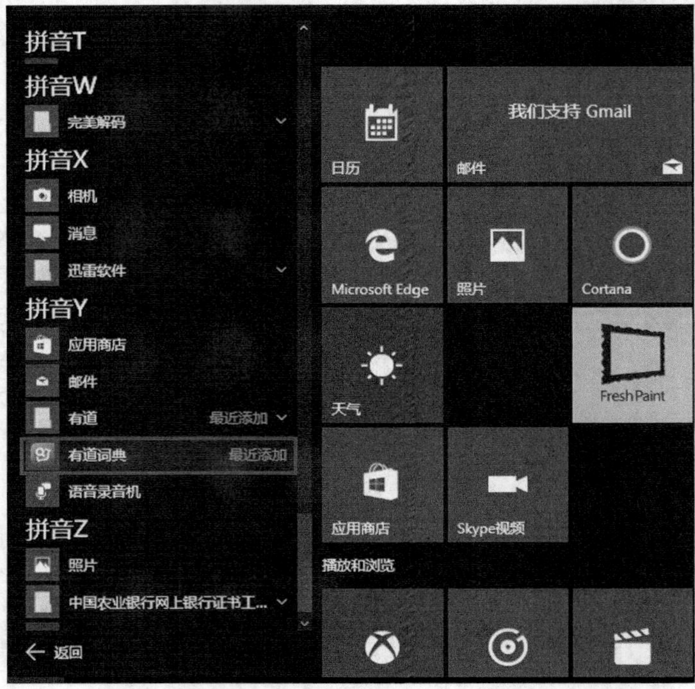

图7-9

7.1.4　修复安装的软件

如果软件在使用过程中出现了问题，我们可以使用软件自带的修复安装功能来修复软件。并不是所有的软件支持该功能，只有支持该功能的软件才可以进行这项操作。我们以 Office 2010 为例介绍具体操作。

1. 单击⊞按钮，然后单击“设置”，在弹出的窗口中单击“系统”，如图 7-10 所示。
2. 在弹出的“设置”窗口中，单击左侧的“应用和功能”，然后单击右侧的“Microsoft Office Professional Plus 2010 Microsoft Corporation”，最后单击“修改”按钮，如图 7-11 所示。

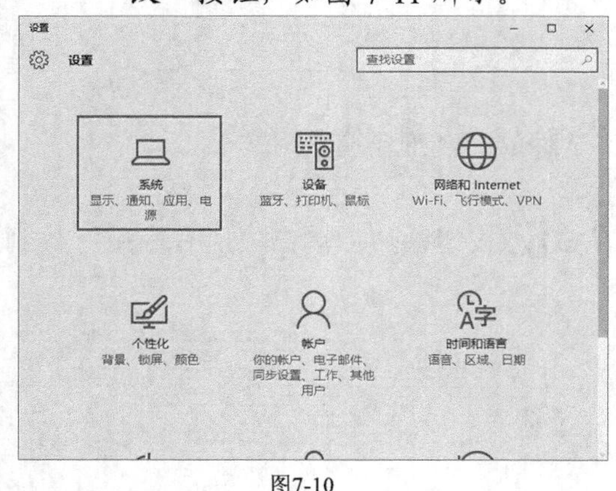

图7-10

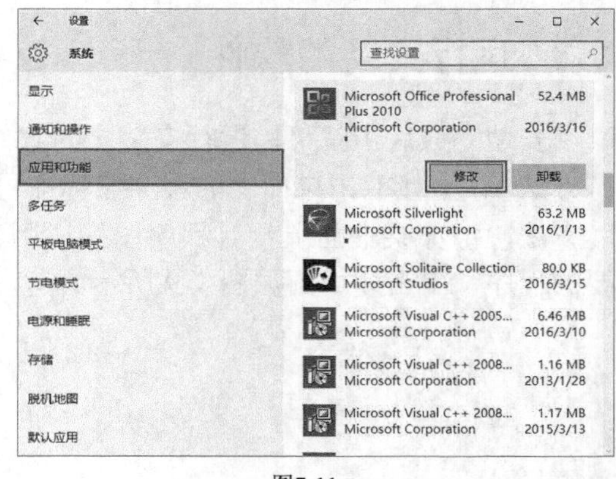

图7-11

3. 在弹出的对话框中，单击“修改”按钮，如图 7-12 所示。
4. 在弹出的对话框中选中“修复”，然后单击“继续”按钮，如图 7-13 所示。

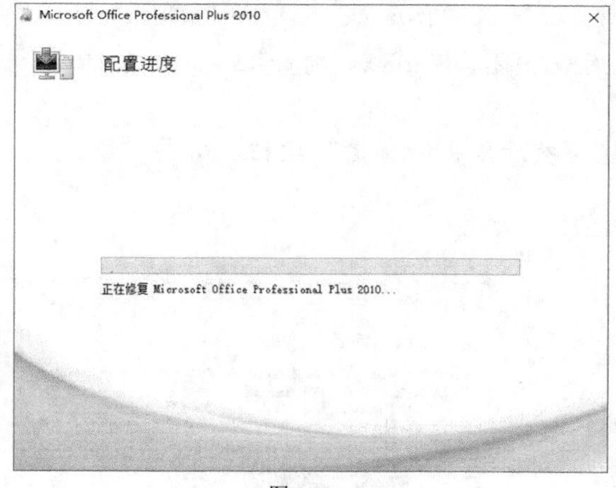

图7-12

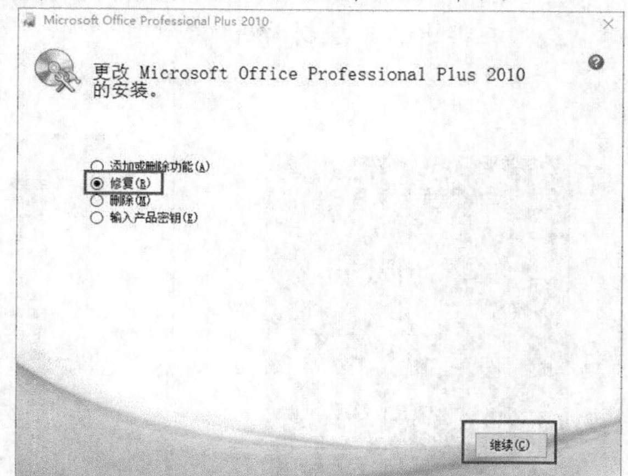

图7-13

5. 这时 Microsoft Office 2010 开始进行修复工作，如图 7-14 所示。
6. 程序修复完成后，出现图 7-15 所示的对话框，单击“关闭”按钮。

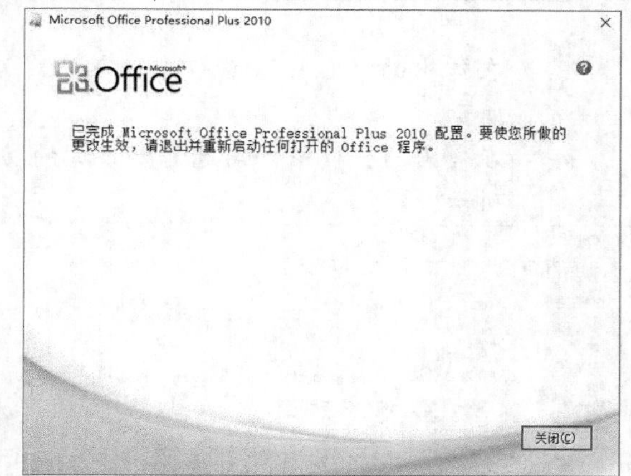

图7-14

图7-15

此时弹出需要重新启动计算机的对话框，关闭其他正在运行的程序，然后单击“是”按钮，如图 7-16 所示。

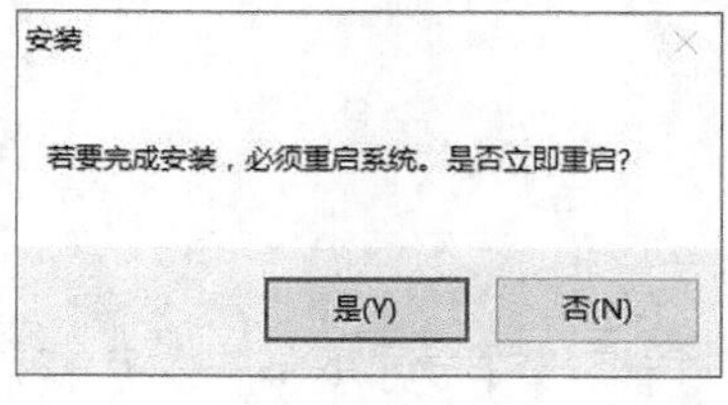

图7-16

7.1.5 启用或关闭 Windows 功能

Windows 自身附带了一些非常实用的组件，但是默认没有全部安装，如果我们需要其

中的功能，则可以自己进行添加。

1. 右键单击按钮，在弹出的快捷菜单中单击“控制面板”，如图 7-17 所示。
2. 在弹出的“控制面板”窗口中单击“程序”，如图 7-18 所示。

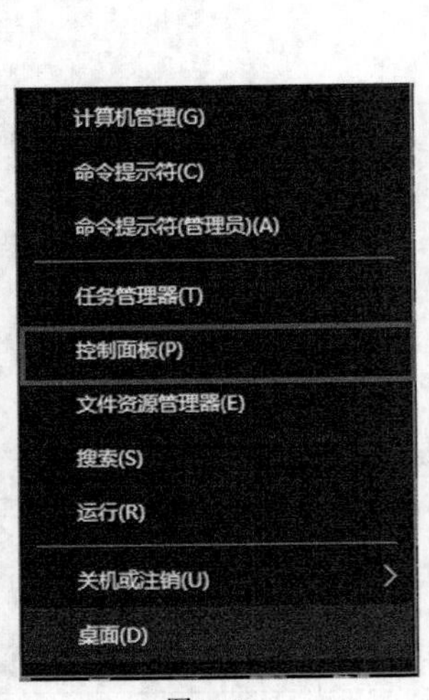

图7-17

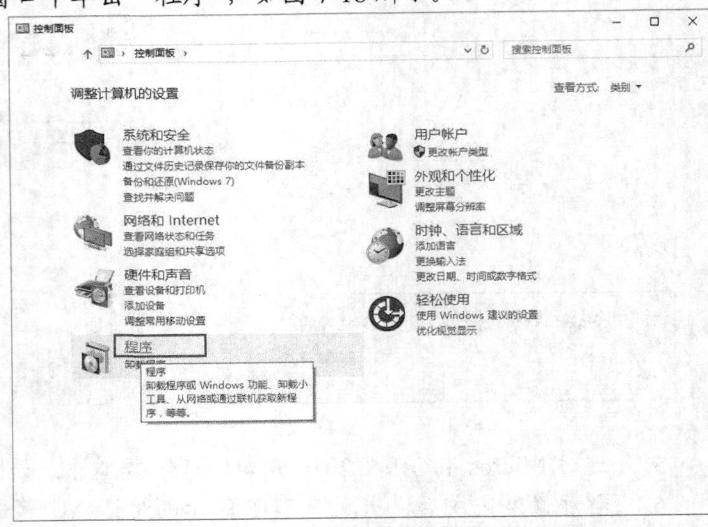

图7-18

3. 在弹出的“程序”窗口中，单击“启用或关闭 Windows 功能”，如图 7-19 所示。
4. 在弹出的窗口中，勾选需要添加的功能，然后单击“确定”按钮，如图 7-20 所示。

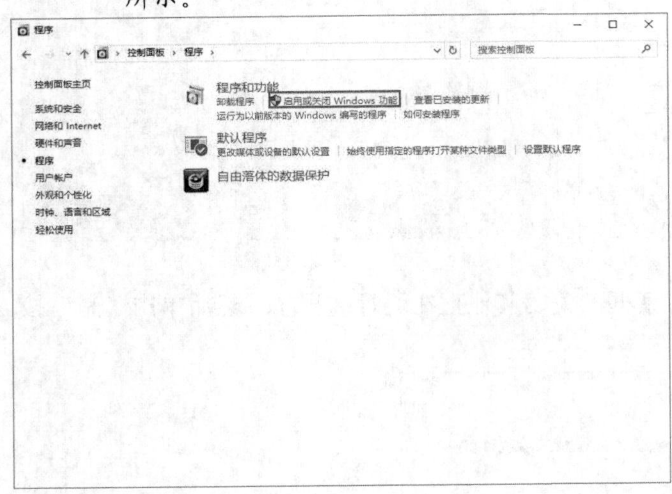

图7-19

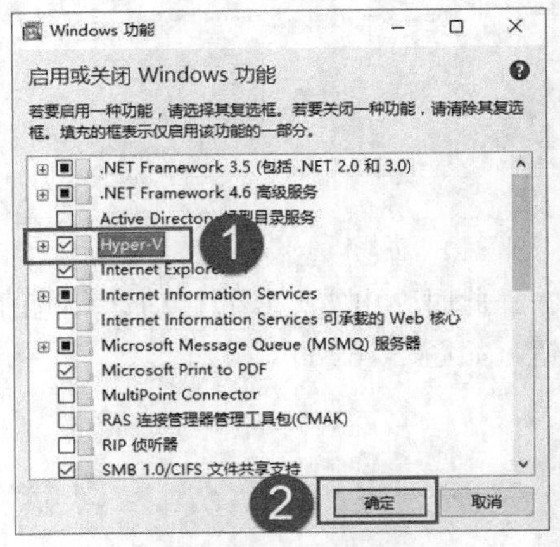

图7-20

这时会弹出图 7-21 所示的对话框，等待完成后，单击“关闭”按钮，如图 7-22 所示。

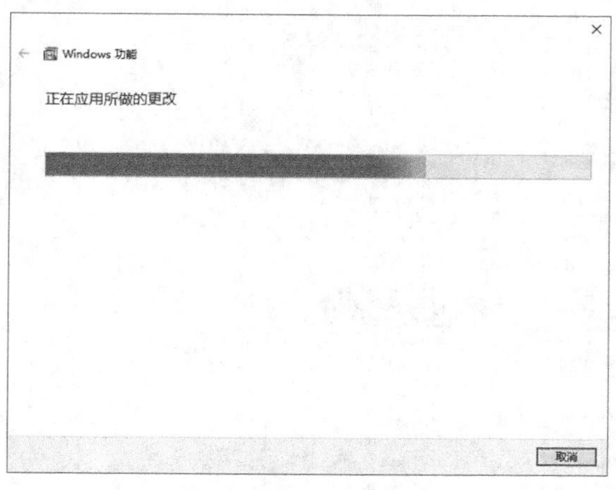

图7-21

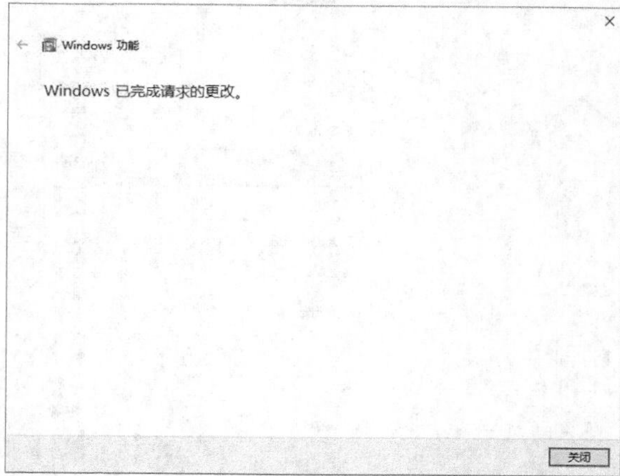

图7-22

7.1.6 卸载已经安装的程序软件

如果有些软件我们不再继续使用，可以通过卸载它们来节约磁盘空间和释放系统资源。下面来讲解具体的步骤。

1. 单击⊞按钮，然后单击“设置”，在弹出的窗口中单击“系统”图标，如图7-23所示。

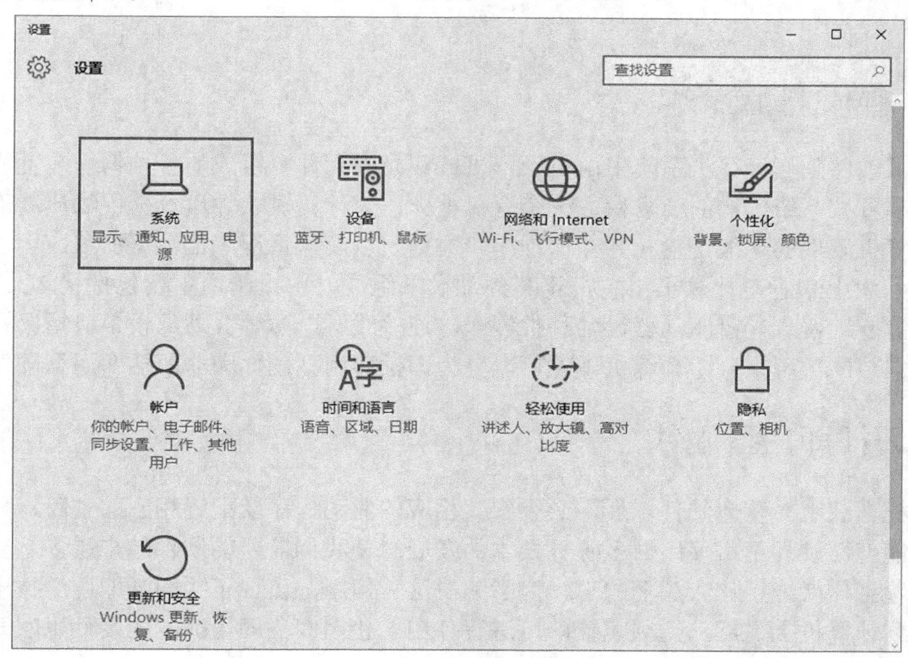

图7-23

2. 在弹出的窗口中单击“应用和功能”，然后单击右侧需要删除的程序软件，继续单击“卸载”按钮，如图7-24所示。

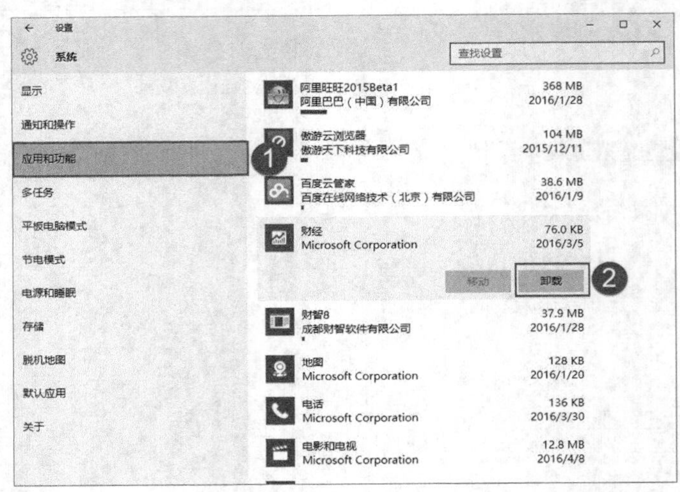

图7-24

3. 此时会弹出图 7-25 所示的对话框，单击“卸载”按钮，然后等待卸载完成即可。

图7-25

7.2　了解硬件设备

计算机硬件是指计算机系统中由电子、机械和光电元件等组成的各种物理装置的总称。这些物理装置按系统结构的要求构成一个有机整体，为计算机软件运行提供物质基础。简而言之，计算机硬件的功能是输入并存储程序和数据，以及执行程序把数据加工成可以利用的形式。从外观上来看，计算机由主机箱和外部设备组成。主机箱内主要包括 CPU、内存、主板、硬盘驱动器、光盘驱动器、各种扩展卡、连接线、电源等；外部设备包括鼠标、键盘等。按照安装的类型来分，计算机硬件可以分为即插即用型硬件和非即插即用型硬件。

7.2.1　即插即用型硬件

计算机在装上一些新硬件以后，必须安装相应的驱动程序及配置相应的中断、分配资源等操作才能使新硬件正常使用。多媒体技术的发展，使我们需要的硬件越来越多，安装新硬件后的配置工作就成了让人头痛的事，为了解决这一问题，出现了“即插即用”技术。这些硬件连接到计算机上之后，无须配置即可进行使用。使用即插即用标准的硬件也叫即插即用型硬件，如显示器、USB 设备等。

7.2.2　非即插即用型硬件

一些硬件连接到计算机上后，并不能立即使用，需要安装相应的驱动程序才可以使用。

这样的硬件叫作非即插即用型硬件，如打印机、扫描仪等。

7.3 硬件设备的使用和管理

计算机的使用过程中，根据工作内容的不同，需要添加或删除各种各样的硬件。那么，该如何使用和管理这些硬件设备呢？

7.3.1 添加打印机

打印机是我们常使用的硬件设备之一，是办公室计算机必备的设备，下面介绍如何为计算机添加打印机。

打印机按照接口类型可以分为并口打印机、USB 接口打印机、网络打印机 3 种，下面我们以最常用的 USB 接口打印机为例来说明如何添加打印机。

首先准备好打印机的驱动程序，可以从官网上下载或使用打印机自带的光盘，然后按照步骤安装驱动程序。

等驱动程序提示将打印机连接到计算机时，我们将打印机和计算机通过 USB 打印电缆连接后，打开打印机电源，等待安装程序执行完成后续的步骤即可。

7.3.2 查看硬件设备的属性

如果我们需要了解计算机硬件的属性信息，可以通过设备管理器来实现。

单击按钮，然后输入“设备管理器”，在搜索结果中单击“设备管理器”，如图 7-26 所示。

在弹出的“设备管理器”窗口中，展开要查看的项目，然后选中要查看的设备，单击上方的“属性”按钮，如图 7-27 所示。

最佳匹配
设备管理器
控制面板
设置
更新设备驱动程序
需要帮忙吗?
设备管理器
网络
设备管理器在哪
设备管理器 win10
设备管理器怎么打开
设备管理器命令
设备管理器在哪打开
我的资料
网页
设备管理器

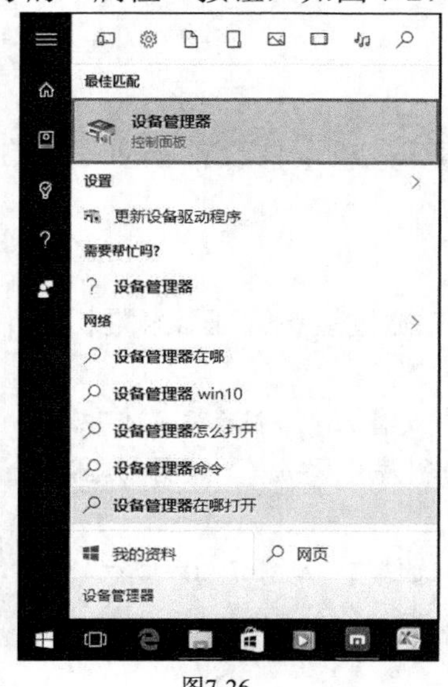

图7-26

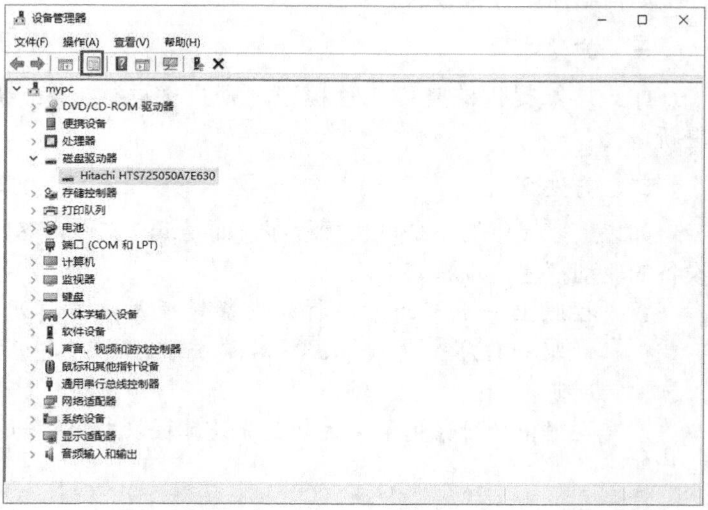

设备管理器
文件(F) 操作(A) 查看(V) 帮助(H)
mypc
DVD/CD-ROM 驱动器
便携设备
处理器
磁盘驱动器
Hitachi HTS725050A7E630
存储控制器
打印队列
电池
端口 (COM 和 LPT)
计算机
监视器
键盘
人体学输入设备
软件设备
声音、视频和游戏控制器
鼠标和其他指针设备
通用串行总线控制器
网络适配器
系统设备
显示适配器
音频输入和输出

图7-27

在弹出的对话框中可以查看硬件设备的各种属性，如图 7-28 所示。

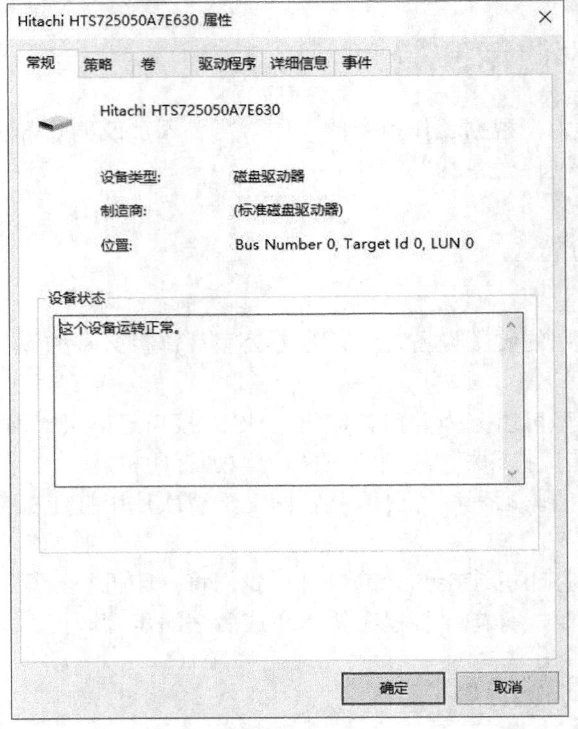

图7-28

7.3.3 更新硬件设备的驱动程序

计算机硬件通过驱动程序和操作系统实现交互。如果驱动程序出现问题，会导致硬件不能正常使用。另外，厂家也会定期发布新的硬件驱动程序，来更好地发挥硬件的性能。下面介绍如何更新硬件设备的驱动程序。

一、方法 1

如果厂家提供的是可执行程序，则直接运行安装程序即可完成硬件设备驱动程序的更新。

二、方法 2

如果厂家提供的不是可执行程序，而是.inf 文件，这时可以通过设备管理器来更新硬件设备的驱动程序，步骤如下。

1. 按照上一小节的方法打开设备管理器，并打开硬件设备属性对话框。单击“驱动程序”选项卡，然后单击下方的“更新驱动程序”按钮，如图 7-29 所示。
2. 在弹出的对话框中单击“浏览计算机以查找驱动程序软件”，如图 7-30 所示。

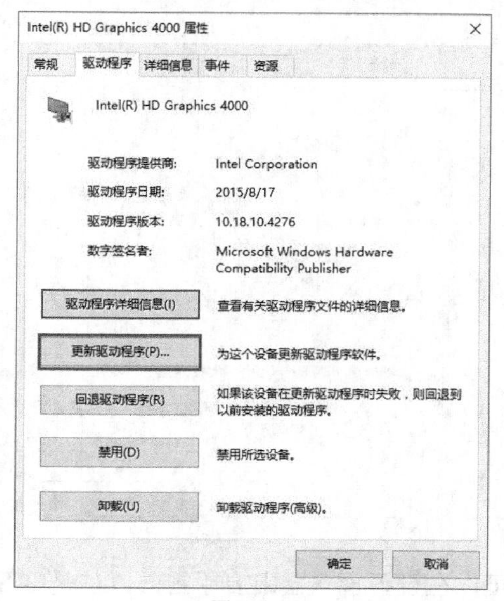

图7-29

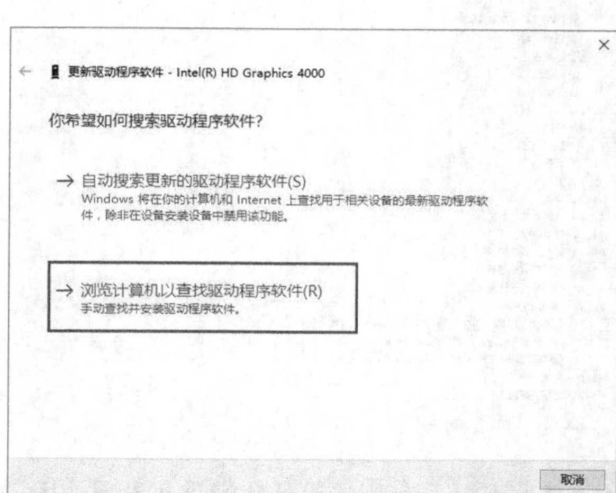

图7-30

3. 在弹出的对话框中，单击右侧的“浏览”按钮，选择要更新的驱动程序所在的文件夹，然后单击“下一步”按钮，如图 7-31 所示。
4. 耐心等待程序安装完成，结果如图 7-32 所示。

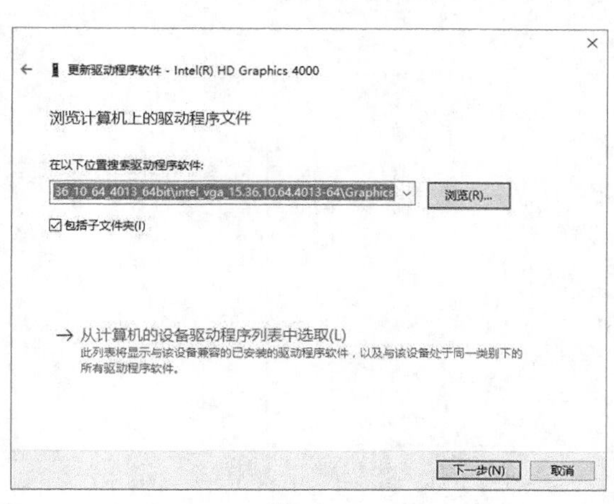

图7-31

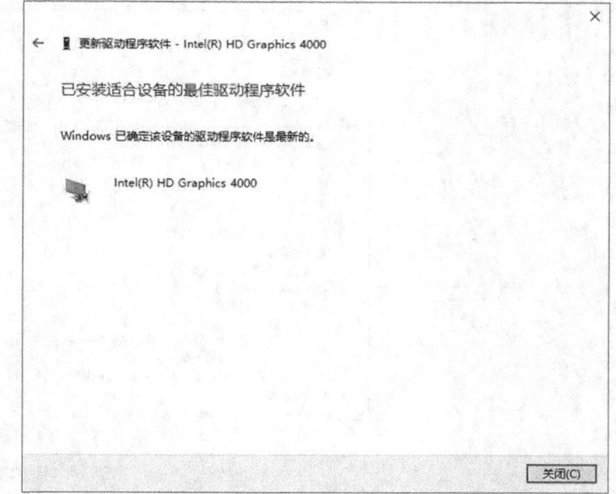

图7-32

7.3.4 禁用和启用硬件设备

如果某个硬件设备我们不再使用，或者该硬件设备由于出现故障导致操作系统出现问题，我们需要禁用它。下面介绍具体的操作步骤。

打开“设备管理器”窗口，然后选中需要禁用的设备，单击窗口上方的“禁用”按钮，如图 7-33 所示。

这时弹出对话框，单击“是”按钮即可，如图 7-34 所示。

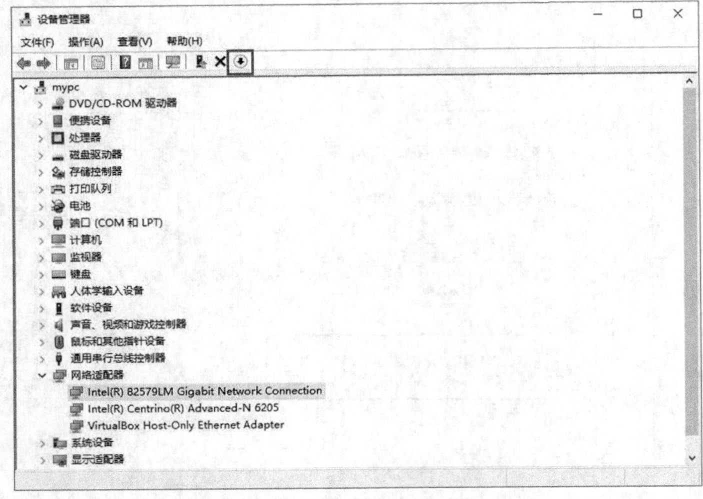

图7-33

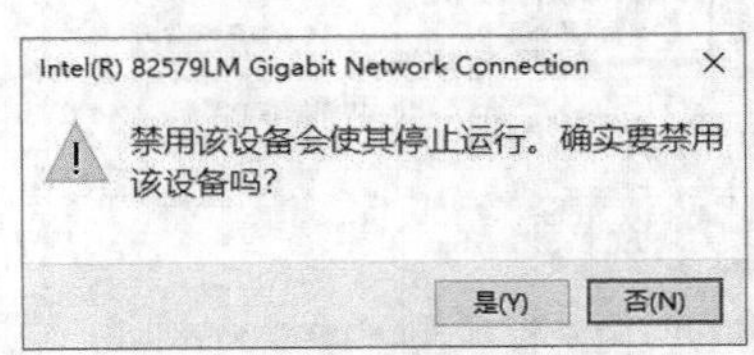

图7-34

如果某临时禁用的设备我们需要再次使用，则可以在设备管理器中启用它，方法是打开“设备管理器”窗口，然后选中需要启用的设备，单击窗口上方的“启用”按钮，如图 7-35 所示。

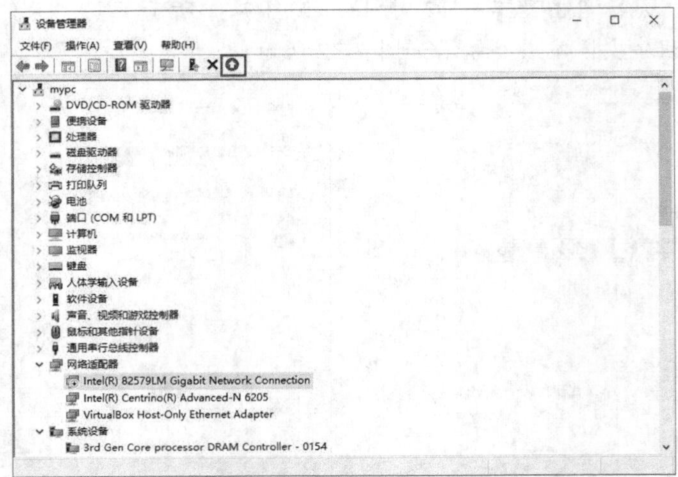

图7-35

7.3.5　卸载硬件设备

我们还可以通过卸载硬件设备来彻底删除硬件设备的驱动程序，步骤如下。

1. 打开“设备管理器”窗口，选中要卸载的硬件设备，单击窗口上方的“卸载”按钮，如图 7-36 所示。
2. 此时会弹出“确认设备卸载”对话框，如果我们要删除此设备的驱动程序，则可以勾选“删除此设备的驱动程序软件”复选框，然后单击“确定”按钮，如图 7-37 所示，接下来等待卸载操作完成即可。

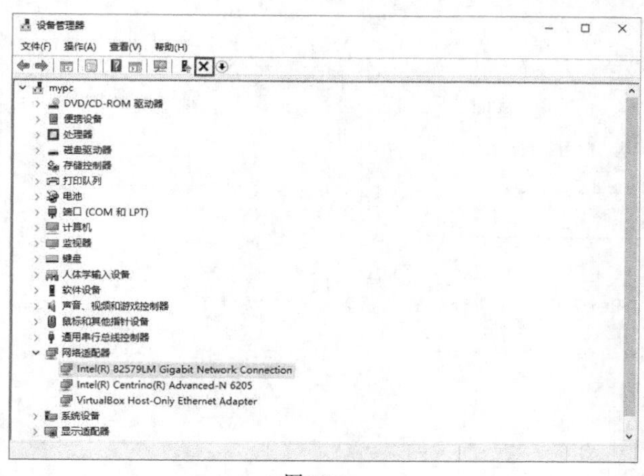

图7-36

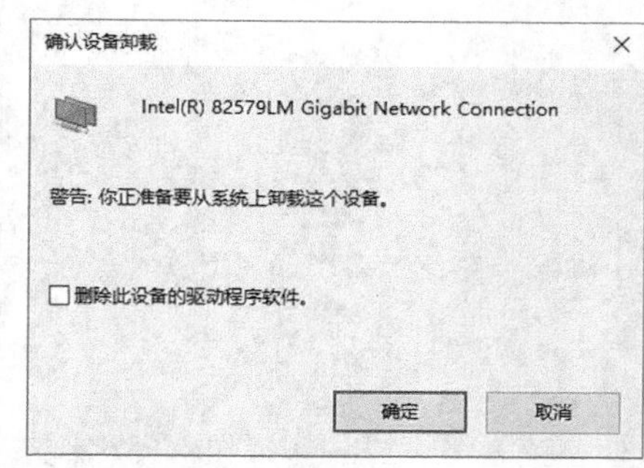

图7-37

7.4 管理默认程序

现在计算机的功能越来越多，应用软件的种类也越来越多，往往计算机上安装了具有类似功能的多个软件，这时该怎么设置其中一个为默认的软件呢（比如有两个播放器，选择一个为默认播放器）？

7.4.1 设置默认程序

Windows 提供了设置默认程序的功能，可以设置某些文件的默认打开程序，下面介绍如何操作。

1. 单击 按钮，然后输入“默认程序”，在弹出的搜索结果中单击“默认程序”，如图 7-38 所示。
2. 在弹出的窗口中，单击右侧的“选择默认应用”，在弹出的应用列表中，选择要设为默认应用的程序，如图 7-39 所示。

图7-38

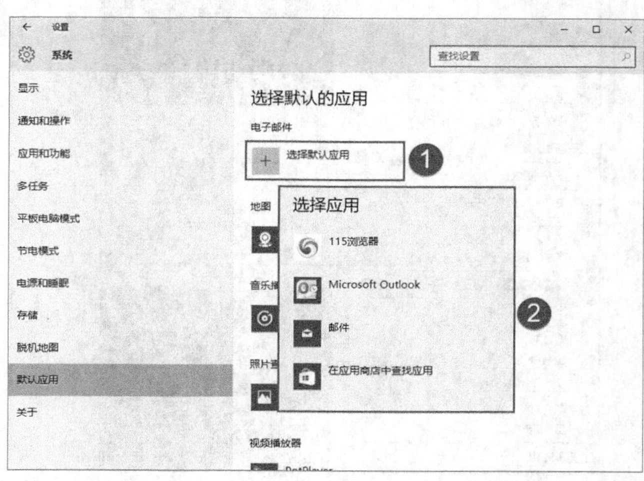

图7-39

选择完成后的结果如图 7-40 所示。

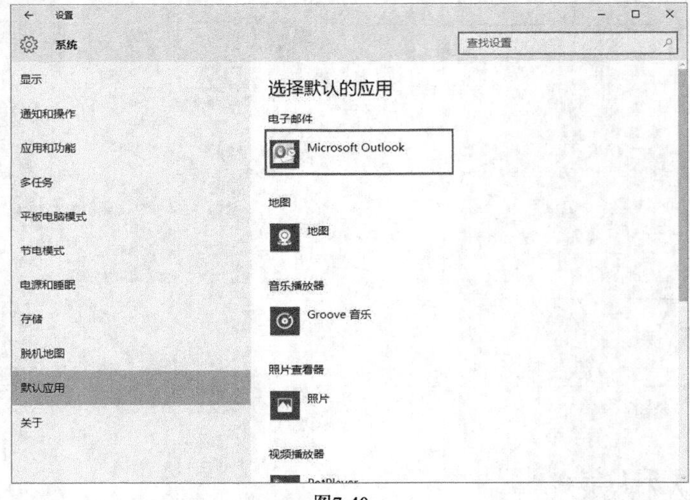

图7-40

7.4.2 设置文件关联

如果需要将某个类型的文件设置为始终使用某一程序打开，步骤如下。

1. 以.jpg 文件为例，右键单击文件，在弹出的快捷菜单中选择“打开方式”/“选择其他应用”命令，如图 7-41 所示。
2. 在弹出的对话框中，选择要使用的程序，然后勾选“始终使用此应用打开.jpg 文件”命令，单击“确定”按钮即可，如图 7-42 所示。

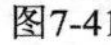

图7-41

图7-42

7.4.3 设置自动播放

当我们放入光盘或插入 U 盘时，如果希望可以自动播放介质上的内容，则可以设置自动播放功能，方法如下。

1. 单击按钮，然后输入“自动播放”，在搜索结果中单击“自动播放设置”，如图 7-43 所示。
2. 在弹出的窗口中，可以对自动播放进行详细设置，如图 7-44 所示。

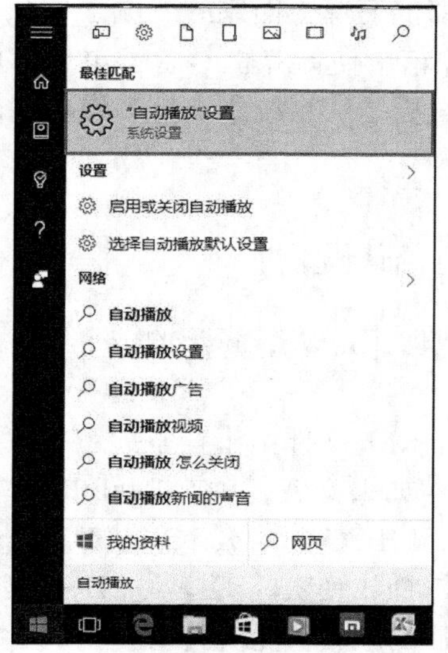

图7-43

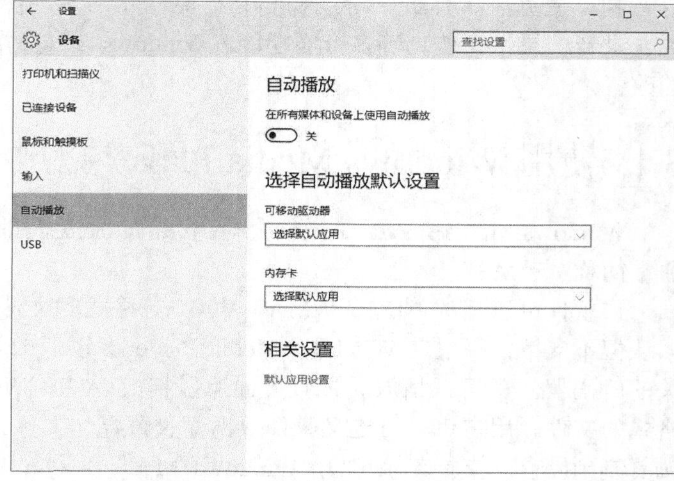

图7-44

我们可以选择打开或关闭自动播放，只需单击上方的开关即可。对于可移动驱动器，设置方法如图 7-45 所示。对于内存卡，设置方法如图 7-46 所示。

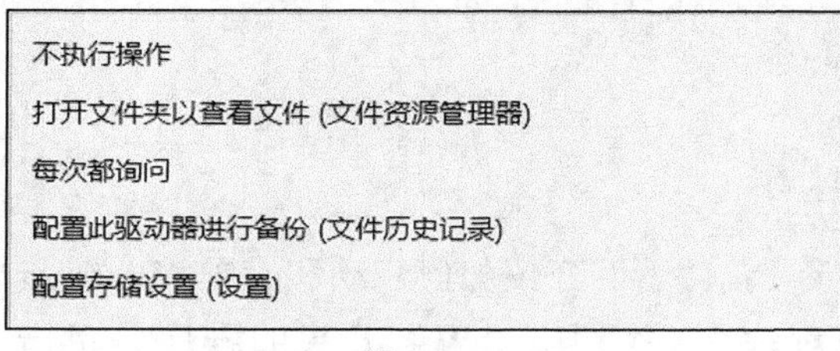

图7-45

图7-46

第8章　Windows 10 多媒体管理与应用

多媒体技术的出现与应用，把计算机从带有键盘和监视器的简单桌面系统变成了一个具有音响、麦克风、耳机、游戏杆和光盘驱动器的多功能组件箱，使计算机具备了电影、电视、录音、录像、传真等多方面功能。Windows 10 操作系统更是从系统级支持多媒体功能的改善。

8.1　使用 Windows Media Player 播放音乐和视频

Windows Media Player 是微软公司出品的一款免费的播放器，是 Windows 的一个组件，通常简称“WMP”。

该软件可以播放 MP3、WMA、WAV 等格式的文件，而 RM 文件由于竞争关系，微软默认但不支持；不过在 Windows Media Player 8 以后的版本，如果安装了播放 RealPlayer 相关的解码器，就可以播放。视频方面可以播放 AVI、WMV、MPEG-1、MPEG-2、DVD 等格式的文件。用户可以自定义媒体数据库收藏媒体文件。支持播放列表，支持从 CD 抓取音轨复制到硬盘。支持刻录 CD，Windows Media Player 9 以后的版本甚至支持与便携式音乐设备同步音乐。集成了 Windows Media 的在线服务。Windows Media Player 10 更集成了纯商业的联机商店商业服务。支持图形界面更换，支持 MMS 与 RTSP 的流媒体。内部集成了 Windows Media 的专辑数据库，如果用户播放的音频文件与网站上面的数据校对一致的话，用户可以看到专辑消息。支持外部安装插件增强功能。

8.1.1　Windows Media Player 初始设置

初次使用 Windows Media Player 时需要进行设置。下面介绍如何启动和设置 Windows Media Player。单击按钮，然后单击“所有程序”，找到以“W”开头的程序，单击“Windows Media Player”应用，如图 8-1 所示。

打开 Windows Media Player 后，会弹出初始设置对话框。如果我们不想进行个性化设置，可以直接单击“推荐设置”，然后单击“下一步”按钮。下面介绍下自定义设置。单击选中“自定义设置”，然后单击“下一步”按钮，如图 8-2 所示。

首先要设置的是隐私选项，如图 8-3 所示。这个对话框提供了两个选项卡，一个选项卡是隐私声明，就是微软对隐私数据的保护声明；另一个选项卡是隐私选项的各种设置。用户可以进行以下几个选项的设置。

图8-1

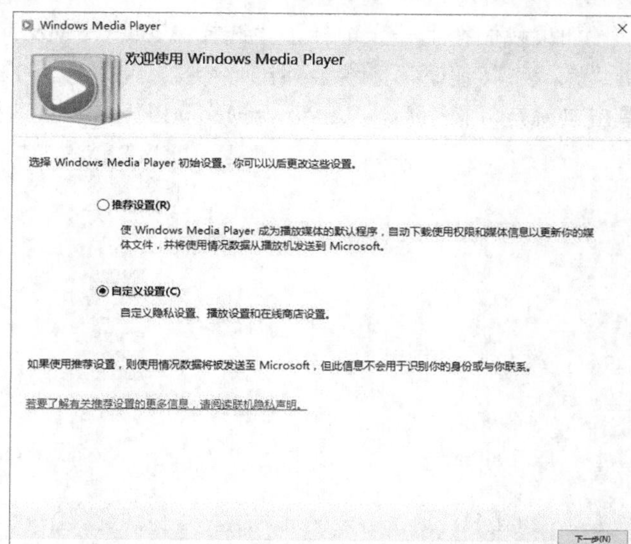

图8-2

- 增强的播放体验：这个项目下的内容是关于播放体验的隐私内容的设置，可以根据需要进行勾选，默认是全部选中的。
- 增强的内容提供商服务：勾选这个项目可以让内容提供商获取用户播放器的唯一标识，便于内容提供商提供个性化的服务。
- Windows Media Player 客户体验改善计划：勾选这个选项，播放机会向微软发送播放机的相关使用数据，以帮助微软提高客户体验。
- 历史记录：选择是否允许 Media Player 存储用户的媒体播放历史记录。

隐私选项设置完成后，我们需要设置如何使用 Media Player。如果我们不想使用其他的播放软件，则可以选择“将 Windows Media Player 设置为默认音乐和视频播放机”。如果我们有其他的音乐或视频播放软件，可以自己选择 Windows Media Player 要播放的媒体文件类型。选择完成后，单击“完成”按钮，如图 8-4 所示。

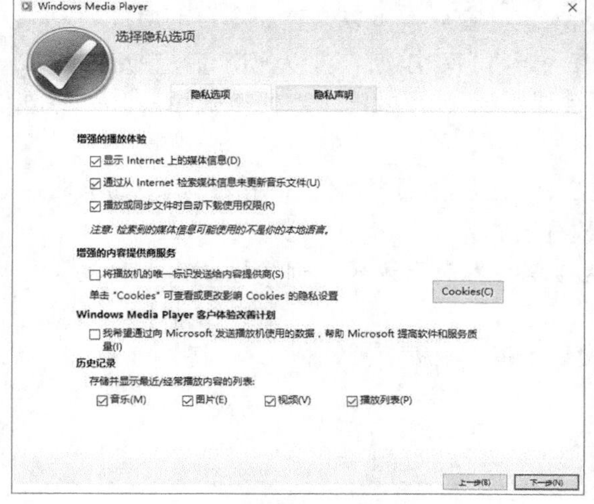

图8-3

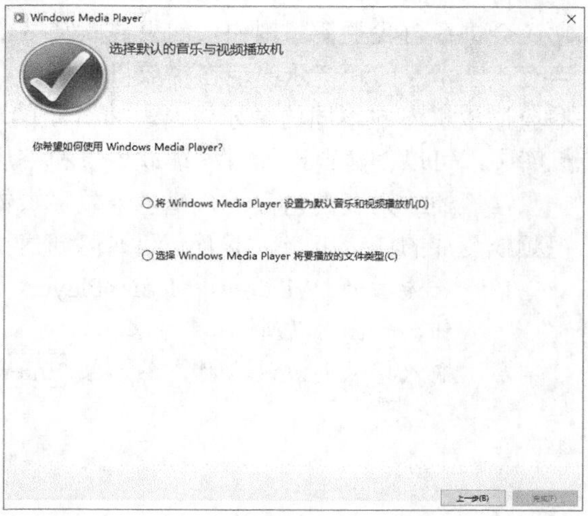

图8-4

如果我们在上一步选择了“选择 Windows Media Player 将要播放的文件类型”选项并单击“完成”按钮时，系统会弹出一个提示对话框，提示用户如何进行设置，如图 8-5 所示。单击“确定”按钮后，Windows Media Player 会自动打开，如图 8-6 所示。

图8-5

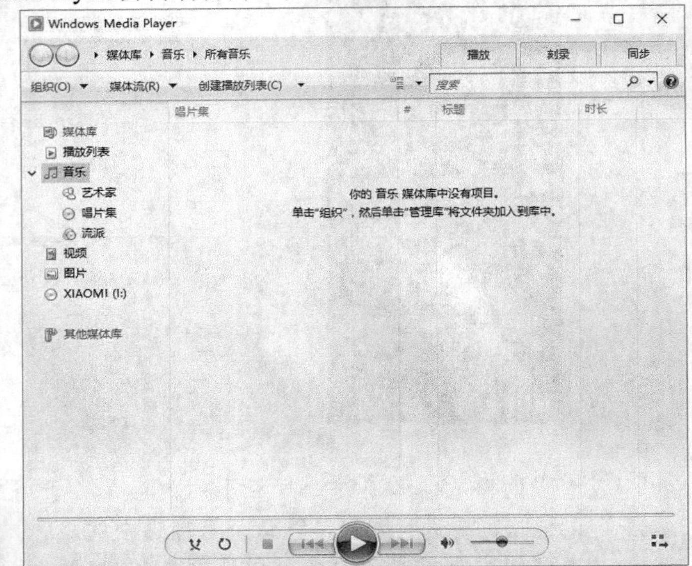

图8-6

8.1.2 创建播放列表

播放列表是创建并保存的视频或音乐的项目列表。创建播放列表是将喜欢欣赏、经常查看的视频或音乐进行分组的好方法。还可以使用播放列表将要刻录到 CD、与便携式设备同步的视频或音乐进行分组。Windows Media Player 中有两种类型的播放列表：自动播放列表和常规播放列表。

自动播放列表是一种会根据指定的条件自动进行更改的播放列表类型。在每次打开时，它还会进行自我更新。例如，如果要欣赏某个艺术家的音乐，可以创建一个自动播放列表，当有该艺术家的新音乐出现在播放机库中时，该列表将自动添加。可以使用自动播放列表来播放播放机库中不同的音乐组合，将分组的项目刻录到 CD 或同步到便携式设备。在播放机库中，可以创建自己的自动播放列表和常规播放列表。

常规播放列表是包含一个或多个数字媒体文件的已保存列表，包含播放机库中的歌曲、视频或图片的任意组合。下面介绍如何创建播放列表。

1. 首先打开 Windows Media Player，然后单击界面上方的“创建播放列表”按钮，如图 8-7 所示。
2. 输入播放列表的名称，然后按 Enter 键，如图 8-8 所示。

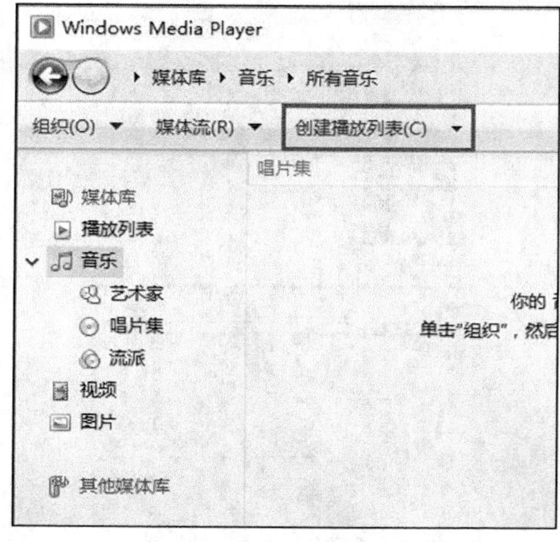

图8-7

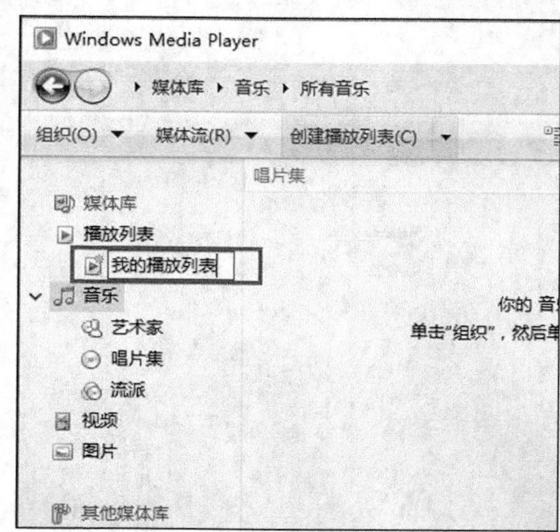

图8-8

3. 打开音乐或视频文件所在的文件夹，然后选中视频或音乐文件，拖动文件到播放器右侧的窗口中，如图 8-9 所示。添加完成后的效果如图 8-10 所示。

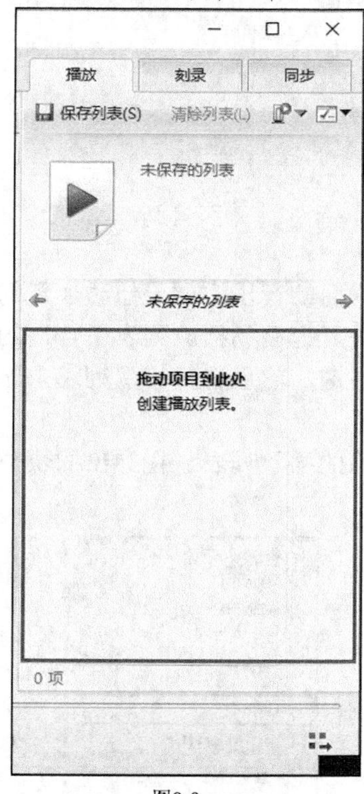

图8-9

图8-10

4. 单击窗口右上方的“保存列表”按钮，如图 8-11 所示。

5. 在文本框内输入列表的标题，按 Enter 键确认即可，如图 8-12 所示。

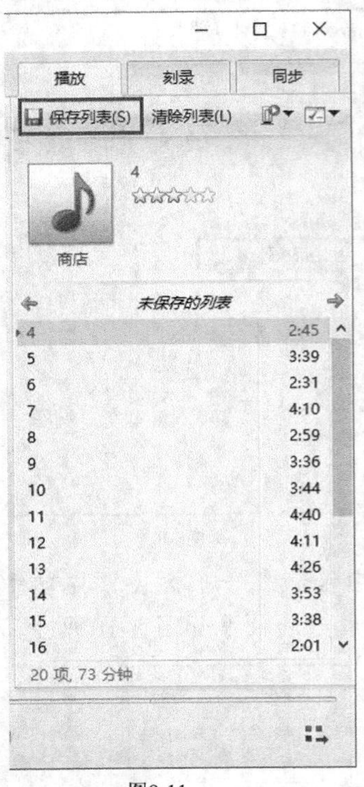

图8-11

图8-12

8.1.3　管理播放列表

我们还可以通过管理播放列表来添加新的音乐或删除旧的音乐。如果想添加新的音乐，需要打开音乐所在的文件夹，然后选取要加入的音乐文件，拖动到播放列表中合适的位置即可。如果要删除音乐，只需在要删除的音乐上单击鼠标右键，然后选择“从列表中删除”命令即可，如图 8-13 所示。

如果我们要删除整个播放列表，只需右键单击要删除的播放列表，在弹出的快捷菜单中选择“删除”命令即可，如图 8-14 所示。

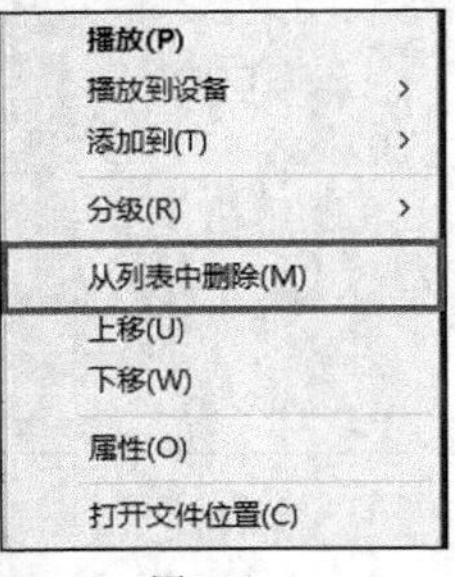

图8-13

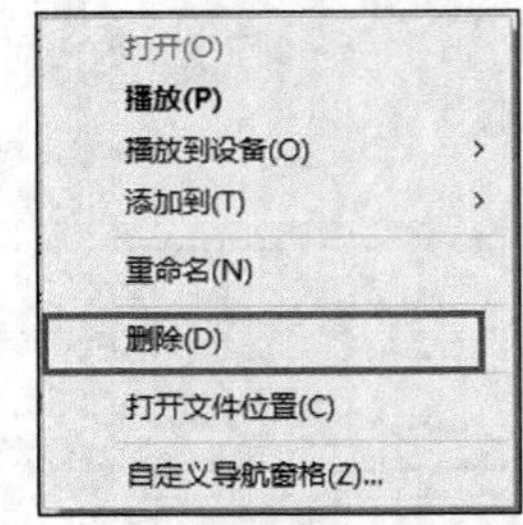

图8-14

8.1.4　将 Windows Media Player 设为默认播放器

如果我们喜欢 Windows Media Player 的风格，需要将它设置为默认的播放器，可以按照下面的步骤设置。

1. 单击⊞按钮，然后单击“设置”，在弹出的窗口中单击“系统”，如图 8-15 所示。
2. 在弹出的窗口中，单击“默认应用”，如图 8-16 所示。

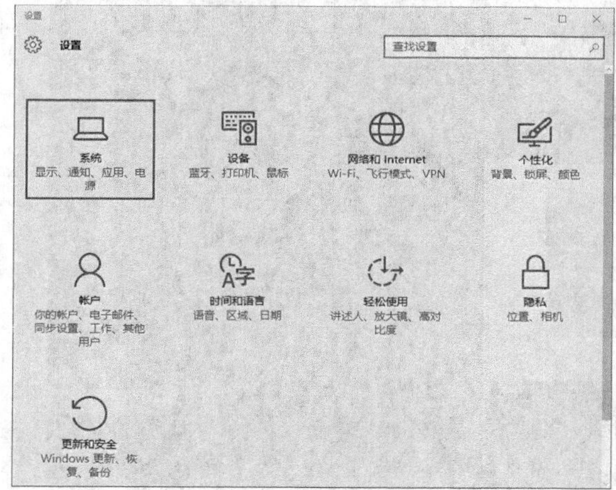

图8-15

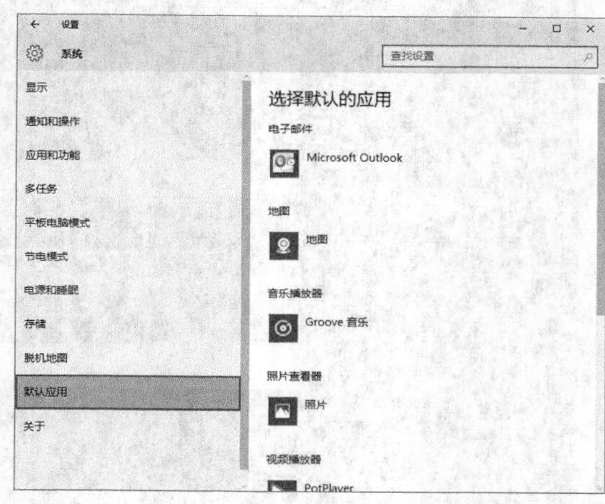

图8-16

3. 将右侧的滚动条拉到底部，然后单击“按应用设置默认值”，如图 8-17 所示。
4. 在弹出窗口的左侧列表中选中“Windows Media Player”，然后单击窗口右侧的“将此程序设置为默认值”，如图 8-18 所示。

图8-17

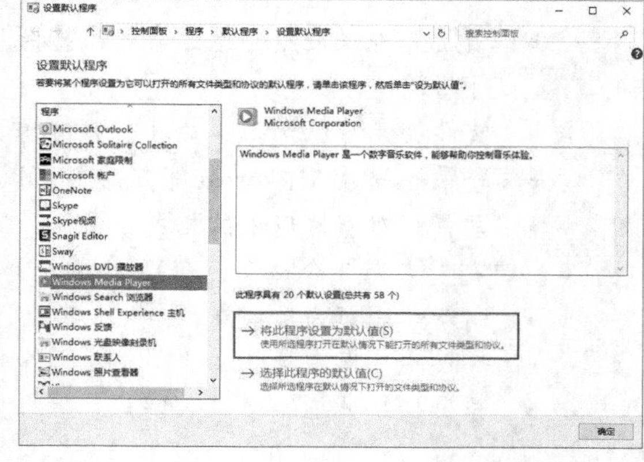

图8-18

8.2 使用照片应用管理照片

Windows 自带的图片查看器，一直都伴随着操作系统一路走来，可以说它是默默无闻的，虽没有引起用户的过多关注，但却缺少不了。在 Windows 10 中，照片查看器变成了照片应用，它的功能让人眼前一亮，下面我们来体验其强大的图片管理功能。

8.2.1 照片应用的界面

首先认识一下照片应用的界面，如图 8-19 所示。

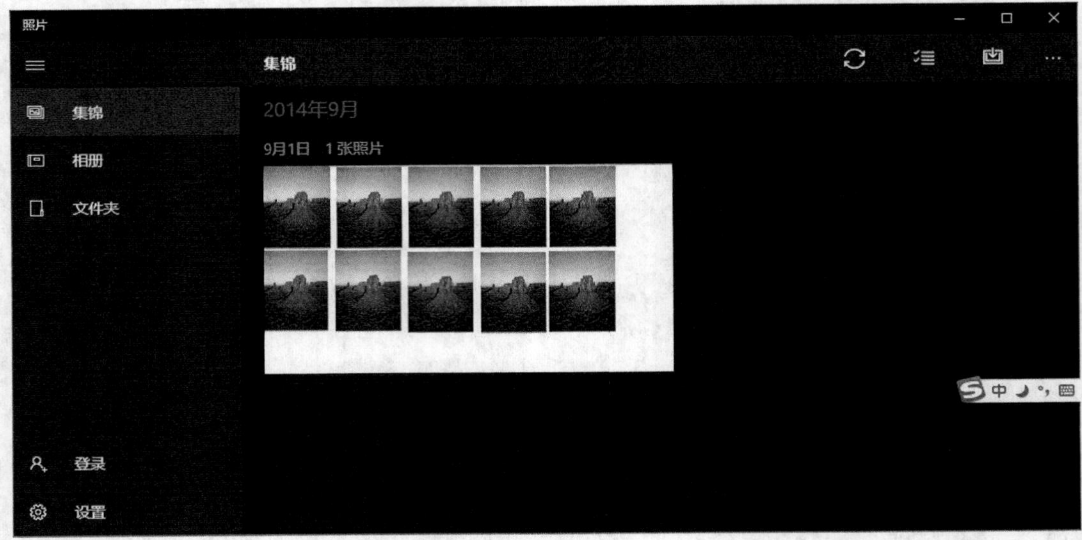

图8-19

窗口左侧共有 5 个项目。

- 集锦：按照时间顺序排列的照片。
- 相册：可以按照自己的喜好来把照片进行归类，或者让 Window 自动对照片进行归类。
- 文件夹：可以选择照片和视频的源文件夹。
- 登录：登录 Microsoft 账户后，可以将照片同步到 Onedrive 上。
- 设置：对照片应用的相关设置。

窗口右上方有 3 个按钮，分别如下。

- 刷新：刷新当前信息。
- 选择：选择照片。
- 导入：从外部设备导入照片。

8.2.2 在照片应用中查看照片

Windows 默认的照片查看软件就是照片应用。如果我们需要在照片应用中查看照片，只要打开照片所在的文件夹，然后双击要打开的照片即可。

如果默认的打开照片的应用不是照片应用，我们可以通过设置默认程序的方式来将照片应用设置为默认的照片查看器。

按照前面介绍的内容打开默认程序设置窗口，然后选择左侧的“照片”，单击窗口右侧的“将此程序设置为默认值”，如图 8-20 所示。

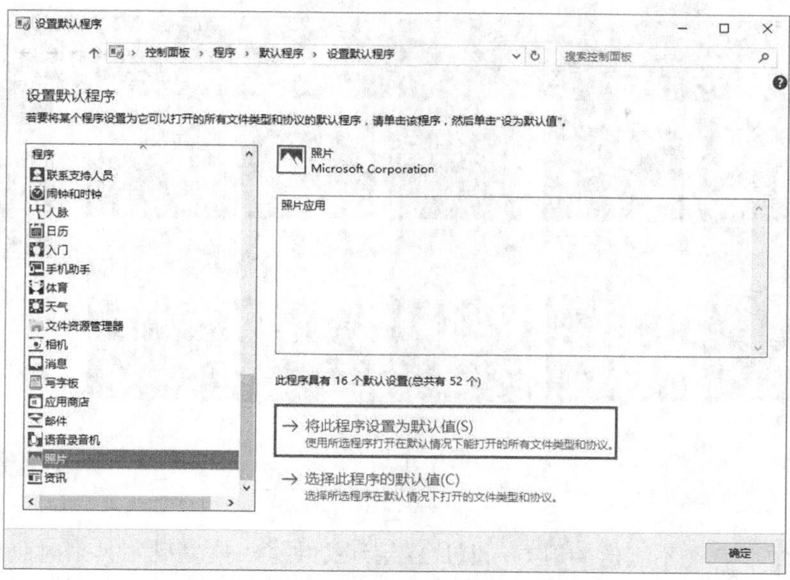

图8-20

8.2.3 在照片应用中编辑照片

照片应用中还提供了一些照片的管理功能，包括基本的复制和删除，使我们不必退出照片应用就可以进行复制和删除。

在查看照片的过程中，我们可以单击右上角的“删除”按钮来删除照片，如图 8-21 所示。

图8-21

如果我们想复制照片，可以单击窗口右上角的⋯按钮，然后在弹出的菜单中选择“复制”命令，如图 8-22 所示。

图8-22

如果照片中还有些不满意的地方，照片应用还提供了一些基础工具来对照片进行编辑。右键单击要编辑的照片，在弹出的菜单中选择“编辑”命令，如图 8-23 所示。

这时会弹出编辑照片的界面，如图 8-24 所示。这个界面提供了多种用于修复照片和编辑照片的工具。

图8-23　　图8-24

8.3 在 Windows 10 应用商店中畅玩游戏

Windows 应用商店是 Windows 10 的重要功能，使用 Windows 应用商店可以实现社交和联络、共享和查看文档、整理照片、收听音乐及观看影片等。在 Windows 应用商店中还可以找到更多的应用。

Windows 10 附带出色的内置应用，包括 Skype 和 OneDrive，但这仅仅是一小部分。应用商店还有大量其他应用，可帮助你保持联系和完成工作，还提供比以往更多的游戏和娱乐应用，其中许多都是免费的！

8.3.1 登录应用商店下载游戏

下面向大家介绍如何登录应用商店下载游戏。

1. 单击⊞按钮，然后单击右侧的“应用商店”图标，如图 8-25 所示。
2. 在打开的“应用商店”窗口中，单击“游戏”选项卡，可以看到游戏列表，如图 8-26 所示。

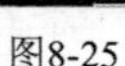
图8-25

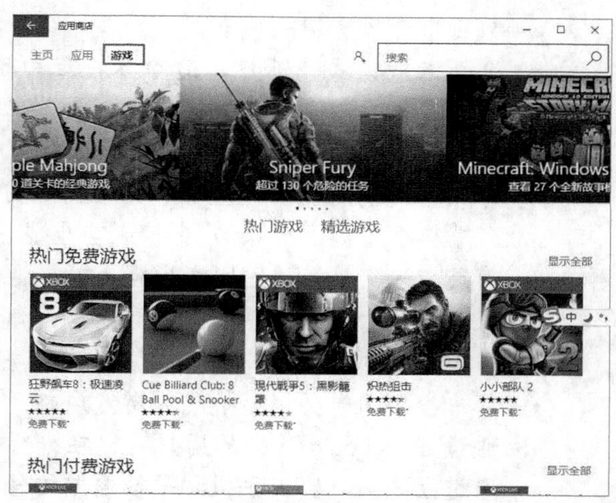

图8-26

3. 单击其中一款游戏，可以看到游戏的详细介绍。如果喜欢这款游戏，就可以单击下方的“免费下载”按钮，如图 8-27 所示。
4. 如果我们此时没有登录 Microsoft 账户，会弹出图 8-28 所示的对话框，提示登录，选择一个账户进行登录即可。

图8-27

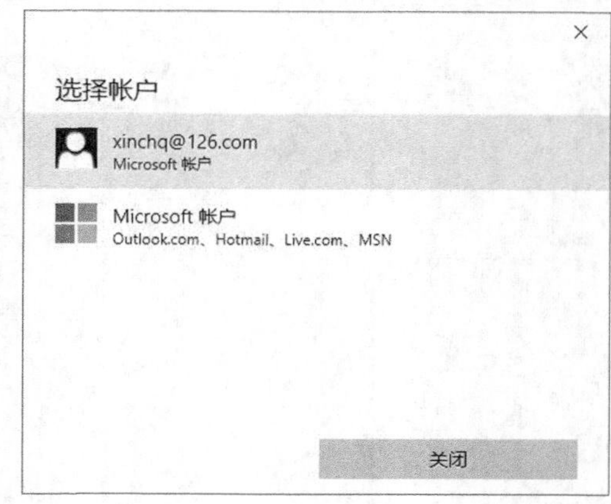

图8-28

然后等待下载并安装完成后就可以使用了。

8.3.2 Candy Crush Soda Saga（糖果苏打传奇）

Candy Crush Soda Saga（糖果苏打传奇）是由风靡全球的《糖果传奇》制作团队倾情推

出。全新糖果、更多非凡组合和富有挑战的全新游戏模式，伴随紫色苏打和糖果熊将快乐进行到底！现在我们可以从 Windows 10 的应用商店中获取。

从应用商店下载糖果苏打传奇，下载完成后，单击“开始”按钮，然后运行这个游戏即可。

《糖果苏打传奇》游戏免费，但额外步数和额外生命值等部分游戏道具需要购买。《糖果苏打传奇》的全新特色如下。

- 数百个奇妙有趣的关卡。
- 全新游戏模式。苏打，消除苏打瓶和糖果释放紫色苏打解救糖果熊。绿色苏打，滑动并消除绿色苏打中的糖果，使其变为瑞典鱼软糖。糖霜，配对糖果，粉碎冰块解救糖果熊。蜂蜜，消除蜂蜜旁边的糖果解救受困的糖果熊。
- 令人垂涎的新糖果和至尊新组合。以方形的样式配对 4 颗糖果，可以产生一颗瑞典小鱼糖。消除 7 个糖果会生成一个超赞的上色糖果。第 8 种全新紫色糖果在消除时能够立即产生强大效果。
- 探索有趣的新环境，邂逅古灵精怪的角色。
- 令人垂涎的新画面，《糖果苏打传奇》从未如此美味十足。
- 简单上手同时又极富挑战的游戏风格。
- 通过 Facebook 连接的用户可以在排行榜中查看自己和好友的排名。
- 通过互联网可实现手机和平板电脑的轻松同步并解锁完整的游戏功能。

第9章 Windows 10 共享与远程操作

如果家庭里面有多台计算机或在公司中使用计算机时，我们有时需要使用其他计算机来协同工作或进行资源共享，Windows 10 提供了强大的网络共享和远程操作功能。

9.1 共享资源，提高效率

在工作或学习中，我们经常遇到需要共同处理的工作，这时同一个文件需要大家共同编写和维护，Windows 10 提供了共享功能，下面详细介绍。

9.1.1 高级共享设置

如果我们要为共享的文件设定自定义的权限，可以使用 Windows 的高级共享设置，步骤如下。

1. 右键单击要共享的文件夹，在弹出的快捷菜单中选择“属性”命令，在弹出对话框中单击“共享”选项卡，然后单击“高级共享”按钮，如图 9-1 所示。
2. 在弹出的对话框中，勾选“共享此文件夹”复选框，如图 9-2 所示。在这里可以设置文件夹的共享名称，可以设置同时共享的用户数量以节约计算机的资源，还可以对共享的资源进行注释。

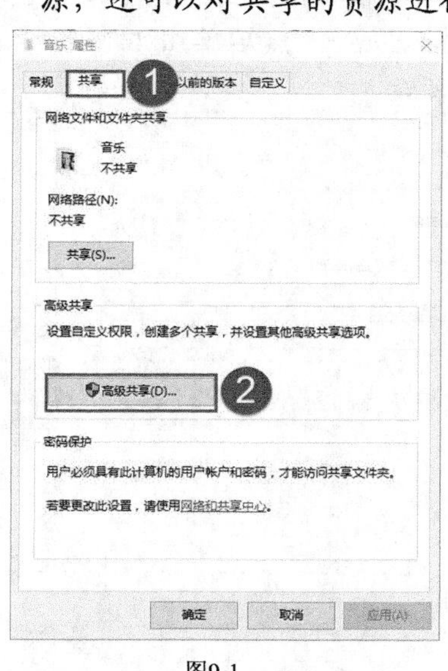

图9-1

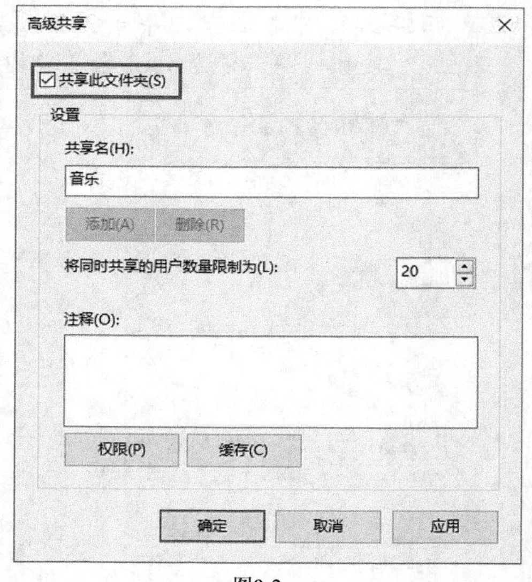

图9-2

3. 单击图 9-2 所示对话框中的“权限”按钮，可以调出权限设置对话框，如图 9-3

所示。在这里我们可以设定哪些用户可以拥有权限，以及每个用户的具体权限。

4. 单击图 9-2 所示对话框中的“缓存”按钮，可以设定脱机用户可用的文件和程序，如图 9-4 所示。

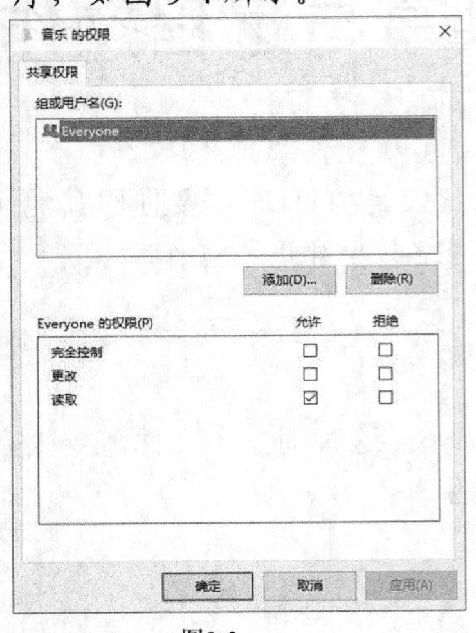

图9-3

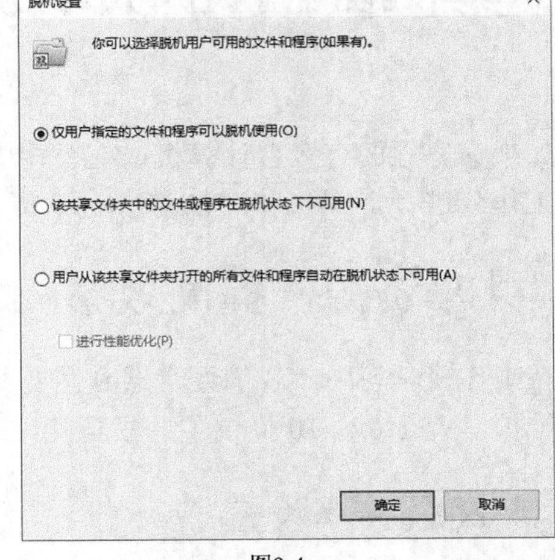

图9-4

9.1.2 共享文件夹

所谓共享文件夹就是指某个计算机用来和其他计算机间相互分享的文件夹。在 Windows 10 系统中我们可以利用系统的共享功能来与其他计算机共享文件。

1. 右键单击文件夹，在弹出的快捷菜单中选择“属性”命令，弹出文件夹属性对话框，单击“共享”选项卡，然后单击“共享”按钮，如图 9-5 所示。

2. 在弹出的对话框中，单击下拉框，选择“Everyone”，然后单击右侧的“添加”按钮，将其添加到共享名单内，如图 9-6 所示。

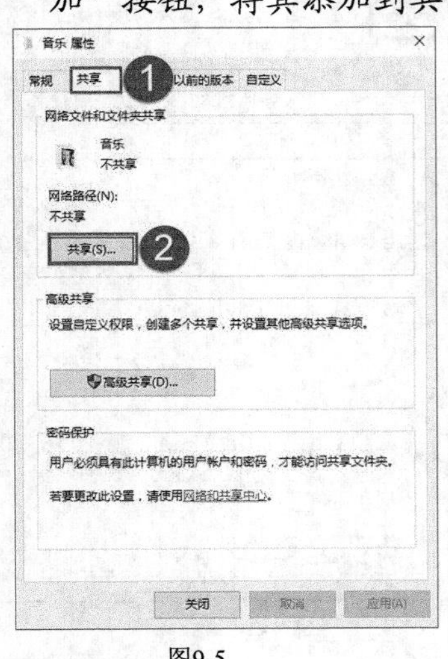

图9-5

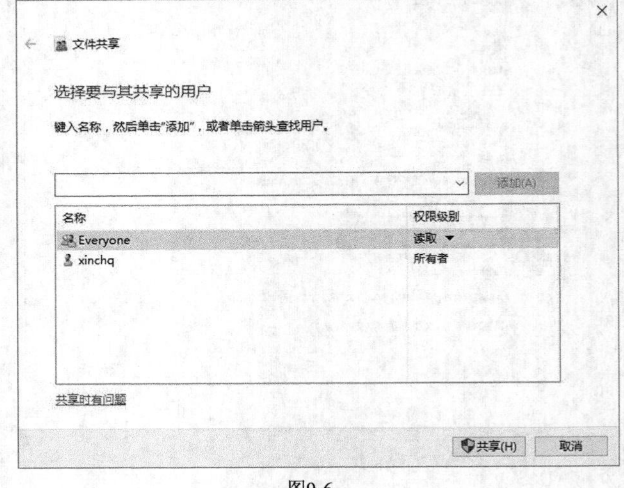

图9-6

3. 单击“Everyone”右侧权限级别右方的小箭头可以更改“Everyone”的访问权

限，如图 9-7 所示。完成后单击窗口右下方的“共享”按钮。

4. 等待一段时间后，系统弹出“你的文件夹已共享”对话框，单击“完成”按钮即可，如图 9-8 所示。

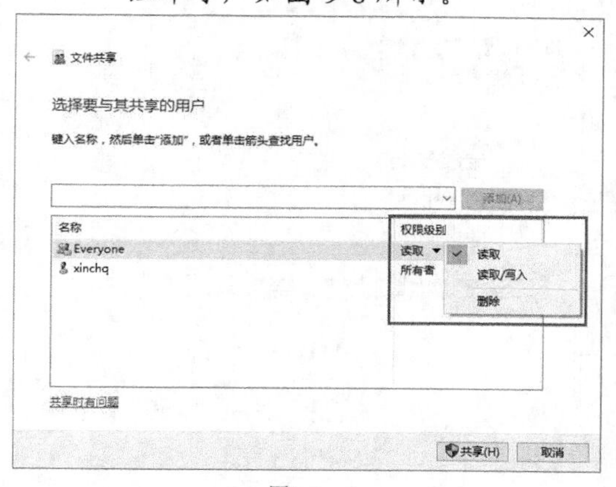

图9-7

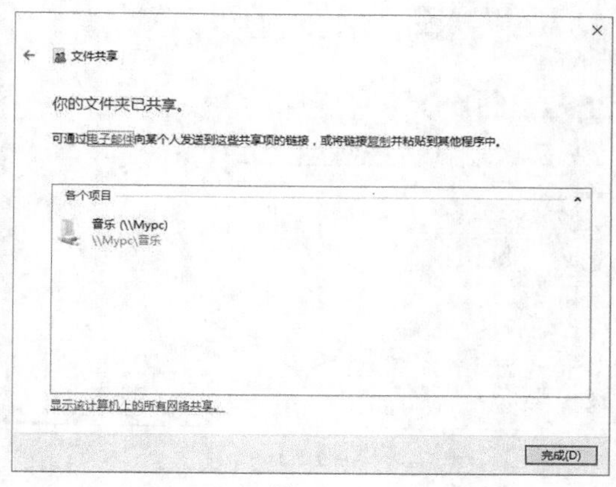

图9-8

9.1.3 共享打印机

打印机共享如何设置？这是在工作中经常遇到的问题。如果公司购买的打印机不带网络打印功能，但又想能让办公室里的所有人员都能共用这一台打印机，那么把打印机设置成共享就能很好地解决这一问题。下面介绍具体的操作步骤。

1. 首先在要共享打印机的计算机上安装打印机驱动程序。安装完成后，单击 按钮，然后单击“设置”，在弹出的设置窗口中单击“设备”按钮，如图 9-9 所示。

2. 在弹出的窗口中，单击右侧的“设备和打印机”，如图 9-10 所示。

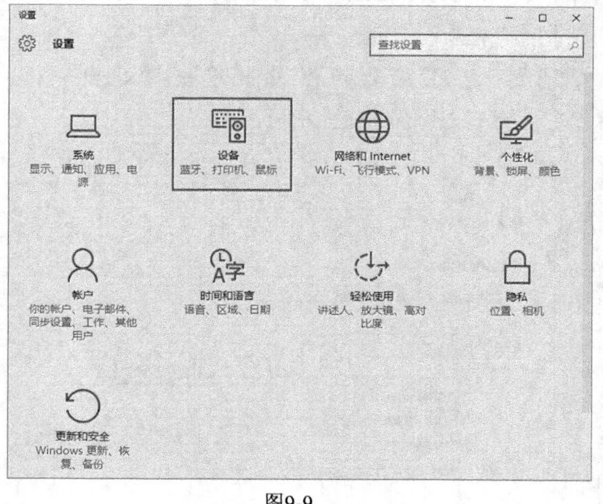

图9-9

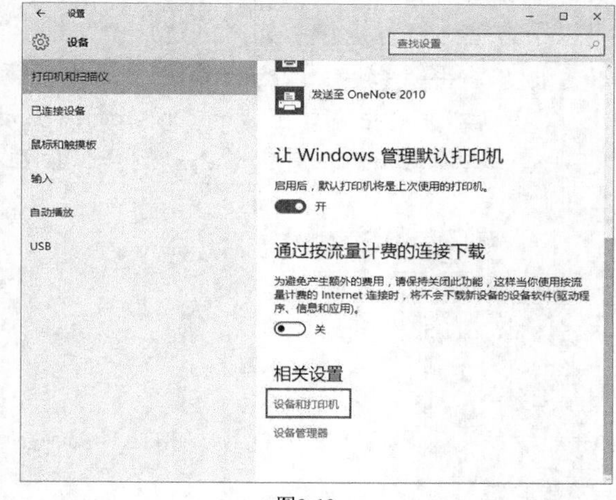

图9-10

3. 在要共享的打印机上单击鼠标右键，然后在弹出的快捷菜单中选择“打印机属性”命令，如图 9-11 所示。

4. 在弹出的打印机属性窗口中，选择“共享”选项卡，然后勾选“共享这台打

印机”复选框。在“共享名”栏内可以修改要共享的打印机名称，也可以保持默认设置，然后单击下方的“确定”按钮，如图 9-12 所示。

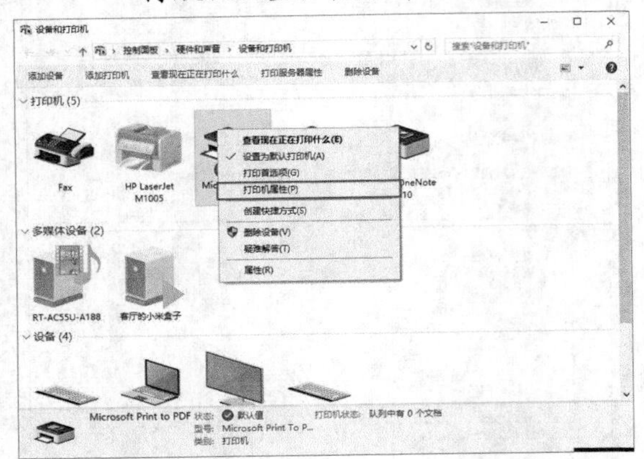

图9-11

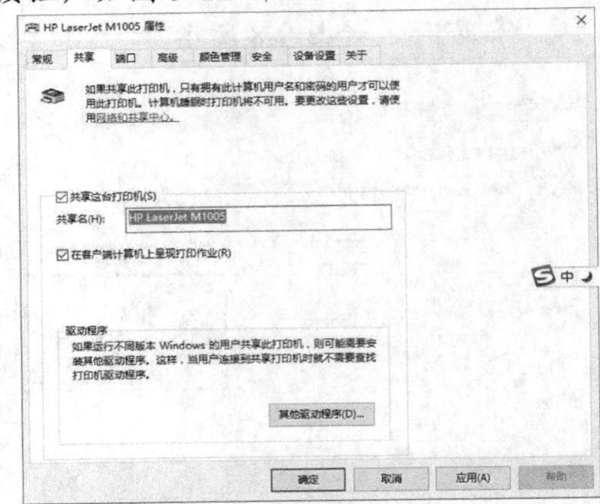

图9-12

经过以上步骤后，就完成了打印机的共享，这样其他计算机就可以使用这台计算机上的打印机了。

9.1.4 映射网络驱动器

在网络中用户可能经常需要访问某一个或几个特定的网络共享资源，若每次通过网上邻居依次打开，比较麻烦，这时可以使用“映射网络驱动器”功能，将该网络共享资源映射为网络驱动器，再次访问时，只需双击该网络驱动器图标即可。

“映射网络驱动器”是实现磁盘共享的一种方法，具体来说就是利用局域网将自己的数据保存在另外一台计算机上或把另外一台计算机里的文件虚拟到自己的机器上。把远端共享资源映射到本地后，在“我的电脑”中多了一个盘符，就像自己的计算机上多了一个磁盘，可以很方便地进行操作，如“创建一个文件”“复制”“粘贴”等。

1. 单击⊞按钮，然后单击“文件资源管理器”，在左侧的栏目中单击“此电脑”，单击窗口上方的“映射网络驱动器”按钮，如图 9-13 所示。
2. 在弹出的对话框中单击“浏览”按钮，如图 9-14 所示。

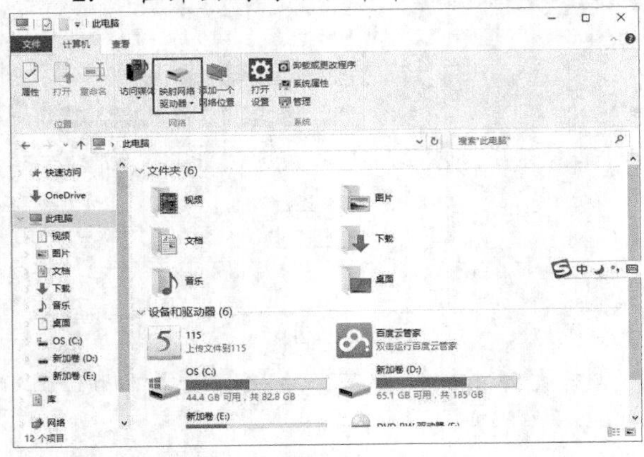

图9-13

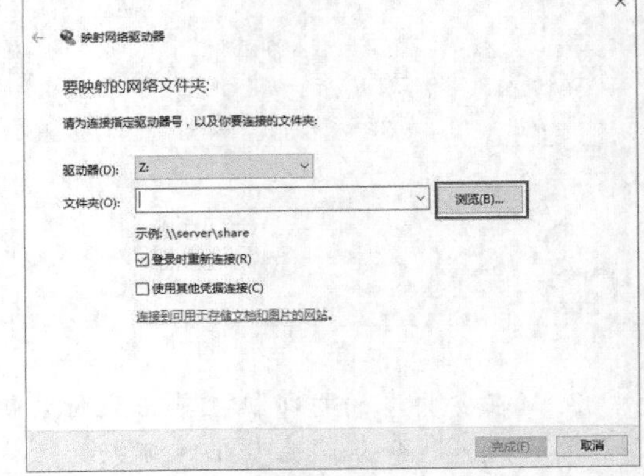

图9-14

3. 在弹出的对话框中，单击选择要映射的文件夹，然后单击下方的“确定”按钮，如图 9-15 所示。
4. 返回到资源管理器窗口，可以看到已经映射完成的驱动器，如图 9-16 所示。

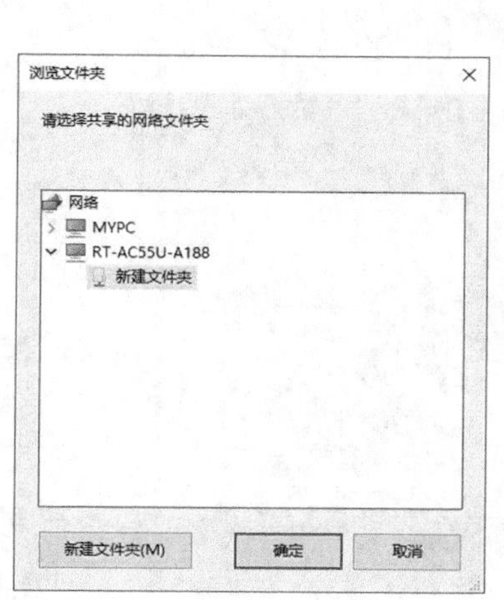

图9-15

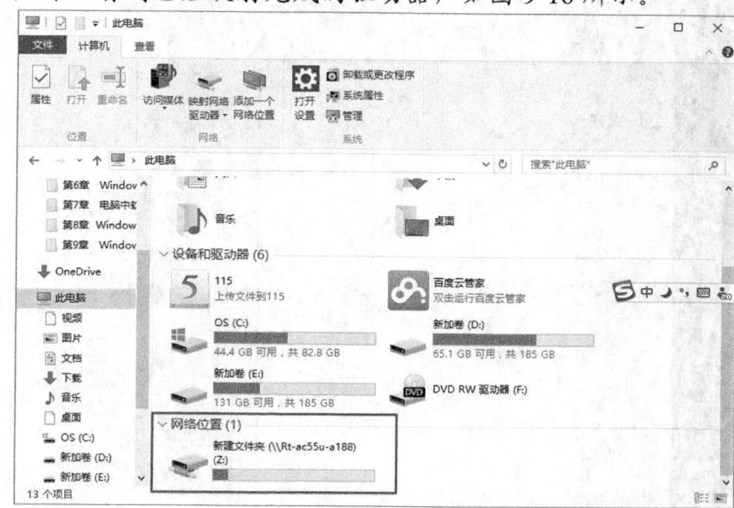

图9-16

9.2 远程桌面连接

对于下班后又要加班而不想回办公室的人来说，用远程桌面连接进行控制是个很好的方法。说起远程控制其实很多朋友都已经使用过 QQ 的远程协助，也有很多人尝试过 PCAnyWhere 等强大的远程控制软件了。然而，很多朋友却忽略了 Windows 系统本身就附带的一个功能“远程桌面连接”，其实它的功能、性能等一点儿都不弱。上远程桌面操作控制办公室的计算机和在家里使用计算机没有任何区别，而且比其他的远程控制工具好用得多！但是在使用远程控制之前必须对计算机作好相应的设置。下面就介绍如何进行远程桌面连接。

9.2.1 开启远程桌面

要使用远程桌面连接，需要首先在要连接到的计算机上开启远程桌面功能，下面介绍具体的步骤。

1. 单击按钮，然后输入“控制面板”，单击搜索结果中的“控制面板”，如图 9-17 所示。
2. 在打开的“控制面板”窗口中，单击“系统和安全”，如图 9-18 所示。

图9-17

图9-18

3. 在“系统和安全”窗口中，单击“允许远程访问”，如图 9-19 所示。
4. 在弹出的“系统属性”对话框中，选择“允许远程连接到此计算机”选项，然后单击“确定”按钮，如图 9-20 所示。

图9-19

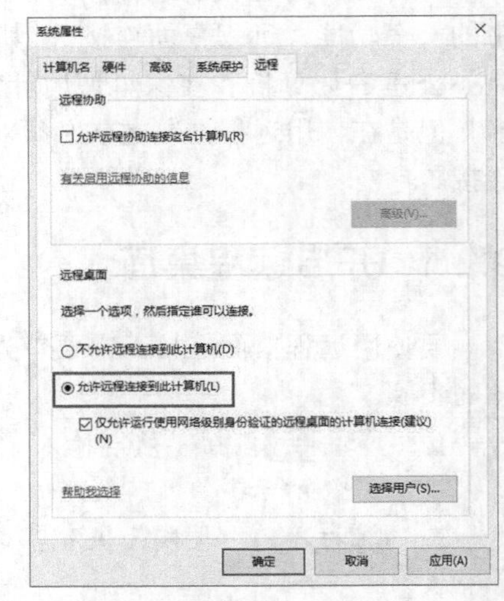

图9-20

这样就开启了远程桌面，以后我们可以在其他计算机上登录这台计算机了。

提示： Windows 10 家庭版没有远程桌面选项。

9.2.2 连接到其他计算机的远程桌面

当我们在其他计算机上设置了允许远程桌面连接之后，就可以在本机上通过远程桌面工具连接到其他计算机。下面介绍具体步骤。

1. 单击⊞按钮，输入“远程桌面”，然后单击搜索结果中的“远程桌面连接”，如图 9-21 所示。
2. 在弹出的远程桌面窗口的文本框内输入要连接的计算机名称或 IP 地址，单击“连接”按钮，如图 9-22 所示。等待一段时间之后，就可以看到远程计算机的桌面了。我们可以像操作自己的计算机一样操作远程计算机。

图9-21

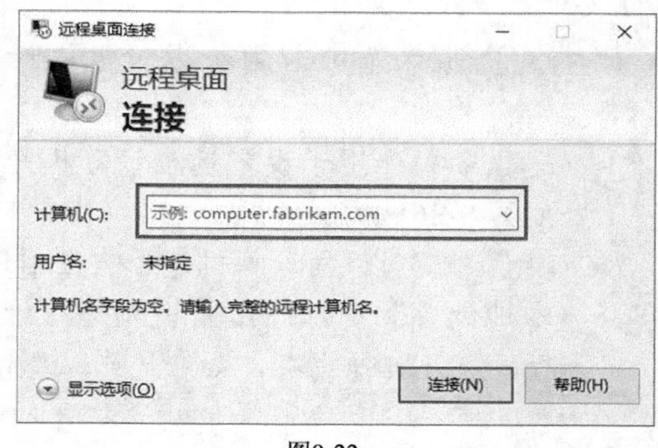

图9-22

单击图 9-22 中的“显示选项”，可以显示远程桌面连接的各种设置，首先介绍“常规”选项卡，如图 9-23 所示。

- 连接设置：将当前连接设置保存到 RDP 文件或打开一个已经保存好的连接。
- 保存：保存当前设置。
- 另存为：将当前的远程桌面存储到指定的位置，并命名。
- 打开：如果我们原来保存过远程连接设置，则可以单击此按钮，直接打开原来保存的设置，不必再重新输入。

“显示”选项卡用来对远程桌面的显示内容进行设置，如图 9-24 所示。

- 显示配置：拖动滑块可以调整远程桌面的大小，如果将滑块拖到最右边，则使用全屏来显示远程桌面。
- 颜色：可以设置远程会话的颜色深度。选择的质量越高，远程会话的色彩越真实，但是占用的网络带宽也越大。

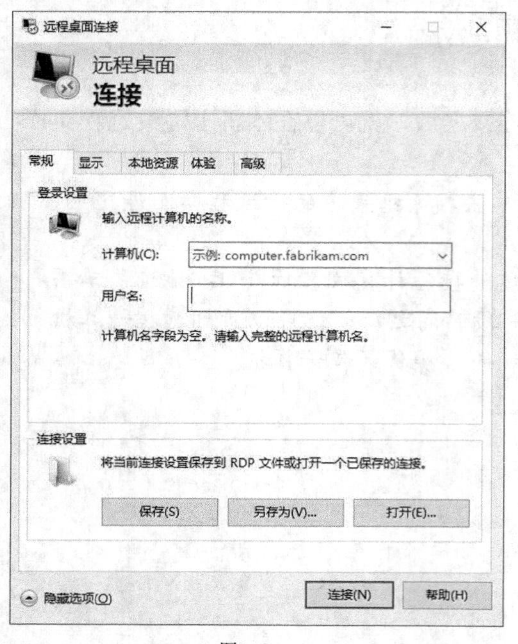

图9-23

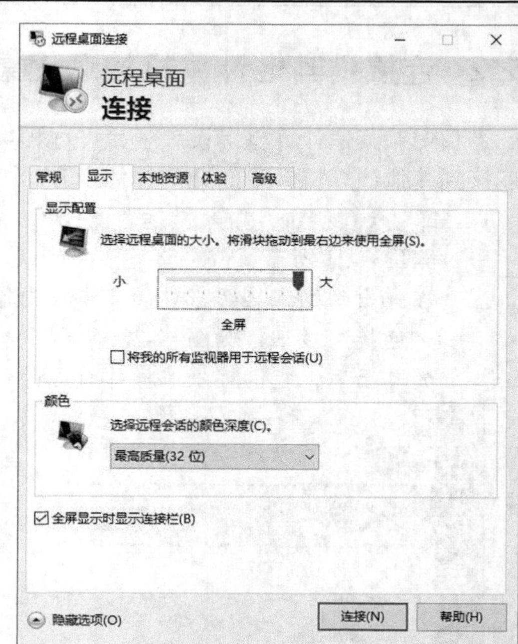

图9-24

“本地资源”选项卡用于设置远程计算机可以使用本地的计算机资源，如图 9-25 所示。

- 远程音频：用于设置远程计算机是否在本地计算机上播放音频或录制音频，如图 9-26 所示。
- 键盘：设置远程计算机是否响应本地计算机上的 Windows 组合键。
- 本地设备和资源：用于设置远程计算机是否使用本地计算机的打印机、剪贴板，以及其他设备，如智能卡、驱动器等。

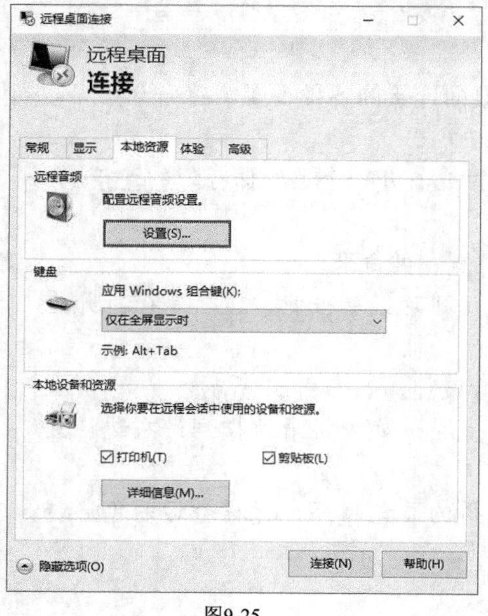

图9-25

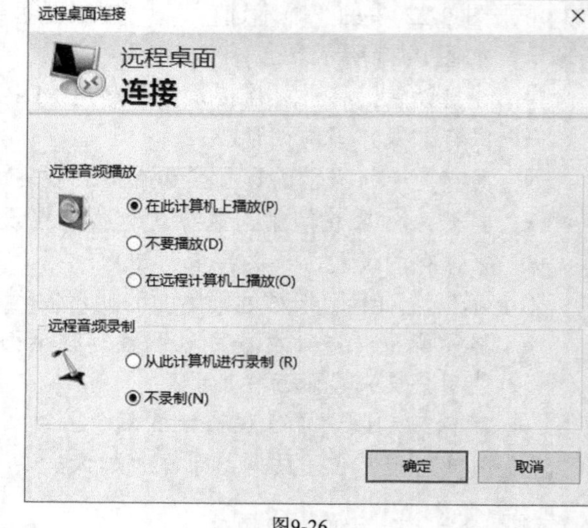

图9-26

“体验”选项卡可以通过选择连接速度来优化远程桌面的性能，如图 9-27 所示。

“高级”选项卡可以设置和系统安全相关的高级设置，如图 9-28 所示。

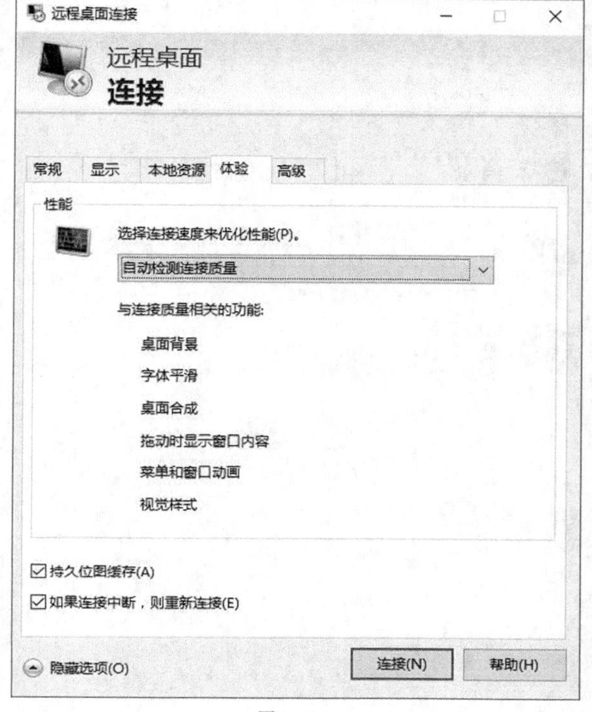

图9-27

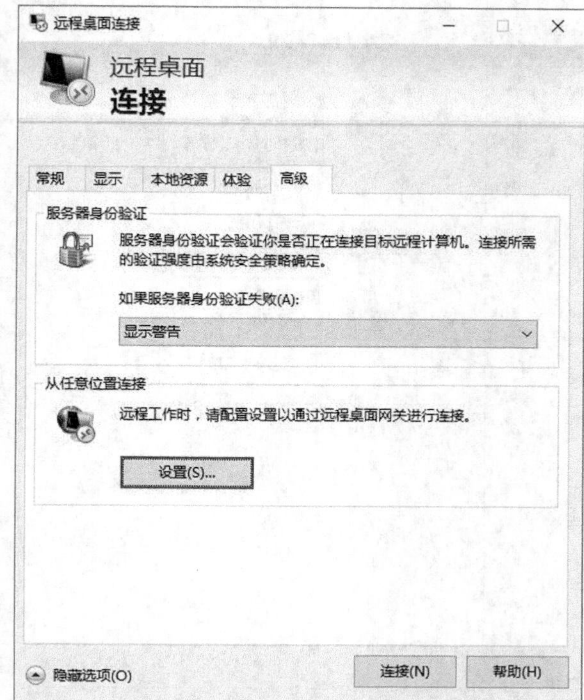

图9-28

9.3 使用家庭组实现家庭共享

对于现在的家庭来说，拥有多台计算机已经不是什么新鲜事儿了，有的家庭为了区别工作和生活，会选择使用不同的计算机。那么，如果你想从这台计算机中传输文件到另外的计算机上，而两台计算机无法实现同步上网的话，你会选择什么方式来进行传送?是用 U 盘还是用邮件?其实个人觉得，实现多台计算机的共享，会让文件的传输变得更加方便，特别是在文件比较大的时候，能为我们节约很多时间。Windows 10 提供了一种非常方便的共享文件的方法，家庭组功能。

9.3.1 创建家庭组

如果想使用 Windows 10 的家庭组功能，我们需要先创建家庭组。下面介绍如何创建家庭组。

1. 打开控制面板，然后在窗口中单击“选择家庭组和共享选项”，如图 9-29 所示。
2. 在弹出的“家庭组”窗口中，单击“创建家庭组”按钮，如图 9-30 所示。

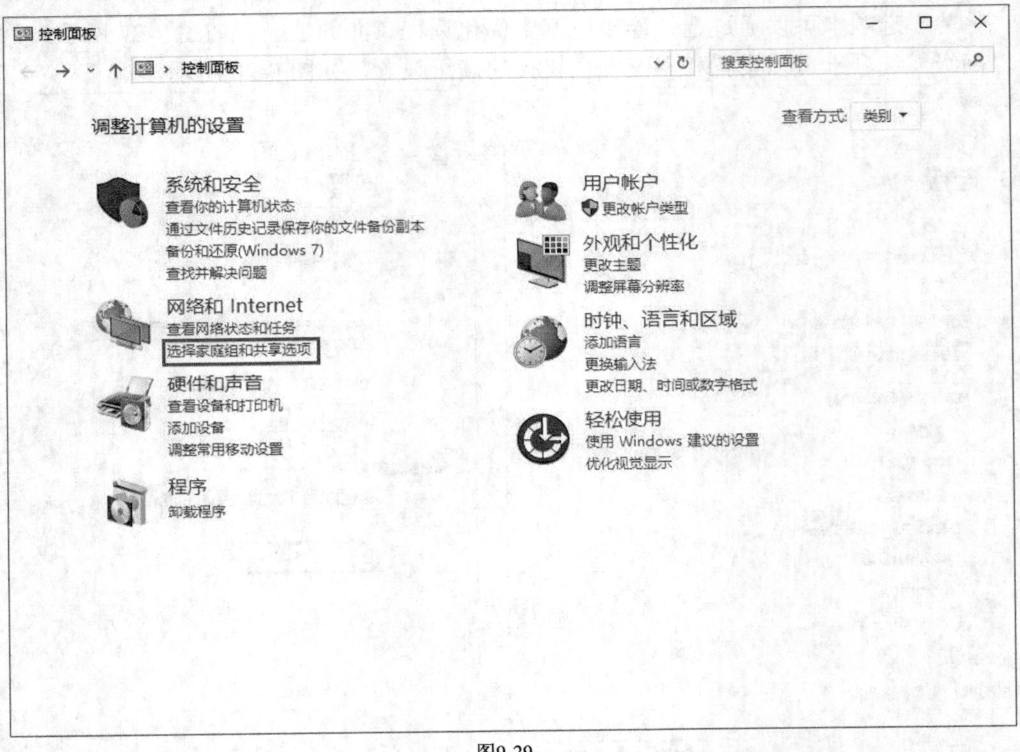

图9-29

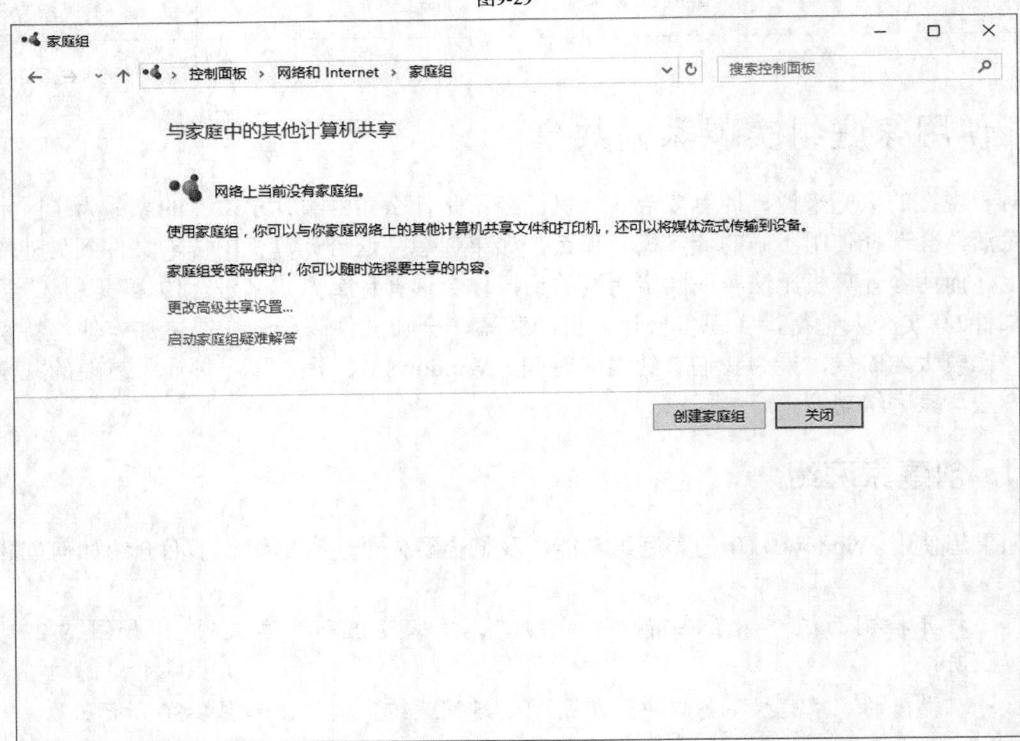

图9-30

3.　此时会弹出一个说明窗口，单击“下一步”按钮，如图 9-31 所示。

4. 在弹出的窗口中，单击内容右侧的下拉框可以选择要共享的内容，选择完成后单击“下一步”按钮，如图 9-32 所示。

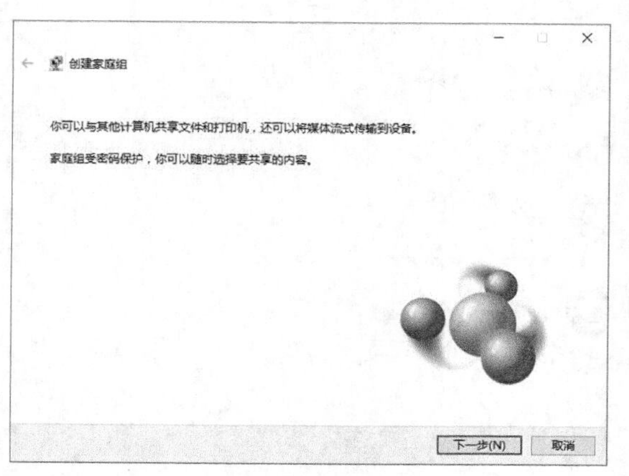

图9-31

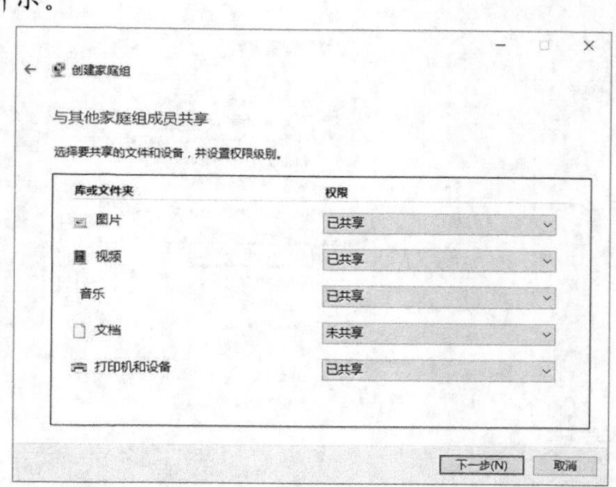

图9-32

5. 等待一段时间后，会弹出一个密码和相关的说明窗口，使用这个密码可以向家庭组添加其他计算机，如图 9-33 所示。单击“完成”按钮，就完成了家庭组的创建操作。

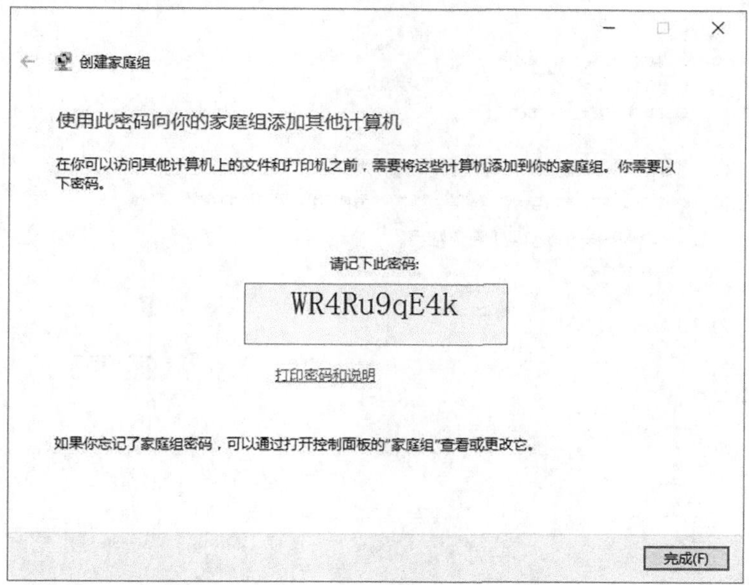

图9-33

9.3.2 加入家庭组

既然家庭组共享文件如此方便，那下面介绍如何加入家庭组。

1. 打开控制面板，然后单击“选择家庭组和共享选项”，如图 9-34 所示。
2. 在弹出的“家庭组”窗口中，单击“立即加入”按钮，如图 9-35 所示。

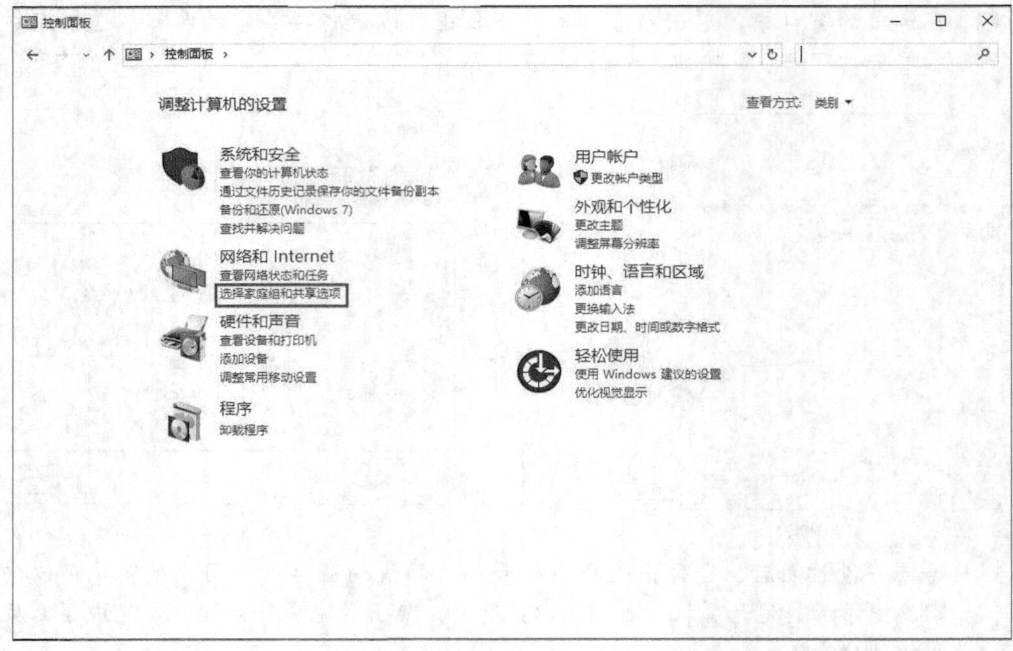

图9-34

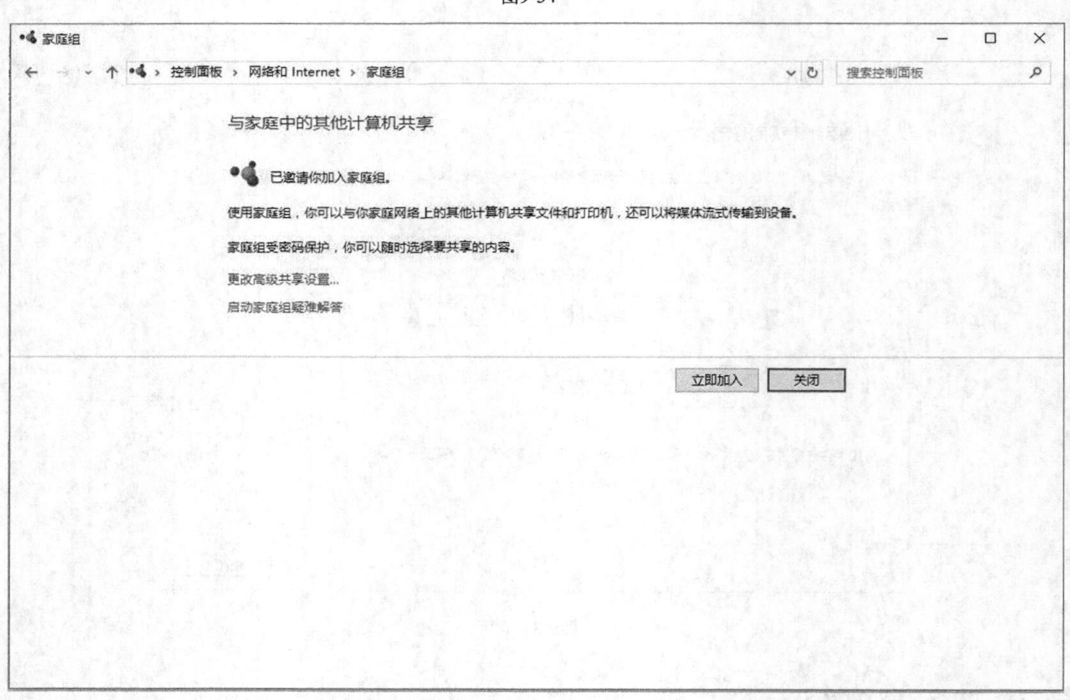

图9-35

3. 此时弹出“加入家庭组”窗口，直接单击“下一步”按钮，如图 9-36 所示。
4. 在弹出的窗口中可以单击下拉框选择与其他家庭组成员共享的内容，选择完成后单击“下一步”按钮，如图 9-37 所示。

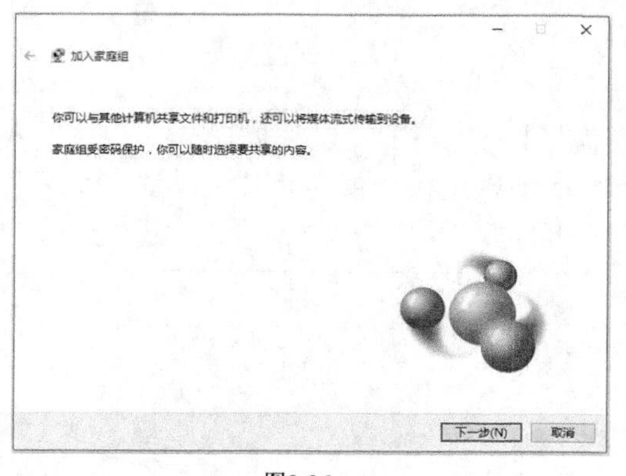

图9-36

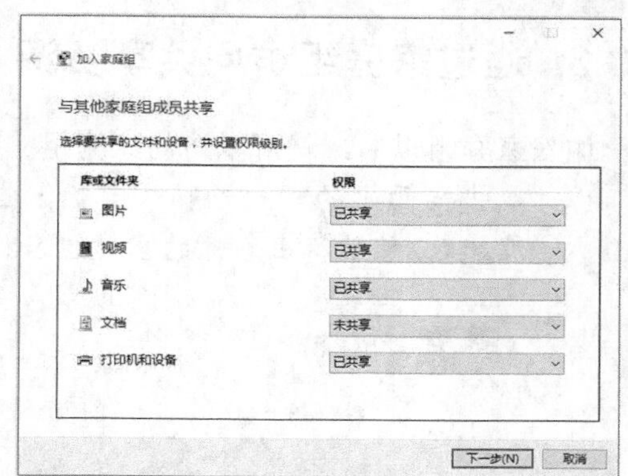

图9-37

5. 在弹出的“键入家庭组密码”窗口中，填入家庭组的密码，密码可以从创建或加入家庭组的计算机上获取，填写完成后，单击“下一步”按钮，如图 9-38 所示。
6. 此时计算机会进入处理过程，我们需要耐心等待一段时间，如图 9-39 所示。

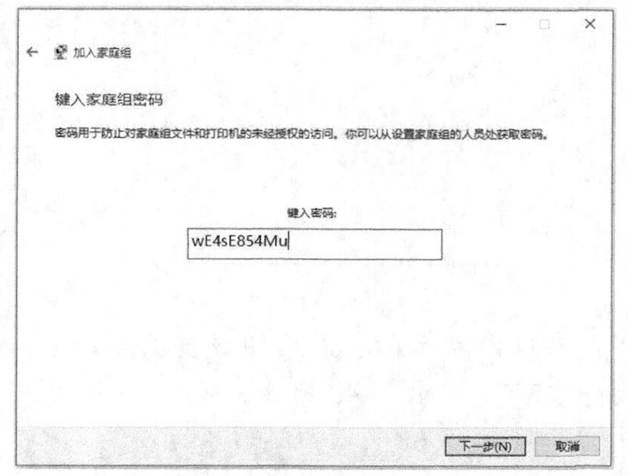

图9-38

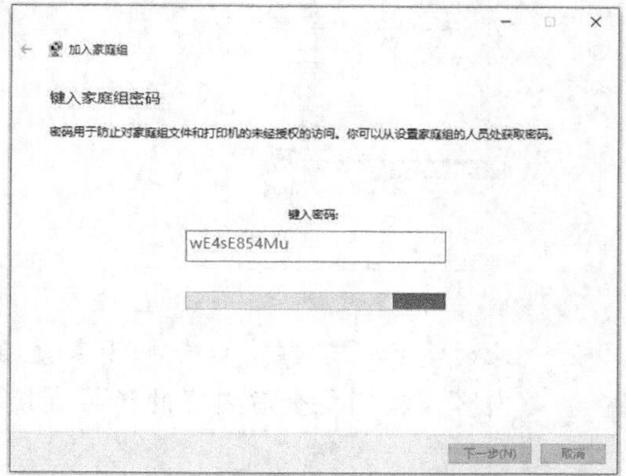

图9-39

计算机操作完成后，会弹出“你已加入该家庭组”窗口，单击“完成”按钮即可，如图 9-40 所示。

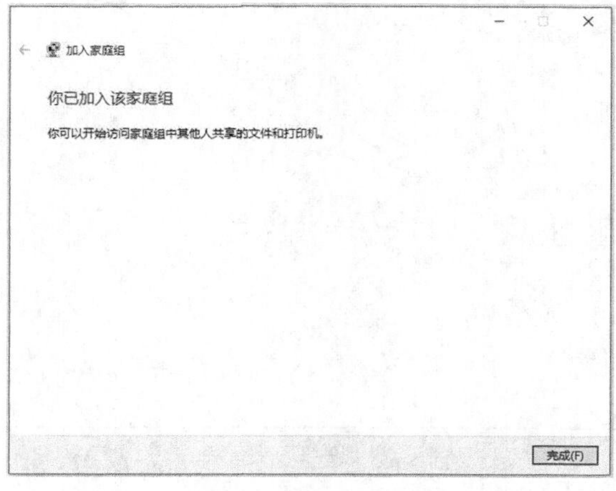

图9-40

9.3.3 通过家庭组访问共享资源

加入家庭组以后，就可以访问家庭组的共享资源了。

1. 双击桌面上的“此电脑”图标，打开资源管理器，在左侧的栏目中单击“家庭组”，然后双击右侧的家庭组名称，如图 9-41 所示。

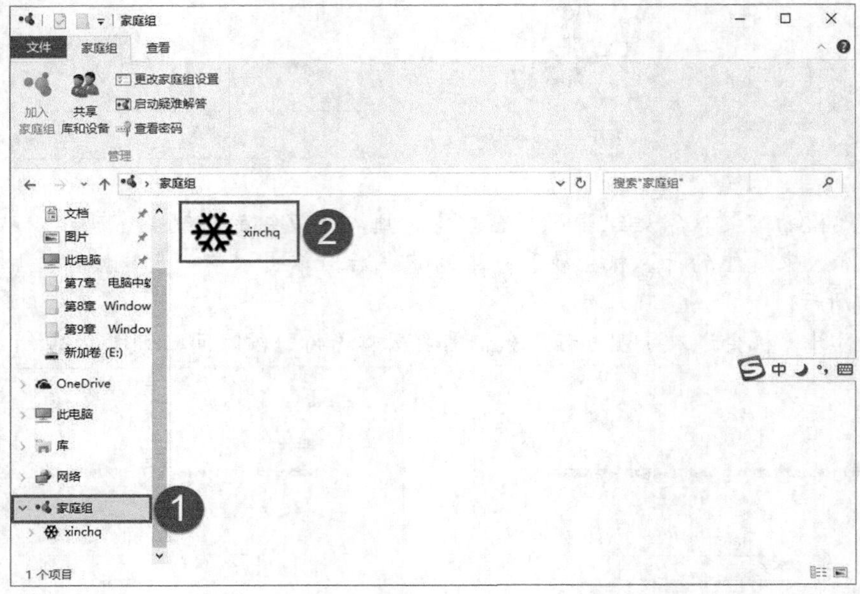

图9-41

2. 此时资源管理器窗口会打开家庭组，并在窗口内显示所有家庭组成员共享的内容。我们要查看内容的话，直接双击打开即可，如图 9-42 所示。

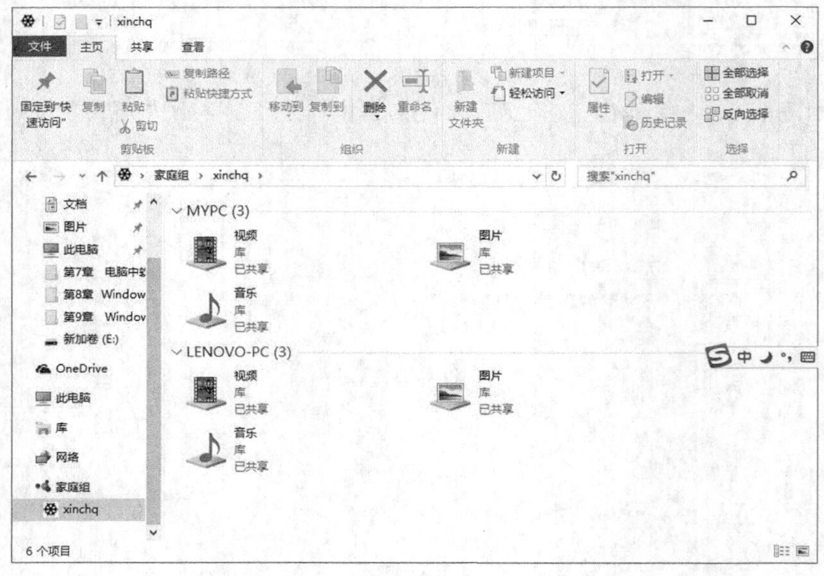

图9-42

9.3.4 更改家庭组共享项目与密码

如果我们有新的要共享的内容或一些内容不需要继续共享了，可以更改家庭组共享选项，来更改共享的项目。

1. 打开控制面板，然后单击“选择家庭组和共享选项”，在弹出的窗口中单击“更改与家庭组共享的内容”，如图 9-43 所示。

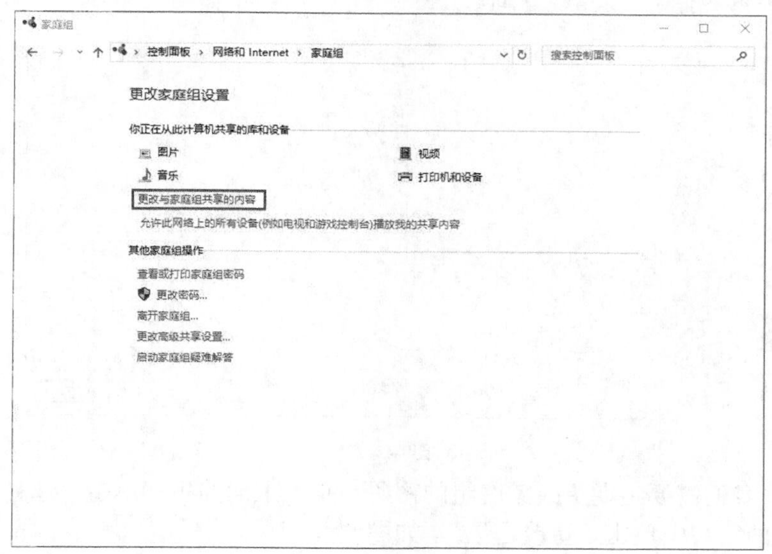

图9-43

2. 在弹出的窗口中，单击下拉框，然后将不需要共享的项目更改为“未共享”，将需要共享的项目更改为“已共享”，单击“下一步”按钮，如图 9-44 所示。

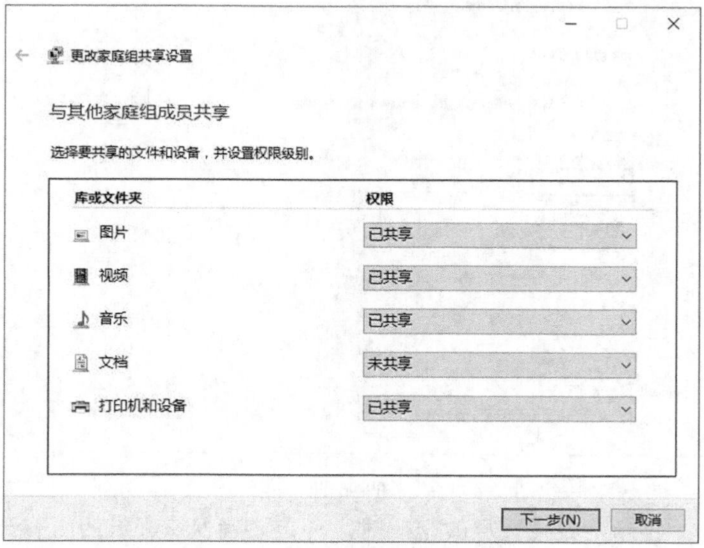

更改家庭组共享设置

与其他家庭组成员共享

选择要共享的文件和设备，并设置权限级别。

库或文件夹	权限
图片	已共享
视频	已共享
音乐	已共享
文档	未共享
打印机和设备	已共享

下一步(N)　取消

图9-44

随后会弹出提示窗口，提示“已更新你的共享设置”，单击“完成”按钮即可，如图 9-45 所示。

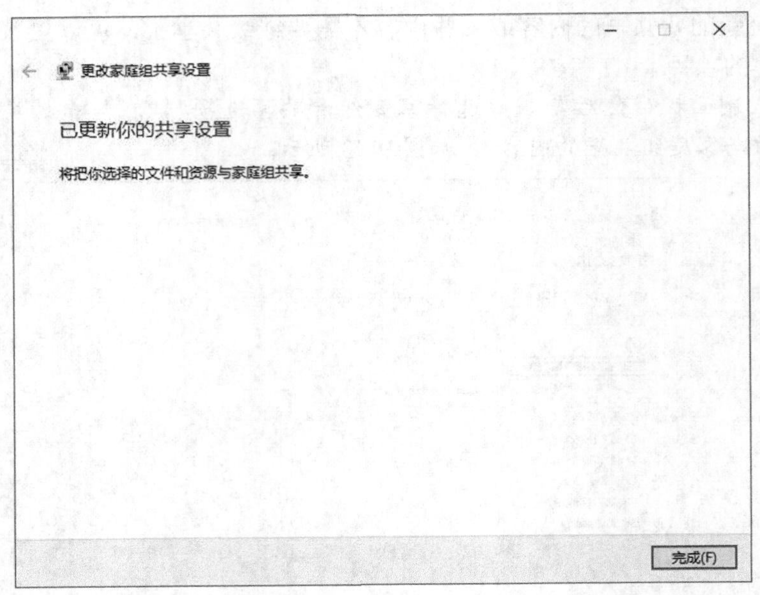

图9-45

为了安全，我们需要定期更改家庭组的密码。重复上面的步骤单击“选择家庭组和共享选项”，在弹出的窗口中单击“更改密码”，如图 9-46 所示。

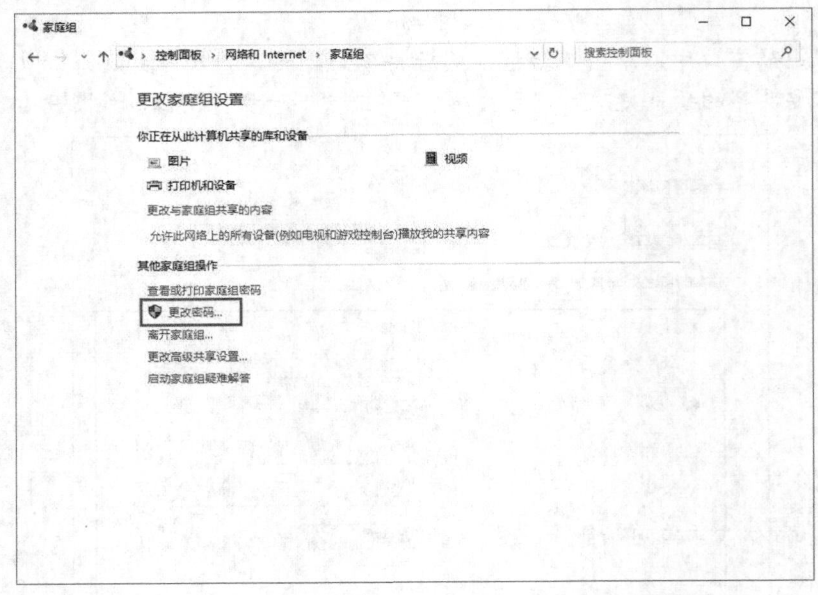

图9-46

系统会弹出一个提示，我们在更改密码时，一定要确保家庭组的所有计算机都打开且没有处于睡眠或休眠状态，更改密码后，请立即在家庭组的每台计算机上输入新密码。

单击“更改密码”，如图 9-47 所示。

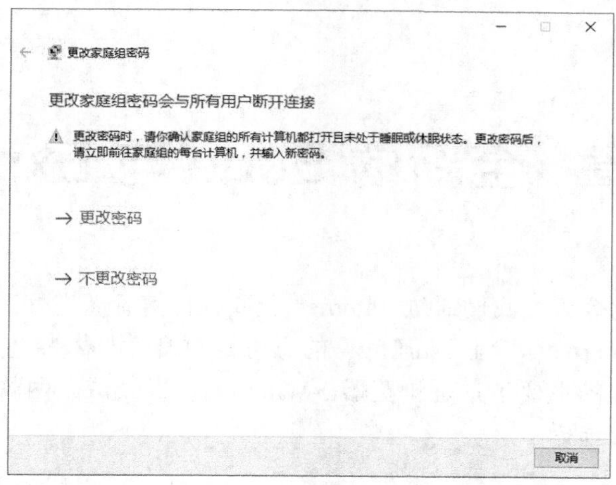

图9-47

然后会弹出一个窗口，我们可以自己输入新的密码，也可以使用系统提供的密码。完成后单击“下一步”按钮，如图 9-48 所示。

等待一段时间后，计算机会弹出提示，密码修改成功。单击“完成”按钮，如图 9-49 所示。

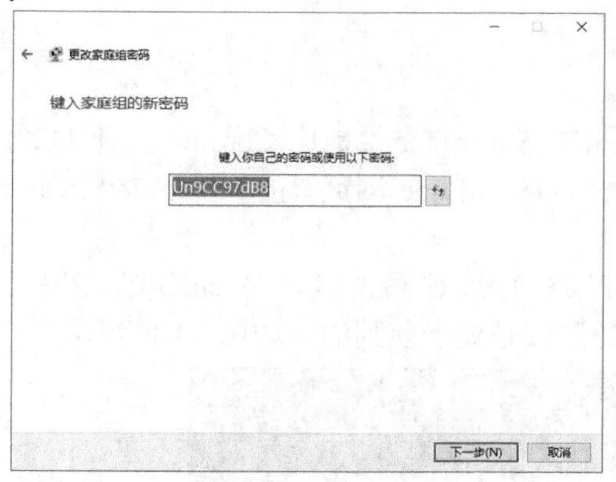

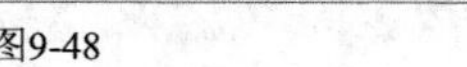
图9-48

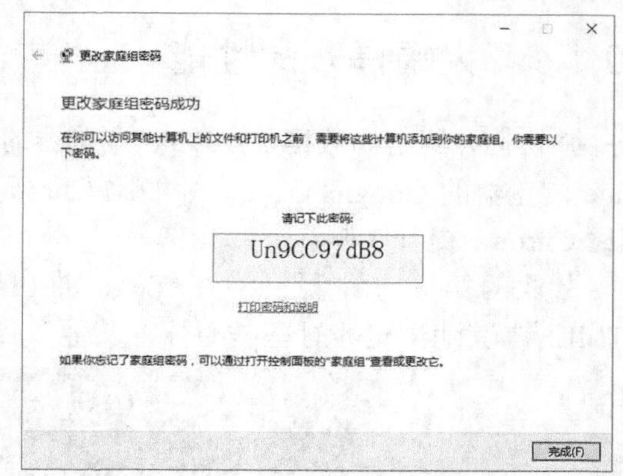

图9-49

第10章　全新的 Edge 与 Explorer

在网络高度发达的今天，我们通过 Internet 获取各种信息，进行工作、娱乐。在英文中上网是“surfing the internet”，因“surfing”的意思是冲浪，即称为“网上冲浪”，这是一种形象的说法。网上冲浪的主要工具是浏览器，Windows 10 集成了两款不同的浏览器，用户可以根据个人喜好进行选择。

10.1　全新的 Edge 浏览器

2015 年微软正式发布了 Edge 浏览器，它是 Windows 10 中的一项重大改进，不同于以往的 IE 浏览器，Edge 浏览器是一款全新的、轻量级的浏览器。Edge 采用了全新的渲染引擎，使得它在整体内存占用上减少，浏览速度上有了大幅提升。

10.1.1　大幅提升的性能

微软官方给出的数据是：Edge 浏览器的 WebKit Sunspider 性能比 Chrome 提升 112%；Edge 浏览器的 Google Octane 性能比 Chrome 提升 11%；Edge 浏览器的 Apple JetStream 性能比 Chrome 提升 37%。

专业的第三方评测机构在 Edge 推出的时候进行过评测，除了 WebXPRT 2013 和 HTML5 与其他浏览器有些差距外，其他项目的评测都是处于前列的，如图 10-1 所示。

Browser Performance - Core i7-860							
Benchmark	IE 11 (Jan)	Spartan (Jan)	Edge 20 (July)	Chrome 40 (Jan)	Chrome 43 (July)	Firefox 35 (Jan)	Firefox 39 (July)
Sunspider (lower is better)	149.7ms	144.6ms	**133.4ms**	260.9ms	247.5ms	220.1ms	234.6ms
Octane 2.0 (higher is better)	9861	17928	**22278**	17474	19407	16508	19012
Kraken 1.1 (lower is better)	3781.2ms	2077.5ms	**1797.9ms**	1992.8ms	1618.7ms	1760.4ms	1645.5ms
WebXPRT (higher is better)	913	1083	**1132**	1251	1443	1345	1529
Oort Online (higher is better)	1990	2170	**5470**	5370	7620	3900	7670*
HTML5Test (higher is better)	339	344	**402**	511	526	449	467

图10-1

- Sunspider 测试：Sunspider 是一个 JavaScript 基准测试平台，它可以衡量一款浏览器的 JavaScript 引擎性能。虽然 Sunspider 是由苹果开发，但现已成为十分流行的浏览器 JavaScript 引擎测试平台。可以看到 Edge 浏览器较其他浏览器领先很多。
- Octane 2.0：Octane 2.0 是 Google 推出的第二代 JavaScript 基准测试工具，重点拓展到了其在指定系统的测试延迟上。从图表上可以看出，Edge 浏览器在这一项测试上也领先很多。
- Kraken 1.1：Kraken 是一个第三方的 JavaScript 性能测试工具，Edge 浏览器在此项目上也领先对手很多。
- WebXPRT：WebXPRT 是 Principled Technologies 公司新开发的 HTML5/js 网页性能测试。Edge 浏览器较之前版本有一定提升，但是比其他浏览器还有一定的差距。
- Oort Online：Oort Online 是一个在线的基准测试应用，测试 WebGL 的兼容性能，Edge 浏览器和其他浏览器差距不大。
- HTML5 Test：HTML5 Test 是一款根据浏览器支持 HTML5 规范的程度来对浏览器进行测试的工具。从结果来看，Edge 浏览器目前对 HTML5 的兼容性还不如其他浏览器。

10.1.2 认识 Edge 浏览器主界面

打开 Edge 浏览器，主界面如图 10-2 所示。下面简要介绍主界面的功能。

图10-2

- 标签栏：显示打开的网页标题，单击右侧的“×”按钮可以关闭标签。单击右侧的“+”按钮可以打开新的标签。

- 工具栏：提供了上网时常用的工具，如“前进”“后退”等功能，还有最新添加的阅读模式和 Web 笔记等工具。
- 网页区域：工具栏下面最大的栏内，显示的是浏览的网页。

10.1.3　更好的阅读体验

在阅读网上的文章时，我们时常被网页内其他的广告和无关内容打扰。Edge 浏览器提供了阅读视图，可以自动过滤广告、无关的文字内容和图片等，使我们专注于阅读网页内容。不仅如此，Edge 浏览器还自动调整网页内容的字间距、行间距和字体大小等。另外，部分包含很多页面的文章，Edge 浏览器会将它们合并到一个页面中显示。

我们以其中一则新闻为例，打开的网页上面的标题和右侧的推荐文章会影响我们的注意力，如图 10-3 所示。

图10-3

这时可以单击工具栏上的 📖 按钮，切换到阅读视图，会发现标题和推荐文章都不见了，只剩下文章内容，如图 10-4 所示。

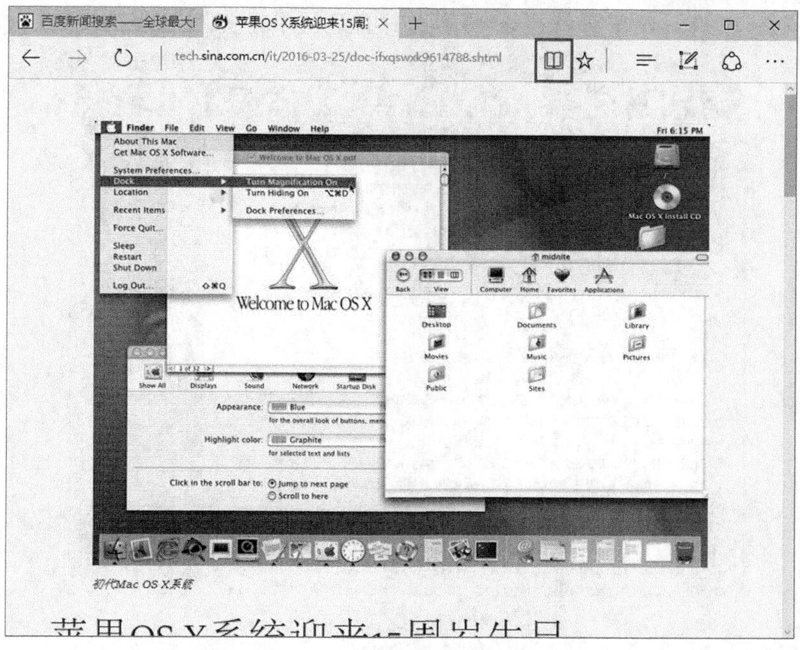

图10-4

10.1.4 方便快捷的 Web 笔记

如果在 Internet 上发现了比较有用的信息，我们需要在网页上做一些标注然后保存下来，这时可以使用 Edge 浏览器提供的 Web 笔记功能，这是 Edge 浏览器新增的功能。

单击快捷工具栏上的 按钮，如图 10-5 所示。

图10-5

这时窗口上部会弹出 Web 笔记工具栏，我们可以使用工具对文字进行划线和注释，完

成笔记后，单击右侧的保存按钮就可以保存我们的笔记了，如图 10-6 所示。

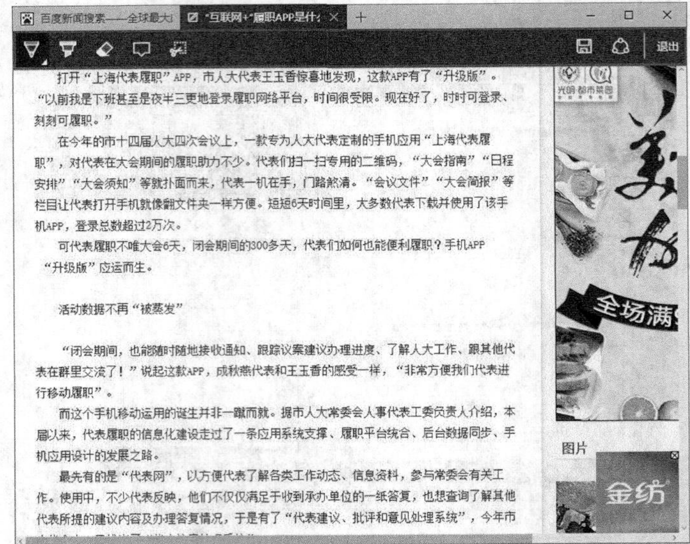

图10-6

10.1.5　使用 Cortana 助手

Edge 浏览器还可以使用 Cortana 助手来协助我们使用浏览器，我们需要先开启它。单击快捷工具栏中的[…]按钮，在弹出的菜单中选择"设置"命令，如图 10-7 所示。

图10-7

单击"查看高级设置"按钮，如图 10-8 所示。

图10-8

然后开启“让 Cortana 在 Microsoft Edge 中协助我”，如图 10-9 所示。

图10-9

这时，在选定的文本部分右键单击并选择“询问 Cortana”命令，然后就能在窗口右侧查看到相关的信息，如图 10-10 所示。

图10-10

10.1.6 SmartScreen 筛选器

在浏览 Internet 时，SmartScreen 筛选器在后台运行，可分析网页并确定这些网页是否有任何可能值得怀疑的特征。一旦发现可疑的网页，SmartScreen 筛选器将显示一则消息，给用户以提供反馈的机会并提示谨慎处理。

SmartScreen 筛选器对照最新报告的仿冒网站和恶意软件网站的动态列表，检查用户访问的站点，它还会对照报告的恶意软件网站的同一动态列表，检查从 Web 上下载的文件。如果 SmartScreen 筛选器找到匹配项，它将显示一个红色警告，通知用户为了信息安全已经阻止了该网站。

10.1.7 无痕浏览网页

大部分网站都会保留 Cookie 信息，以记录我们的使用习惯和常用设置。如果不想让网站保存这些信息，则可以选择使用 InPrivate 浏览来打开网页。InPrivate 浏览可让用户在浏览 Internet 时不会在浏览器中留下任何隐私信息痕迹。这有助于防止任何其他使用您的计算机的人看到您访问了哪些网站，以及您在 Web 上查看了哪些内容。Microsoft Edge 也包含了这项功能。

单击浏览器快捷工具栏中的 ··· 按钮，然后选择“新 InPrivate 窗口”命令，如图 10-11 所示。

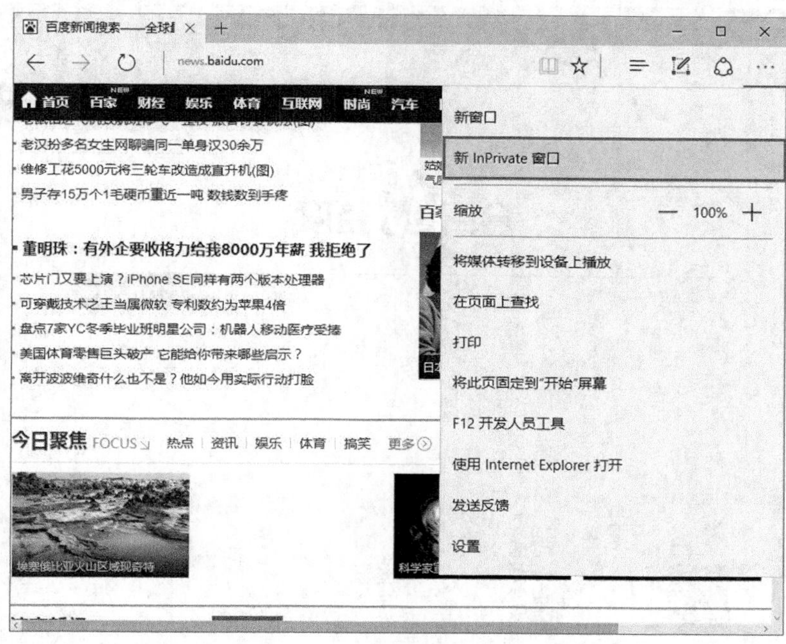

图10-11

输入需要访问的网址，按 Enter 键，这样我们就可以无痕浏览网页了，如图 10-12 所示。

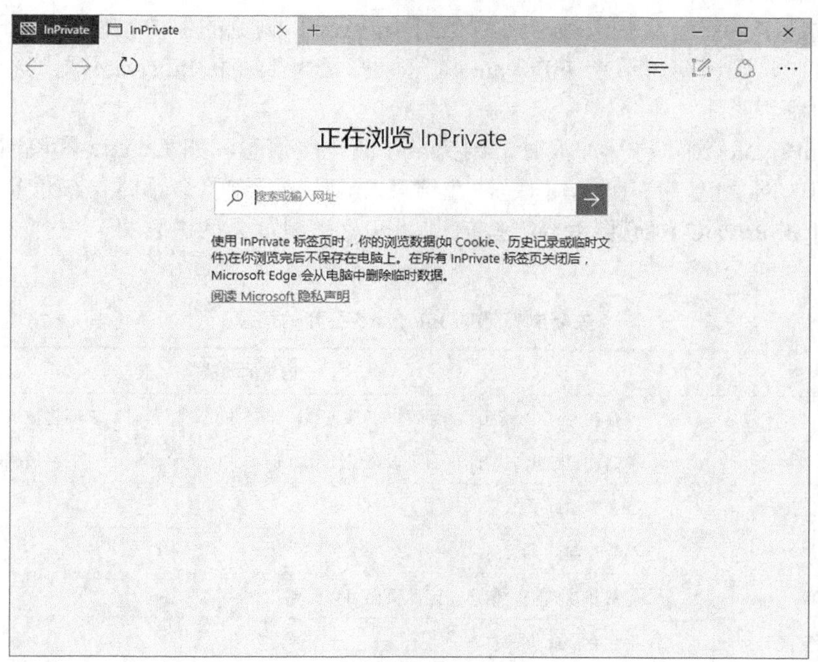

图10-12

正在进行 InPrivate 浏览的窗口，在左上角会有个“InPrivate”标签，如图 10-13 所示。

图10-13

InPrivate 浏览提供的保护仅在用户使用该窗口期间有效。可以在该窗口中根据需要打开尽可能多的选项卡，而且这些选项卡都将受到 InPrivate 浏览的保护。但是，如果打开了另一个浏览器窗口，则该窗口不受 InPrivate 浏览保护。若要结束 InPrivate 浏览会话，关闭该浏览器窗口即可。

当使用 InPrivate 浏览进行冲浪时，浏览器存储一些信息，如 Cookie 和临时 Internet 文件，以便访问的网页能正常工作。但是，在结束 InPrivate 浏览会话时，该信息将被丢弃。关闭浏览器时 InPrivate 浏览将丢弃哪些信息，以及在浏览会话中它将产生什么影响，如表 10-1 所示。

表 10-1　　关闭浏览器时 InPrivate 丢弃的信息

信息内容	信息的功能
Cookie	保存在内存中，因此页面可以正常工作，但在关闭浏览器时，它们将被清除
临时 Internet 文件	存储在磁盘上，因此页面可以正常工作，但在关闭浏览器时，它们将被删除
网页历史记录	不会存储此类信息
窗体数据和密码	不会存储此类信息
防仿冒网站缓存	加密和存储临时信息，因此页面可以正常工作
地址栏和搜索自动完成	不会存储此类信息
自动崩溃还原（AC R）	在会话中选项卡崩溃时，ACR 可还原，但是如果整个窗口崩溃，则数据将被删除，窗口也无法还原
文档对象模型（DOM）存储	DOM 存储是一种开发人员可用来保留信息的“超级 Cookie”Web。与常规的 Cookie 一样，它们在窗口关闭后也不会被保留

10.2 设置 Internet 选项

Internet 选项为浏览器提供了一些重要的安全设置，为用户保护自己的计算机、设置浏览器的默认方式等起到了重要作用。那么如何打开 Internet 选项，这些选项的作用是什么呢？下面具体介绍一下。

右键单击按钮，然后单击“控制面板”，在打开的“控制面板”窗口中单击“网络和 Internet”，如图 10-14 所示。

图10-14

在弹出的“网络和 Internet”窗口中单击“Internet 选项”，如图 10-15 所示。

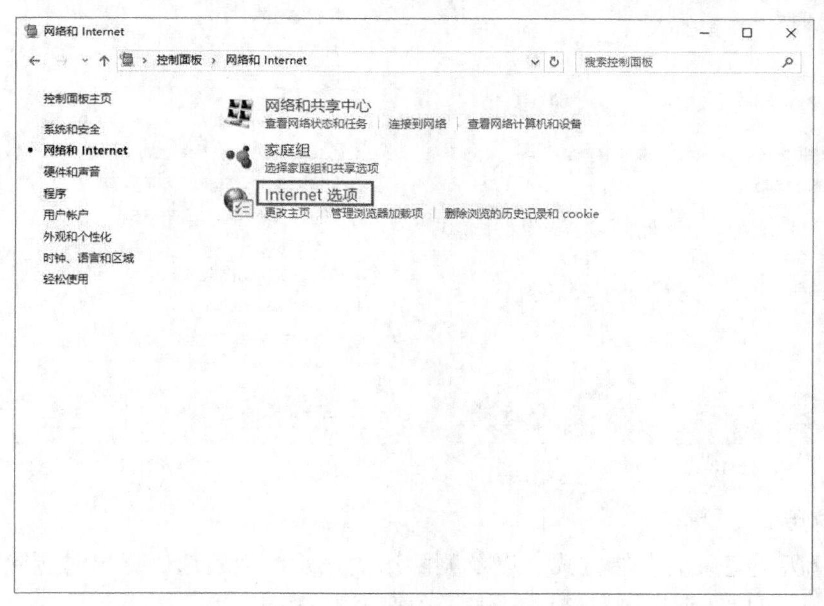

图10-15

10.2.1　“常规”选项卡

按照上面的操作之后，打开的是“常规”选项卡，“常规”选项卡主要用来对浏览网页的一些常规选项进行设置，如图 10-16 所示。

一、主页

可以设置打开浏览器时默认打开的网页，有 3 个选项。

- 使用当前页：使用当前打开的页面作为主页。
- 使用默认值：使用系统默认的主页设置。
- 使用新标签页：在打开浏览器时打开新的标签页。

二、启动

设置浏览器启动时的动作，有两个选项，用户可以设置从上次会话中的标签页开始或主页开始启动浏览器。

三、标签页

更改网页在标签页中的显示方式，单击右侧的“标签页”按钮，可以进行详细的设置，详细设置窗口如图 10-17 所示。

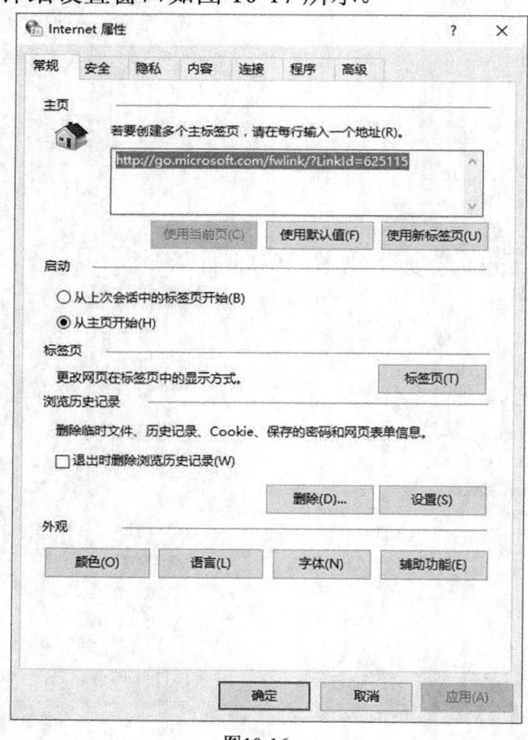

图10-16

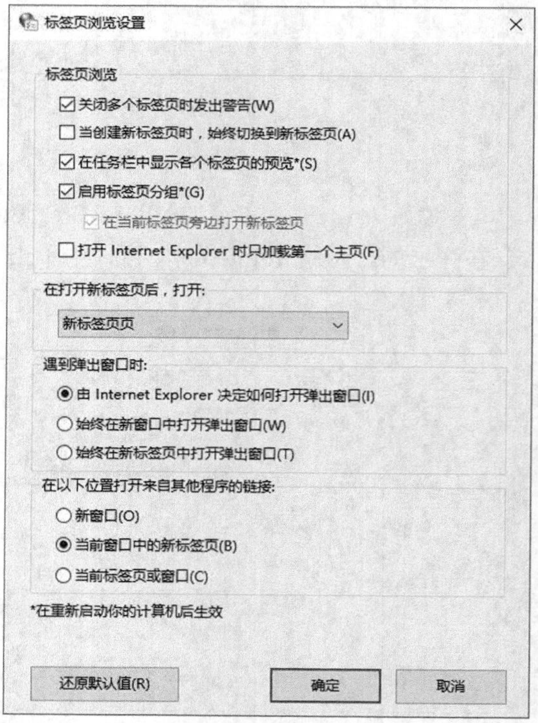

图10-17

四、浏览历史记录

可以设置历史记录的存储方式，以及删除历史记录。当勾选“退出时删除浏览历史记录”复选框时，可以在退出浏览器后，删除当前的浏览历史记录。

- 单击“删除”按钮，可以立即删除所选择的历史记录，如图 10-18 所示。
- 单击“设置”按钮，可以设置 Internet 临时文件的存储方式、存放位置、使用磁盘空间，历史记录保存网页的天数，缓存和数据库等选项，如图 10-19 所示。

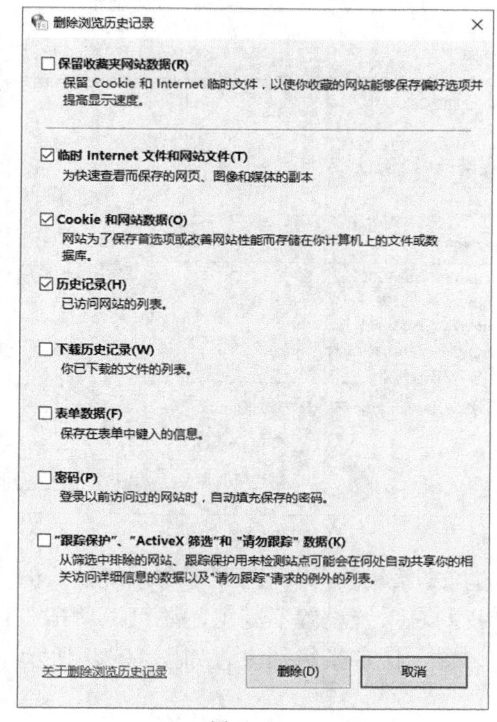

图10-18

图10-19

五、外观

设置浏览器浏览网页时文字的颜色、语言、字体及其他辅助功能，可以单击各相关功能按钮进行设置。

10.2.2 “安全”选项卡

“安全”选项卡用于设置浏览 Internet 时的安全设置，如图 10-20 所示。

“安全”选项卡将浏览的网页分成了 4 个区域，分别是 Internet、本地 Intranet、受信任的站点、受限制的站点。除 Internet 区域外，其余 3 个区域可以设置属于本区域的站点，单击“站点”按钮即可设置。

我们以最常用的“受信任的站点”为例，单击“站点”按钮，弹出“受信任的站点”对话框，如图 10-21 所示。我们可以将网站添加到这个区域，以使用网站提供的更丰富的功能。因为受信任的站点默认都是要“https:”开头的网址，如果我们需要添加不带上述开头的网址，需要将“对该区域中的所有站点要求服务器验证（https:）(s)”前面的勾选取消后，才能将网站加入到可信站点里面。可信站点的权限较高，不要轻易把站点加入到可信站点列表里面。

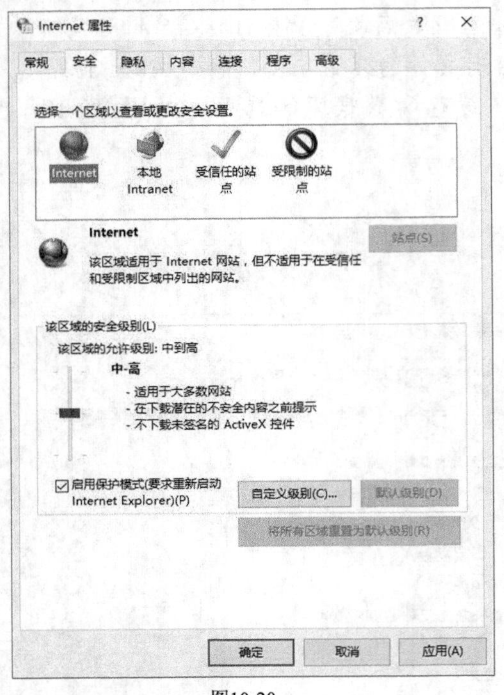

图10-20

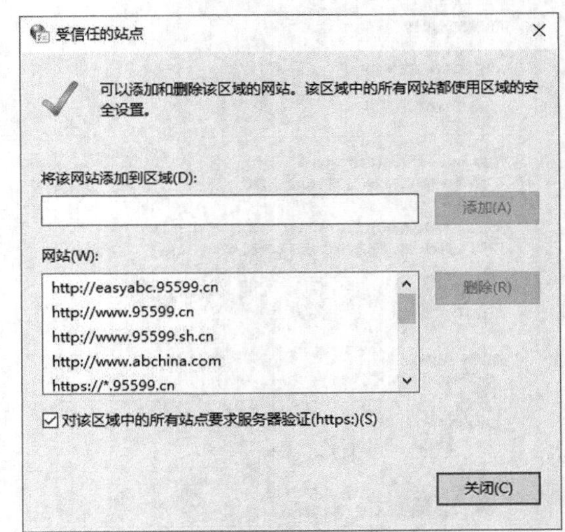

图10-21

当我们选中一个站点后，下方显示的是该区域的安全级别，每个区域都有系统默认的安全级别，我们可以拖动滑块改变现有的级别。如果我们对系统设置不满意，还可以单击“自定义级别”按钮，对当前区域的安全级别进行详细设置。自定义级别设置如图 10-22 所示。

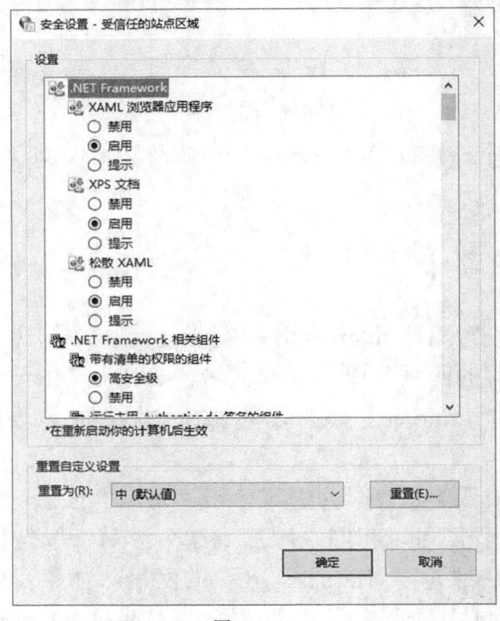

图10-22

如果我们修改了安全级别后，访问网页出现了问题，这时可以单击“默认级别”按钮来恢复系统默认的设置。

10.2.3 “隐私”选项卡

“隐私”选项卡用于设置和个人隐私有关的选项，如图 10-23 所示。

设置和 Cookie 有关的选项。

- 站点：针对某一站点设置隐私操作，有“允许”和“阻止”两个选项，如果想取消对某一站点的设置，可以选择该站点后单击“删除”按钮，如图 10-24 所示。

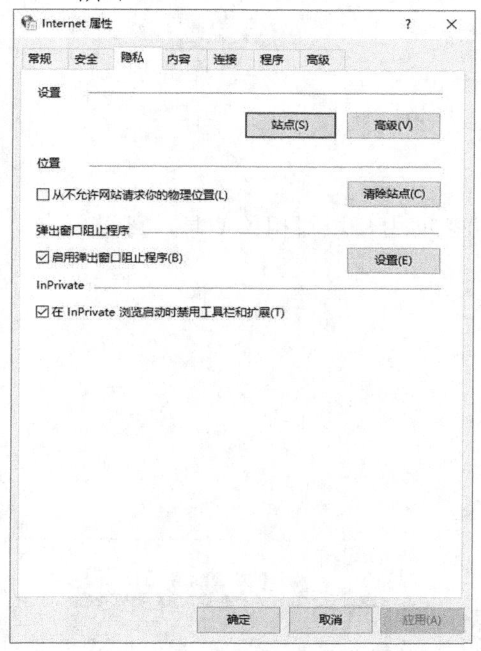

图10-23

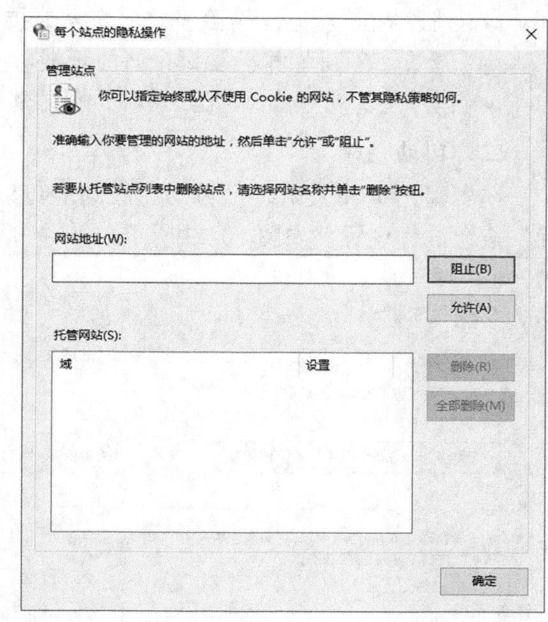

图10-24

- 高级：可以针对第一方 Cookie 和第三方 Cookie 进行相关的设置，如图 10-25 所示。

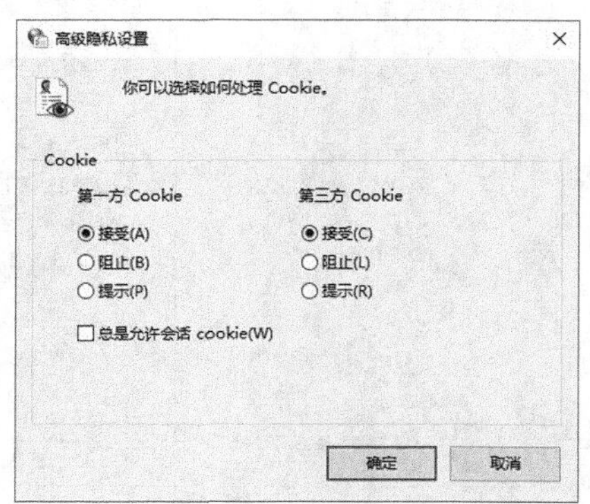

图10-25

- 位置：可以选择是否允许网站请求你的物理位置。
- 弹出窗口阻止程序：可以设置是否对网站的弹出窗口进行阻止，以及对站点

进行设置。

- InPrivate：设置 InPrivate 浏览时是否禁用工具栏和扩展栏。

10.2.4　“内容”选项卡

“内容”选项卡用于对证书、自动完成和网页快讯等进行设置，如图 10-26 所示。

一、证书

管理和证书有关的设置。

- 清除 SSL 状态：清除当前的安全连接状态。
- 证书：管理计算机里面存储的证书。
- 发布者：管理计算机里面证书的发布者。

二、自动完成

在填写网址和表单时，自动完成功能可以自动帮助用户填写相关信息，可以单击“设置”按钮进行设置，如图 10-27 所示。

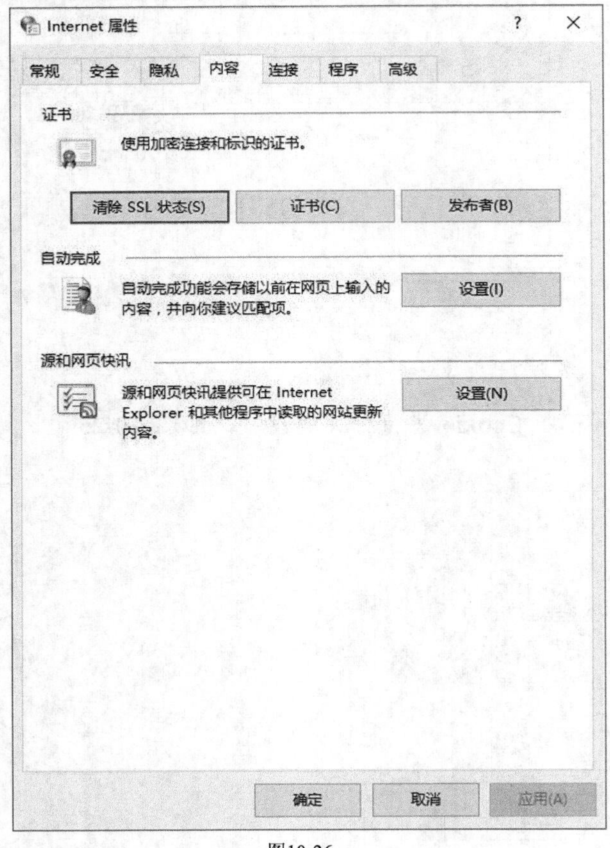

图10-26

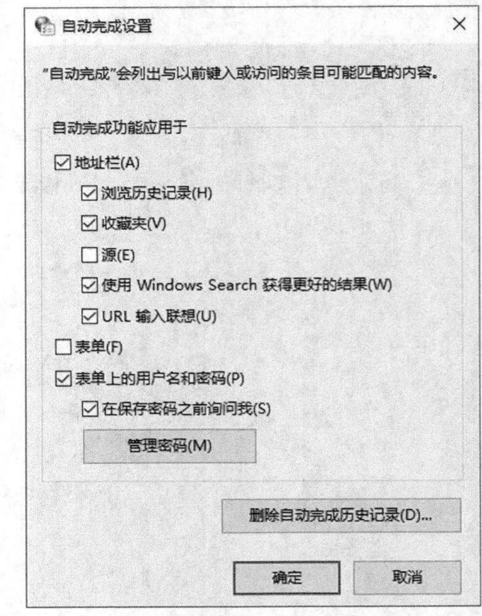

图10-27

三、源和网页快讯

可以设置网站内容更新时，及时得到相关的通知。

10.2.5 “连接”选项卡

“连接”选项卡用于设置和网络连接有关的选项，如图 10-28 所示。

(1) Internet 连接设置。

单击右上方的“设置”按钮，可以设置计算机连接 Internet 的方式。

(2) 拨号和虚拟专用网络设置。

可以设置拨号连接互联网的方式或使用 VPN 连接互联网的方式。

(3) 局域网设置。

如果计算机处于局域网内，则可以单击右侧的“局域网设置”按钮，对局域网的自动配置和代理服务器进行设置，如图 10-29 所示。

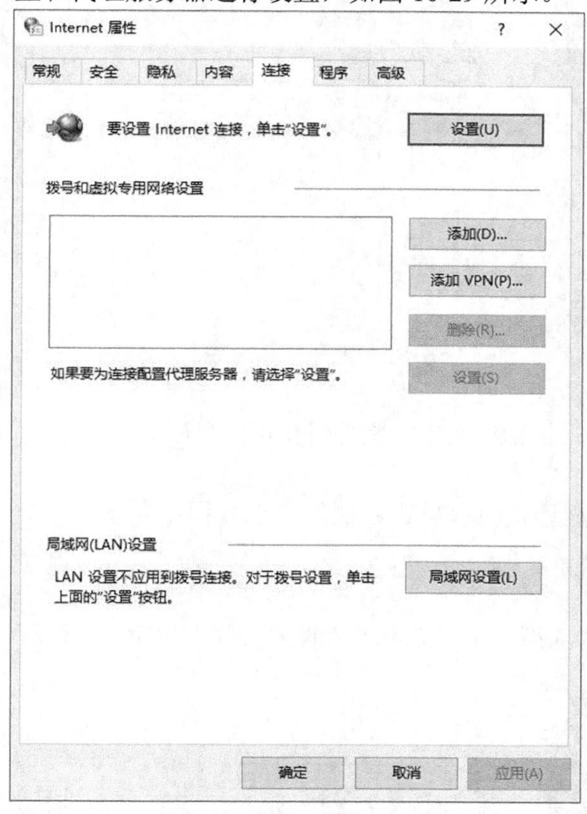

图10-28

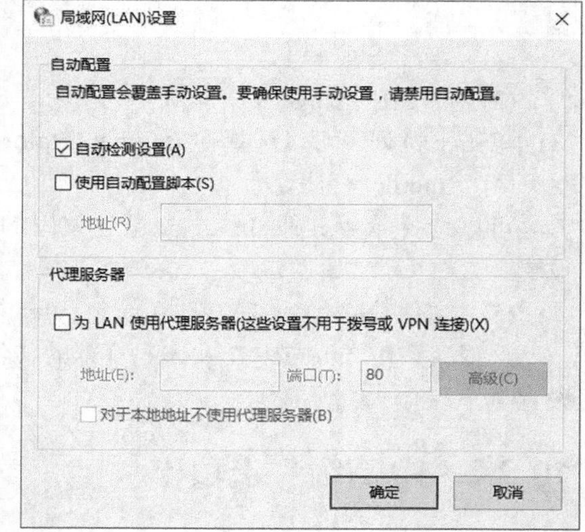

图10-29

10.2.6 “程序”选项卡

“程序”选项卡可以设置浏览器打开链接的方式和浏览器的加载项等信息，如图 10-30 所示。下面介绍该选项卡的主要内容。

(1) 打开 Internet Explorer。

可以设置打开链接的方式，以及将 Internet Explorer 设置为默认浏览器。

(2) 管理加载项。

加载项也称为 ActiveX 控件、浏览器扩展、浏览器帮助应用程序对象或工具栏，可以通过提供多媒体或交互式内容（如动画）来增强对网站的体验。单击右侧的“管理加载项”按钮，可以对浏览器中的加载项进行启用和禁用的设置，如图 10-31 所示。

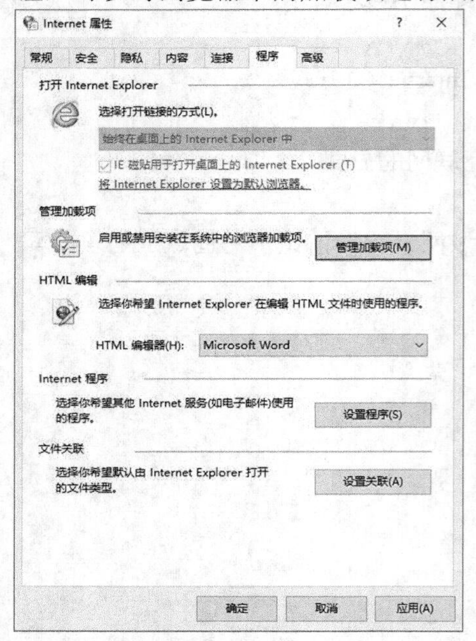

图10-30

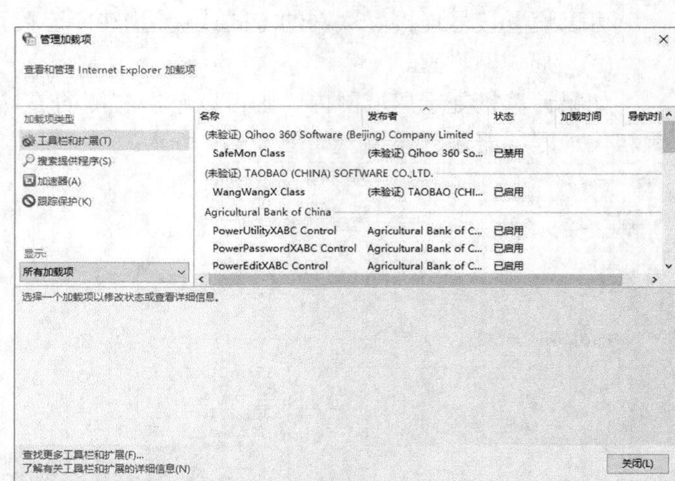

图10-31

(3)　HTML 编辑。

单击下拉列表可以选择在 Internet Explorer 中编辑 HTML 文件时使用的程序。

(4)　Internet 程序。

可以选择希望其他 Internet 服务使用的程序，可以单击右侧的“设置程序”按钮进行设置。

(5)　文件关联。

选择默认由 Internet Explorer 打开的文件类型，单击右侧的“设置关联”按钮可以进行设置。

10.2.7　“高级”选项卡

“高级”选项卡用于设置浏览器的高级选项，如图 10-32 所示。里面的选项对于浏览器的影响比较大，建议不要进行更改。

如果不小心更改高级设置导致了浏览器的异常，可以单击“还原高级设置”按钮，将高级设置还原至系统默认状态。还可以单击“重置”按钮，将整个浏览器重置为初始状态。

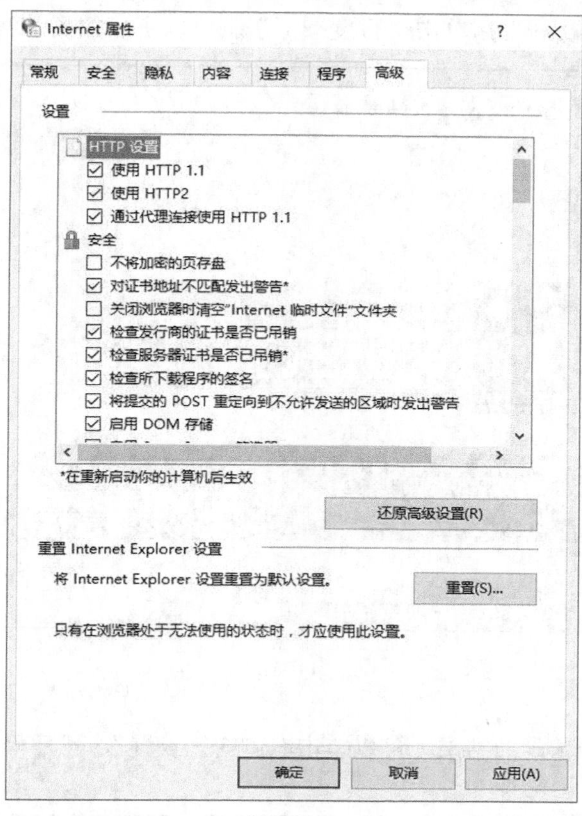

图10-32

10.3　网络资源的搜索与下载

随着互联网规模的日益扩大，网络上的信息和资源可以说是无穷无尽的，如何在这些海量的资源中找到我们需要的资源，是我们需要掌握的一项技能。

10.3.1　认识搜索引擎

为了帮助用户找到自己需要的信息，互联网上出现了许多专门提供搜索服务的网站，这些网站根据一定的策略，运用特定的计算机程序从互联网上搜集信息，在对信息进行组织和处理后，为用户提供检索服务，将用户检索相关的信息展示给用户。这些网站就是搜索引擎。目前国内用户主要使用的搜索引擎就是百度网站。

10.3.2　如何使用搜索引擎

以百度为例，简要介绍使用搜索引擎的方法。

(1)　关键字搜索。

如果我们想搜索某个网站或某个关键词，只需在搜索引擎中输入就可以了。比如想找雾

霾的资料，只要输入“雾霾”后单击“百度一下”就可以了，如图 10-33 所示。

图10-33

(2)　精确搜索。

如果我们需要更加精确的结果，可以单击右侧的“设置”，然后单击“高级搜索”，如图 10-34 所示。

图10-34

在弹出的页面中，对搜索结果进行详细的设置，然后单击“高级搜索”即可，如图 10-35 所示。

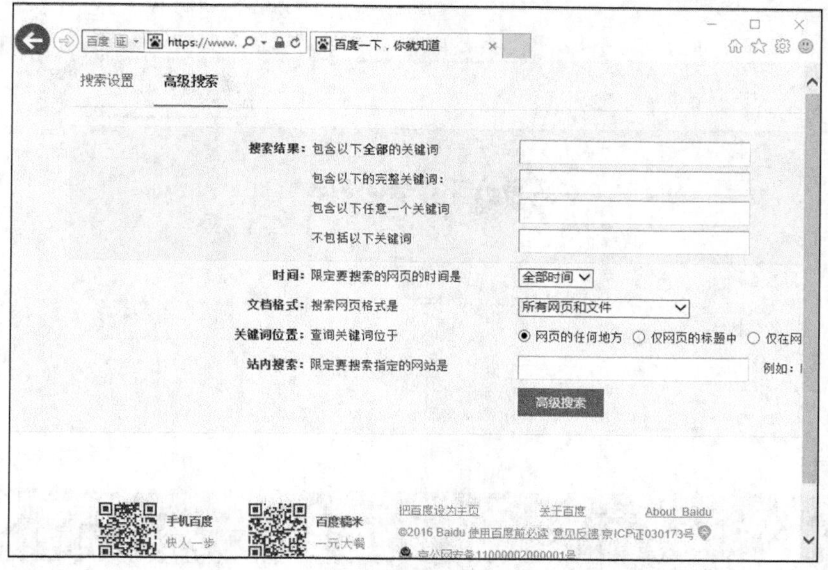

图10-35

10.3.3 下载文件或应用软件

当我们的计算机上没有需要的软件或文件时，可以到网上去下载。

以有道词典为例，介绍一下具体步骤。

1. 打开浏览器，打开百度首页，在搜索框内输入“有道词典”，单击“百度一下”，进入搜索结果页面，如图 10-36 所示。

图10-36

2. 单击第一个搜索结果，进入有道词典官网，然后单击“桌面版”链接，如图 10-37 所示。

图10-37

3.　在弹出的窗口中，单击“立即下载”按钮，如图 10-38 所示。

图10-38

4.　在弹出的对话框中，单击“保存”按钮，如图 10-39 所示。

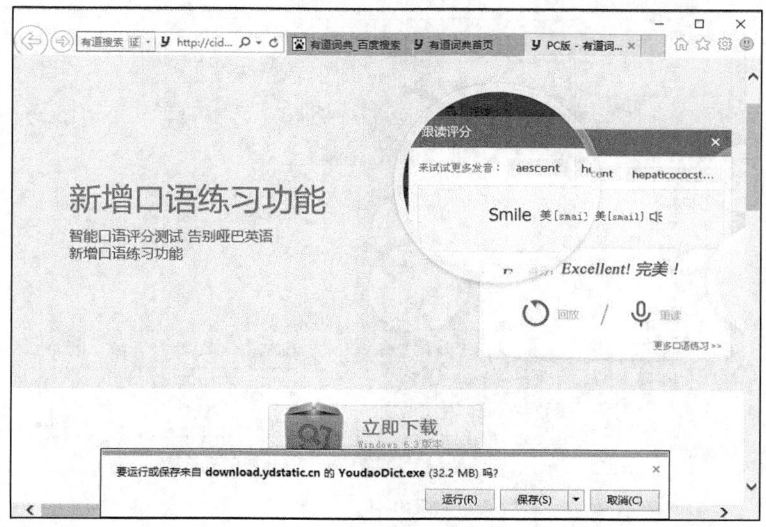

图10-39

下载完成后，我们可以到 C:\users\your name\downloads 文件夹中找到下载的文件，执行下一步操作即可。

10.3.4 保存网页上的文字、图片等内容

如果我们需要保存网页上的文字或图片等内容，可以使用 Internet Explorer 自带的“另存为”功能进行保存。

1. 单击浏览器右上角的⚙按钮，然后选择“文件”/“另存为”命令，如图 10-40 所示。

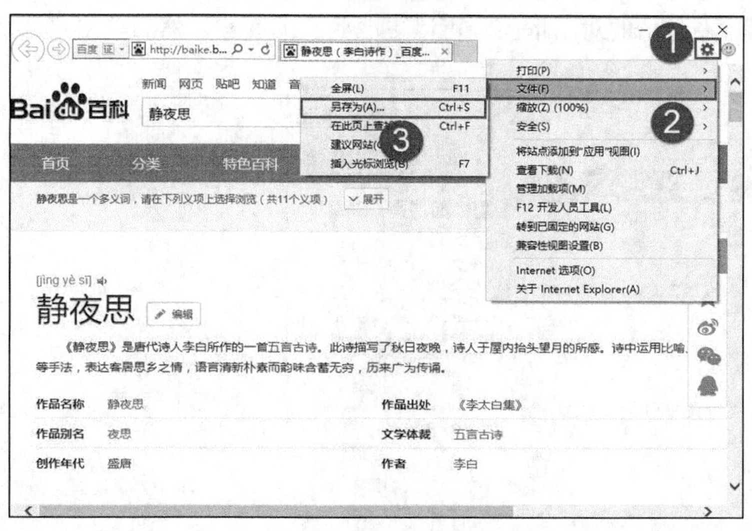

图10-40

2. 在弹出的对话框中，选择要保存的文件夹，然后单击“保存”按钮，如图 10-41 所示。

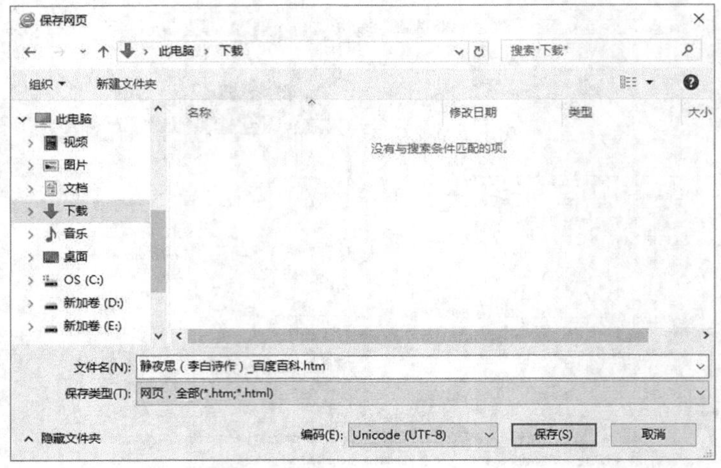

图10-41

10.4　Internet Explorer 进阶

10.4.1　收藏夹的使用

如果有些网站我们经常访问，但是网址比较长，我们不想每次浏览这个网站时都输入网址，这时可以使用 Internet Explorer 的收藏夹功能。

一、将网址添加到收藏夹

单击 Internet Explorer 右上角的按钮，在弹出的界面中单击“添加到收藏夹”按钮，如图 10-42 所示。在弹出的对话框中，可以更改收藏的名称，然后单击“添加”按钮，如图 10-43 所示。

图10-42

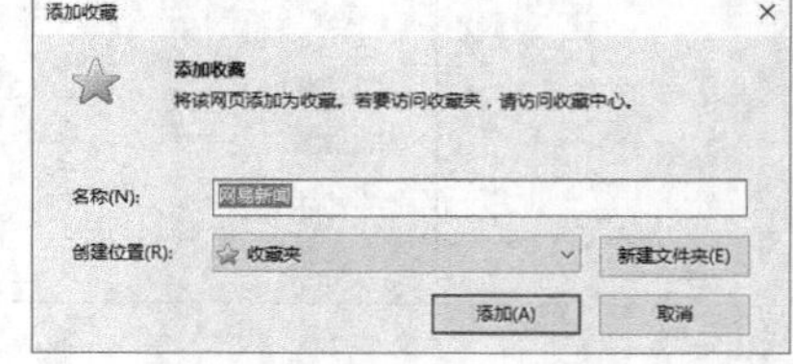

图10-43

打开收藏夹，可以看到我们收藏的网址已经出现在里面，以后可以在收藏夹里直接单击这个链接访问网站，如图 10-44 所示。

图10-44

二、删除收藏的网址

如果有网址不再使用，则可以从收藏夹中删除它们。

1. 单击浏览器右上角的★按钮，然后单击“添加到收藏夹”按钮右侧向下的小箭头，在弹出的菜单中选择“整理收藏夹”命令，如图 10-45 所示。
2. 在弹出的对话框中，选中不需要的网址，然后单击下部的“删除”按钮，如图 10-46 所示。

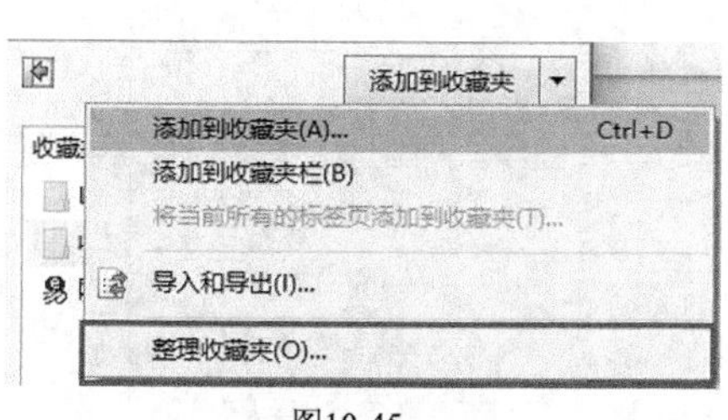

图10-45

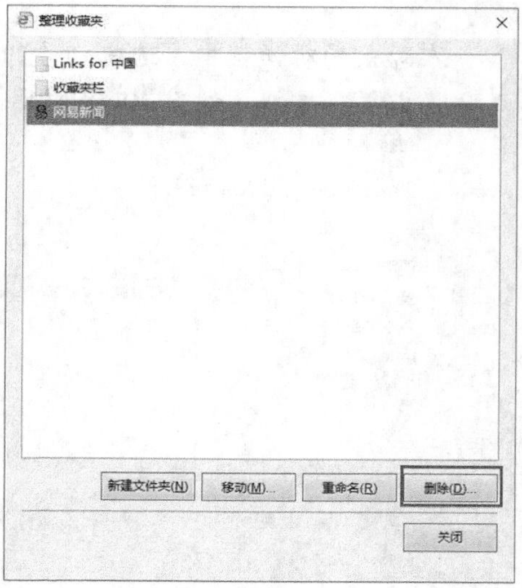

图10-46

10.4.2 巧用跟踪保护

启动浏览器打开某些网页，会看到很多的广告，我们可以使用第三方的广告屏蔽软件来帮助我们屏蔽广告。在 Internet Explorer 11 浏览器中无须安装任何插件，只需开启自带的跟

踪保护功能即可。

其实，该功能的本意是帮助用户杜绝第三方网站的跟踪行为。但这同时也表示该功能能够拦截网站所投放的第三方广告代码，具体方法如下。

1. 单击浏览器上的⚙按钮，在弹出的菜单中选择“安全”/“启用跟踪保护”命令，如图 10-47 所示。

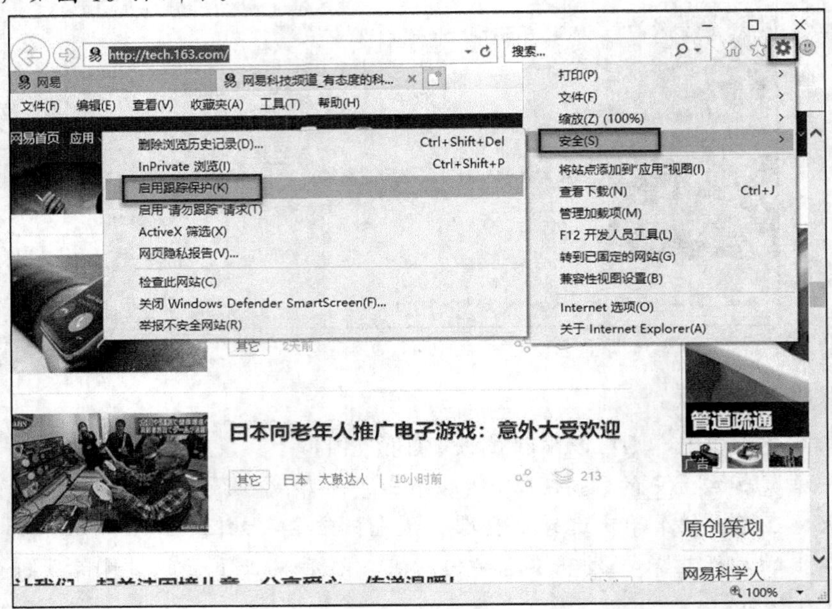

图10-47

2. 在弹出的对话框中，选中“你的个人化列表”，单击“启用”按钮，然后单击“设置”按钮，如图 10-48 所示。

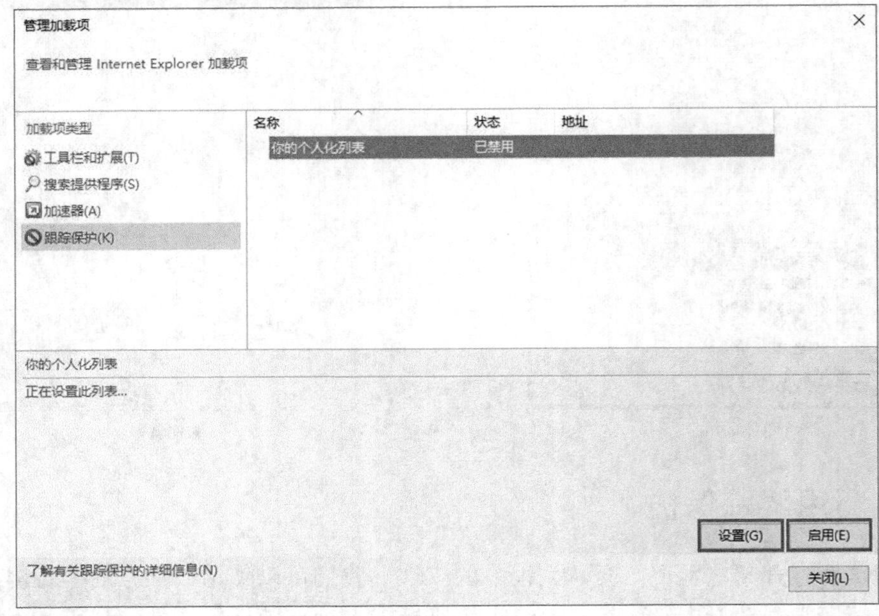

图10-48

3. 选中“自动阻止”选项，然后将下面的数值由“10”改为“3”，单击“确定”按钮，如图 10-49 所示。

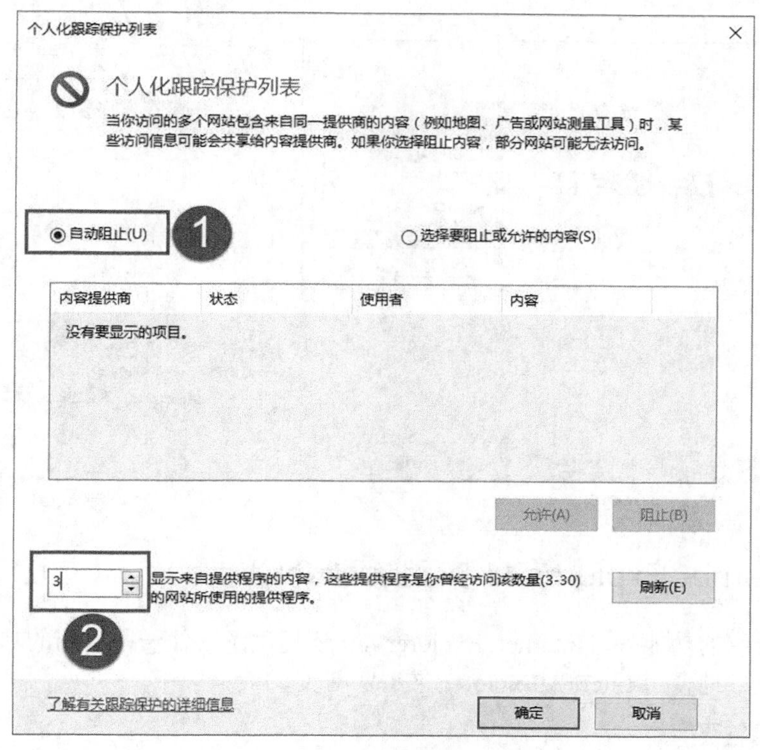

图10-49

10.4.3 兼容性视图

有些网站是按照早期的 Internet Explorer 版本开发的，或者说是为较低版本的 Internet Explorer 浏览器设计的。随着 Internet Explorer 浏览器的逐步更新换代，其内核也在做着改进和优化，但是早期开发出来的网站来不及按照新的 Internet Explorer 的标准重新做，这样用较高版本的 Internet Explorer 打开早期做的网页时会有兼容性问题，比如显示不正常、排版有问题等。这种情况下选择兼容性视图就能按照较早的标准打开网页，使网页显示正常。这是 Internet Explorer 的向低版本兼容，就像 Word 2010 能打开 Word 2003 的文件，反过来不行。下面介绍如何使用兼容性视图。

1. 单击窗口右上方的⚙按钮，在弹出的菜单中选择“兼容性视图设置”命令，如图 10-50 所示。
2. 在弹出的对话框中，单击右侧的“添加”按钮，就可以把当前站点添加到兼容视图里面，如图 10-51 所示。这样以后浏览这个网址的时候，Internet Explorer 会默认以兼容模式显示这个网页。如果有些网页更新后适合新版本浏览器，我们可以选择网址，然后单击右侧的“删除”按钮，这样浏览器以后就不用兼容性视图显示这个网页了。

图10-50

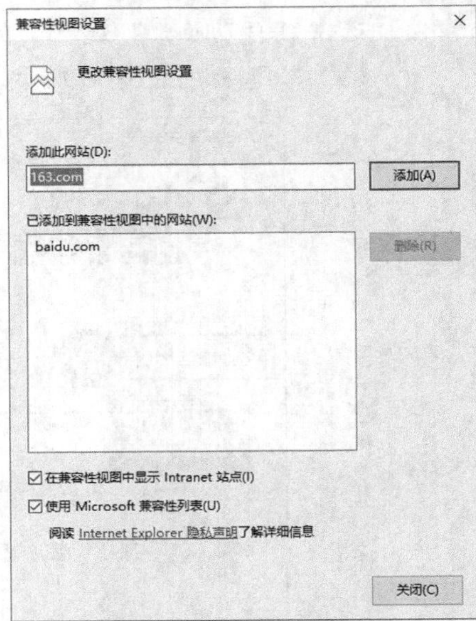

图10-51

10.4.4　Internet Explorer 11 实用功能介绍

除了上面介绍的功能外，Internet Explorer 11 还提供了其他一些实用的功能，这些功能可以帮助我们更好地使用 Internet Explorer 来浏览网页。

一、无限标签页

Internet Explorer 10 将标签页数量限制在 10 个以内，而在 Internet Explorer 11 中不再进行限制。Internet Explorer 11 会智能地进行内存分配，“暂停”非活动页面标签，所以多标签同时打开并不会降低上网体验。一旦用户切换标签，备份马上就能激活。

二、重新打开上次浏览的页面

在日常工作中，如果不小心关闭了某个网页该如何恢复呢？Internet Explorer 11 具备重新打开上次浏览页面的功能。当关闭页面时，Internet Explorer 会记录下这个页面的网址信息，当我们需要时，可以调用这个功能打开之前关闭的页面。

下面介绍 Internet Explorer 11 如何恢复上次打开的网页。

1.　单击窗口右上方的按钮，如图 10-52 所示。

图10-52

2. 在弹出的新标签页中单击“重新打开最后一次页面”，如图 10-53 所示。

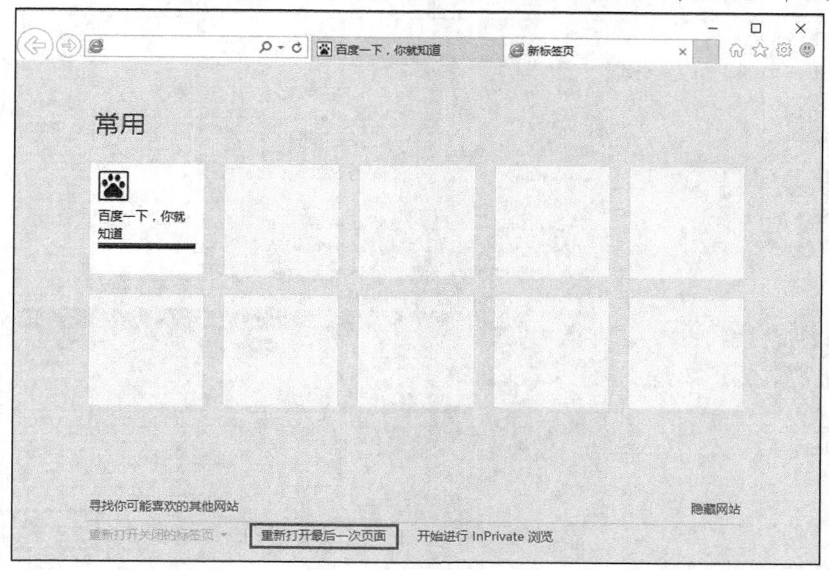

图10-53

三、自动崩溃恢复

浏览 Internet 时，我们会同时打开许多网页，如果这时浏览器意外崩溃，打开的网页会全部关闭，如果重新一一打开费时又费力。Internet Explorer 11 具备“自动崩溃恢复”功能。当 Internet Explorer 遇到意外关闭页面时，重新打开 Internet Explorer 会自动恢复到上一次的页面。

四、管理加载项提高启动速度

在使用 Internet Explorer 时，经常会出现一些网站提示安装一些扩展程序，也就是加载项。如果装得太多就会对打开网页的速度造成影响。通过禁用一些加载项，可以提高 Internet Explorer 启动的速度。那么如何关闭这些加载项呢？

1. 单击右上方的⚙按钮，在弹出的菜单中选择“管理加载项”命令，如图 10-54 所示。

图10-54

2. 在弹出的“管理加载项”对话框中选择相应的加载项，单击下方的“禁用”

按钮，如图 10-55 所示。

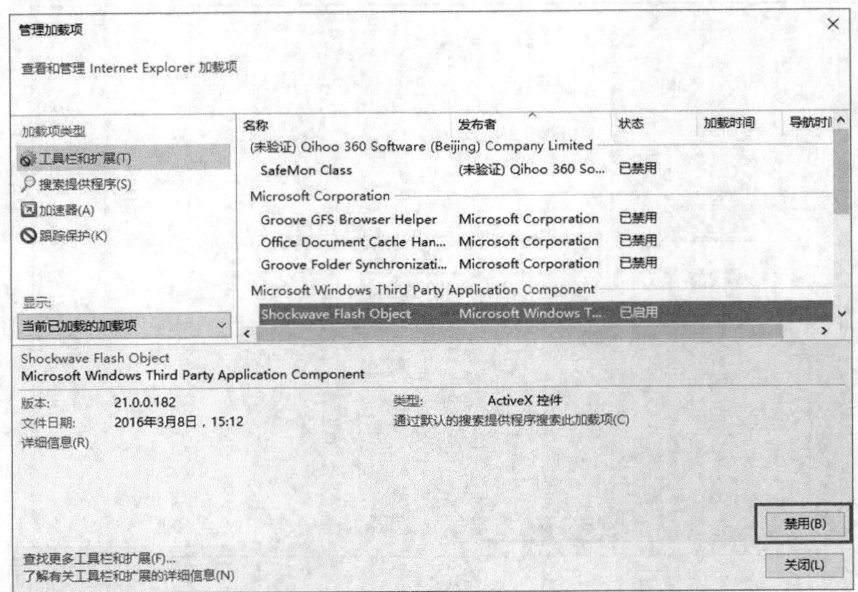

图10-55

部分网站需要运行加载项才可以完全使用网站的功能，在禁用加载项后，如果无法正常浏览网页，则需要重新开启关闭的加载项。

第11章 Cortana助手

Windows 10中加入了Cortana（小娜）助手功能，简单来说，它是一项语音助手功能，类似于智能手机中的语音助手，如大家熟知的iPhone中的Siri。

11.1 血统源于Windows Phone

Cortana中文版最初发布于Windows Phone 8.1中。Cortana可以说是微软在机器学习和人工智能领域方面的尝试。它会记录用户的行为和使用习惯，利用云计算、搜索引擎和“非结构化数据”分析，读取和“学习”包括手机中的文本文件、电子邮件、图片、视频等数据，来理解用户的语义和语境，从而实现人机交互。

一、全新的私人助理

Cortana是微软发布的全球第一款个人智能助理，它能够了解用户的喜好和习惯，还可以帮助用户进行日程安排、回答问题等。

二、超方便的使用方式

Cortana的使用非常方便，我们甚至不需要键盘，只需要麦克风就可以和小娜进行交流。

11.2 启用Cortana功能

Windows 10默认情况下Cortana功能是处于关闭状态的，下面介绍如何启用Cortana。

启用Cortana时，我们必须首先使用Microsoft账户登录Windows系统，然后才可以进行后续的操作。因为Cortana的功能和网络关联密切，所以必须连接Internet后才可以使用Cortana功能。

1. 首先单击搜索框，然后单击左侧的图标，单击“下一步”按钮，如图11-1所示。
2. 系统会弹出一个信息提示框，觉得可以接受就单击“使用Cortana”按钮进行下一步操作，如图11-2所示。

图11-1

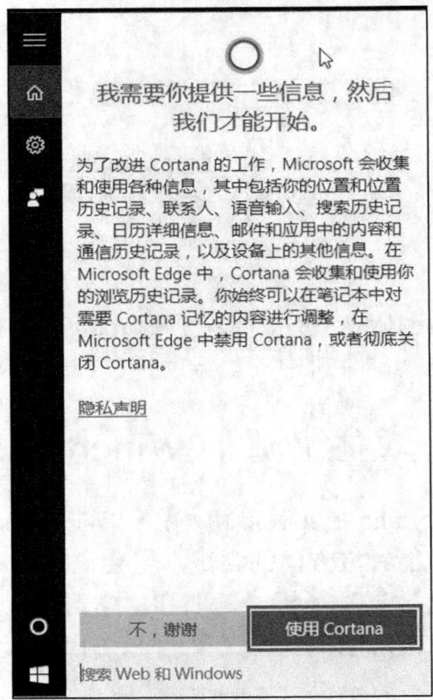

图11-2

3. 接下来会弹出需要你使用 Microsoft 账户登录的提示，单击“登录”按钮，如图 11-3 所示。
4. 稍后会弹出一个对话框，让选择 Microsoft 账户，单击上面的账户，如图 11-4 所示。

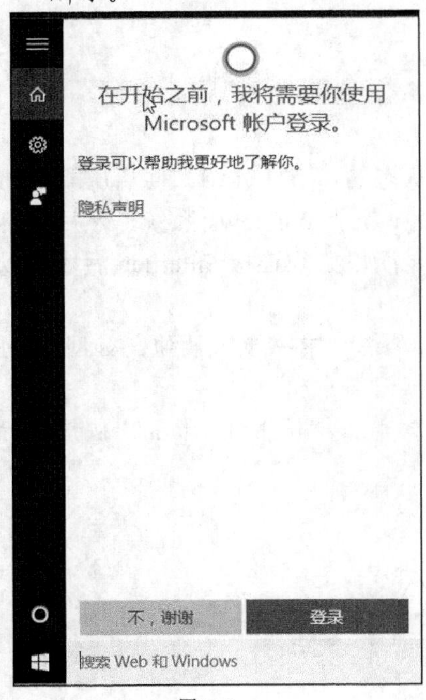

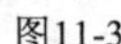

图11-3

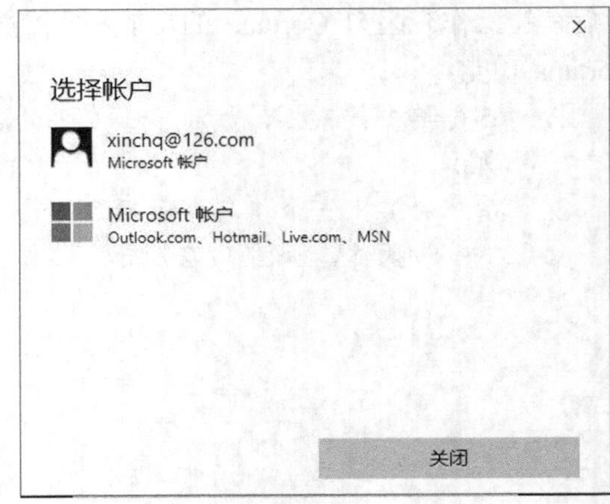

图11-4

5. 选择后等待一段时间可以使用 Cortana 了，如图 11-5 所示。

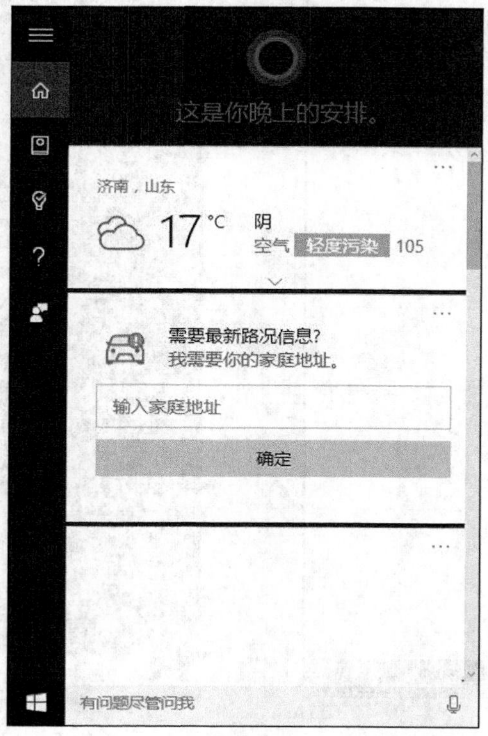

图11-5

11.3 启动 Cortana

Cortana 的启动非常方便，下面介绍几种常用的方法。

- 一般情况下，只需单击任务栏上的 Cortana 搜索框就可以启动 Cortana，如图 11-6 所示。

图11-6

- 还可以同时按键盘上的 Win 键和 S 键来启动 Cortana。
- 如果计算机上安装了麦克风并开启的话，可以直接喊“你好小娜”来启动 Cortana。

11.4 设置 Cortana 选项

我们可以对 Cortana 进行相关的设置以使它更符合我们的使用习惯。

首先单击任务栏上的 Cortana 搜索框，然后在弹出的 Cortana 界面中单击左侧的图标，最后单击右侧的“设置”按钮，如图 11-7 所示。

在打开的界面中可以根据各个选项对 Cortana 进行个性化的设置，如图 11-8 所示。

图11-7

图11-8

11.5　体验 Cortana 强大的功能

借助微软强大的开发能力，Cortana 拥有很强大的功能。它不仅是你简单的助理，还拥有其他多种多样的功能，我们来逐一体验一下吧。

(1) 调取用户的应用和文件。

Cortana 可以帮助用户快速查找需要的应用程序和存储在计算机上的文件。如我们需要使用画图程序时，可以直接在 Cortana 搜索栏中输入“画图”两个字，Cortana 会自动搜索这个程序，并显示出来。我们可以直接在搜索结果中单击来打开这个应用，如图 11-9 所示。

(2) 管理你的日历。

可以通过 Cortana 为日历添加事件和提醒。例如，我们安排明天开会，则可以直接在 Cortana 搜索栏输入“明天开会”，Cortana 会提示你创建日历事件，如图 11-10 所示。

单击“创建日历事件”，会弹出一个对话框，我们可以编辑一下，然后单击“添加”按钮，如图 11-11 所示。

接下来会弹出一个界面，提示日历已经添加，如图 11-12 所示。

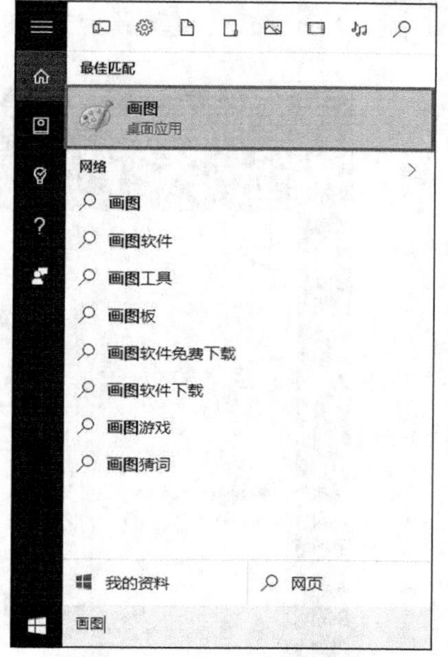

图11-9

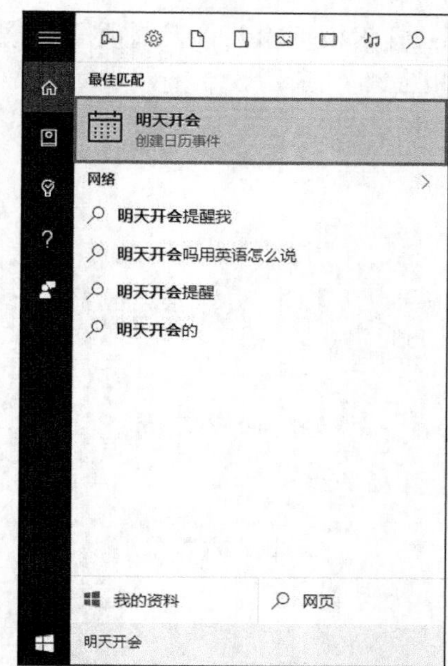

图11-10

图11-11

图11-12

(3) 单位的转换（重量、尺寸、货币）。

Cortana 还可以帮我们进行单位的转换，如我们想知道英里和千米的转换，可以在Cortana 搜索栏里输入“1 英里等于多少千米”，然后按Enter键，Cortana 会自动帮助我们打开网页进行搜索，如图 11-13 所示。

(4) 查找相关信息。

Cortana 还可以帮助我们查找很多日常生活中的相关信息，如天气预报。我们只需在

Cortana 搜索栏里输入“天气预报”，然后按 Enter 键，Cortana 会自动显示当地的天气预报，如图 11-14 所示。

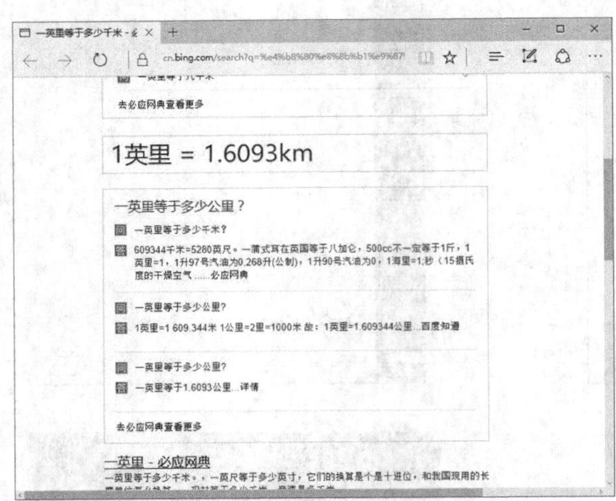

图11-13

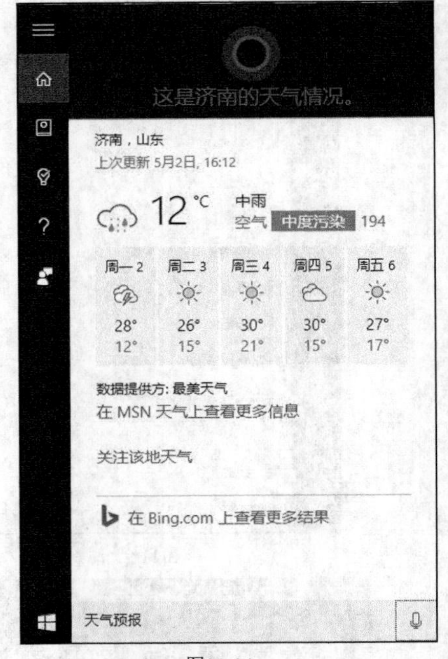

图11-14

(5) 根据时间提醒相关事项。

Cortana 具有提醒功能，如我们在 Cortana 搜索栏里输入“1 小时后提醒我关闭烤箱”，然后按 Enter 键，Cortana 会自动创建一个提醒，如图 11-15 所示。

设置完成后，Cortana 会提示提醒已创建，如图 11-16 所示。

图11-15

图11-16

(6) 翻译语言。

Cortana 还可以帮我们翻译语言，如我们想知道苹果的英语，可以在 Cortana 搜索栏里输入“苹果用英语怎么说”，然后按 Enter 键，Cortana 会告诉我们苹果的英语单词，如图 11-17 所示。

(7) 播放音乐。

Cortana 还可以自动播放本地计算机上的音乐和音乐列表。如在 Cortana 搜索栏输入“播放我的音乐列表”，然后按 Enter 键，Cortana 会启动 Windows Media Player 来播放“我的播放列表”里的文件，如图 11-18 所示。

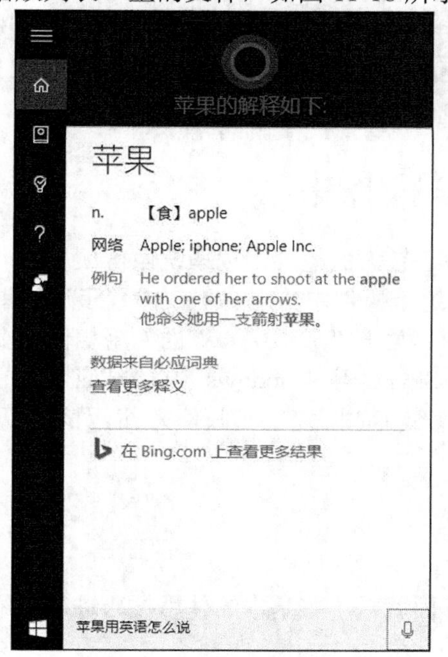

图11-17

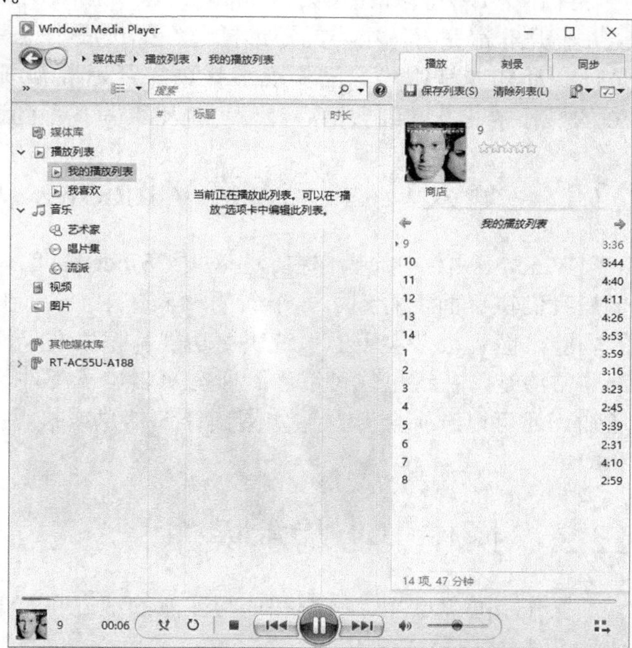

图11-18

第12章　细致贴心的 Windows 10 操作中心

操作中心初次出现是在 Windows 8 操作系统上，首次引入了桌面通知功能，不过该功能并不是非常完善，小小的矩形框通知弹出后，短短几秒钟就消失得无影无踪了，想要找到是什么通知非常困难，需要观察整页的开始屏幕细细查找才能找到。相比之下，Windows 10 的操作中心非常细致贴心，你再也不会为找不到通知而发愁了。

12.1　令人耳目一新的 Windows 10 操作中心

Windows 10 中的操作中心相对于 Windows 8 做了较大的改善，把系统做得更加统一，于是我们在桌面上看到了一个新的“操作中心”。在这个操作中心上，不仅内置了通知中心的功能，而且很多实用的系统快捷功能都集成在里面。关于“通知中心”的作用相信很多人都非常清楚，在这里你可以看到所有来自电子邮件、Skype 等 Windows 10 磁贴应用程序的通知，还可以选择展开此通知阅读详细信息或执行操作（如回复电子邮件），而无须打开相关应用。

12.2　操作中心基本操作

操作中心怎么用，有哪些值得注意的地方呢？下面就对一些基本的使用技巧进行介绍。

一、启用或禁用通知

通知是 Windows 10 系统“操作中心”的一项重要功能，但是如果通知太多，太过频繁，则会影响计算机的正常使用，因此我们可以有选择地启用或禁用部分通知。

单击⊞按钮，然后单击“设置”，在弹出的窗口中单击“系统”图标，如图 12-1 所示。

在接下来的窗口中单击“通知和操作”，然后在右侧选择要关闭的通知，如图 12-2 所示。

如果你认为合适，可以关闭系统提供的“显示有关 Windows 的提示”，届时操作系统更新或出错都不会提供任何通知提示了。第二项就是我们所说的应用程序通知了，关闭了之后任何程序的通知你都将无法收到提醒。有一项名为“演示时隐藏通知”也非常实用，当你开会或做报告时，可以有效避免不必要的尴尬。再向下滚动，你会发现其实还可以单独开关各个应用程序的通知，而不必选择关闭全部。

当然，在 Windows 10 操作系统上，只有从 Windows Store 下载并安装的应用程序才会有系统通知，并且还有一个前提，那就是该应用程序支持 Windows 10 的通知功能。不过需要注意的是，如今支持 Windows 10 通知的应用程序非常少，支持针对执行其他操作（如

快速回复）的更少，基本上除了取消提醒的操作，其他还是要进入应用程序来完成。

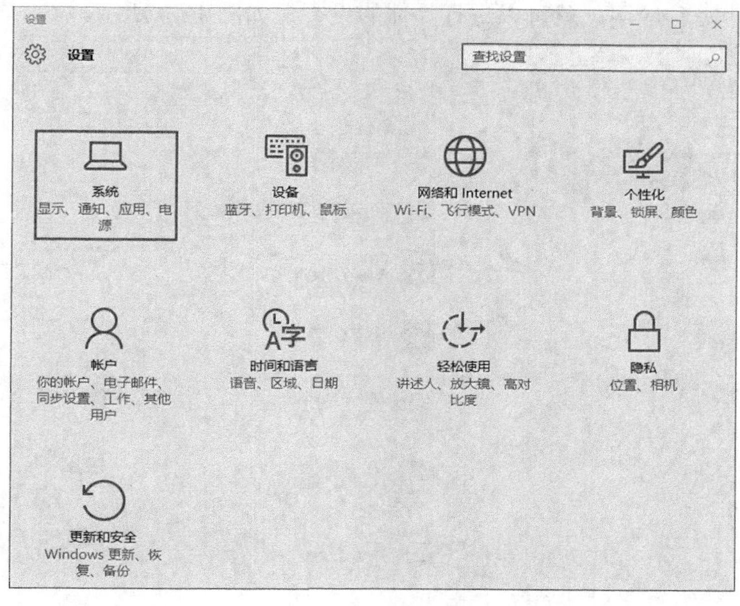

图12-1

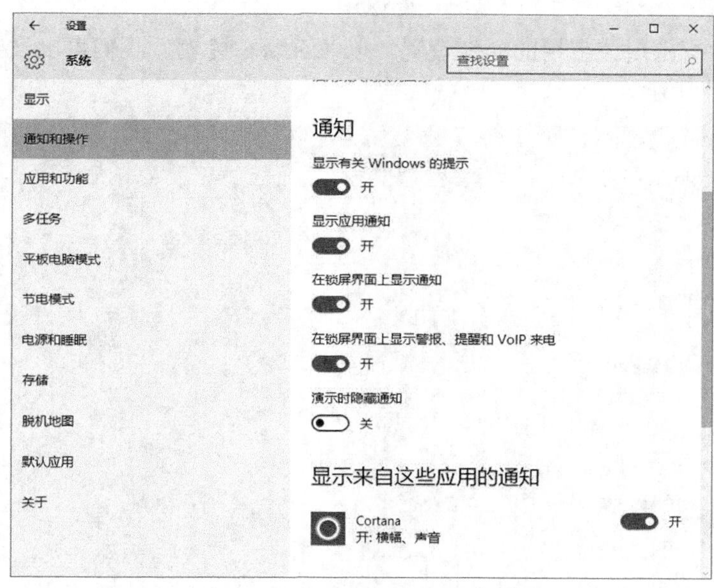

图12-2

二、更改通知类型

Windows 10 的通知有各种形状和大小，除了在通知中心显示的传统方式之外，你还可以收到“横幅”类型的通知。当收到通知时，此通知类型会立即以一个矩形的小窗形式弹出在屏幕的右下角位置，也就是日期的上方，并伴随有通知的铃声。那么如何设置这些效果呢？下面简要介绍一下。

在图 12-2 所示的窗口，我们将右侧的滚动条拉到最下方，可以看到有关各个应用的通知设置，单击其中一种应用，就可以进行具体的设置，如图 12-3 所示。

图12-3

单击应用后，会出现该应用的通知设置，以 Cortana 为例，我们可以设置通知的形式和声音等，如图 12-4 所示。

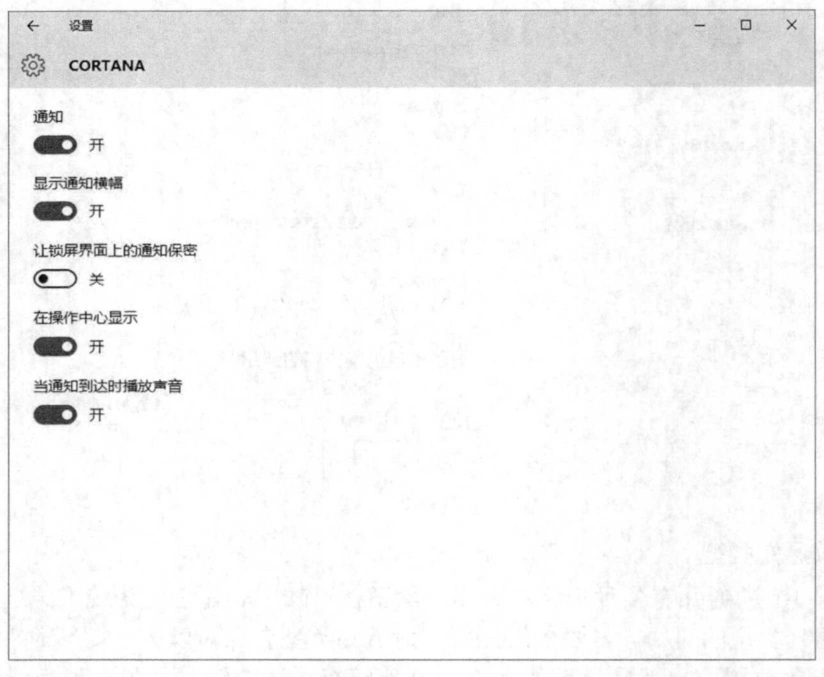

图12-4

三、清除通知

操作中心的通知功能非常实用，以规定的位置集中显示。但是当桌面上出现通知或在操作中心中查看它时，你认为没必要再查看通知详情了，也不想执行其他任何操作，可以单击 × 按钮直接清除通知，如图 12-5 所示。

图12-5

12.3 快速设置区域

Windows 10 的操作中心还集成了一个快速设置区域，用于对系统的某些选项进行快速设置，如图 12-6 所示。

下面介绍各功能的作用。

- 平板模式：如果计算机是平板电脑时，这个选项是可选的，可以切换到平板模式使用触摸屏进行操作。
- 连接：连接到无线显示器或音频设备。
- 便笺：单击可以快速启动便笺功能。
- 所有设置：单击可以打开设置窗口。
- 投影：可以设置投影仪的显示方式。

图12-6

- 节电模式：如果计算机支持此功能，则可以单击此按钮进入节电模式。
- VPN：单击此按钮可以打开 VPN 设置。
- 亮度：单击可以调节屏幕亮度。
- 无线开关：单击可以打开和关闭无线连接。
- 免打扰时间：单击可以打开或关闭免打扰时间。
- 定位：单击可以打开或关闭计算机定位。
- 飞行模式：单击可以打开或关闭飞行模式。

第13章　Windows 10 云世界

在云服务和云计算等与云相关的概念越来越火热的今天，如果自己的产品没有云服务就有点说不过去了。Windows 10 操作系统当然也不能少了云服务。微软在云方面的实力当然不容小觑，OneDrive 和 Office Online 就是 Windows 10 系统云服务的两个重磅产品。本章将和大家一起体验 Windows 10 的云世界。

13.1　OneDrive 免费的云存储空间

2014 年 2 月 19 日，微软正式宣布 OneDrive 云存储服务上线，OneDrive 采取的是云存储产品通用的有限免费商业模式：用户使用 Microsoft 账户注册 OneDrive 后就可以获得 5GB 的免费存储空间，免费空间足以应付大部分日常应用。当然，如果我们觉得空间不够用，还可以付费购买额外的存储空间。

13.1.1　登录 OneDrive

首先单击任务栏右侧的按钮，然后单击图标，如图 13-1 所示。

在弹出的设置 OneDrive 窗口中，输入电子邮件地址，然后单击“登录”按钮，如图 13-2 所示。

图13-1

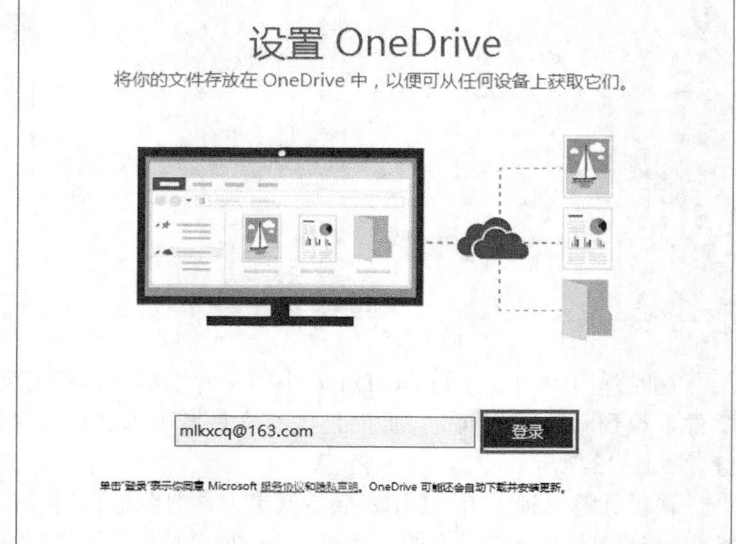

图13-2

稍后会弹出窗口要求使用 Microsoft 账户登录，我们填写准备好的 Microsoft 账户，然后单击“登录”按钮，如图 13-3 所示。

等待 Microsoft 账户登录完成后，会弹出窗口提示我们默认的 OneDrive 文件夹的位置。如果我们要更改为自己的文件夹位置，可以单击“更改位置”，如图 13-4 所示。

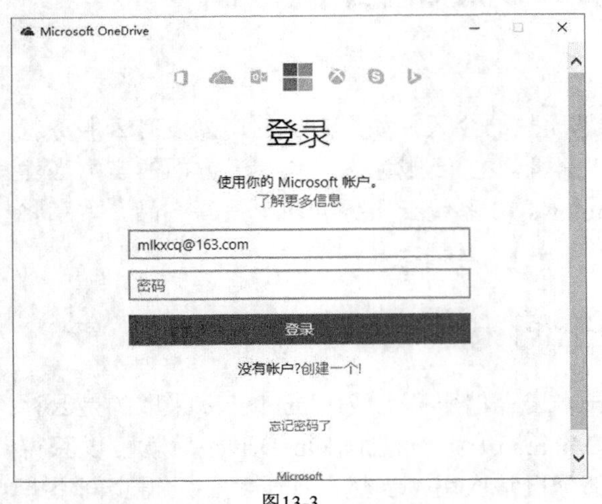

图13-3

图13-4

更改位置后，会弹出对话框要求我们选取新的文件夹，选择新的文件夹，然后单击“选择文件夹”按钮，如图 13-5 所示。

返回到刚才的界面，这时我们发现 OneDrive 的文件夹已经变为了我们选择的文件夹，单击“下一步”按钮，如图 13-6 所示。

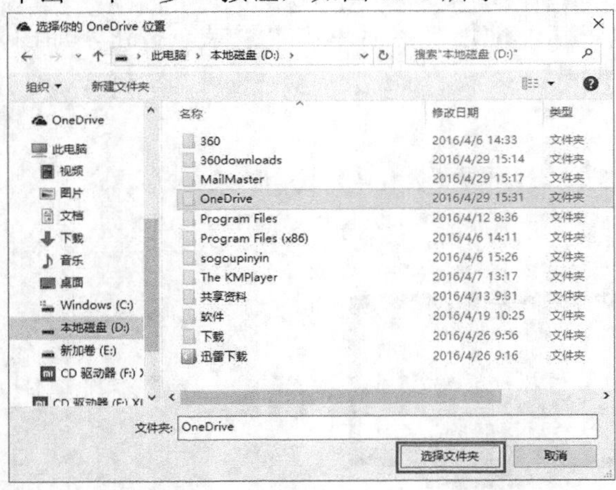

图13-5

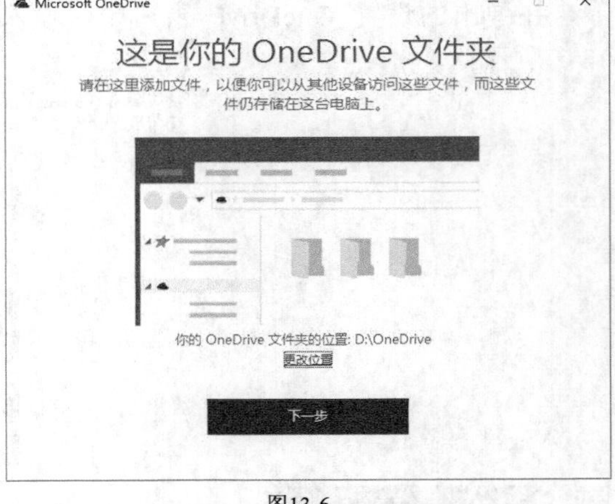

图13-6

这时弹出“同步你的 OneDrive 中的文件”窗口，我们可以选择从 OneDrive 文件夹中将文件下载到本地计算机上，此时还没有文件，可以选择的文件是 0。单击“下一步”按钮继续，如图 13-7 所示。

稍后计算机提示 OneDrive 准备就绪。这时我们可以单击“打开我的 OneDrive 文件夹”按钮来打开本地计算机上的文件夹，如图 13-8 所示。当我们将文件或文件夹复制到本机上的文件夹时，计算机会自动同步至服务器。

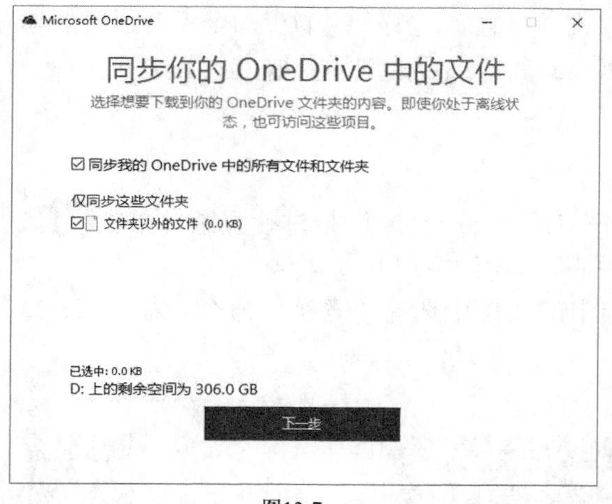

图13-7

图13-8

13.1.2 使用 OneDrive 备份文件

OneDrive 提供了 5GB 的免费存储空间，并且可以自动将本地 OneDrive 文件夹的资料上传到云端。我们只需将需要备份的文件放在 OneDrive 文件夹里面，计算机就会和服务器端同步，如图 13-9 所示。

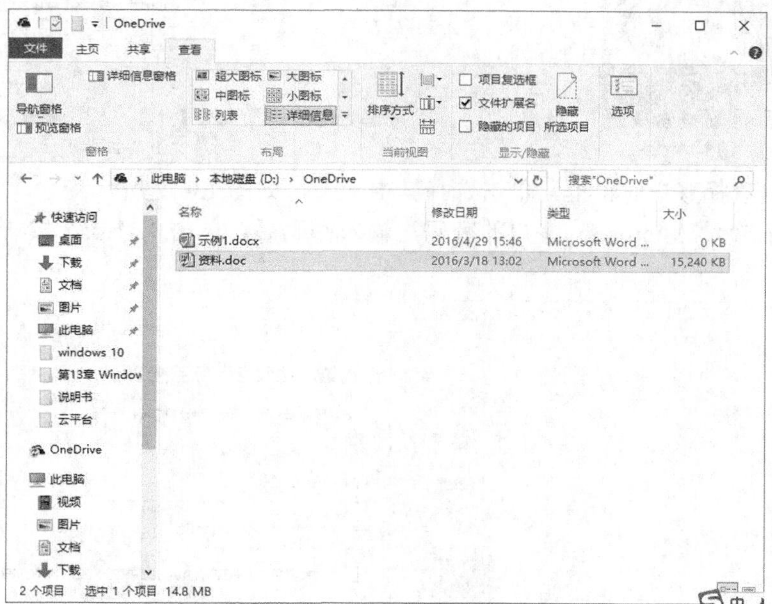

图13-9

13.2 应用商店让你的下载更安全和方便

应用商店是从 Windows 8 系统开始出现的，使应用的下载和安装更加方便。在 Windows 10 中，微软对应用商店进行了优化，与之前的 Windows 8 应用商店相比，新的应

用商店大幅修改了 UI 布局，采用了纵向滚动方式，而且实现了一次购买，全平台通用的体验。应用商店的程序都经过了微软的审核，所以相比其他渠道的应用获取方式更加安全。

13.2.1　登录应用商店

如果想要从应用商店获取程序，我们需要先使用 Microsoft 账号进行登录。单击按钮，然后单击右侧的应用商店图标，打开应用商店，如图 13-10 所示。

单击窗口上方搜索栏左侧的按钮，在弹出的菜单中选择“登录”命令，如图 13-11 所示。

应用商店

图13-10

图13-11

这时会弹出选择账户对话框，单击选择其中一个，如图 13-12 所示。

接下来提示输入 Microsoft 账户的密码，输入密码后，单击“登录”按钮，如图 13-13 所示。

图13-12

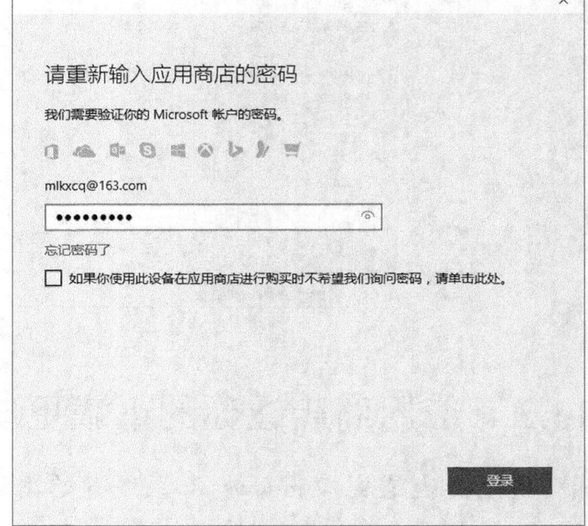

图13-13

登录成功后，单击 按钮，可以看到已经登录的账号，如图 13-14 所示。

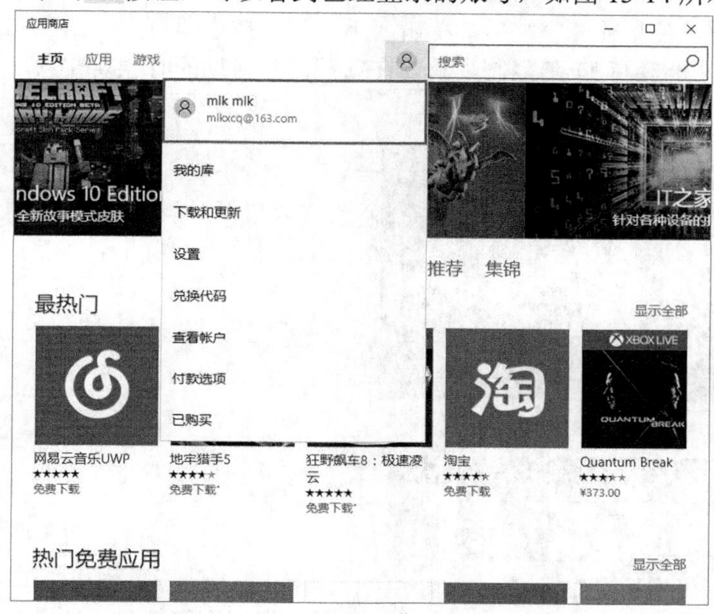

图13-14

13.2.2　从应用商店下载并安装应用程序

登录应用商店后就可以从应用商店下载和安装程序了，我们以搜狐视频为例向大家介绍如何从应用商店安装应用程序。

单击应用商店窗口右上方的搜索框，然后在搜索框内输入“搜狐视频”，这时下拉框的第一条信息就显示了搜狐视频的程序图标，单击这个图标，如图 13-15 所示。

然后会弹出程序的详细介绍页面，单击“免费下载”按钮，如图 13-16 所示。

图13-15

图13-16

这时会进入下载过程，如图 13-17 所示。

如果我们的 Microsoft 账户当时没有选择出生日期和国家信息，此时会弹出对话框让我们将信息补充完整，信息补充完整后，单击“下一步”按钮即可，如图 13-18 所示。注意：应用商店里面的部分应用有年龄限制，我们在选择出生日期的时候要注意。

图13-17

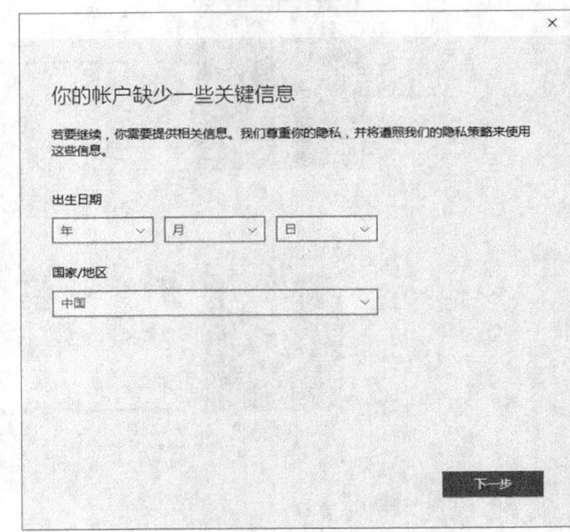

图13-18

等待一段时间后，会提示已经安装完成，如果我们现在就要使用这个程序，可以直接在完成页面单击“打开”按钮，如图 13-19 所示。

图13-19

13.3　借助 Office Online 和 OneDrive 实现多人实时协作

Office Online 的前身是微软基于 Office 2010 推出的 Office Web Apps，是基于 Web 端的在线办公工具，它将 Office 2010 产品的体验延伸到可支持的浏览器上。Office Online 让你可以从几乎任何地方共享自己的 Office 文档。与 Word、Excel、PowerPoint、OneNote 这些在线应用一起，你将永远拥有你需要的工具。

借助 Office Online 的在线编辑功能和 OneDrive 的存储功能，我们可以轻松地实现多人实时协作处理文档。下面介绍具体的操作步骤。

1. 打开浏览器，在地址栏输入网址，然后单击网页右上方的“登录”按钮，如图 13-20 所示。
2. 在登录页面输入 Microsoft 账户的用户名和密码，然后单击“登录”按钮。如果我们使用的是自己的个人计算机，可以勾选“使我保持登录状态”复选框，这样就不用每次登录时都输入用户名和密码了，如图 13-21 所示。

图13-20

图13-21

3. 登录完成后，页面上会显示 Office 应用的图标。我们可以根据自己的需要来使用相应的程序。我们以 Word 为例进行说明，首先单击页面上的 Word 图标，如图 13-22 所示。
4. 在打开的新建文档页面，Office Online 提供了一些通用的模板，我们可以根据需要进行选择。以空白文档为例，单击“新建空白文档”，如图 13-23 所示。

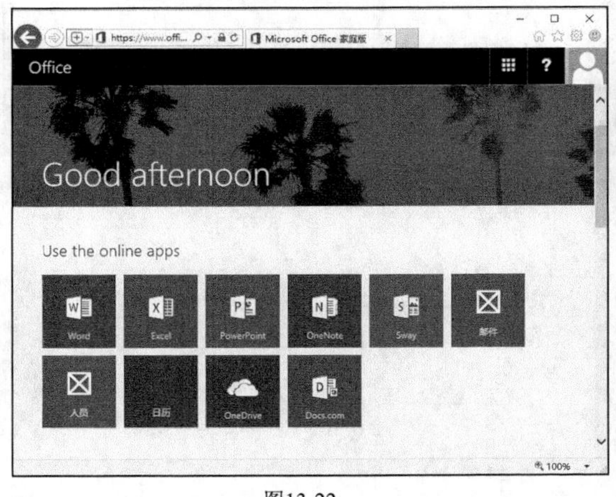

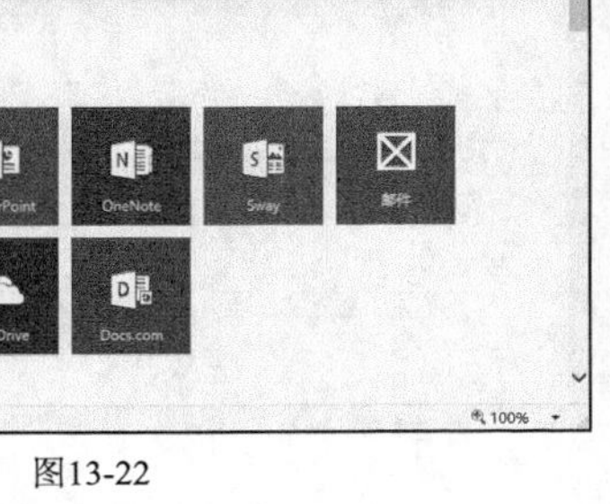

图13-22

图13-23

5. 打开后的界面和 Office 2010 的界面基本一致，输入一些文字后，单击页面内的“文件”菜单，如图 13-24 所示。

6. 在弹出的菜单中选择“共享”命令，单击右侧的“与人共享”按钮，如图 13-25 所示。

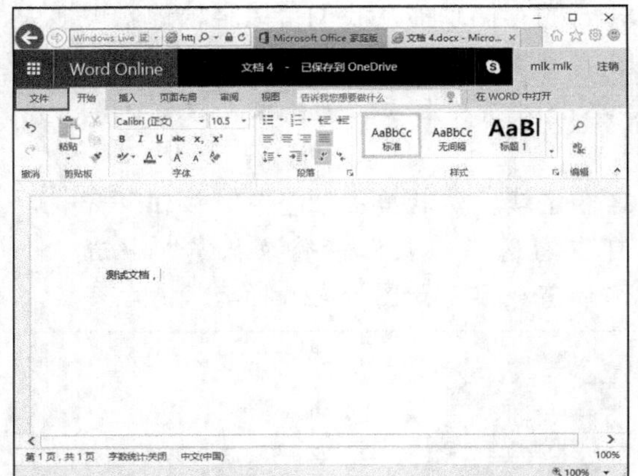

图13-24

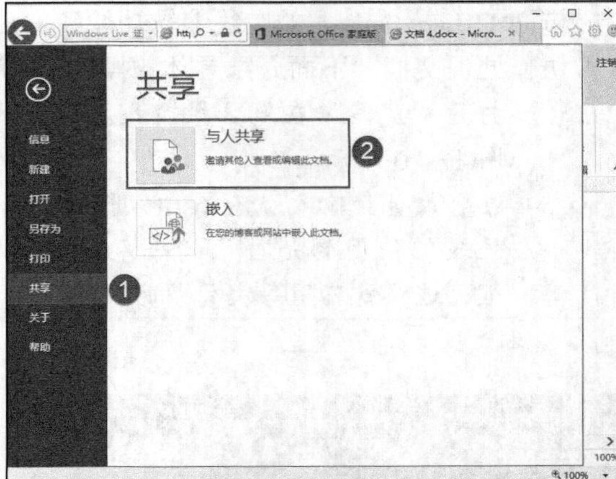

图13-25

7. 在页面中单击左侧的“获取链接”，然后单击右侧的“创建链接”按钮，如图 13-26 所示。
8. 稍等一会儿，Office Online 会生成一个链接，我们只需将链接地址复制，然后发送给其他人，其他人打开链接就可以编辑里面的文件了，如图 13-27 所示。

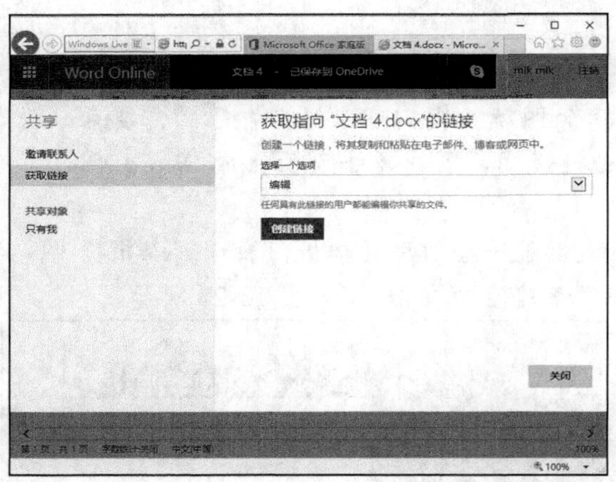

图13-26

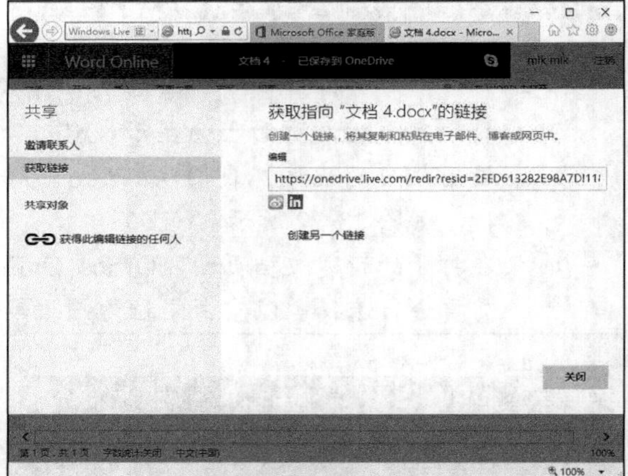

图13-27

第14章 硬件系统的高级管理

计算机上各种软件和操作系统的运行离不开硬件的支持，Windows 10 操作系统提供了对硬件的管理功能，通过硬件管理，我们可以更好地发挥硬件的作用，以及使操作系统可以更流畅地运行。

14.1 电源管理

平常当我们暂离办公桌时，程序却仍在运行，计算机硬件一直处于运行状态。通过电源管理功能，当我们离开计算机一定时间后，可以自动关闭显示器并使计算机进入睡眠状态，长期下来，不仅节省了用电，还可以延缓计算机各部件的老化，延长计算机的使用寿命。

14.1.1 电源管理简介

电源管理是 Windows 操作系统的一项功能，可以降低部分计算机设备或整个系统的耗电量。通过选择电源使用方案可以实现此功能，电源使用方案是计算机管理电源使用情况的设置集合。该方案包括关闭计算机组件和使计算机处于低功耗状态的预设时间设置。你可以创建自己的电源使用方案，或者使用 Windows 提供的方案，也可以调整电源方案中的单个设置。

14.1.2 ACPI 功能与电源管理

ACPI 是高级配置与电源接口（Advanced Configuration and Power Interface）的简称，是 1997 年由英特尔公司、微软公司、东芝公司共同制定提供操作系统应用程序管理的所有电源管理接口。2000 年 8 月推出 ACPI 2.0 规格，2004 年 9 月推出 ACPI 3.0 规格，2009 年 6 月 16 日则推出 ACPI 4.0 规格，2011 年 12 月推出 ACPI 5.0 规格。

从 Windows 98 开始，支持 ACPI 成为了操作系统的标准功能。ACPI 可以帮助操作系统合理控制和分配计算机硬件设备的电量，有了 ACPI，操作系统可以根据设备实际情况，根据需要把不同的硬件设备关闭。如 Windows 7 或 Windows 10 系统，系统睡眠时，系统把当前信息存储在内存中，只保留内存等几个关键部件硬件的通电，使计算机处在高度节电状态。当然这只是 ACPI 功能中的很少一部分。

除上面提到的系统高级配置与电源管理外，ACPI 还可以实现设备和处理器性能管理、配置/即插即用设备管理、系统事件管理、温度管理、嵌入式控制器及 SMBus 控制器管理等。

14.1.3　使用不同的电源计划

电源管理的功能比较多，如果一一设置不仅浪费很多的时间，而且有时选项不合适，反而达不到预想的效果。为了更好地帮助大家使用计算机的电源管理功能，Windows 10 预置了多种电源计划，覆盖了绝大多数的电源管理需求，我们可以从中选择自己需要的进行使用。下面介绍具体的步骤。

1. 打开控制面板，然后单击“硬件和声音”，如图 14-1 所示。

图14-1

2. 在弹出的界面中单击“电源选项”，如图 14-2 所示。

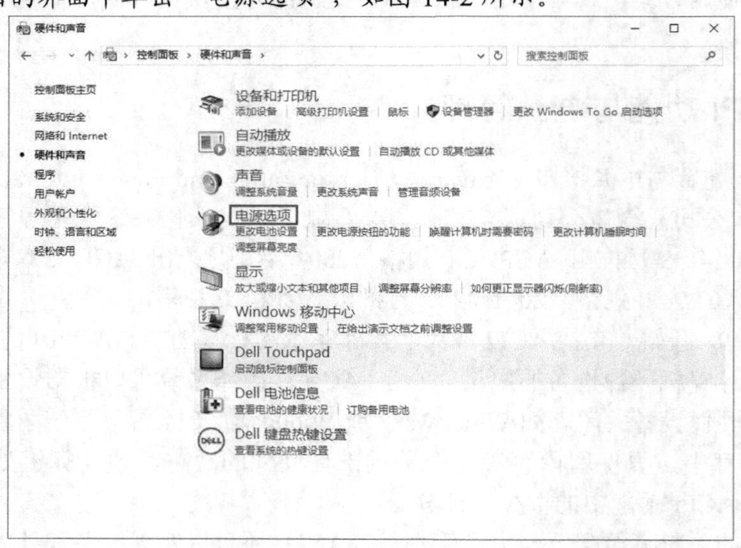

图14-2

3. 系统默认给出了两种电源计划，如图 14-3 所示。单击“显示附加计划”右侧的⊙图标，则可以显示系统给出的其他电源计划，如图 14-4 所示。

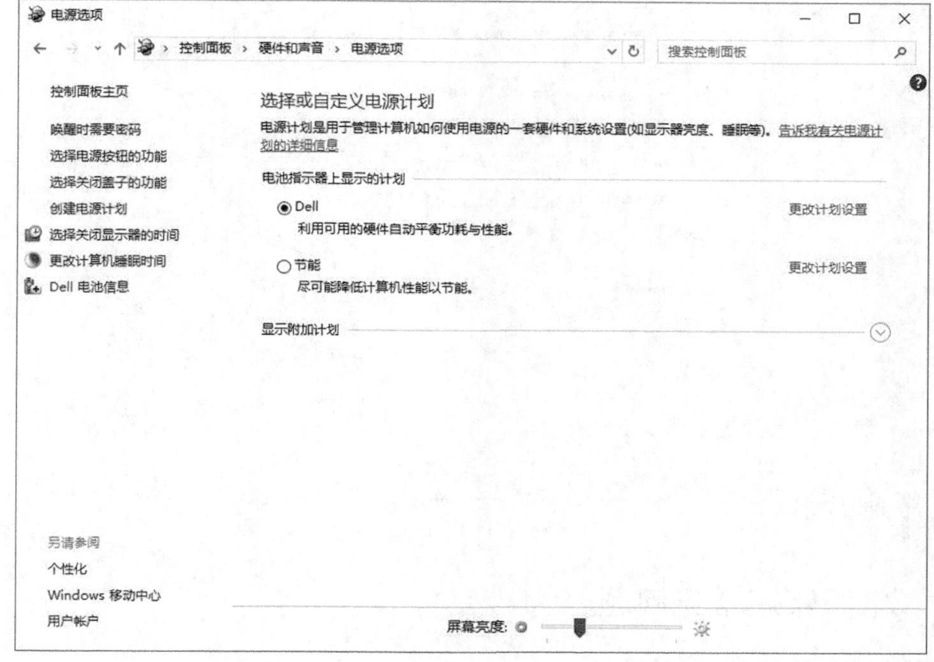

图14-3

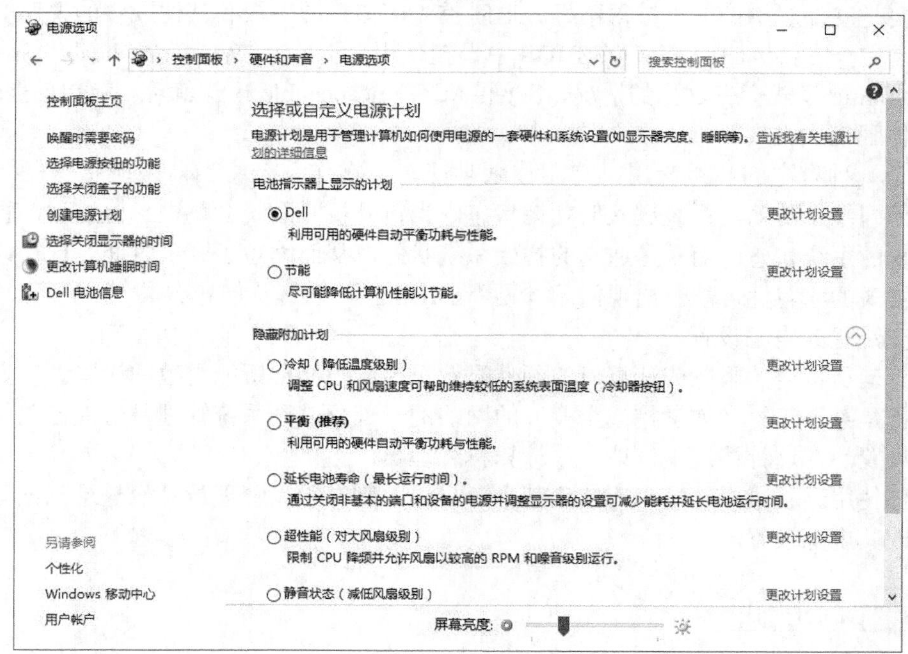

图14-4

4. 单击电源计划右侧的“更改计划设置”可以更改此电源计划的设置。如果我们使用的是笔记本电脑，可以自行更改使用电池和接通电源时关闭显示器的时间及使计算机进入睡眠状态的时间。我们还可以设置显示器的亮度等，如图 14-5 所示。

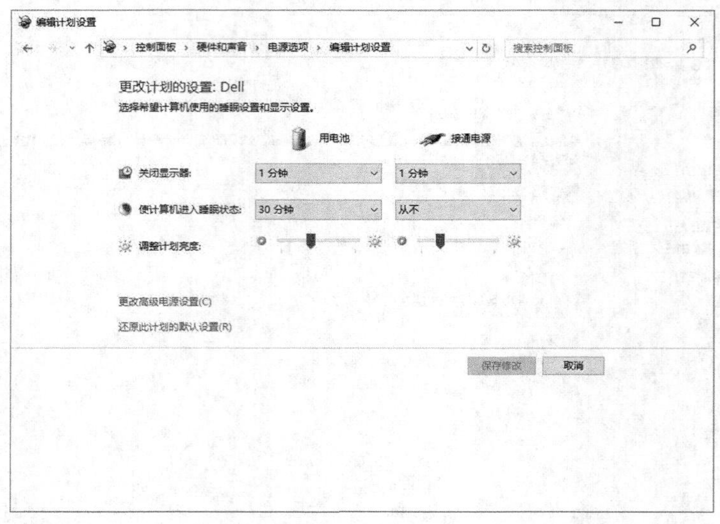

图14-5

14.1.4　电源管理常见问题

(1)　计算机睡眠状态无法唤醒。

这主要是硬件对 ACPI 支持得不好。这时首先应该翻阅主板和其他硬件的说明书，看看它们是不是完全支持 ACPI。有时在 BIOS 中设置使用显卡的 USWC Uncacheable Speculative Write Combining 模式会有这样的情况，改回到 UC Uncacheable 模式就可以解决问题。

(2)　休眠模式失效。

休眠是一种省电的高级应用，启用休眠功能时，操作系统将当前系统状态保存到硬盘后，硬盘随即停止转动，系统进入低功耗状态。当再开机时系统会跳过自检过程，直接从硬盘恢复原来的系统状态，而不是通常的初始系统状态，从而缩短了开机时间。这种模式由于硬盘文件格式的兼容性可能会出现问题，刷新 BIOS 就可以解决问题。

(3)　无法更改电源设置。

系统管理员指定的限制或计算机的硬件配置可能会限制你所能更改的设置。例如，如果你的计算机是某个组织（如学校或企业）的网络的一部分，则系统管理员可能已关闭甚至删除了某些设置。在这种情况下，请联系计算机管理员。

如果你使用远程桌面连接来连接到某台计算机，则必须以管理员身份登录到该远程计算机才能更改其电源设置。

14.2　内存管理

内存是计算机中重要的部件之一，它是与 CPU 进行沟通的桥梁。计算机中所有程序的运行都是在内存中进行的，因此内存的性能对计算机的影响非常大。良好的内存管理是使操作系统可以流畅运行的基础之一。

14.2.1 内存简介

内存也被称为内存储器，其作用是用于暂时存放CPU中的运算数据，以及CPU与硬盘等外部存储器交换的数据。只要计算机在运行中，CPU 就会把需要运算的数据调到内存中进行运算，当运算完成后，CPU 再将结果传送出来。内存的运行也决定了计算机的稳定程度。内存是由内存芯片、电路板、金手指等部分组成的。

内存是 CPU 能直接寻址的存储空间，由半导体器件制成。内存的特点是存取速度快。内存是计算机中的主要部件，它是相对于外存而言的。我们平常使用的程序，如 Windows 操作系统、打字软件、游戏软件等，一般都是安装在硬盘等外存上的，但仅此是不能使用其功能的，必须把它们调入内存中运行，才能真正使用其功能。我们平时输入一段文字或玩一个游戏，其实都是在内存中进行的。就好比在一个书房里，存放书籍的书架和书柜相当于计算机的外存，而我们工作的办公桌就是内存。通常我们把要永久保存的、大量的数据存储在外存上，而把一些临时的或少量的数据和程序放在内存上，当然，内存的好坏会直接影响计算机的运行速度。

14.2.2 解决内存不足的问题

当我们在计算机上同时运行许多个应用软件或玩一些大型游戏的时候，有时会遇到“内存不足”的提示，出现这种情况说明计算机的内存已经快被占满。最简单的方法当然是购买新的内存条添加到计算机上。但如果我们的预算有限或计算机已经无法再添加内存条了呢？我们可以通过设置虚拟内存的方式来增加计算机的可用内存。虽然这样做的效果比不上直接添加内存条效果好，但是可以最大限度地发挥计算机的性能及节约我们的资金。下面介绍具体的操作方法。

1. 打开“控制面板”，然后在“控制面板”窗口中单击“系统和安全”，如图 14-6 所示。

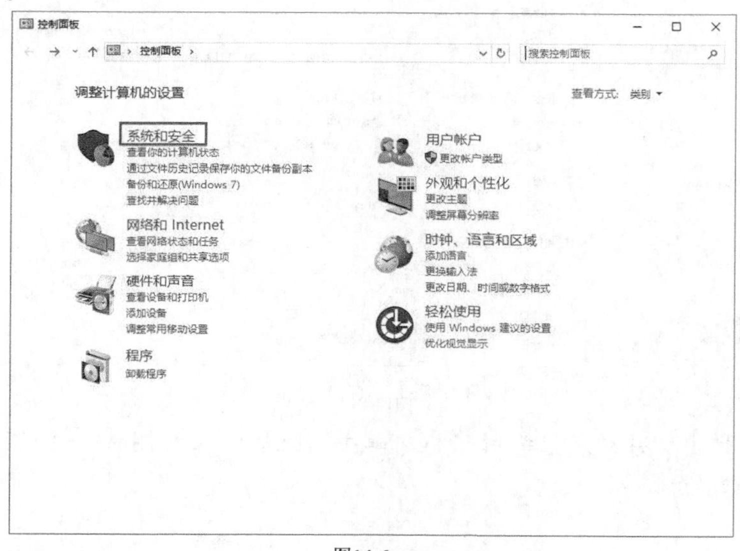

图14-6

2.　在“系统和安全”窗口中单击右侧的“系统”，如图 14-7 所示。

图14-7

3.　在打开的“系统”窗口中，单击左侧的“高级系统设置”，如图 14-8 所示。

图14-8

4.　这时会弹出“系统属性”对话框，单击“性能”栏右侧的“设置”按钮，如图 14-9 所示。

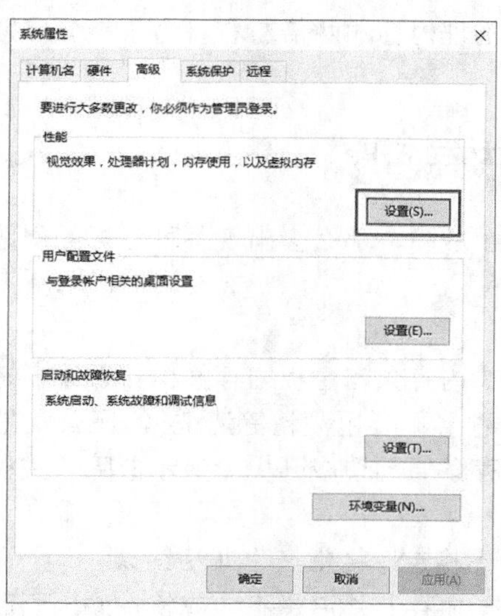

图14-9

5. 在弹出的“性能选项”对话框中，单击虚拟内存栏的“更改”按钮，如图 14-10 所示。
6. 在弹出的“虚拟内存”对话框中，取消勾选“自动管理所有驱动器的分页文件大小”复选框，然后选中下方的“自定义大小”选项，在数值栏内输入初始大小和最大值，单击“确定”按钮，如图 14-11 所示。

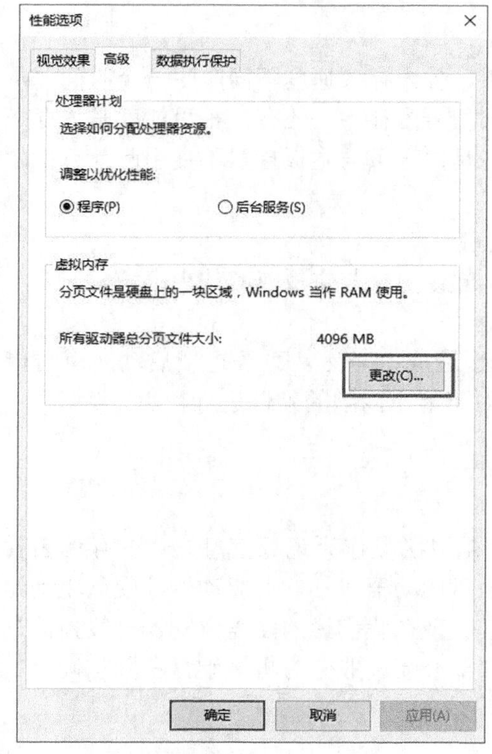

图14-10

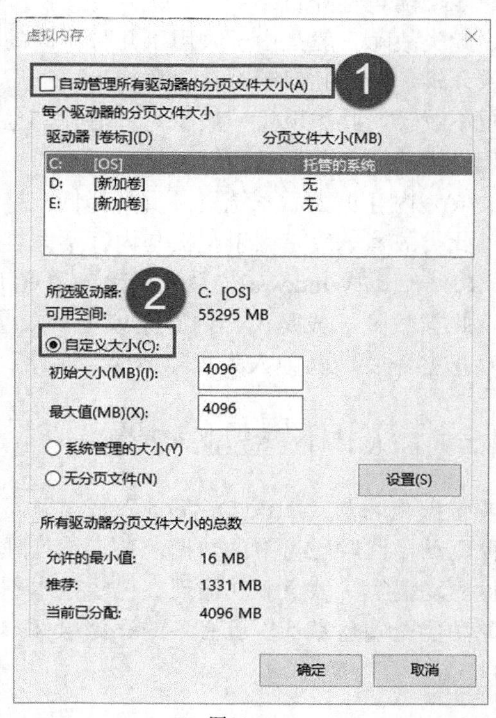

图14-11

一般来说，虚拟内存是物理内存的两倍左右，为了不让虚拟内存频繁改动，建议将最大值和初始大小设置为一样。

14.2.3　诊断计算机内存问题

如果计算机的内存出现了故障，那么会出现各种各样的问题，下面介绍常见的内存故障导致的问题。

(1)　开机无显示。

出现此类故障一般是因为内存条与主板内存插槽接触不良造成的，只要用橡皮擦来回擦试其金手指部位即可解决问题（不要用酒精等清洗），还有就是内存损坏或主板内存槽有问题也会出现此类故障。因内存条原因造成开机无显示故障，主机扬声器一般都会长时间蜂鸣（针对 Award BIOS 而言）。

(2)　Windows 系统运行不稳定，经常产生非法错误。

出现此类故障一般是由于内存芯片质量不佳或软件原因引起，如若确定是内存条原因则需要更换新的内存条。

(3)　Windows 注册表经常无故损坏，提示要求用户恢复。

此类故障一般都是因为内存条质量不佳引起，很难予以修复，需要更换新的内存条。

(4)　Windows 经常自动进入安全模式。

此类故障一般是由于主板与内存条不兼容或内存条质量不佳引起，可以尝试在 CMOS 中设置降低内存读取速度看能否解决问题。

(5)　随机性死机。

此类故障一般是由于采用了几种不同的内存条，各内存条速度不同产生一个时间差从而导致死机，出现此问题时建议更换为同一厂家的同型号内存条。还有一种可能就是内存条与主板不兼容，此类现象一般少见。另外，也有可能是内存条与主板接触不良引起计算机随机性死机，此类现象倒是比较常见。

(6)　内存加大后系统资源反而降低。

此类故障一般是由于主板与内存不兼容引起，建议更换与主板兼容的内存条。

(7)　启动 Windows 时系统多次自动重新启动。

此类故障一般是由于内存条或电源质量有问题造成，当然，系统重新启动还有可能是 CPU 散热不良或其他人为故障造成，对此，需要对可能出问题的硬件进行初步排除。

14.3　认识磁盘驱动器

磁盘驱动器（Disk Driver）又称“磁盘机”，是以磁盘作为记录信息媒体的存储装置。磁盘驱动器读取磁盘中的数据，传递给处理器。磁盘驱动器包括软盘驱动器、硬盘驱动器、光盘驱动器等。软盘驱动器现在已经基本不使用了。现在我们说的磁盘驱动器一般指的是硬盘驱动器。硬盘是计算机必备的存储组件，按照存储介质一般分为机械硬盘和固态硬盘。

14.3.1 机械硬盘

机械硬盘即传统普通硬盘，是最常见的硬盘类型，如图 14-12 所示。

图14-12

机械硬盘主要由盘片、磁头、盘片转轴及控制电机、磁头控制器、数据转换器、接口、缓存等几部分组成。由于受到磁盘读写速度的限制，在对速度要求比较高的场合逐步被固态硬盘所取代。

14.3.2 固态硬盘

固态硬盘（Solid State Drives）简称固盘或 SSD 硬盘，如图 14-13 所示。固态硬盘是用固态电子存储芯片阵列而制成的硬盘，由控制单元和存储单元（FLASH 芯片、DRAM 芯片）组成，和机械硬盘的机械结构完全不同。固态硬盘在接口的规范和定义、功能及使用方法上与普通硬盘的完全相同，在产品外形和尺寸上也完全与普通 2.5 英寸笔记本硬盘一致。固态硬盘被广泛应用于军事、车载、工控、视频监控、网络监控、网络终端、电力、医疗、航空、导航设备等领域。

图14-13

与机械硬盘相比，固态硬盘有很多优点。

- 读写速度快。由于采用闪存作为存储介质，固态硬盘不使用磁头，寻道时间几乎为 0，读取速度相对机械硬盘更快。持续写入的速度非常惊人，固态硬盘厂商大多会宣称自家的固态硬盘持续读写速度超过了 500MB/s！固态硬盘的快绝不仅仅体现在持续读写上，随机读写速度快才是固态硬盘最终取代机械硬盘的优势，这直接体现在绝大部分的日常操作中。与之相关的还有极低的存取时间，最常见的 7200 转机械硬盘的寻道时间一般为 12～14 毫秒，而固态硬盘可以轻易达到 0.1 毫秒甚至更低。

- 防震抗摔性。传统硬盘都是磁碟型的，数据存储在磁碟扇区里。固态硬盘使用闪存颗粒制作而成，所以 SSD 固态硬盘内部不存在任何机械部件，这样即使在高速移动甚至伴随翻转倾斜的情况下也不会影响正常使用，而且在发生碰撞和震荡时能够将数据丢失的可能性降到最小。
- 低功耗。由于没有使用电机，固态硬盘在功耗上要低于传统硬盘。
- 无噪音：固态硬盘没有机械马达和风扇，工作时噪音值为 0 分贝。内部不存在任何机械活动部件，不会发生机械故障，也不怕碰撞、冲击、震动。固态硬盘采用无机械部件的闪存芯片，所以具有发热量小、散热快等特点。
- 工作温度范围大。典型的硬盘驱动器只能在 5℃～55℃范围内工作，而大多数固态硬盘可在－10℃～70℃范围内工作。
- 轻便：固态硬盘在重量方面更轻，与常规 1.8 英寸硬盘相比，重量轻 20～30g。

14.3.3　磁盘的格式化

格式化是指对磁盘或磁盘中的分区进行初始化的一种操作，这种操作通常会导致现有的磁盘或分区中所有的文件被清除。格式化通常分为低级格式化和高级格式化。如果没有特别指明，对硬盘的格式化通常是指高级格式化。

(1)　低级格式化。

低级格式化又称低层格式化或物理格式化，对于部分硬盘制造厂商，它也被称为初始化。低级格式化被用于指代对磁盘进行划分柱面、磁道、扇区的操作。

低级格式化就是将空白的磁盘划分出柱面和磁道，再将磁道划分为若干个扇区，每个扇区又划分出标识部分 ID、间隔区 GAP 和数据区 DATA 等。可见，低级格式化是高级格式化之前的工作，它只能够在 DOS 环境来完成。而且低级格式化只能针对一块硬盘而不能支持单独的某一个分区。每块硬盘在出厂时，已由硬盘生产商进行过低级格式化，因此通常使用者无须再进行低级格式化操作。其实，我们对一张软盘进行的全面格式化就是一种低级格式化。

需要指出的是，低级格式化是一种损耗性操作，其对硬盘寿命有一定的负面影响。因此，许多硬盘厂商均建议用户不到万不得已，不可“妄”使此招。当硬盘受到外部强磁体、强磁场的影响，或因长期使用，硬盘盘片上由低级格式化划分出来的扇区格式磁性记录部分丢失，从而出现大量“坏扇区”时，可以通过低级格式化来重新划分“扇区”。但前提是硬盘的盘片没有受到物理性划伤。

(2)　高级格式化。

高级格式化又称逻辑格式化，它是指根据用户选定的文件系统（如 FAT12、FAT16、FAT32、NTFS、EXT2、EXT3 等），在磁盘的特定区域写入特定数据，以达到初始化磁盘或磁盘分区、清除原磁盘或磁盘分区中所有文件的一种操作。高级格式化包括对主引导记录中分区表相应区域的重写，根据用户选定的文件系统，在分区中划出一片用于存放文件分配表、目录表等用于文件管理的磁盘空间，以便用户使用该分区管理文件。

在 Windows 10 中，如果我们要对磁盘进行高级格式化，需要打开资源管理器，右键单击需要进行格式化的磁盘，在弹出的快捷菜单中选择“格式化”命令，然后在弹出的对话框中选择文件系统后，单击“开始”按钮，如图 14-14 所示。

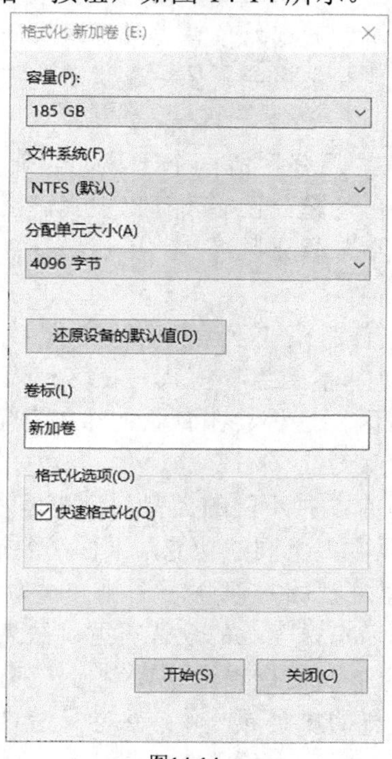

图14-14

14.4 磁盘管理的相关知识

对磁盘进行格式化是对磁盘最简单的管理。如果我们想要对磁盘进行更加深入的管理，则需要了解更多关于磁盘管理的相关知识，下面就简要介绍磁盘管理中涉及的相关知识。

14.4.1 分区和卷

分区和卷是我们进行磁盘管理时最常遇到的概念。这两个概念大家容易混淆，下面具体介绍一下。

(1) 分区的概念。

分区是使用分区编辑器在磁盘上划分几个逻辑部分，这个逻辑部分对应的就是我们计算机上的 C 盘、D 盘、E 盘等。

磁盘的分区一般分为主分区、扩展分区和逻辑分区。

- 主分区。主分区通常位于硬盘的最前面一块区域中，主要用来安装操作系统。早期的 MBR 模式分区表只能划分四个主分区，而且划分完四个主分区后无法再划分扩展分区。现在的 GPT 分区表可以划分 128 个主分区。
- 扩展分区。扩展分区严格来说不是一个实际意义上的分区。因为它不能直接使用，仅仅是一个指向下一个分区的指针，这种指针结构将形成一个单向链表。这样在主引导扇区中除了主分区外，仅需要存储一个被称为扩展分区的分区数据，通过这个扩展分区的数据可以找到下一个分区（实际上也就是下一个逻辑磁盘）的起始位置，以此起始位置类推可以找到所有的分区。无论系统中建立了多少个逻辑磁盘，在主引导扇区中通过一个扩展分区的参数就可以逐个找到每一个逻辑磁盘。
- 逻辑分区。逻辑分区是扩展分区的一个子集，它是扩展分区下面的一个子分区，扩展分区必须划分出逻辑分区后才可以被我们使用。在 Windows 10 系统中，最多可以创建 128 个逻辑分区。

(2) 卷的概念。

硬盘有许多种工作模式，在普通模式下运行时，专业上将它称为“基本磁盘”，通常家庭计算机里的硬盘都是运行在“基本磁盘”模式。在这种模式下，卷与分区没有根本的区别，可以认为一个卷就是一个分区，这种卷在专业上称之为简单卷。如果我们使用动态磁盘配置，这时候卷就有其他的意义了。

在动态磁盘模式下，卷可以有 5 种不同的类型，分别是简单卷、跨区卷、带区卷、镜像卷和 RAID-5 卷。这 5 种卷可以实现不同的功能，下面简要说明。

- 简单卷：简单卷是物理磁盘的一部分，是硬盘上的逻辑单位，和基本磁盘上的分区类似。简单卷是动态磁盘上的默认类型，缺点是不具备容错能力。
- 跨区卷：当我们使用两个或两个以上的硬盘时，可以将多个硬盘上的空间合并到一个逻辑卷中，这样的磁盘卷叫作跨区卷。跨区卷其实就是占用多个硬盘的简单卷。它和简单卷一样，也不具备容错能力，一旦跨区卷中的一块硬盘失效，则跨区卷就无法使用。跨区卷最多可以使用 32 个硬盘的空间。
- 带区卷：带区卷是由两块或两块以上硬盘所组成，和跨区卷不同的是每块硬盘所贡献的空间大小必须相同，是一种动态卷，必须创建在动态磁盘上。若使用专业的硬件设备和磁盘（如阵列卡、SCSI 硬盘），将可提高文件的访问效率，并降低 CPU 的负荷。带区卷使用 RAID-0 磁盘阵列，从而可以在多个磁盘上分布数据。带区卷不能被扩展或镜像，带区卷也不具备容错能力。如果包含带区卷的其中一个磁盘出现故障，则整个卷无法工作。当创建带区卷时，最好使用相同大小、型号和制造商的磁盘。带区卷一旦创建完成后，大小就固定了，无法通过扩展或压缩的方式调整大小。
- 镜像卷：镜像卷通过使用卷的两个副本或镜像复制存储在卷上的数据从而提供数据冗余性。镜像卷使用 RAID-1 磁盘阵列。写入镜像卷上的所有数据都写入到位于独立的物理磁盘上的两个镜像中。镜像卷具备容错能力，其中一块硬盘损坏时，镜像卷内容不会受到影响。镜像卷一旦创建成功就无法调整大小。

- RADI-5 卷：所谓 RAID-5 卷就是含有奇偶校验值的带区卷，操作系统为卷集中的每个一磁盘添加一个奇偶校验值，这样在确保了带区卷优越的性能同时，还提供了容错性。RAID-5 卷至少包含 3 块磁盘，最多 32 块，阵列中任意一块磁盘失效时，都可以由其余磁盘中的信息作运算，并将失效的磁盘中的数据恢复。

14.4.2 基本磁盘和动态磁盘

基本磁盘和动态磁盘是 Windows 中的两种硬盘配置类型。大多数个人计算机都配置为基本磁盘，该类型最易于管理。动态磁盘一般供高级用户和 IT 专业人员使用，他们通常为提高性能和可靠性而使用计算机中的多个硬盘来管理数据。

(1) 基本磁盘。

基本磁盘使用主分区、扩展分区和逻辑驱动器来组织数据。格式化的分区也称为卷。在 Windows 10 中，基本磁盘可以有四个主分区或三个主分区和一个扩展分区。扩展分区可以包含多个逻辑驱动器，扩展分区内最多可以创建 128 个逻辑驱动器。基本磁盘上的分区不能与其他分区共享或拆分数据。基本磁盘上的每个分区都是该磁盘上一个独立的实体。

(2) 动态磁盘。

动态磁盘是基本磁盘的进阶版本，它可以支持以卷的方式来管理硬盘。动态磁盘可以包含大约 2000 个动态卷，其功能类似于基本磁盘上使用的主分区。在 Windows 的某些版本中，可以将多个独立的动态硬盘合并为一个动态卷，将数据拆分到多个硬盘以提高性能，或者在多个硬盘之间复制数据以提高可靠性。

14.4.3 磁盘配额

大部分公司内都配有公用计算机，以满足文件共享等功能。如果用户可以随意使用其中的磁盘空间，则可能造成其他用户无法正常使用，这时可以使用磁盘配额功能。磁盘配额可以限制指定账户能够使用的磁盘空间，这样可以避免因某个用户的过度使用磁盘空间造成其他用户无法正常工作甚至影响系统运行。磁盘配额适合在 FTP 服务器、NFS 服务器中使用，在服务器管理中此功能非常重要，但对个人用户来说意义不大。

14.4.4 创建、压缩和删除硬盘分区

如果我们为计算机新加或更换了硬盘，或者需要调整计算机内硬盘分区的大小等，可以通过 Windows 自带的磁盘管理工具来进行设置。

一、创建分区

1. 单击 Cortana 搜索框，然后输入“计算机管理”，在搜索结果中单击“计算机管理”，如图 14-15 所示。
2. 在弹出的计算机管理窗口中，单击左侧的“磁盘管理”，然后在右侧需要新建分区的磁盘上单击鼠标右键，在弹出的快捷菜单中选择“新建简单卷”命令，如图 14-16 所示。

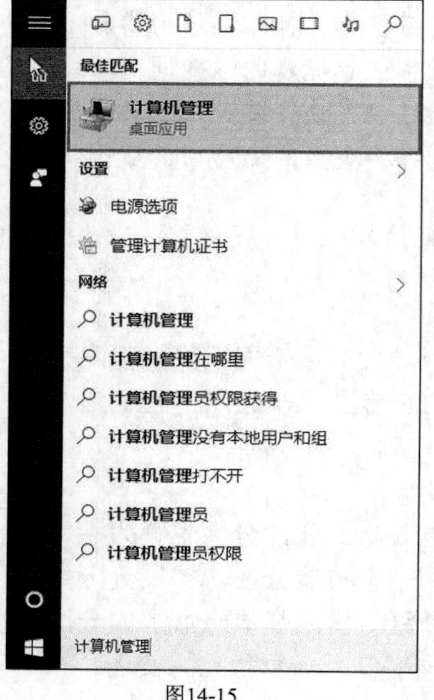

图14-15

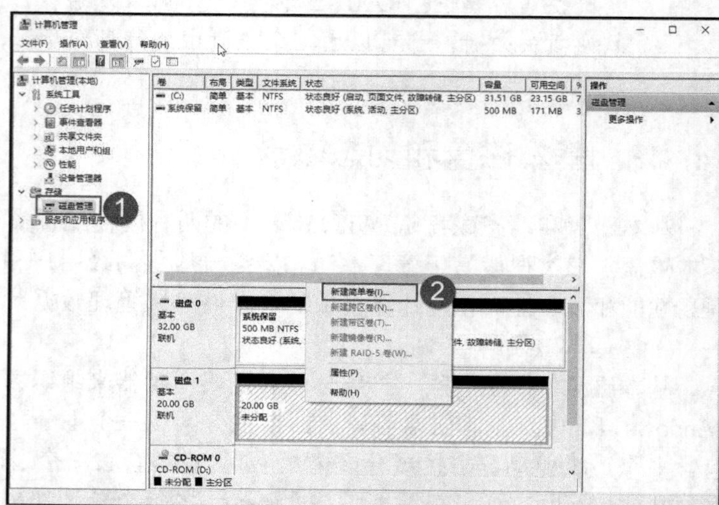

图14-16

3. 在弹出的向导中单击“下一步”按钮，如图 14-17 所示。
4. 接下来填写分区的大小，然后单击“下一步”按钮，如图 14-18 所示。

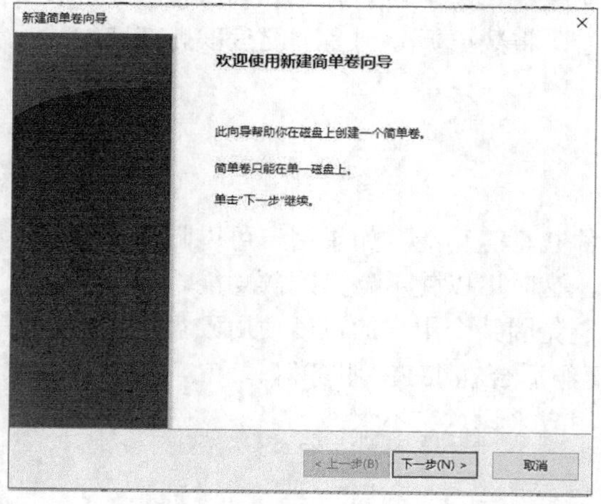

图14-17

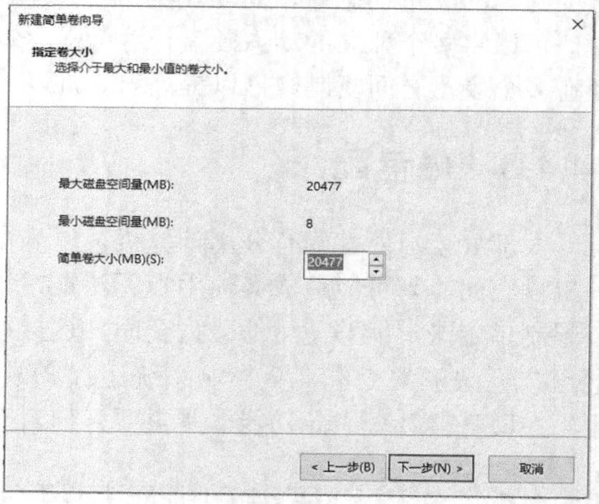

图14-18

5. 可以给新的分区分配驱动器号，也可以选择系统默认。选择完成后，单击“下一步”按钮，如图 14-19 所示。
6. 在“格式化分区”界面，我们可以选择分区的文件系统格式和设置新分区的卷标，完成后单击“下一步”按钮，如图 14-20 所示。

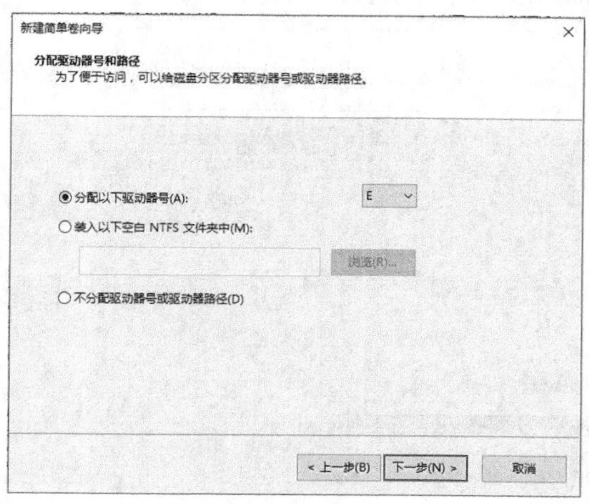

图14-19

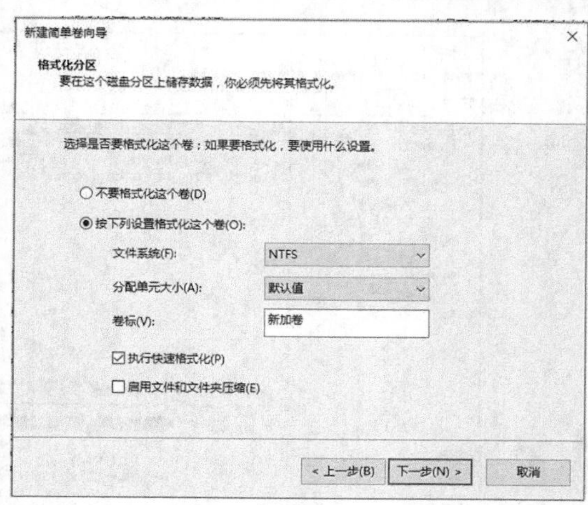

图14-20

7. 最后，在完成向导界面单击“完成”按钮，如图 14-21 所示。

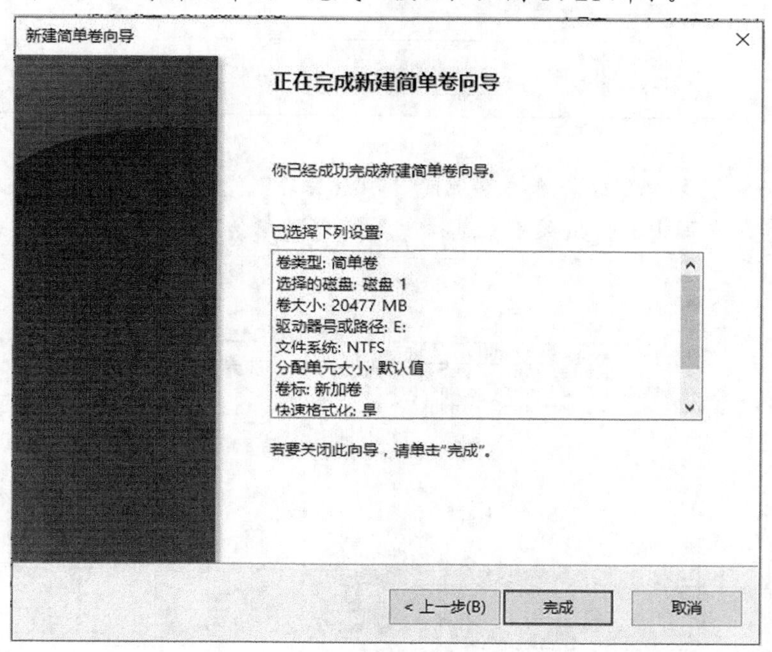

图14-21

等待一段时间后，我们可以发现新建分区已经完成，如图 14-22 所示。

二、压缩分区

如果有的磁盘分区我们设置的初始容量比较大，后来发现不需要使用这么大的容量，可以通过压缩分区的方式把多余的空间释放出来，供其他分区使用。

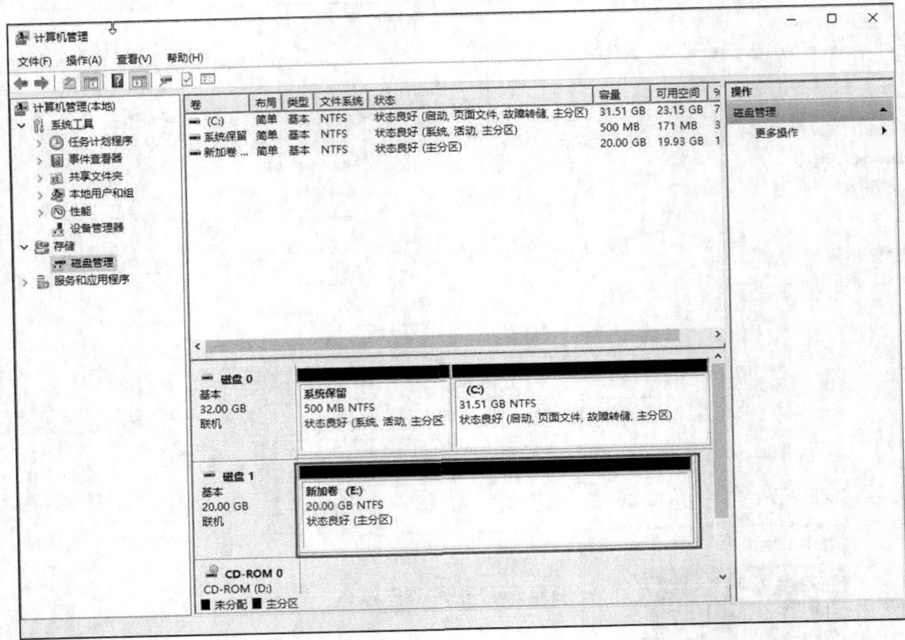

图14-22

1. 打开计算机管理窗口，单击左侧的“磁盘管理”，然后右键单击需要进行压缩的磁盘，在弹出的快捷菜单中选择“压缩卷”命令，如图 14-23 所示。

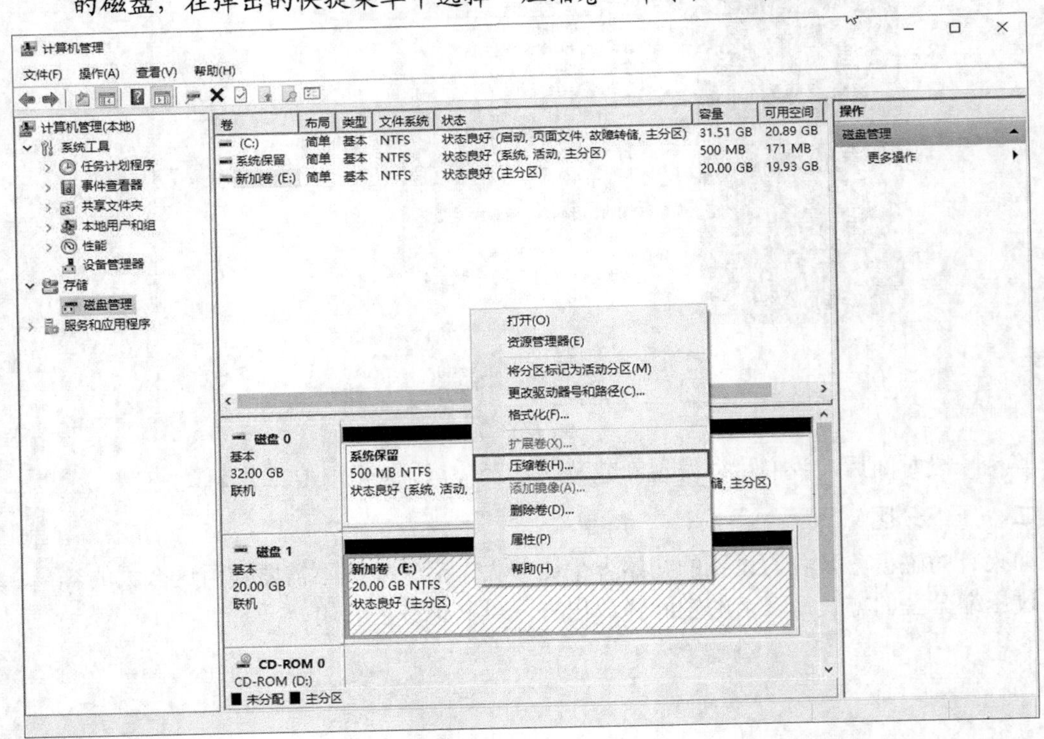

图14-23

2. 等待一段时间后，Windows 会计算出此磁盘可以压缩的空间大小。我们可以选择压缩全部空间或压缩部分空间。如果只需要部分空间，则可以填入自己要压缩的数值，但此数值不能大于可压缩空间大小。单击“压缩”按钮，如图 14-24 所示。

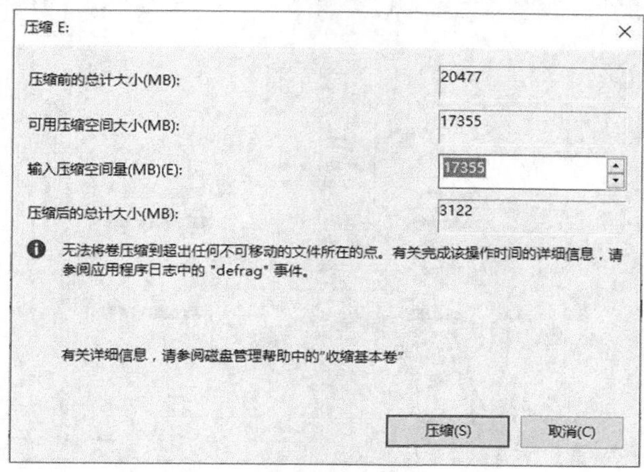

图14-24

等待一段时间后，压缩完成，我们可以看到已经减小的磁盘空间和压缩出来的未分配空间，如图 14-25 所示。

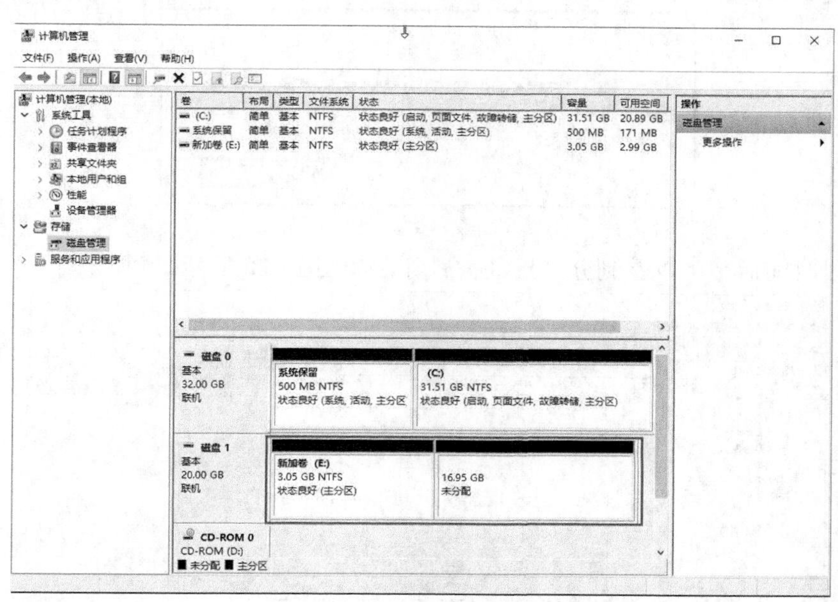

图14-25

三、删除分区

当一个分区确定今后不再使用时，可以在操作系统里删除这个分区，然后将空出来的空间分配给其他分区。

1. 打开计算机管理窗口，单击左侧的“磁盘管理”，然后右键单击要删除的分区，在弹出的快捷菜单中选择“删除卷”命令，如图 14-26 所示。

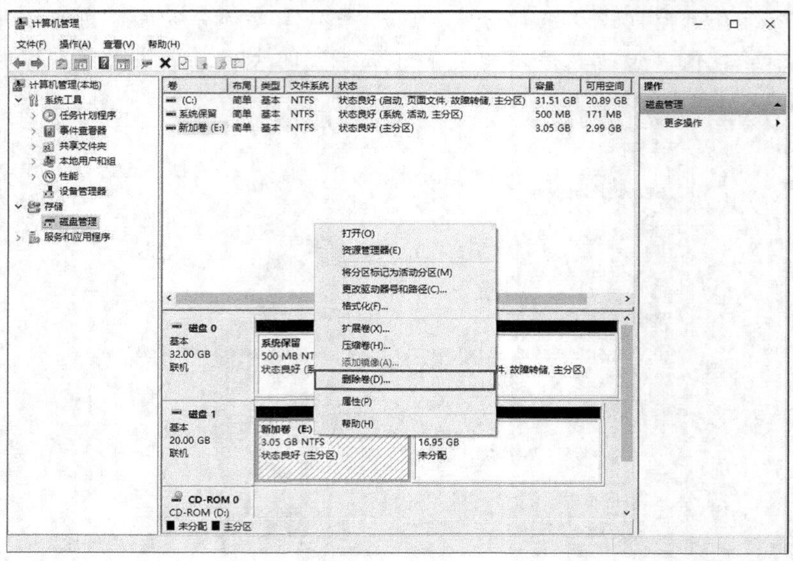

图14-26

2. 此时会弹出删除确认对话框，在确保数据已经完全备份的情况下，单击“是”按钮，如图 14-27 所示。

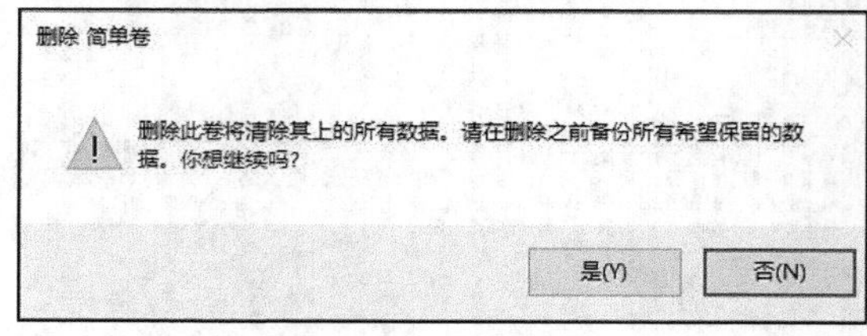

图14-27

等待一段时间后，可以看到分区已经被删除，如图 14-28 所示。

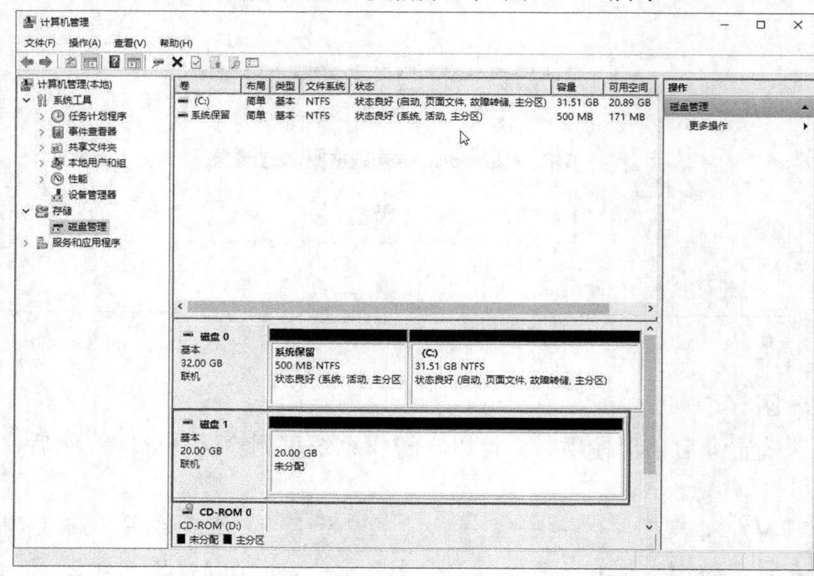

图14-28

14.4.5 保护我们的硬盘

计算机硬盘是我们存储文件信息的地方，同时也是一个很脆弱的地方，用户不小心的操作都很容易损害计算机中的硬件，所以对计算机硬盘的保护和保养是非常重要的。在平时的操作中，用户需要多了解计算机硬盘的相关常识，才能做到更好的保养。

(1) 硬盘读写时严禁挪动。

其实硬盘在不工作的情况下，能够经受得起一定的碰撞，否则硬盘就没法被搬运到世界各地了。但是硬盘在工作的时候，能承受的震动是相当小的，小小的震动就可能会引来灭顶之灾。让硬盘在工作的时候挪动，轻则丢失数据，重则让硬盘直接报废。所以一定要切记，硬盘在工作的时候，不能进行挪动操作。以上是针对机械硬盘而言，现在的固态硬盘由于没有盘片的结构，是不怕外界的震动的。

(2) 硬盘读写数据时切勿断电。

硬盘在读写操作时不但不能挪动，而且也不能断电。虽然硬盘厂商已经做了各种各样的安全措施，但是突然断电操作对硬盘来说还是一个历史性的问题，经验表明，突然断电是很容易造成硬盘物理性损伤的，这不只是丢失数据的问题，一些物理性的损伤有可能无法恢复，所以用户一定要注意，尽量避免硬盘在读写数据时断电。

第15章　让 Windows 10 飞起来

目前，新购计算机预装的操作系统大部分已经是 Windows 10 了，俗话说“工欲善其事，必先利其器”，我们可以通过一些简单操作，让 Windows 10 能工作得更好。

15.1　磁盘的优化

磁盘是所有文件存储的位置，磁盘的性能直接影响了整个计算机的性能。因此，优化计算机硬盘，加快硬盘速度，可以提高系统运行速度，让你的操作系统更快更稳定。

15.1.1　清理磁盘

计算机运行过程中会产生许多临时文件，当计算机用久了之后，大多数人都会发现 Windows 越来越慢，而且系统盘空间也慢慢地满了。这时我们可以使用磁盘清理工具来清理磁盘，下面简要介绍。

双击桌面上的“此电脑”图标，在打开的资源管理器窗口选中需要清理的磁盘，然后单击“驱动器工具”下面的“管理”打开“管理”选项卡，单击“清理”图标，如图 15-1 所示。

计算机会开始扫描此磁盘上可以清理的文件，如图 15-2 所示。

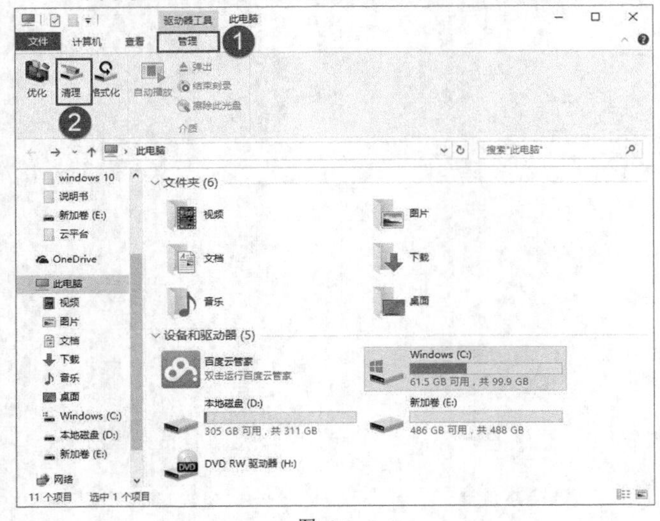

图15-1

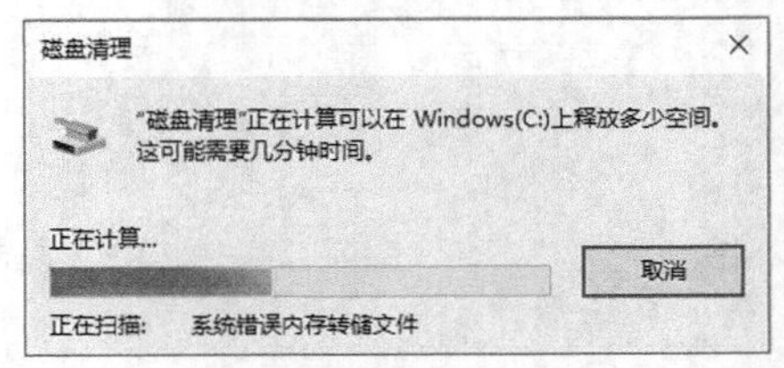

图15-2

扫描完成后，会弹出结果对话框。我们可以在“要删除的文件”栏目内勾选要删除的文件，然后单击下方的“确定”按钮。如果我们要清理系统文件，可以单击下部的“清理系统文件”按钮，如图 15-3 所示。

单击“确定”按钮后，系统会提示我们是否要永久删除这些选中的文件。确认后，单击“删除文件”按钮，如图 15-4 所示。

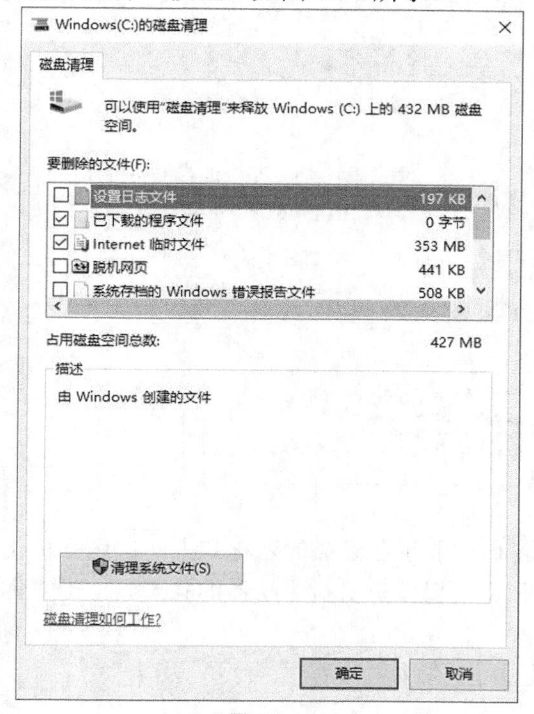

图15-3

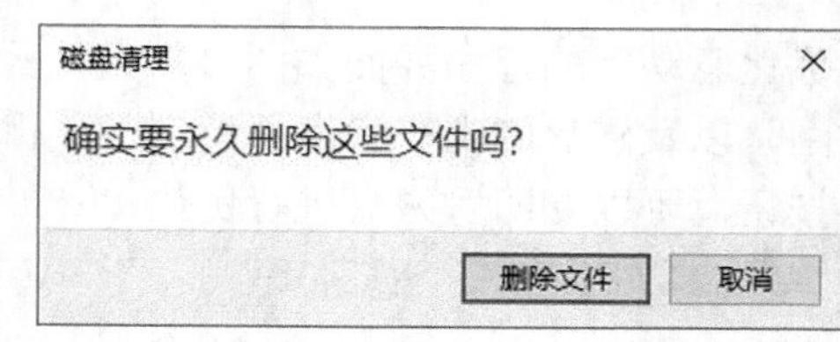

图15-4

单击“删除文件”按钮后，磁盘清理程序开始执行清理过程，如图 15-5 所示。当清理程序执行完成后，对话框会自动关闭。

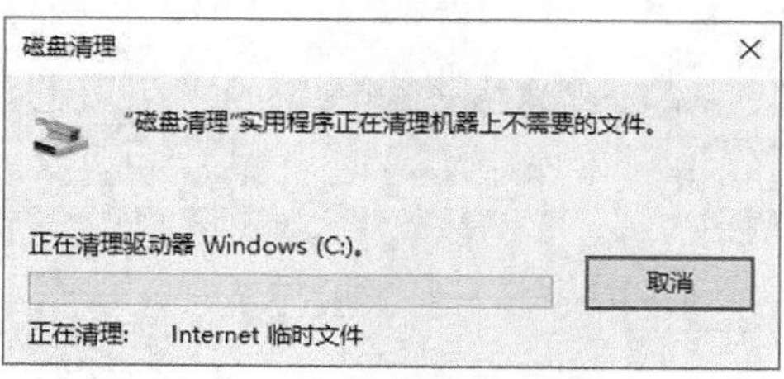

图15-5

15.1.2 磁盘碎片整理

磁盘用久了之后，就会产生很多的碎片，如果不整理的话，就会让自己的计算机越来越慢，也会让自己的计算机磁盘可用空间越来越小。那么，Windows 10 应该如何整理磁盘碎片呢？下面简要介绍。

双击桌面上的“此电脑”图标，在打开的资源管理器窗口选中需要整理的磁盘，然后单击“驱动器工具”下面的“管理”打开“管理”选项卡，单击选项卡内的“优化”按钮，运行优化驱动器程序，如图 15-6 所示。

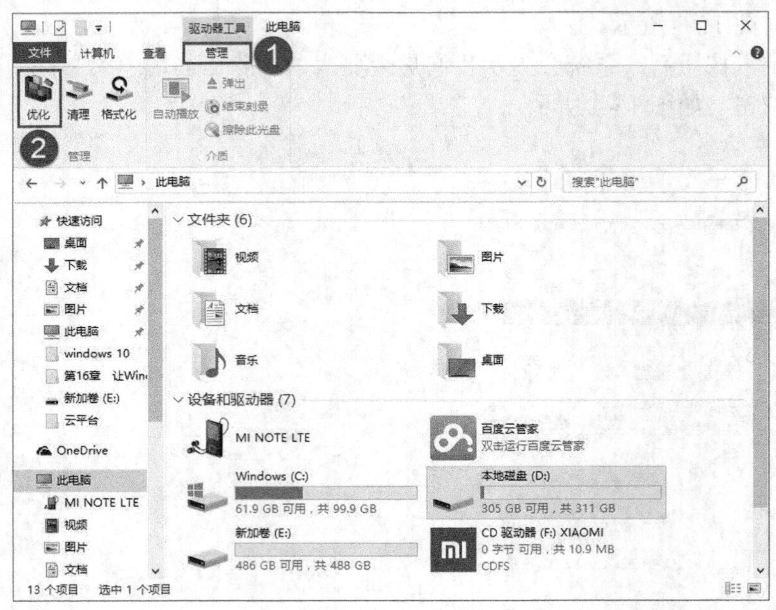

图15-6

优化驱动器的程序界面如图 15-7 所示。主窗口内显示各磁盘的名称和上一次运行优化的时间，以及磁盘的当前状态。单击“分析”按钮，可以分析磁盘驱动器的状态。单击“优化”按钮，可以立即对磁盘进行优化。

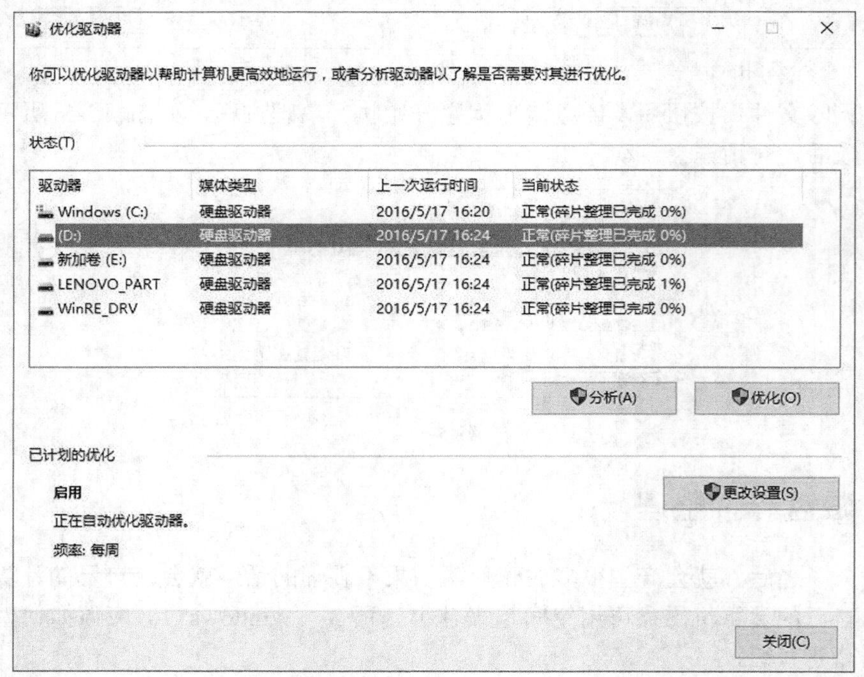

图15-7

单击下方的“更改设置”按钮，可以更改驱动器的优化计划和频率。单击“选择”按钮，可以对单个驱动器进行设置，如图 15-8 所示。

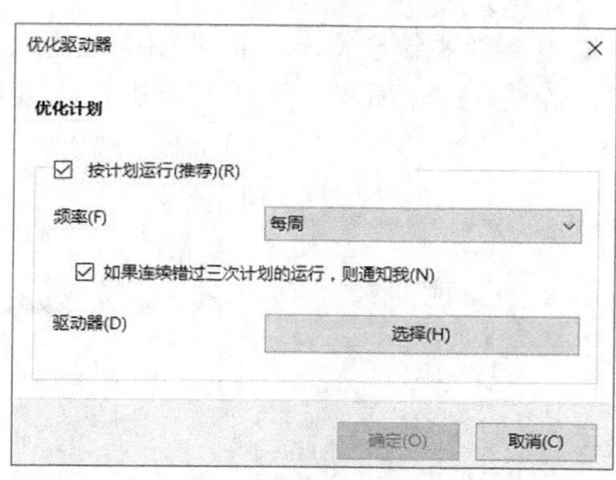

图15-8

15.1.3 磁盘检查

随着硬盘盘片转速的不断提高和存储密度的不断增大，硬盘也越来越脆弱了。磁盘性能是影响系统使用效率的一个重要因素，Windows 10 系统自带了包括磁盘错误检查的工具，可以让我们维护磁盘的性能。下面介绍如何进行磁盘错误检查。

双击桌面上的“此电脑”图标，打开资源管理器，右键单击要检查的磁盘，在弹出的快捷菜单中选择“属性”命令，如图 15-9 所示。

在打开的本地磁盘属性对话框中，单击“工具”选项卡，然后单击“检查”按钮运行磁盘检查程序，如图 15-10 所示。

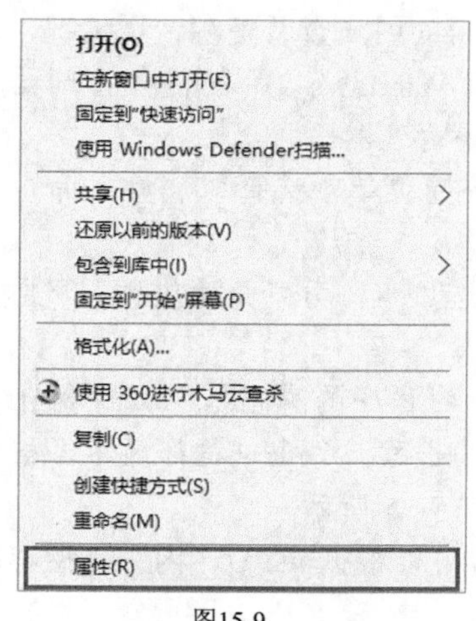

图15-9

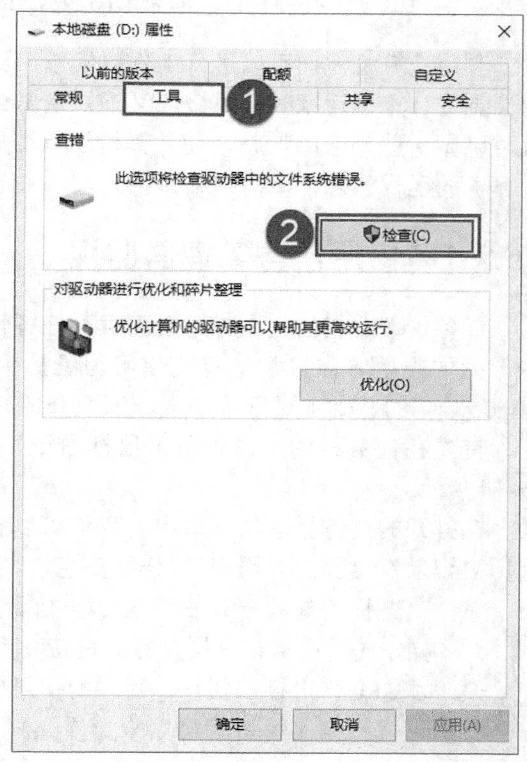

图15-10

如果之前磁盘没有出现错误，则系统会提示不需要扫描此驱动器。此时我们可以手动扫描，单击下方的扫描驱动器，如图 15-11 所示。程序开始进行磁盘扫描，如图 15-12 所示。

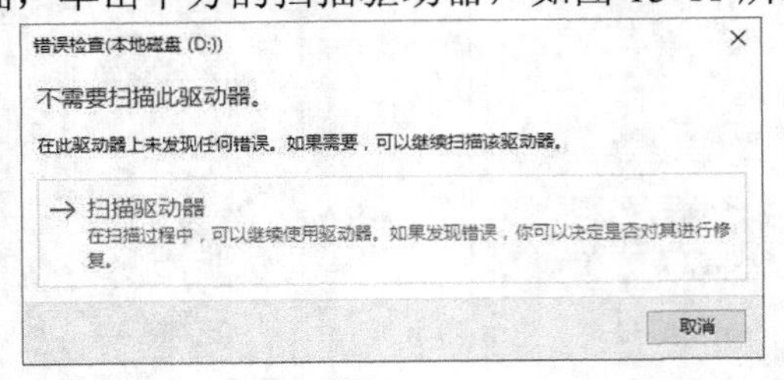

图15-11

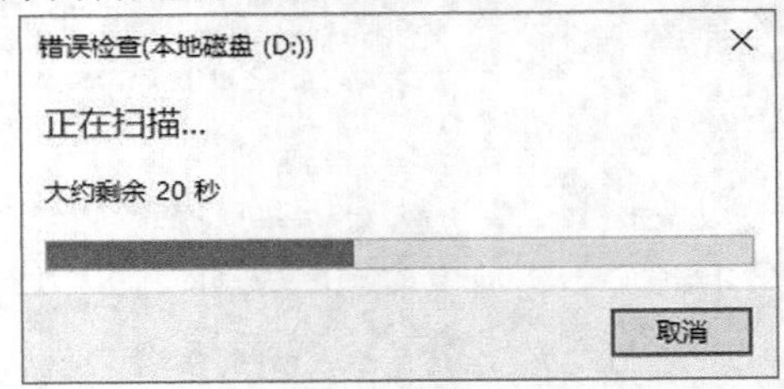

图15-12

等待扫描完成后，会弹出扫描结果，可以单击下方的“显示详细信息”来显示磁盘扫描的详细信息，如图 15-13 所示。

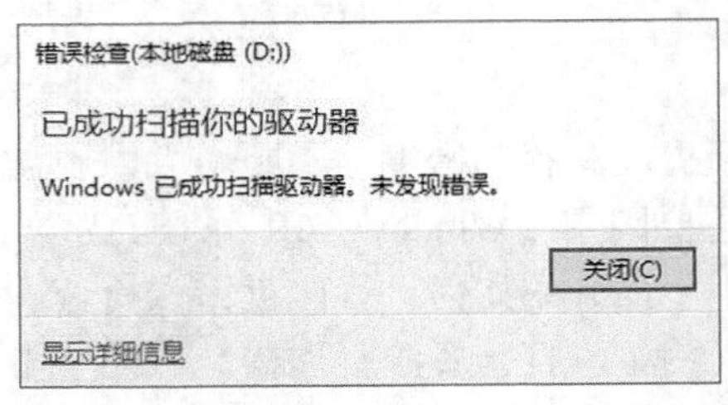

图15-13

15.2　监视计算机的运行状态

利用计算机我们可以进行工作或娱乐，比如看电影、打游戏、编辑文档等。但有时候我们会觉得计算机运行时快时慢，又不知道怎么办才好，如果能够查看计算机运行状态的话，就可以做一些相应的调整，使计算机运行得更加流畅。Windows 10 中有两种工具可以监视计算机的运行状态，下面详细介绍。

15.2.1　使用任务管理器监视

任务管理器相信大家都不会陌生，任务管理器可以帮助用户查看资源使用情况，结束一些卡死的应用等，日常计算机使用与维护中经常用到。Windows 10 的任务管理器功能在 Windows 7 的基础上进行了加强。下面介绍如何使用任务管理器。

首先在任务栏的空白处单击鼠标右键，在弹出的快捷菜单中选择“属性”命令，如图 15-14 所示。

在打开的任务管理器窗口中，我们可以看到有 7 个选项卡，分别是“进程”“性能”“应用历史记录”“启动”“用户”“详细信息”“服务”。

- “进程”选项卡：主要显示当前计算机上运行的程序的进程信息。进程在此被分成了两类，分别是打开的应用和后台运行的进程。每个进程都显示了相关的 CPU、内存、磁盘、网络的使用信息，如图 15-15 所示。

我们可以根据名称进行排序来查看具体的信息，也可以根据 CPU、内存、磁盘、网络的使用情况来排序查看每个进程的信息。

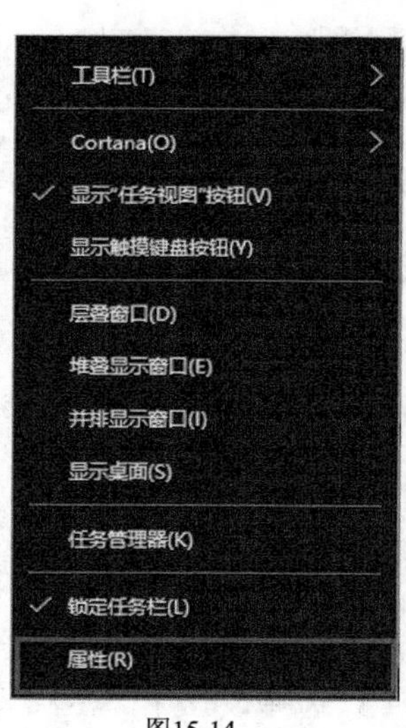

图15-14

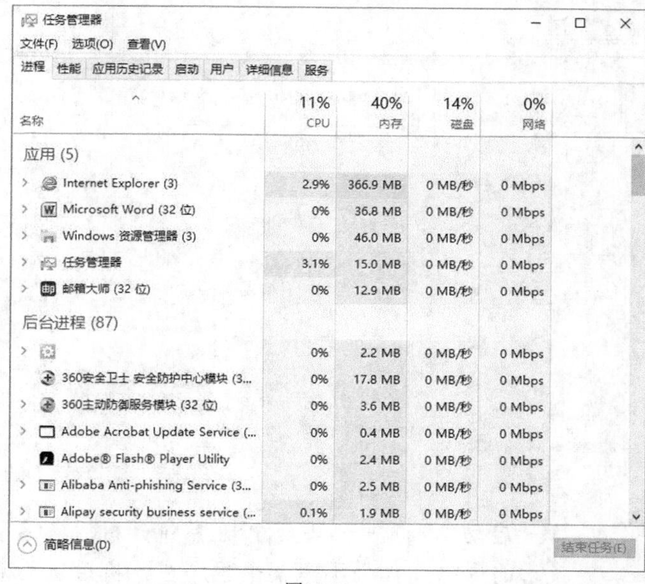

图15-15

如果我们只是想查看当前打开的应用信息，可以单击左下角的“简略信息”按钮，来显示最简单的信息，简略信息界面如图 15-16 所示。在这个界面我们可以单击左下角的“详细信息”按钮来显示完整的任务管理器窗口。

图15-16

- “性能”选项卡：以折线图的形式来显示 CPU、内存、硬盘和以太网的使用率。默认显示的是 CPU 的使用率曲线和详细信息。我们可以单击左侧的标签来切换显示其他硬件的信息，如图 15-17 所示。
- “应用历史记录”选项卡：显示计算机上的应用累计使用的计算机资源情况。目前，历史记录功能还不是很完善，只能记录部分功能的历史记录，如图 15-18 所示。

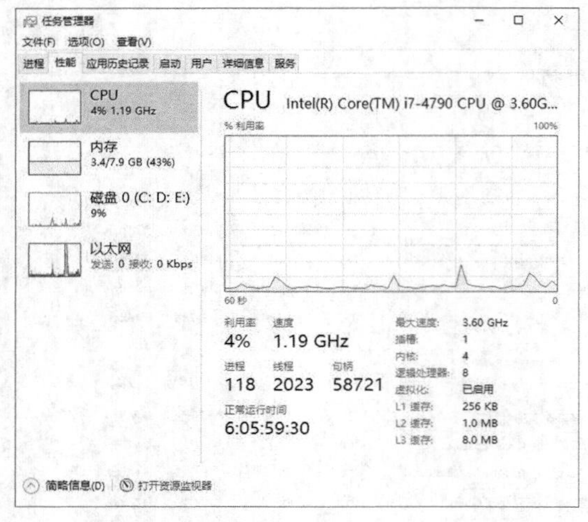

图15-17

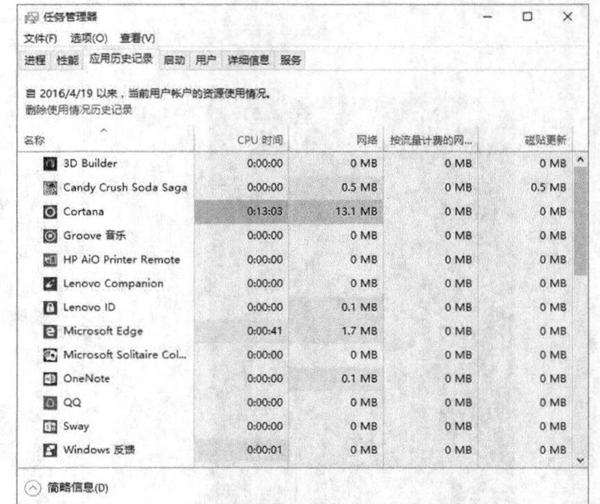

图15-18

- “启动”选项卡：显示了在系统开机后各启动项占用的 BIOS 时间，以及对启动的影响。如果不想某个程序在开机后自动启动，则可以选择该程序，然后单击右下角的“禁用”按钮，如图 15-19 所示。
- “用户”选项卡：按用户显示资源的占用情况，如图 15-20 所示。

图15-19

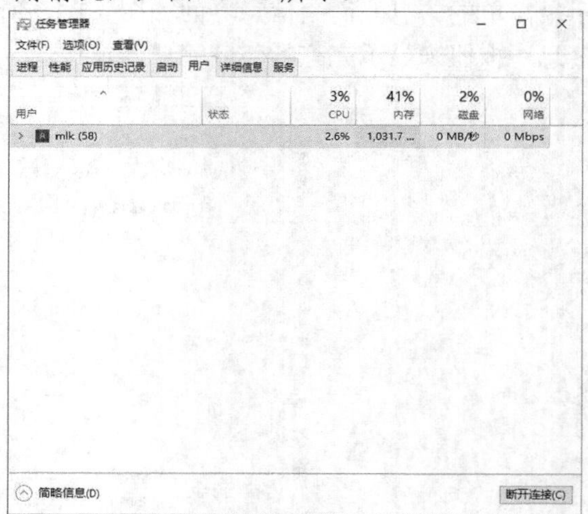

图15-20

- “详细信息”选项卡：显示了当前运行的进程的详细信息。包含了进程名称、PID、状态、运行此进程的用户名、CPU、内存、该进程的描述，如图 15-21 所示。
- “服务”选项卡：列出了计算机上的服务名称及这些服务现在的运行状态，如图 15-22 所示。

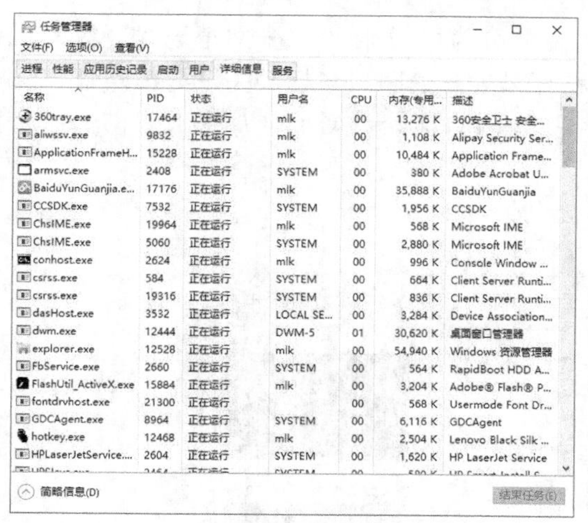

图15-21

图15-22

15.2.2 使用资源监视器监视

除了任务管理器外，资源监视器也是我们监视计算机运行状态的重要工具。下面详细介绍如何使用资源监视器。

单击⊞按钮右侧的搜索框，在搜索框内输入“资源监视器”，然后在搜索结果中单击“资源监视器”来打开资源监视器应用，如图 15-23 所示。

资源监视器共有 5 个选项卡，分别是“概述”“CPU”“内存”“磁盘”“网络”，下面详细介绍。

- “概述”选项卡：显示整个计算机资源使用的概述。左侧是 CPU、内存、硬盘、网络使用的列表信息，右侧是以图形的方式显示的信息。单击左侧的相关栏目可以展开并查看详细信息，如图 15-24 所示。

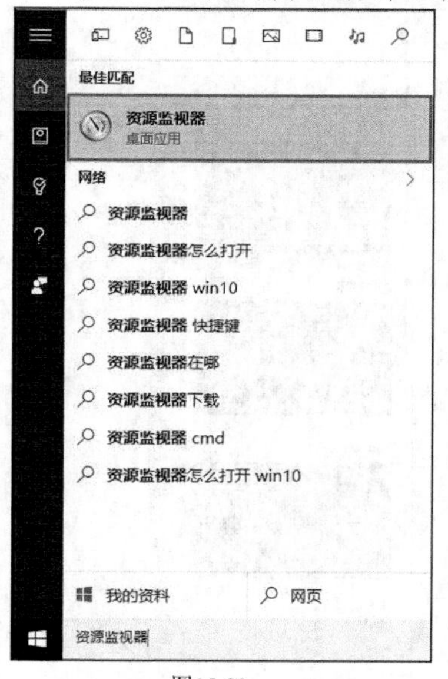

图15-23

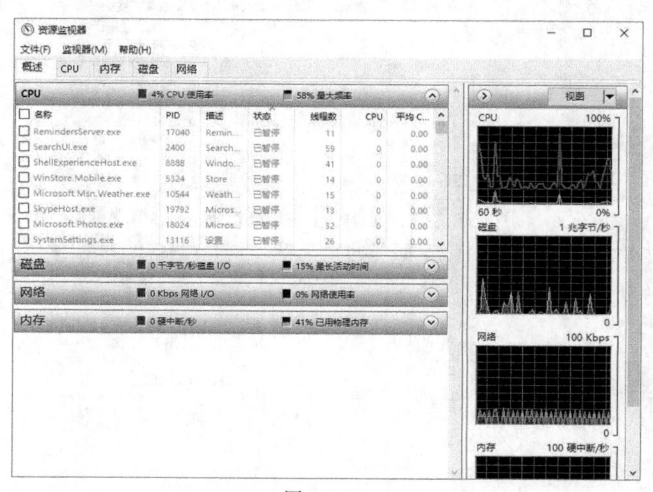

图15-24

- "CPU"选项卡：显示 CPU 的使用率。左侧分为 4 个栏目，分别是进程、服务、关联的句柄、关联的模块。勾选进程可以查看关联的句柄和关联的模块信息。右侧显示的是 CPU 的总体使用率曲线和 CPU 各个核心的使用率曲线，如图 15-25 所示。

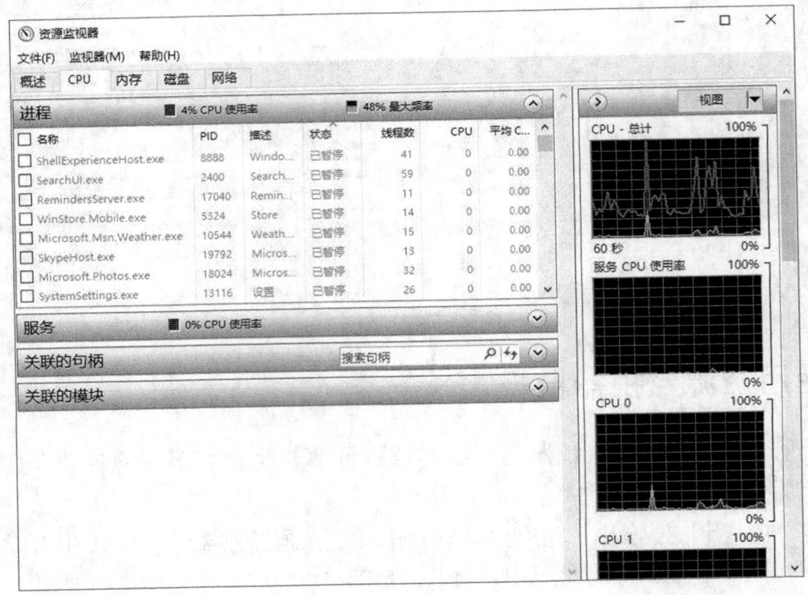

图15-25

- "内存"选项卡：左侧是内存使用的详细信息，表中列出了每个进程的使用情况，下方则是计算机全部内存的分配情况；右侧是内存使用的图示，如图 15-26 所示。

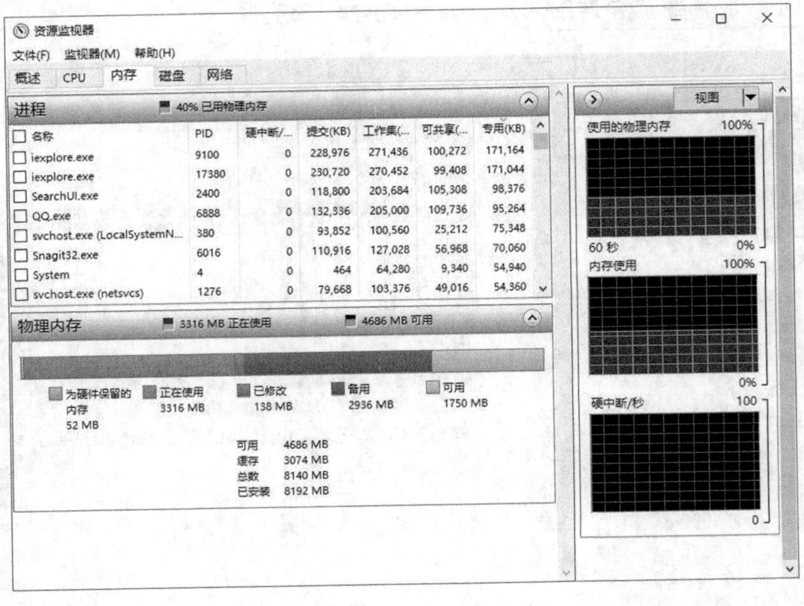

图15-26

- “磁盘”选项卡：显示磁盘的详细使用信息。左侧显示的是进程的读写信息，右侧是以图形的形式显示磁盘读写速率的信息，如图 15-27 所示。

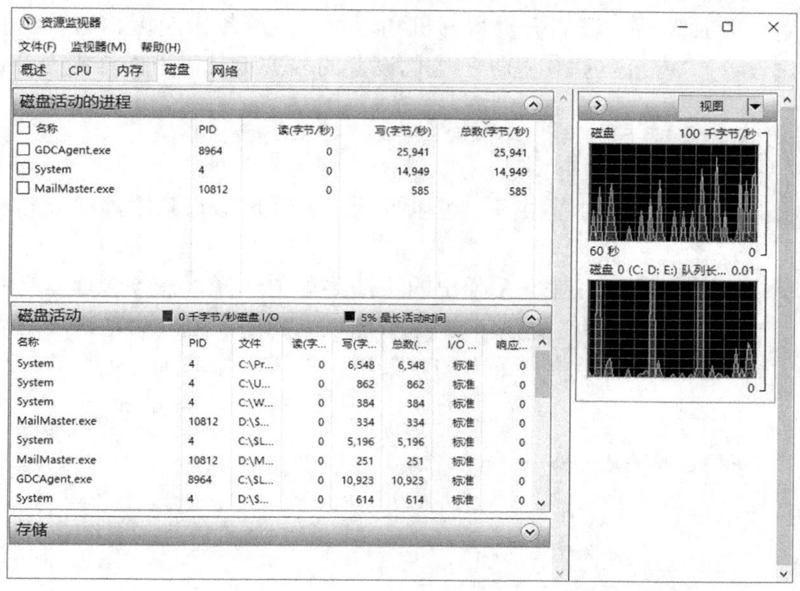

图15-27

- “网络”选项卡：显示各个进程的网络活动信息。左侧是网络活动的进程、网络活动、TCP 连接和侦听端口的信息，右侧是以图形形式显示的网络带宽的使用情况，如图 15-28 所示。

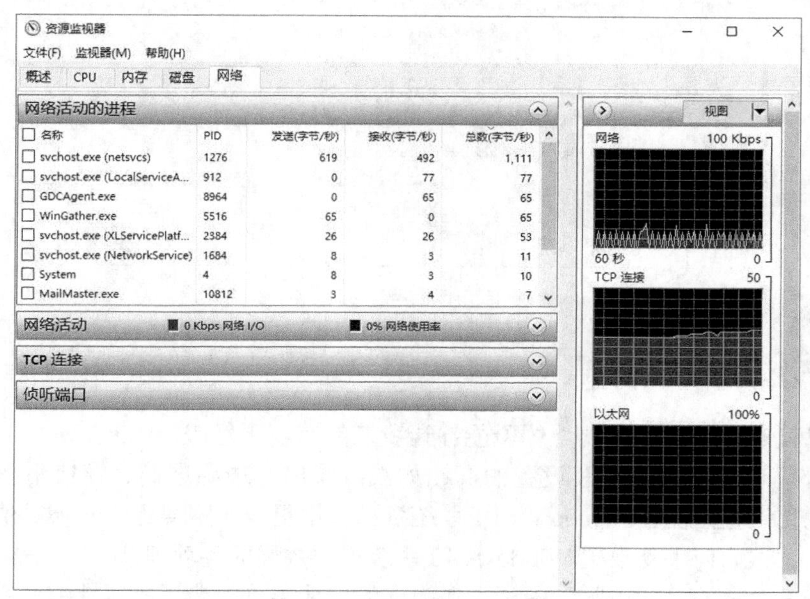

图15-28

15.3 Windows 10 自带的优化设置

计算机使用一段时间后，我们会觉得开机和运行的速度越来越慢。这候我们就需要对计算机做一些优化设置。Windows 10 提供了优化设置的相关工具，下面详细介绍。

15.3.1 优化开机速度

如果计算机开机速度比平时慢很多，可以打开任务管理器来禁用掉部分影响开机速度的应用，方法如下。

在任务栏空白处单击鼠标右键，在弹出的快捷菜单中选择“任务管理器”命令，打开任务管理器窗口，然后单击“启动”选项卡。这个选项卡列出了每个启动进程对启动的影响。我们选择影响为高的应用，然后单击下方的“禁用”按钮，如图 15-29 所示。

图15-29

15.3.2 优化视觉效果

使用计算机时有一个好的视觉体验能够让我们的感观更舒服。Windows 10 系统中的很多视觉特效都是可以灵活选择和设置的，比如淡入淡出、透明玻璃、窗口阴影、鼠标阴影等。做一些优化设置，能让 Windows 10 系统资源占用更少、跑得更快，还是值得的。下面我们就一起来试试如何手动设置 Windows 10 系统视觉效果的各项细节。

右键单击桌面上的“此电脑”图标，在弹出的快捷菜单中选择“属性”命令，打开“系统”窗口，单击左侧的“高级系统设置”，如图 15-30 所示。

图15-30

在弹出的“系统属性”对话框中，单击“性能”栏内的“设置”按钮，如图 15-31 所示。

“视觉效果”选项卡里面有很多选项。系统默认的设置是“让 Windows 选择计算机的最佳设置”，我们可以根据自己的需要来进行设置。如果计算机性能比较强大，可以选择“调整为最佳外观”，这样可以获得最好的视觉效果。如果计算机比较老或性能不是很好，可以选择“调整为最佳性能”，这样可以不要视觉效果，让计算机的全部处理能力用在其他地方。还可以选择“自定义”选项，选择后，可以根据自己的喜好来选择具体的视觉效果，如图 15-32 所示。

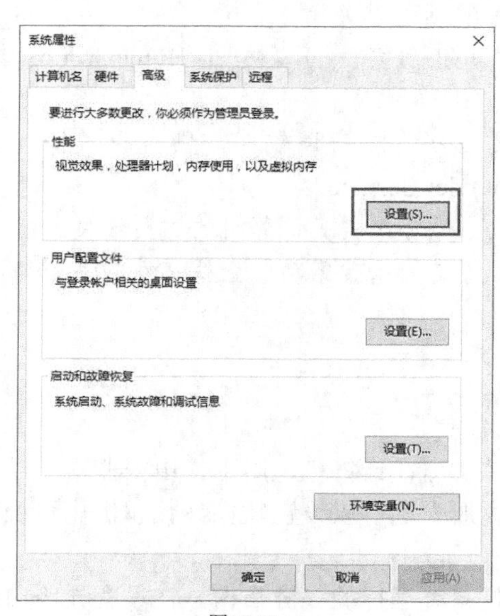

图15-31

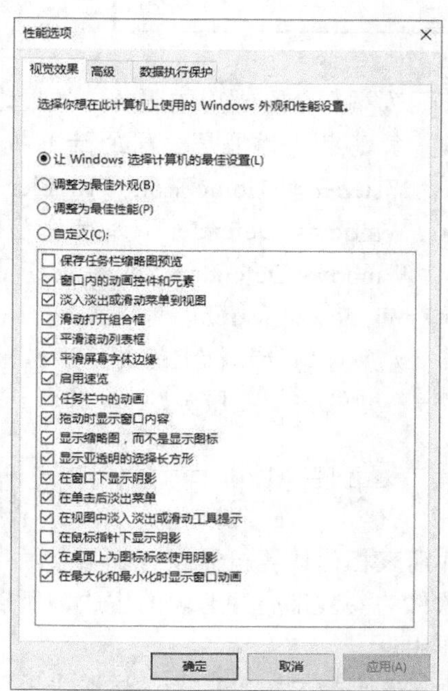

图15-32

15.3.3　优化系统服务

Windows 10 系统的功能非常庞大，我们很少能够使用它的全部功能。如果我们把不使用的功能关闭，则可以提高计算机的运行速度。下面介绍如何对系统服务进行优化。

单击任务栏上的搜索框，然后输入“服务”，在弹出的搜索结果中单击“服务”，如图 15-33 所示。

在“服务”窗口内，我们可以单击选中相应的服务，然后单击上方工具栏上的“■”按钮来停止此服务，如图 15-34 所示。

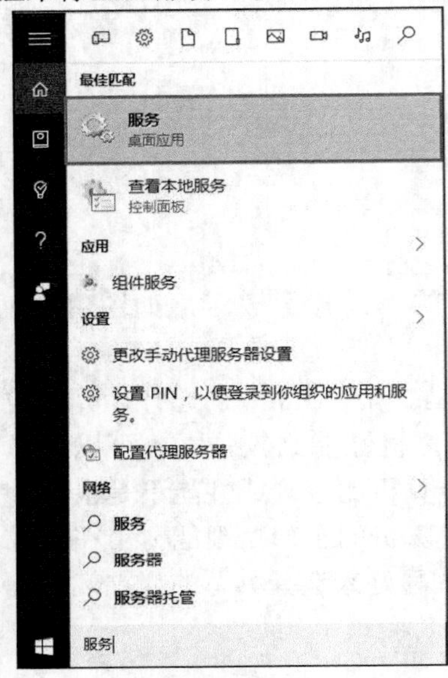

图15-33

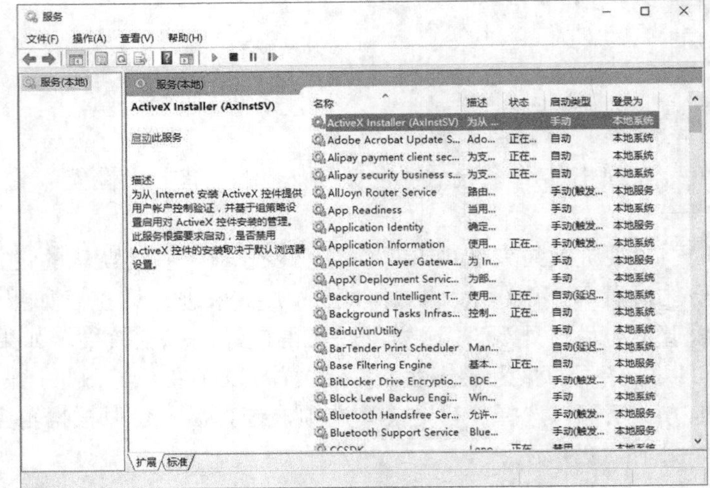

图15-34

下面列举几个不常用的服务，如果你确认不使用的话可以关闭。

- 家庭组：如果是公司的计算机或不需要家庭组服务，可以关闭 HomeGroup Listener 和 HomeGroup Provider 服务。
- Windows Defender：如果你已经安装了第三方的防病毒软件，则可以关闭 Windows Defender 的相关服务 Windows Defender Service。
- Windows Search：可以关闭 Windows Search 服务来提高计算机的运行速度。如果你的计算机上的文件资料比较多，而且经常使用搜索功能查找文件的话，不建议关闭此服务。

15.4　使用注册表编辑器优化系统

注册表相信计算机爱好者都不会陌生，注册表编辑器在计算机运用中使用得非常广泛，每个软件的安装都有注册表的生成，所以通过修改注册表还可以设置软件参数和优化系统设置的作用。

不过需要提醒大家的是，注册表里面许多数据是系统运行的关键数据，在没有弄明白这些数据的用途之前，不要轻易修改和删除这些数据，以免造成系统崩溃。

15.4.1 启动注册表编辑器

启动注册表编辑器并不复杂，同时按键盘上的Win键和R键，弹出“运行”对话框，然后在“运行”对话框内输入“regedit”并按Enter键，如图 15-35 所示。

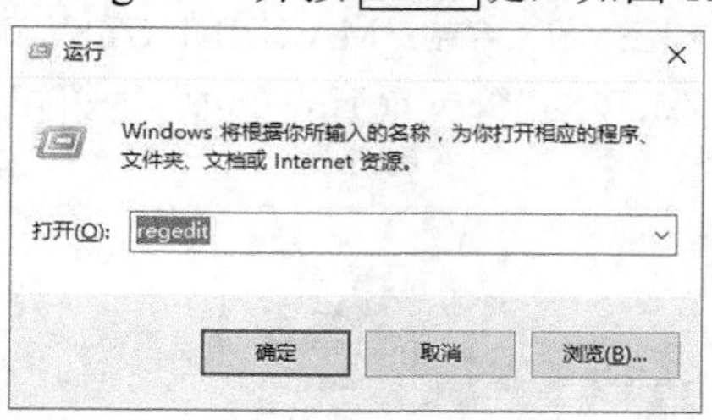

图15-35

注册表编辑器界面如图 15-36 所示，左侧有 5 个分支。

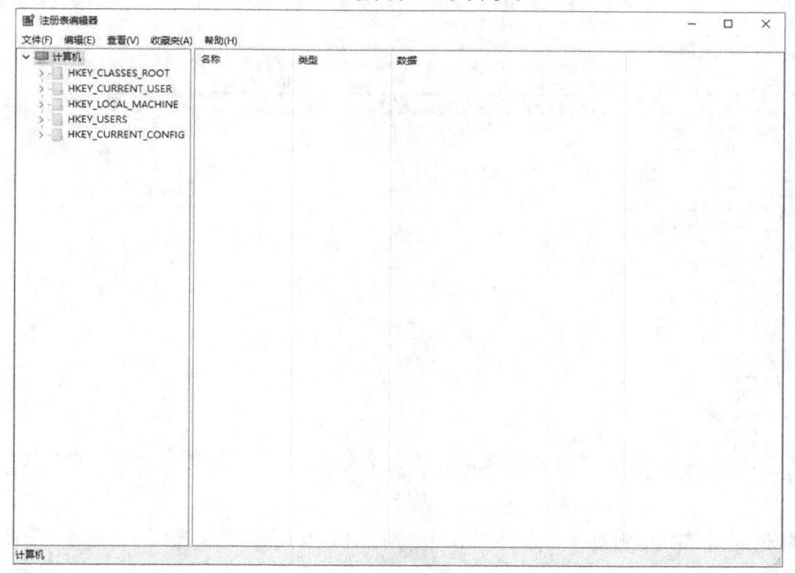

图15-36

- HKEY_CLASSES_ROOT：包含了所有已装载的应用程序、OLE 或 DDE 信息，以及所有文件类型信息。
- HKEY_CURRENT_USER：记录了有关登录计算机网络的特定用户的设置和配置信息。
- HKEY_LOCAL_MACHINE：存储了 Windows 开始运行的全部信息。即插即用设备信息、设备驱动器信息等都通过应用程序存储在这里。
- HKEY_USERS：描述了所有同当前计算机联网的用户简表。
- HKEY_CURRENT_CONFIG：记录了包括字体、打印机和当前系统的有关信息。

15.4.2　加快关机速度

Windows 10 系统在关机速度上有了显著的提升，不过，对于某些用户而言，这样的关机速度还是不能满足实际的使用需要，有什么方法能够再为 Windows 10 关机提速呢？我们可以通过修改注册表的方式来实现。

打开注册表编辑器，展开 HKEY_LOCAL_MACHINE\SYSTEM\CurrentControlSet\Control。

在右侧窗口内，找到“WaitToKillServiceTimeOut”字符串值，双击打开，如图 15-37 所示。

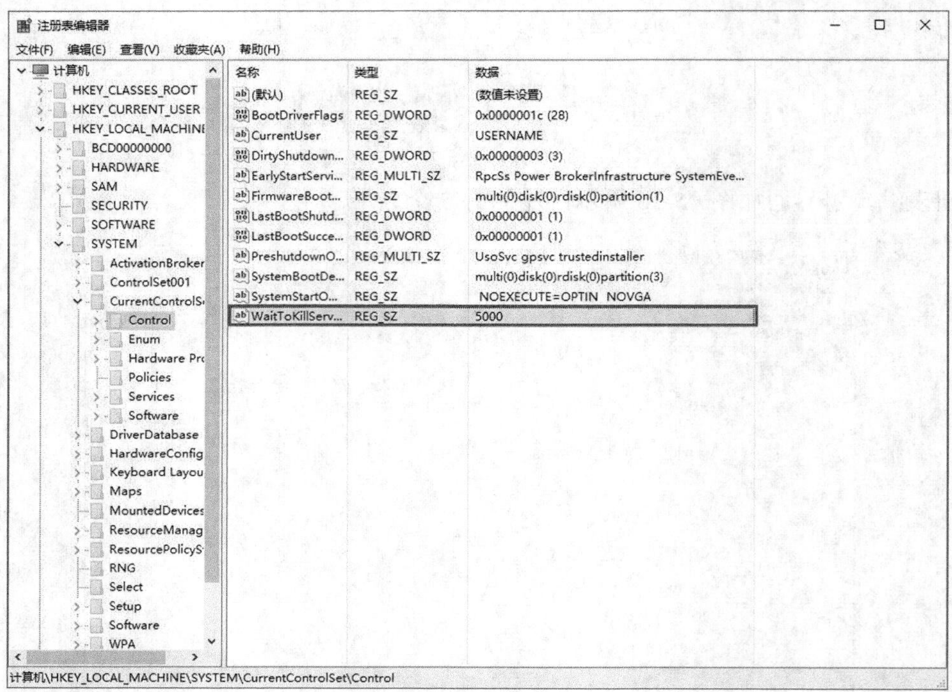

图15-37

在弹出的对话框中，将数值从 5000 改为 3000，然后单击“确定”按钮，如图 15-38 所示。

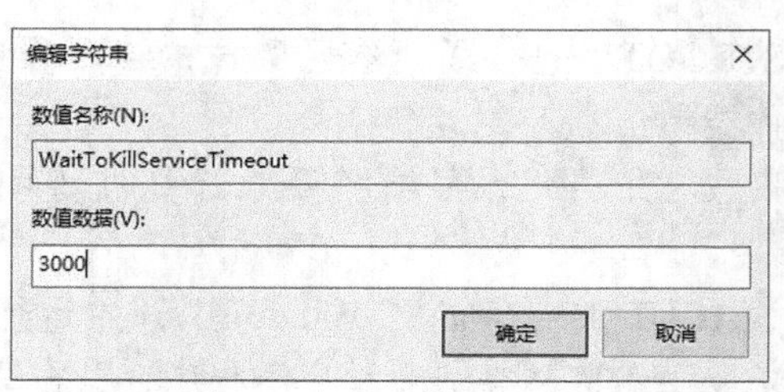

图15-38

15.4.3　加快系统预读能力

计算机开机速度往往都是人们最为关心的话题，都希望自己的计算机开机速度快，有的机器开机几十秒甚至几秒，它们是如何做到的呢？修改注册表中的一个项，加快系统的预读能力，就能提高开机速度。

打开注册表编辑器，展开 HKEY_LOCAL_MACHINE\SYSTEM\CurrentControlSet\Control\SessionManager\MemoryManagement，在右侧窗口内找到“EnableSuperfetch”字符串值并双击打开，如图 15-39 所示。

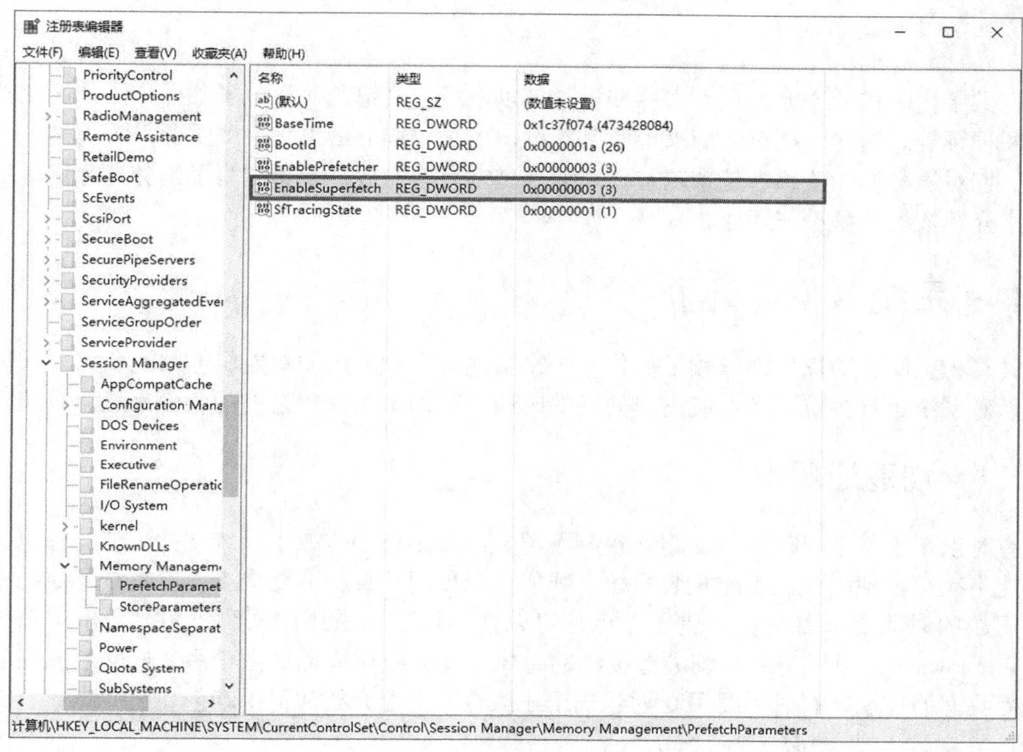

图15-39

将“EnableSuperfetch”的值更改为 1，然后单击“确定”按钮，如图 15-40 所示。

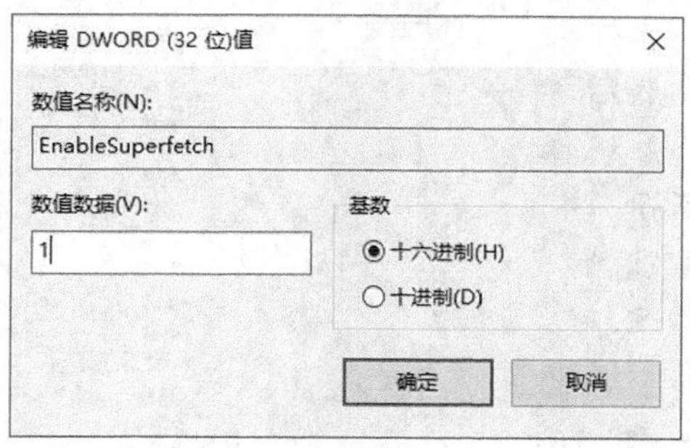

图15-40

第16章　数据备份与还原

在数字化时代的今天，个人文件和资料多以电子方式记录，如电子邮件、照片、文档、歌曲和视频等。这些文件对我们来说非常重要，失去它们的后果是很严重的。

人们对于数据的依赖性越来越重要，如何进行有效的数据备份成为了当务之急。本章就向大家介绍数据的备份与还原。

16.1　系统备份与还原

计算机上所有的操作都依赖于操作系统来实现，因此系统的稳定是非常重要的。我们需要定期对系统进行备份，当系统出现问题的时候，我们可以使用之前的备份来还原系统。

16.1.1　创建还原点

有时误装了某个软件，手动删除也删不掉，或者不小心修改了系统文件，使计算机的某些功能不能正常使用，又不想重装系统，我们可以使用计算机的还原点，将系统还原到系统未出问题的时间点。首先要创建还原点才可以使用还原点来还原系统。如果启用了系统保护，Windows 10 可以在对系统进行改动的时候自动创建还原点。由于系统创建还原点的操作不受我们的控制，有时需要手动创建一个还原点，下面介绍如何手动创建还原点。

1. 右键单击桌面上的“此电脑”图标，然后在弹出的快捷菜单中选择“属性”命令，打开“系统”窗口，然后单击窗口左侧的“系统保护”，如图16-1所示。
2. 在弹出的“系统属性”对话框的“系统保护”选项卡内，单击下部的“创建”按钮，如图16-2所示。

图16-1

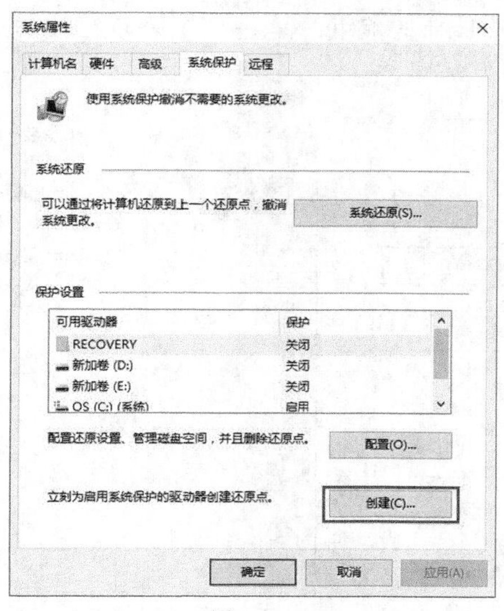

图16-2

3. 在弹出的对话框中输入还原点的名字，然后单击“创建”按钮，如图 16-3 所示。这时 Windows 开始创建还原点，如图 16-4 所示。

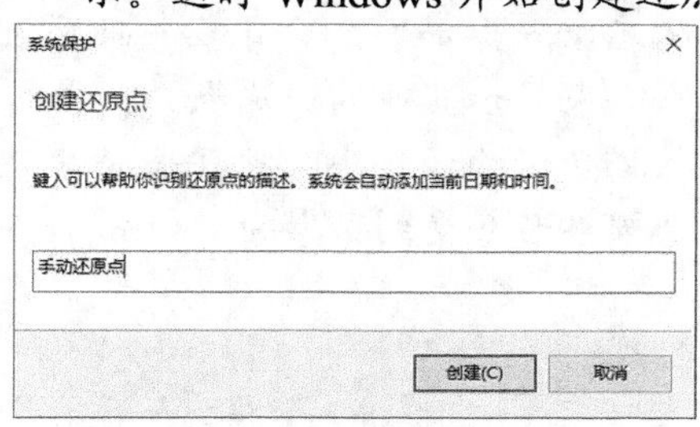

图16-3

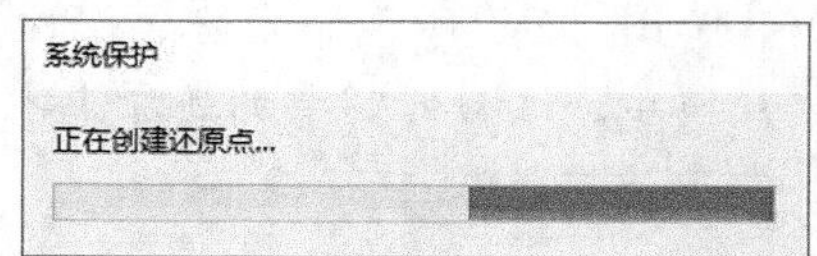

图16-4

等待一段时间后，系统会弹出提示“已成功创建还原点”，表示创建还原点已经成功，单击“关闭”按钮即可，如图 16-5 所示。

图16-5

16.1.2 使用还原点还原系统

当系统出现问题时，可以使用还原点来还原系统之前的状态。这个还原点可以是系统自动创建的，也可以是我们手动创建的，下面介绍具体步骤。

1. 在进行系统还原之前，要关闭所有打开的文档和程序。右键单击桌面上的“此电脑”图标，在弹出的快捷菜单中选择“属性”命令，打开“系统”窗口，然后单击“系统”窗口左侧的“系统保护”，打开“系统属性”对话框。单击窗口上部的“系统还原”按钮，如图 16-6 所示。

2.　在弹出的“系统还原”对话框中，单击“下一步”按钮，如图 16-7 所示。

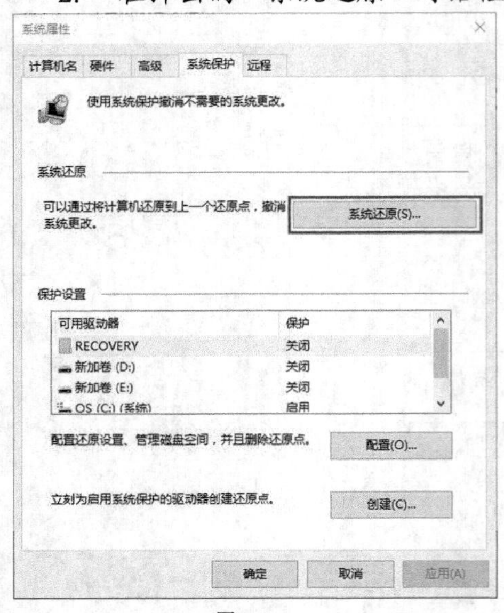

图16-6

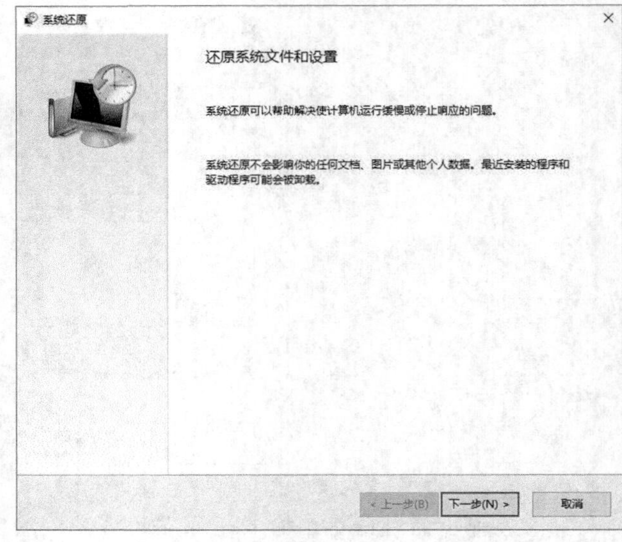

图16-7

3.　在弹出的对话框中，我们可以选择要还原的还原点。如果系统有多个还原点的话，还可以勾选下方的“显示更多还原点”来显示其他的还原点。如果需要查看哪些程序受到了影响，可以单击“扫描受影响的程序”按钮来查看，如图 16-8 所示。等待一段时间后，可以看到哪些程序受到了影响，如图 16-9 所示。选择好需要的还原点之后，单击“下一步”按钮。

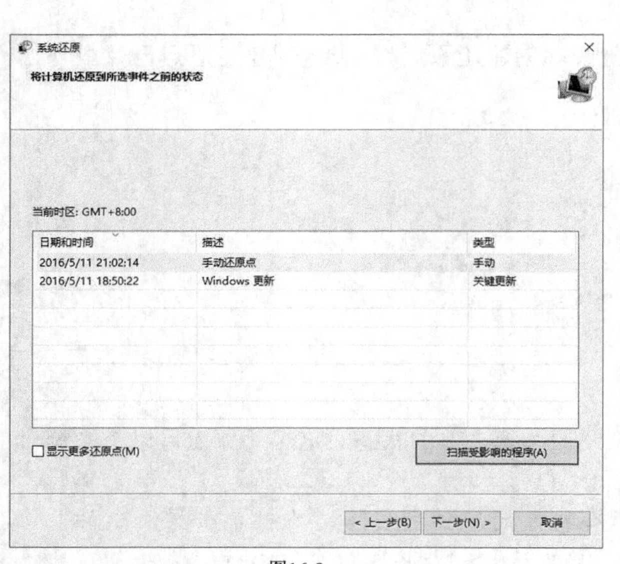

图16-8

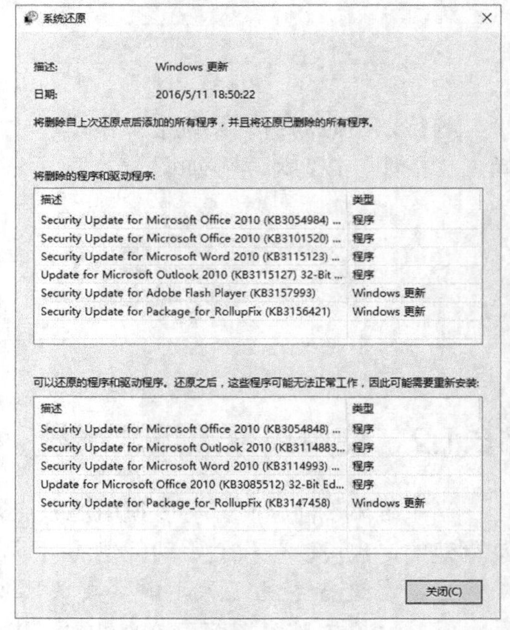

图16-9

4.　此时 Windows 会弹出确认还原点对话框，确认无误后，单击“完成”按钮，如图 16-10 所示，然后等待系统重启完成即可。

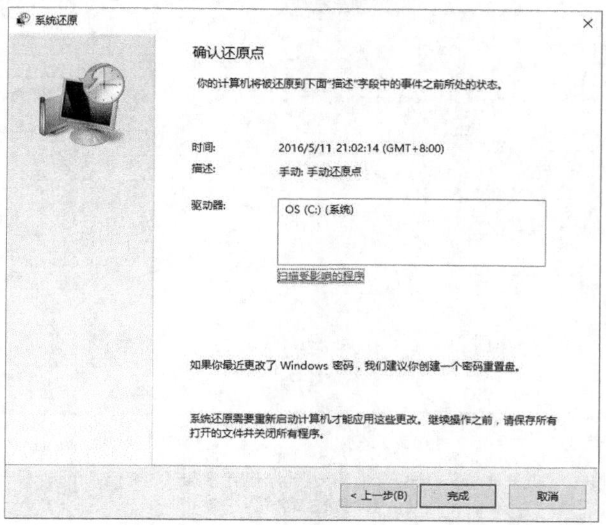

图16-10

16.1.3 创建并恢复完整的系统映像

使用还原点仅能够还原部分系统文件，当系统文件破坏得比较严重时，还原点有时无法恢复。如果我们创建过完整的系统映像，则可以很好地解决这个问题。下面介绍如何创建系统映像。

1. 打开“控制面板”窗口，单击“备份和还原（Windows 7）”，如图 16-11 所示。

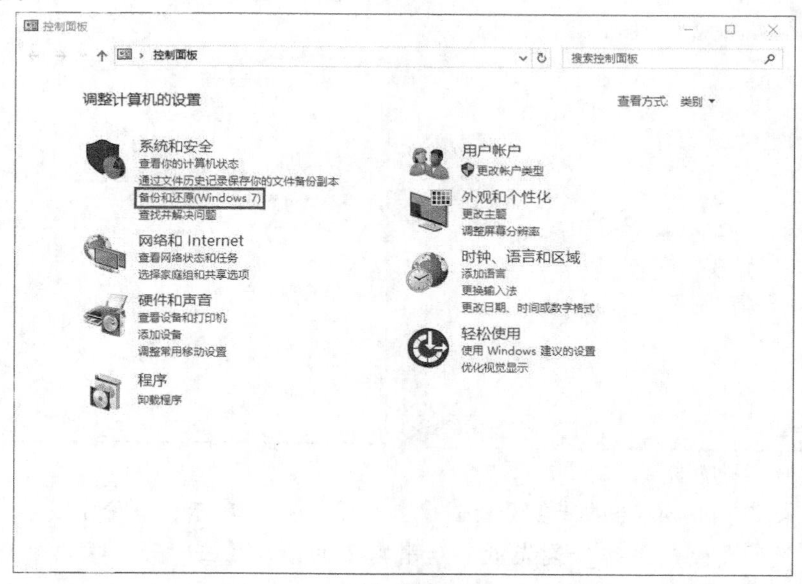

图16-11

2. 在弹出的窗口中，单击左侧的“创建系统映像”，如图 16-12 所示。

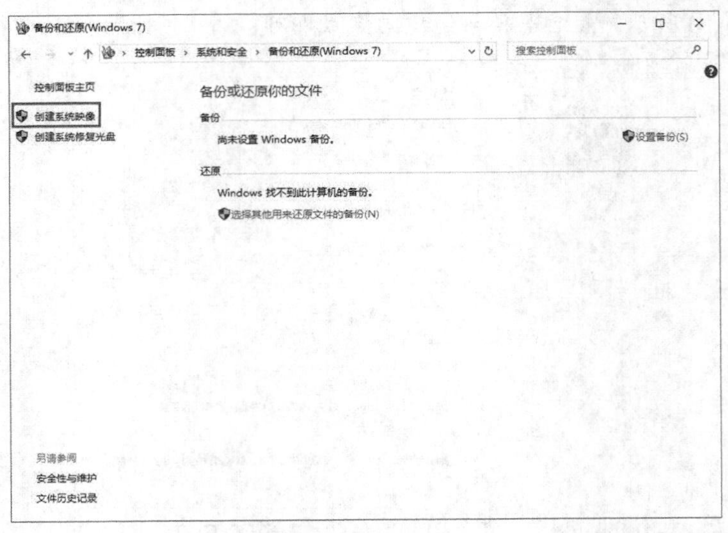

图16-12

3. 在弹出的对话框中，我们可以选择备份的存放位置，建议存放在移动硬盘或光盘上。如果我们选择计算机上的硬盘驱动器，系统会发出警告“选定驱动器位于要备份的同一物理磁盘上，如果此磁盘出现故障，将丢失备份。”，选择好目标驱动器后，单击“下一步”按钮，如图 16-13 所示。
4. 之后会弹出确认备份设置对话框，如果确认没有问题，单击“开始备份”按钮，进行备份，如图 16-14 所示。

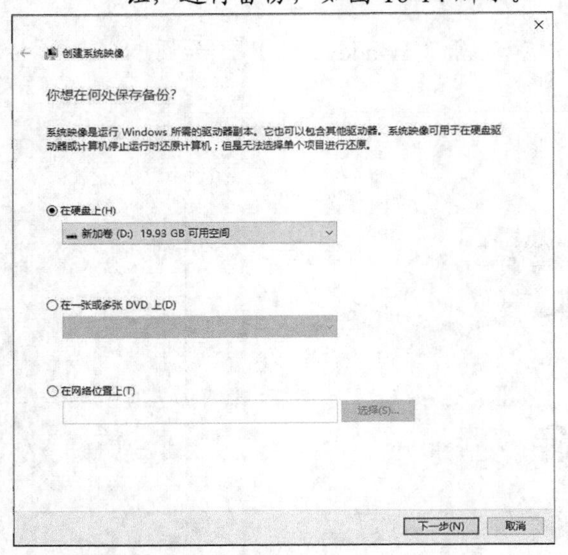

图16-13

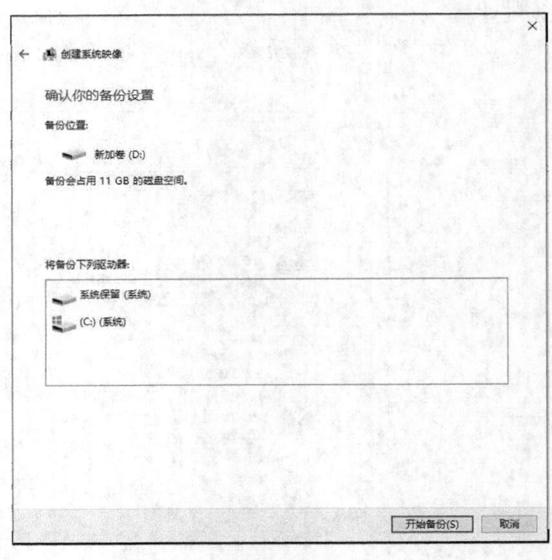

图16-14

5. 接下来 Windows 会进行备份的创建，如图 16-15 所示。备份完成后，系统会提示是否要创建系统修复光盘，如果需要的话，单击“是”按钮即可，如图 16-16 所示。

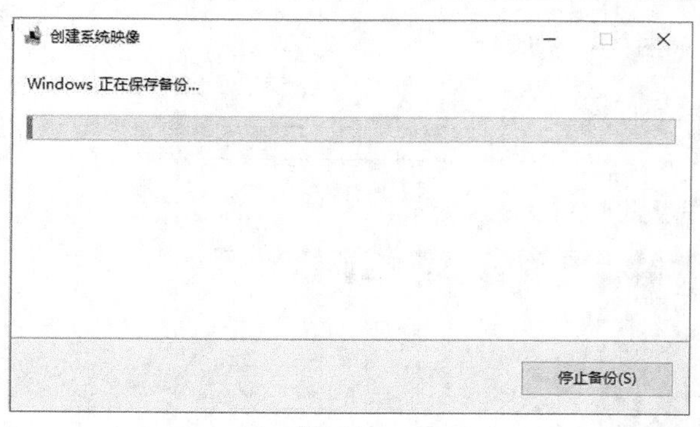

图16-15

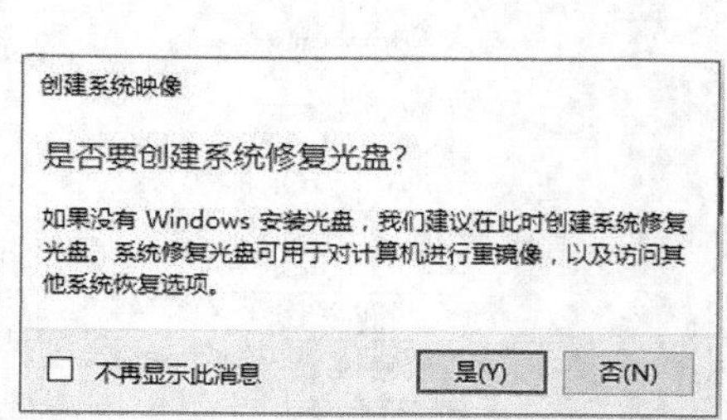

图16-16

6. 系统会提示备份完成，单击“关闭”按钮，如图 16-17 所示，系统备份结束。

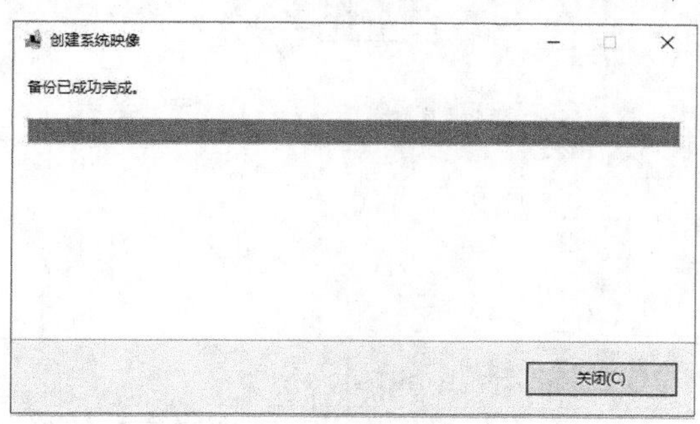

图16-17

如果以后系统出了问题，可以通过之前创建的系统映像进行系统的恢复，下面介绍如何操作。

1. 单击⊞按钮，然后单击“设置”，打开“设置”窗口，单击窗口内的“更新和安全”图标，如图 16-18 所示。

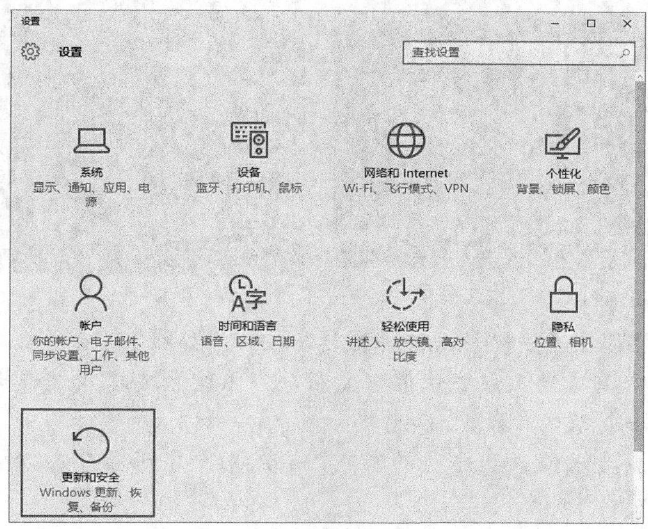

图16-18

2. 在弹出的“更新和安全”窗口，单击左侧的“恢复”，然后单击右侧“高级启

动”下方的“立即重启”按钮，如图 16-19 所示。

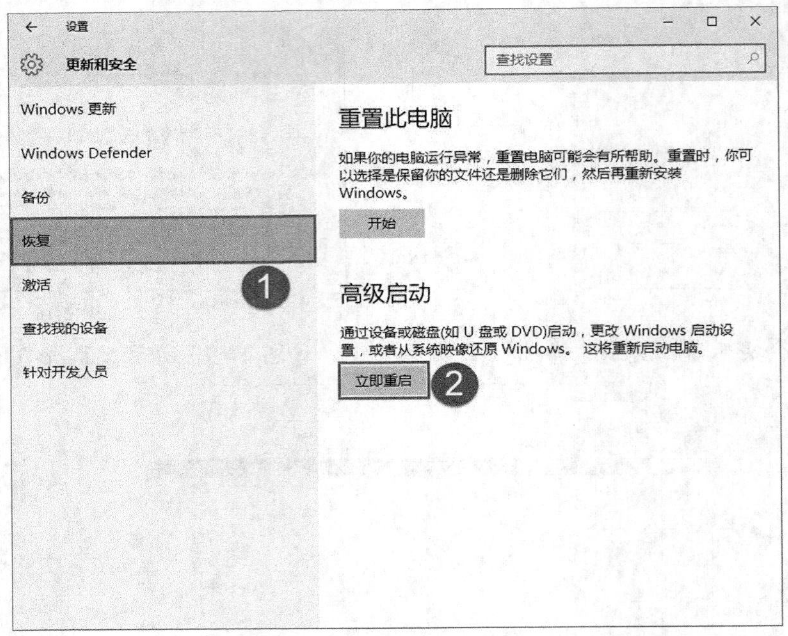

图16-19

3. 系统重启后会显示高级启动画面，单击“疑难解答”按钮，如图 16-20 所示。

4. 在出现的界面中，单击“高级选项”按钮，如图 16-21 所示。

图16-20

图16-21

5. 在弹出的界面中单击“系统映像恢复”按钮，如图 16-22 所示。

6. 这时系统会重启进入系统映像恢复程序，系统会要求我们选择一个账户，单击其中的一个账户，如图 16-23 所示。

7. 此时系统会要求输入此账户的密码，输入用户密码后单击“继续”按钮，如图 16-24 所示。

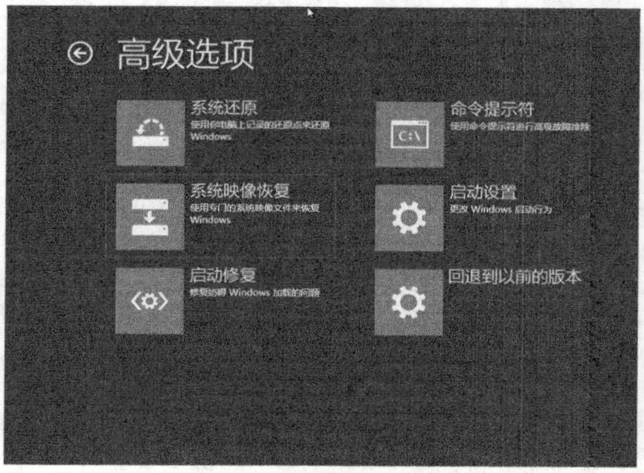

图16-22

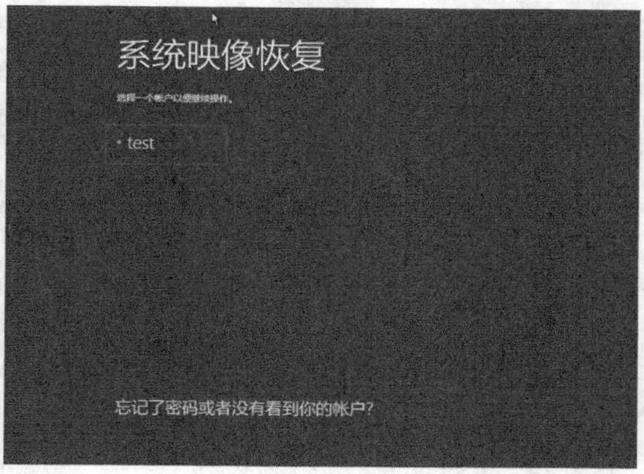

图16-23

8. 在弹出的对话框中选择一个可用的系统映像，然后单击“下一步”按钮，如图 16-25 所示。

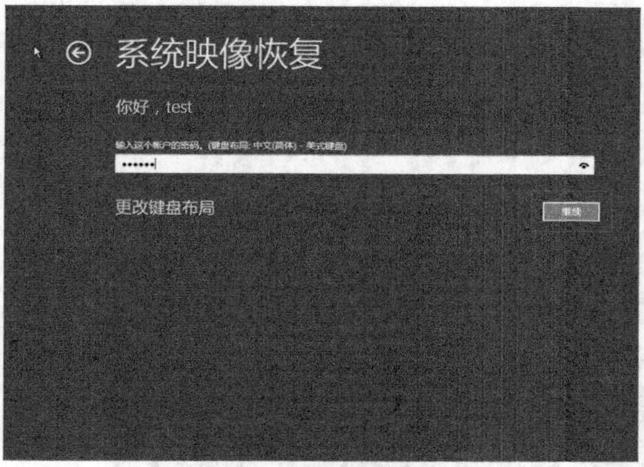

图16-24

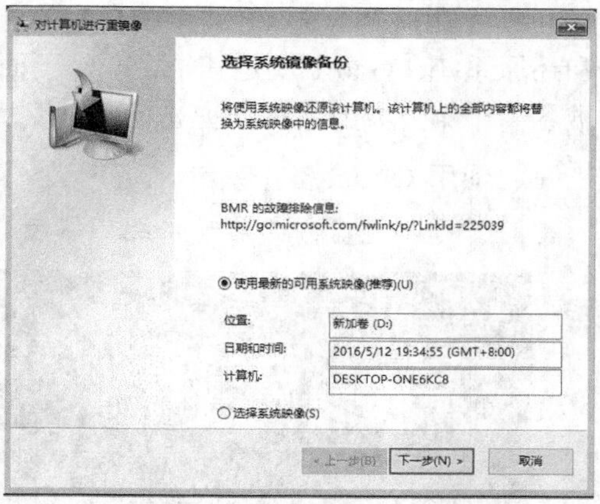

图16-25

9. 在出现的对话框中，单击“下一步”按钮，如图 16-26 所示。

10. 再次确认要恢复的映像信息无误后，单击“完成”按钮，如图 16-27 所示。

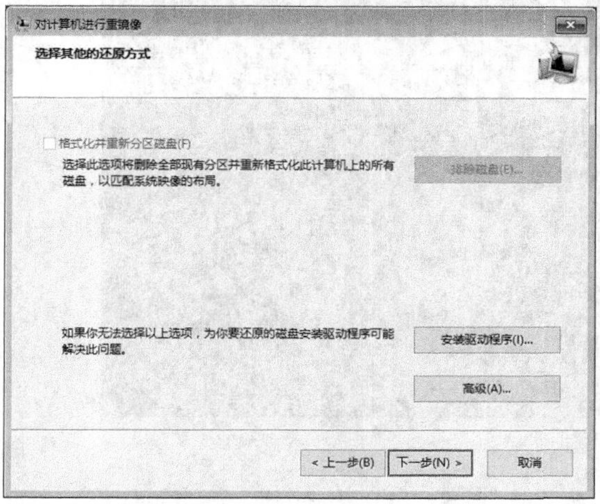

图16-26

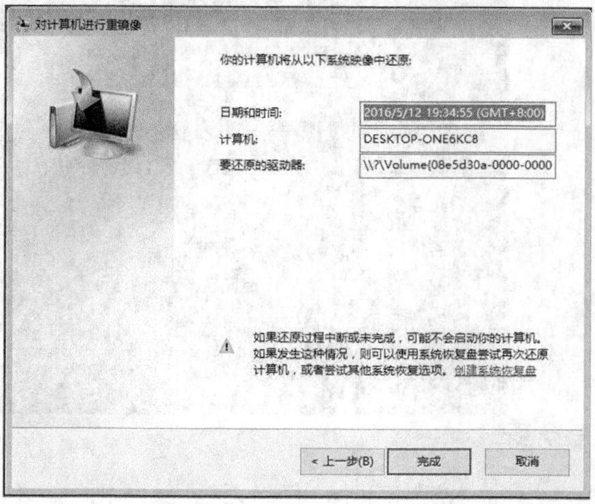

图16-27

11. 在弹出的警告对话框中单击“是”按钮，如图 16-28 所示，然后计算机开始进行系统映像的恢复，如图 16-29 所示。

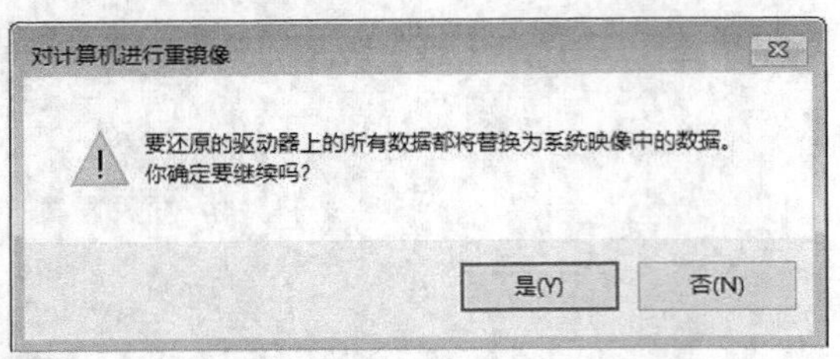

图16-28

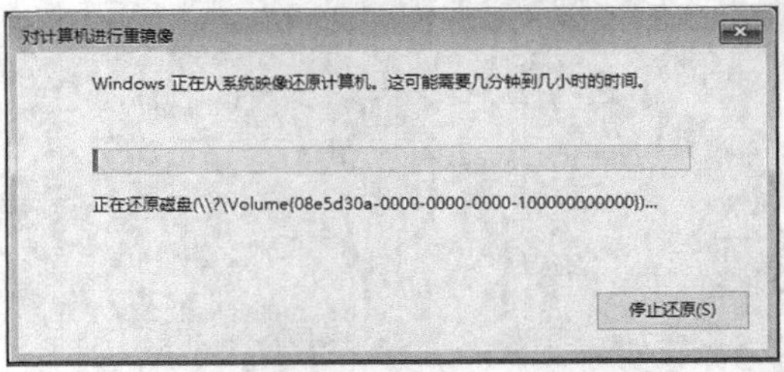

图16-29

等待一段时间后，系统恢复完成，我们就可以继续使用了。

16.1.4　使用 Ghost 备份并还原系统

除了使用 Windows 10 系统自带的备份还原工具外，我们还可以使用第三方工具来备份和还原系统。Ghost 就是其中之一，下面介绍如何使用 Ghost 来备份和还原系统。首先需要准备一个第三方的系统维护光盘，可以从网上下载。

一、使用 Ghost 备份系统

1. 首先以光盘方式启动系统，然后选择运行 Ghost 程序，如图 16-30 所示。

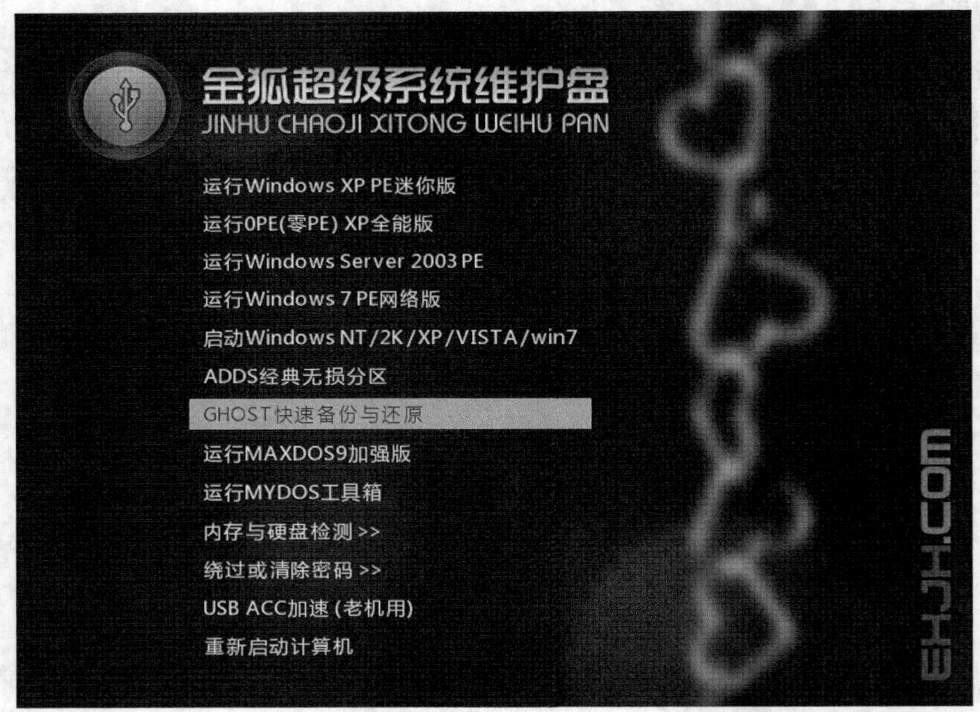

图16-30

2. 打开 Ghost 程序后，会出现一个信息提示，单击“OK”按钮，如图 16-31 所示。

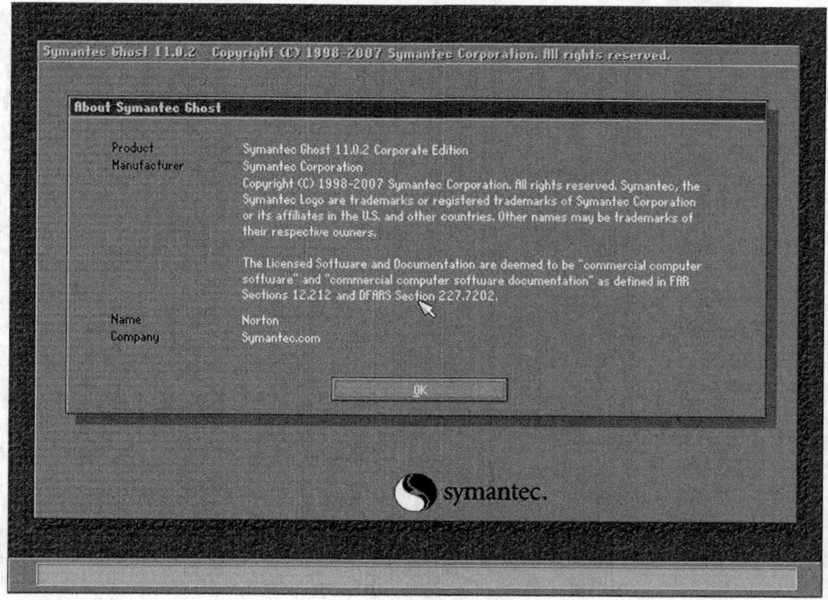

图16-31

3. 在菜单中选择“local”/“Partition”/“To Image”命令，按Enter键，如图16-32所示。

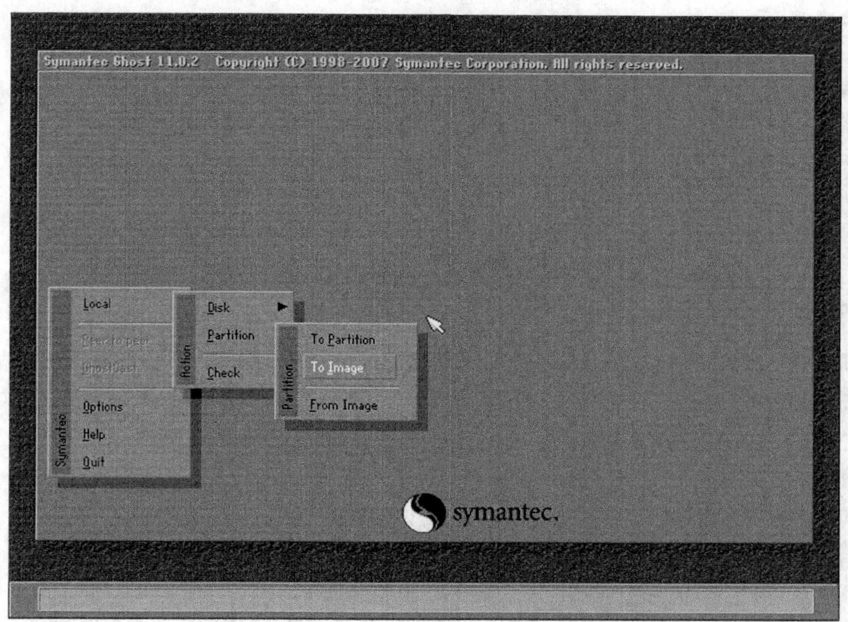

图16-32

4. 在弹出的对话框中选择要备份的磁盘，然后单击“OK”按钮，如图16-33所示。

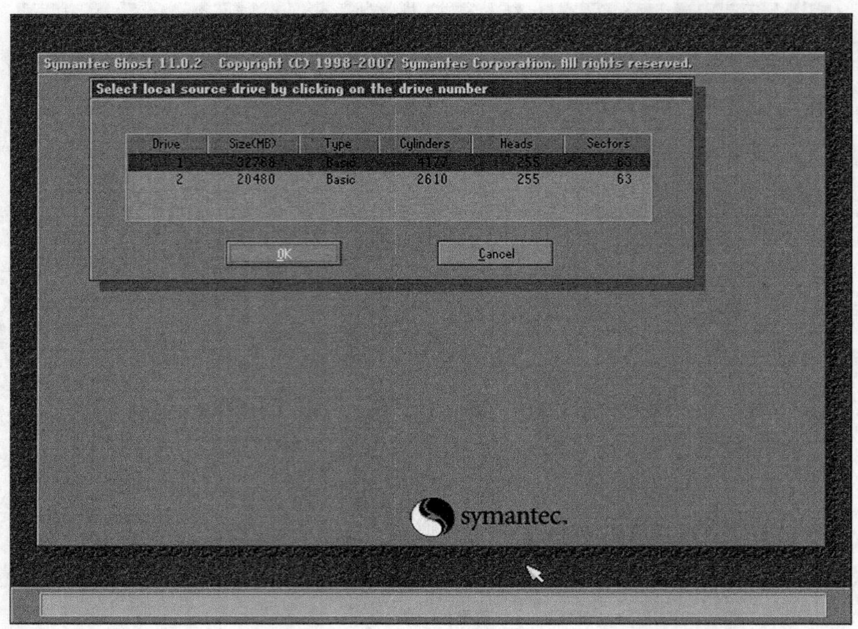

图16-33

5. 在弹出的对话框中选择操作系统所在的分区，然后单击“OK”按钮，如图16-34 所示。

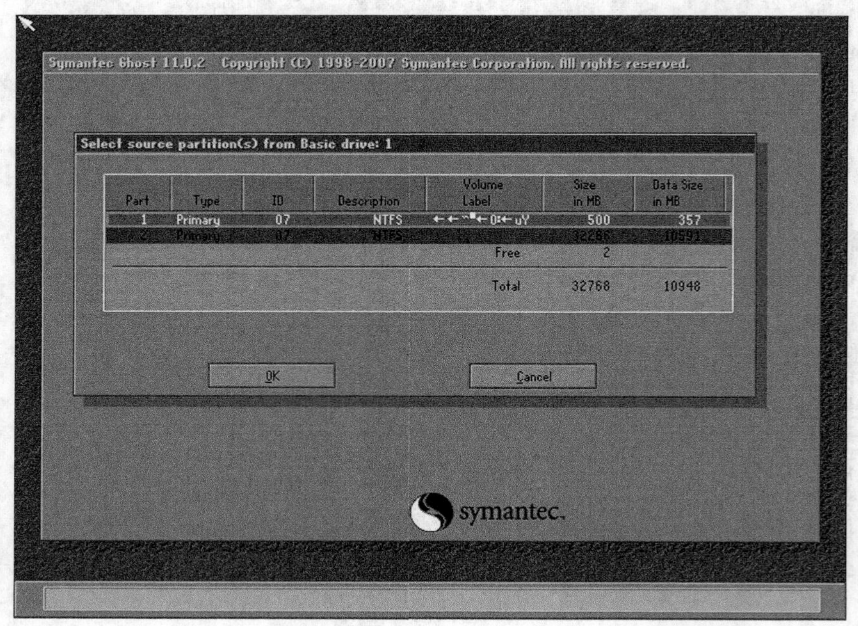

图16-34

6. 在弹出的对话框中，选择备份文件的保存位置，然后输入备份文件的名称，单击“Save”按钮，如图 16-35 所示。

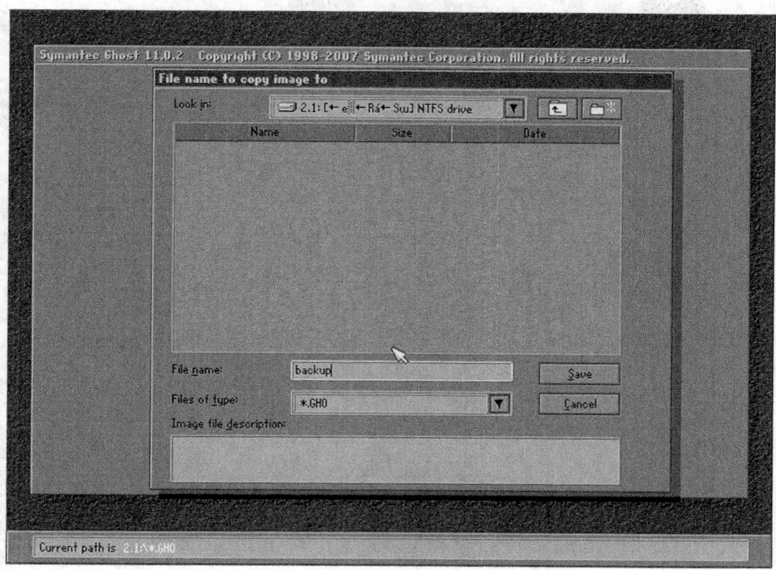

图16-35

7. 之后 Ghost 程序会提示是否压缩备份文件的大小，如果我们的备份磁盘空间足够而且对备份速度有要求，可以选择“No”；如果要求进行压缩，而且要求备份速度不要很慢，则可以选择“Fast”；如果我们对备份文件大小要求很高，但是对备份时间没有要求，可以选择“High”，如图 16-36 所示。

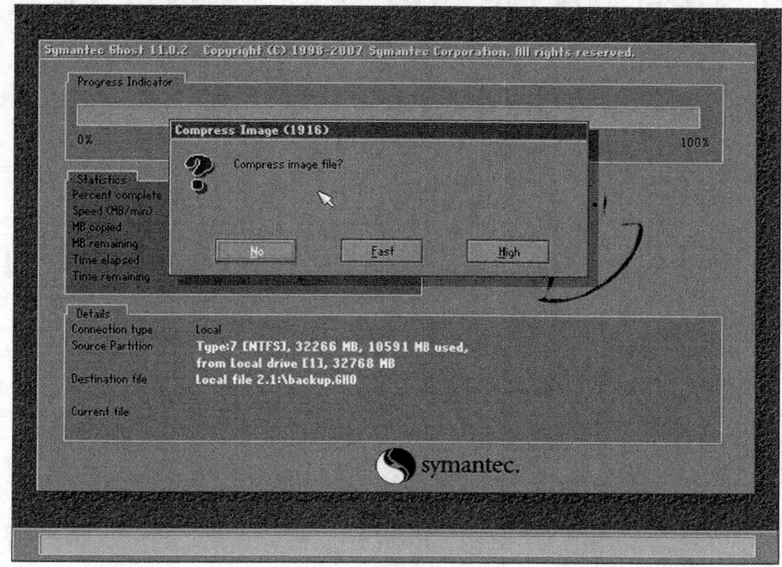

图16-36

8. 接下来程序会提示是否继续，单击“Yes”按钮，如图 16-37 所示。

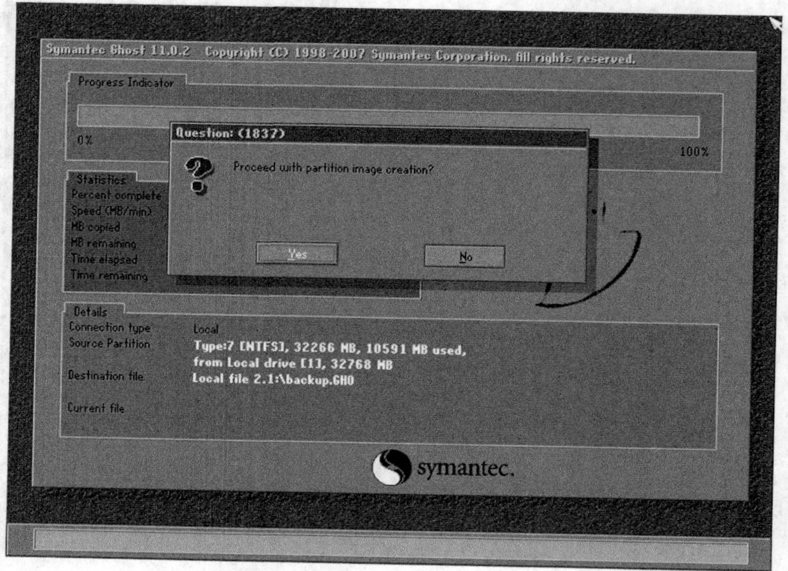

图16-37

9. 等待大约 10 分钟后，程序弹出提示完成备份。这时备份就完成了，如图 16-38 所示。

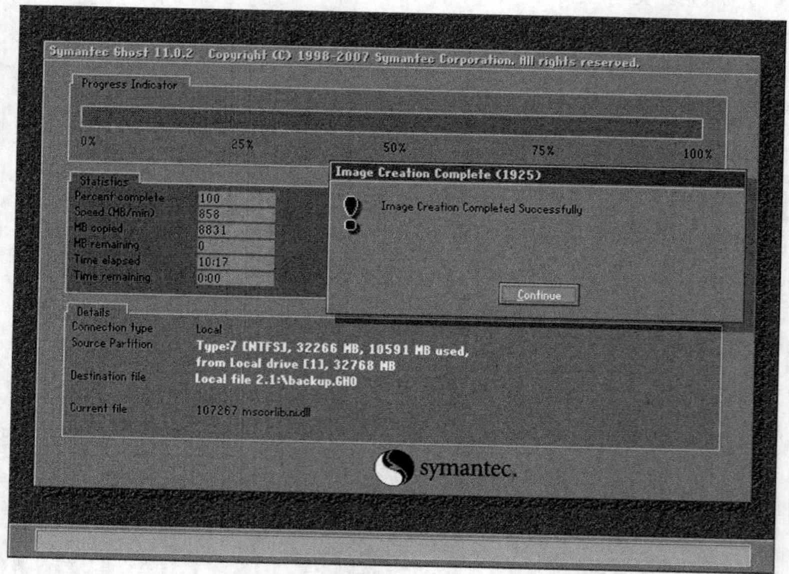

图16-38

二、使用 Ghost 还原系统

下面介绍使用 Ghost 还原系统的步骤。

1. 使用工具光盘启动计算机，然后运行 Ghost 程序。选择菜单中的“Local” / “Partition” / “From Image” 命令，如图 16-39 所示。
2. 在弹出的窗口中选择要恢复的镜像文件的位置，然后单击“Open”按钮，如图 16-40 所示。

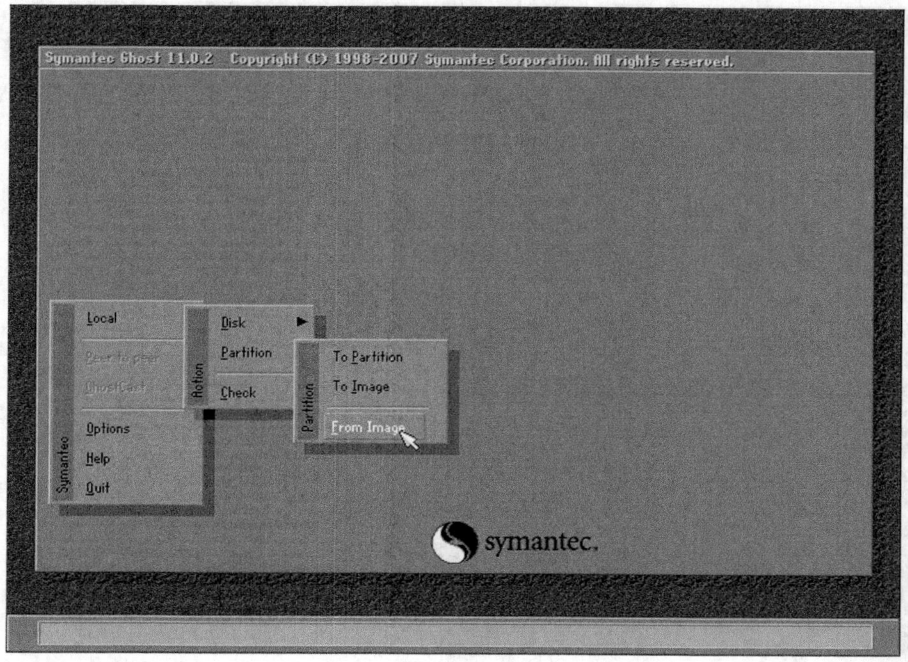

图16-39

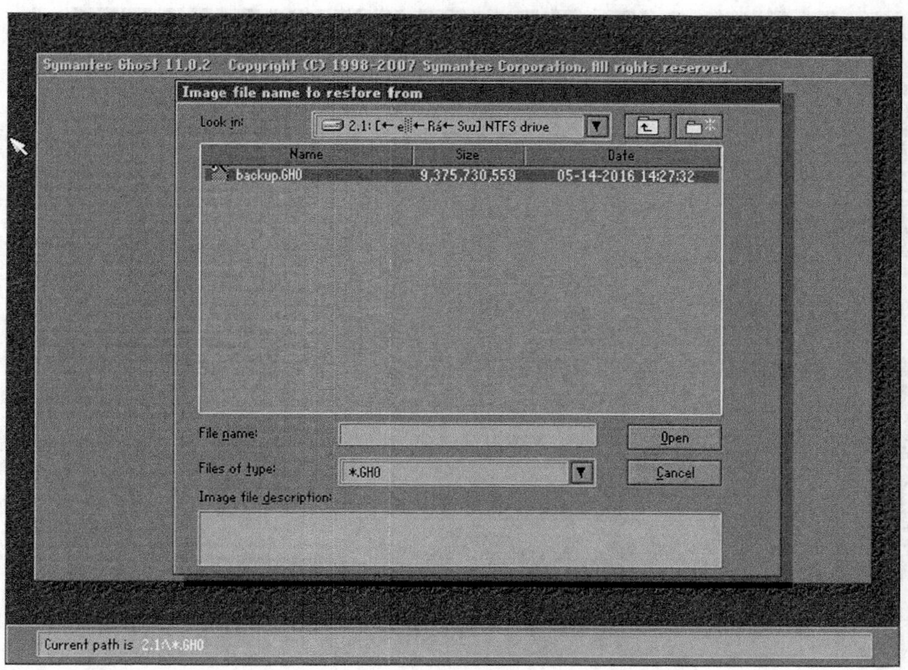

图16-40

3. 在弹出的窗口中单击“OK”按钮，如图16-41所示。
4. 在弹出的窗口中，选择要恢复的磁盘，然后单击“OK”按钮，如图16-42所示。

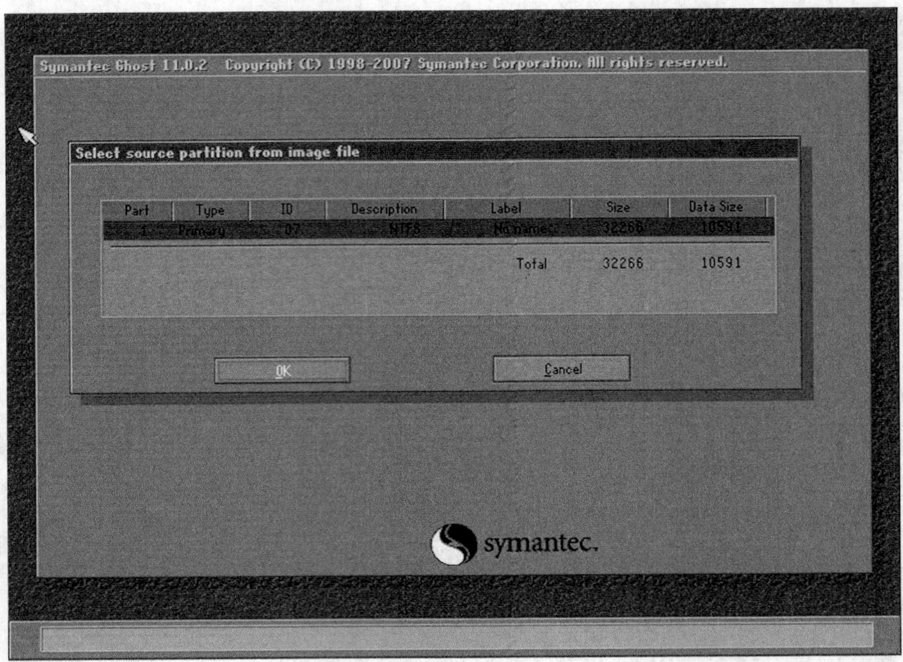

图16-41

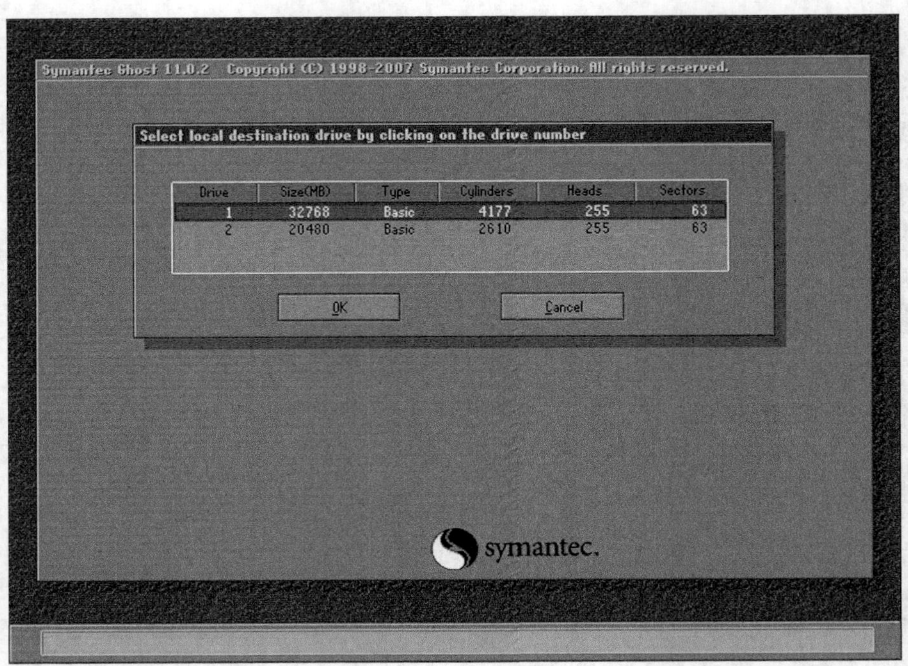

图16-42

5. 在弹出的窗口中，选择要恢复的分区，单击“OK”按钮，如图 16-43 所示。
6. 稍后程序会弹出确认对话框，单击“Yes”按钮继续，如图 16-44 所示。

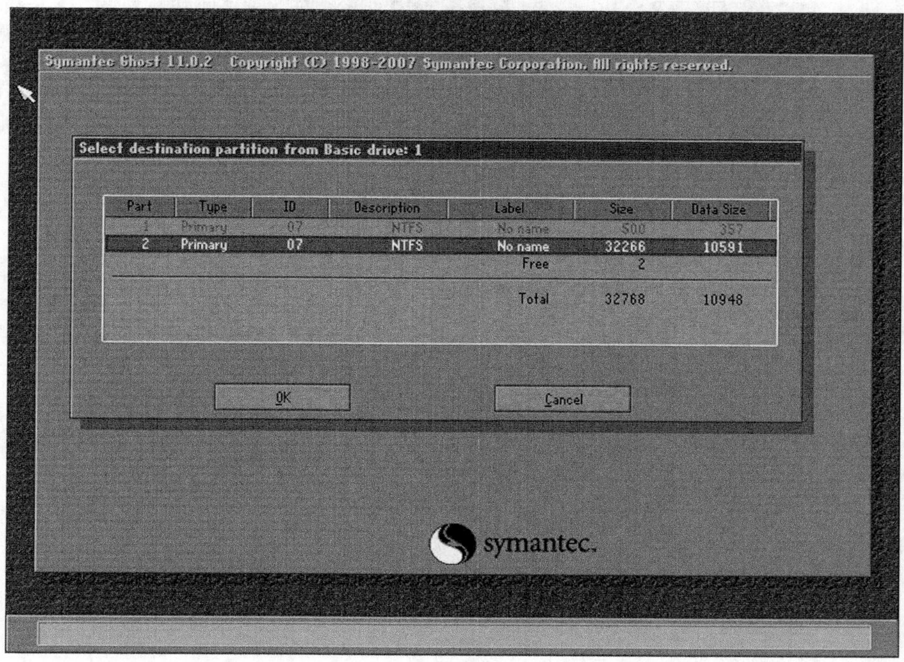

图16-43

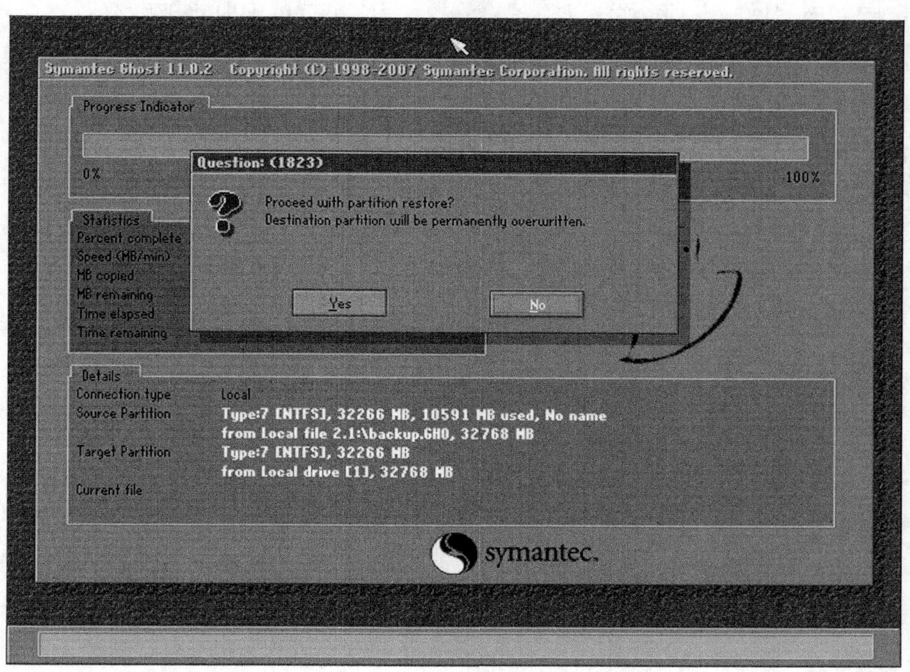

图16-44

7. 等待 10 分钟左右，程序提示恢复完成，单击“Reset Computer”按钮，就可以重启计算机进入修复后的系统了，如图 16-45 所示。

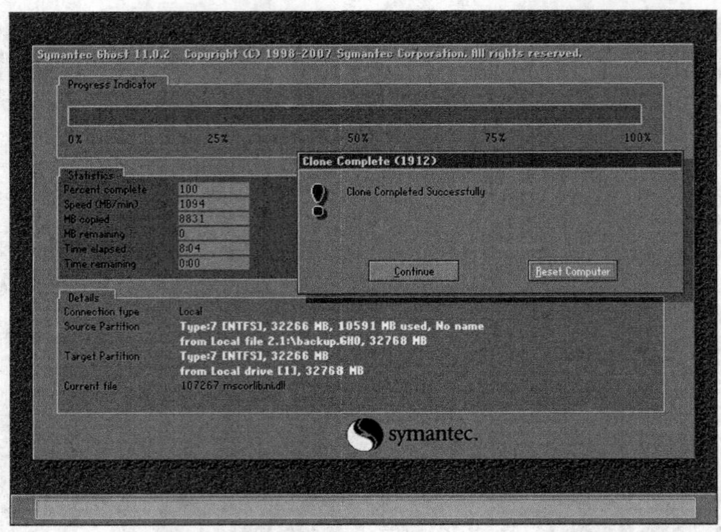

图16-45

16.2　备份和还原注册表

注册表是整个系统的数据库，其重要性不言而喻。若是注册表文件损坏将导致程序无法正常运行，因此用户应当及时备份注册表，这样在系统出现故障时也能够及时恢复。

16.2.1　备份注册表

首先向大家介绍如何备份注册表。

同时按键盘上的 Win 键和 R 键，然后在弹出的“运行”对话框中输入“regedit”，单击“确定”按钮，如图 16-46 所示。

在弹出的“注册表编辑器”窗口中，单击“文件”，然后在弹出的菜单中选择“导出”命令，如图 16-47 所示。

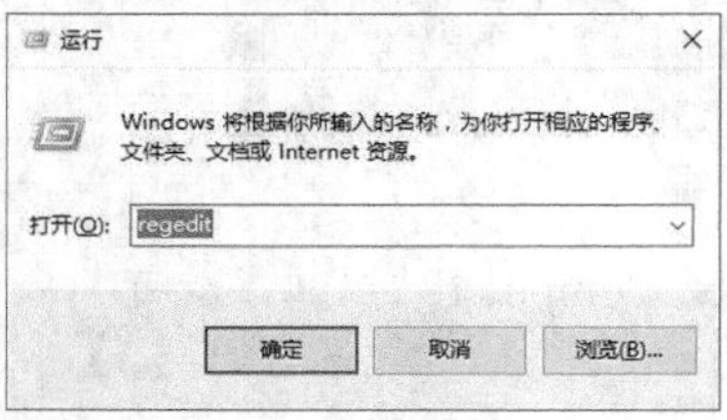

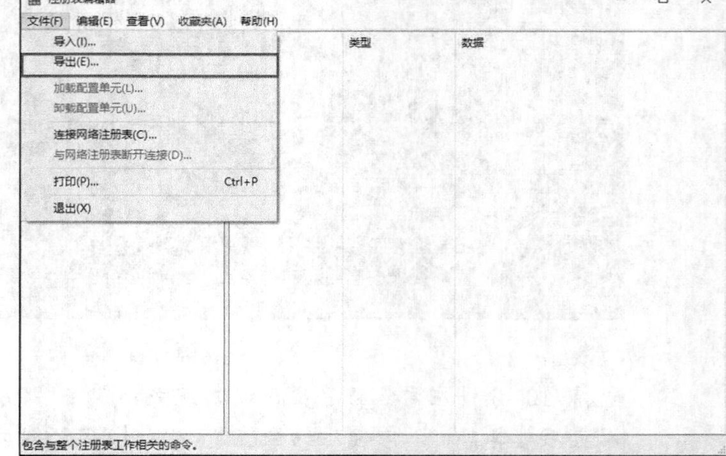

图16-46

图16-47

在弹出的对话框中，选择备份注册表的位置，然后输入备份文件的名字，单击“保存”按钮，如图 16-48 所示。

等待一段时间后，我们就可以看到保存完成的文件了，如图 16-49 所示。

图16-48

图16-49

16.2.2 还原注册表

还原注册表的操作比较简单，我们只需双击备份好的注册表文件，然后在弹出的对话框中单击“是”按钮，如图 16-50 所示。

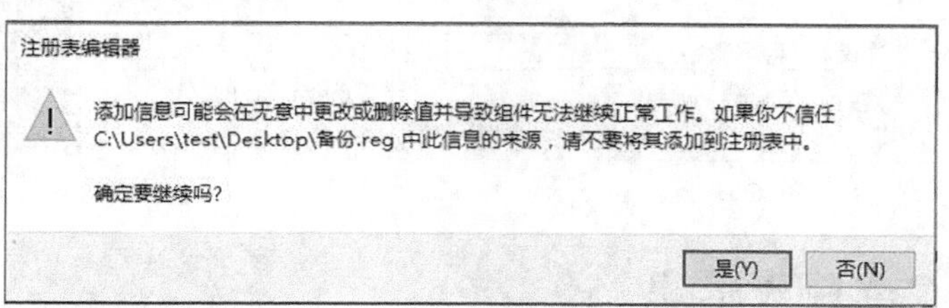

图16-50

16.3 备份和还原其他软件数据

除了系统外，部分软件也提供了备份和还原软件数据的功能。我们平常使用的 QQ 软件就是如此。下面就以 QQ 为例来介绍如何备份软件数据。

16.3.1 备份 QQ 聊天信息

如果我们开通了 QQ 会议，聊天信息是在腾讯服务器上进行备份的。下面主要介绍如何

进行本地备份。

1. 单击 QQ 主界面下方的“消息管理器”按钮，打开 QQ 消息管理器，如图 16-51 所示。
2. 单击消息管理器右上方的三角形按钮，在弹出的菜单中选择“导出全部消息记录”命令，如图 16-52 所示。

图16-51

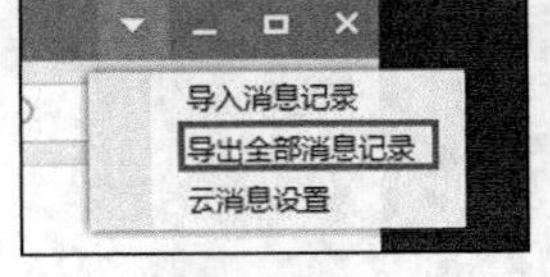

图16-52

3. 在弹出的对话框中，选择要备份的聊天记录的位置，然后单击“保存”按钮，如图 16-53 所示。

等待一会儿后，备份完成，我们可以在文件夹内看到备份文件，如图 16-54 所示。

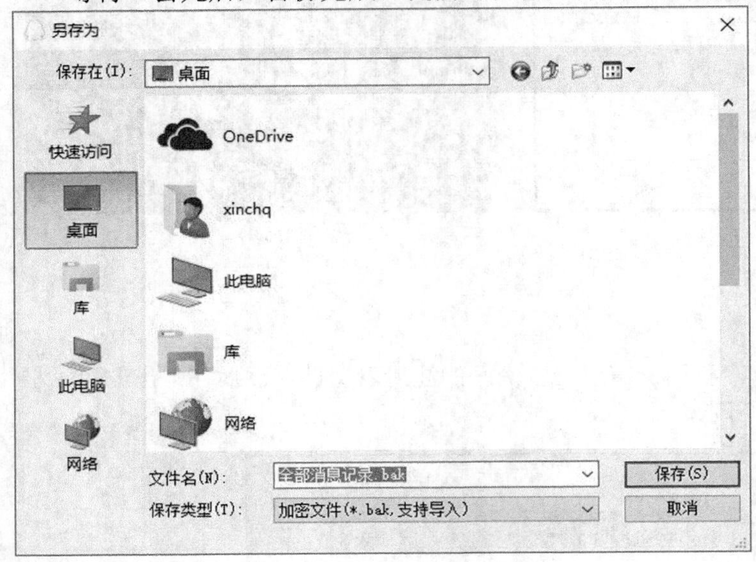

图16-53

图16-54

16.3.2　还原 QQ 聊天信息

QQ 聊天记录可以从 QQ 聊天软件中备份出来，同样也可以还原到 QQ 聊天软件中，接下来就为大家介绍一下还原 QQ 聊天记录的具体操作方法和步骤。

1. 按照上一小节的方法打开消息管理器，然后单击消息管理器窗口右上方的三角形按钮，在弹出的菜单中选择“导入消息记录”命令，如图 16-55 所示。
2. 在弹出的对话框中选择要导入的内容，然后单击“下一步”按钮，如图 16-56 所示。

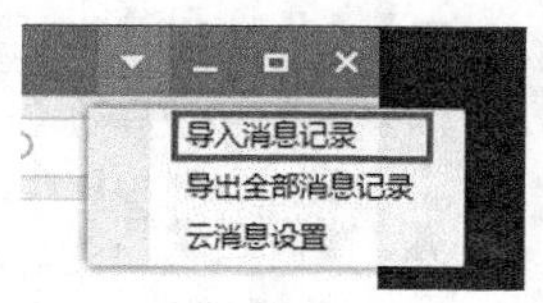

图16-55

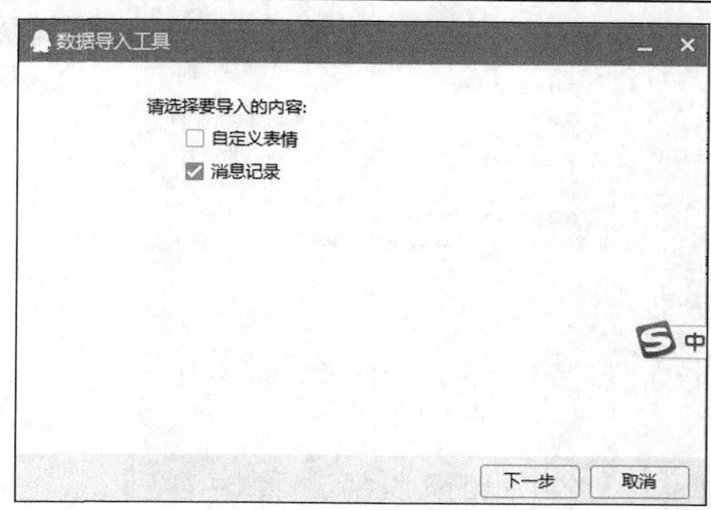

图16-56

3. 在弹出的窗口中，我们选择“从指定文件导入”，然后单击下方的“浏览”按钮来选择要导入的文件的位置，如图 16-57 所示。
4. 在打开的文件位置对话框中，找到文件的位置并选择要导入的文件，然后单击下方的“打开”按钮，如图 16-58 所示。

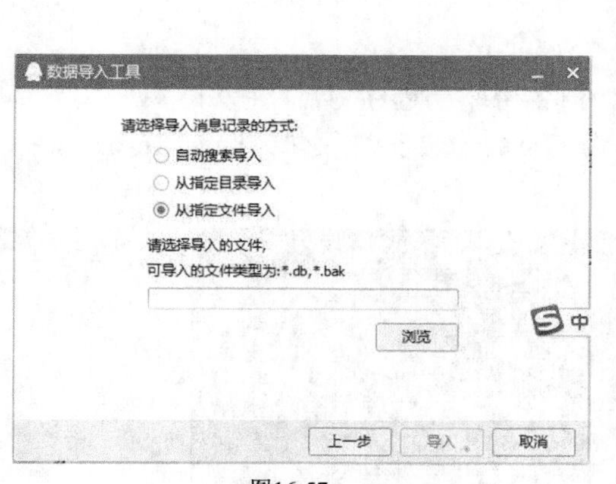

图16-57

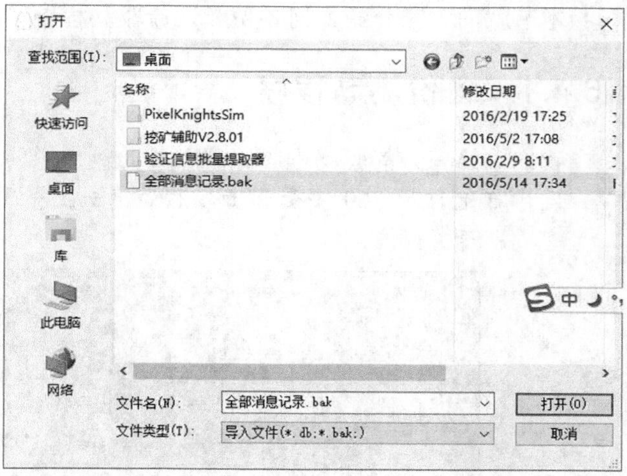

图16-58

5. 这时我们可以看到选择的文件显示在了窗口内，单击“导入”按钮，如图 16-59 所示。
6. 等待一段时间后，数据导入工具会提示已导入的消息数量，并显示导入成功。如果我们还想继续导入其他消息记录，可以单击下方的“再次导入”按钮；如果没有消息记录要导入了，则可以单击“完成”按钮，如图 16-60 所示。

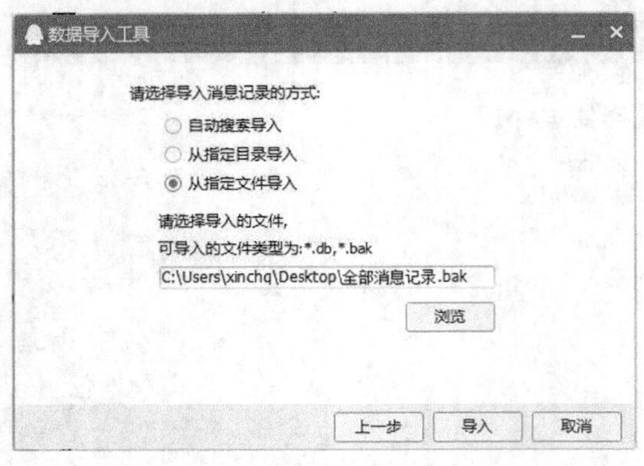

图16-59

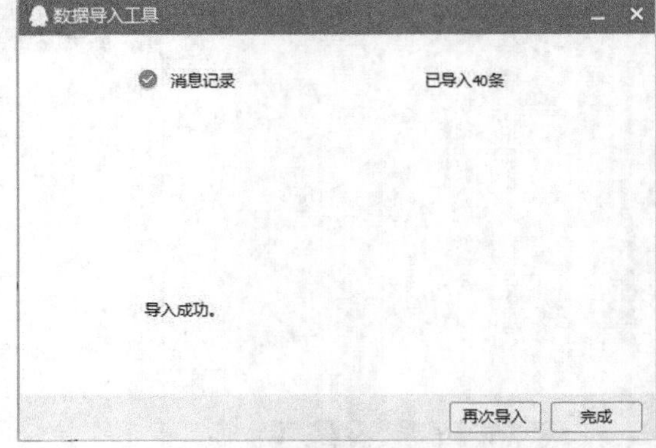

图16-60

16.4　备份和还原驱动程序

驱动程序一般指的是设备驱动程序，是一种可以使计算机和设备通信的特殊程序。驱动程序相当于硬件的接口，操作系统只有通过这个接口，才能控制硬件设备的工作，假如某设备的驱动程序未能正确安装，便不能正常工作。因此，驱动程序被比作“硬件的灵魂”“硬件的主宰”和“硬件和系统之间的桥梁”等。

本节就向大家介绍如何备份和还原驱动程序。

16.4.1　备份驱动程序

我们以第三方的驱动程序管理工具为例来说明如何备份驱动程序。

1. 首先打开 360 安全卫士，然后单击主界面右下角的“更多”按钮，如图 16-61 所示。

图16-61

2. 在弹出的界面中单击“驱动大师”按钮，软件会自动进行下载和安装，如图16-62所示。

图16-62

3. 打开驱动大师程序后，进入“驱动备份”选项卡，程序会提示有驱动程序没有备份，建议立即备份，单击右侧的“开始备份”按钮，如图16-63所示。

图16-63

等待一段时间后，程序会提示驱动已经备份完毕，如图16-64所示。

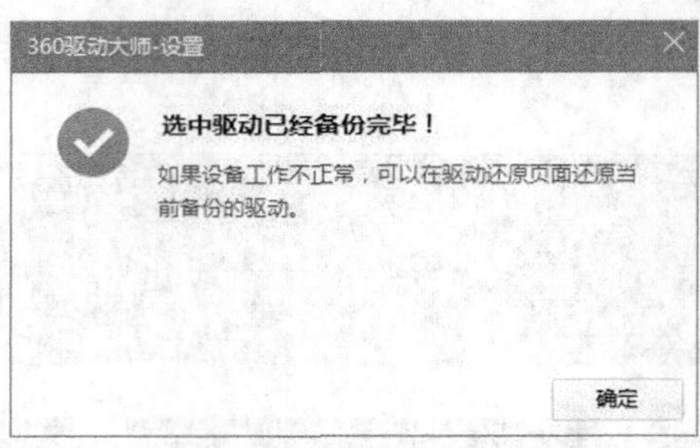

图16-64

16.4.2　还原驱动程序

1. 打开驱动大师，进入“驱动还原”选项卡，选择要还原的驱动，单击右侧的“还原”按钮，如图 16-65 所示。

图16-65

2. 此时程序会弹出提示，还原驱动有可能造成设备无法正常使用，确认后单击“确定”按钮，如图 16-66 所示。

稍后，程序会提示驱动已经还原成功，如图 16-67 所示。

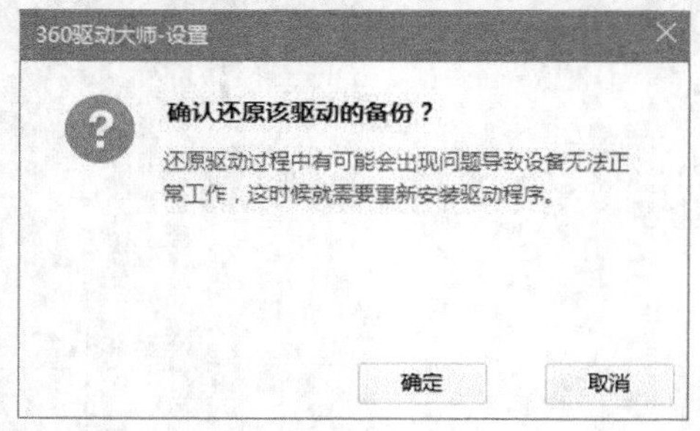

图16-66

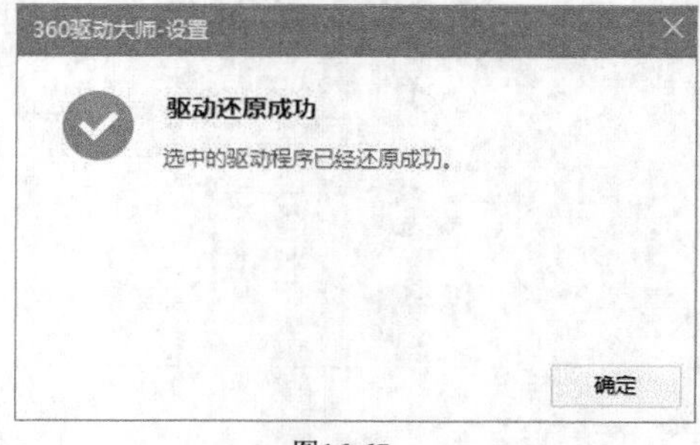

图16-67

16.5 修复 Windows 系统

很多时候我们会发现自己的系统问题越来越多，如果将就使用，那系统运行效率肯定不会很高，甚至还无法正常运行。如果选择重新安装系统，那不但麻烦不说，而且还会耗费很长的等待时间。其实，当 Windows 系统一旦遇到无法启动或运行出错的故障时，我们不妨使用系统修复光盘来进行修复。

16.5.1 创建系统修复光盘

本小节介绍如何创建系统修复光盘。

1. 打开“控制面板”窗口，然后单击“备份和还原（Windows 7)”，如图 16-68 所示。

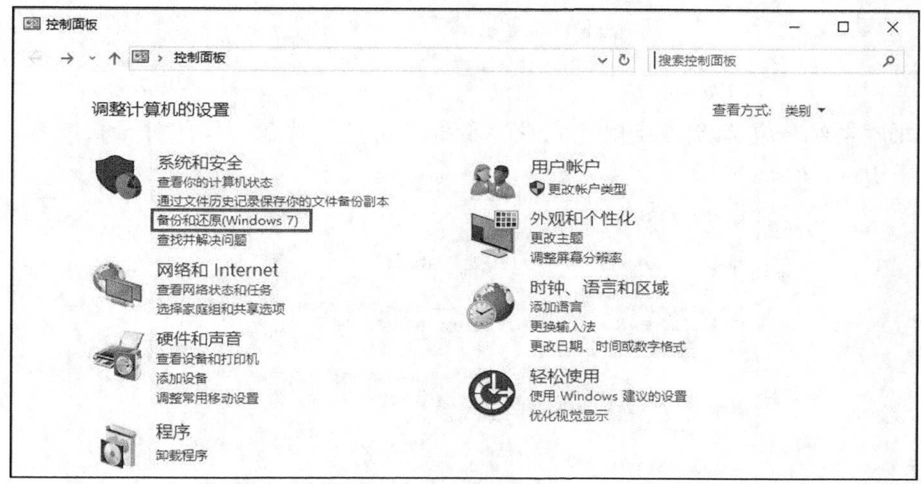

图16-68

2. 在打开的新窗口内，单击窗口左侧的“创建系统修复光盘”，如图 16-69 所示。

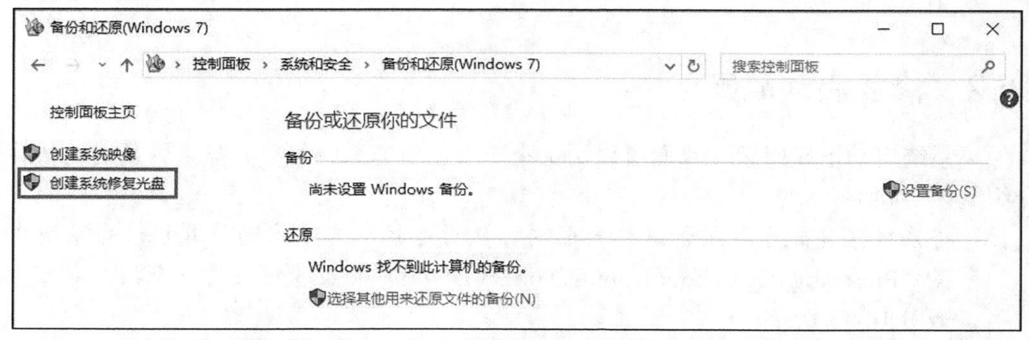

图16-69

3. 此时系统会检测计算机是否有光盘刻录设备，如果有光盘刻录设备，会提示将空白光盘放入计算机光盘刻录设备内。单击“创建光盘”按钮，如图 16-70 所示。

4. 在光盘刻录完成时，系统会弹出提示对话框，提示我们使用“修复光盘 Windows 10 32 位”来标注光盘，以便我们以后查找。单击“关闭”按钮关闭此对话框，如图 16-71 所示。

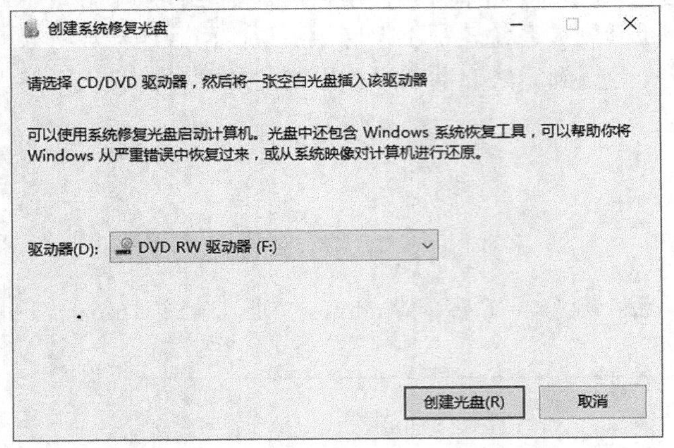

图16-70

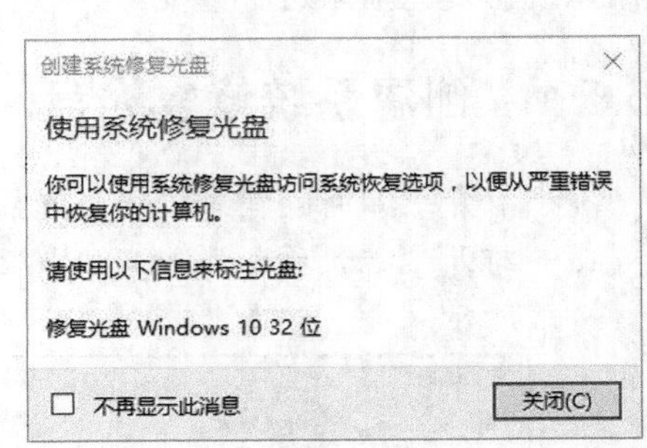

图16-71

5. 此时系统修复光盘已经创建完成，单击“确定”按钮，关闭对话框即可，如图 16-72 所示。

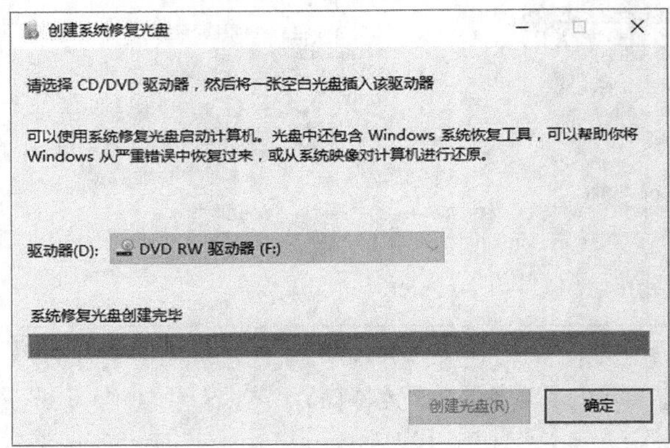

图16-72

16.5.2 修复启动故障

如果系统启动出现问题，我们可以用上小一节创建的系统修复光盘来修复启动故障，下面介绍具体步骤。

1. 将系统修复光盘放入计算机光驱内，然后选择从光盘启动计算机，当系统出现“Press any key to boot from CD or DVD”时，按键盘上任意一个按键即可，如图 16-73 所示。

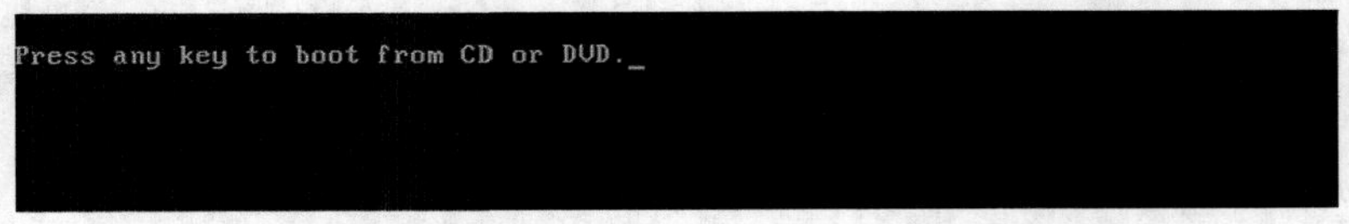

图16-73

2. 稍后系统会提示选择键盘布局，我们选择“微软拼音”即可，如图 16-74 所示。

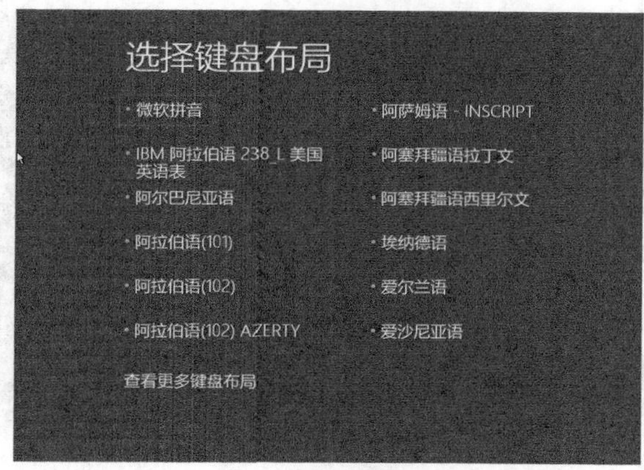

图16-74

3. 在新的界面中单击“疑难解答”按钮，如图 16-75 所示。
4. 在“疑难解答”页面单击“高级选项”按钮，如图 16-76 所示。

图16-75

图16-76

5. 在“高级选项”界面内，单击“启动修复”按钮，如图 16-77 所示。
6. 在“启动修复”界面内，单击“Windows 10”按钮来修复 Windows 10 的启动故障，如图 16-78 所示。

图16-77

图16-78

7. 稍后 Windows 修复光盘就会诊断计算机故障，耐心等待至修复完成即可，如图 16-79 所示。

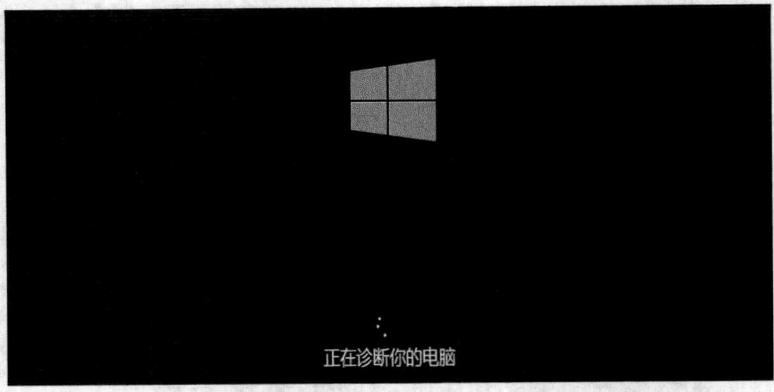

图16-79

第17章　系统防火墙与 Windows Defender

防火墙和杀毒软件能够保护计算机免受恶意软件和病毒的侵害。尤其是在当前网络威胁泛滥的环境下，通过专业可靠的工具来帮助自己保护计算机信息安全十分重要。其实 Windows 10 自带的防火墙和 Windows Defender 就是不错的选择，而且还是免费的。

17.1　设置 Windows 10 防火墙

防火墙是一项协助确保信息安全的设备，会依照特定的规则，允许或限制传输的数据通过。防火墙可以是一台专属的硬件也可以是架设在一般硬件上的一套软件。Windows 防火墙顾名思义就是在 Windows 操作系统中自带的软件防火墙。防火墙对每一个计算机用户的重要性不言而喻，本节主要为大家介绍 Windows 10 自带的防火墙。

17.1.1　启用或关闭 Windows 防火墙

1. 打开控制面板，然后在“控制面板”窗口中单击“查看网络状态和任务”，如图 17-1 所示。

图17-1

2. 在打开的“网络和共享中心”窗口中，单击左侧的“Windows 防火墙”打开 Windows 防火墙设置，如图 17-2 所示。

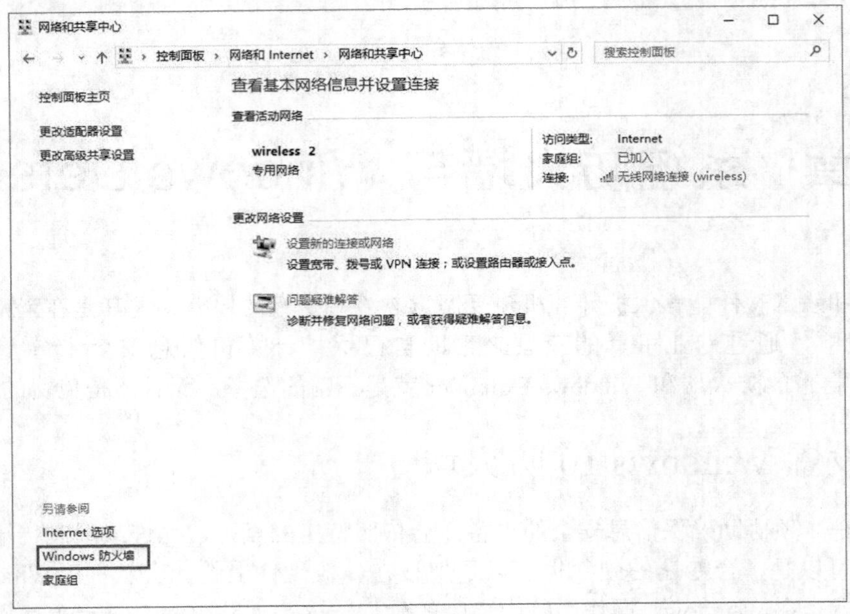

图17-2

3. 在打开的“Windows 防火墙”窗口中，单击左侧的“启用或关闭 Windows 防火墙”，如图 17-3 所示。

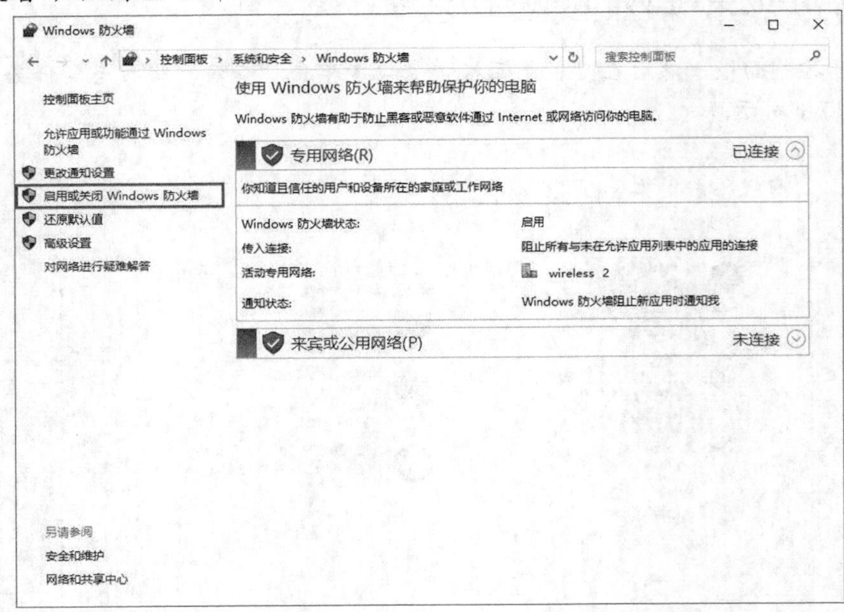

图17-3

4. Windows 防火墙默认状态下是开启的。如果我们没有安装其他的防火墙软件，不建议关闭 Windows 防火墙。如果我们安装了其他防火墙软件，则可以关闭 Windows 防火墙。我们可以分别修改专用网络和公用网络的防火墙设置，这两个网络的防火墙设置互不影响，如图 17-4 所示。

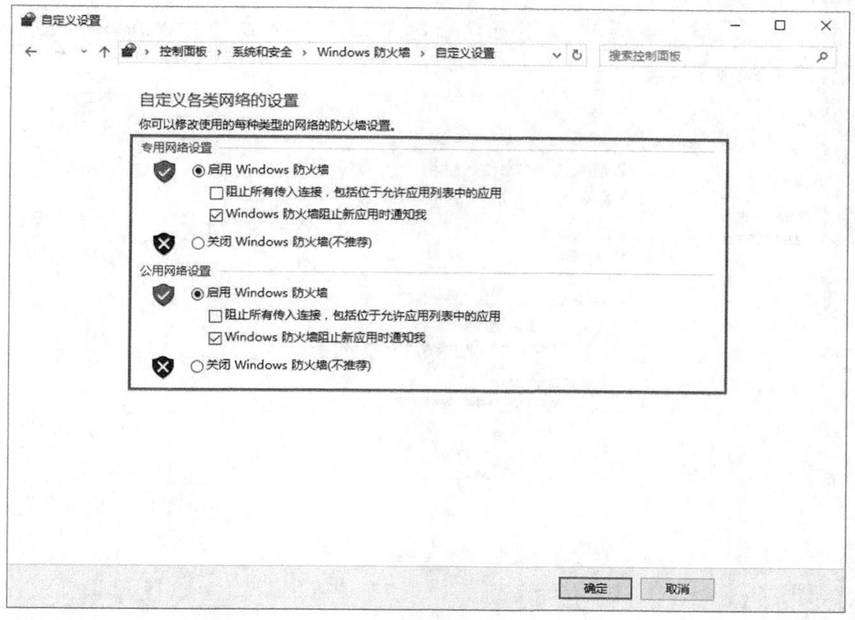

图17-4

17.1.2 管理计算机的连接

计算机里面有许多程序需要连接互联网服务，系统里面有对程序进行的默认规则设置。有时我们需要更改计算机的默认设置，下面介绍具体方法。

1. 打开控制面板，然后单击“控制面板”窗口内的“查看网络状态和任务”，如图 17-5 所示。

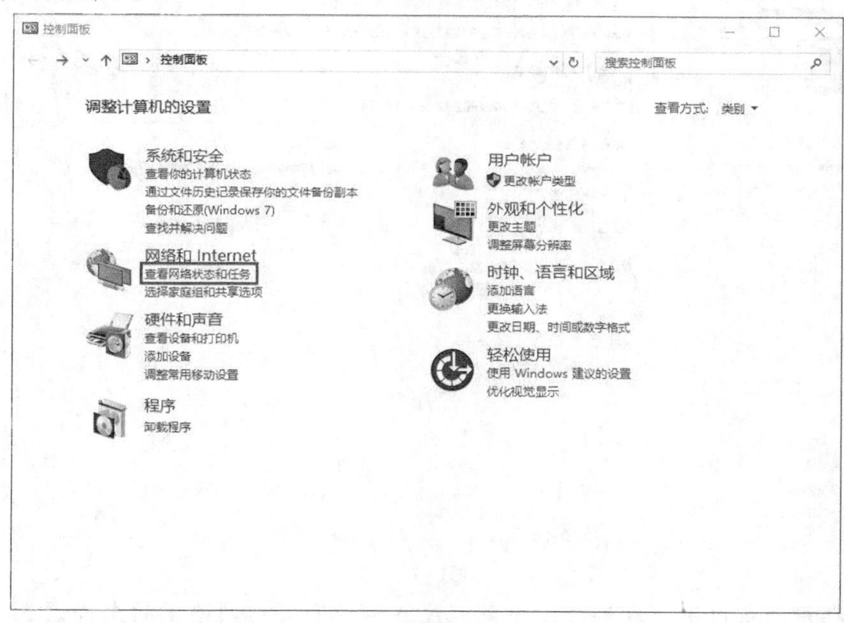

图17-5

2. 在打开的“网络和共享中心”窗口中，单击左侧下方的“Windows 防火墙”，如图 17-6 所示。

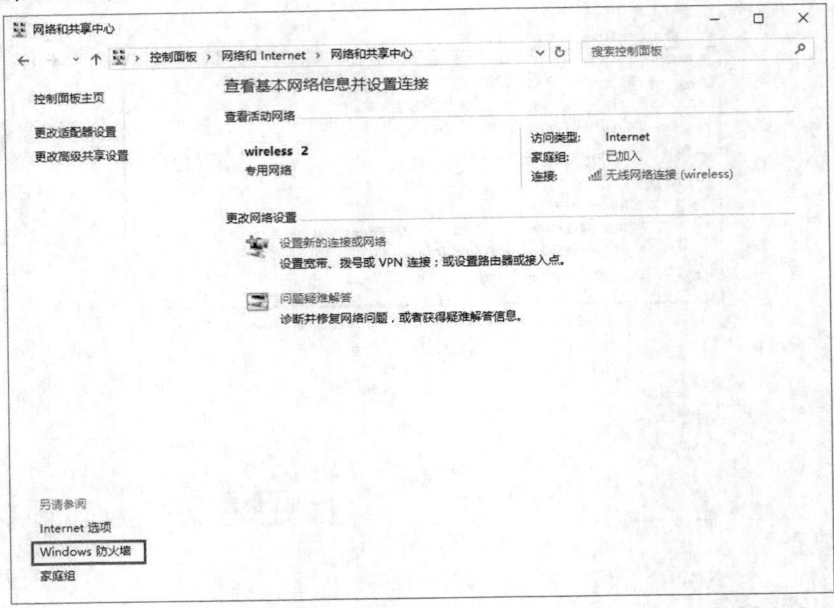

图17-6

3. 在打开的“Windows 防火墙”窗口中，单击“允许应用或功能通过 Windows 防火墙”，如图 17-7 所示。

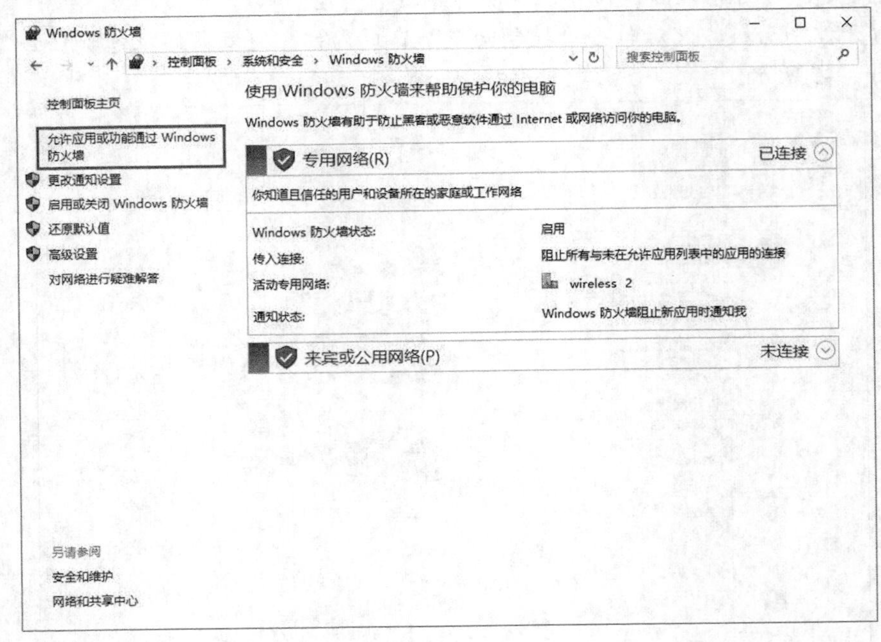

图17-7

4. 在打开的窗口中，我们可以看到程序在专业和公用网络下的允许设置。如果要修改设置，需要单击“更改设置”按钮，如图 17-8 所示。

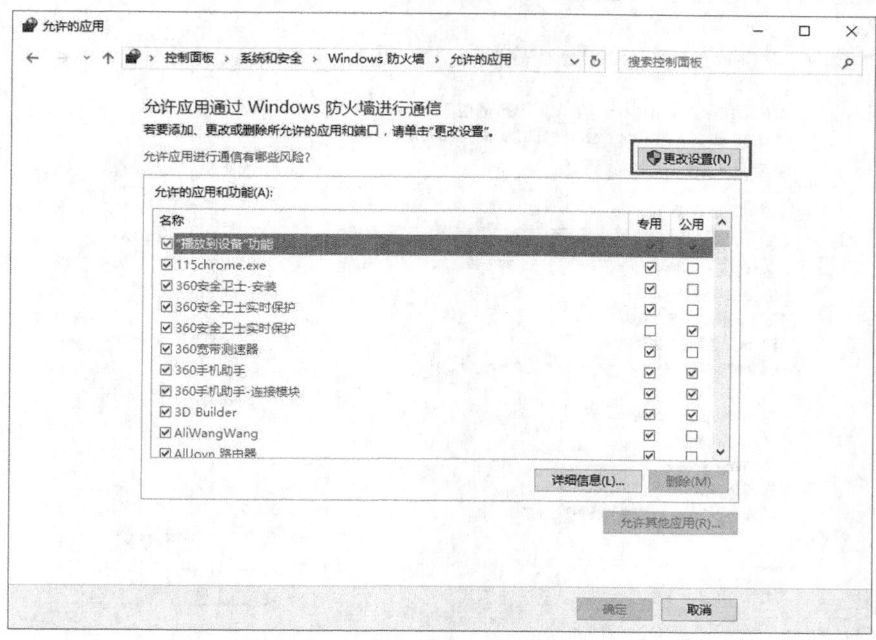

图17-8

5. 如果要允许程序进行网络连接，则勾选对应的方框；如果不允许程序进行网络连接，则取消对应方框的勾选，如图 17-9 所示。

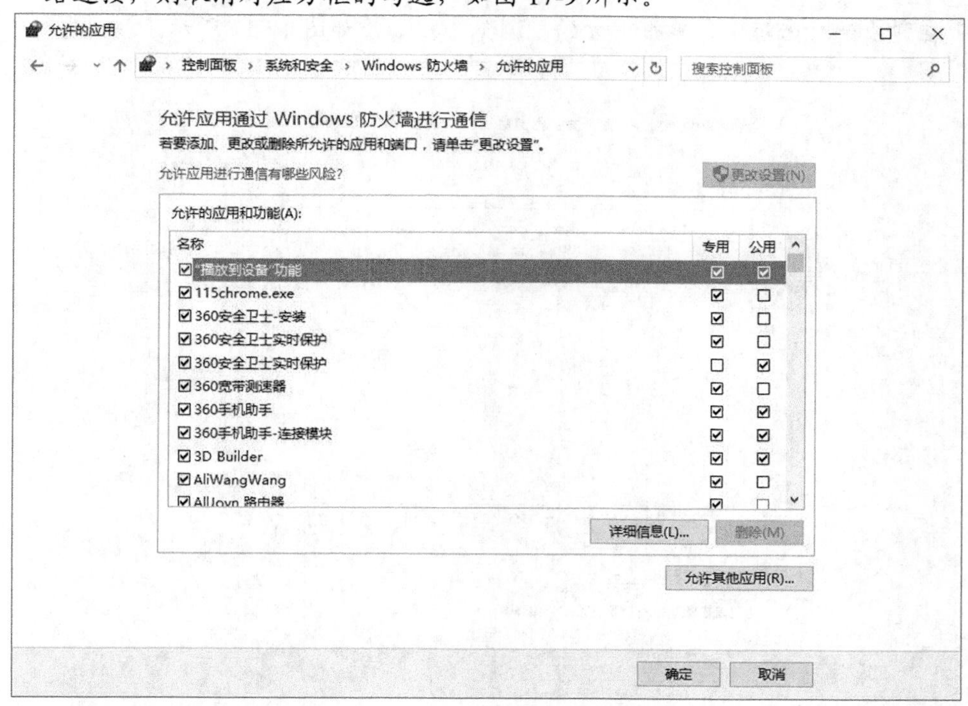

图17-9

6. 如果程序没有出现在列表里面，还可以手动添加，单击窗口下方的"允许其他应用"按钮，如图 17-10 所示。

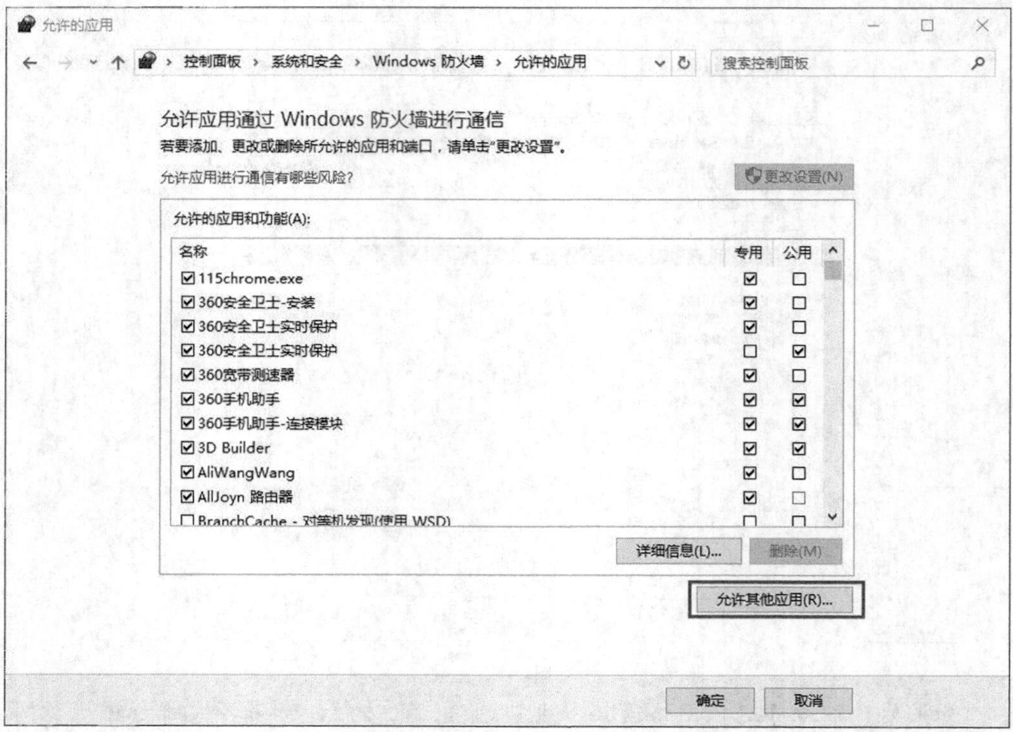

图17-10

7. 在弹出的对话框中，单击下方的“浏览”按钮，如图 17-11 所示。

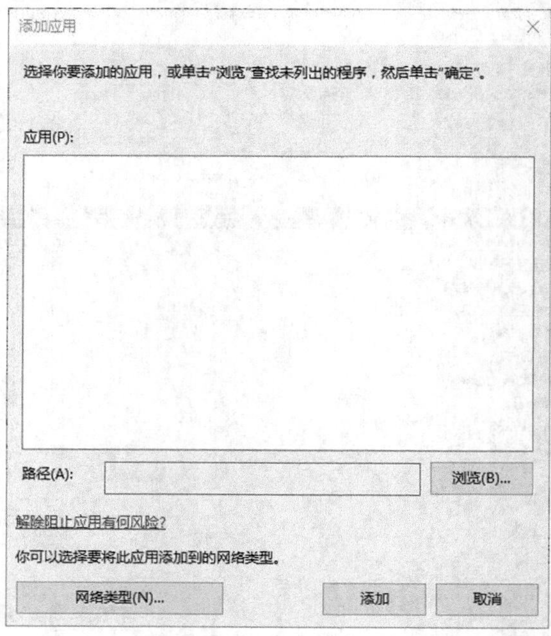

图17-11

8. 选择需要设置连接的程序，然后单击“打开”按钮，如图 17-12 所示。

图17-12

9. 在返回的对话框中，单击左下角的"网络类型"按钮，可以设置不同网络类型下的连接权限，如图 17-13 所示。
10. 在弹出的对话框中，可以分别设置专用网络和公用网络下的权限。设置完成后单击"确定"按钮，如图 17-14 所示。

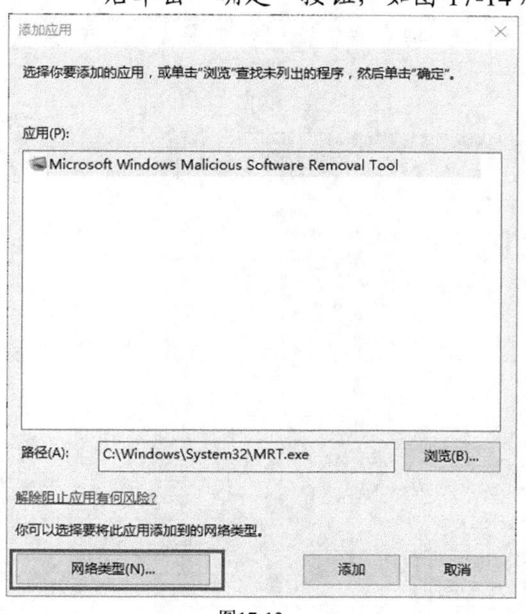

图17-13

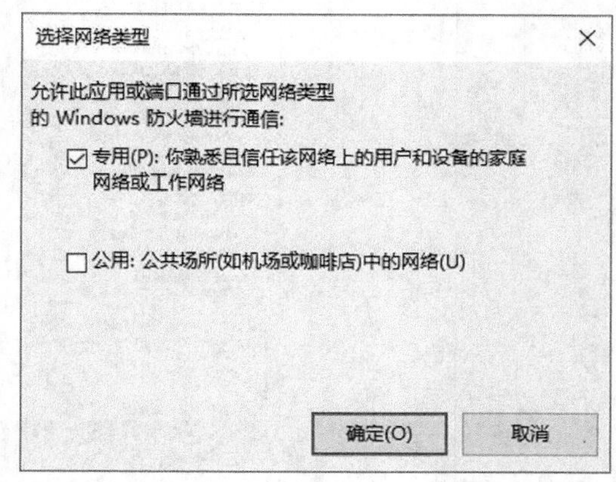

图17-14

17.1.3 Windows 防火墙的高级设置

上面两小节讲的是 Windows 防火墙在日常使用中经常遇到的设置问题。Windows 防火墙还提供了更加强大的管理功能，如果我们要对程序的外部连接进行更加细致或详细的管

理，可以使用 Windows 防火墙的高级设置选项。

打开控制面板，单击“查看网络状态和任务”进入“网络和共享中心”窗口，然后单击“Windows 防火墙”，进入“Windows 防火墙”窗口，在窗口内单击左侧的“高级设置”，如图 17-15 所示。

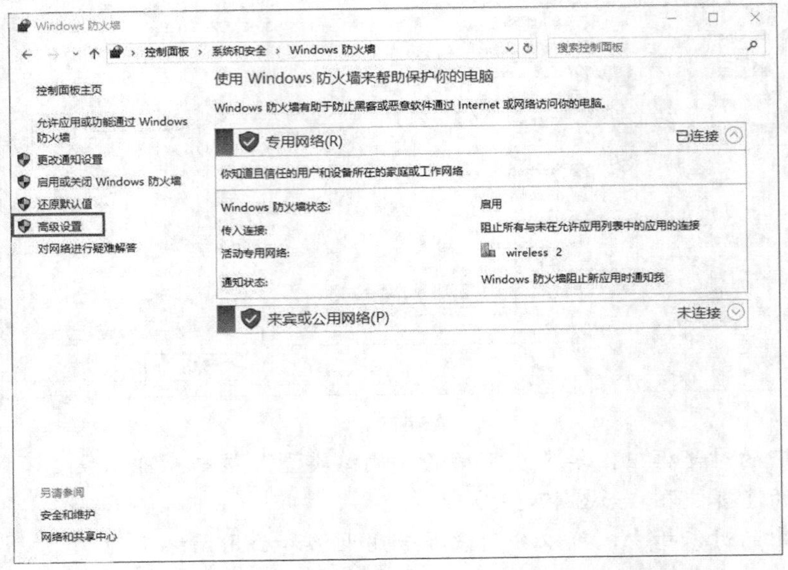

图17-15

单击“高级设置”后，会打开“高级安全 Windows 防火墙”窗口，如图 17-16 所示。

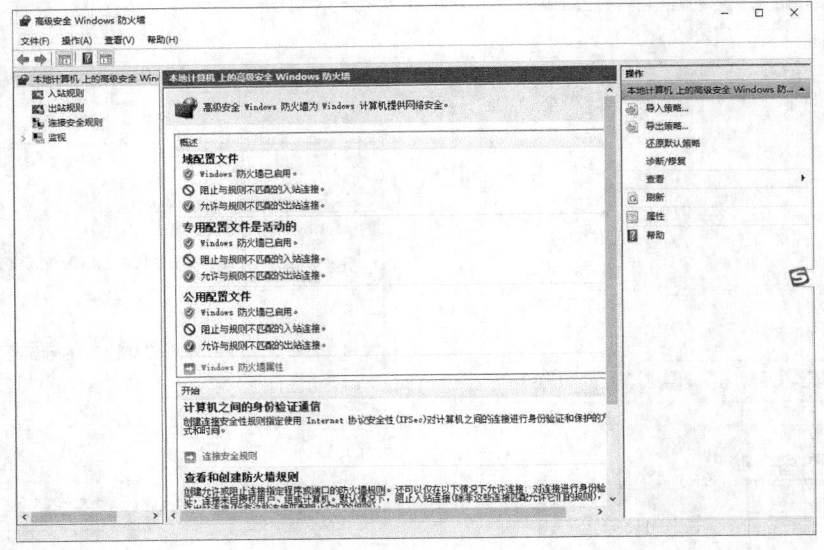

图17-16

窗口的左侧部分为快捷管理菜单，单击相应的菜单会进入相关的设置。我们常用的功能就是入站规则和出站规则。可以使用出站规则和入站规则来进行设置以满足我们的某些特殊需求。

Windows 防火墙虽然能够很好地保护我们的系统，但同时也会因限制了某些端口而给

我们的操作带来一些不便。对于既想使用某些端口，又不愿关闭防火墙的用户而言，可以利用入站规则来进行设置，步骤如下。

1. 单击“高级安全 Windows 防火墙”窗口左侧的“入站规则”，然后单击右侧的“新建规则”，如图 17-17 所示。

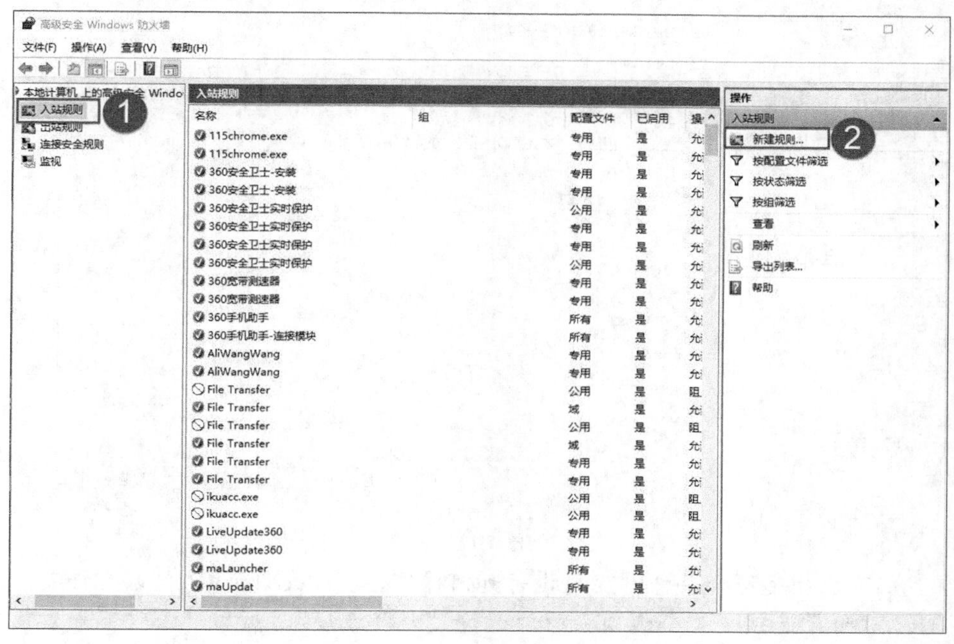

图17-17

2. 弹出“新建入站规则向导”对话框，在右侧要创建的规则类型中选择“端口”，然后单击“下一步”按钮，如图 17-18 所示。

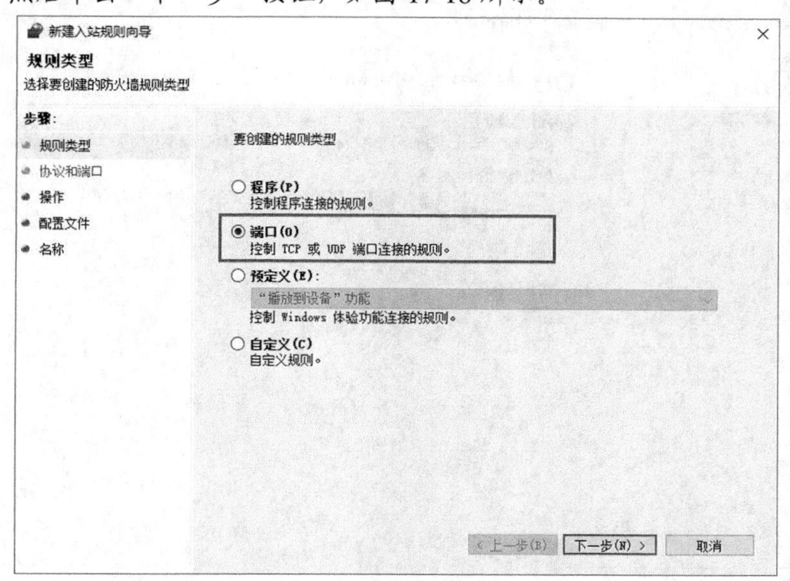

图17-18

3. 选择相应的协议，如添加 8080 端口，选择“TCP”选项，在“特定本地端

口”处输入“8080”，然后单击“下一步”按钮，如图 17-19 所示。

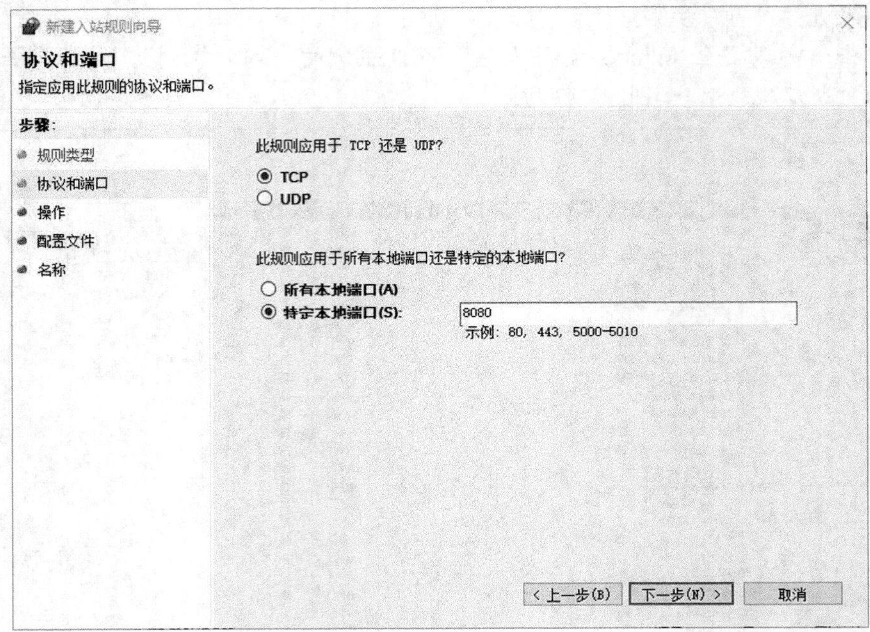

图17-19

4. 我们可以指定符合条件时应该进行如何操作。有“允许连接”“只允许安全连接”“阻止连接”3 个选项。此处选择“允许连接”，然后单击“下一步”按钮，如图 17-20 所示。

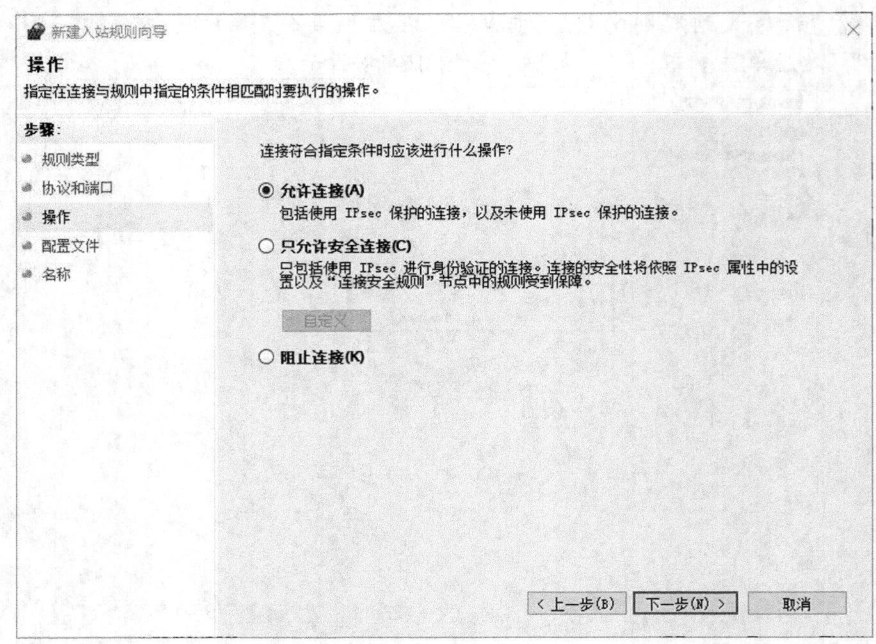

图17-20

5. 在弹出的界面中，我们可以选择在哪几种网络中运用刚才设置的规则，可以根据自己的需求进行勾选，然后单击“下一步”按钮，如图 17-21 所示。

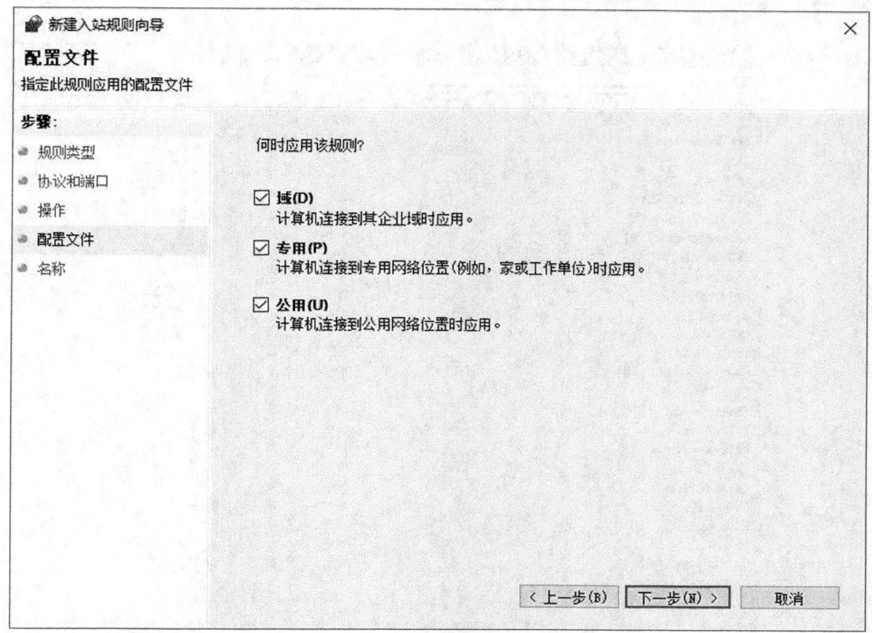

图17-21

6. 最后，我们需要为新创建的规则输入一个名称和相关的描述。完成后单击“完成”按钮，如图 17-22 所示。

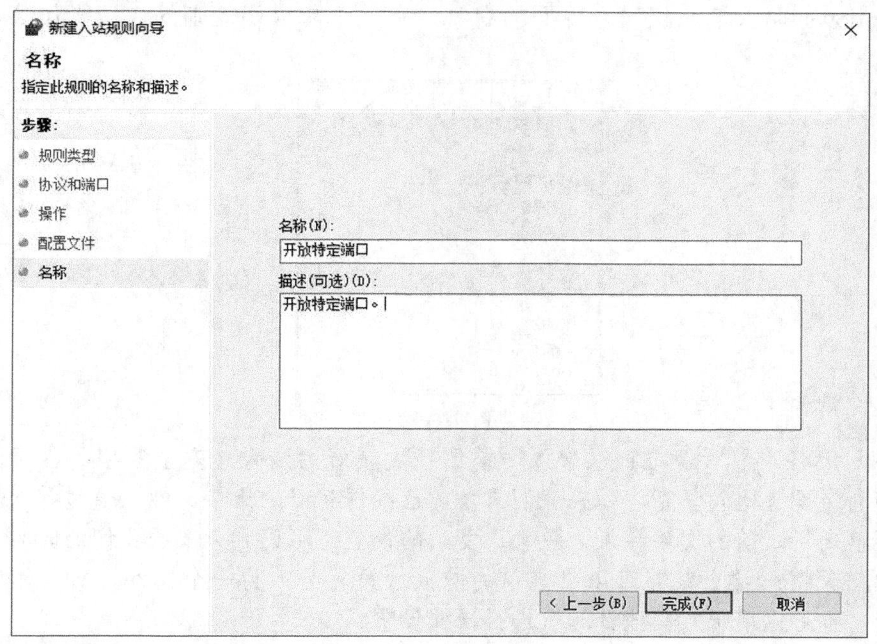

图17-22

可以看到刚才创建的规则已经出现在规则列表里面了，如图 17-23 所示。

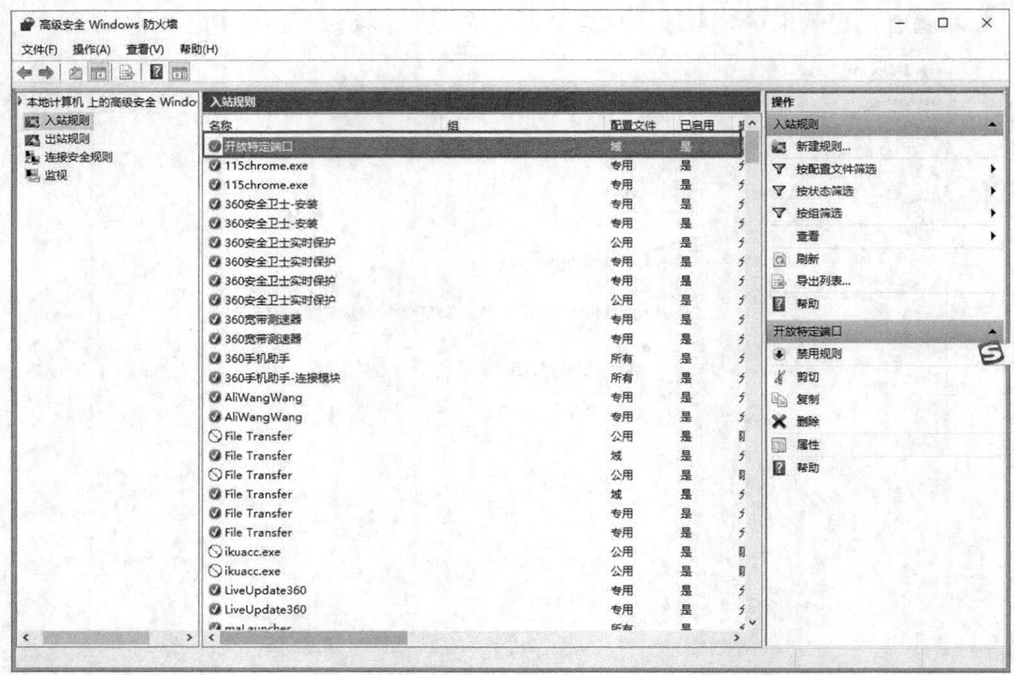

图17-23

关于入站规则和出站规则的设置非常多，我们只是通过一个示例来简单介绍了一下，算是抛砖引玉吧，大家可以自己进行更多的尝试。

在 Windows 防火墙高级设置界面的右侧，有关于防火墙规则的快捷操作菜单，如图 17-24 所示。

图17-24

- 导入策略：导入策略可以导入之前已经设置好的防火墙安全策略，由于防火墙高级设置比较复杂，如果我们有之前已经保存好的策略文件，通过导入策略菜单来将之前的文件导入，免去了复杂的设置，可以大大节约我们的时间。
- 导出策略：导出策略可以将当前的防火墙设置导入为一个文件，可以用于备份，也可以用于对其他计算机进行快捷设置。
- 还原默认策略：如果策略设置过程中出现了一些错误，但是查找又比较困难，可以通过还原默认策略的方法，将所有的策略重置为系统默认的策略。
- 诊断/修复：如果网络出现了问题，可以使用这个菜单来对网络进行诊断和修复。

- 查看：可以选择要查看的内容。
- 刷新：刷新当前的防火墙设置。
- 属性：可以查看和更改当前 Windows 防火墙的属性设置。当单击“属性”链接时，可以打开 Windows 防火墙属性对话框，如图 17-25 所示。

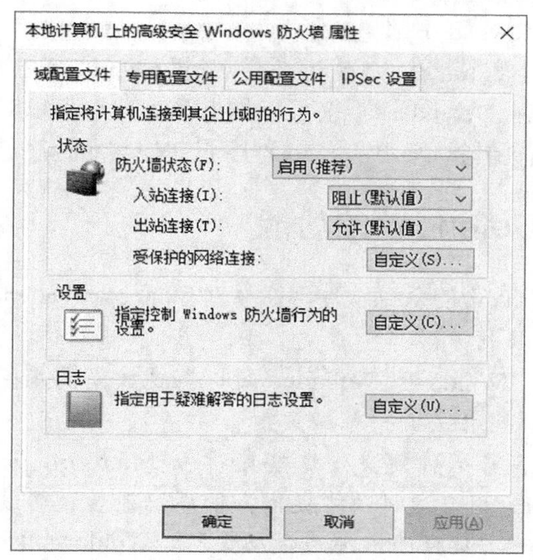

图17-25

属性对话框共有 4 个选项卡，分别如下。

- 域配置文件：设置 Windows 防火墙在域模式下的状态和行为。在状态框内可以选择此模式下是否开启防火墙、入站连接和出站连接的默认值，以及受保护的网络连接的名称。设置框可以设置域配置文件的相关选项。在日志栏可以设置日志文件的名称及保存位置，还可以设置日志文件的大小限制，以及需要记录的数据等。
- 专用配置文件：设置 Windows 防火墙在专用网络模式下的状态和行为，选项和域配置文件一致。
- 公用配置文件：设置 Windows 防火墙在公用网络模式下的状态和行为，选项和域配置文件一致。
- IPSec 设置：用于设置 IPSec 连接的相关选项。

17.2 使用 Windows Defender

我们使用计算机打开防火墙的同时，也需要安装杀毒软件。现在网络上的免费杀毒软件很多，效果也不错。其实，Windows 10 还继承了一款微软自己的杀毒软件 Windows Defender。由于有微软作为后盾，Windows Defender 的效果还是很不错的。本节向大家介绍 Windows Defender。

17.2.1　认识 Windows Defender

Windows Defender 起源于最初的 Microsoft AntiSpyware，是一个用来移除、隔离和预防间谍软件的程序，运行在 Windows XP 和 Windows Server 2003 操作系统上，在 Windows Vista、Windows 7 和 Windows 8 中都集成了 Windows Defender 软件。Windows Defender 的测试版于 2005 年 1 月 6 日发布，在 2005 年 6 月 23 日和 2006 年 2 月 17 日，微软又发布了更新的测试版本。Windows Defender 不仅可以扫描系统，还可以对系统进行实时监控，移除已安装的 ActiveX 插件，清除大多数微软的程序和其他常用程序的历史记录等。

17.2.2　Windows Defender 的功能

作为 Windows 10 系统自带的杀毒软件，微软对 Windows Defender 的功能进行了强化。Windows Defender 主要有以下功能。

- 实时保护计算机：Windows Defender 可以监视计算机并在检测到间谍软件或有害程序时建议采取相关的措施。
- 自动更新病毒和间谍软件定义：这些更新由 Microsoft 分析师及自发的全球 Windows Defender 用户通过网络提供，使用户能够获得最新的定义库，识别归类为间谍软件的可疑程序。通过自动更新，Windows Defender 可以更好地检测新威胁并在识别威胁后将其消除。
- 自动扫描、删除间谍和恶意软件：Windows Defender 能自动扫描、删除间谍和恶意软件。可以安排 Windows Defender 在方便的时间运行。简化的界面最大程度地减少了中断并且不影响用户的正常工作。
- 间谍软件信息共享：使用 Windows Defender 的任何人都可以加入帮助发现和报告新威胁的全球用户网络。Microsoft 分析师查看这些报告并开发新软件定义以防止新威胁，使每个用户都能更好地受到保护。

17.2.3　使用 Windows Defender 进行手动扫描

Windows Defender 会定期扫描计算机来保护我们的系统安全。当我们觉得系统出现异常时，也可以进行手动扫描。

1. 依次单击 ⊞/“所有应用”/“Windows 系统”/“Windows Defender”，打开 Windows Defender，如图 17-26 所示。
2. Windows Defender 提供了 3 种扫描方式，分别是快速扫描、完全扫描、自定义扫描。快速扫描仅扫描重要的系统文件，完全扫描会扫描计算机上所有的文件，自定义扫描可以自定义扫描的对象。我们可以根据需要进行选择。选择完成后，单击“立即扫描”按钮，就可以开始扫描计算机了，如图 17-27 所示。

图17-26

图17-27

根据选择的扫描类型，Windows Defender 所需要的扫描时间也不一样。扫描界面如图17-28 所示。

图17-28

17.2.4　自定义配置 Windows Defender

打开 Windows Defender 主界面，单击窗口右上方的“设置”按钮，如图 17-29 所示。会弹出 Windows Defender 的配置窗口，如图 17-30 所示。在这里我们可以对 Windows Defender 进行配置。

图17-29

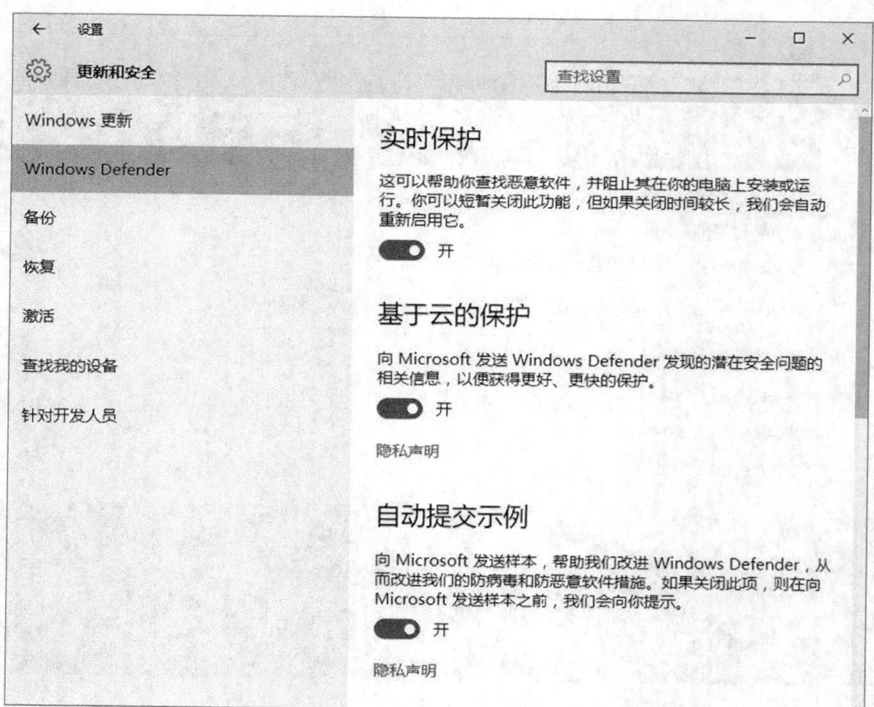

图17-30

下面介绍各选项。

- 实时保护：实时保护功能可以实时保护我们的计算机，可以监视恶意软件并阻止恶意软件的运行。我们可以暂时关闭它，但是经过一段时间后，这个功能会自动开启。
- 基于云的保护：可以设置是否向微软发送计算机中 Windows Defender 发现的潜在安全问题的相关信息。
- 自动提交示例：可以设置是否自动向微软提交计算机中的恶意软件或其他病毒样本文件。如果关闭此选项，Windows Defender 在提交样本时会给出提示。
- 排除：我们可以在此设置不需要 Windows Defender 扫描的文件或文件夹。可以单击下方的“添加排除项”来添加文件或文件夹，如图 17-31 所示。

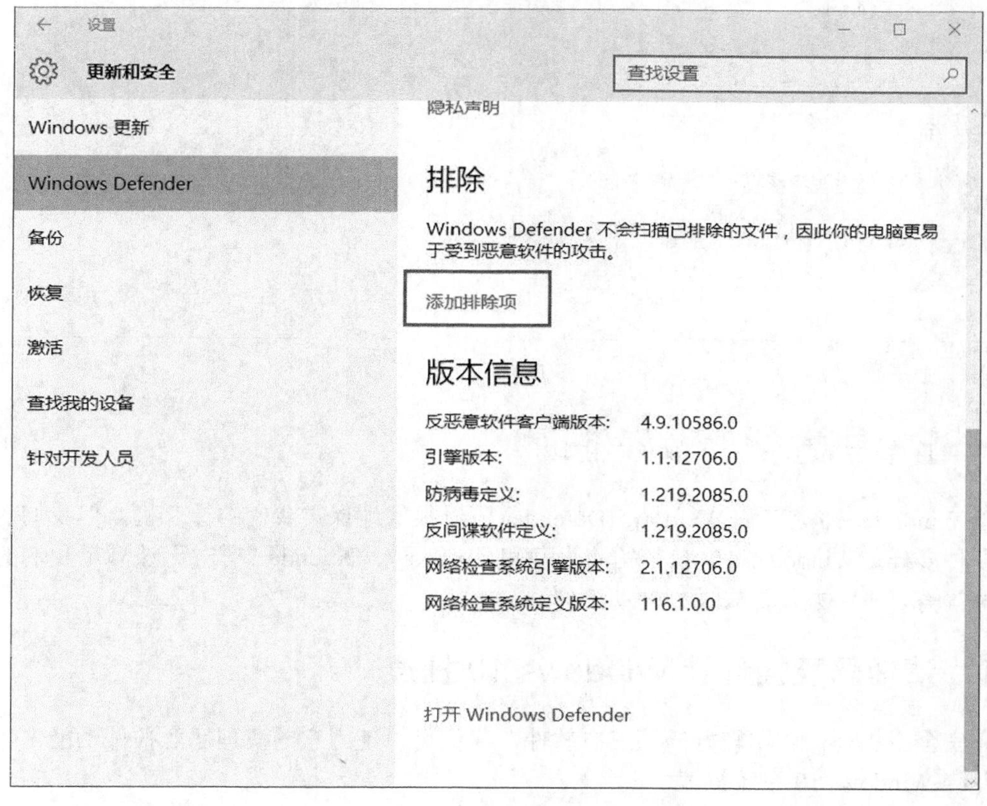

图17-31

打开的“添加排除项”窗口如图 17-32 所示。我们可以根据需要来设定要排除的类型。Windows Defender 提供了 3 种排除方式：文件和文件夹排除、文件类型排除、进程排除。

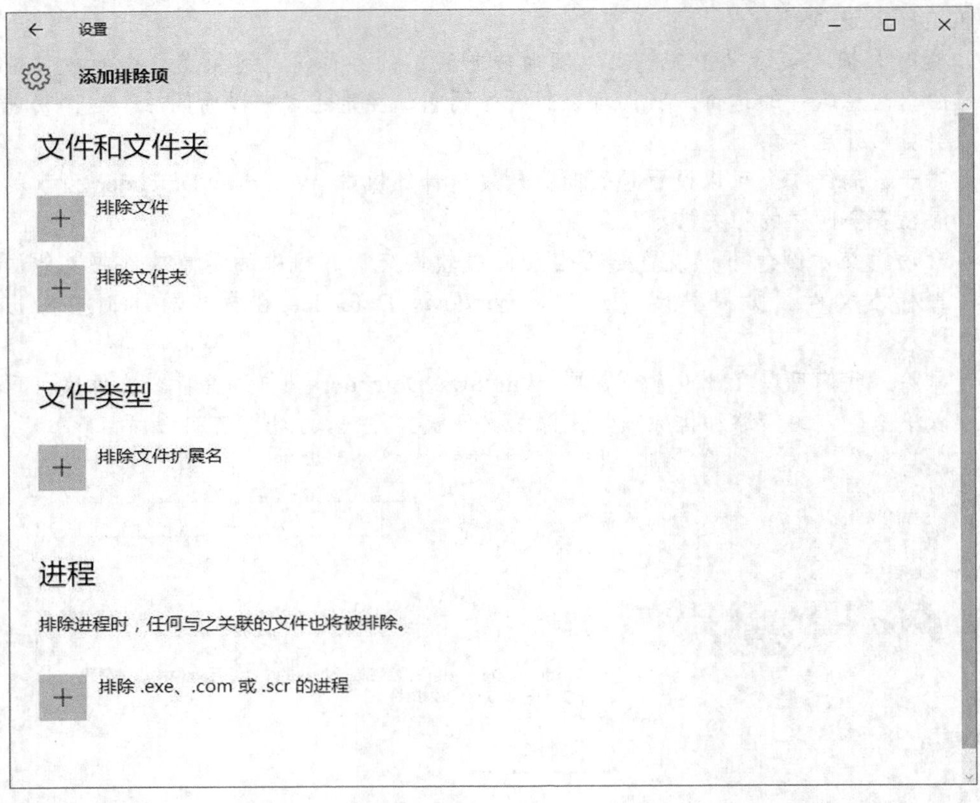

图17-32

17.3　让第三方软件做好辅助

尽管 Windows 防火墙和 Windows Defender 可以很好地保护我们的计算机，但我们的需求总是多种多样，Windows 10 自带的防火墙和 Windows Defender 有时无法满足我们的需求，这时就需要第三方软件来做好辅助工作了。

17.3.1　清理恶意插件让 Windows 10 提速

360 安全卫士是一款比较好的第三方软件，我们可以使用它的清理恶意插件功能来保护计算机并给 Windows 10 系统提速。

1. 首先打开 360 安全卫士主界面，然后单击下方的“电脑清理”图标，如图 17-33 所示。
2. 在打开的电脑清理界面，可以看到 360 安全卫士提供了 6 种清理类型，清理插件便是功能之一。勾选下方的“清理插件”选项，然后单击“一键扫描”按钮，如图 17-34 所示。

图17-33

图17-34

3. 等待一段时间后会出现扫描结果界面，如图 17-35 所示。

图17-35

4. 单击可选清理插件，弹出图 17-36 所示的窗口，可以勾选需要清理的插件，然后单击右上角的“清理”按钮。

可选清理插件：共 14 个

(清理可能导致部分软件不可用或功能异常)

清理

插件名称	清理率	评分		操作	
迅雷7用户代理功能控件	4%	8.0	投票	信任	清理
QQ照片在线显示控件	3%	8.1	投票	信任	清理
QQ邮箱登录安全控件	4%	8.1	投票	信任	清理
☑ QQ音乐在线播放控件	4%	8.3	投票	信任	清理
☑ Qzone音乐播放控件	4%	8.4	投票	信任	清理
QQ帐号保护辅助组件	3%	8.7	投票	信任	清理
QQ在线快速登录控件	4%	8.9	投票	信任	清理
阿里旺旺在线功能控件	3%	9.0	投票	信任	清理

图17-36

稍后，360 安全卫士会出现清理完成提示。

17.3.2　使用第三方软件解决疑难问题

如果我们的计算机出现了上网异常、看不了网络视频等问题，第三方软件也可以帮我们解决这些问题。以 360 安全卫士为例，下面介绍操作方法。

首先打开 360 安全卫士主界面，然后单击左下角的“查杀修复”图标，如图 17-37 所示。

图17-37

在打开的界面中单击“常规修复”图标，如图 17-38 所示。

图17-38

扫描完成后，我们可以看到扫描的结果。这时我们可以单击窗口右上方的“立即修复”

按钮来进行修复，如图 17-39 所示。

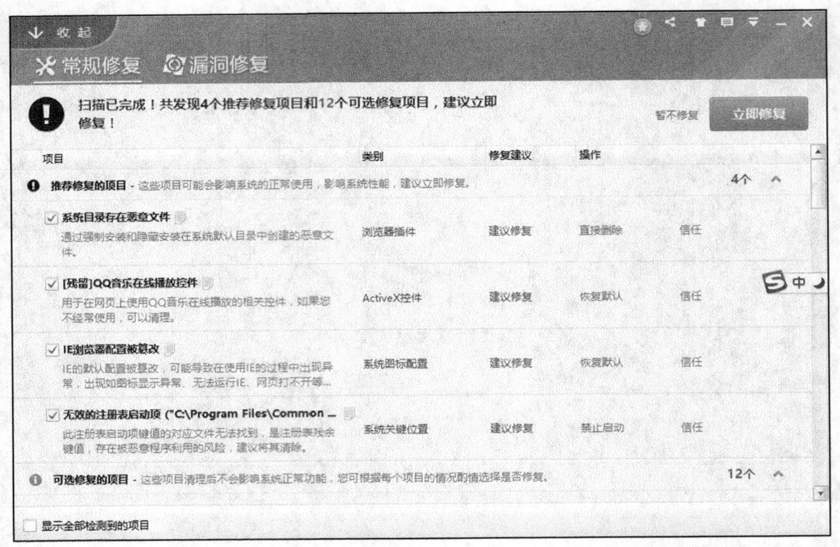

图17-39

修复完成后，360 安全卫士会弹出提示框，提示部分文件需要重启计算机才能彻底删除。我们可以选择立即重启计算机和暂不重启计算机，如图 17-40 所示。

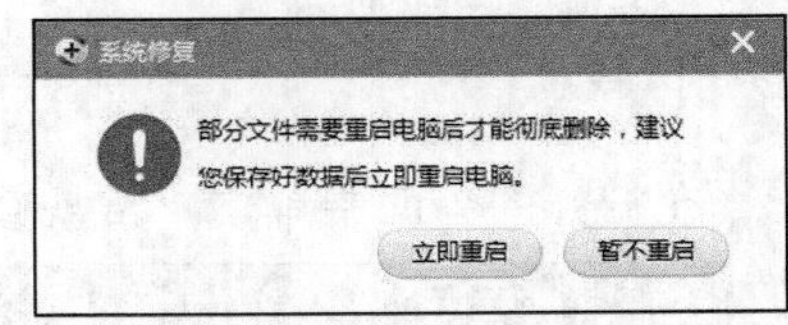

图17-40

如果修复仍然不起作用，我们可以使用 360 安全卫士提供的“人工服务”功能来尝试。打开 360 安全卫士主界面，单击下方的“人工服务”按钮，如图 17-41 所示。

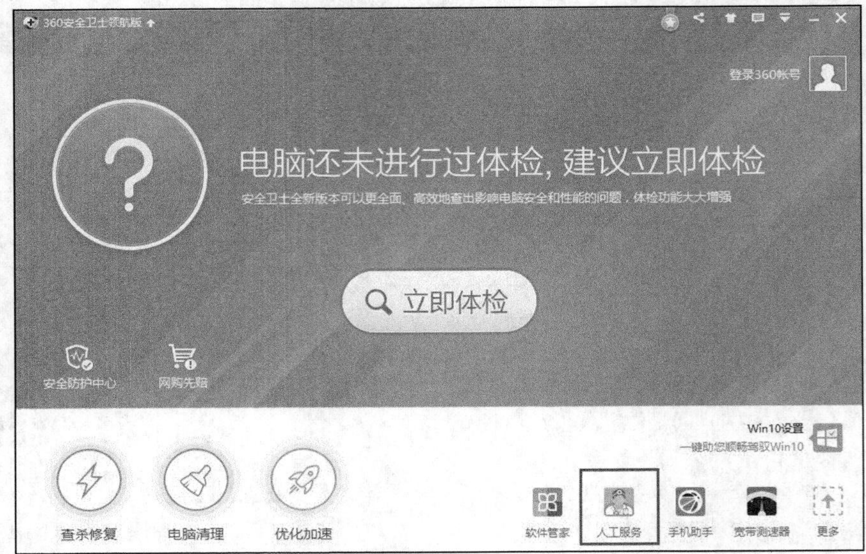

图17-41

在打开的窗口中，我们在右侧可以看到常见问题的列表，单击相应的列表，可以找到相应的工具进行处理，如图 17-42 所示。

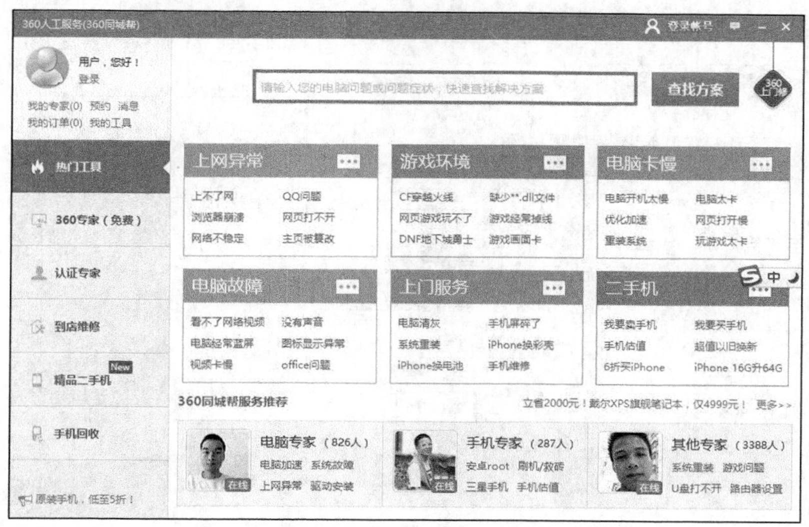

图17-42

17.4 使用 Windows 更新保护计算机

现在新的恶意软件和病毒的出现越来越快，操作系统的漏洞也不断爆出。Windows 自动更新是 Windows 的一项功能，当适用于用户的计算机的重要更新发布时，它会及时提醒用户下载和安装。使用自动更新可以在第一时间更新用户的操作系统，修复系统漏洞，保护用户的计算机安全。

17.4.1 设置更新

我们可以根据自己的需要来设置 Windows 更新，具体步骤如下。

1. 单击⊞按钮，然后单击“设置”，在弹出的“设置”窗口中单击“更新和安全”图标，如图 17-43 所示。

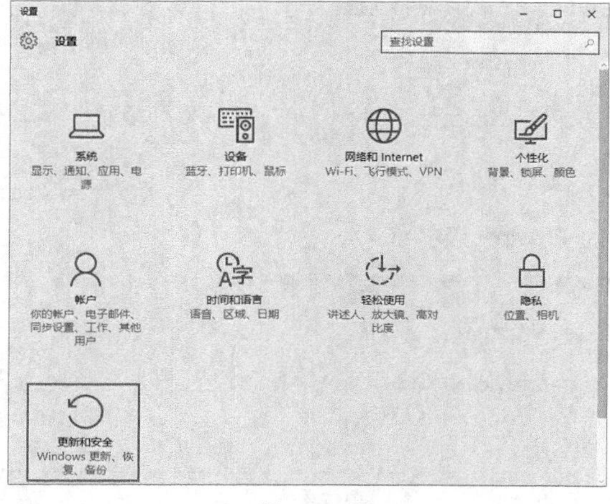

图17-43

2. 在弹出的“更新和安全”设置界面，单击右侧的“高级选项”，如图 17-44 所示。

图17-44

3. 图 17-45 所示的是 Windows 更新高级设置窗口。这个窗口提供了对 Windows 更新的许多设置选项。

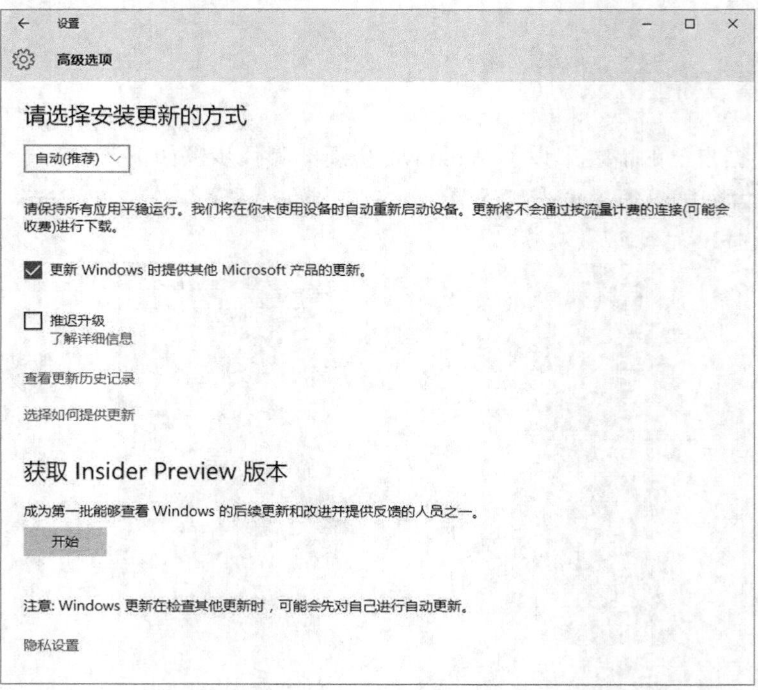

图17-45

- 安装更新的方式：Windows 更新提供了两种安装更新的方式，分别是“自动”和“通知以安排重新启动”，我们可以单击下拉框进行选择。建议选择推荐的“自动”方式，这样可以更好地保护我们的计算机。
- 更新 Windows 时提供其他 Microsoft 产品的更新：如果我们的计算机上安装了其他的 Microsoft 提供的产品，比如 Office 软件，勾选此选项，更新 Windows 时也会提供 Office 软件的更新。
- 推迟升级：可以推迟部分功能性更新的更新时间，不会第一时间安装收到的 Windows 更新。
- 查看更新历史记录：单击可以查看 Windows 更新的历史记录。查看更新历史记录如图 17-46 所示。在此界面内，我们可以单击“卸载更新”来卸载更新。也可以单击“卸载最新的预览版本”来卸载 Windows 的预览版本。还可以查看更新的内容及安装成功或失败的时间。

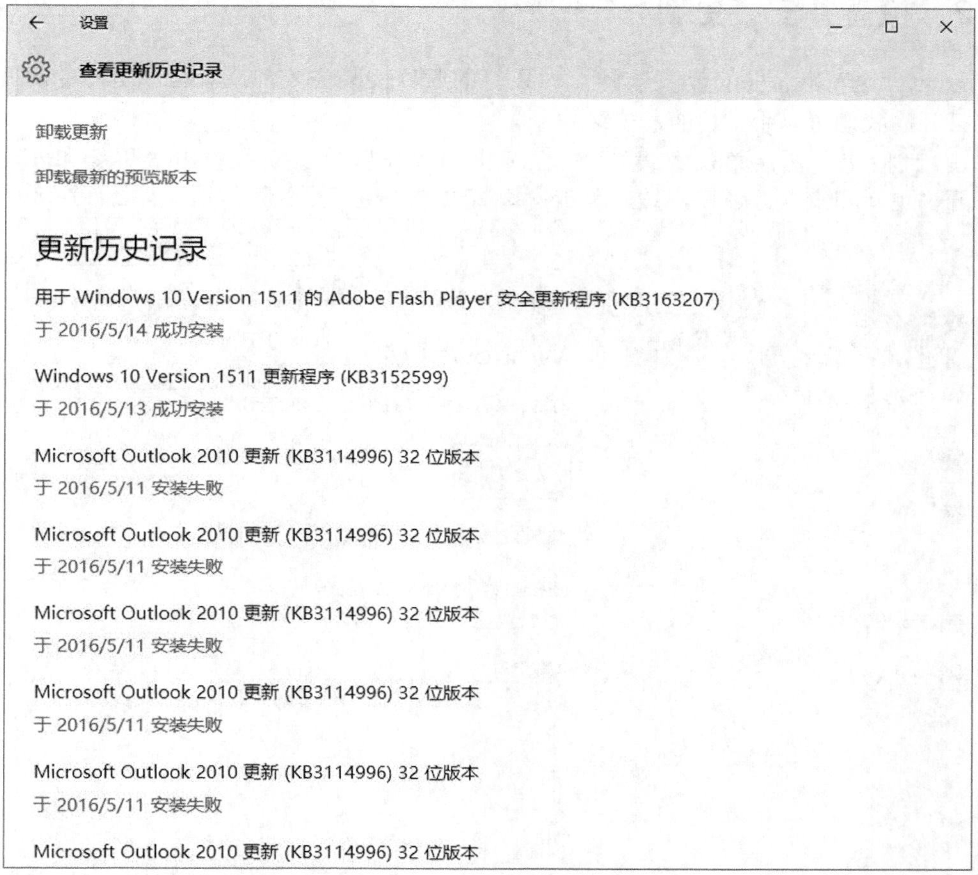

图17-46

- 选择如何提供更新：单击此链接可以打开“选择如何提供更新”窗口。在此窗口中，我们可以选择仅从 Microsoft 获取更新还是从 Microsoft 或其他计算机下载更新。并且可以设置是否提供给 Internet 上的其他计算机进行更新。
- 获取 Insider Preview 版本：单击“开始”按钮，会提示加入 Windows 预览体

验计划，如图 17-47 所示。加入计划后，可以第一时间得到 Windows 的预览版更新，提前体验 Windows 的新内容。

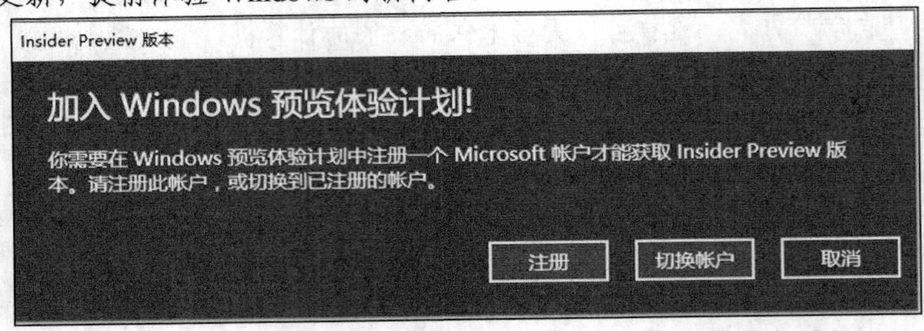

图17-47

- 隐私设置：设置和个人隐私相关的选项。

17.4.2　检查并安装更新

Windows 更新默认是自动安装的，如果有的时候安装失败，或者自动更新的时间计算机没有打开，我们可以手动检查和安装更新。

单击⊞按钮，然后单击“设置”，在弹出的“设置”窗口中单击“更新和安全”按钮，打开“更新和安全”窗口，然后单击窗口右侧的“检查更新”按钮，如图 17-48 所示。

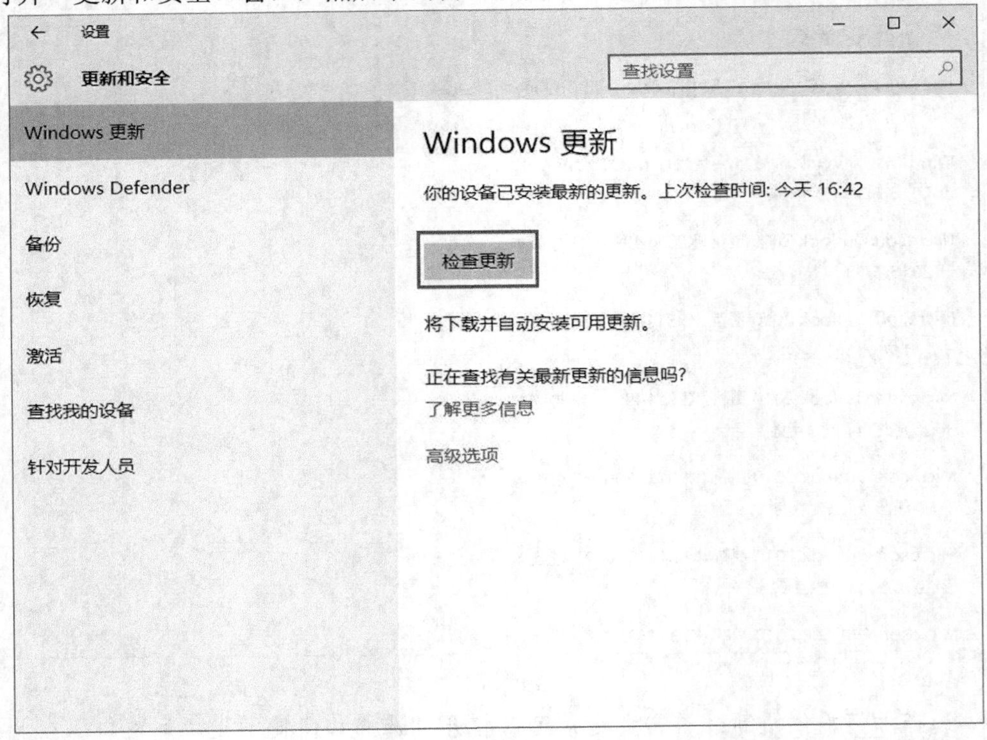

图17-48

如果有可用的更新，Window 更新程序会自动下载和安装这些更新，如图 17-49 所示。

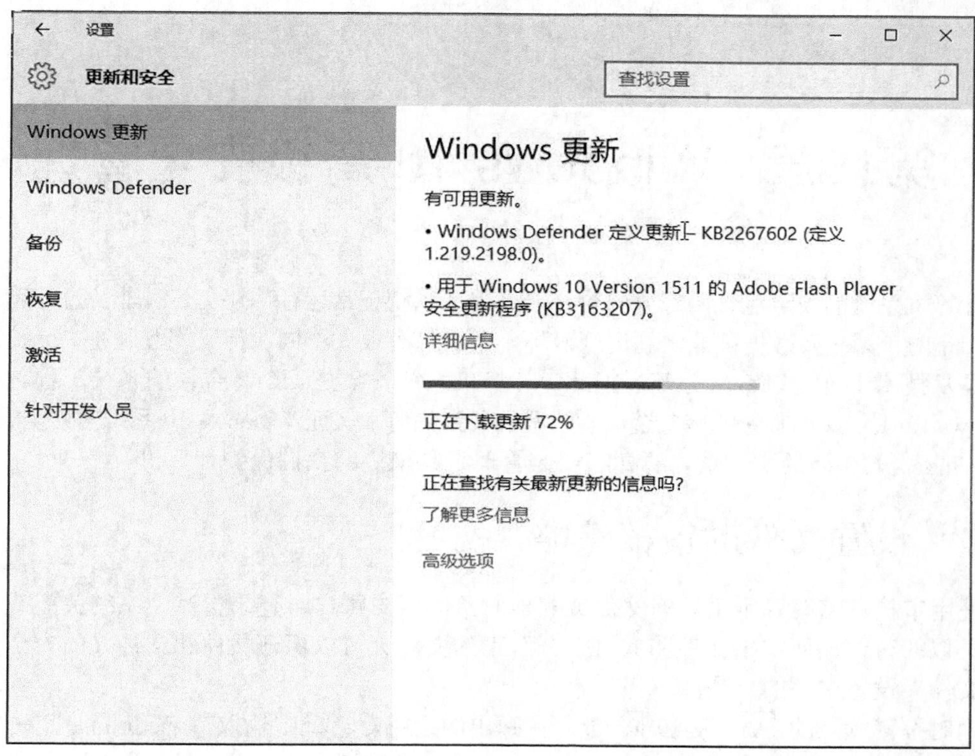
设置
更新和安全
查找设置
Windows 更新
Windows Defender
备份
恢复
激活
针对开发人员
Windows 更新
有可用更新。
• Windows Defender 定义更新 – KB2267602 (定义 1.219.2198.0)。
• 用于 Windows 10 Version 1511 的 Adobe Flash Player 安全更新程序 (KB3163207)。
详细信息
正在下载更新 72%
正在查找有关最新更新的信息吗?
了解更多信息
高级选项

图17-49

第18章　Windows 10 高级安全管理

计算机系统的安全包含两部分内容，一是保证系统正常运行，避免各种非故意的错误与损坏；二是防止系统及数据被非法利用或破坏。两者虽有很大不同，但又相互联系，无论从管理上还是从技术上都难以截然分开，因此，计算机系统安全是一个综合性的系统工程。那么，Windows 10 系统又面临着哪些安全风险，我们又该如何来保证 Windows 10 系统的安全呢？

Windows 10 提供了一系列的高级安全管理工具来协助我们保护计算机。

18.1　设置文件的审核策略

使用审核策略跟踪用于访问文件或其他对象的用户账户、登录尝试、系统关闭或重新启动及类似的事件，而审核文件和 NTFS 分区下的文件夹可以保证文件和文件夹的安全。为文件和文件夹设置审核的步骤如下。

同时按键盘上的 Win 键和 R 键，在弹出的运行对话框中输入“gpedit.msc”，按 Enter 键，如图 18-1 所示。

在“本地组策略编辑器”窗口中，逐级展开左侧窗口中的“计算机配置”/“Windows 设置”/“安全设置”/“本地策略”分支，然后在该分支下选择“审核策略”选项。在右侧窗口中用鼠标双击“审核对象访问”选项，在弹出的“审核对象访问 属性”对话框中将“审核这些操作”栏中的“成功”和“失败”复选框都勾选上，然后单击“确定”按钮，如图 18-2 所示。

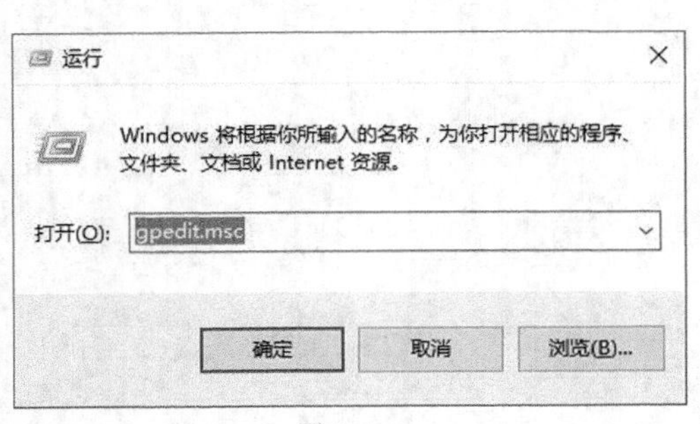

图18-1

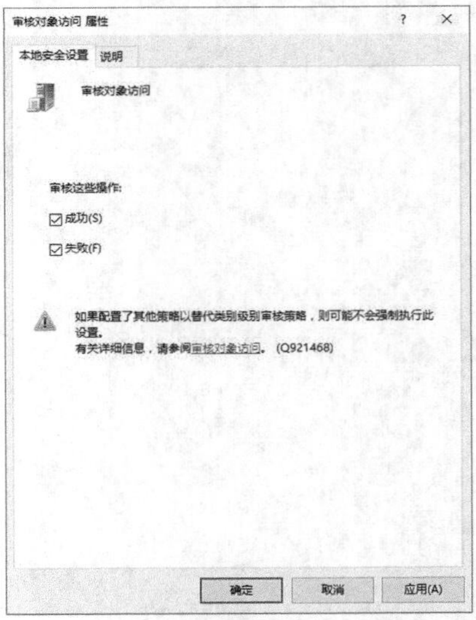

图18-2

用鼠标右键单击想要审核的文件或文件夹，在弹出的快捷菜单中选择“属性”命令，接着在弹出的对话框中选择“安全”选项卡，然后单击下方的“高级”按钮，如图 18-3 所示。

在弹出的窗口中单击“审核”选项卡，此时窗口内会提示“若要查看此对象的审核属性，则你必须是管理员，或者拥有适当的特权”，单击下方的“继续”按钮，如图 18-4 所示。

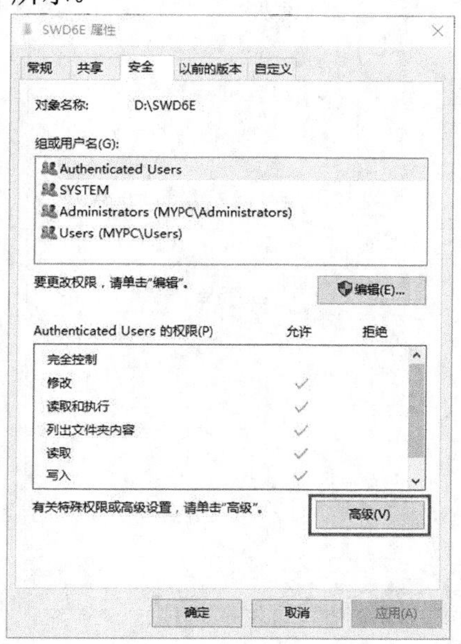

图18-3

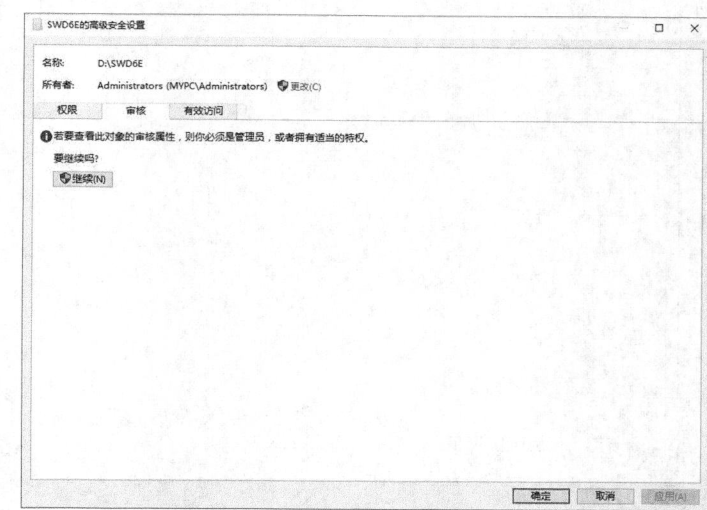

图18-4

此时窗口会刷新，单击下方的“添加”按钮添加需要进行审核的用户，如图 18-5 所示。

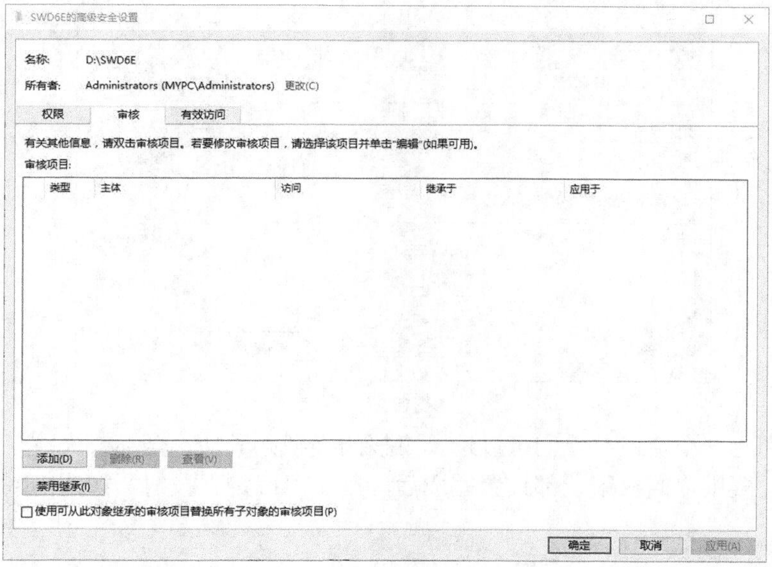

图18-5

在弹出的窗口中单击上方的“选择主体”，如图 18-6 所示。

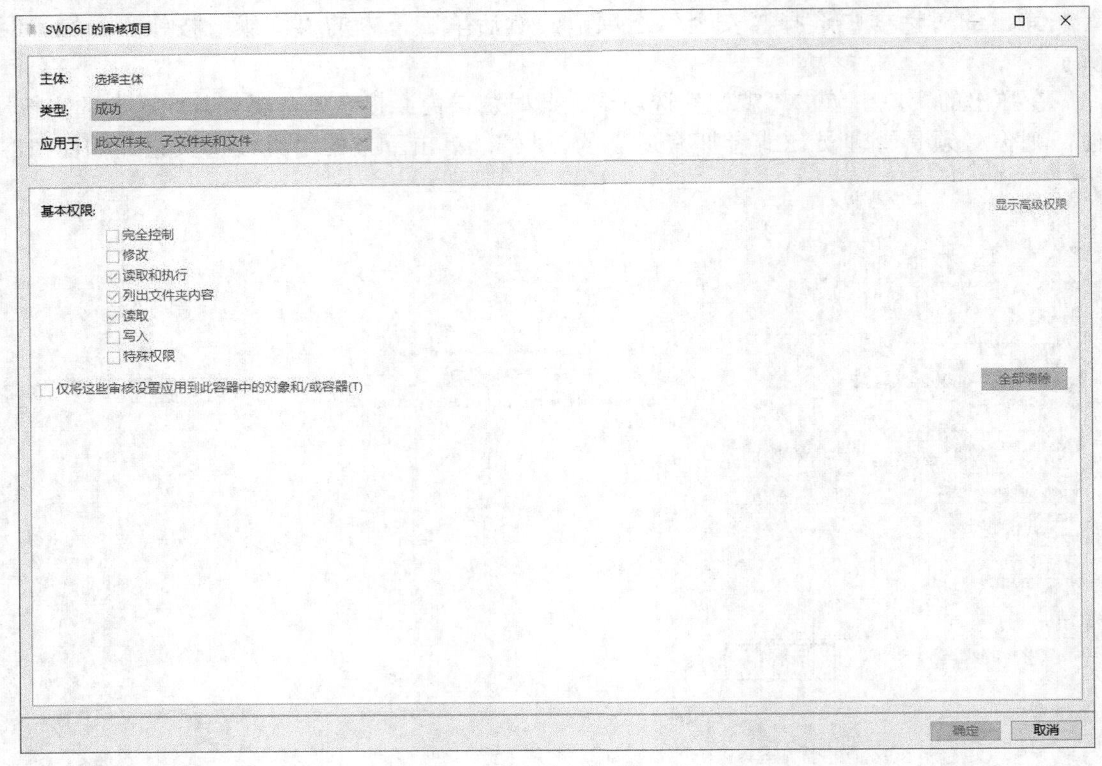

图18-6

在弹出的对话框中，输入要审核的用户名，然后单击下方的“确定”按钮，如图 18-7 所示。

图18-7

此时会返回上一个窗口，我们可以选择审核的类型：成功、全部或失败，然后选择应用的位置。最后设置用户的权限，都设置完成后，单击“确定”按钮，如图 18-8 所示。

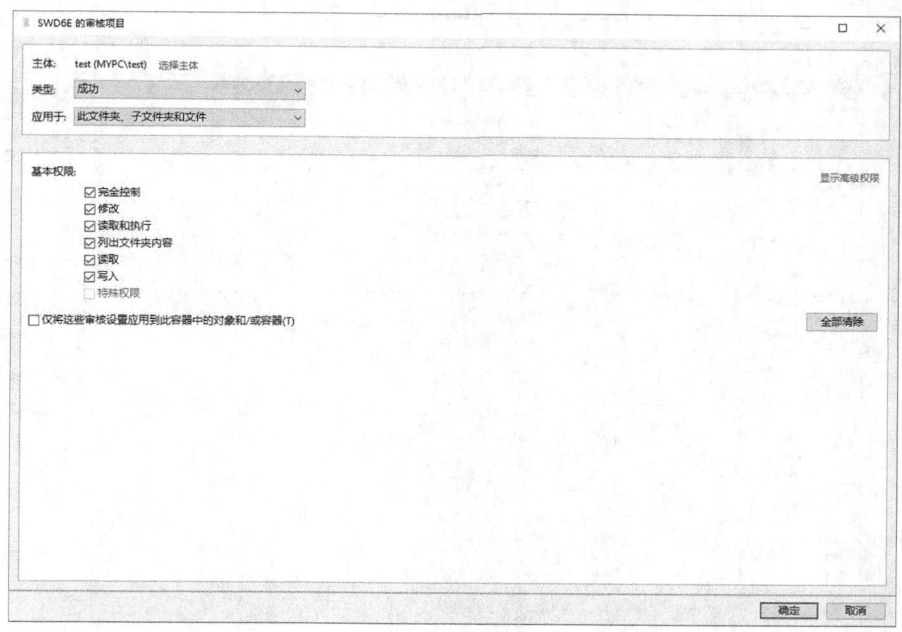

图18-8

返回到上个窗口，一直单击“确定”按钮，直到关闭全部窗口，此时文件审核策略设置就完成了。

如果我们想查看文件的访问日志，可以在任务栏左侧的搜索框内输入“事件查看器”，然后在搜索结果中单击“事件查看器”，如图 18-9 所示。

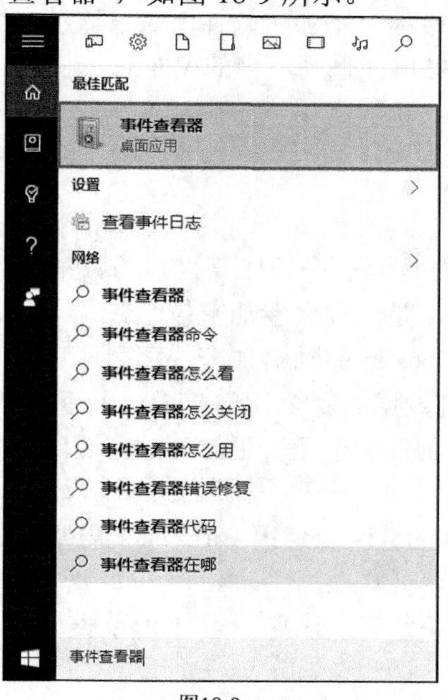

图18-9

在弹出的“事件查看器”窗口中，展开 Windows 日志，然后单击“安全”，查看安全事件。我们可以发现刚才设置的用户对文件夹的访问日志，如图 18-10 所示。

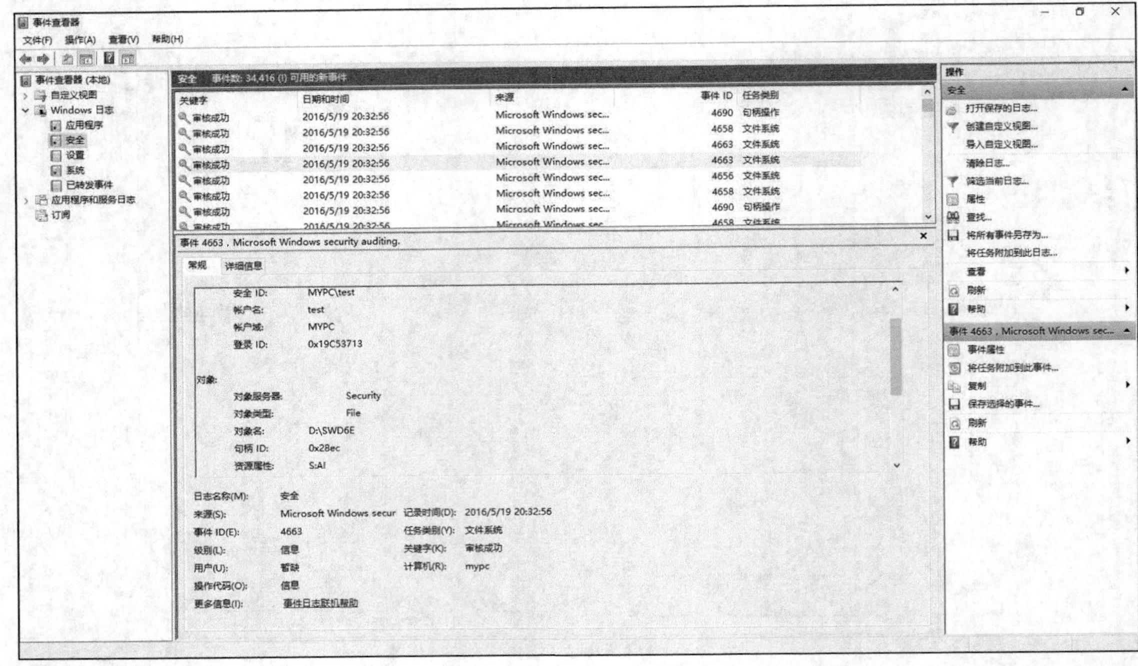

图18-10

18.2　Windows BitLocker 驱动器加密

BitLocker 是 Windows 自带的一个加密软件，对计算机中的数据提供加密保护功能。微软从 Windows Vista 系统开始推出，直到至今的 Windows 10 系统，BitLocker 的功能不断完善与强大。

18.2.1　了解 BitLocker

BitLocker 驱动器加密主要是为了保护计算机中的数据，在计算机丢失、被盗或其他意外情况下数据不会被非法访问，是一种全卷加密技术。

如果计算机没有使用 BitLocker 驱动器加密，那么用户可以直接访问计算机，然后就可以通过其他手段获得对计算机数据的完全访问权限，从而获取计算机中的数据。BitLocker 加密通过把整个驱动器“封装到”一个无法更改的加密区域中，从而防止未经授权的人员对计算机驱动器的访问。

如果我们在安装 Windows 的分区上使用 BitLocker 需要满足下列要求。

- 计算机必须设置为从硬盘启动。
- 计算机在启动过程中必须可以读取 U 盘上的数据。
- 硬盘上必须具备系统分区和 Windows 分区。

如果我们在其他分区上使用 BitLocker，则需要满足下列要求。

- 要加密的分区系统为 FAT16、FAT32、exFAT 或 NTFS 分区中的一种。

- 可用空间不得小于 64MB。

18.2.2 启用 BitLocker

由于 BitLocker 对驱动器进行加密会降低磁盘驱动器的数据读取和写入速度，因此只建议在保存重要数据的计算机上启用 BitLocker，不建议在家庭或娱乐用计算机上使用 BitLocker。需要注意的是：家庭版的 Windows 10 系统没有 BitLocker 功能。

下面介绍如何使用 BitLocker 加密功能。

一、加密 Windows 分区

如果我们的计算机上没有安装 TPM 模块，需要修改组策略才可以加密 Windows 分区。下面介绍具体步骤。

1. 同时按键盘上的 Win 键和 R 键，然后在弹出的“运行”对话框中输入“gpedit.msc”，按 Enter 键，如图 18-11 所示。

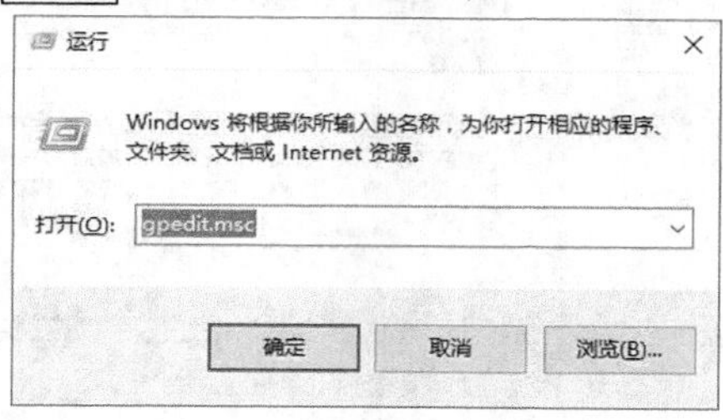

图18-11

2. 在“本地组策略编辑器”窗口，依次展开左侧的“计算机配置”/“管理模板”/“Windows 组件”/“BitLocker 驱动器加密”/“操作系统驱动器”目录，然后双击右侧的“启动时需要附加身份验证”，如图 18-12 所示。

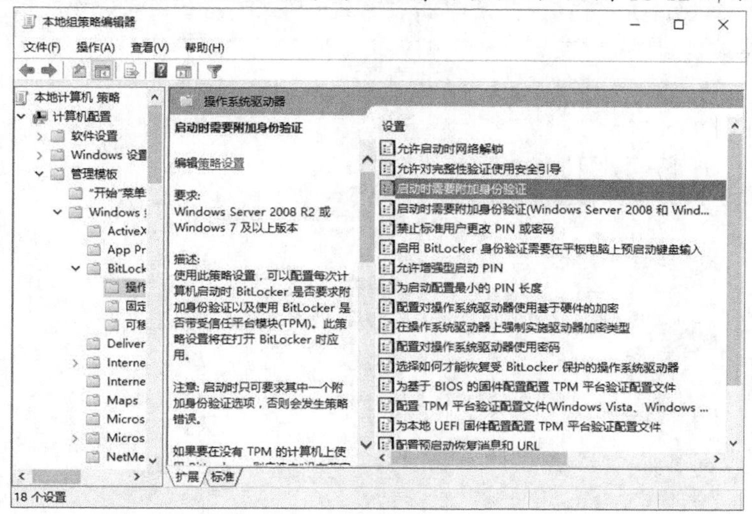

图18-12

3. 在弹出的对话框中，选择“已启用”选项，然后单击“确定”按钮，如图 18-13 所示。

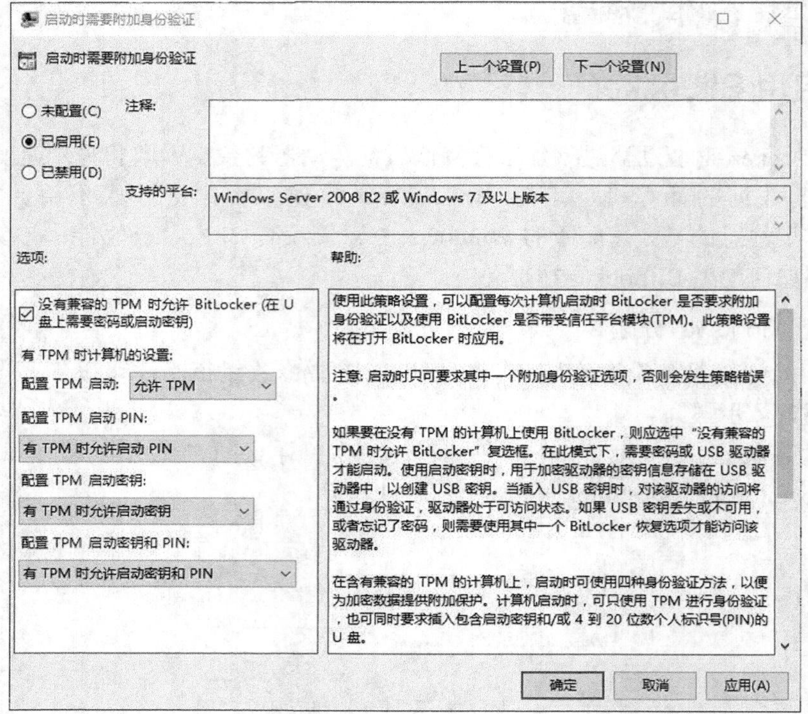

图18-13

提示： 在加密 Windows 所在分区时，计算机必须具备一个 350MB 大小的系统分区。如果没有此系统分区，则在加密过程中可能会损坏部分文件。

下面介绍加密 Windows 所在分区的具体步骤。

1. 打开“控制面板”窗口，然后单击“系统和安全”，如图 18-14 所示。

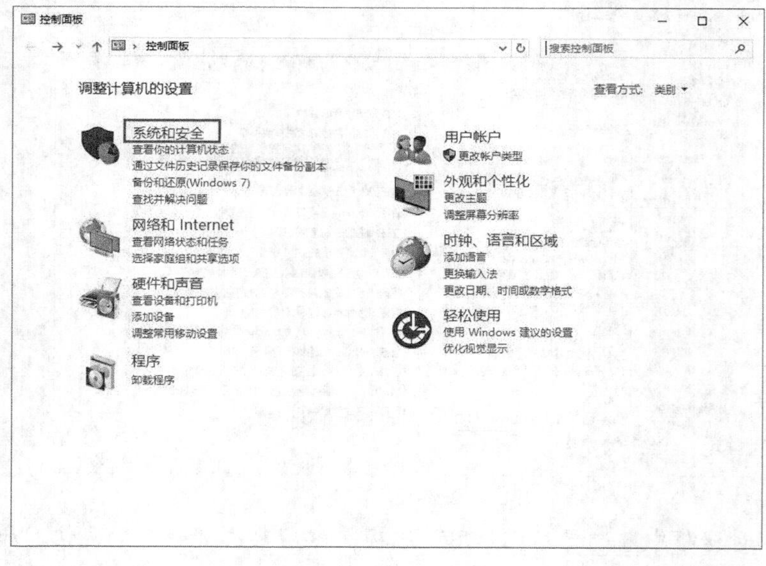

图18-14

2. 在“系统和安全”窗口中，单击右侧的“BitLocker 驱动器加密”，如图 18-15 所示。

图18-15

3. 在“BitLocker 驱动器加密”窗口中，在右侧可以看到操作系统驱动器的 BitLocker 已关闭。单击右侧的“启用 BitLocker”，如图 18-16 所示。

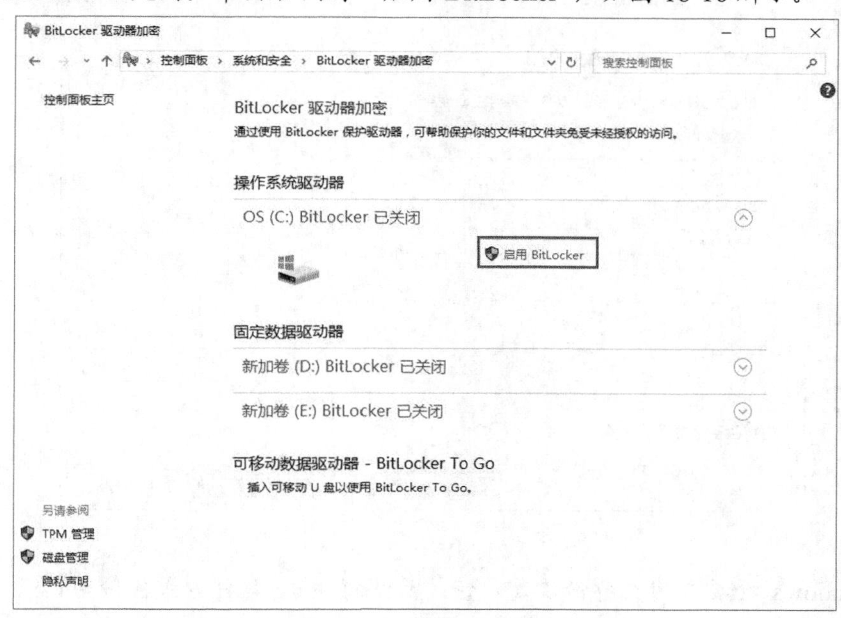

图18-16

4. 系统会开始检查是否符合启用 BitLocker 的条件，如果符合条件，则会出现选择解锁驱动器方式的对话框，选择其中一种方式，如“输入密码”，如图 18-17 所示。

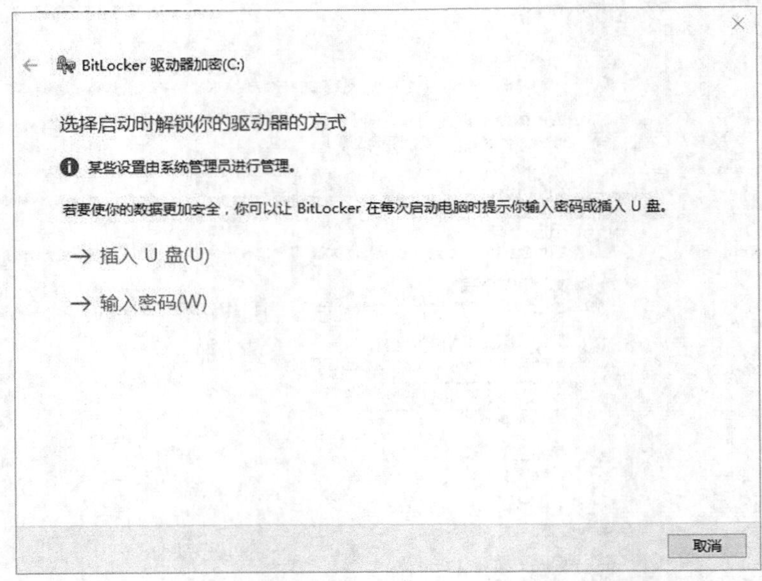

图18-17

5. BitLocker 会要求输入解密密码，在输入框内输入两次密码后，单击“下一步”按钮，如图 18-18 所示。

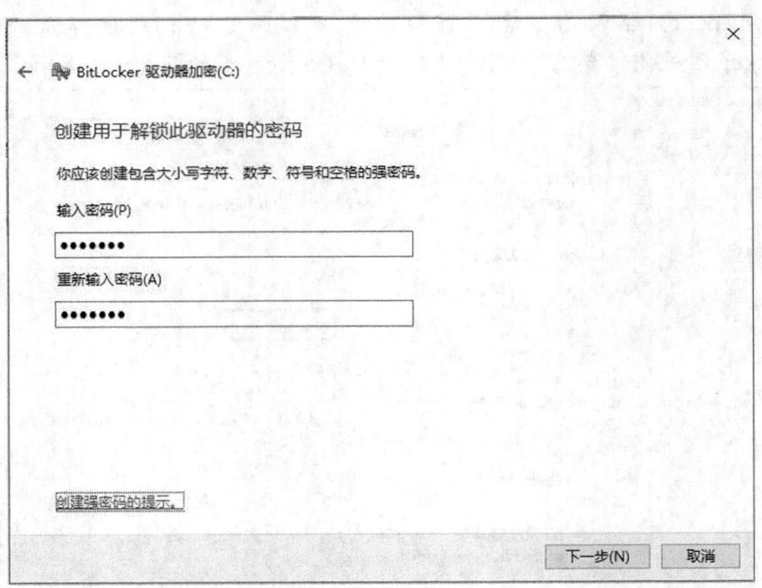

图18-18

6. Windows 会要求用户备份恢复密钥。系统提供了 4 种方式备份密钥：保存到 Microsoft 账户、保存到 U 盘、保存到文件、打印恢复密钥。建议大家一定要妥善保管好加密密钥，因为密钥如果丢失，我们就无法进入操作系统。选择一种方式后，单击“下一步”按钮，如图 18-19 所示。

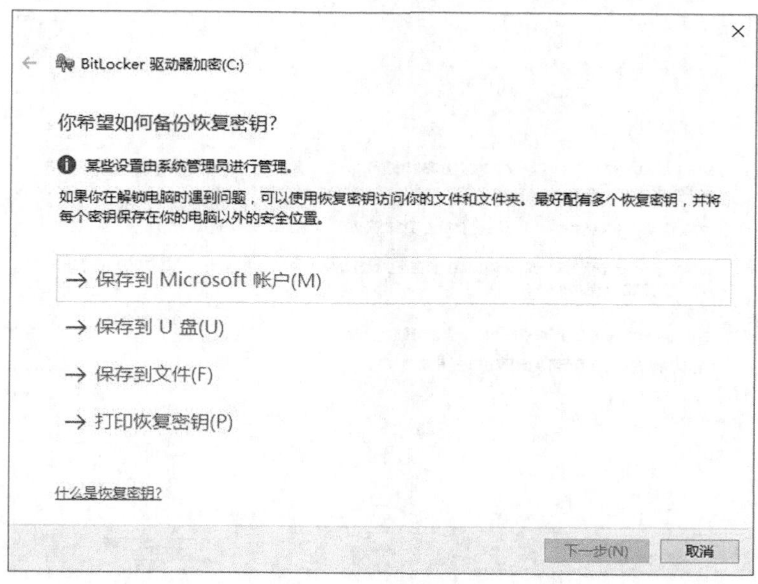

图18-19

7. Windows 会要求我们选择加密方式，根据自己的需要来进行选择即可。如果对速度要求较高，且是新的计算机，建议选择第一种；如果是已经使用了一段时间的计算机请选择第二种。单击“下一步”按钮，如图 18-20 所示。

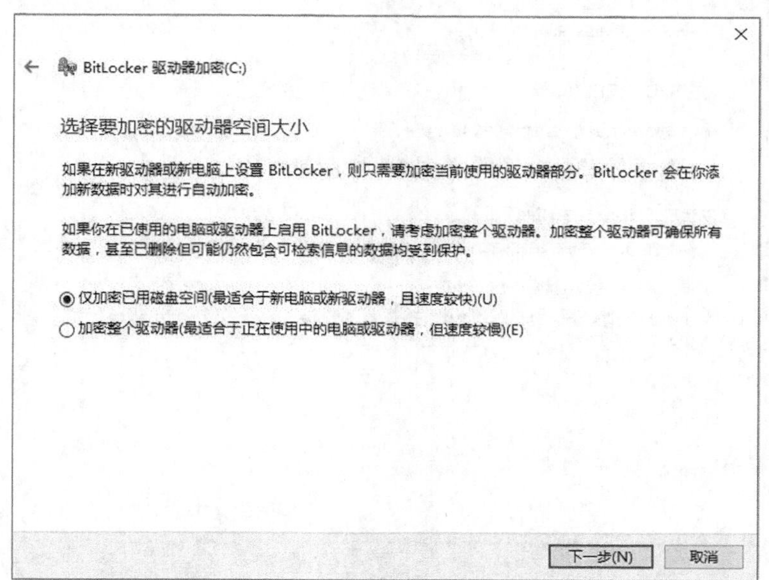

图18-20

8. 系统会要求选择加密模式。Windows 10 的 1511 版本引入了一种新的加密模式，如果我们的磁盘在早期的 Windows 版本上使用建议选择兼容模式；如果

是固定在此计算机上使用，则建议使用新加密模式。单击“下一步”按钮继续，如图 18-21 所示。

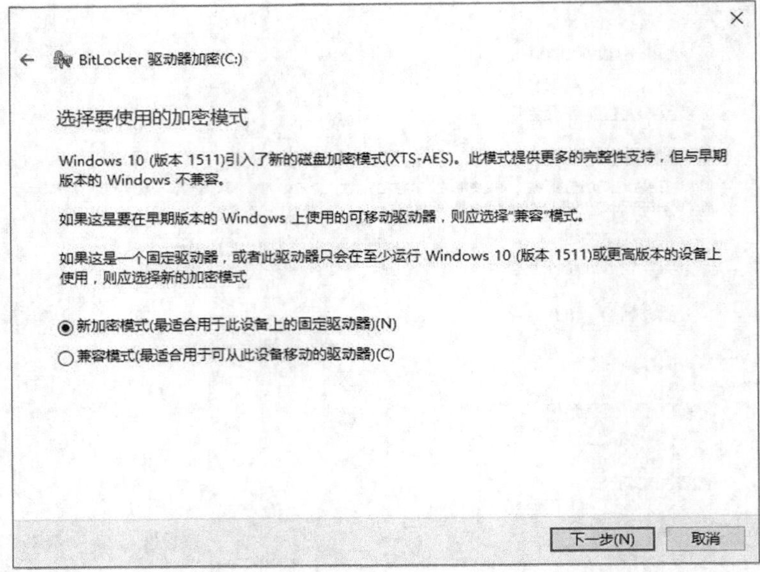

图18-21

9. 最后，系统提示是否准备加密该驱动器，最终确认后，单击“继续”按钮，如图 18-22 所示。

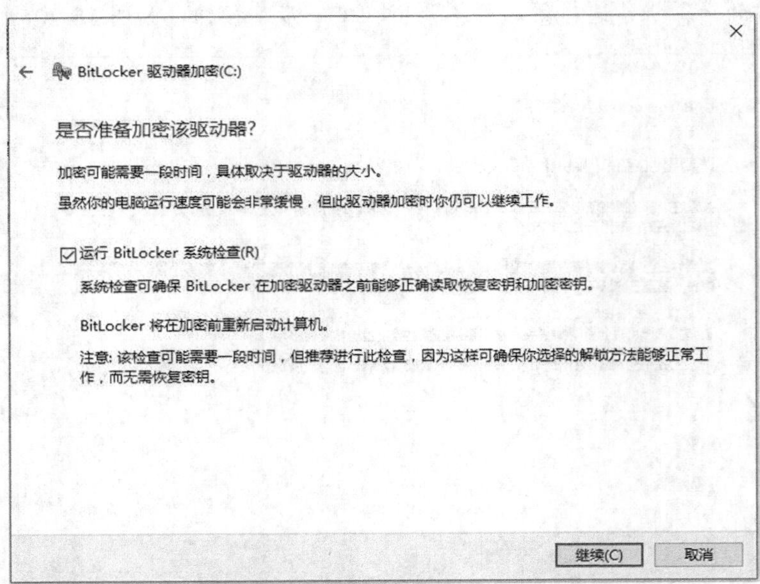

图18-22

10. 系统提示需要重新启动计算机，重新启动计算机后，系统会提示输入密码解锁驱动器，如图 18-23 所示。输入刚才设置的 BitLocker 密码，然后按 Enter 键继续。

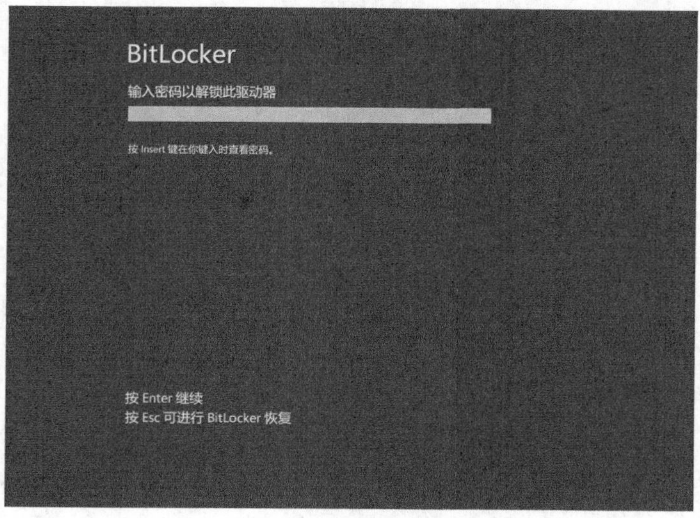

图18-23

进入系统后，我们打开资源管理器，可以发现 Windows 所在分区的磁盘图标已经改变。此时 BitLocker 已经加密完成，如图 18-24 所示。

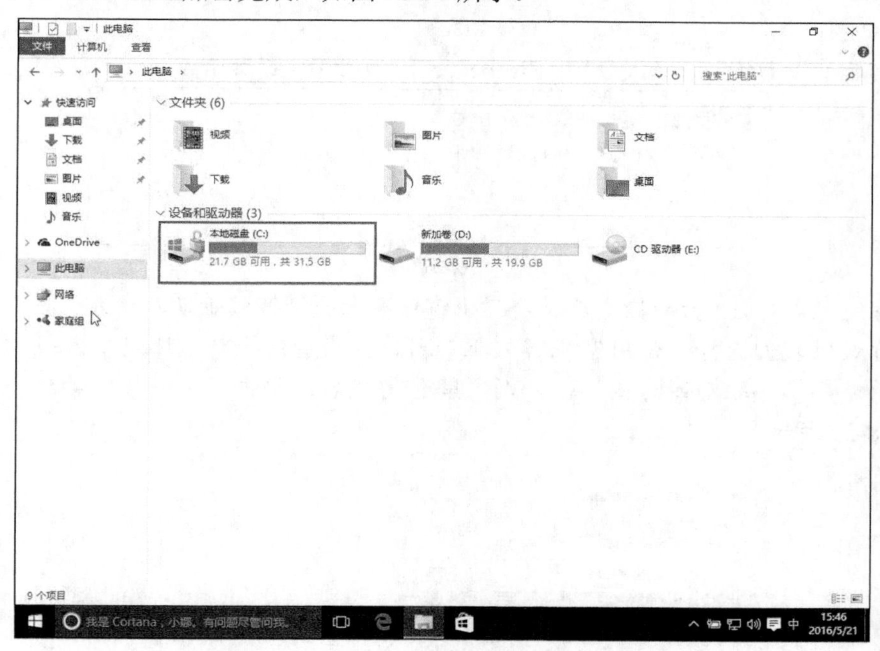

图18-24

二、加密 U 盘或移动硬盘

BitLocker 不仅可以加密本地硬盘，还可以加密 U 盘和移动硬盘，下面介绍具体步骤。

1. 打开“控制面板”窗口，然后单击“系统和安全”，在打开的“系统和安全”窗口中单击“BitLocker 驱动器加密”，在“BitLocker 驱动器加密”窗口中，单击 U 盘右侧的向下箭头，如图 18-25 所示。

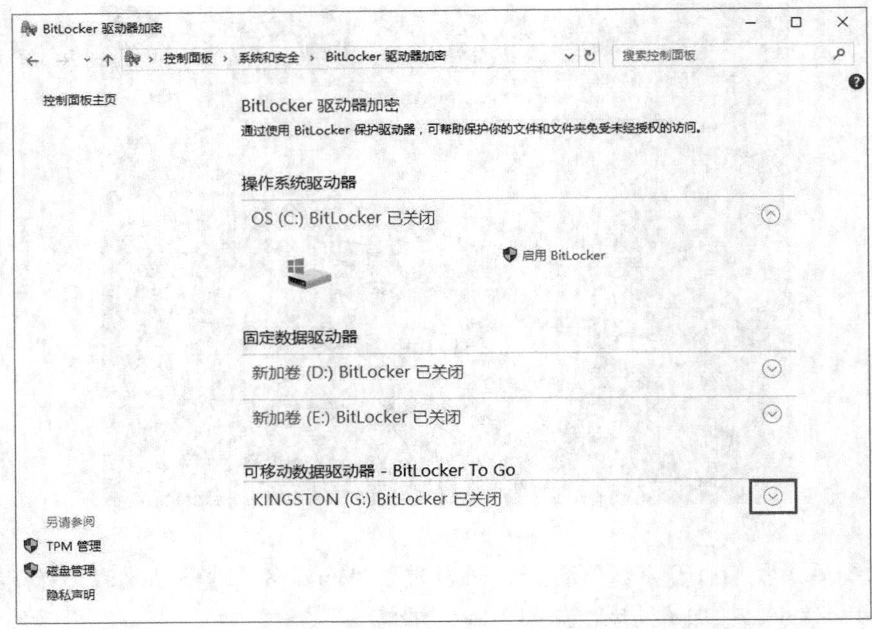

图18-25

2. 然后单击 U 盘下方的“启用 BitLocker”，如图 18-26 所示。

图18-26

3. 系统完成对 U 盘的检查后，会弹出窗口要求选择解锁驱动器的方式。有两种方式供我们选择：使用密码解锁驱动器、使用智能卡解锁驱动器。我们以使用密码解锁驱动器为例，输入两遍解锁密码后，单击“下一步”按钮，如图 18-27 所示。

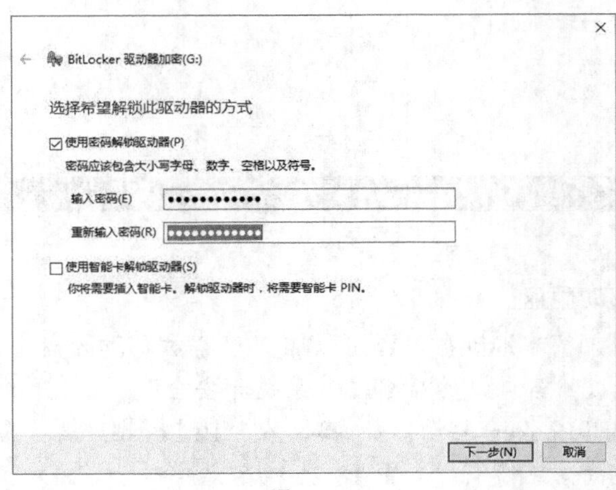

图18-27

4. 系统会提示保存恢复密钥，我们选择一种或几种方式保存密钥后，单击“下一步”按钮，如图 18-28 所示。

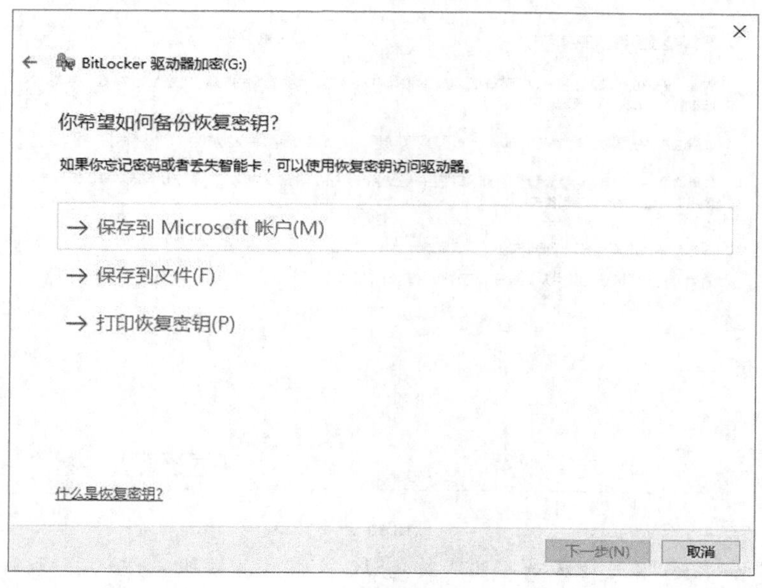

图18-28

5. 系统会要求选择加密驱动器空间大小，我们选择速度较快的仅加密已用磁盘空间，然后单击“下一步”按钮，如图 18-29 所示。

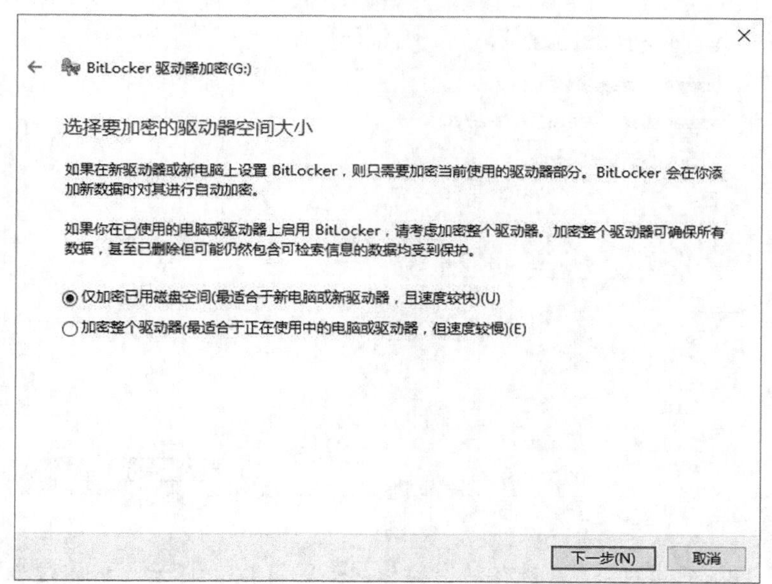

图18-29

6. 系统会要求选择加密模式，因为是 U 盘，要用在不同的计算机上面，我们选择“兼容模式”，然后单击“下一步”按钮，如图 18-30 所示。

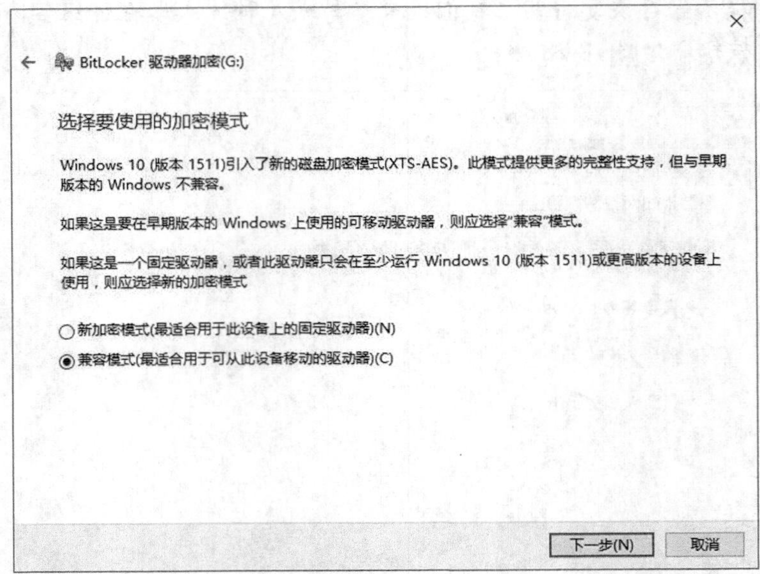

图18-30

7. 系统会要求你再次确认是否准备加密该驱动器，按照系统的提示确认没有问题后单击“开始加密”按钮，如图 18-31 所示。

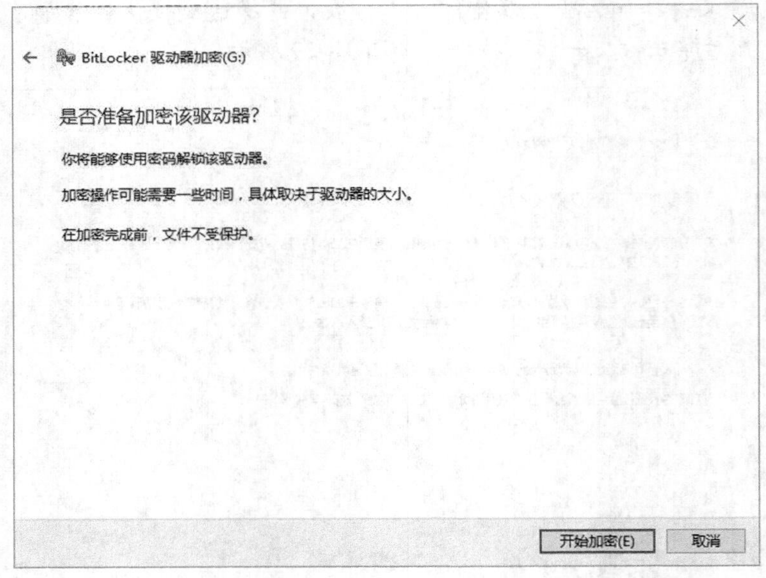

图18-31

8. 接下来系统开始对 U 盘进行加密操作，如图 18-32 所示。加密过程中务必不要从系统上删除 U 盘，否则可能导致数据损坏。

加密完成后系统会弹出提示对话框，如图 18-33 所示。

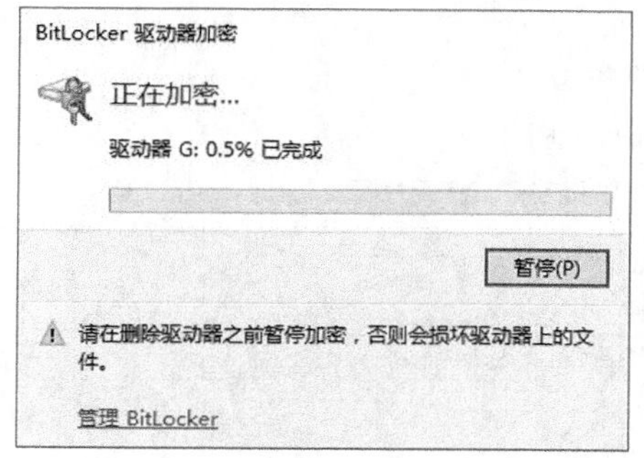

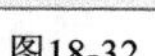

图18-32

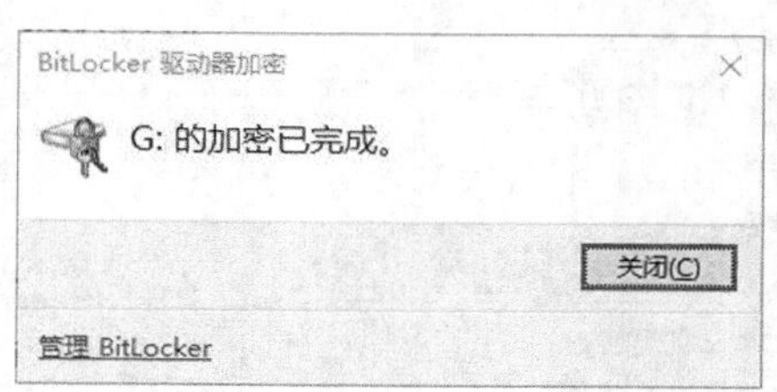

图18-33

18.2.3 管理 BitLocker 加密的驱动器

如果因为某些原因，我们需要对 BitLocker 加密的驱动器进行解密或其他操作，可以使用系统自带的 BitLocker 管理选项来进行操作。

一、更改 BitLocker 密码

更改 BitLocker 解锁密码，我们只需在需要更改密码的驱动器上单击鼠标右键，然后在弹出的快捷菜单中选择“更改 BitLocker 密码”命令，如图 18-34 所示。

在弹出的“更改密码”对话框中，输入旧密码，然后输入两次新密码，输入完成后单击“更改密码”按钮，如图 18-35 所示。

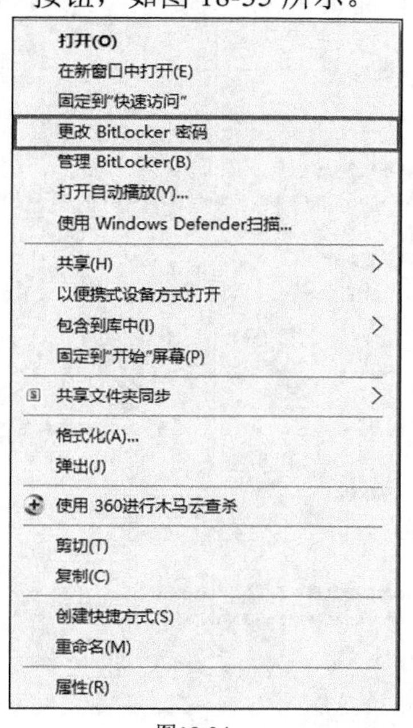

图18-34

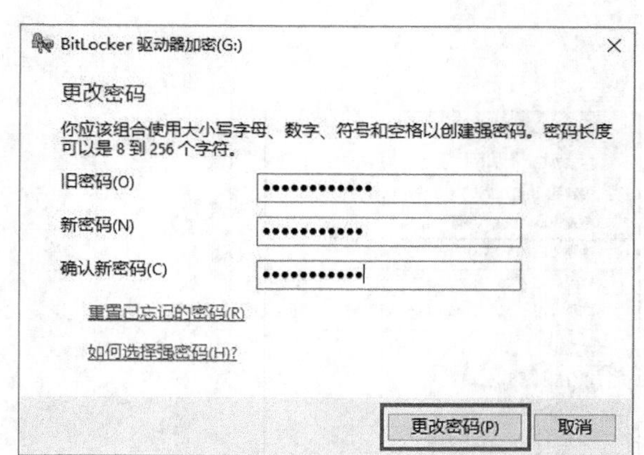

图18-35

等待片刻后，系统会提示密码更改成功，如图 18-36 所示。

如果我们忘记了旧密码，那么可以单击图 18-35 所示对话框上的“重置已忘记的密码”链接。单击此链接后，系统会弹出对话框，要求输入新的密码。输入两次新密码后单击“完成”按钮，如图 18-37 所示。等待一段时间后，系统会提示密码更改已完成。

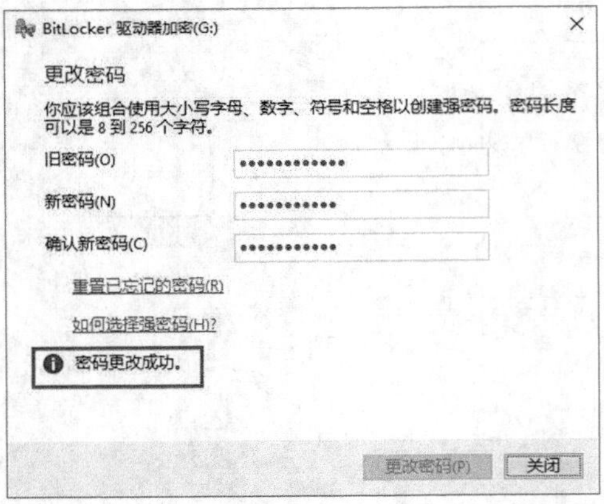

BitLocker 驱动器加密(G:)

更改密码

你应该组合使用大小写字母、数字、符号和空格以创建强密码。密码长度可以是 8 到 256 个字符。

旧密码(O)

新密码(N)

确认新密码(C)

重置已忘记的密码(R)

如何选择强密码(H)?

密码更改成功。

更改密码(P)　关闭

图18-36

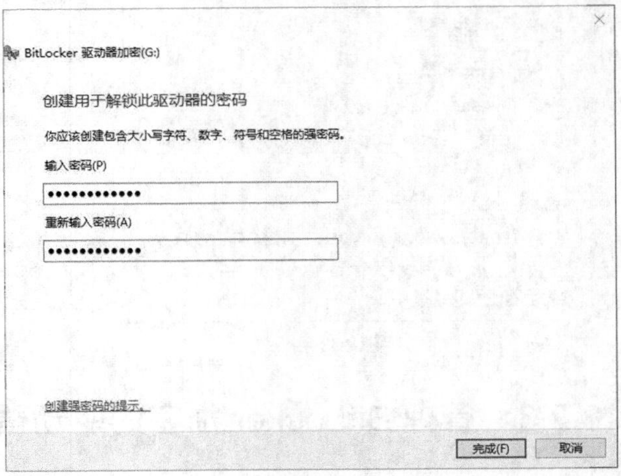

BitLocker 驱动器加密(G:)

创建用于解锁此驱动器的密码

你应该创建包含大小写字符、数字、符号和空格的强密码。

输入密码(P)

重新输入密码(A)

创建强密码的提示。

完成(F)　取消

图18-37

二、暂停保护 Windows 分区驱动器

如果我们要对 BIOS 进行固件更新或修改系统启动项等，需要暂停 BitLocker 对 Windows 分区所在驱动器的保护，以免因为 BitLocker 的关系而无法启动计算机。

在 Windows 分区上单击鼠标右键，在弹出的快捷菜单中选择“管理 BitLocker”命令，如图 18-38 所示。

在弹出的 BitLocker 管理窗口中，单击窗口右侧的“暂停保护”按钮，如图 18-39 所示。

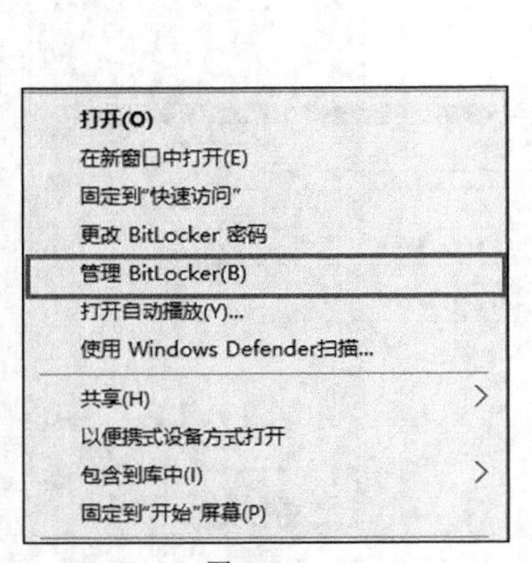

图18-38

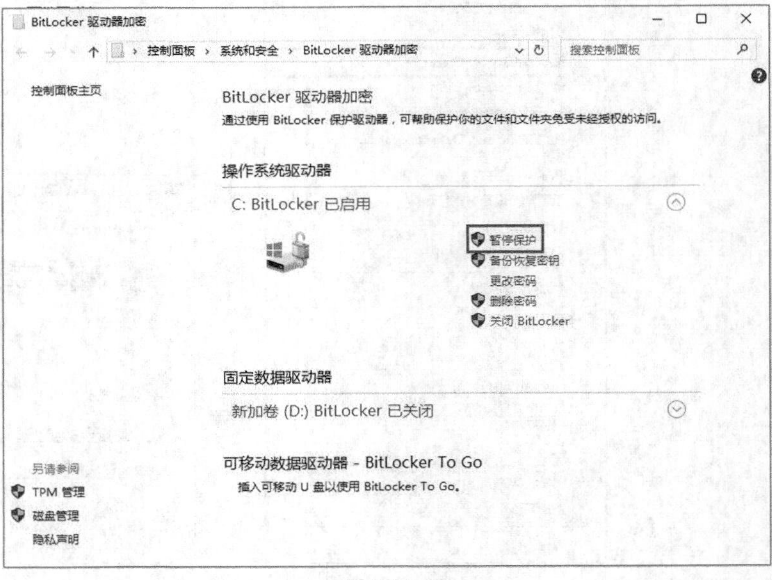

图18-39

在弹出的“是否要暂停 BitLocker 保护”对话框中，单击“是”按钮，如图 18-40 所示。

这时驱动器的状态已经变成了“BitLocker 已暂停”，并且有黄色的惊叹号指示，如图 18-41 所示。

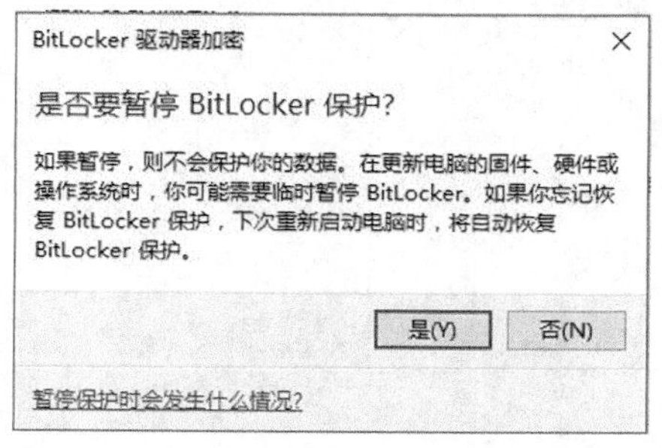

图18-40

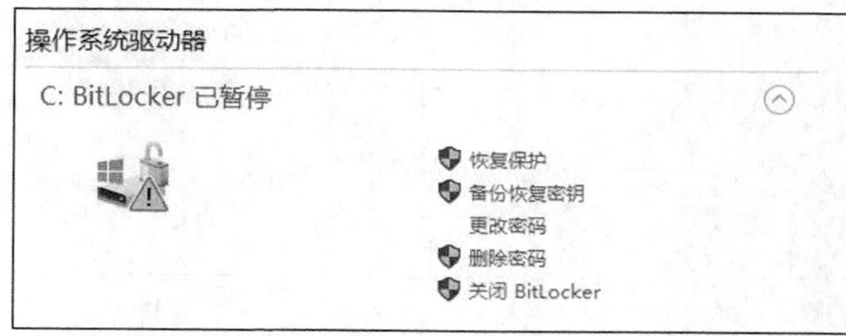

图18-41

三、启用自动解锁

如果被 BitLocker 加密的移动设备经常在此计算机上使用，我们可以设置此设备在这台计算机上的自动解锁功能。

右键单击移动设备，在弹出的快捷菜单中选择“管理 BitLocker”命令，在打开的窗口中，单击移动设备右侧的“启用自动解锁”，如图 18-42 所示。

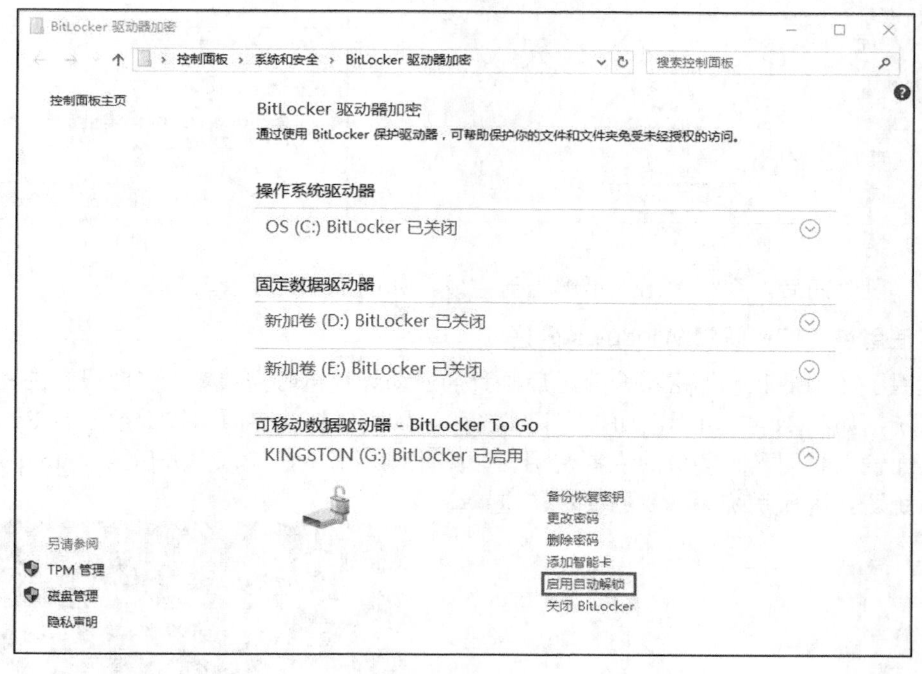

图18-42

四、备份恢复密钥

如果驱动器内的数据比较重要，我们需要多备份几个恢复密钥。如果我们在创建加密的时候没有进行备份，创建完成后仍然可以进行备份操作。

右键单击要备份密钥的驱动器，在弹出的快捷菜单中选择“管理 BitLocker”命令，在打开的对话框中，单击设备右侧的“备份恢复密钥”，然后选择备份的方式即可，如图 18-43 所示。

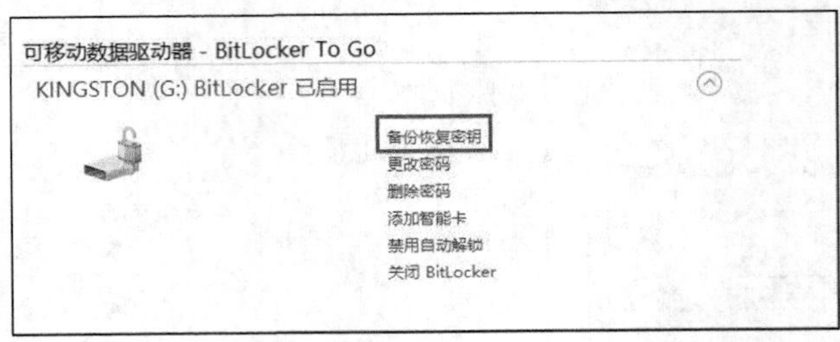

图18-43

五、关闭驱动器上的 BitLocker

如果驱动器不再需要加密功能，可以关闭驱动器上的 BitLocker 加密。

右键单击要关闭加密的驱动器，在弹出的快捷菜单中选择“管理 BitLocker”命令，在打开的对话框中，单击设备右侧的“关闭 BitLocker”，如图 18-44 所示。

系统会提示 BitLocker 将解密驱动器，需要很长的时间，单击“关闭 BitLocker”按钮，如图 18-45 所示。

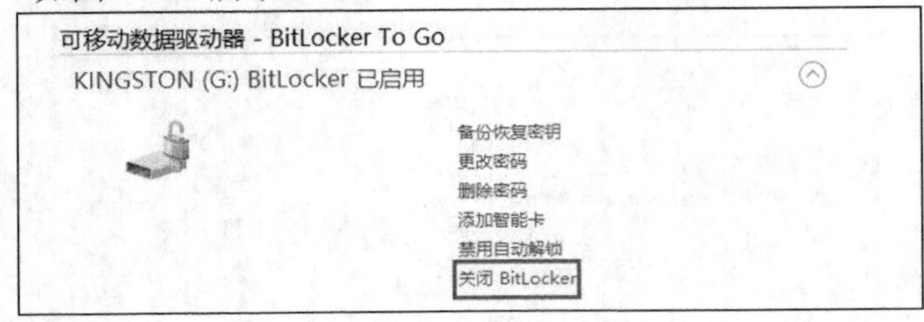

图18-44

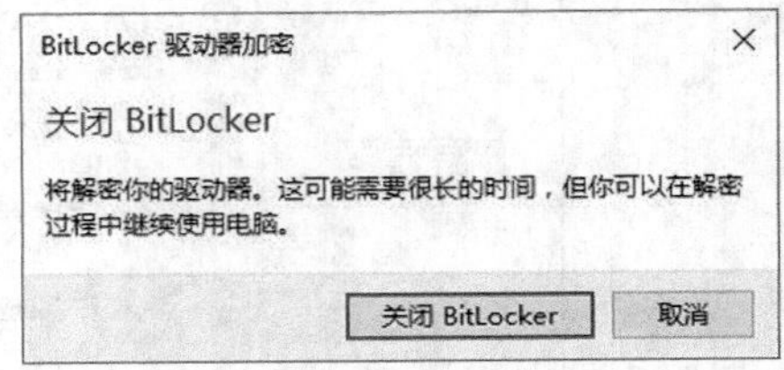

图18-45

等待一段时间后，系统弹出提示解密已完成，如图 18-46 所示。

六、使用恢复密钥解锁 Windows 分区

在使用了 BitLocker 加密系统分区后，我们启动计算机时需要输入当时设置的密码才可以进入系统，如图 18-47 所示。如果忘记了密码，则可以在此界面，按键盘上的 Esc 键。然后在此界面输入我们当时备份的恢复密钥，如图 18-48 所示，输入完成后按 Enter 键，就可以进入系统了。进入系统后，我们要尽快重置密码。

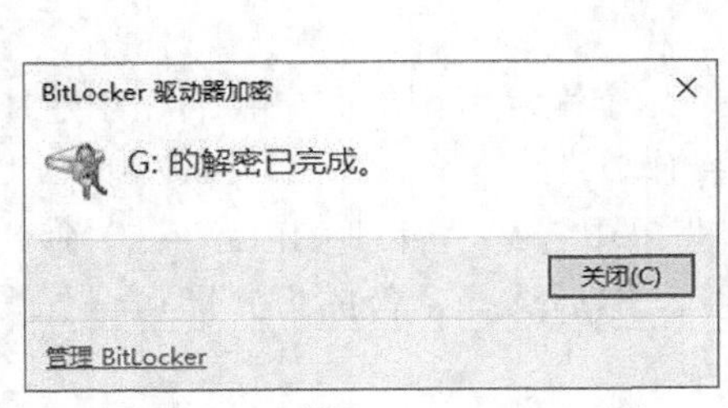

图18-46

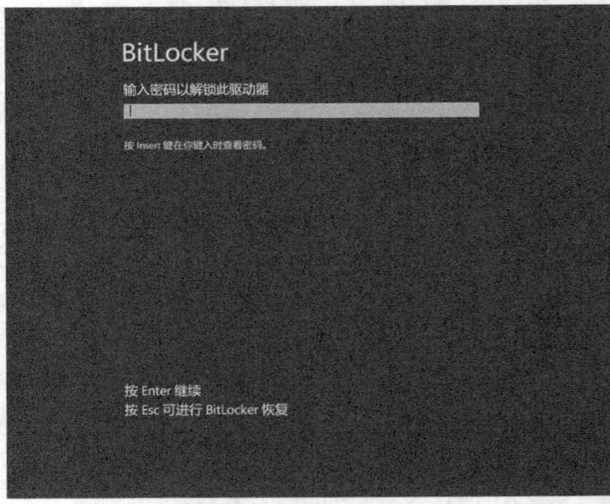

图18-47

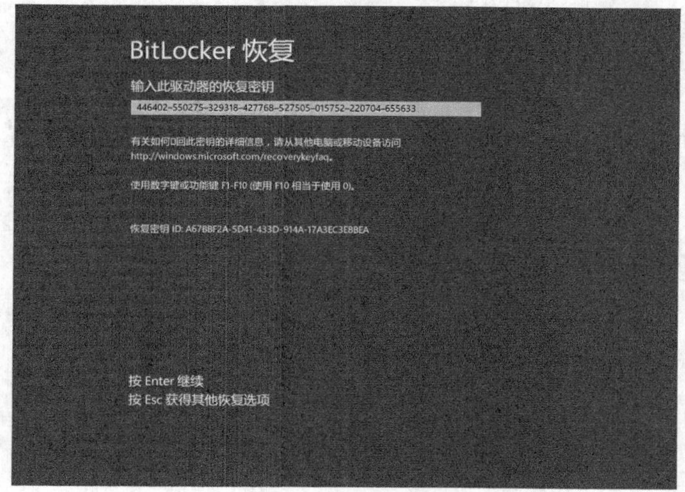

图18-48

18.3 本地安全策略

对登录到计算机上的账号定义一些安全设置，在没有活动目录集中管理的情况下，本地管理员必须为计算机进行设置以确保其安全。例如，限制用户如何设置密码、通过账户策略设置账户安全性、通过锁定账户策略避免他人登录计算机、指派用户权限等。这些安全设置分组管理，就组成了本地安全策略。

下面向大家介绍常用的几种本地安全策略。

提示： Windows 10 家庭版没有本地安全策略工具。

18.3.1 不显示最后登录的用户名

首先打开控制面板，在“控制面板”窗口中单击“系统和安全”，如图 18-49 所示。

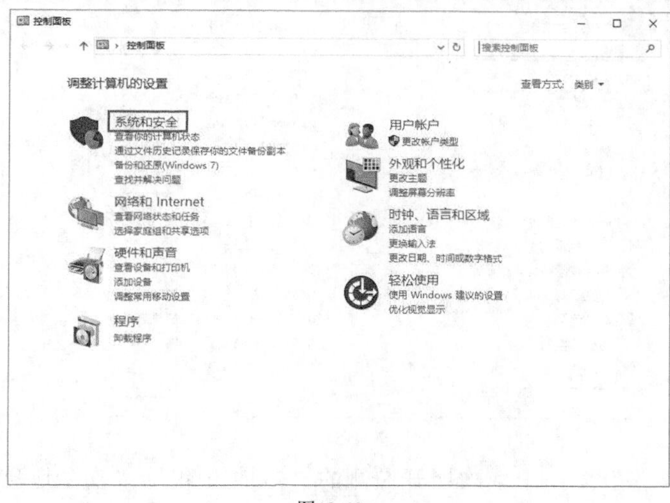

图18-49

在打开的“系统和安全”窗口中单击“管理工具”，如图 18-50 所示。

图18-50

在“管理工具”窗口中双击“本地安全策略”，如图 18-51 所示。

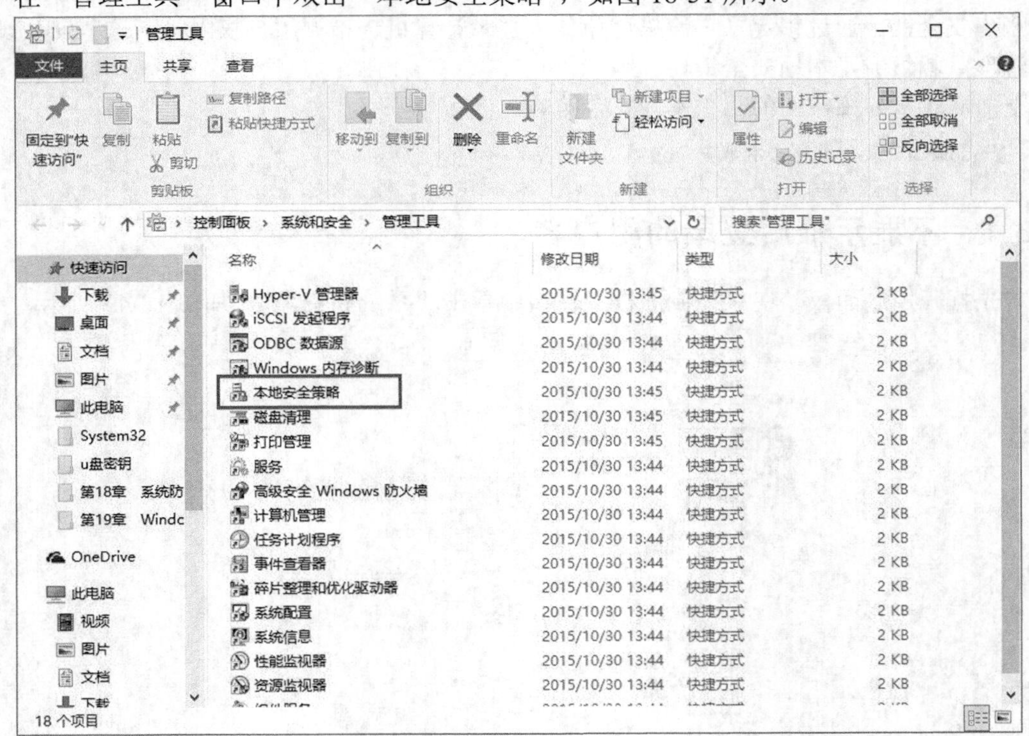

图18-51

在“本地安全策略”窗口中依次展开左侧的“本地策略”/“安全选项”，然后双击右侧的“交互式登录：不显示最后的用户名”，如图 18-52 所示。

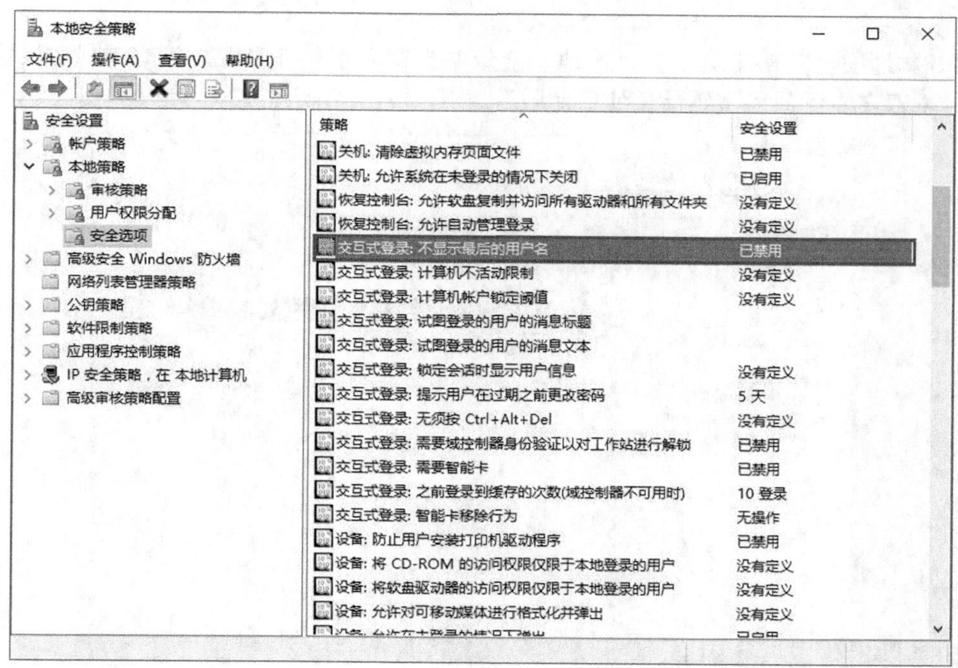

图18-52

在打开的交互式登录对话框中，选择“已启用”选项，然后单击“确定”按钮返回，如图 18-53 所示。下次我们登录计算机时就不会显示最后登录的用户名了。

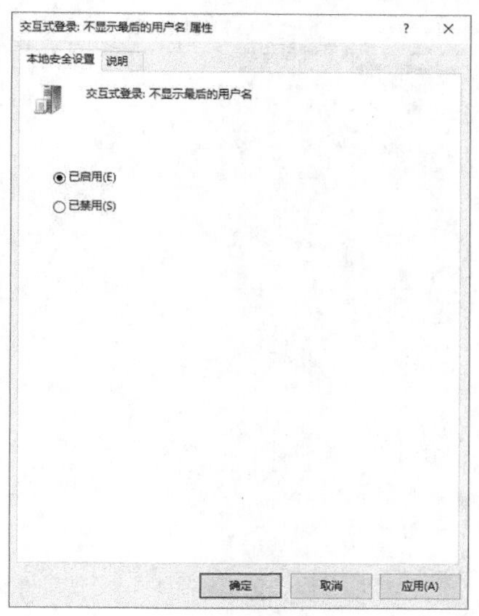

图18-53

18.3.2 调整账户密码的最长使用期限

许多对安全要求比较严格的场合，我们需要定期要求用户更改密码，可以通过设置本地

安全策略来实现。

打开本地安全策略工具，在“本地安全策略”窗口中展开“账户策略”，然后选择“密码策略”，双击右侧的“密码最长使用期限”，如图 18-54 所示。

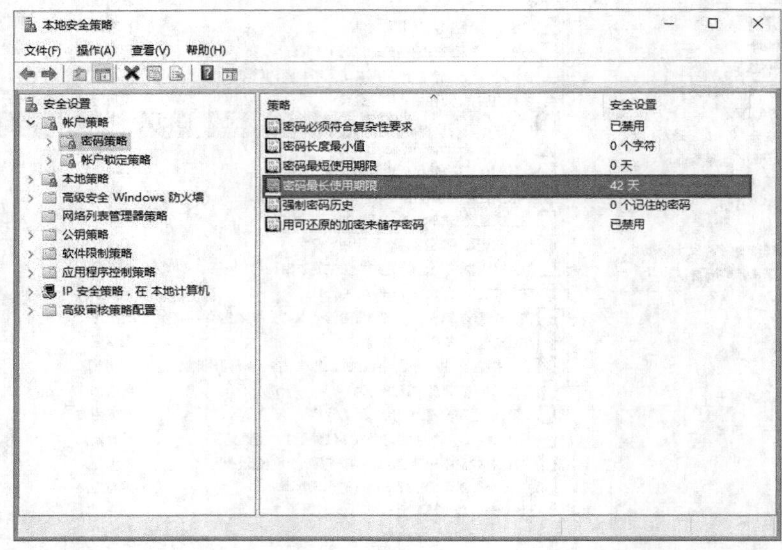

图18-54

在弹出的对话框中输入密码过期时间。Windows 系统默认的时间是 42 天，如果我们要求每个月修改密码的话，可以将其修改为 30 天，修改完成后单击“确定”按钮，如图 18-55 所示。

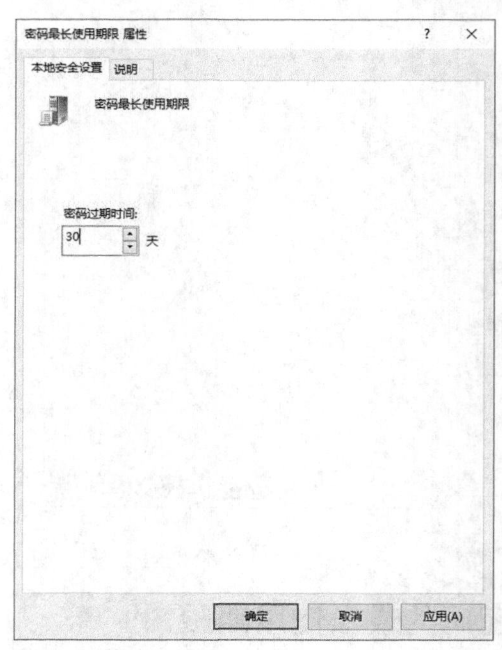

图18-55

18.3.3 调整提示用户更改密码时间

打开本地安全策略，在“本地安全策略”窗口内展开“本地策略”，然后选择“安全选项”，双击右侧的“交互式登录：提示用户在过期之前更改密码”，如图 18-56 所示。

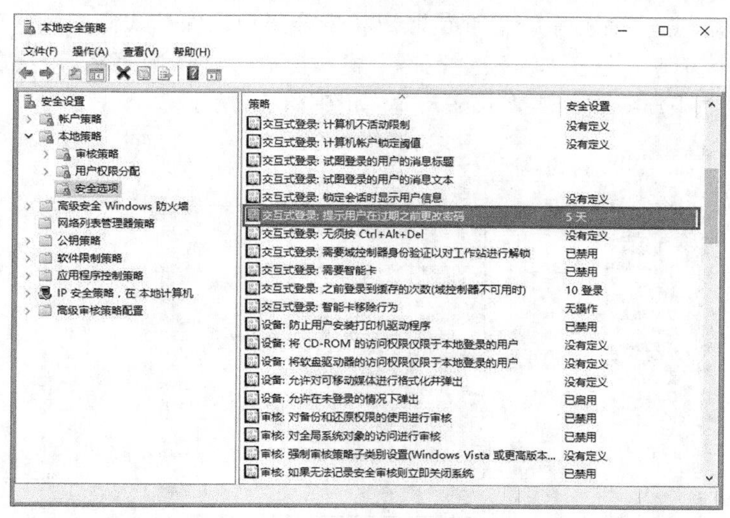

图18-56

在弹出的对话框中输入要提前提示的天数，然后单击“确定”按钮，如图 18-57 所示。此处我们设定了提前提示的天数为 8，那么在密码即将过期之前的 8 天就要提醒用户重新设定密码，以免到时产生密码过期的问题。

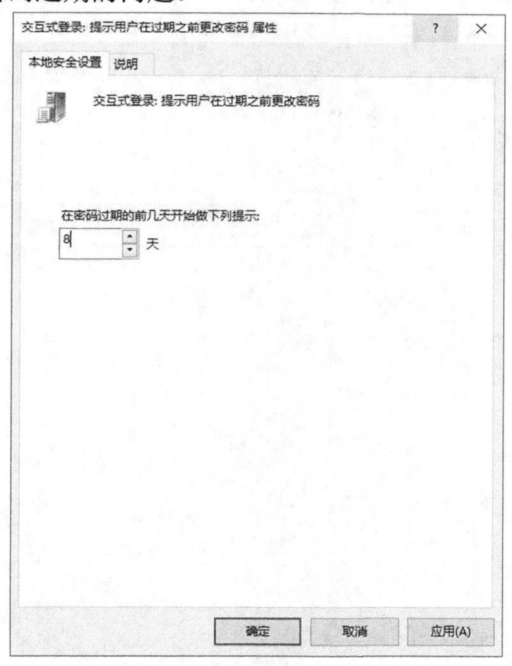

图18-57

18.3.4　重命名系统管理员账户和来宾账户

在通常情况下，Windows 中内置的两个用户是 Administrator 和 Guest，一个是管理员账户，一个是来宾账户。黑客通常会通过密码猜测或暴力破解的方法获得 Administrator 管理员账户。我们可以通过重命名系统管理员账户和来宾账户来保护我们的计算机。

打开本地安全策略，在“本地安全策略”窗口内展开“本地策略”，然后选择“安全选项”，双击右侧的“账户：重命名来宾账户”，如图 18-58 所示。

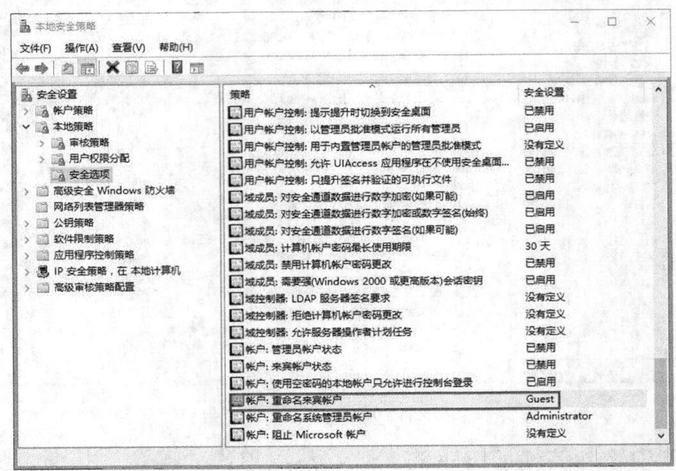

图18-58

在打开的窗口中输入新的来宾账户的账户名，单击“确定”按钮，如图 18-59 所示。

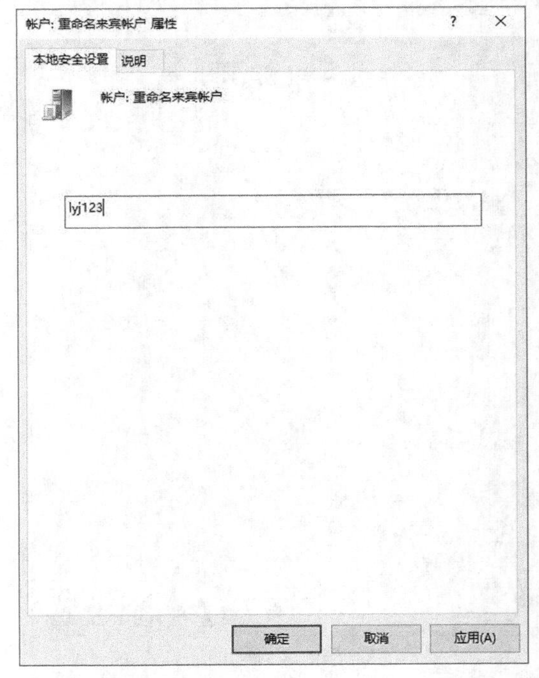

图18-59

在同个窗口内，双击“重命名系统管理员账户”，然后在弹出的窗口中输入新的管理员账户的名称，单击“确定”按钮，就可以更改管理员账户的名称了。

18.3.5 禁止访问注册表编辑器

同时按键盘上的 Win 键和 R 键，在打开的“运行”对话框中输入“gpedit.msc”，然后单击“确定”按钮，如图 18-60 所示。

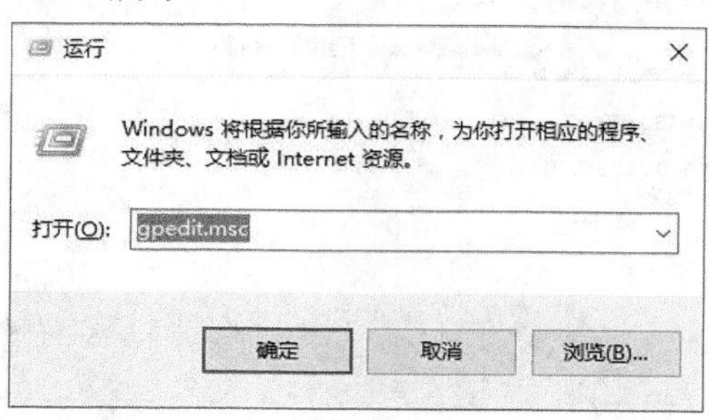

图18-60

在“本地组策略编辑器”窗口中，展开用户配置下的“管理模板”，然后单击“系统”，双击右侧的“阻止访问注册表编辑工具”，如图 18-61 所示。

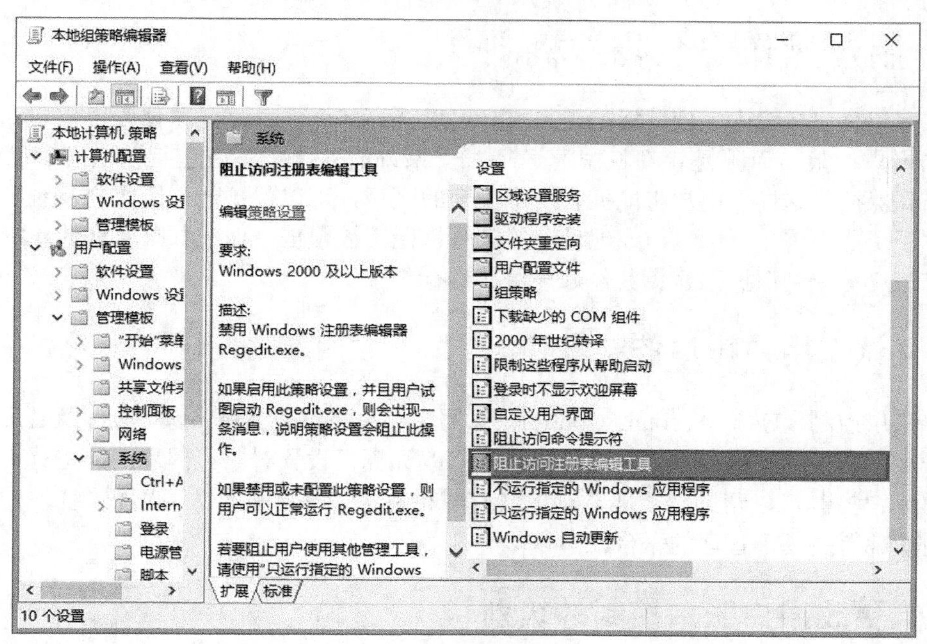

图18-61

在打开的窗口中，选择“已启用”选项，然后单击“确定”按钮，如图 18-62 所示。这时策略已经生效了。当允许使用注册表编辑器时，系统会弹出提示拒绝运行，如图 18-63 所示。

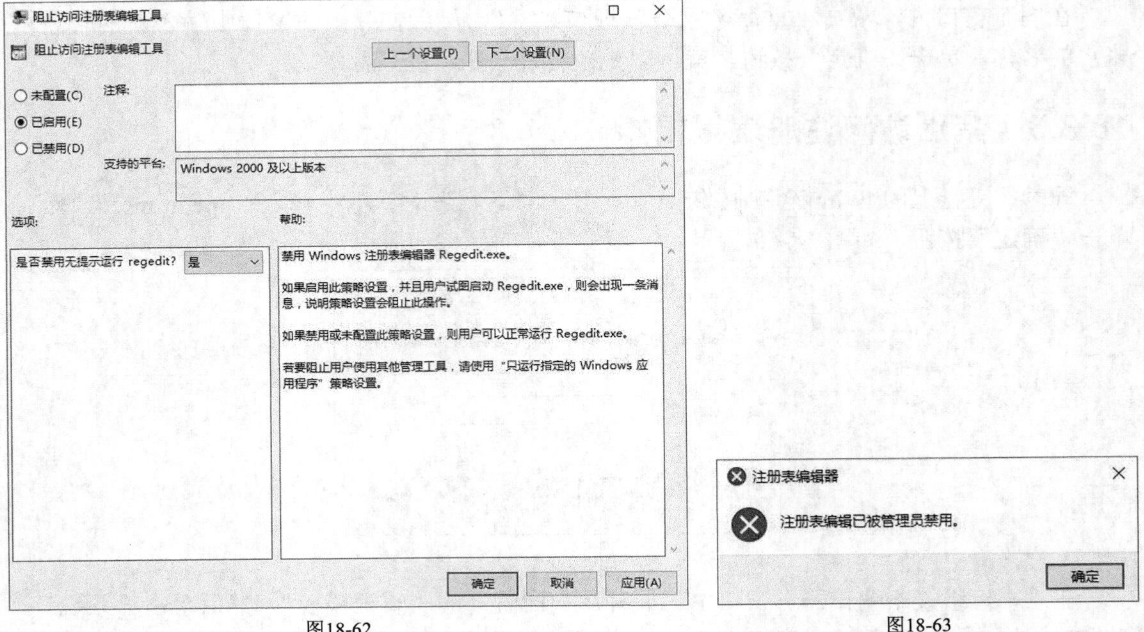

图18-62　　　　图18-63

18.4　用户操作安全防护机制

在家庭和公司环境中，使用标准用户账户可以提高安全性并降低总体应用成本。当用户使用标准用户权限（而不是管理权限）运行时，系统的安全配置（包括防病毒和防火墙配置）将得到保护。这样，用户将能拥有一个安全的区域，可以保护他们的账户及系统的其余部分。对于企业部署、桌面 IT 经理设置的策略将无法被覆盖，而在共享家庭计算机上，不同的用户账户将受到保护，避免其他账户对其进行更改。

18.4.1　认识用户账户控制

用户账户控制（User Account Control，缩写为 UAC），是 Windows Vista 及之后的操作系统中一组新的基础结构技术，在用户或程序修改计算机设置时，会提示用户进行许可或拒绝。用户账户控制可以帮助阻止恶意程序（有时也称为“恶意软件”）损坏系统，同时也可以帮助组织部署更易于管理的平台。

18.4.2　更改用户账户控制的级别

打开控制面板，在“控制面板”窗口中单击“系统和安全”，在打开的“系统和安全”窗口中单击“更改用户账户控制设置”，如图 18-64 所示。

图18-64

打开的“用户账户控制设置”窗口如图 18-65 所示，通知共分为 4 个级别。

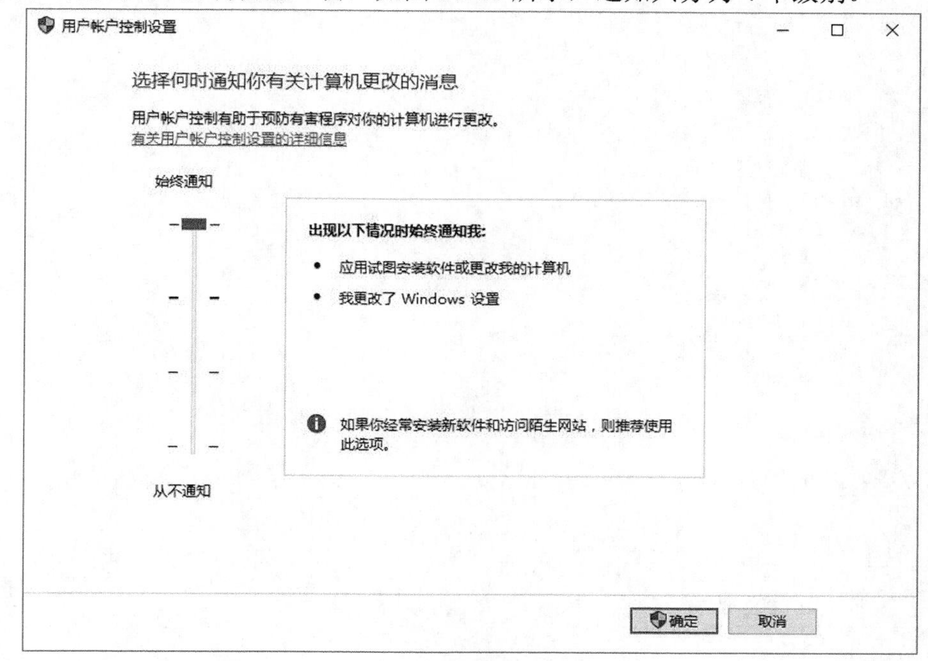

图18-65

滑块调至最上方时：如果应用试图安装软件或更改计算机时，以及我们更改了 Windows 的设置时，系统都会发出通知。并且通知的时候桌面亮度会降低以提醒我们注

意。我们可以选择允许或拒绝。如果我们经常访问陌生网站或经常安装新的软件，建议使用这个选项。

当滑块在第二个位置时：只有当应用尝试修改计算机时系统才会通知我们，而我们对Windows 设置进行更改时就不通知我们。系统发出通知的时候会降低桌面的亮度以提醒我们注意。如果我们使用的是常见的应用，访问的网站也是常见的网站时，建议选择这个选项。

当滑块在第三个位置时：系统发出通知的条件和第二个位置相同，但是通知的时候桌面亮度不会降低。

当滑块在最下面的位置时：无论是应用尝试修改计算机设置还是我们自己修改了计算机设置，系统都不会发出通知。

以上是 4 个通知的选项，建议选择第二个选项。这样既可以保证我们的计算机使用体验，也不会使计算机面临比较大的安全风险。将滑块拖动到我们需要的位置后，单击“确定”按钮，就可以完成用户账户控制的设置。

第19章 Windows 10 系统好帮手

Windows 10 自带的工具可以满足我们日常工作中的大部分需求，但这些工具只提供了一些基本的功能。如果我们想要更加丰富的功能，需要安装一些第三方软件。这些软件可以作为操作系统的好帮手，帮助我们更好地工作和学习。

19.1 在计算机上播放视频和音频——安装影音播放器

Windows 10 自带的 Media Player 可以播放大部分的视频和音频文件，但界面稍显简单，而且对于音视频文件的支持也不够完善。我们需要一款全能的软件来实现更好的体验。

完美解码是一款为众多影视发烧友精心打造的专业高清播放器。超强 HDTV 支持，解码设置中心预设多种解码模式，使用默认模式即可获得良好的播放效果，有经验的用户更可自行调整、切换分离器/解码器，某些特殊功能如 DTS-CD 播放、DVD 软倍线、HDTV 硬件加速等都能简单实现。完美支持各种流行多媒体文件流畅播放，更可配合压制工具进行多种多媒体格式相互转换。

下载并安装完美解码后，启动完美解码，打开其主界面，如图 19-1 所示。

完美解码播放器的界面非常简洁。单击左上方的下拉按钮可以弹出主菜单，如图 19-2 所示。在这里可以控制软件各方面的操作和设置等。下面介绍经常用到的菜单的功能。

图19-1

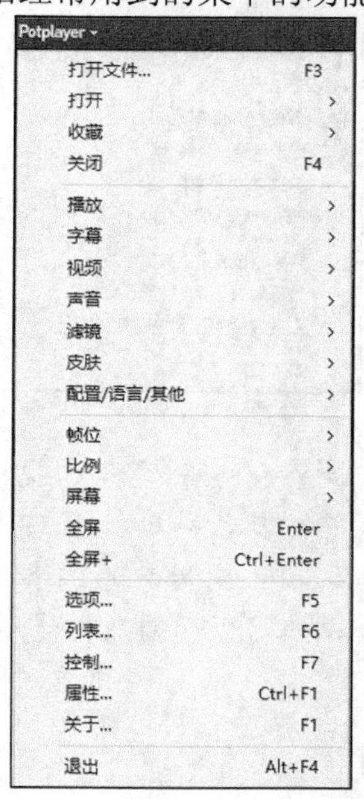

图19-2

- 打开文件、打开：这两个命令的功能基本相同。“打开文件”命令可以选择打开具体的音频和视频文件。“打开”命令可以选择打开的内容和媒体更多些。可以打开 DVD 及计算机上的摄像头等。
- 收藏：可以将当前播放的文件收藏起来，下次可以直接在收藏里面打开。和 Internet Explorer 的收藏夹功能类似。
- 关闭：可以关闭当前播放的文件。
- 播放：可以控制和播放音视频文件相关的设置。常用的功能是播放速度、循环播放设置等。播放的下级菜单如图 19-3 所示。
- 字幕：利用“字幕”菜单可以对字幕进行相关的设置，如控制字幕的显示及调整字幕的时间等。
- 视频：可以调整视频播放时的相关设置，如视频播放时的亮度、色彩等，其子菜单如图 19-4 所示。

播放|暂停　空格键
上一文件　PgUp
下一文件　PgDn
章节/书签　H >
定位 >
播放速度 >
跳略播放 >
播放列表 >
AB 区段循环　B >
循环播放 >
无缝播放 >
无序(随机)播放
记忆播放位置
播放时隐藏指针
播放时禁止屏保
播放完关闭媒体
播放完删除相关文件
鼠标在进度条上时显示时间
鼠标指向进度条时显示缩略图
在进度条上显示书签/章节标记
播放设置...

图19-3

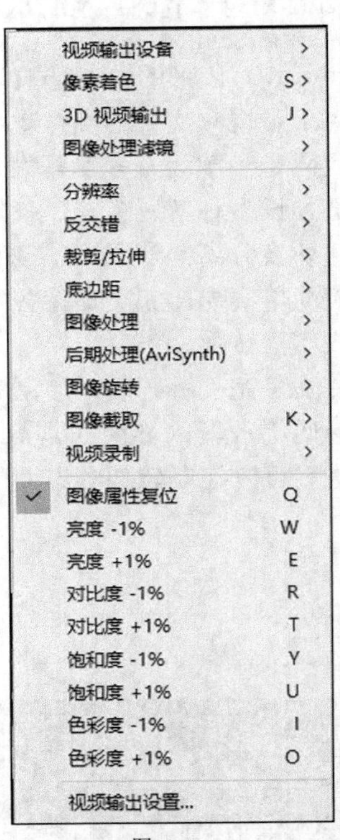

图19-4

- 声音：控制音频和视频播放时的声音选项。常用功能有声道选择、音轨选择等，其子菜单如图 19-5 所示。
- 选项：对播放器的各个选项进行详细的设置。选择该命令后，在弹出的对话框中可以对播放器进行详细的设置，如图 19-6 所示。

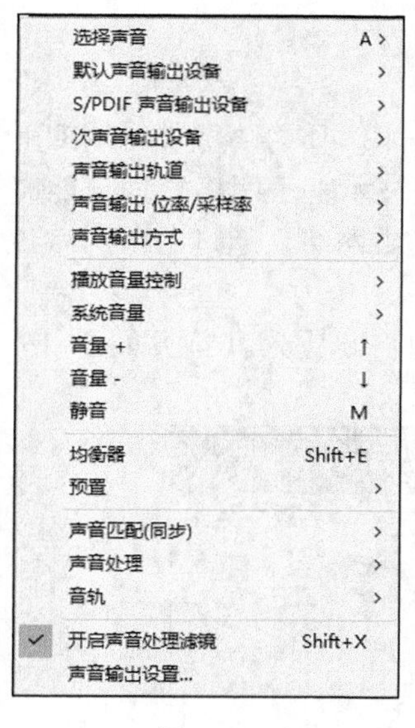

图19-5

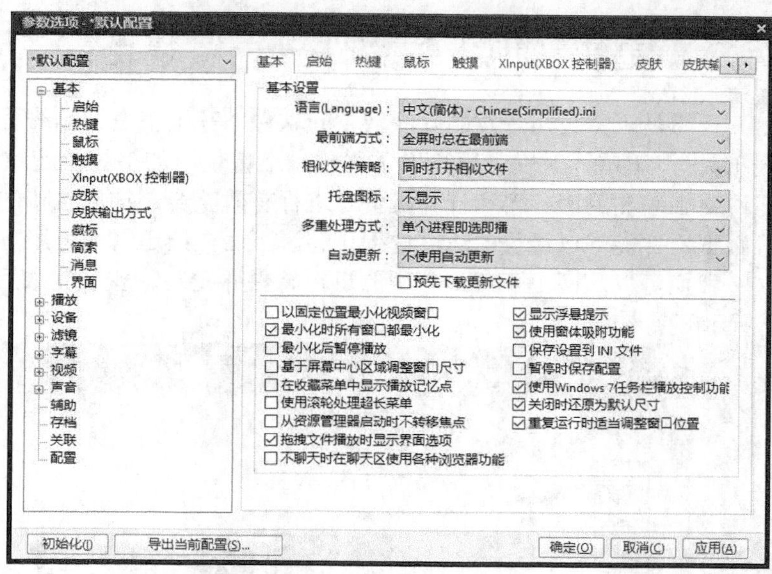

图19-6

- 属性：选择“属性”命令，会弹出一个对话框，显示当前的播放信息，播放的视频或音频文件的信息，以及系统信息等供我们参考，如图 19-7 所示。

除了使用菜单控制播放外，播放器还提供了快捷按钮来进行播放的相关操作。播放器右上角的位置提供了 5 个按钮，功能分别是透明度调整、最小化播放器窗口、最大化播放器窗口、全屏播放，以及关闭播放器，如图 19-8 所示。

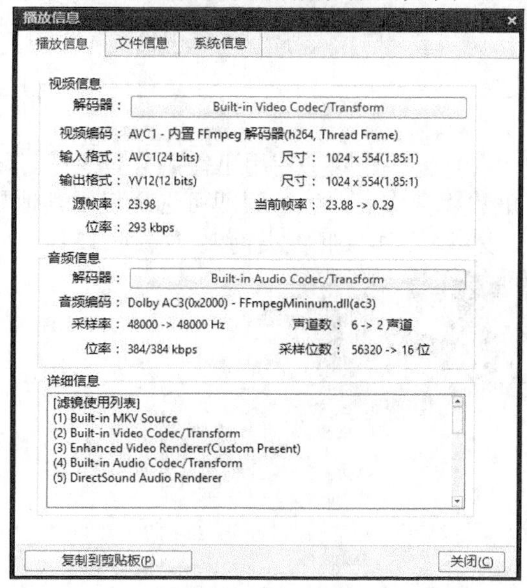

图19-7

图19-8

完美解码播放器的功能非常庞大和复杂，我们在此仅做了简单介绍，其他功能还需要读者自己进行探索。

19.2　更快速地下载文件——安装迅雷

迅雷是迅雷公司开发的互联网下载软件，基于多资源超线程技术。作为“宽带时期的下载工具”，迅雷针对宽带用户做了优化。迅雷使用的多资源超线程技术基于网格原理，能够将网络上存在的服务器和计算机资源进行有效整合，构成独特的迅雷网络，通过迅雷网络各种数据文件能够以最快的速度进行传递。下面介绍迅雷的使用方法。

我们可以从网上下载最新版的迅雷软件并安装。安装完成后打开迅雷，其首页如图 19-9 所示。

图19-9

单击左上角的图标打开登录界面，如图 19-10 所示。除了使用迅雷账号登录外，还可以使用其他账号进行登录。单击登录界面左下角的“合作用户”按钮即可选择使用其他账号登录。迅雷目前支持 QQ、微信、微博、小米、支付宝、360 和人人网账号登录。

图19-10

迅雷窗口左侧是功能栏和信息栏，单击相关的文字可以进入相关功能界面。下面介绍几个常用的功能。

- 资源发现：单击左侧的“资源发现”链接，可以打开资源发现界面。我们可

以在此界面的输入框内输入想要搜索的资源，然后单击右侧的“一键搜片”按钮来搜索需要的资源，如图 19-11 所示。

图19-11

- 附近：单击左侧的“附近”链接，可以打开附近界面。该界面会显示附近的迅雷用户正在共享的资源，可以单击相关的资源进行下载。单击下方的“立即加入”按钮，可以加入附近的人，查看更多的资源，如图 19-12 所示。

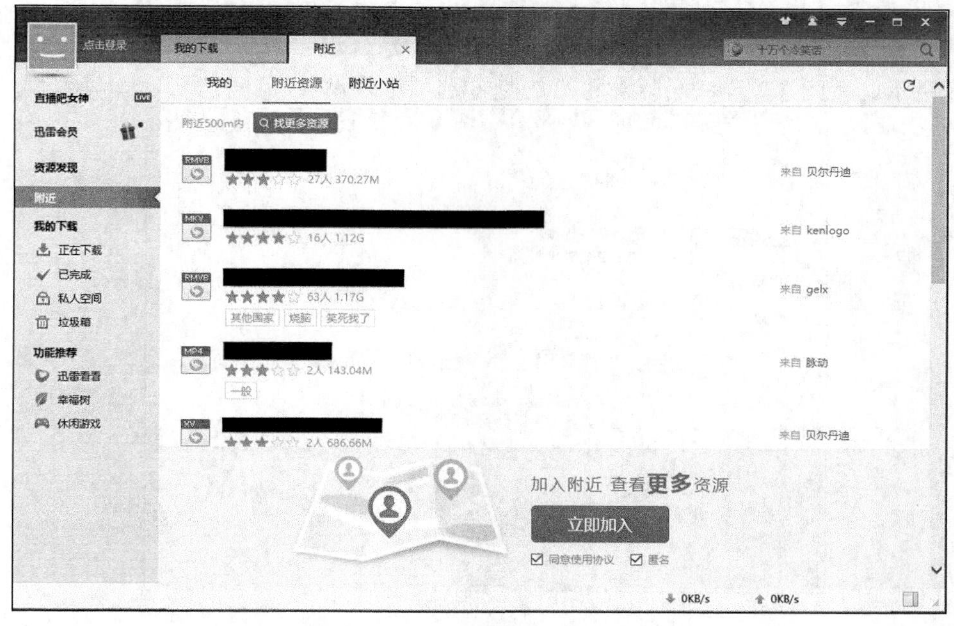

图19-12

- 正在下载：单击左侧的“正在下载”链接可以打开正在下载的文件界面，如

果有正在下载的文件，会在右侧窗口内显示。可以单击上方的工具按钮，对当前下载任务进行相关的操作，如新建下载任务，开始、暂停、删除当前任务，打开当前下载文件所在的文件夹，以及打开设置等，如图 19-13 所示。

单击主窗口右上方的向下箭头，可以弹出迅雷的菜单，其中比较重要的一项是“系统设置”，如图 19-14 所示。

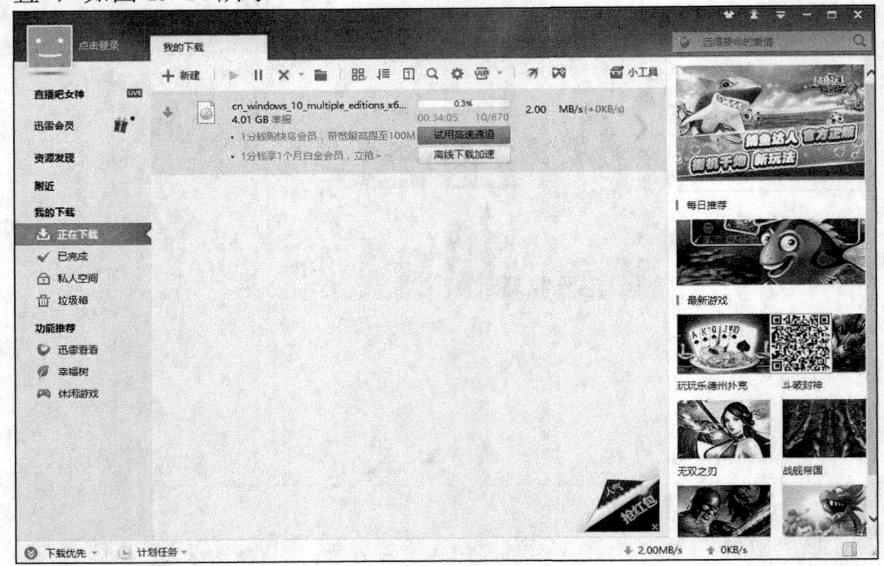

图19-13

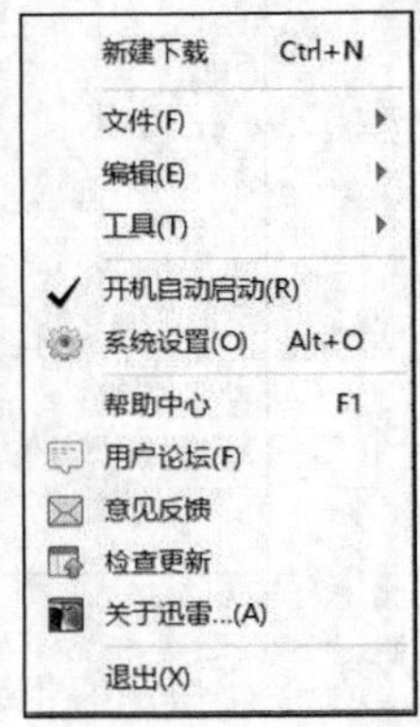

图19-14

迅雷提供了丰富的设置属性，以便我们更好地进行资源的下载，下面简要介绍迅雷的属性设置。

选择“系统设置”命令可以打开系统设置页面，默认显示的是“基本设置”选项卡，如图 19-15 所示。在此选项卡中可以对迅雷的基本选项进行设置。

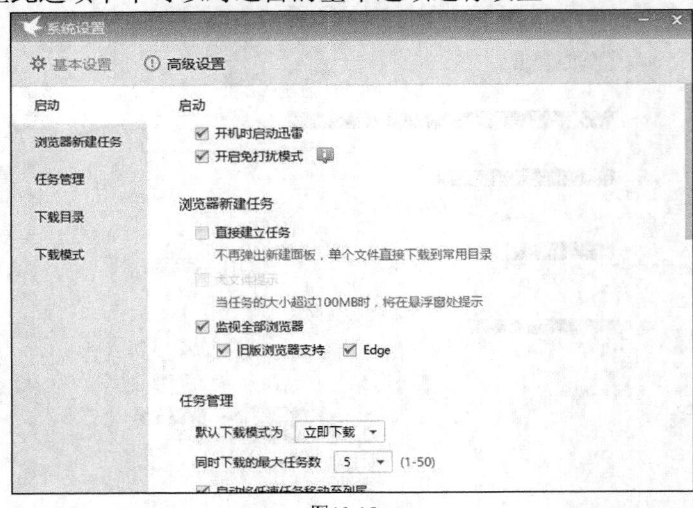

图19-15

- 启动：该选项设置迅雷是否开机自动启动和是否开启免打扰模式，开启免打扰模式后，迅雷会在系统运行全屏程序时不再弹出提示消息，以免影响用户体验。

- 浏览器新建任务：设置在浏览器内单击页面内的下载链接时迅雷如何下载文件，以及迅雷是否在单击浏览器内下载链接时启动。
- 任务管理：对下载任务的相关设置，包括同时下载的文件数量、下载模式等。
- 下载目录：设置下载文件的默认目录。
- 下载模式：设置下载文件时的模式，是优先下载文件还是优先网速保护，或者手动设置下载速度。

单击基本设置选项卡右侧的“高级设置”，可以进入“高级设置”选项卡，如图 19-16 所示。在该选项卡中可以设置迅雷的高级功能，下面简要介绍。

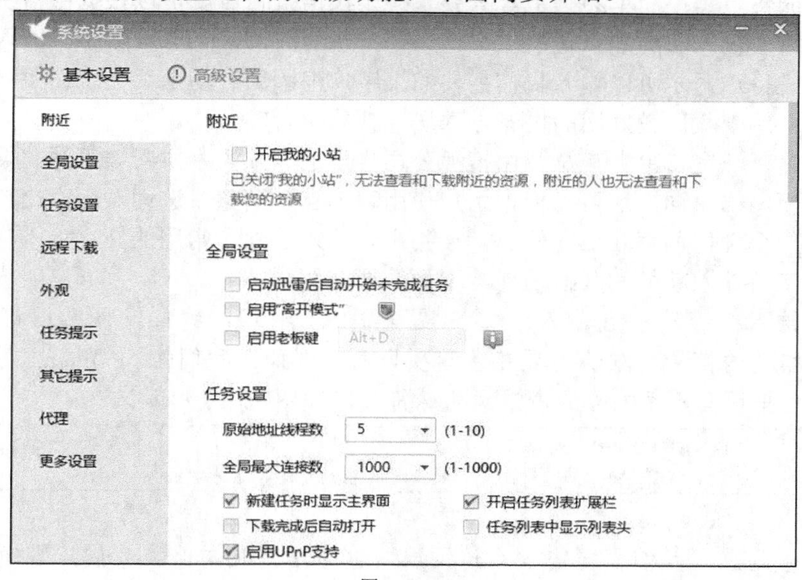

图19-16

- 附近：勾选“开启我的小站”选项，可以和附近的人共享自己的资源，也可以下载附近的人共享的资源。
- 全局设置：设置迅雷启动后是否启动上次未完成的任务，计算机处于睡眠模式时是否继续下载资源，是否启动快速隐藏迅雷的快捷键及自定义快捷键。
- 任务设置：下载任务的相关高级设置。
- 远程下载：是否开启该计算机的远程下载功能和远程下载的相关设置。
- 外观：设置迅雷的外观特效和字体。
- 任务提示：设置任务下载完成或其他状态的提示。
- 其他提示：设置迅雷是否在保护网速时提示、是否显示流量监控，以及浏览器控件的修复提示。
- 代理：设置下载任务时的代理服务器选项。
- 更多设置：设置迅雷下载的其他选项，如磁盘缓存和下载类型等。

19.3　更好用的输入工具——搜狗拼音输入法

如果我们经常需要在计算机上输入文字，那么一款好用的输入法是必不可少的。现在最常用的两种汉字输入方式分别是五笔输入和拼音输入，它们各有优缺点。

五笔输入的优点是重码低。在日常应用中几乎很难遇到重码问题，也就省去了选择的过程，可以进行盲打输入。当然五笔输入也有缺点：学习难度比较高。五笔的字根有 200 多个，有一定的逻辑性，需要一两天的学习才能上手。大多数人就因为这个，对该输入法产生了畏难情绪。

拼音输入的优点是：简单易上手。只要掌握了汉语拼音，就可以根据键盘上的字母输入拼音打字了。拼音输入法的缺点是：重码。一个拼音对应的汉字有很多个，输入完相应的拼音后，还需要进行选择才可以输入我们需要的汉字。但因为容易上手，现在拼音输入法占据了主流。下面介绍一款比较好用的拼音输入法：搜狗拼音输入法。

搜狗拼音输入法是 2006 年 6 月由搜狐公司推出的一款汉字拼音输入法。搜狗拼音输入法可以联网更新网络热词，还可以根据用户使用习惯自动调整备选词顺序，用户可以通过互联网备份自己的个性化词库和配置信息。搜狗拼音输入法除了常用的文字输入功能外，还提供了其他特殊字符输入功能和其他功能，下面简要介绍。

- 符号输入：搜狗拼音输入法支持常用符号的输入，我们输入常用符号的拼音，相关的符号会默认出现在备选项里面。例如，我们输入“haha”，输入法备选项里面会出现哈哈的表情和特殊符号，如图 19-17 所示。

图19-17

- 长句输入：当我们需要输入古诗词或其他常用的长句时，我们只需输入前面几个文字的拼音，备选项里面就会出现整句的选项，如图 19-18 所示。

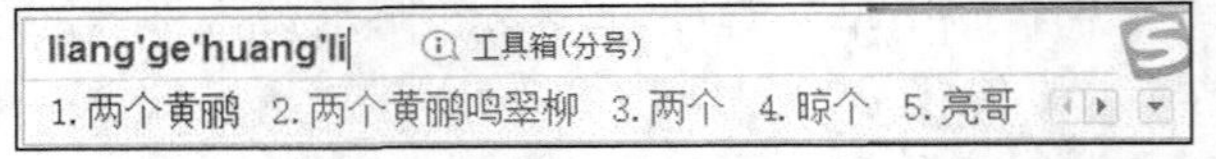

图19-18

- 快速插入日期和星期：如果我们要在文档里插入当前的日期或星期，只需输入“rq”就可以输入当前日期，如图 19-19 所示。输入“xq”可以输入当前的星期。

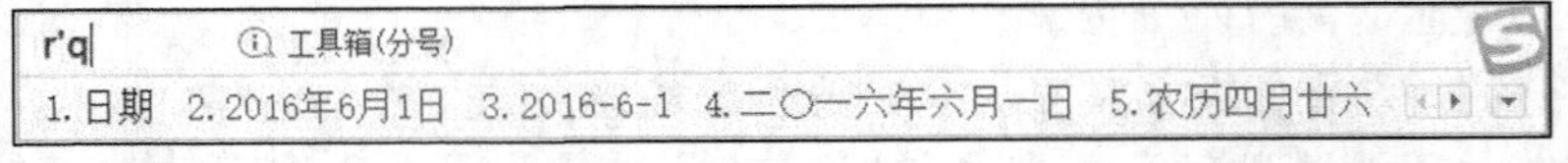

图19-19

- 繁体字输入：有时为了工作或个性化，我们需要输入繁体字，这时按键盘上的 Ctrl+Shift+F 组合键，可以进行简繁体模式的切换。如果当前输入是简体字模式，则按快捷键后会切换到繁体字模式；如果当前输入是繁体字模式，则按快捷键后，输入法会切换到简体字模式。繁体字输入模式如图 19-20 所示。

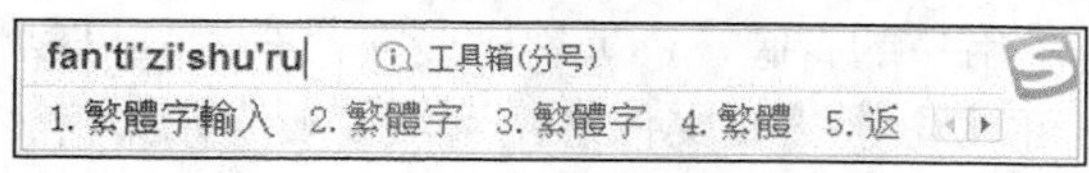

图19-20

- 计算功能：除了数学符号的输入法，我们在日常工作中还经常需要进行数学计算，每当这个时候大家要么手忙脚乱地找计算器，要么就是打开 Excel 表一一输入数字进行计算。其实大可不必如此麻烦，利用搜狗输入法不但可以轻松打出常用数学符号，还可以进行数学计算，让相关数学的输入变得简单、快捷。首先按 V 键，然后直接输入要计算的式子，输入法会自动计算出结果，输入结果前对应的字母即可输入相应的内容，如图 19-21 所示。

图19-21

- 拆分输入：我们在使用计算机录入文字的时候，有时难免会遇到一些生僻字，怎么输入这些生僻字呢，方法是用搜狗输入法的拆分输入功能。这些字看似简单但是又很复杂，知道组成这个文字的部分，却不知道这个文字的读音，直接输入生僻字的组成部分的拼音即可。用这种方式输入文字的时候，搜狗拼音输入法还会给出生僻字的读音，如图 19-22 所示。

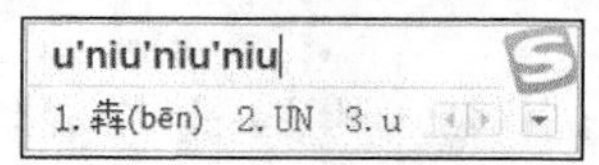

图19-22

- 错误拼音提示：有一些常见的多音字或有些字经常读错，我们按照错误的拼音输入后，输入法会在候选项显示正确的读音，如图 19-23 所示。

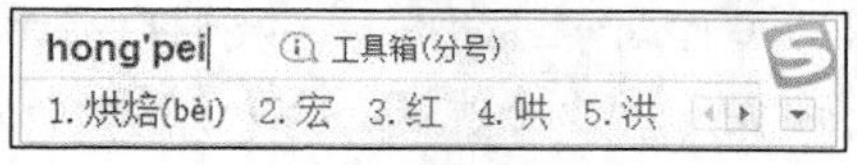

图19-23

以上简要介绍了搜狗拼音输入法的常用功能，其他功能后续还需要大家在使用中逐步体会。

19.4 和外界更好地交流——QQ 的使用

互联网时代，我们和外界的交流越来越密切。一款好用的及时交流软件对我们的社交起到很大的促进作用。QQ 的前身是深圳腾讯计算机通讯公司于 1999 年 2 月 11 日推出的一款即时通信软件 OICQ。在 2000 年的时候 OICQ 更名为 QQ。QQ 因设计合理、应用良好、功

能强大、运行稳定，赢得了用户的青睐。QQ 的功能非常强大，可以使用 QQ 和好友进行文字、语音、视频聊天，还可以发送/接收文件等。下面简要介绍如何使用 QQ。

下载 QQ 的安装程序，安装完成后，双击桌面上的 QQ 快捷图标来启动 QQ，启动界面如图 19-24 所示。

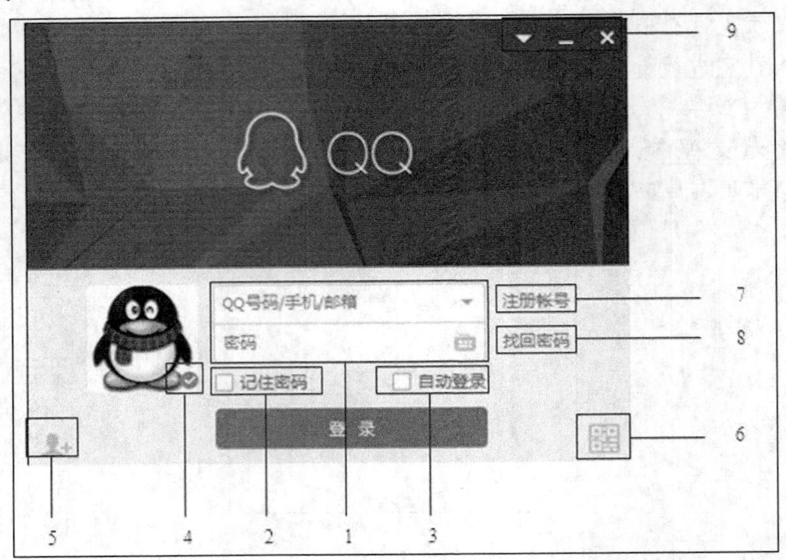

图19-24

1. 账号密码输入窗口：我们可以使用 QQ 号码登录，也可以使用注册 QQ 号码时使用的手机或邮箱登录。如果我们以前登录过几个账号，则可以单击右侧的下拉箭头选择之前登录的账号，免去了输入的麻烦。在密码输入栏可以直接输入密码，为了安全，我们可以单击密码输入栏右侧的键盘图标来打开软键盘，从软键盘上输入密码。
2. 记住密码：勾选后 QQ 会记住输入的密码，下次登录时不需要再输入密码。
3. 自动登录：勾选后打开 QQ 软件，会自动登录当前的 QQ 号码。
4. 在线状态：单击此处可以更改登录后显示的状态，如离开、忙碌、隐身等，可以根据自己的情况进行选择。
5. 多账号登录：如果因为工作或学习的关系需要同时登录多个 QQ 号，我们可以单击此处进行设置。设置多账号登录时，QQ 号码会被设置为记住密码。
6. 二维码登录：单击此图标，会显示二维码界面，用手机 QQ 扫描此二维码，然后单击“确认”按钮，可以直接登录 QQ。
7. 注册账号：如果没有账号或需要注册一个新的账号，可以单击此按钮打开 QQ 账号注册页面，然后根据提示进行注册。
8. 找回密码：如果密码忘记了，可以单击此按钮，打开找回密码页面，然后根据提示找回密码。
9. 3 个按钮从左到右依次是设置、最小化、关闭。单击“设置”按钮，可以设置登录 QQ 使用的网络和代理服务器。

登录 QQ 后，主界面如图 19-25 所示，下面介绍常用的功能区。

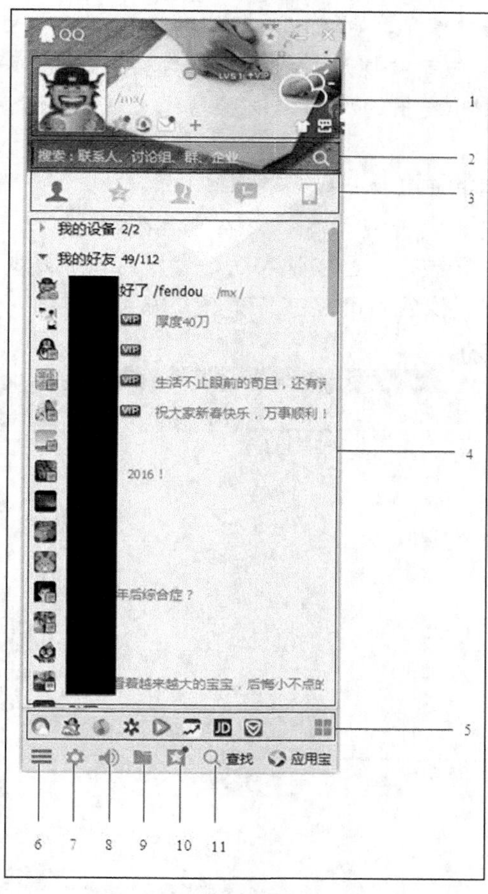

图19-25

1. 账号等相关信息显示区域：最左侧为账户的头像，单击头像可以查看和修改个人信息。此区域还显示账号的在线状态、等级信息、VIP 信息、本地天气预报、QZone 空间信息、邮件信息等。单击相关图标可以查看相关内容。
2. 搜索框：可以搜索自己 QQ 好友里面的联系人、讨论组等。
3. 主窗口标签栏共有 5 个标签，分别是联系人：单击打开本账号联系人信息页，可以管理联系人，也可以双击联系人发起会话；QQ 空间-特别关心：单击可以打开关心的联系人的 QQ 空间的更新信息；群/讨论组：单击可以查看已经加入的群和讨论组的信息，双击可以发起会话；会话：显示最近的会话信息；我的手机：单击可以和手机之间传送文件和消息等。
4. 主窗口：当单击相关标签后，显示此标签内的内容。
5. 快捷工具栏：单击相应的图标可以打开相关应用，单击最右侧的图标可以更改和调整左侧的快捷工具。
6. 主菜单按钮：单击可以打开 QQ 的主菜单，从而进行相关的操作。
7. 设置按钮：单击可以打开 QQ 的设置窗口，在设置窗口内可以对 QQ 的各个选项进行相关的设置。
8. 打开消息管理器按钮：单击可以打开消息管理器窗口，在消息管理器窗口内

可以查看和管理历史消息，也可以进行消息的导出和导入等操作。

9. 文件助手按钮：单击可以打开文件助手窗口，在文件助手窗口内可以管理从 QQ 上接收的文件和发出的文件，以及离线文件。另外，也可以共享本地的文件。
10. 打开我的收藏：单击可以打开我的收藏窗口。
11. 查找按钮：单击可以打开查找窗口，在查找窗口内，我们可以查找联系人、群、课程、服务、直播等，也可以在这个窗口内添加好友或加入群组。

在联系人界面双击好友头像后，可以打开和好友聊天的界面，如图 19-26 所示。

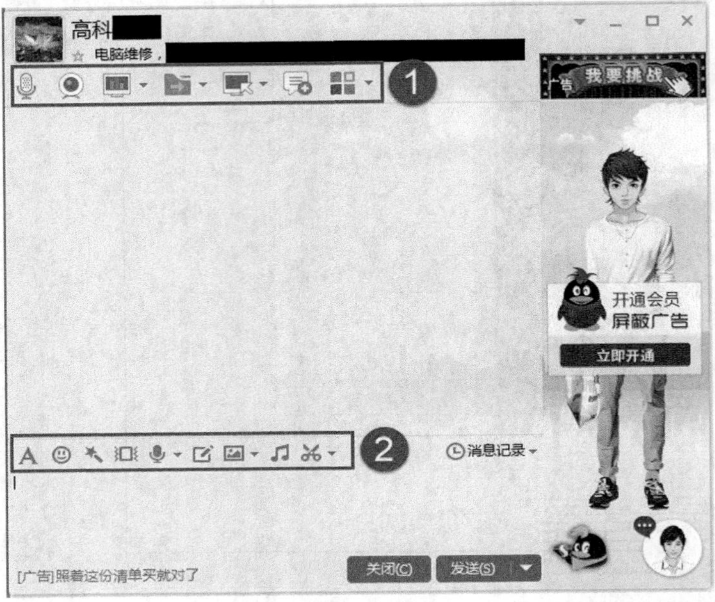

图19-26

界面上部分是聊天常用的功能快捷图标，从左到右分别如下。

- 发起语音通话：和对方进行语音聊天。
- 发起视频通话：和对方进行视频聊天。
- 远程演示：可以向对方分享屏幕或演示文档。
- 传送文件：向对方发送文件或文件夹。
- 远程桌面：可以远程控制对方桌面或邀请对方远程控制自己的桌面，以便于帮助对方或要求对方帮助自己解决计算机使用的问题。
- 创建讨论组：可以快捷创建讨论组。
- 应用：单击可以打开其他功能菜单，如转账或发送邮件等。

界面下方是聊天内容相关的快捷图标，分别如下。

- 字体选择工具：可以选择字体的大小和样式。
- 选择表情：单击可以选择表情发送给对方。
- VIP 魔法表情：QQ 的 VIP 用户可以使用的带有特殊效果的魔法表情，只有开通了会员的用户才可以使用。
- 向好友发送窗口抖动：单击可以向好友发送窗口抖动，发送后，对方的 QQ 窗口会抖动。

- 语音消息：可以直接发送语音消息。
- 多功能辅助输入：如果遇到不认识的字，可以开启此功能辅助输入。
- 发送图片：可以发送图片给对方，可以发送本地图片，也可以发送 QQ 空间相册内的图片。
- 点歌：单击可以给好友点歌，好友收到消息后可以播放。
- 屏幕截图：单击可以发送屏幕截图给好友。

除了和好友聊天外，我们还可以在群里面进行聊天，群聊天的界面如图 19-27 所示。界面上方是与群相关的功能按钮，分别介绍如下。

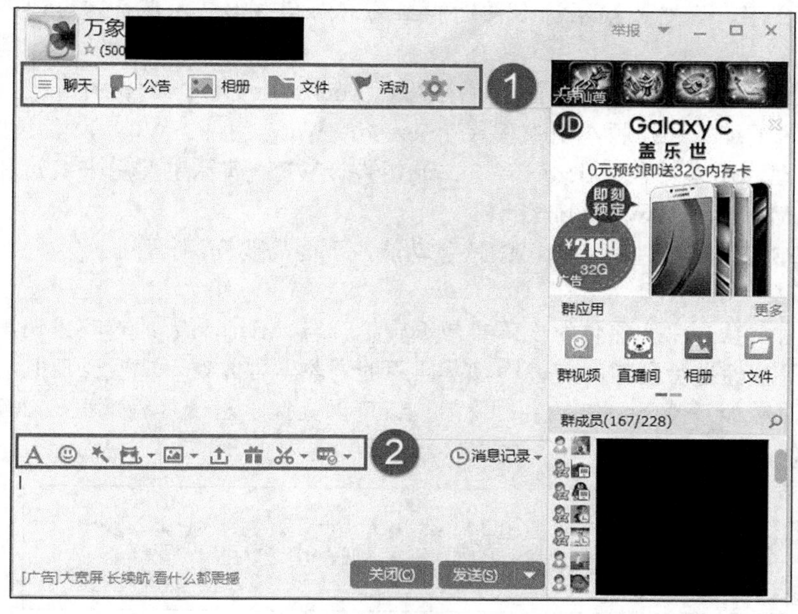

图19-27

- 聊天：单击可以切换到聊天界面，在这里可以和群里的成员进行聊天，下方是聊天的历史消息。
- 公告：单击可以切换到公告界面，可以查看群主或管理员发出的公告信息。
- 相册：单击可以进入群相册界面，可以查看群成员上传的图片。
- 文件：单击可以进入群文件界面，可以查看群成员上传的文件。
- 活动：单击可以进入活动界面，可以查看本群组织的活动、同城活动等，也可以创建活动。
- 设置：单击进入设置界面，可以设置与群相关的选项。

群聊天界面的下方是聊天相关的功能按钮，部分按钮和好友聊天界面按钮一样，这里只介绍不一样的功能按钮。

- 匿名聊天：如果管理员在群里面开启了匿名聊天功能，那么可以单击这个按钮进行匿名发言。
- 上传文件：单击可以将本地文件上传到群里面。
- 送礼物：单击可以给选定的群成员送礼物。

- 消息提醒：单击可以设置群消息的接收和提醒的相关选项。

19.5　Microsoft Office 软件的替代品——WPS Office

一直以来，办公软件的大部分市场份额都被微软的 Microsoft Office 牢牢占据，但其价格较贵，一般都是在企业办公中使用。我们日常生活中其实只使用其中的部分功能。在大部分使用场景下，国产免费的 WPS Office 已经可以实现我们需要的相关功能，而且 WPS 还可以完美兼容各种 Microsoft Office 的文档格式。

WPS Office 是由金山软件股份有限公司自主研发的一款办公软件套装，可以实现办公软件最常用的文字、表格、演示等多种功能。具有内存占用低、运行速度快、体积小巧等优点。

WPS Office 有 3 个常用组件，分别用来替代 Microsoft Office 的相关组件。WPS 文字主要用来进行文章的编写和排版，用来替代 Microsoft Word 组件。WPS 表格主要用来进行数据的分析和管理，用来替代 Microsoft Excel 组件。WPS 演示主要用来编辑和演示播放文稿，用来替代 Microsoft PowerPoint 组件。

当然，WPS Office 组件都有自己的特色功能，下面简要介绍一下。

(1)　WPS 文字的特色功能。

- 文字八爪鱼：深度优化的段落布局编辑框，与 Microsoft 的选项式调整相比，直接用鼠标进行段落的缩进和段落间距的调整非常方便和直观；而且在新的版本中，增加了关闭按钮，单击关闭按钮可以直接退出段落编辑框，如图 19-28 所示。

图19-28

- 回到上一次编辑位置：如果我们在页数比较多的文档中间进行编辑时，有时不小心关闭了文档，再次打开的时候想要找到上次编辑的位置要花费不少时间，WPS 文字拥有回到上一次编辑位置的功能，智能记忆上一次编辑位置，非常方便继续编辑刚才的文件。
- 脚注尾注[1]格式：WPS 文字新增脚注尾注[1]格式，可以直接使用[1]格式的脚注尾注。

选择需要插入脚注的位置，然后单击“引用”选项卡，单击“脚注/尾注分割线”图标右下角，在“脚注和尾注”对话框中，勾选“方括号样式”选项，单击“插入”按钮，如图 19-29 所示。

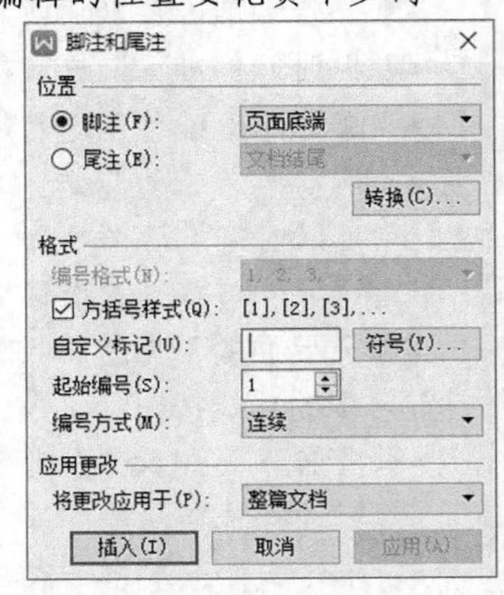

图19-29

(2)　WPS 表格的特色功能。

- 突出显示：如果我们的表格里面有成千上万的数

据，那么用肉眼寻找符合某些条件的数值简直就是不可能完成的事情，WPS 表格提供了“突出显示”功能，使用这个功能，我们可以让需要查找的数据以醒目的格式突出显示出来。

例如，我们需要把表格内所有大于 123 的值显示出来。选中所有的数据区域，单击“开始”选项卡上的“格式”按钮，然后依次单击“突出显示”/“数字”/“大于”，在弹出的对话框中输入“123”，单击下方的“确定”按钮，如图 19-30 所示。

WPS 表格会自动将符合条件的数值按照设定的格式显示，如图 19-31 所示。

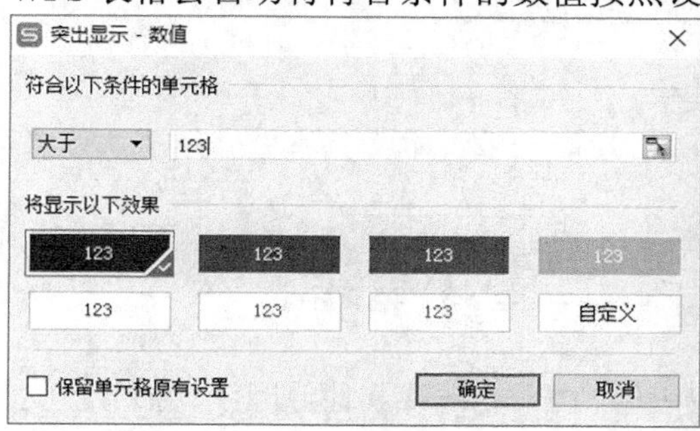

图19-30

	1月	2月	3月	4月	5月
No.01	123	123	123	123	123
No.02	124	123	123	123	123
No.03	125	123	123	123	123
No.04	126	123	123	123	123
No.05	127	123	123	123	123
No.06	128	123	123	123	123
No.07	129	123	123	123	123
No.08	130	123	123	123	123
No.09	131	123	123	123	123
No.10	132	123	123	123	123
No.11	133	123	123	123	123
No.12	134	123	123	123	123
No.13	135	123	123	123	123

图19-31

- 重复项设置：如果我们的表格里面有一些重复的数据，手工查找费时费力。WPS 表格支持重复项显示功能，可以将重复项高亮显示，使我们可以及时发现错误并改正。此外，WPS 表格还有限制输入重复的内容和删除重复内容的功能，大大方便了我们的工作，如图 19-32 所示。

选择要高亮现实重复项的区域后，单击“高亮重复项”按钮，WPS 表格会自动将重复项高亮显示，如图 19-33 所示。

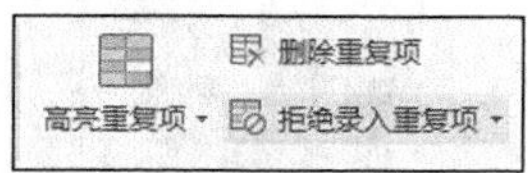

图19-32

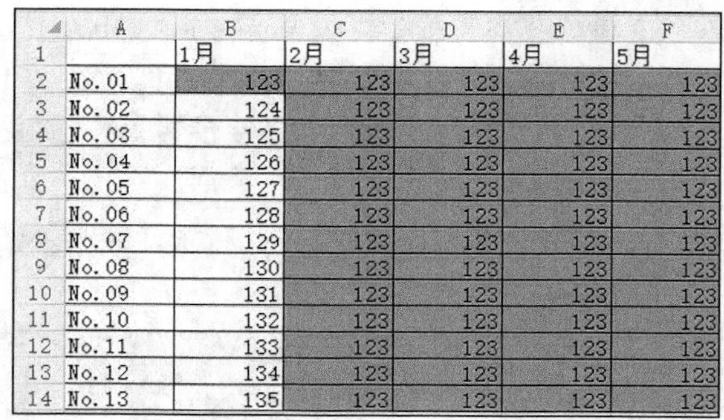

	A	B	C	D	E	F
1		1月	2月	3月	4月	5月
2	No.01	123	123	123	123	123
3	No.02	124	123	123	123	123
4	No.03	125	123	123	123	123
5	No.04	126	123	123	123	123
6	No.05	127	123	123	123	123
7	No.06	128	123	123	123	123
8	No.07	129	123	123	123	123
9	No.08	130	123	123	123	123
10	No.09	131	123	123	123	123
11	No.10	132	123	123	123	123
12	No.11	133	123	123	123	123
13	No.12	134	123	123	123	123
14	No.13	135	123	123	123	123

图19-33

- 阅读模式：在我们看电子表格的时候，如果表格列和行特别多，看起来非常辛苦，特别是查某一个值时很容易造成错行这种情况，WPS 表格提供了阅读模式，使用阅读模式后，查看表格内容时就不会再容易出现错行这种情况了。

打开阅读模式的方式是单击打开“视图”选项卡，然后单击“阅读模式”按钮，打开阅读模式后的效果如图 19-34 所示。

	A	B	C	D	E	F
1		1月	2月	3月	4月	5月
2	No. 01	123	123	123	123	123
3	No. 02	124	123	123	123	123
4	No. 03	125	123	123	123	123
5	No. 04	126	123	123	123	123
6	No. 05	127	123	123	123	123
7	No. 06	128	123	123	123	123
8	No. 07	129	123	123	123	123
9	No. 08	130	123	123	123	123
10	No. 09	131	123	123	123	123
11	No. 10	132	123	123	123	123
12	No. 11	133	123	123	123	123
13	No. 12	134	123	123	123	123
14	No. 13	135	123	123	123	123

图19-34

WPS 演示的功能基本上和 Office PowerPoint 功能一致，本文就不做介绍了，读者可以自己研究体会。

19.6　强大的数码照片优化帮手——美图秀秀

我们外出游玩时经常要拍摄好多照片，有些照片由于光线或其他原因没有拍好，这样就需要进行后期处理。现在，最强大的图像处理软件非 Adobe 公司的 Photoshop 莫属。但是 Photoshop 属于商业软件，价格昂贵，而且复杂的操作让大家望而生畏。那么有没有既免费又好用的图像处理软件呢？

美图秀秀由美图网研发推出，是一款免费的图片处理软件，操作简单、容易上手。不用学习就会用，比 Adobe Photoshop 简单很多。图片特效、美容、拼图、场景、边框、饰品等功能非常容易使用。处理完成的照片还能一键分享到新浪微博、人人网、QQ 空间等。下面简要介绍。

下载美图秀秀软件，安装完成后打开的主界面如图 19-35 所示。窗口上方是常用功能标签，主窗口内显示了 4 个最常用的功能按钮。下面简要介绍常用的功能。

图19-35

- 美化：美化功能窗口如图 19-36 所示。美化功能主要针对各种受制于光线条件

的图片。左侧上方可以调整图像的亮度、对比度、色彩饱和度、清晰度等。中间窗口会实时显示处理后的效果。如果是比较简单的要求，我们可以直接单击下方的“一键美化”按钮。左侧下方是常用的画笔，我们可以选择画笔在图像上作画。窗口右侧是特效选项，共有 6 个类别，分别是热门、基础、Lomo、人像、时尚、艺术。每个类别下面都有各种各样的选项，可以直接单击相应的选项来调整图像。

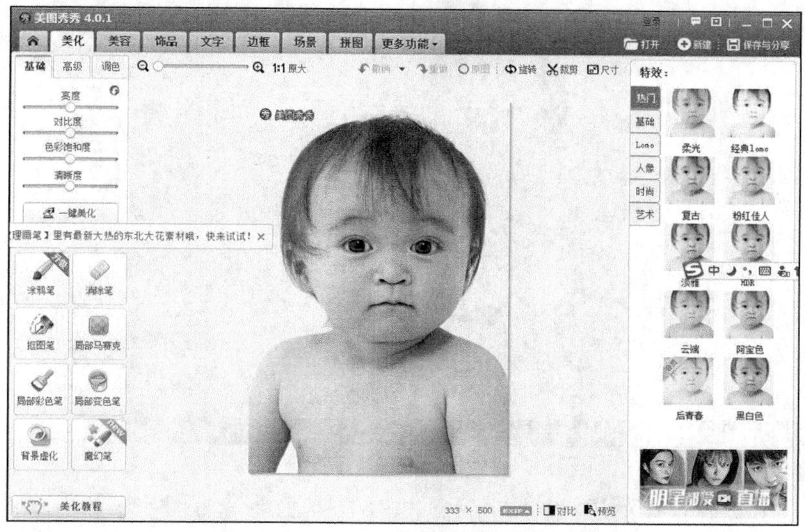

图19-36

- 美容：美容功能窗口如图 19-37 所示。美容功能主要针对的是人像图片。左侧是各种美容功能的选项。第一个按钮是“智能美容”，可以一键实现美容效果。按钮下面共分了四个类别：美形、美肤、眼部、其他。每个类别下面还有详细的选项，可以根据自己想要的效果进行选择。

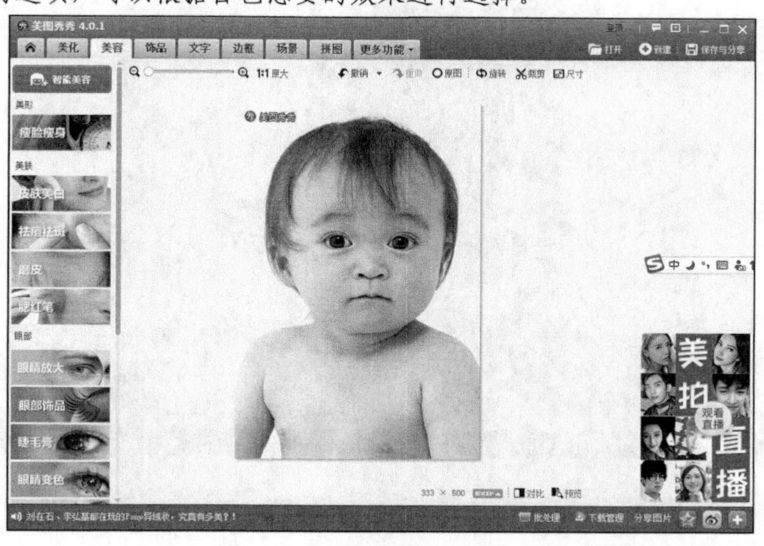

图19-37

- 饰品：饰品功能窗口如图 19-38 所示。饰品窗口的功能是可以在图片上添加各

式各样的饰品。窗口左侧是可以选用的饰品素材。饰品素材可以分为静态和动态两个分类，素材多以动态为主；静态素材则以“非主流印”为主，里面有很多素材图案。可以通过调整透明度、大小、方向来制作各种各样的组合效果。

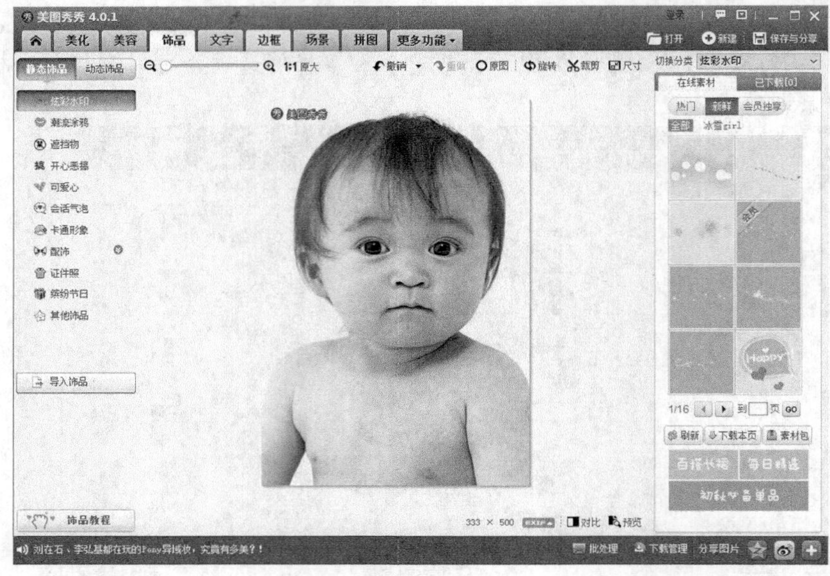

图19-38

- 文字：文字功能窗口如图 19-39 所示。文字功能主要是为图片添加各式各样的文字。窗口左侧提供各种文字效果，分别为输入文字、漫画文字、动画闪字、文字模板。如果是输入文字，在右侧窗口可以选择文字的特效。

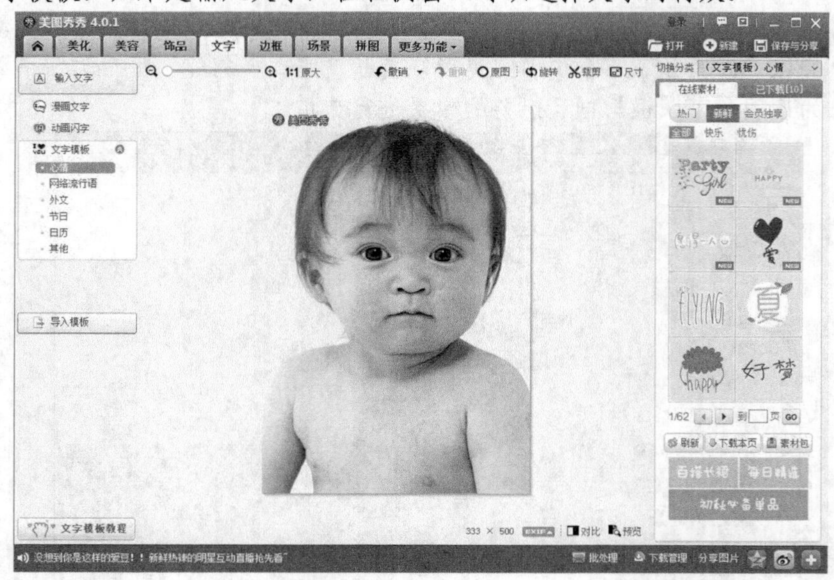

图19-39

- 边框：边框功能窗口如图 19-40 所示。在边框功能区可以选择为图像添加各式各样的边框，窗口左侧提供了 8 种类型供大家选择。

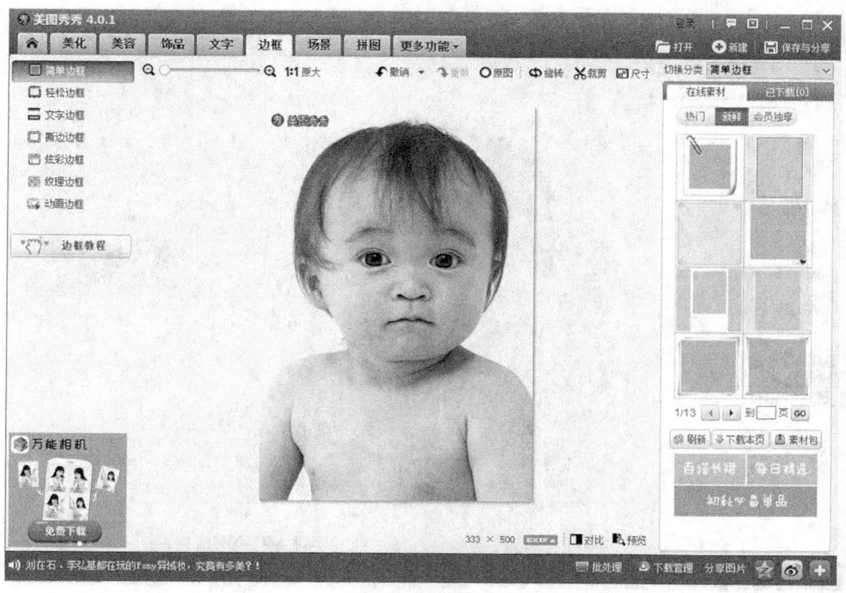

图19-40

- 场景：场景功能可以将图片或图片的一部分放入预置的场景中，如图 19-41 所示。窗口左侧提供了 10 种类型供大家选择。

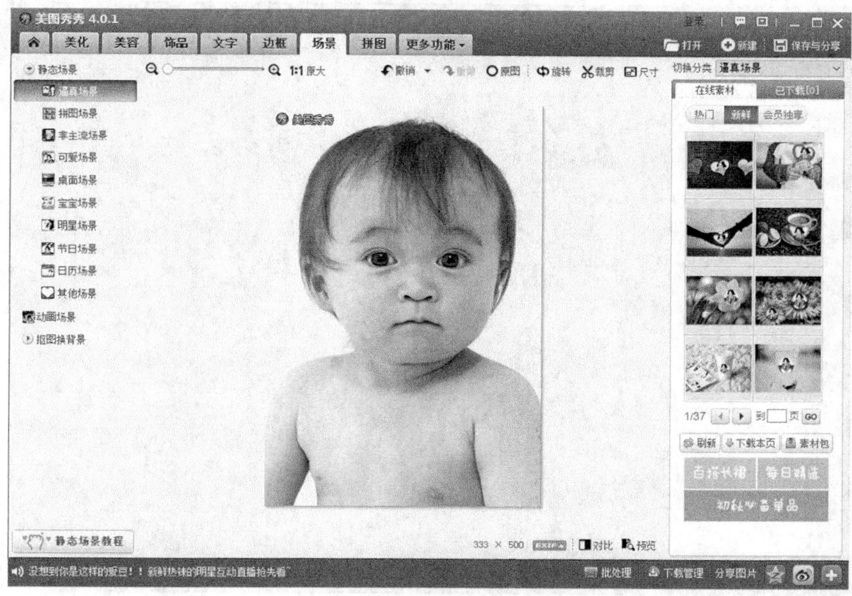

图19-41

- 拼图：拼图功能可以将几张图片拼接到一张图片上，如图 19-42 所示。程序提供了 4 种拼图类型：自由拼图、模板拼图、海报拼图、图片拼接。

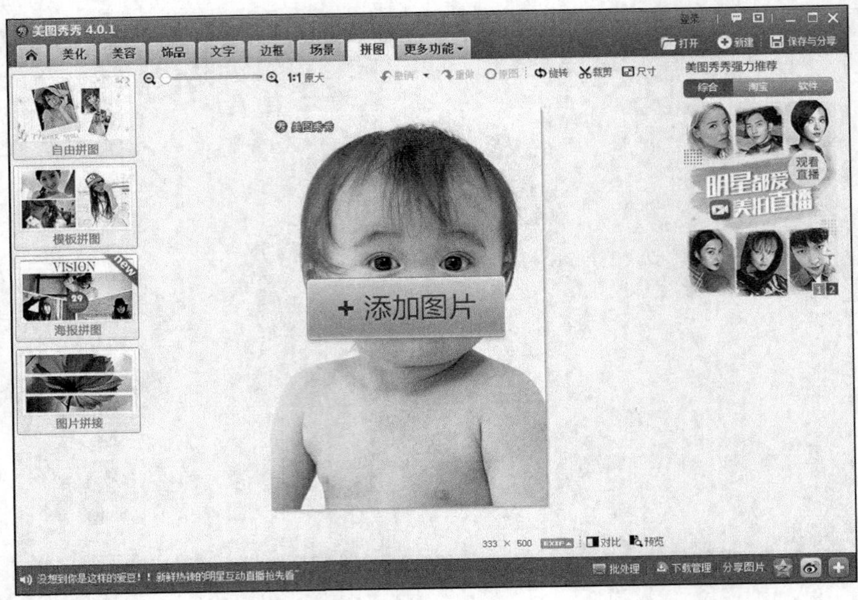

图19-42

- 更多功能：更多功能窗口提供了 3 种功能，分别是九格切图、摇头娃娃、闪图，如图 19-43 所示。

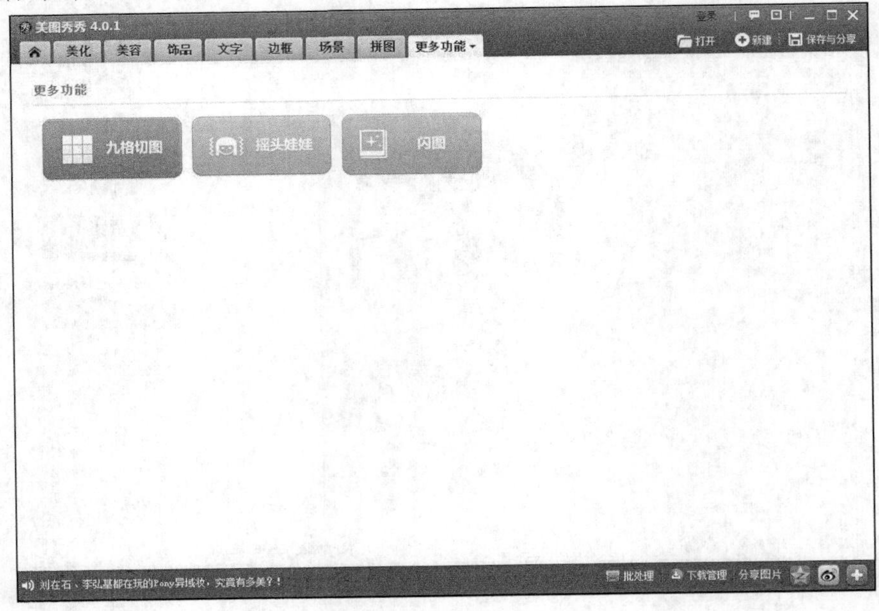

图19-43

19.7　为 Edge 找个好帮手——使用 Firefox 浏览器

Edge 作为 Windows 10 自带的浏览器，相对于 Internet Explorer 来说有了很大的提高，但仍然有一些不足之处。这时我们需要安装一个其他的浏览器来满足我们的需求。Mozilla

Firefox 浏览器是一个自由、开放源码的浏览器，适用于 Windows、Linux 和 Mac OS X 平台。它运行速度快，可以根据自己的需要进行个性化的设置。

下载并安装 Firefox 浏览器，安装完成后会在桌面上创建一个快捷方式。双击快捷方式打开 Firefox 浏览器，主界面如图 19-44 所示。主界面非常简洁，窗口最上部是打开的网页标签栏；下方是网址栏，显示的是当前访问网页的网址信息。我们可以在此输入要访问的网址并按 Enter 键进行访问。网址栏右侧是快捷搜索栏，可以同时按键盘上的 Ctrl 键和 K 键来将光标定位到此栏内，然后输入要搜索的内容并按 Enter 键即可。快捷搜索栏右侧是常用工具栏，提供了浏览网页的常用工具按钮。

图19-44

单击常用工具栏最右侧的“菜单”按钮，可以打开其他的功能选项，如图 19-45 所示。下面介绍几个常用的功能。

- 新建隐私浏览窗口：隐私浏览窗口可以有效减少浏览历史缓存，在公共场合登录个人账号时建议使用隐私浏览窗口来保护个人信息。进入此模式后，本地计算机不会记录任何网页历史、账号密码、地址栏历史等信息。
- 选项：单击“选项”按钮，可以打开 Firefox 浏览器的选项设置页面，我们可以根据自己的需求对浏览器的各个项目进行详细设置。选项设置页面如图 19-46 所示。

图19-45

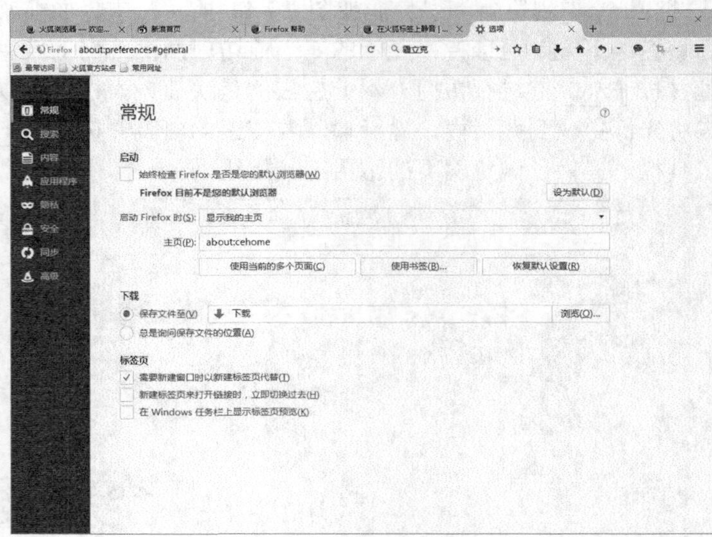

图19-46

- 附加组件：Firefox 浏览器之所以强大，很大程度上是因为它有着超多的附加组件，来实现许多附加的功能。

附加组件可以被分为以下 3 个大类。

- 扩展：扩展用于给 Firefox 增加新功能或改变已有功能。其中有的用于过滤广告、下载视频，有的使浏览器与网站更加无缝结合（如 Facebook 和 Twitter），有的用于引入其他浏览器中优秀的功能。
- 外观：改变外观的附加组件有两种。完整主题，用于改变按钮和菜单的样子；炫彩风格，以背景图片的方式点缀您的菜单栏和标签栏。
- 插件：插件使得 Firefox 能够播放或显示各种各样的网络媒体。这些通常包括专利格式，如 Flash、Quicktime 和 Silverlight，用于视频、音频、在线游戏、演示等。插件是由其他公司研发和发布的。

单击“附加组件”按钮后，会弹出附加组件页面，我们可以在网页内选择需要的组件进行安装，如图 19-47 所示。

如果浏览器出了问题，可以单击“火狐修复工具”按钮进行修复。浏览器提供了两种修复方式，分别是一键修复和手动修复。

除此之外，Firefox 浏览器还提供了一些特色功能，下面简单介绍一下。

- 二维码网址：如果在手机上要访问当前计算机上正在访问的网址，那么需要在手机浏览器上进行网址的输入。由于手机没有专门的键盘，如果网址比较长的话，输入就比较麻烦了。Firefox 浏览器提供了二维码网址功能，在地址栏右侧有一个二维码标志，单击二维码标志，就可以得到当前网址的二维码。用手机的二维码扫描功能就可以扫描二维码访问网页了，如图 19-48 所示。

图19-47

图19-48

- 标签上静音：同时打开很多网页，如果有几个网页同时播放声音，必然会影响网页浏览，而且要查找哪个网页在播放声音比较麻烦。Firefox 浏览器提供了标签上的静音按钮。浏览器会自动识别正在播放声音的标签页并在标签页右

侧显示扬声器按钮，只需单击扬声器按钮就可以关闭标签页的声音，如图 19-49 所示。

图19-49

- 拖动文字搜索：在浏览网页的时候如果遇到不明白的术语或需要对部分内容进行详细的了解，就需要搜索相关信息。一般我们会打开一个新的标签页，然后打开搜索引擎，将文字输入搜索引擎进行搜索。Firefox 浏览器提供了拖动文字进行直接搜索的功能。选中要搜索的问题，然后直接拖动文字，Firefox 浏览器会打开搜索结果的页面。

第20章　Hyper-V 和虚拟硬盘

虚拟化是一种资源管理技术，是将计算机的各种实体资源，如服务器、网络、内存及存储等，予以抽象、转换后呈现出来，打破实体结构间不可切割的障碍，使用户可以用比原本组态更好的方式来应用这些资源。这些资源的新虚拟部分不受现有资源的架设方式、地域或物理组态所限制。虚拟化技术被广泛应用于各种环境，可以有效地提高计算机硬件资源的利用率。我们平时最长提到的是 VMware 和 Virtual PC 这两个虚拟机软件。其实，Windows 10 操作系统也附带了一个虚拟化平台，那就是 Hyper-V。

20.1　Hyper-V

Hyper-V 是微软推出的一种系统管理程序虚拟化技术，在 2008 年与 Windows Server 2008 同时发布。Windows 10 操作系统中集成的是 Hyper-V 4.0。

Hyper-V 是为用户提供更为熟悉及成本效益更高的虚拟化基础设施软件，这样可以降低运作成本、提高硬件利用率、优化基础设施并提高服务器的可用性。

Hyper-V 采用微内核的架构，兼顾了安全性和性能的要求。Hyper-V 底层的 Hypervisor 运行在最高的特权级别下，微软将其称为 ring 1（而 Intel 则将其称为 root mode），而虚拟机的 OS 内核和驱动运行在 ring 0，应用程序运行在 ring 3，这种架构就不需要采用复杂的技术，可以进一步提高安全性。

开启 Hyper-V 的系统要求。

- Intel 或 AMD 的 64 位处理器。
- CPU 支持硬件虚拟化，且该功能处于开启状态。
- CPU 必须具备硬件的数据执行保护（DEP）功能，而且该功能必须处于开启状态。
- 物理内存最少为 2GB。

20.1.1　开启 Hyper-V

由于 Hyper-V 功能在默认状态下没有安装，需要先将其添加到 Windows 10 系统中。

首先打开控制面板，在“控制面板”窗口中单击“程序”，如图 20-1 所示。

在打开的“程序”窗口中单击右侧的“启用或关闭 Windows 功能”，如图 20-2 所示。

图20-1

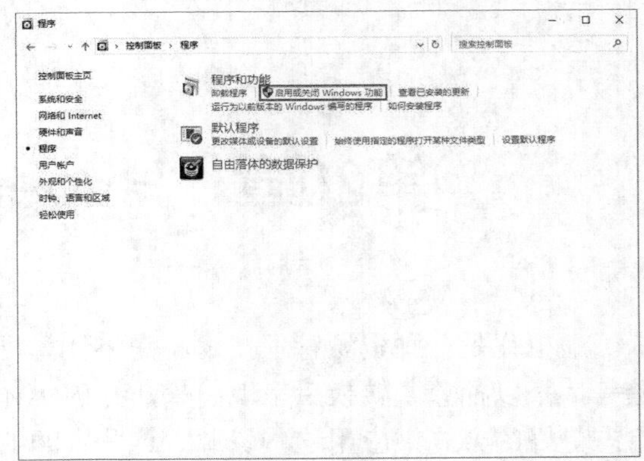

图20-2

在打开的“Windows 功能”窗口中，勾选“Hyper-V”选项，然后单击“确定”按钮，如图 20-3 所示。

稍后 Windows 会进入安装过程，如图 20-4 所示。

图20-3

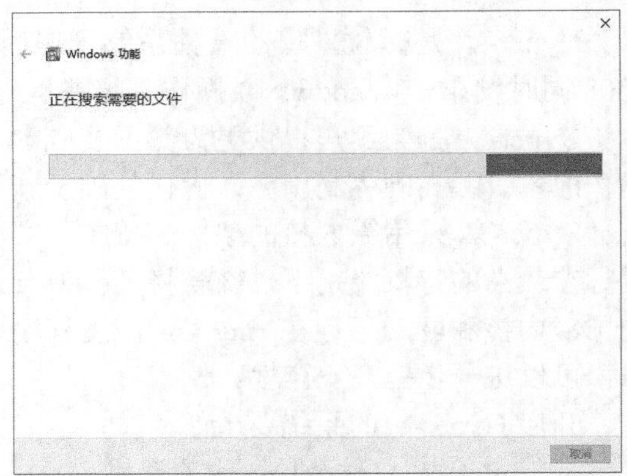

图20-4

经过一段时间的等待之后，系统提示已完成请求的更改，如图 20-5 所示。

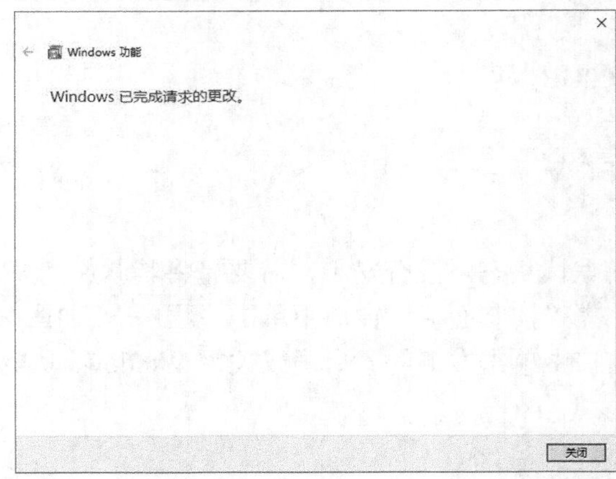

图20-5

20.1.2 创建虚拟机

开启 Hyper-V 功能后，我们就可以创建虚拟机了。下面详细介绍如何创建和使用虚拟机。

1. 单击⊞按钮，然后单击“所有应用”，展开“Windows 管理工具”，单击“Hyper-V 管理器”，如图 20-6 所示。

图20-6

2. 在“Hyper-V 管理器”窗口中，右键单击左侧展开的服务器，然后在弹出的快捷菜单中选择“新建”/“虚拟机”命令，如图 20-7 所示。

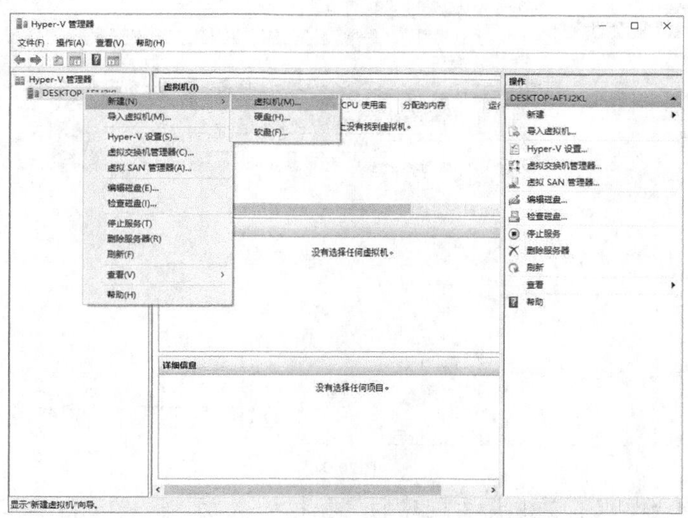

图20-7

3. 在弹出的对话框中有关于 Hyper-V 虚拟机的相关介绍和创建 Hyper-V 虚拟机

的注意事项，如果我们不止创建一个虚拟机，则可以勾选下方的“不再显示此页”选项，那么下次创建虚拟机时，就不需要重复查看这些信息了。单击“下一步”按钮，如图 20-8 所示。

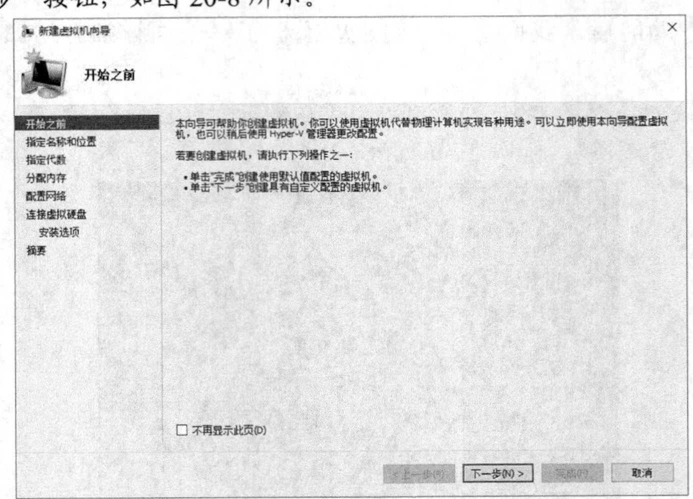

图20-8

4. 在弹出的对话框中，我们可以在“名称”栏输入虚拟机的名称，Hyper-V 的虚拟机默认存储位置在 C 盘目录下。如果 C 盘空间不足或需要放置在其他位置，则勾选“将虚拟机存储在其他位置”选项，然后单击“位置”栏右侧的“浏览”按钮来选择存储虚拟机的位置。单击“下一步”按钮，如图 20-9 所示。

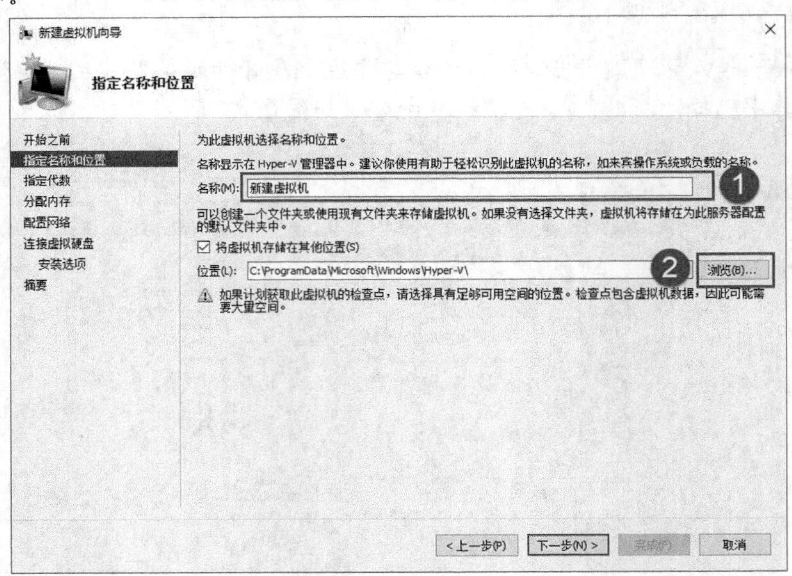

图20-9

5. Hyper-V 会要求我们选择要创建的虚拟机的代数。第一代虚拟机支持的操作系统较多，但功能没有第二代虚拟机丰富。第一代和第二代虚拟机在支持的 Windows 操作系统版本上的区别如图 20-10 所示。

操作系统版本	第一代虚拟机	第二代虚拟机
Windows Server 2012 R2	✔	✔
Windows Server 2012	✔	✔
Windows Server 2008 R2	✔	✖
Windows Server 2008	✔	✖
Windows 10 64bit	✔	✔
Windows 8.1	✔	✔
Windows 8 64bit	✔	✔
Windows 7 64bit	✔	✖
Windows 10 32bit	✔	✖
Windows 8.1 32bit	✔	✖
Windows 8 32bit	✔	✖
Windows 7 32bit	✔	✖

图20-10

6. 我们在此选择兼容性较好的第一代虚拟机作为示例，选中“第一代”选项后单击“下一步”按钮，如图 20-11 所示。

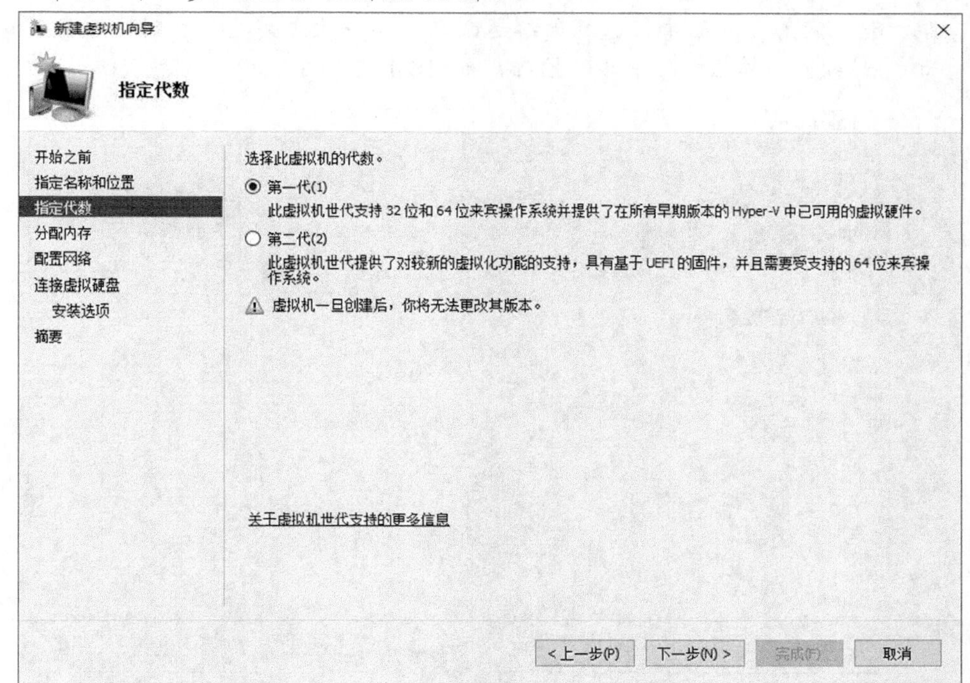

图20-11

7. 在“分配内存”界面的“启动内存”右侧的文本框内输入设置的启动内存的大小，为了保证虚拟机运行的速度，应当尽量将内存设置得大一些。此外，还可以勾选“为此虚拟机使用动态内存”选项，这样，Hyper-V 会根据虚拟机的情况自动调整虚拟机占用的计算机内存的大小。设置完成后单击“下一步”按钮，如图 20-12 所示。

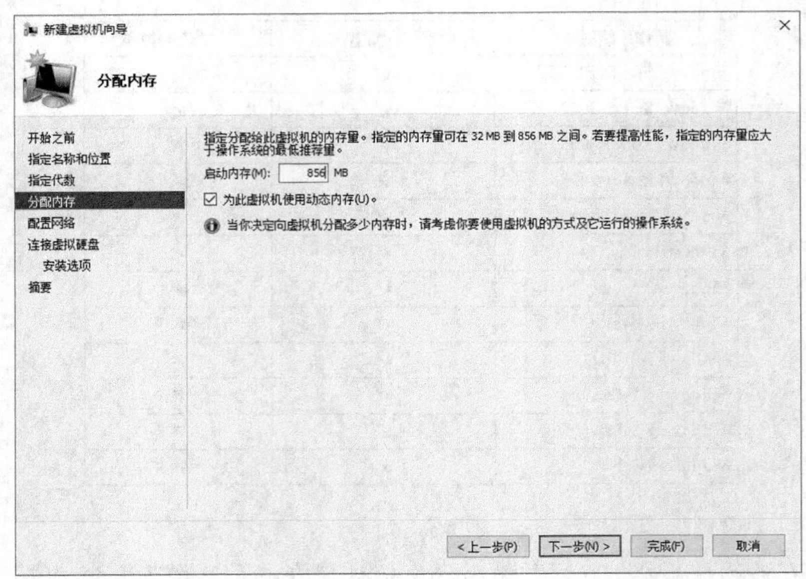

图20-12

8.　在“配置网络”界面中，选择网络适配器。第一次创建虚拟机时，系统默认为“未连接”，单击“下一步”按钮，如图 20-13 所示。

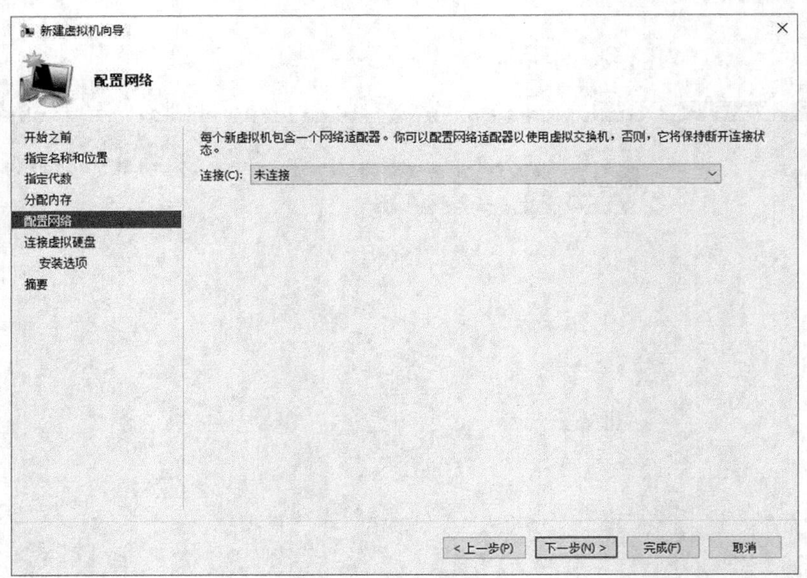

图20-13

9.　接下来我们需要配置虚拟机的硬盘。Hyper-V 提供了 3 种选择。

- 创建虚拟硬盘：现在就创建虚拟硬盘，并设置虚拟硬盘的大小和虚拟硬盘文件存放的位置。
- 使用现有虚拟硬盘：如果我们之前创建过虚拟硬盘，那么可以选择此选项，然后选择之前创建的虚拟硬盘文件即可。

- 以后附加虚拟硬盘：现在不创建，以后需要的时候再进行设置。

10. 选择第一个选项，然后单击“下一步”按钮，如图 20-14 所示。

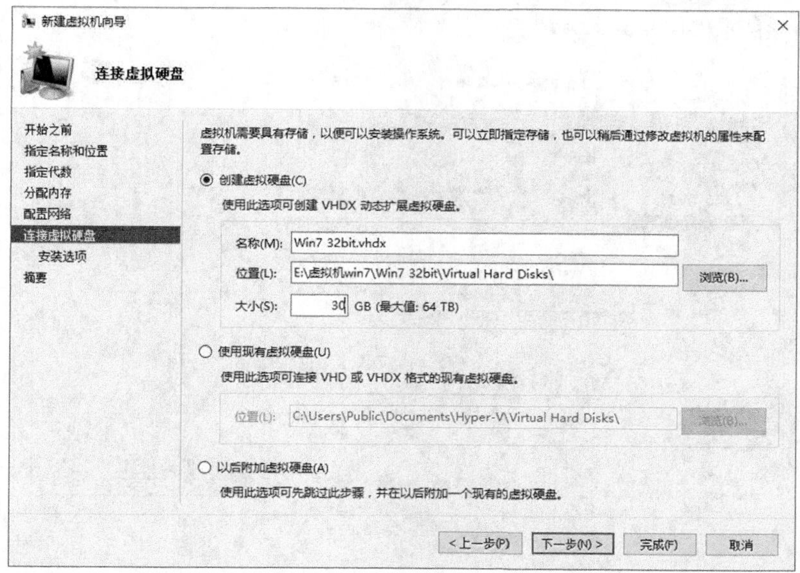

图20-14

11. 接下来 Hyper-V 会提示是否安装操作系统。系统提供了 4 种选项，可以根据自己的需要进行选择。这里选择“以后安装操作系统”选项，然后单击“下一步”按钮，如图 20-15 所示。

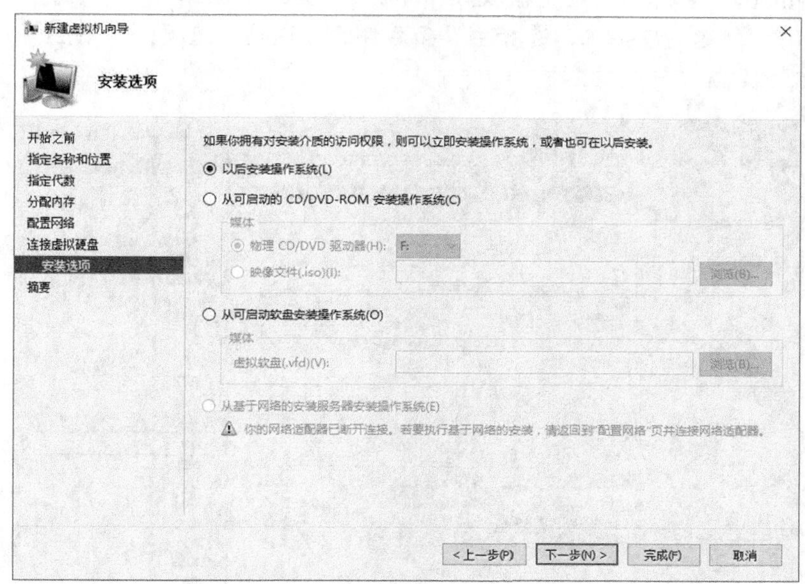

图20-15

12. 稍后 Hyper-V 会弹出虚拟机设置完成的界面，界面显示了虚拟机的基本信息。单击“完成”按钮，如图 20-16 所示。等待一段时间后，Hyper-V 就会完

成对虚拟机的创建了。

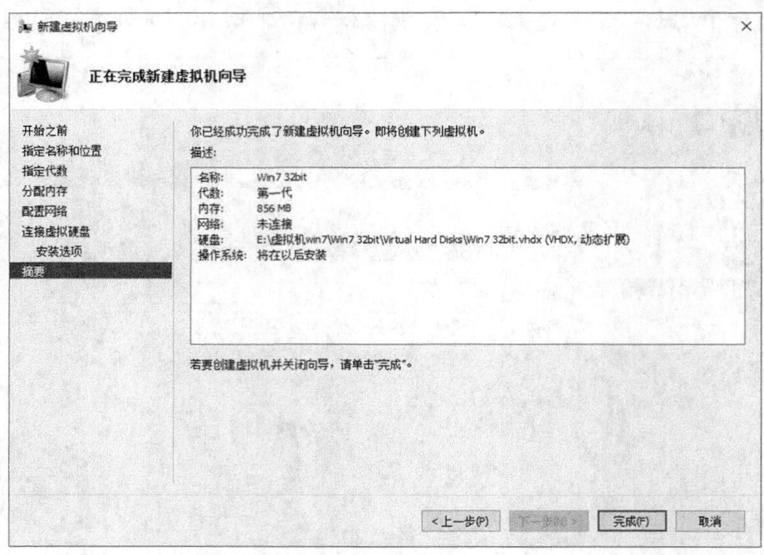

图20-16

20.1.3　虚拟机安装操作系统

虚拟机创建完成后，相当于创建了硬件，我们需要安装操作系统后才可以使用虚拟机完成其他的任务。下面介绍虚拟机安装操作系统的方法。

1. 将 Windows 系统的安装光盘放入计算机的光驱中，在 Hyper-V 的主界面选择我们刚才创建的虚拟机。选择主界面右侧的"连接"选项，如图 20-17 所示。

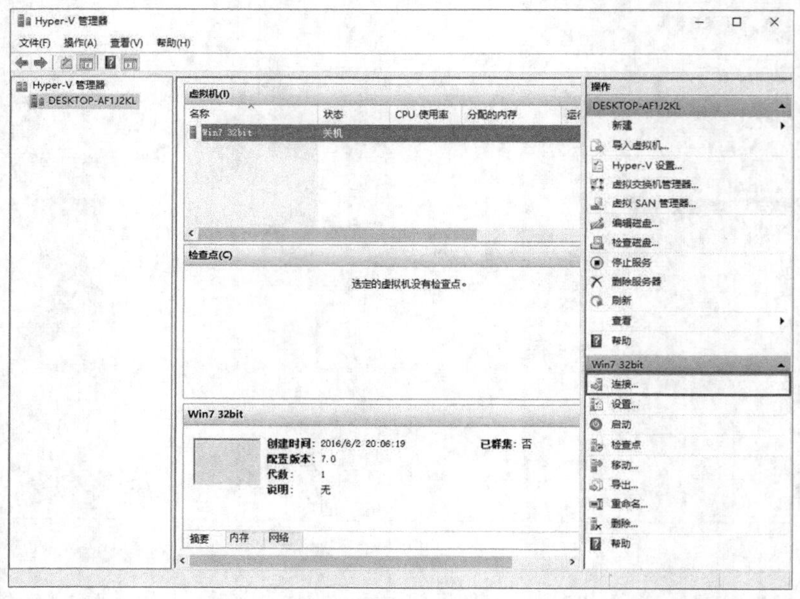

图20-17

2. 系统会弹出虚拟机的主界面，我们可以按照屏幕提示，单击“操作”菜单，然后选择“启动”命令，也可以直接单击窗口上方的⏻按钮，如图 20-18 所示。

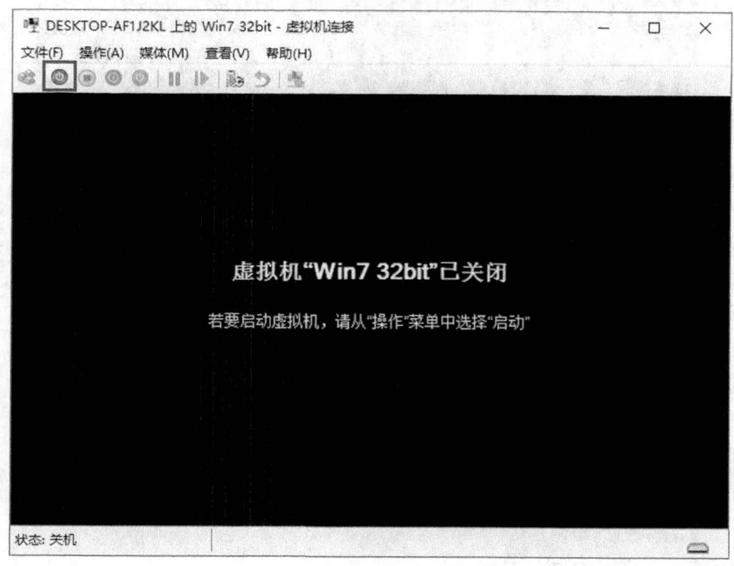

图20-18

3. 虚拟机会从光盘启动，加载 Windows 安装程序。进入 Windows 安装过程，如图 20-19 所示。此后的安装方式和在本地计算机上安装方式一致，不再赘述。

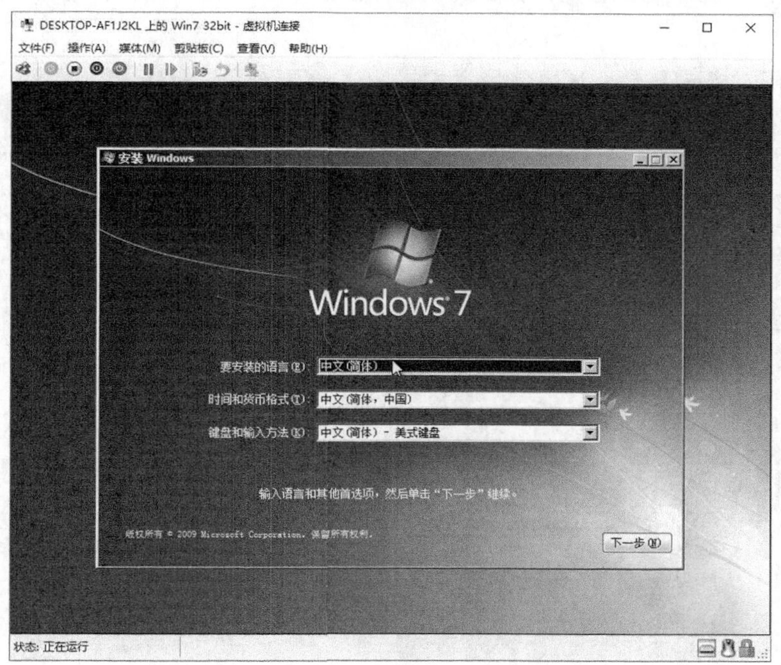

图20-19

等待一段时间后，Windows 安装完成，安装完成后的界面如图 20-20 所示。

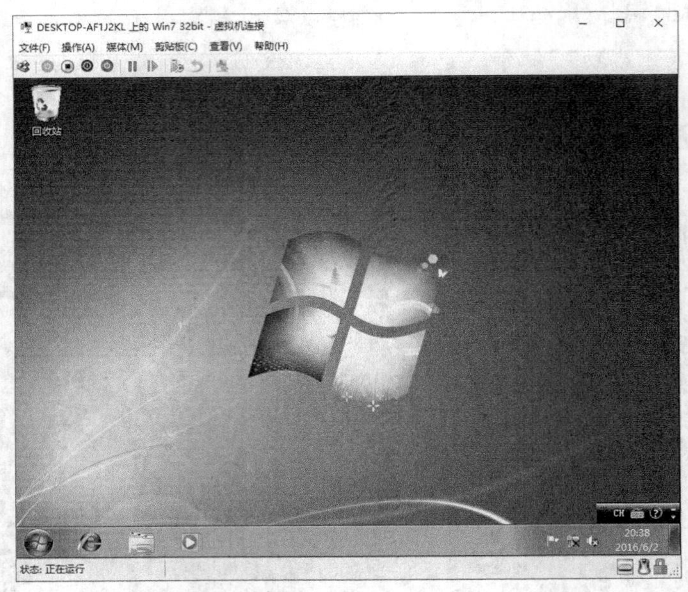

图20-20

20.1.4　管理和设置虚拟机

虚拟机创建完成后，我们还可以对虚拟机进行管理和设置。当我们选中虚拟机后，Hyper-V 管理器主界面右侧下方会有相关的管理菜单，如图 20-21 所示。下面详细介绍各个菜单的功能。

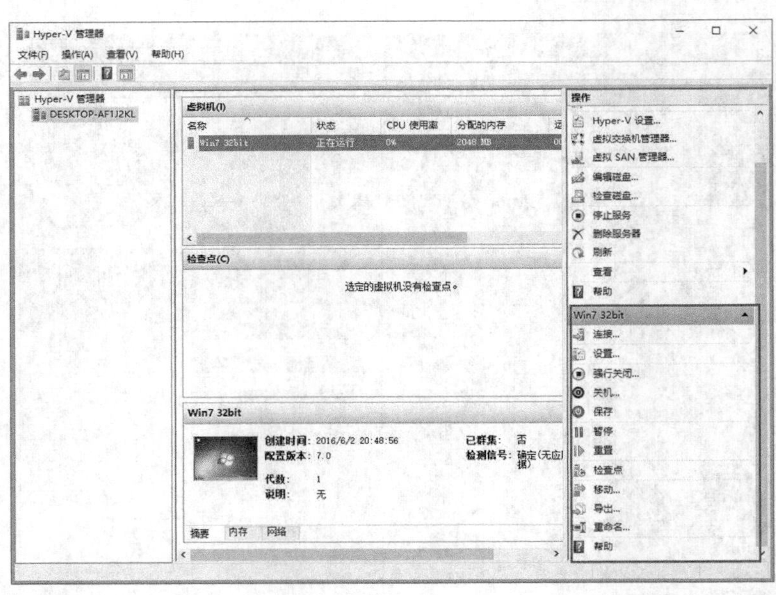

图20-21

- 连接：单击后会连接到虚拟机并打开虚拟机主界面。

- 设置：单击后会打开虚拟机的设置窗口，可以对虚拟机的参数进行设置，如图 20-22 所示。设置窗口的左侧是各个选项，分为“硬件”和“管理”两部分。

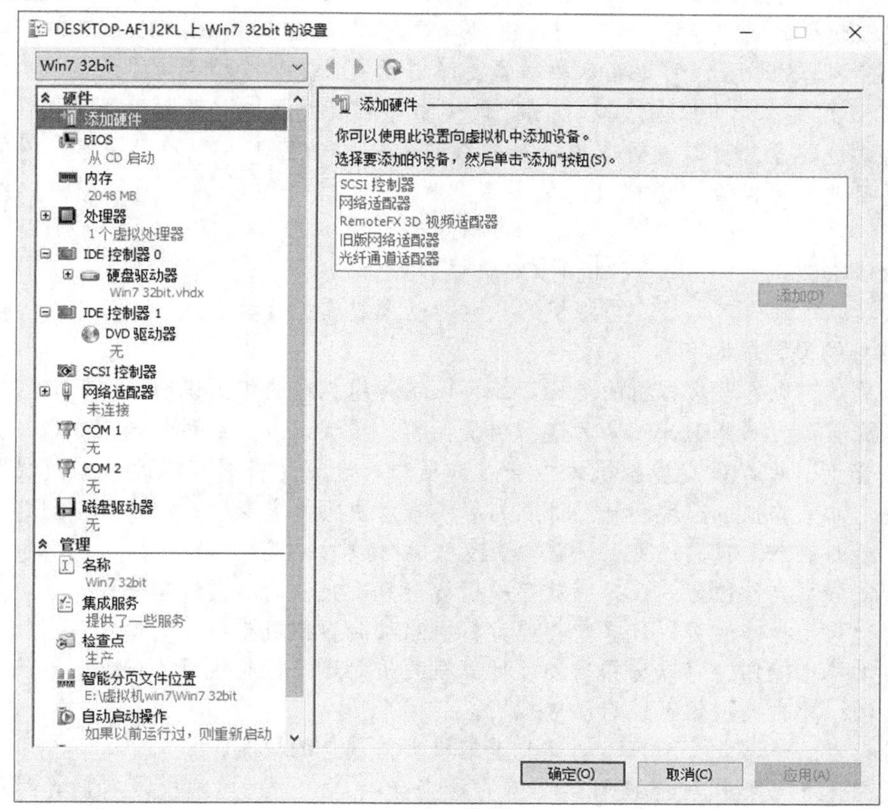

图20-22

硬件部分的设置项如下。

- 添加硬件：我们可以添加设备到虚拟机，Hyper-V 提供了 5 种设备，分别是 SCSI 控制器、网络适配器、RemoteFX 3D 视频适配器、旧版网络适配器、光纤通道适配器。我们可以根据需要进行添加和设置。
- BIOS：可以选择虚拟机启动设备的顺序。选中项目后单击右侧的“上移”或“下移”按钮可以调整启动设备的顺序。
- 内存：设置虚拟机的内存。我们可以制定虚拟机可以使用的内存容量，还可以启用动态内存并设定动态内存的最小值和最大值。另外，还可以设置内存缓冲区的百分比及虚拟机内存分配的优先级。
- 处理器：可以修改虚拟机处理器的数量，以及虚拟机使用的资源占总系统资源的百分比。
- IDE 控制器 0/IDE 控制器 1：虚拟机默认包含了两个 IDE 控制器，分别是 IDE 控制器 0 和 IDE 控制器 1。选择任意一个 IDE 控制器，我们可以在此界面向控制器里面添加硬盘驱动器或 DVD 驱动器。展开 IDE 控制器 0 或 IDE 控制器 1，可以看到控制器下面的驱动器。驱动器有两种类型：硬盘驱动器和 DVD

驱动器。单击硬盘驱动器可以修改此驱动器所在的 IDE 控制器和控制器的位置，以及可以新建、编辑、检查或浏览虚拟硬盘文件。另外，单击“删除”按钮可以删除虚拟硬盘，这项操作不会删除虚拟硬盘文件，只是删除了虚拟机和虚拟硬盘之间的连接。单击 DVD 驱动器可以修改 DVD 驱动器所在的控制器和控制器的位置。可以指定驱动器要使用光盘映像文件还是物理光驱。

- SCSI 控制器：可以向虚拟机中添加 SCSI 硬盘驱动器或共享驱动器。
- 网络适配器：可以设置虚拟机的网络适配器和 VLAN，以及设置虚拟机的带宽管理。可以设定虚拟机的最大带宽和最小带宽。另外，还可以移除网络适配器。
- COM1/COM2：设定虚拟机的 COM 端口配置。
- 软盘驱动器：可以设定虚拟机的软盘驱动器或虚拟软盘文件。

管理部分的设置项如下。

- 名称：可以修改虚拟机的名称，还可以填写虚拟机的相关说明。
- 集成服务：选择 Hyper-V 为虚拟机提供哪些服务，可以通过勾选来选取。
- 检查点：可以设定虚拟机的检查点选项。检查点是将虚拟机的数据做快照处理。如果虚拟机出现问题，可以利用检查点快照将虚拟机系统恢复至创建检查点时的状态。我们还可以设置检查点文件存放的位置。
- 智能分页文件位置：选择存放虚拟机智能分页文件的磁盘位置。
- 自动启动操作：可以选择当物理计算机启动时虚拟机要执行的操作。
- 自动停止操作：可以选择当物理计算机关机时虚拟机要执行的操作。
- 启动：单击此按钮可以启动虚拟机。
- 检查点：单击此按钮可以创建此虚拟机当前状态的快照。
- 还原：将虚拟机状态还原到之前的检查点状态。如果虚拟机没有创建过检查点，则此选项不会出现。
- 移动：移动虚拟机的存储到其他位置。有 3 种方式可以选择：将虚拟机的所有数据移动到一个位置、将选择的虚拟机的数据移动到其他位置、仅移动虚拟机的虚拟硬盘。
- 导出：将虚拟机导出到其他位置。
- 重命名：修改虚拟机的名称。
- 删除：删除虚拟机的设置，但是不会删除与这个虚拟机关联的虚拟硬盘。

20.1.5　管理和设置 Hyper-V 服务器

前面介绍了 Hyper-V 中虚拟机的设置，本小节向大家介绍一下 Hyper-V 服务器的相关管理和设置选项。

在 Hyper-V 管理器窗口中，单击选中左侧的服务器，在管理器的右侧窗口中就会出现相关的管理和设置菜单，如图 20-23 所示。

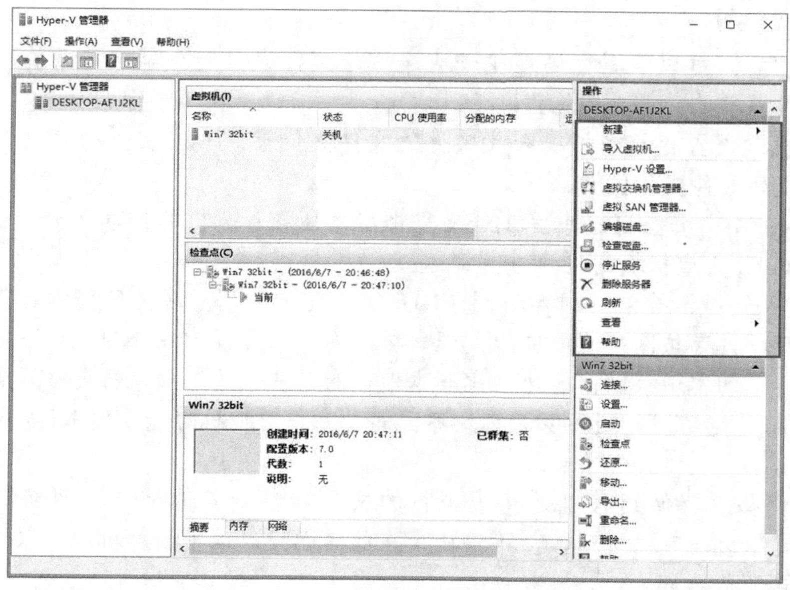

图20-23

- 新建：在服务器上新建一个虚拟机、虚拟硬盘或虚拟软盘。单击相应的项目后会出现向导提示相关的操作。
- 导入虚拟机：可以导入在别的计算机上创建好的虚拟机或本地计算机导出的虚拟机备份。
- Hyper-V 设置：单击可以打开 Hyper-V 设置窗口，如图 20-24 所示。Hyper-V 设置窗口提供了丰富的设置功能，分为服务器设置和用户设置两部分。

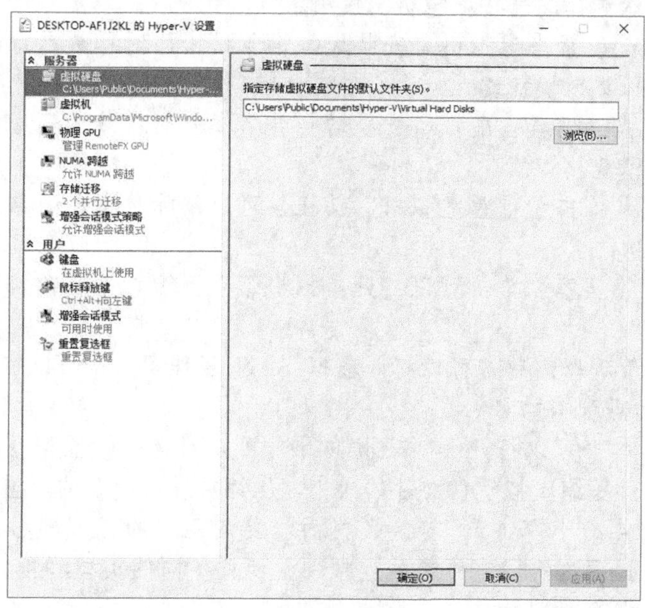

图20-24

一、服务器设置

- 虚拟硬盘：可以设置存储虚拟硬盘文件的文件夹位置。单击右侧的“浏览”按钮可以更改文件夹的位置。
- 虚拟机：设置存储虚拟机配置文件的文件夹位置。单击右侧的“浏览”按钮可以更改文件夹的位置。
- 物理 GPU：物理 GPU 就是 Hyper-V 服务器所在计算机的物理显卡。可以使用物理 GPU 为虚拟机的显示进行加速。
- NUMA 跨越：非统一内存访问（NUMA）是一种用于多处理器的计算机记忆体设计，内存访问时间取决于处理器访问内存的位置。在 NUMA 下，处理器访问自己的本地存储器的速度比非本地存储器快一些。如果需要打开服务器的 NUMA 跨越功能，则可以勾选此界面的“允许虚拟机跨越物理 NUMA 节点”选项。
- 存储迁移：存储迁移就是将虚拟机的文件转移到其他地方，而在转移过程中，虚拟机一直保持运作，不停机。在此界面可以设置计算机上可以同时执行的存储迁移数量。
- 增强会话模式策略：增强会话模式允许虚拟机使用 Hyper-V 服务器所在计算机的剪贴板、声卡、智能卡、打印机、即插即用设备和访问计算机的硬盘。在此界面可以设置是否开启 Hyper-V 服务器的增强会话模式。

二、用户设置

- 键盘：可以设置当连接到虚拟机后，虚拟机如何使用计算机上的快捷键。有 3 种方式：在物理计算机上使用、在虚拟机上使用、仅当全屏幕运行时在虚拟机上使用。默认选择的是在虚拟机上使用。
- 鼠标释放键：设置当虚拟机未安装虚拟机驱动程序时释放鼠标的快捷键，单击下拉框可以更改快捷键。
- 增强会话模式：设置当虚拟机支持增强会话模式时，连接到虚拟机时是否开启增强会话模式。
- 重置复选框：单击“重置虚拟机”按钮，可以清除选中时隐藏页面和消息的复选框。
- 虚拟交换机管理器：单击可以打开虚拟机管理器窗口，在窗口内可以创建虚拟交换机。
- 虚拟 SAN 管理器：单击可以打开虚拟 SAN 管理窗口，可以在窗口内创建新的 SAN 或管理现有的 SAN。
- 编辑磁盘：单击可以打开编辑磁盘向导。可以对选择的虚拟硬盘进行编辑。分别是压缩（压缩虚拟硬盘文件的大小，压缩后虚拟硬盘的容量不变，但是虚拟硬盘的文件大小变小）、转换（将内容复制到新的虚拟硬盘来转换虚拟硬盘，新的虚拟硬盘可以与原来的虚拟硬盘使用不同的类型和格式）、扩展（扩展虚拟硬盘的容量）。
- 检查磁盘：可以检查虚拟硬盘信息。

- 停止服务：停止 Hyper-V 服务器的服务。
- 删除服务器：删除连接到的服务器，只是删除服务器的连接信息。可以重新连接到服务器进行服务器的管理。
- 刷新：刷新当前服务器的信息。

20.1.6 配置虚拟机的网络连接

Hyper-V 通过一个虚拟的交换机来实现和 Internet 的连接。虚拟交换机有 3 种类型，下面分别介绍。

- 外部交换机：外部交换机可以使虚拟机连接到 Internet。如果虚拟机连接到外部交换机，那么虚拟机就相当于网络上的一台计算机，可以访问 Internet 网络上的其他计算机。我们可以在虚拟机上运行各种联网程序。
- 内部交换机：内部交换机只允许虚拟机连接到服务器主机，无法连接到 Internet。虚拟机相当于连接到了一个内部网络，外部的计算机无法访问虚拟机。
- 专用交换机：专用交换机只允许虚拟机直接互相访问，虚拟机既无法连接到 Internet，也无法连接到服务器主机。

下面以外部交换机为例介绍如何配置 Hyper-V 虚拟网络。

1. 打开 Hyper-V 管理程序后，单击 Hyper-V 管理器窗口右侧的“虚拟交换机管理器”，如图 20-25 所示。

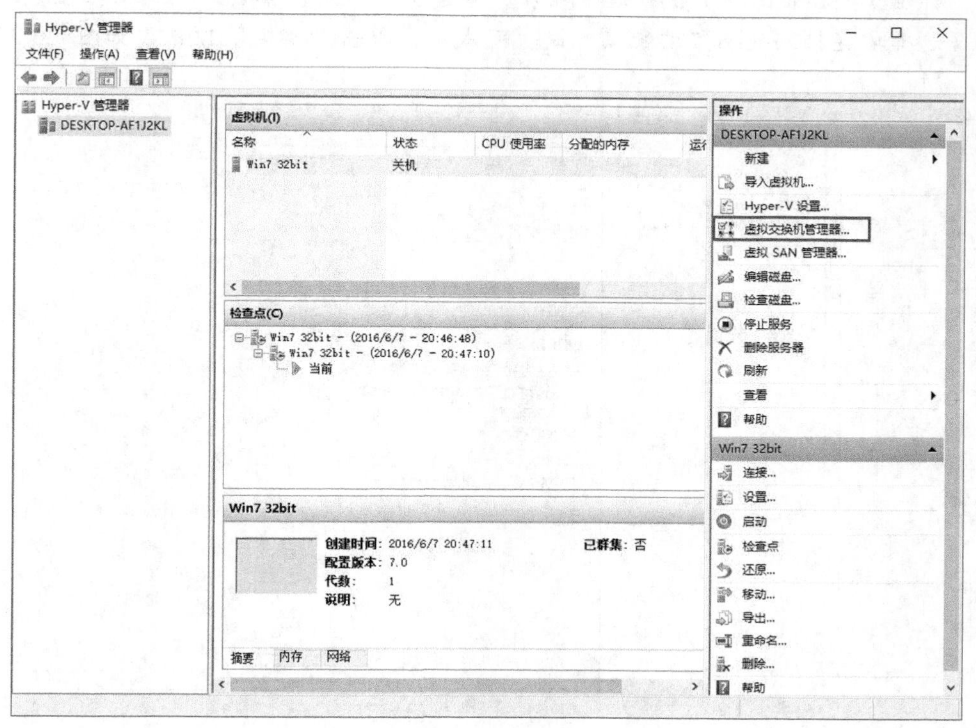

图20-25

2. 在打开的虚拟交换机管理器窗口的右侧选择“外部”，然后单击“创建虚拟交换机”按钮，如图 20-26 所示。

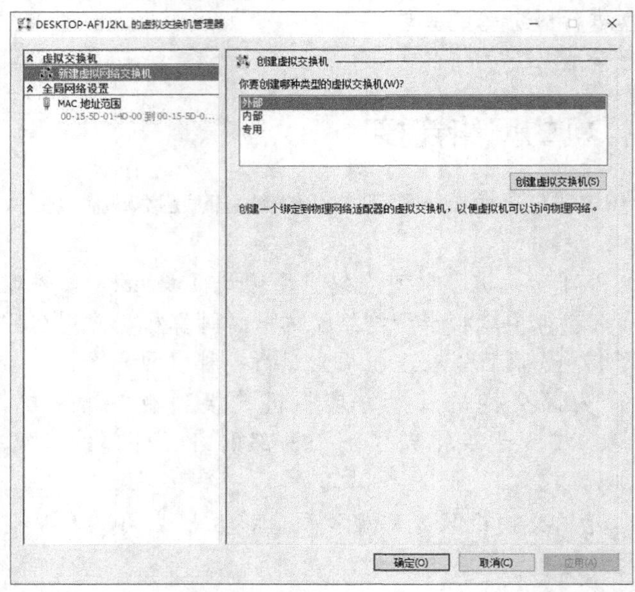

图20-26

3. 在弹出的界面中，我们可以设置虚拟交换机的名称，可以填写虚拟交换机的详细说明，便于后期的管理和维护。在连接类型处，单击右侧的下拉框可以选择要连接到的网络适配器。设置完成后，单击“确定”按钮，如图 20-27 所示。

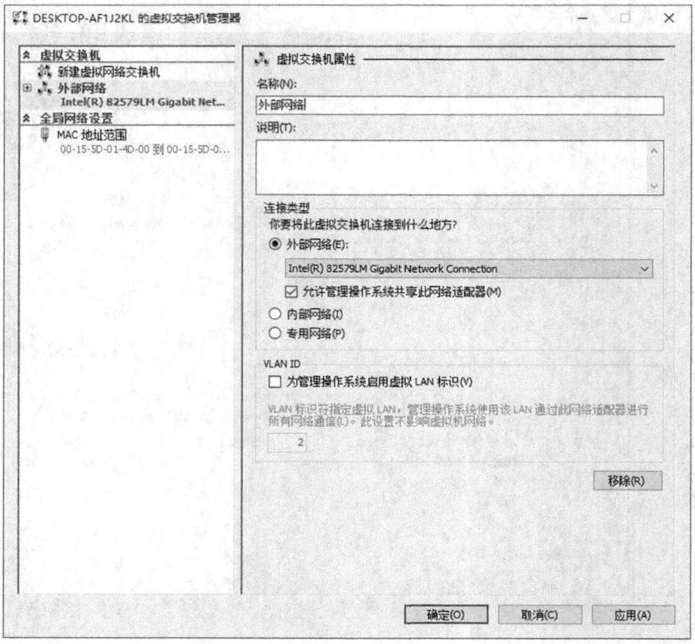

图20-27

4. 选择虚拟机，单击右侧的“设置”打开虚拟机的设置页面。单击左侧的“网络适配器”，然后在右侧的“虚拟交换机”下拉框中选择刚才设置好的虚拟交换机。完成后单击“确定”按钮，如图20-28所示。

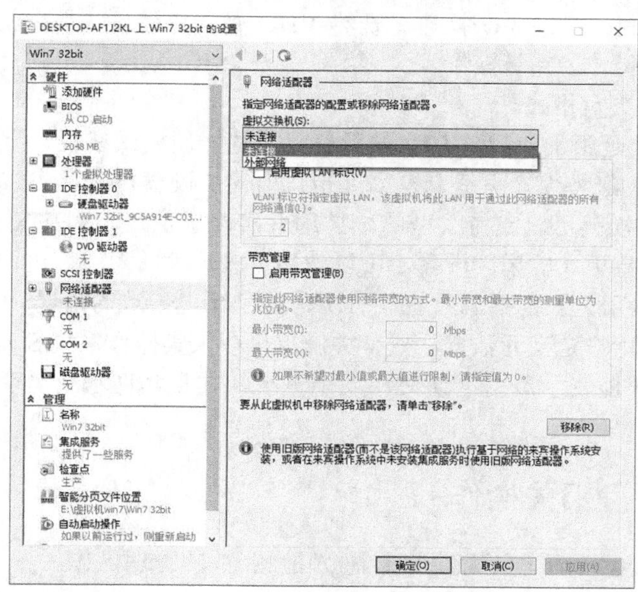

图20-28

设置完成后，虚拟机就可以通过本地计算机的网络访问 Internet 了。

20.2 虚拟硬盘

VHD 格式的虚拟硬盘最开始应用在微软的 Virtual PC 和 Virtual Server 中，作为虚拟机的硬盘使用。微软在 2005 年公布了自己的虚拟硬盘的文件格式的技术文档，并且扩大了虚拟硬盘的使用范围。

从 Windows 7 开始，微软的操作系统开始支持对虚拟硬盘的读写，同时支持从虚拟硬盘启动操作系统。Windows 10 增加了对 VHDX 虚拟硬盘文件格式的支持。

20.2.1 虚拟硬盘简介

虚拟硬盘文件可以理解为一块硬盘，与硬盘的使用一样，我们可以对其进行分区和格式化操作。虚拟硬盘与物理硬盘的区别就是虚拟硬盘是物理硬盘上的一个文件。

在 Windows 7 及之后的操作系统中，直接集成了虚拟硬盘的驱动程序，这样用户就可以直接访问虚拟硬盘中的内容，此时虚拟硬盘相当于系统中的一个硬盘分区。在 Windows 10 中我们还可以通过右键菜单中的“装载”命令来快速装载虚拟硬盘并查看里面的内容。

此外，在 Windows 10 中新增了对 VHDX 虚拟硬盘文件的支持。下面简要介绍两种虚拟硬盘格式。

(1) VHD 虚拟硬盘格式。

VHD 虚拟硬盘格式是早期的虚拟硬盘格式。VHD 是一块虚拟的硬盘，不同于传统硬盘的盘片、磁头和磁道，VHD 硬盘的载体是文件系统上的一个 VHD 文件。如果大家仔细阅读 VHD 文件的技术标准，就会发现标准中定义了很多 Cylinder、Heads 和 Sectors 等硬盘特有的术语，来模拟针对硬盘的 I/O 操作。既然 VHD 是一块硬盘，那么就跟物理硬盘一样，可以进行分区、格式化、读写等操作。

(2)　VHDX 虚拟硬盘格式。

VHDX 硬盘格式是用于取代 VHD 的新格式，这一新格式在设计上主要用于取代旧的 VHD 格式，可提供高级特性，更适合未来虚拟化所需的硬盘格式。VHDX 支持最大 64TB 容量的虚拟硬盘，这样就可以支持大型的数据库并实现虚拟化。VHDX 还改进了虚拟硬盘格式的对齐方式，支持更大的扇区硬盘，可以使用更大尺寸的“块”进而提供比旧格式更好的性能。VHDX 包含了全新的日志系统，可防范由于断电导致的错误。并且可以在 VHDX 文件中嵌入自定义的用户定义元数据，如有关虚拟机中来宾操作系统 Service Pack 级别的信息。VHDX 可以高效地表示数据，使文件大小更小，并且允许基础物理存储设备回收未使用的空间。

20.2.2　虚拟硬盘相关操作

Windows 10 的磁盘管理工具提供了对虚拟硬盘相关的管理操作，下面简要介绍。

一、创建虚拟硬盘

右键单击按钮，在弹出的快捷菜单中选择“磁盘管理”命令，打开“磁盘管理”窗口，然后选择“操作”/“创建 VHD”命令，如图 20-29 所示。

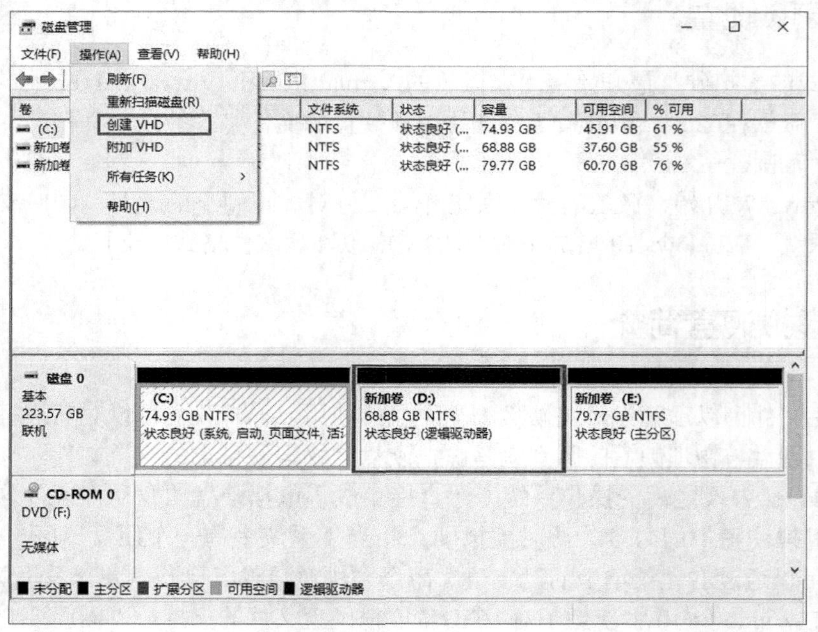

图20-29

在弹出的“创建和附加虚拟硬盘”对话框中，单击右侧的“浏览”按钮，可以选择存放虚拟硬盘的位置，以及创建虚拟硬盘的名称。在“虚拟硬盘大小”右侧的文本框内，可以设置虚拟硬盘的大小，还可以选择虚拟硬盘大小的单位：MB/GB/TB。在“虚拟硬盘格式”栏内，可以选择虚拟硬盘的格式。如果选择的是VHD格式的虚拟硬盘，则系统推荐的虚拟硬盘类型是固定大小。如果选择的是VHDX格式的虚拟硬盘，则系统推荐的虚拟硬盘类型是动态扩展。当然也可以不按推荐设置进行选择。设置完成后，单击“确定”按钮，如图20-30所示。

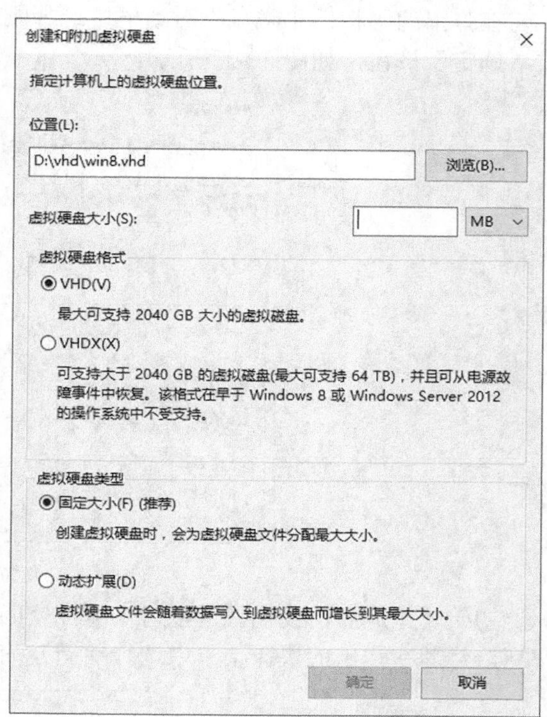

图20-30

稍后系统会完成虚拟硬盘的创建并将虚拟硬盘附加到磁盘管理器上。但这时显示的是虚拟硬盘没有初始化，虚拟硬盘还无法使用。我们需要对磁盘进行初始化后才可以使用。右键单击虚拟硬盘，在弹出的快捷菜单中选择“初始化磁盘”命令，如图20-31所示。

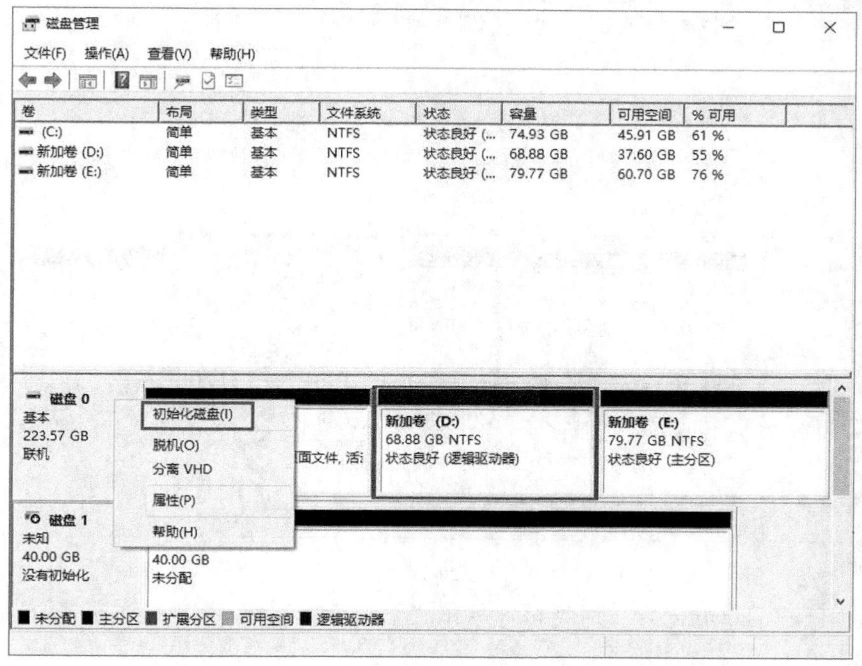

图20-31

在弹出的“初始化磁盘”对话框中选择刚才创建的虚拟硬盘，然后选择好分区形式，单击“确定”按钮，如图 20-32 所示。

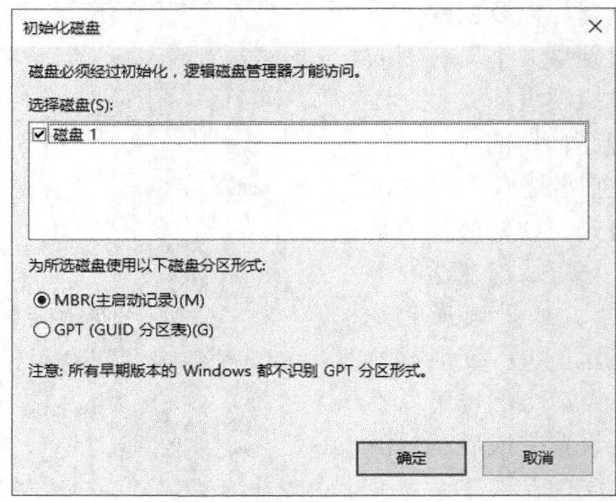

图20-32

初始化完成后，我们就可以对未分配空间进行格式化和分区操作了。右键单击未分配的空间，然后在弹出的快捷菜单中选择“新建简单卷”命令，如图 20-33 所示。

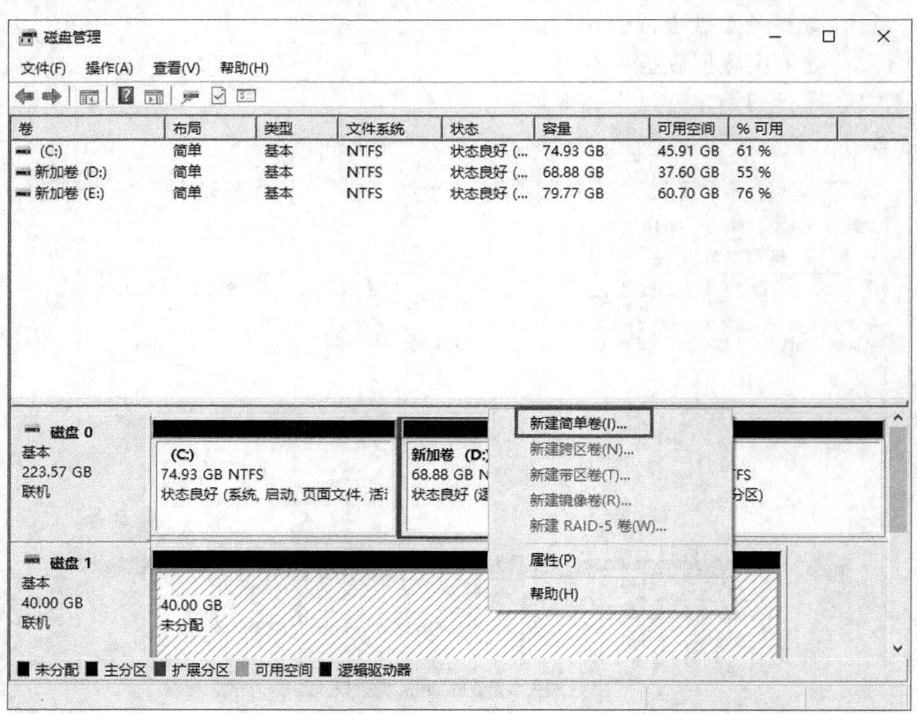

图20-33

会弹出“新建简单卷向导”对话框，单击“下一步”按钮，如图 20-34 所示。

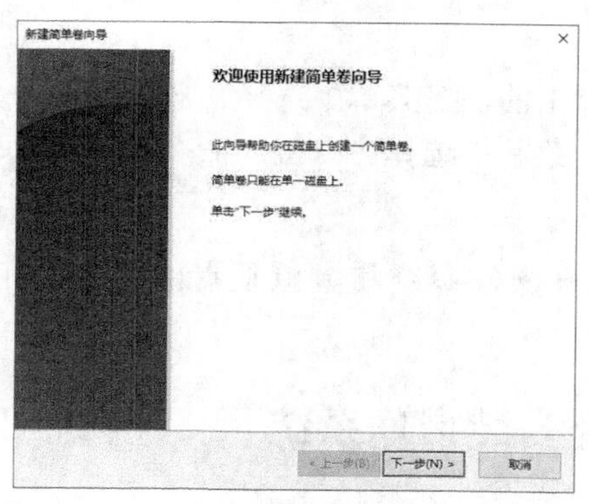

图20-34

在弹出的对话框中设置磁盘分区的大小，然后单击“下一步”按钮，如图 20-35 所示。

在弹出的对话框中选择要分配的驱动器号，单击“下一步”按钮，如图 20-36 所示。

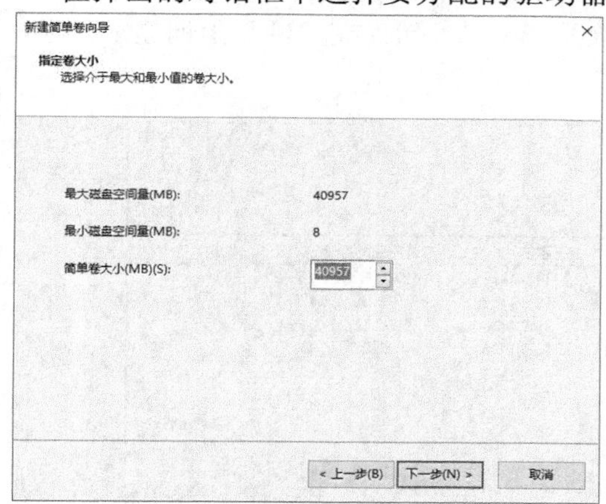

图20-35

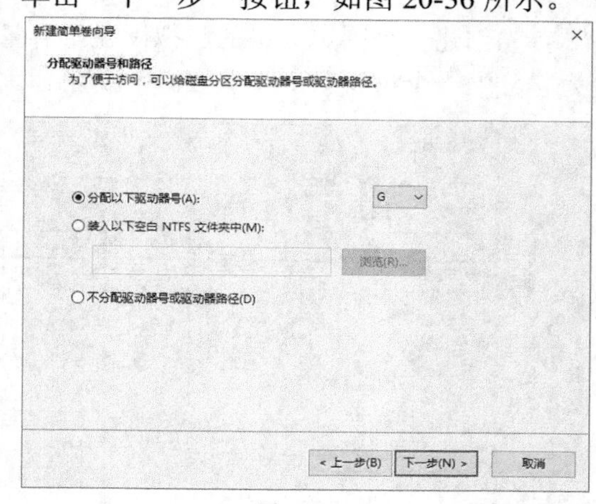

图20-36

继续选择分区的格式和分配单元的大小，单击“下一步”按钮，如图 20-37 所示。

最后确认之前选择的信息无误后，单击“确定”按钮，如图 20-38 所示。

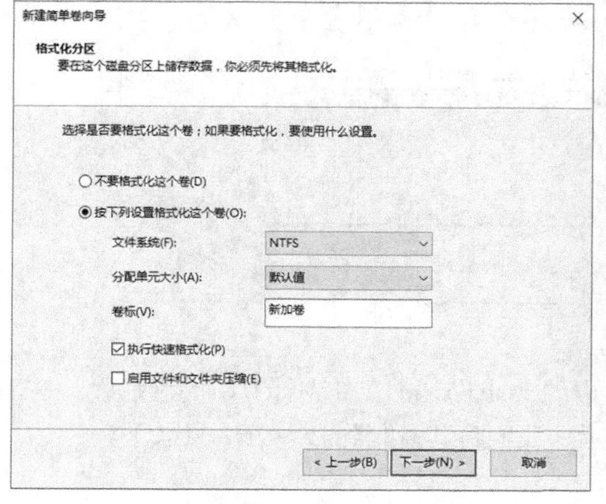

图20-37

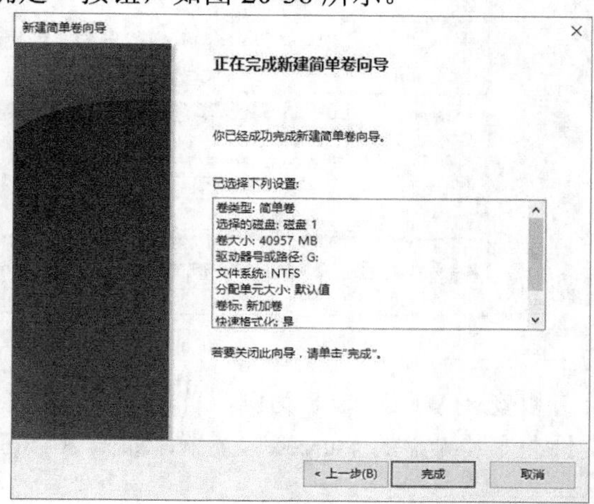

图20-38

等待一段时间后，磁盘分区就创建完成了。

二、脱机

右键单击虚拟硬盘，在弹出的快捷菜单中选择“脱机”命令，脱机后磁盘不可用；右键单击虚拟硬盘，然后在弹出的菜单中选择“联机”命令即可恢复使用。

三、分离 VHD

分离 VHD 命令就是断开操作系统和虚拟硬盘的连接，相当于从计算机中移除移动硬盘。

20.2.3　在虚拟硬盘上安装操作系统

既然虚拟硬盘的使用和物理硬盘一样，那么是否可以把操作系统安装到虚拟硬盘上呢？答案是可以。但是用常规的方法无法完成安装操作，需要使用命令行工具来进行操作系统的安装。

首先创建一个固定大小的虚拟硬盘，容量要大于 30GB，然后在此硬盘上创建主分区，并为它分配一个盘符 G:，如图 20-39 所示。

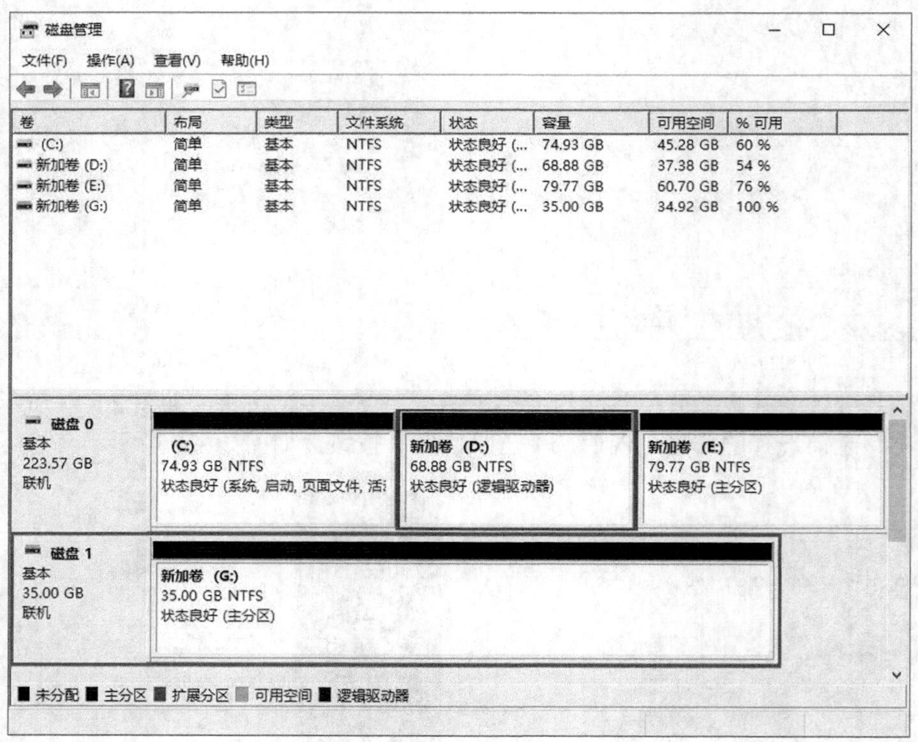

图20-39

以安装 Windows 8 为例，首先复制安装光盘内的 install.wim 文件到计算机的硬盘内。这个文件在安装光盘的 sources 目录下，如图 20-40 所示，我们将其复制到 E:\WIN8 目录下。

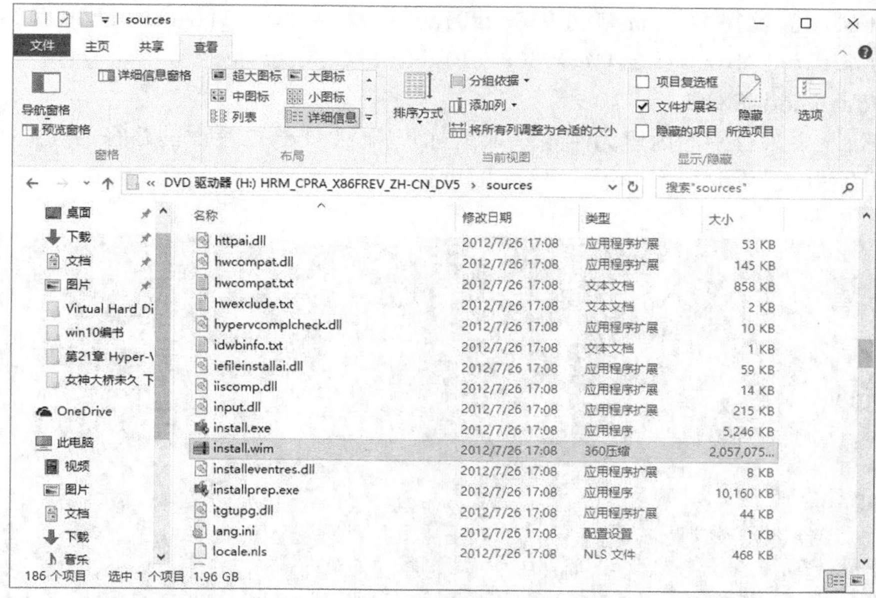

图20-40

以管理员身份运行命令提示符，然后输入下面的命令：

Dism /apply-image /imagefile: e:\win8\install.wim /index:1 /applydir:g:\，如图 20-41 所示。

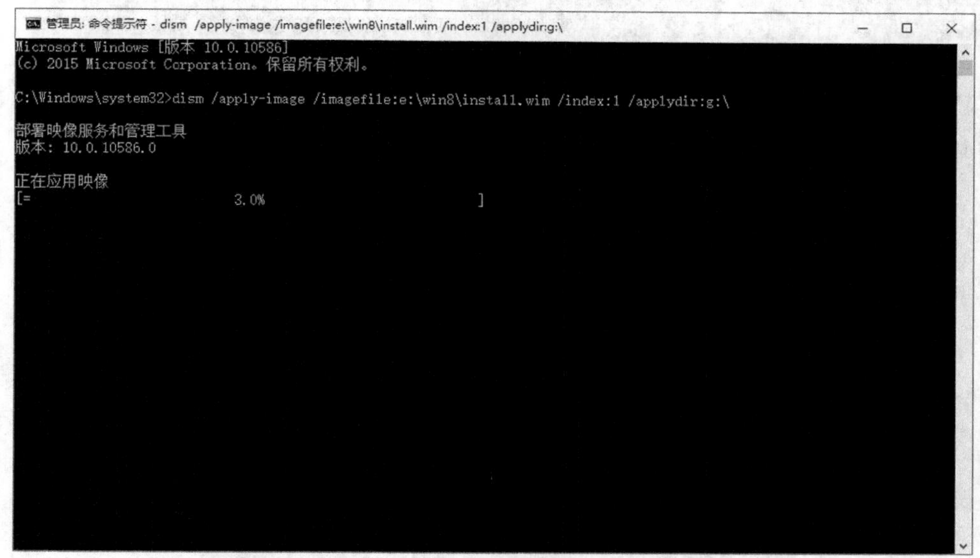

图20-41

等待操作成功完成后，还需要创建虚拟硬盘文件的引导信息，然后将虚拟硬盘分区中的操作系统添加到本地计算机的引导菜单中。首先执行下面的命令，复制本地计算机中的引导项目，生成新标识符，然后修改此引导项作为虚拟硬盘的引导项。命令如下：

Bcdedit /copy {default} /d “windows 8”

执行完毕后，会出现提示：已将该项成功复制到 {042d1628-21aa-11e6-930e-af01ab010927}。

然后对虚拟硬盘设置 device 和 osdevice 选项，命令如下：

Bcdedit /set {042d1628-21aa-11e6-930e-af01ab010927} device vhd=[D:]\vhd\windows8.vhd

Bcdedit /set {042d1628-21aa-11e6-930e-af01ab010927} osdevice vhd=[D:]\vhd\windows8.vhd

上面的命令中，{}中的内容为刚才获取的标识符。“vhd=”后面的路径为虚拟硬盘文件的路径，如图 20-42 所示。

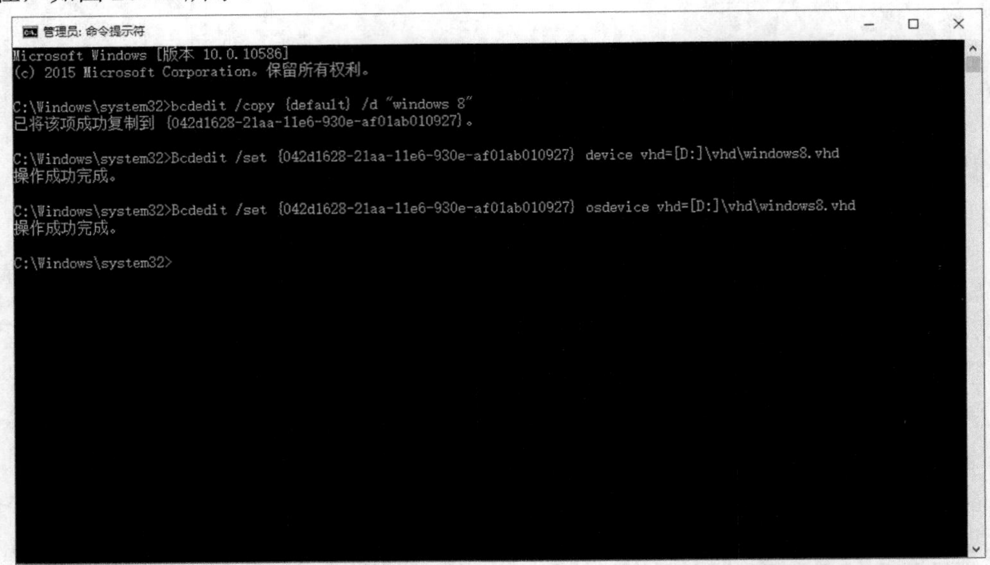

图20-42

重新启动计算机，虚拟硬盘上的 Windows 8 已经出现在启动项里面了，如图 20-43 所示。稍后我们按照提示安装 Windows 8 即可，此处不再赘述。

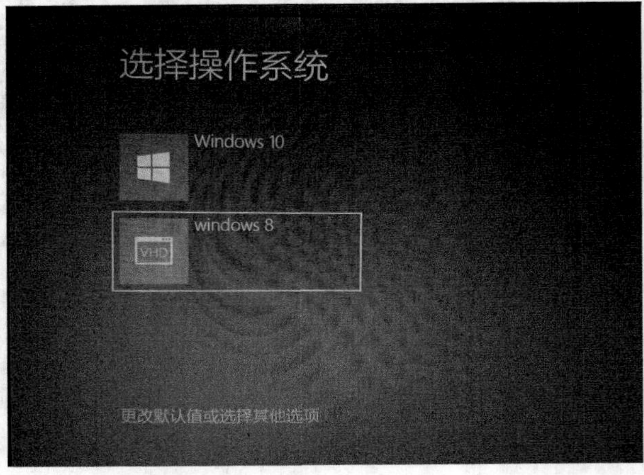

图20-43

20.2.4　转换虚拟硬盘的格式

VHD 和 VHDX 的虚拟硬盘文件格式各有各的优点。有时我们需要实现某种功能的话，之前创建的文件格式可能不适合，这时可以通过更改虚拟硬盘文件格式来实现。下面介绍如

何进行虚拟硬盘格式的转换。

1. 打开 Hyper-V 管理器，单击右侧的“编辑磁盘”，如图 20-44 所示。

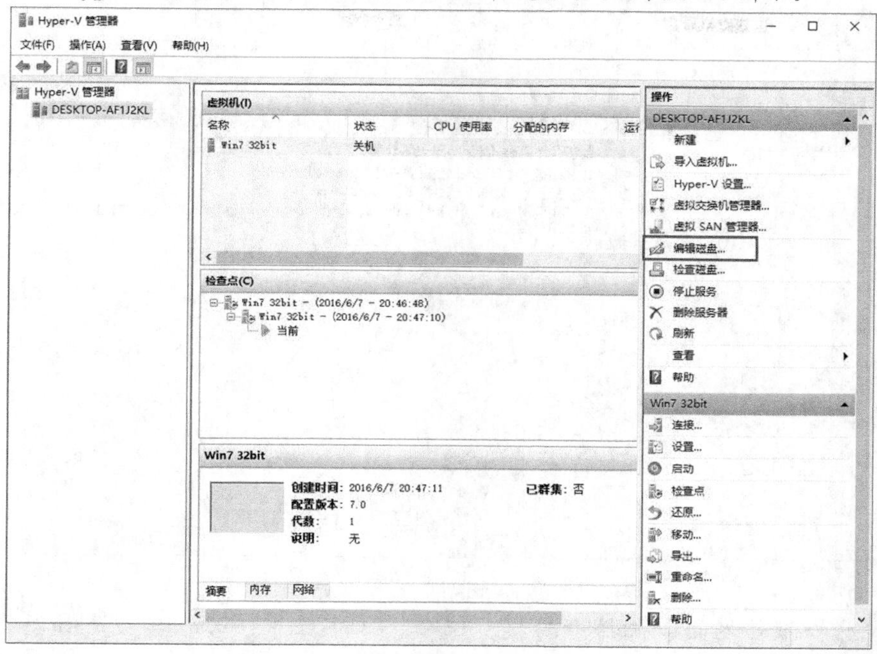

图20-44

2. 在弹出的向导对话框中单击“下一步”按钮，如图 20-45 所示。

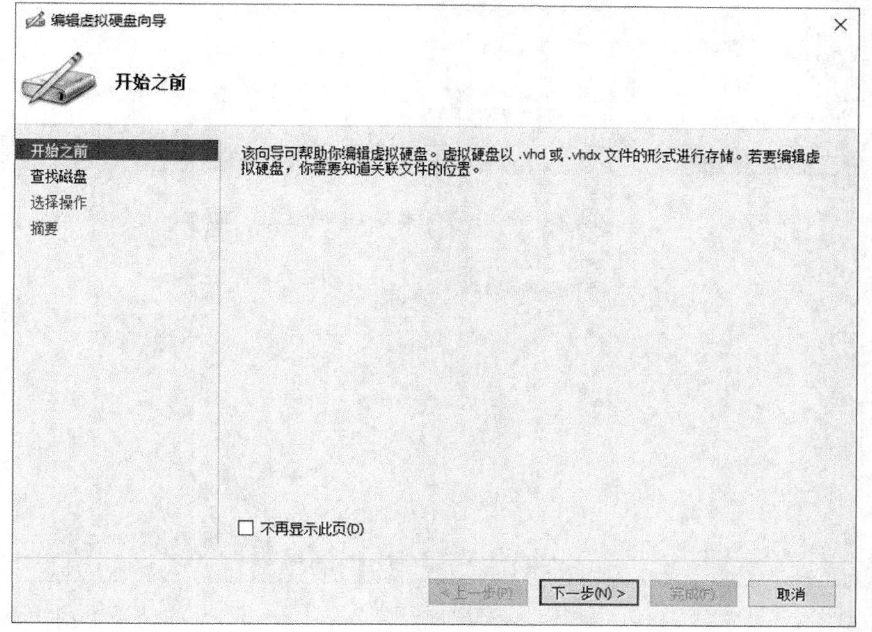

图20-45

3. 在查找虚拟硬盘界面，单击右侧的“浏览”按钮，打开虚拟硬盘所在的文件夹，然后选择虚拟硬盘文件，单击“下一步”按钮，如图 20-46 所示。

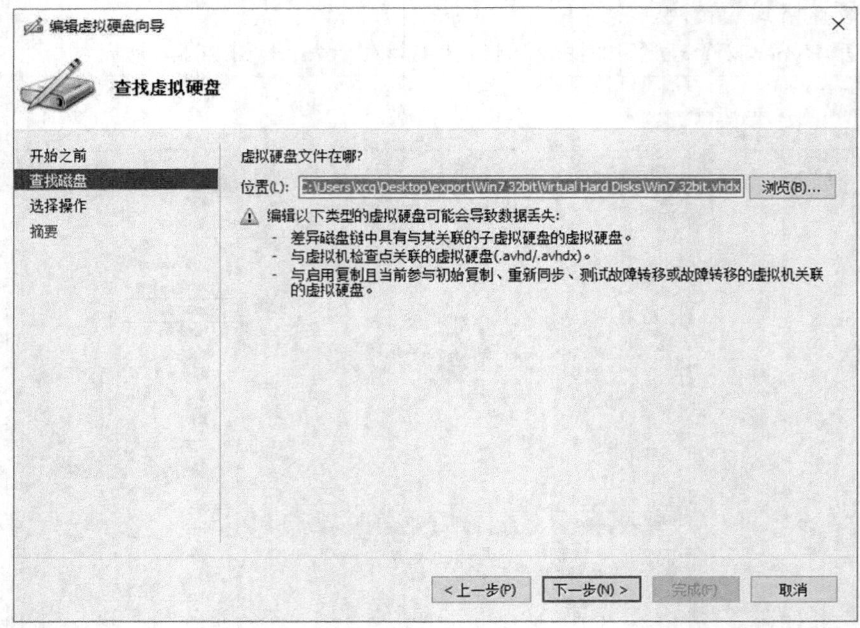

图20-46

4. 在选择操作界面，选择“转换”选项，单击“下一步”按钮，如图 20-47 所示。

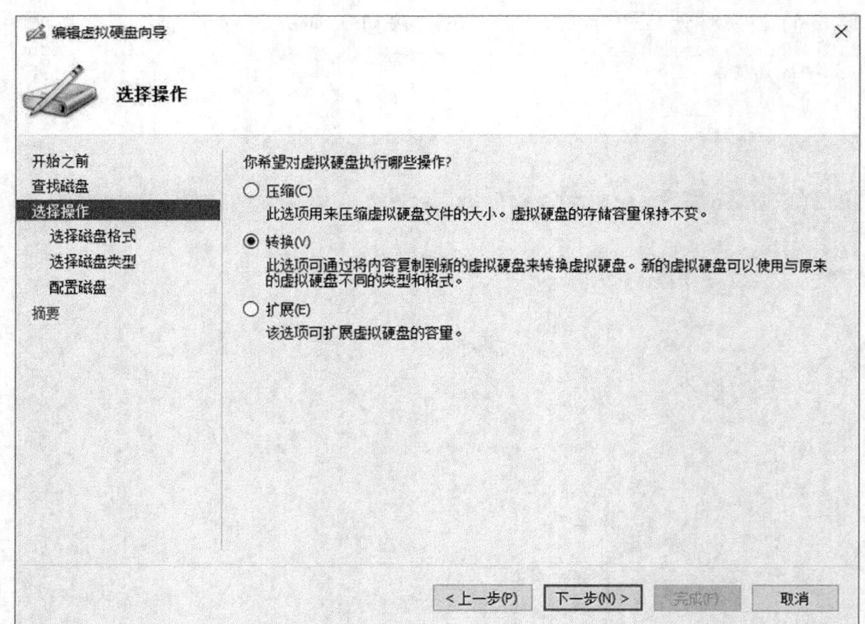

图20-47

5. 系统会要求选择转换后虚拟硬盘的格式，根据需要进行选择，单击“下一步”按钮，如图 20-48 所示。

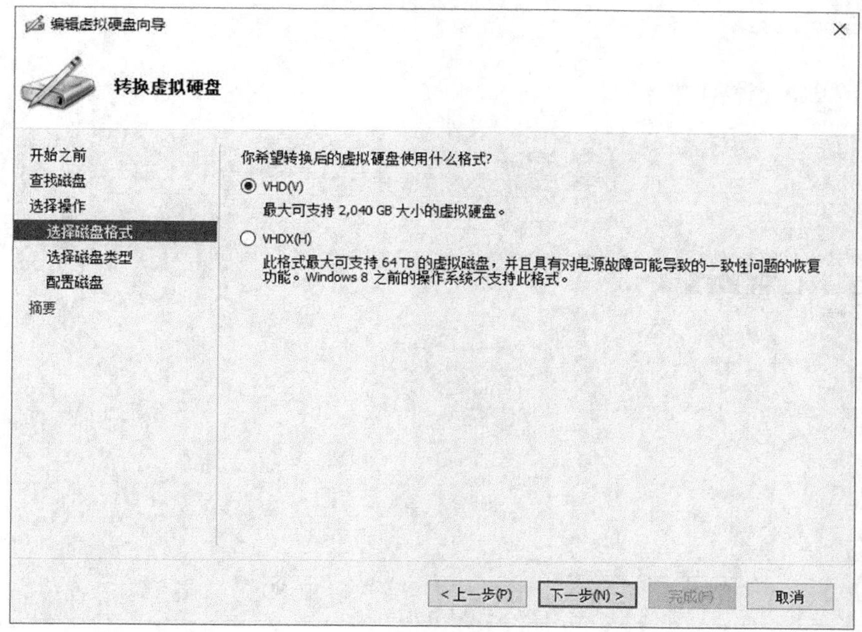

图20-48

6. 在弹出的选择虚拟硬盘类型界面选择需要的类型，单击“下一步”按钮，如图 20-49 所示。

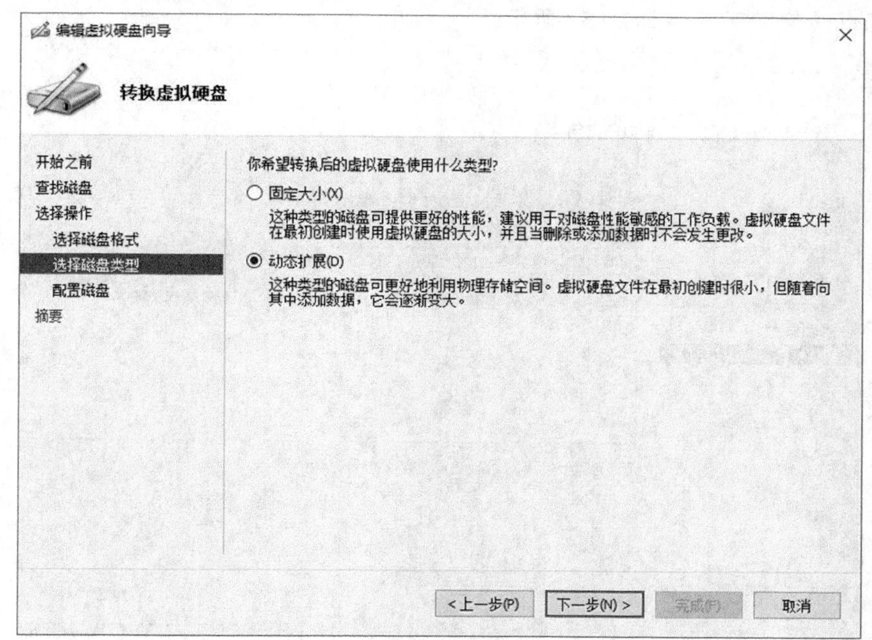

图20-49

7. 设置好新的虚拟硬盘的名称和位置，单击“下一步”按钮，如图 20-50 所示。

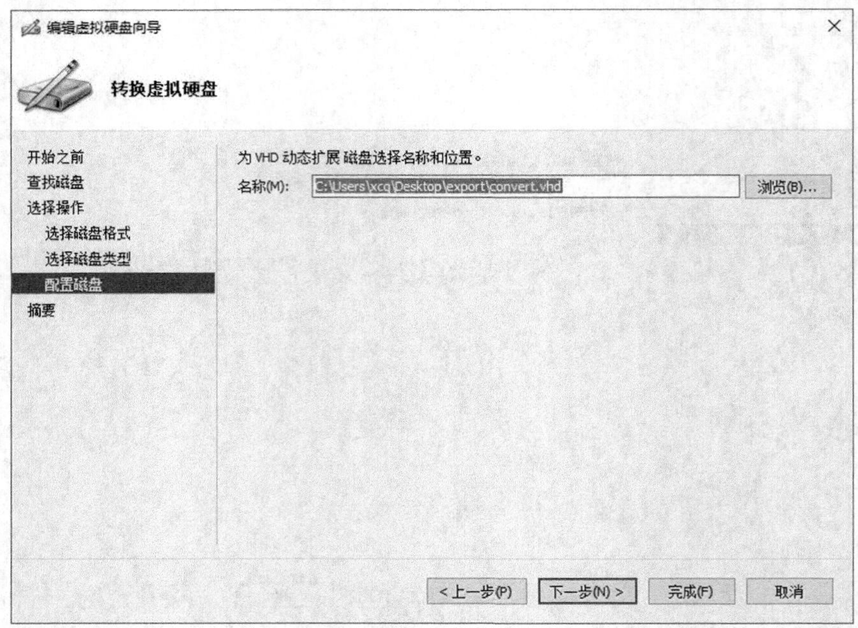

图20-50

8. 在弹出的摘要界面中确认之前选择的结果，如果有问题，可以单击“上一步”按钮进行修改。如果确认没有问题，单击“完成”按钮，然后等待程序完成转换即可，如图 20-51 所示。

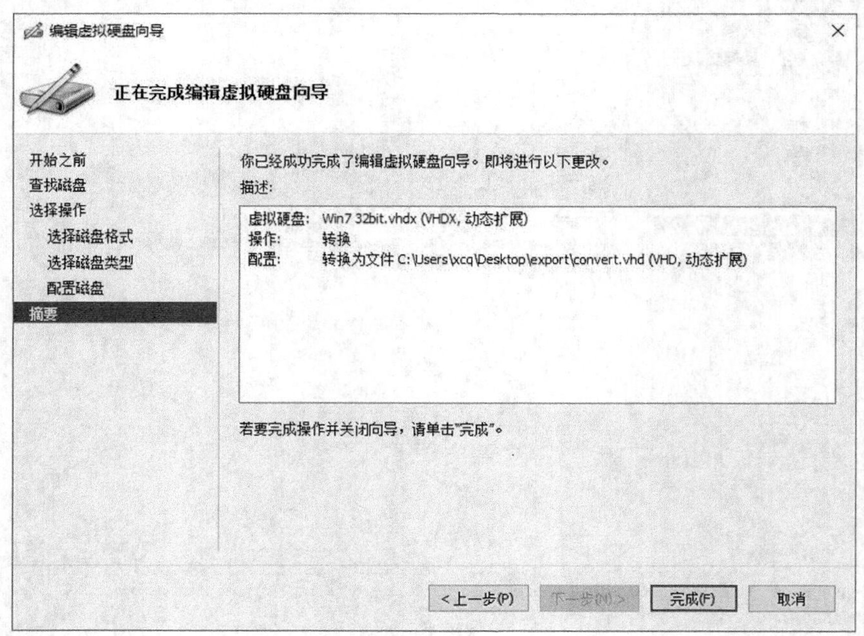

图20-51

第21章　Windows 10 系统故障解决方案

在使用 Windows 10 操作系统工作或娱乐时，我们也不得不面对计算机出现的各种各样怪异的问题。本章将总结在 Windows 10 操作系统中常见的一些问题，并给出详细的解决方案，供读者参考。

21.1　Windows 10 运行应用程序时提示内存不足

现在计算机配备的内存越来越大，4GB 内存已经成为现在计算机的标准配置。但是在 Windows 10 的使用过程中，有时仍会出现系统提示内存不足的情况，如图 21-1 所示。

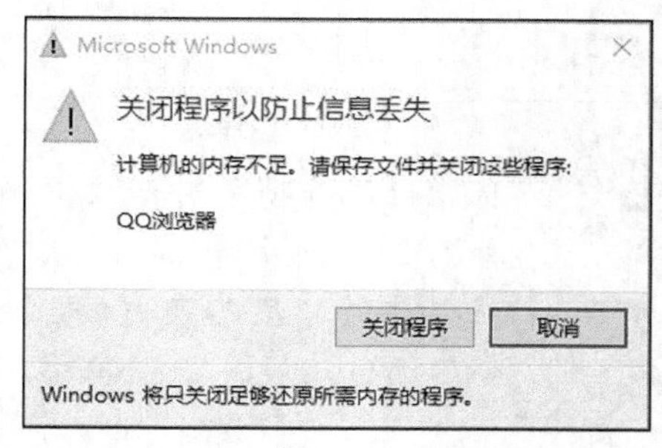

图21-1

出现这种情况可能是系统中运行的程序太多，占用大量内存，或者是某一应用独占了过多的内存，如 AutoCAD 等大型软件。也有可能是虚拟内存没有启用导致内存不足。出现这种情况，在确认系统没有运行多余的程序后（尤其注意后台运行的程序），我们可以通过设置虚拟内存的托管来尝试解决，具体步骤如下。

1. 右键单击⊞按钮，在弹出的快捷菜单中选择“控制面板”命令，在弹出的“控制面板”窗口中单击“系统和安全”，如图 21-2 所示。
2. 在“系统和安全”窗口中单击“系统”，如图 21-3 所示。

图21-2

图21-3

3. 在“系统”窗口中单击左侧的“高级系统设置”，如图 21-4 所示。
4. 在“系统属性”对话框中单击性能栏右侧的“设置”按钮，如图 21-5 所示。

图21-4

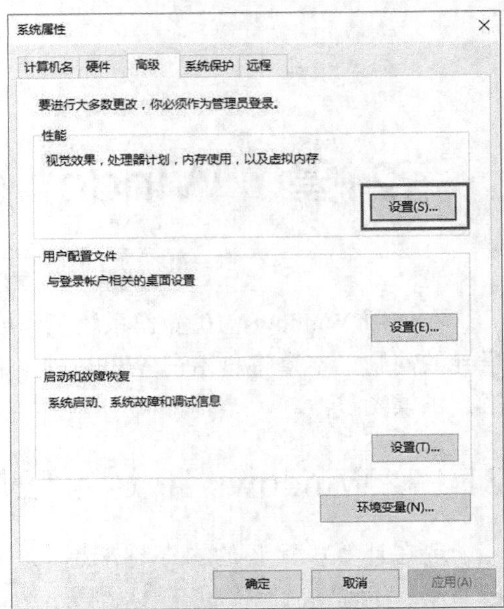

图21-5

5. 从“性能选项”对话框中切换到“高级”选项卡，然后单击“更改”按钮，如图 21-6 所示。
6. 在打开的“虚拟内存”对话框中勾选“自动管理所有驱动器的分页文件大小”选项，如图 21-7 所示，然后一直单击“确定”按钮返回即可。

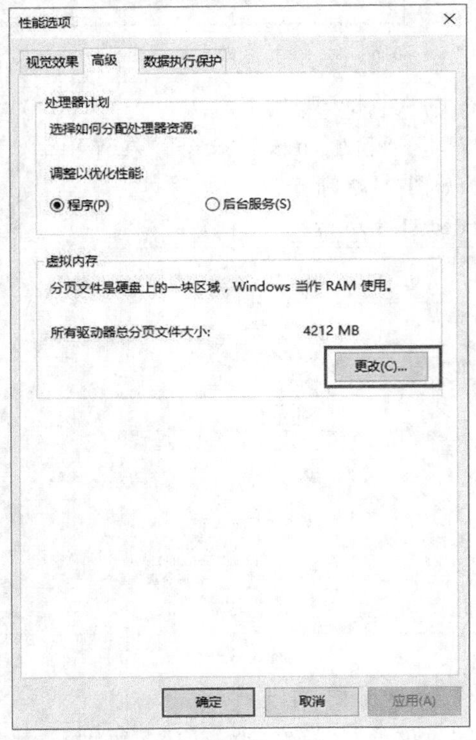

图21-6

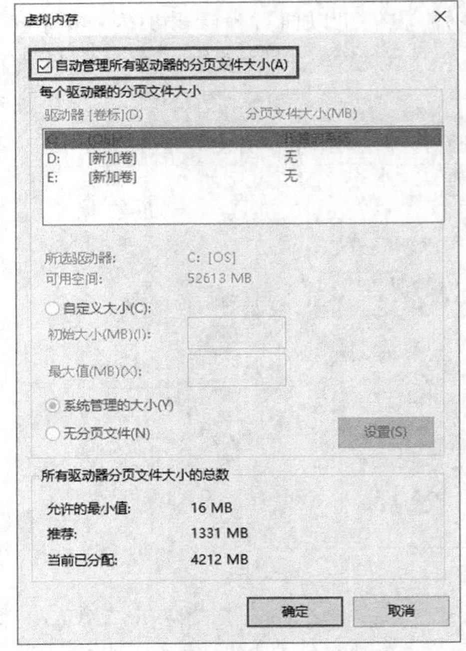

图21-7

这样可以解决部分内存不足问题，如果我们需要经常运行大型应用程序或同时打开很多应用程序时，最好的方法还是追加物理内存。

21.2　无法启动操作系统

当遇到无法启动操作系统的情况，大家第一时间想到的很可能是进入安全模式、使用Windows PE，或者重装系统等方法来修复受损的系统。其实微软提供了两个命令行工具可以解决大部分的问题。

(1)　sfc 命令。

sfc 命令可以扫描所有保护的系统文件的完整性，并使用正确的 Microsoft 版本替换。具体操作方法如下。

单击“开始”按钮，然后单击“所有应用”，展开“Windows 系统”栏，右键单击“命令提示符”，在弹出的快捷菜单中选择“更多”/“以管理员身份运行”命令，如图 21-8 所示。

图21-8

在“命令提示符”窗口内输入“sfc /scannow”，完成后按 Enter 键执行程序，操作系统会对系统组件进行扫描，如果组件有问题时可以自动修复有问题的组件，如图 21-9 所示。

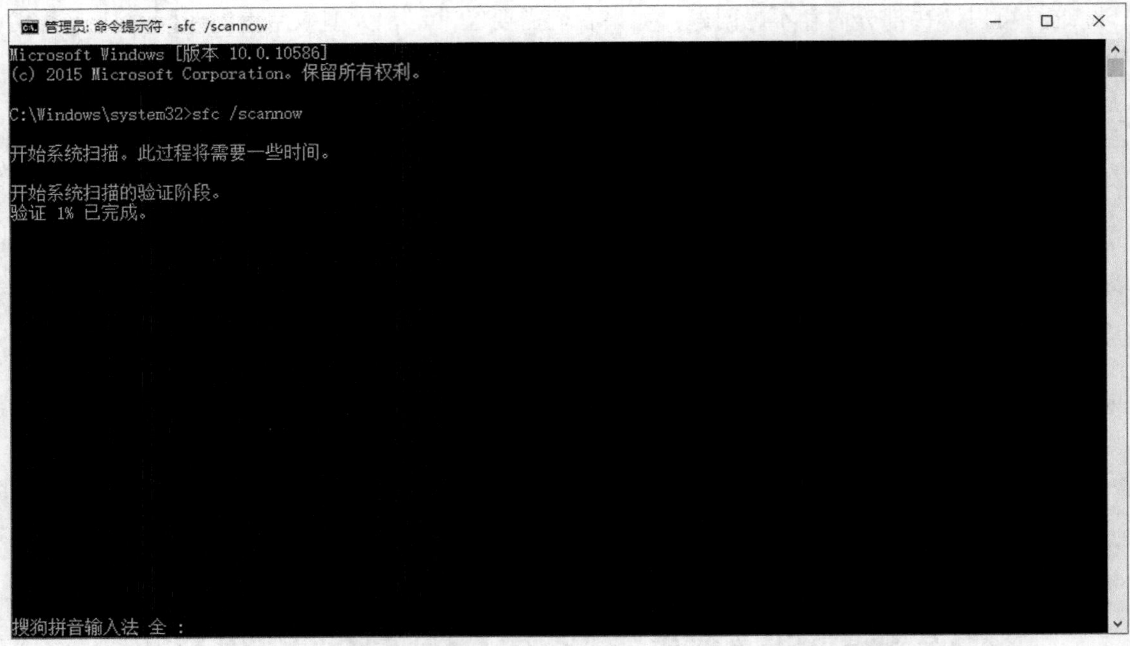

图21-9

(2) DISM 命令。

DISM 命令一般用来部署映像服务和管理。它可以安装、卸载、配置和更新脱机 Windows 映像和脱机 Windows 预安装环境（Windows PE）映像中的功能和程序包。DISM.exe 是一个非常强大的工具，在这里用到的只是其中一个功能。

首先以管理员身份运行命令提示符，然后在“命令提示符”窗口内依次执行下面的命令。

DISM /Online /Cleanup-Image /ScanHealth

这条命令将扫描全部系统文件并和官方系统文件进行对比，扫描计算机中的不一致情况。

DISM /Online /Cleanup-Image /CheckHealth

这条命令必须在前一条命令执行完以后，发现系统文件有损坏时使用。当使用 CheckHealth 参数时，DISM 工具将报告映像是状态良好、可以修复还是不可修复。如果映像不可修复，必须放弃该映像，并重新开始。

DISM /Online /Cleanup-image /RestoreHealth

这条命令是把那些不同的系统文件还原成官方系统源文件，其他的第三方软件和用户设置完全保留，比重装好多了。而且在扫描与修复的时候系统未损坏部分正常运行，计算机可以照常工作，如图 21-10 所示。

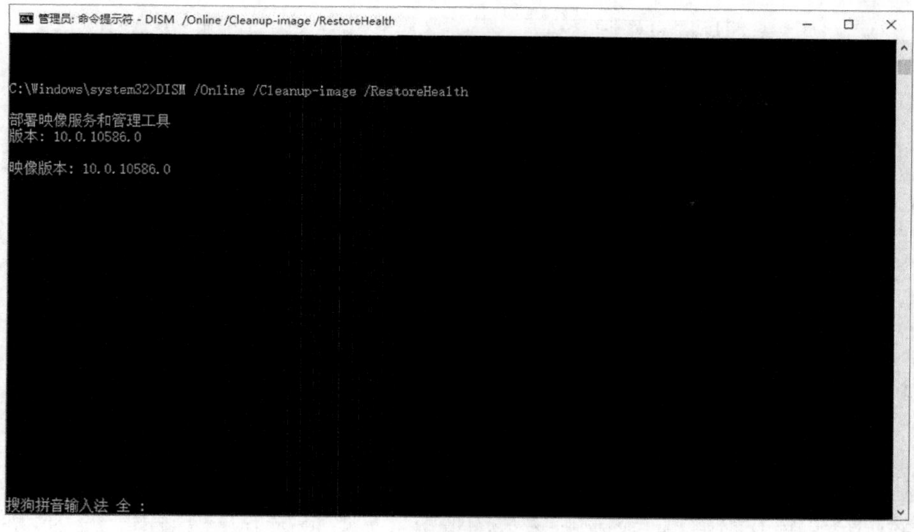

图21-10

21.3 Windows 10 操作系统中安装软件出现乱码

有时我们在 Windows 10 中安装软件时，会遇到乱码的问题，可软件本身并没有问题，系统语言也是中文的。一般情况下这是由于语言设置的问题，这个语言设置并不是指软件本身的设置，而是系统的非 Unicode 设置出错导致。下面介绍如何处理。

打开控制面板，在“控制面板”窗口内单击“区域”，如图 21-11 所示。

在弹出的“区域”对话框中切换至“管理”选项卡，然后单击“非 Unicode 程序中所使用的当前语言”栏中的“更改系统区域设置”按钮，如图 21-12 所示。

图21-11

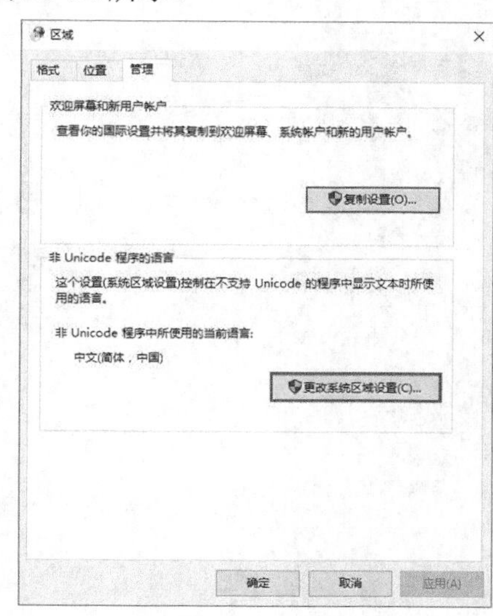

图21-12

在弹出的对话框中将当前系统区域设置选择为“中文（简体，中国）”，如图 21-13 所示。

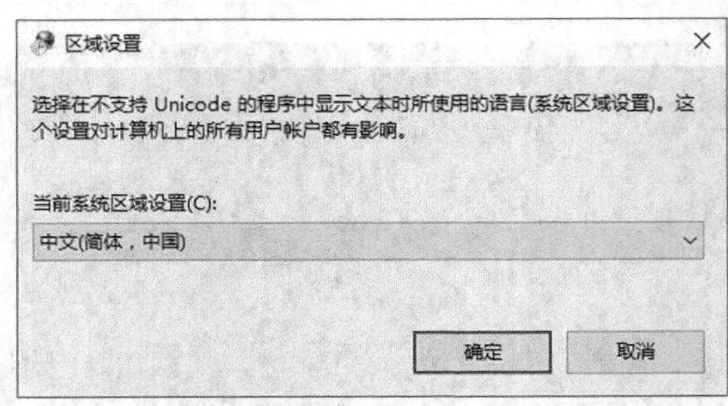

图21-13

最后将软件卸载并重新安装即可。

21.4　“开始”屏幕磁贴丢失

有时我们会遇到开始屏幕上的磁贴丢失的情况。多数情况下，磁贴消失是因为将这个磁贴设置为“从开始屏幕取消固定”了。

单击按钮，然后单击“所有应用”，找到丢失磁贴的应用程序，单击鼠标右键，在弹出的快捷菜单中选择“固定到开始屏幕”命令，如图 21-14 所示。再次打开开始屏幕，就可以看到丢失的磁贴了。

图21-14